西门子 S7-1500

PLC编程

入门与实践手册

陈忠平　许慧燕　龚亮　编著

化学工业出版社

·北京·

内 容 简 介

本书从 PLC 编程入门和工程实际应用出发,详细讲解了西门子 S7-1500 PLC 的编程及应用。本书主要内容包括:PLC 的基础知识,S7-1500 PLC 的硬件系统,TIA 博途软件的使用,S7-1500 PLC 编程基础,S7-1500 PLC 的基本指令及应用、常用功能指令及应用、扩展指令及应用,S7-1500 PLC 的用户程序结构,S7-1500 PLC 的数字量控制、模拟量与 PID 闭环控制,S7-1500 PLC 的通信与网络,S7-1500 PLC 的安装与故障诊断等内容。本书内容全面、通俗易懂、实例丰富、实用性和针对性强,特别适合初学者使用,对有一定 PLC 基础的读者也有很大帮助。

本书可供从事 PLC 的技术人员学习使用,也可作为大中专院校电气、自动化等相关专业的教材和参考书。

图书在版编目(CIP)数据

西门子S7-1500 PLC编程入门与实践手册/陈忠平,许慧燕,龚亮编著. —北京:化学工业出版社,2022.12
ISBN 978-7-122-42266-8

Ⅰ.①西… Ⅱ.①陈…②许…③龚… Ⅲ.①PLC 技术 - 程序设计 - 手册 Ⅳ.① TM571.61-62

中国版本图书馆 CIP 数据核字(2022)第 178367 号

责任编辑:李军亮　徐卿华　　　　　　　文字编辑:李亚楠　陈小滔
责任校对:宋　夏　　　　　　　　　　　装帧设计:李子姮

出版发行:化学工业出版社(北京市东城区青年湖南街13号　邮政编码100011)
印　　装:高教社(天津)印务有限公司
787mm×1092mm　1/16　印张31¾　字数878　千字　2023年5月北京第1版第1次印刷

购书咨询:010-64518888　　　　　　　　售后服务:010-64518899
网　　址:http://www.cip.com.cn
凡购买本书,如有缺损质量问题,本社销售中心负责调换。

定　　价:99.00元　　　　　　　　　　　　　　　版权所有　违者必究

随着科学技术的进步，电气控制技术的发展日新月异。以可编程控制器（Programmable Logic Controller，简称 PLC）、变频调速、计算机通信和组态软件等技术为主体的新型电气控制系统已逐渐取代了传统继电器电气控制系统。其中 PLC 因其可靠性高、灵活性强、易于扩展、通用性强、使用方便等优点，在工控领域应用十分广泛。

西门子 S7-1500 PLC 是德国西门子公司在 S7-300/400 PLC 的基础上推出的一种大中型模块化可编程逻辑控制器，其应用范围较广，具有较高的市场占有率。由于 S7-1500 PLC 融合了较多的计算机技术，在生成项目的过程中首先需要进行硬件组态，在编写程序之前又要选择使用对象（如组织块、函数、函数块），并且指令表与梯形图不像 S7-200 PLC 那样能够一一对应，因此 S7-1500 PLC 不容易入门，学习起来有一定困难。为帮助读者系统学习 S7-1500 PLC 的编程及应用，特编写本书。

本书特点：

（1）由浅入深，循序渐进

本书在内容编排上采用由浅入深、由易到难的原则，在介绍 PLC 的组成及工作原理、硬件系统构成、软件的使用等基础上，在后续章节中结合具体的实例，逐步讲解相应指令的应用等相关知识。

（2）技术全面，内容充实

全书重点突出，层次分明，注重知识的系统性、针对性和先进性。对于指令的讲解，不是泛泛而谈，而是辅以简单的实例，使读者更易于掌握；注重理论与实践相结合，培养读者的工程应用能力。本书的大部分实例取材于实际工程项目或其中的某个环节，对从事 PLC 应用和工程设计的读者具有较强的实践指导意义。

（3）分析原理，步骤清晰

对于每个实例，都分析其设计原理，总结实现的思路和步骤。读者可以根据具体步骤实现书中的例子，将理论与实践相结合。

本书内容：

第 1 章 PLC 概述。介绍 PLC 的定义、基本功能与特点、应用和分类，以及西门子 PLC 简介，还介绍了 PLC 的组成及工作原理，并将 PLC 与其他顺序逻辑控制系统进行了比较。

第 2 章 西门子 S7-1500 PLC 的硬件系统。主要介绍了 S7-1500 PLC 的性能特点及硬件系统组成、电源模块、CPU 模块、信号模块、通信模块、工艺模块、分布式模块的类别、性能参数等内容。

第 3 章 TIA Portal 软件的使用。首先介绍了 TIA Portal 软件平台的构成及安装方法，然后重点讲述该软件的使用方法，最后讲解了 S7-PLCSIM 仿真软件的使用。

第 4 章 西门子 S7-1500 PLC 编程基础。介绍了 PLC 编程语言的种类、S7-1500 PLC 中的数制与数据类型、S7-1500 PLC 的存储区及寻址方式、指令的处理方式以及变量表、监控表和强制表的应用，为 S7-1500 PLC 程序编写打下基础。

第 5 章 西门子 S7-1500 PLC 的基本指令及应用。基本指令是 PLC 编程时最常用的指令。

本章详细介绍了位逻辑指令、定时器指令、计数器指令和程序控制类指令，并通过多个实例讲解基本指令的综合应用。

第 6 章　西门子 S7-1500 PLC 的常用功能指令及应用。功能指令使 PLC 具有强大的数据处理和特殊功能。本章主要介绍了数据处理类指令、数学函数类指令、字逻辑运算类指令、移位控制类指令及其应用。

第 7 章　西门子 S7-1500 PLC 的扩展指令及应用。扩展指令与 PLC 的系统功能相关。本章主要介绍了日期和时间指令、字符与字符串指令、过程映像指令的使用。

第 8 章　西门子 S7-1500 PLC 的用户程序结构。介绍了 S7-1500 PLC 的用户程序结构及编程方法，组织块、函数、函数块、数据块的使用。

第 9 章　西门子 S7-1500 PLC 的数字量控制。介绍梯形图的翻译设计法与经验设计法、顺序控制设计法与顺序功能图、常见的启保停与转换中心方式编写梯形图的方法、S7-1500 PLC 顺序控制语言 S7-Graph，并通过多个实例讲解 S7-Graph 在单序列、选择序列、并行序列中顺序控制的应用。

第 10 章　西门子 S7-1500 PLC 的模拟量与 PID 闭环控制。介绍了模拟量的基本概念、S7-1500 PLC 模拟量模块的使用、PID 闭环控制等内容。

第 11 章　西门子 S7-1500 PLC 的通信与网络。介绍通信的基础知识、工业局域网的基础知识、SIMATIC 通信网络、S7-1500 PLC 的串行通信、S7-1500 PLC 的 PROFIBUS 通信、S7-1500 PLC 的 PROFINET 通信等内容。

第 12 章　西门子 S7-1500 PLC 的安装与故障诊断。介绍 PLC 的硬件配置、安装与接线，PLC 的检修与故障诊断等内容。

读者对象：
- PLC 初学人员；
- 自动控制工程师、PLC 工程师、硬件电路工程师及 PLC 维护人员；
- 大中专院校电气、自动化相关专业的师生。

本书由湖南工程职业技术学院陈忠平、龚亮和湖南涉外经济学院许慧燕编著，参与本书内容整理工作的还有湖南涉外经济学院廖亦凡、衡阳技师学院胡彦伦、湖南航天管理局 7801 研究所刘琼等。全书由湖南工程职业技术学院陈建忠教授主审。

由于编者知识水平和经验所限，书中难免有疏漏之处，敬请广大读者批评指正。

编著者

第 1 章
PLC 概述

1.1　PLC 简介　1
1.1.1　PLC 的定义　1
1.1.2　PLC 的基本功能与特点　1
1.1.3　PLC 的应用和分类　3
1.1.4　西门子 PLC 简介　6
1.2　PLC 的组成及工作原理　8
1.2.1　PLC 的组成　8
1.2.2　PLC 的工作原理　13

**1.3　PLC 与其他顺序逻辑控制系统的
　　　比较　14**
1.3.1　PLC 与继电器控制系统的比较　14
1.3.2　PLC 与微型计算机控制系统的
　　　比较　15
1.3.3　PLC 与单片机控制系统的比较　16
1.3.4　PLC 与 DCS 的比较　17

第 2 章
西门子 S7-1500 PLC 的硬件系统

**2.1　西门子 S7-1500 PLC 的性能特点及
　　　硬件系统组成　18**
2.1.1　性能特点　18
2.1.2　硬件系统组成　18
2.2　西门子 S7-1500 PLC 的电源模块　19
2.2.1　负载电源模块　19
2.2.2　系统电源模块　20
2.2.3　电源配置　20
2.2.4　查看电源功率分配信息　22
2.3　西门子 S7-1500 PLC 的 CPU 模块　23
2.3.1　CPU 模块类别及性能　23
2.3.2　CPU 模块外形结构　25
2.3.3　CPU 模块指示灯　26
2.3.4　CPU 模块的工作方式　27
2.4　西门子 S7-1500 PLC 的信号模块　28

2.4.1　S7-1500 PLC 的数字量模块　28
2.4.2　S7-1500 PLC 的模拟量模块　36
2.5　西门子 S7-1500 PLC 的通信模块　37
2.5.1　点对点通信模块　37
2.5.2　PROFIBUS 通信模块　38
2.5.3　PROFINET/ETHERNET 通信模块　38
2.6　西门子 S7-1500 PLC 的工艺模块　39
2.6.1　高速计数 / 位置检测模块　39
2.6.2　基于时间的 I/O 模块　40
2.6.3　PTO 脉冲输出模块　40
**2.7　西门子 S7-1500 PLC 的分布式
　　　模块　41**
2.7.1　ET 200MP 模块　41
2.7.2　ET 200SP 模块　42

第 3 章
TIA 博途软件的使用

3.1 TIA 博途软件平台与安装 43
3.1.1 TIA 博途软件平台及其构成 43
3.1.2 TIA 博途软件的安装 44
3.2 TIA 博途软件使用入门 49
3.2.1 启动 TIA 博途 49
3.2.2 新建项目与组态设备 50
3.2.3 CPU 模块的参数配置 56
3.2.4 信号模块的参数配置 68
3.2.5 梯形图程序的输入 75
3.2.6 项目编译与下载 77
3.2.7 打印与归档 79
3.3 S7-PLCSIM 仿真软件的使用 81

第 4 章
西门子 S7-1500 PLC 编程基础

4.1 PLC 编程语言简介 84
4.1.1 PLC 编程语言的国际标准 84
4.1.2 TIA 博途中的编程语言 85
4.2 西门子 S7-1500 PLC 的数制与数据类型 90
4.2.1 数据长度 90
4.2.2 数制 90
4.2.3 数据类型 91
4.3 西门子 S7-1500 PLC 的存储区与寻址方式 101
4.3.1 存储区的组织结构 101
4.3.2 系统存储区特性 101
4.3.3 寻址方式 105
4.4 指令的处理 110
4.4.1 LAD 指令处理 110
4.4.2 STL 指令处理 110
4.4.3 立即读和立即写 110
4.5 变量表、监控表和强制表的应用 111
4.5.1 变量表 111
4.5.2 监控表 114
4.5.3 强制表 117

第 5 章
西门子 S7-1500 PLC 的基本指令及应用

5.1 位逻辑指令 119
5.1.1 语句表中的位逻辑指令 119
5.1.2 梯形图中的位逻辑指令 125
5.2 定时器指令 133
5.2.1 SIMATIC 定时器指令概述 133
5.2.2 STL 中的 SIMATIC 定时器指令 135
5.2.3 LAD 中的 SIMATIC 定时器指令 142
5.2.4 IEC 定时器指令 150
5.2.5 定时器指令的应用 154
5.3 计数器指令 155
5.3.1 计数器的基本知识 156
5.3.2 STL 中的 SIMATIC 计数器指令 157
5.3.3 LAD 中的 SIMATIC 计数器指令 159
5.3.4 IEC 计数器指令 164
5.3.5 计数器指令的应用 168
5.4 程序控制类指令 170
5.4.1 数据块操作指令 170
5.4.2 跳转指令 172
5.4.3 代码块操作指令 181
5.5 西门子 S7-1500 PLC 基本指令的应用实例 184
5.5.1 三相交流异步电动机的星 - 三角降压启动控制 184
5.5.2 用 4 个按钮控制 1 个信号灯 188
5.5.3 简易 6 组抢答器的设计 190

第6章
西门子 S7-1500 PLC 的常用功能指令及应用

6.1 数据处理类指令 195
6.1.1 移动操作指令及应用 195
6.1.2 装入与传送指令及应用 200
6.1.3 比较操作指令及应用 204
6.1.4 转换操作指令及应用 208
6.2 数学函数类指令 216
6.2.1 四则运算指令 216
6.2.2 数学函数运算指令 221
6.2.3 其他常用数学运算指令 225
6.2.4 数学函数类指令的应用 228
6.3 字逻辑运算类指令 229

6.3.1 逻辑"取反"指令 230
6.3.2 逻辑"与"指令 231
6.3.3 逻辑"或"指令 232
6.3.4 逻辑"异或"指令 233
6.3.5 编码与译码指令 235
6.3.6 七段显示译码指令 236
6.3.7 字逻辑运算指令的应用 238
6.4 移位控制类指令 240
6.4.1 移位指令 240
6.4.2 循环移位指令 242
6.4.3 移位控制指令的应用 244

第7章
西门子 S7-1500 PLC 的扩展指令及应用

7.1 日期和时间指令 250
7.1.1 时间比较指令 250
7.1.2 时间运算指令 251
7.1.3 时钟功能指令 254
7.1.4 日期和时间指令的应用 255
7.2 字符与字符串指令 256
7.2.1 字符串移动指令 257
7.2.2 字符串比较指令 257
7.2.3 字符串转换指令 258
7.2.4 字符串与十六进制数的转换

指令 265
7.2.5 字符串读取指令 268
7.2.6 字符串查找、插入、删除与替换
指令 269
7.3 过程映像指令 273
7.3.1 更新过程映像输入指令 273
7.3.2 更新过程映像输出指令 274
7.3.3 同步过程映像输入指令 276
7.3.4 同步过程映像输出指令 276

第8章
西门子 S7-1500 PLC 的用户程序结构

8.1 西门子 S7-1500 PLC 的用户程序 278
8.1.1 程序分类 278
8.1.2 用户程序中的块 278
8.1.3 用户程序的编程方法 279
8.2 西门子 S7-1500 PLC 组织块 280
8.2.1 组织块的构成、分类与中断 280
8.2.2 主程序循环组织块 283
8.2.3 时间中断组织块 284
8.2.4 延时中断组织块 288
8.2.5 循环中断组织块 291
8.2.6 硬件中断组织块 294
8.2.7 启动组织块 297
8.3 西门子 S7-1500 PLC 函数及其

应用 301
8.3.1 函数的接口区 301
8.3.2 函数的生成与调用 302
8.3.3 函数的应用 302
**8.4 西门子 S7-1500 PLC 函数块及其
应用 306**
8.4.1 函数块的接口区 306
8.4.2 函数块的生成及调用 306
8.4.3 函数块的应用 307
8.5 数据块及应用 311
8.5.1 全局数据块及其应用 312
8.5.2 背景数据块 314
8.5.3 数组数据块及其应用 314

第 9 章
西门子 S7-1500 PLC 的数字量控制

9.1 翻译设计法及应用举例 317
9.1.1 翻译设计法简述 317
9.1.2 翻译设计法实例 318
9.2 经验设计法及应用举例 320
9.2.1 经验设计法简述 320
9.2.2 经验设计法实例 320
9.3 顺序控制设计法与顺序功能图 323
9.3.1 顺序控制设计法 324
9.3.2 顺序功能图的组成 324
9.3.3 顺序功能图的基本结构 325
9.4 启保停方式的顺序控制 326
9.4.1 单序列启保停方式的顺序控制 326
9.4.2 选择序列启保停方式的顺序
控制 329
9.4.3 并行序列启保停方式的顺序
控制 334
9.5 转换中心方式的顺序控制 343
9.5.1 单序列转换中心方式的顺序
控制 343

9.5.2 选择序列转换中心方式的顺序
控制 347
9.5.3 并行序列转换中心方式的顺序
控制 353
**9.6 西门子 S7-1500 PLC 顺序功能控制
语言 S7-Graph 358**
9.6.1 S7-Graph 程序结构 359
9.6.2 S7-Graph 编辑界面 359
9.6.3 S7-Graph 中的步与动作 361
9.6.4 S7-Graph 函数块的接口参数 363
**9.7 S7-Graph 在顺序控制中的应用
实例 367**
9.7.1 S7-Graph 在单序列顺序控制中的应用
实例 367
9.7.2 S7-Graph 在选择序列顺序控制中的应
用实例 381
9.7.3 S7-Graph 在并行序列顺序控制中的应
用实例 392

第 10 章
西门子 S7-1500 PLC 的模拟量与 PID 闭环控制

10.1 模拟量的基本概念 399
10.1.1 模拟量处理流程 399
10.1.2 模拟值的表示及精度 400
10.1.3 模拟量输入方法 403
10.1.4 模拟量输出方法 403
**10.2 西门子 S7-1500 PLC 模拟量模块的
使用 404**
10.2.1 模拟量模块简介 404

10.2.2 模拟量模块的接线 405
10.2.3 模拟量模块参数设置 414
10.2.4 模拟量模块的应用 419
**10.3 西门子 S7-1500 PLC 的 PID 闭环
控制 422**
10.3.1 S7-1500 PLC 的模拟量处理 422
10.3.2 PID 控制器的基础知识 422
10.3.3 PID 控制实例 429

第 11 章
西门子 S7-1500 PLC 的通信与网络

11.1 通信基础知识 435
11.1.1 传输方式 435
11.1.2 串行通信的分类 435
11.1.3 串行通信的数据通路形式 437
11.1.4 串行通信的接口标准 438
11.1.5 通信传输介质 441
11.2 工业局域网基础 442
11.2.1 网络拓扑结构 442

11.2.2 网络协议 443
11.2.3 现场总线 444
11.3 SIMATIC 通信网络概述 447
11.3.1 SIMATIC 的网络层次 447
11.3.2 SIMATIC 的通信网络 448
**11.4 西门子 S7-1500 PLC 的串行
通信 449**
11.4.1 串行通信接口类型及连接方式 449

11.4.2　自由口协议通信　451
11.4.3　Modbus RTU 协议通信　461
11.5　PROFIBUS 通信　469
11.5.1　PROFIBUS 通信协议　469
11.5.2　PROFIBUS 网络组成及配置　470
11.5.3　PROFIBUS-DP 接口　472
11.5.4　PROFIBUS 网络参数设定　472

11.5.5　PROFIBUS 通信应用举例　476
11.6　PROFINET 通信　478
11.6.1　PROFINET 简介　478
11.6.2　构建 PROFINET 网络　480
11.6.3　PROFINET 网络参数分配　481
11.6.4　PROFINET 通信应用举例　484

第 12 章
西门子 S7-1500 PLC 的安装与故障诊断

12.1　PLC 硬件配置、安装与接线　486
12.1.1　PLC 硬件配置　486
12.1.2　PLC 硬件安装　488
12.1.3　PLC 接线　489

12.2　PLC 的检修与故障诊断　491
12.2.1　定期检修　491
12.2.2　故障诊断　492

参考文献

第1章

PLC 概述

自 20 世纪 60 年代末期世界上第一台 PLC 问世以来，PLC 发展十分迅速，特别是近些年来，随着微电子技术和计算机技术的不断发展，PLC 在处理速度、控制功能、通信能力及控制领域等方面都有新的突破。PLC 将传统的继电 - 接触器的控制技术和现代计算机信息处理技术的优点有机结合起来，成为工业自动化领域中最重要、应用最广的控制设备之一，并成为现代工业生产自动化的重要支柱。

1.1 PLC 简介

1.1.1 PLC 的定义

可编程控制器（PLC）是在继电器控制和计算机控制的基础上开发出来的，并逐渐发展成以微处理器为基础，综合计算机技术、自动控制技术和通信技术等现代科技为一体的新型工业自动控制装置，目前广泛应用于各种生产机械和生产过程的自动控制系统中。

因早期的可编程控制器主要用于代替继电器实现逻辑控制，因此将其称为可编程逻辑控制器（Programmable Logic Controller），简称 PLC。随着技术的发展，许多厂家采用微处理器（Micro Processor Unit，即 MPU）作为可编程控制器的中央处理单元（Central Processing Unit，即 CPU），大大加强了 PLC 功能，使它不仅具有逻辑控制功能，还具有算术运算功能和对模拟量的控制功能。据此，美国电气制造商协会（National Electrical Manufacturers Association，即 NEMA）于 1980 年将它正式命名为可编程序控制器（Programmable Controller），即简称 PC，且对 PC 作如下定义："PC 是一种数字式的电子装置，它使用了可编程序的存储器以存储指令，能完成逻辑、顺序、计时、计数和算术运算等功能，用以控制各种机械或生产过程。"

国际电工委员会（IEC）在 1985 年颁布的标准中，对可编程序控制器作如下定义："可编程序控制器是一种专为工业环境下应用而设计的数字运算操作的电子系统。它采用可编程序的存储器，用来在其内部存储执行逻辑运算、顺序控制、定时、计数和算术运算等操作的指令，并通过数字式、模拟式的输入和输出，控制各种机械或生产过程。"

PC（可编程序控制器）在工业界使用了多年，但因个人计算机（Personal Computer）也简称为 PC，为了对两者进行区别，现在通常把可编程序控制器简称为 PLC，所以本书中也将其称为 PLC。

1.1.2 PLC 的基本功能与特点

（1）PLC 的基本功能

① 逻辑控制功能　逻辑控制又称为顺序控制或条件控制，它是 PLC 应用最广泛的领域。逻辑控制功能实际上就是位处理功能，使用 PLC 的"与"（AND）、"或"（OR）、"非"（NOT）等逻辑指令，取代继电器触点的串联、并联及其他各种逻辑连接，进行开关控制。

② 定时控制功能　PLC 的定时控制，类似于继电 - 接触器控制领域中的时间继电器控制。在 PLC 中有许多可供用户使用的定时器，这些定时器的定时时间可由用户根据需要进行设定。PLC 执行时根据用户定义时间长短进行相应限时或延时控制。

③ 计数控制功能　PLC 为用户提供了多个计数器，PLC 的计数器类似于单片机中的计数器，其计数初值可由用户根据需求进行设定。执行程序时，PLC 对某个控制信号状态的改变次数（如某个开关的动合次数）进行计数，当计数到设定值时，发出相应指令以完成某项任务。

④ 步进控制功能　步进控制（又称为顺序控制）功能是指在多道加工工序中，使用步进指令控制 PLC 在完成一道工序后，自动进行下一道工序。

⑤ 数据处理功能　PLC 一般具有数据处理功能，可进行算术运算、数据比较、数据传送、数据移位、数据转换、编码、译码等操作。中大型 PLC 还可完成开方、PID 运算、浮点运算等操作。

⑥ A/D、D/A 转换功能　有些 PLC 通过 A/D、D/A 模块完成模拟量和数字量之间的转换、模拟量的控制和调节等操作。

⑦ 通信联网功能　PLC 通信联网功能是利用通信技术，进行多台 PLC 间的同位连接、PLC 与计算机连接，以实现远程 I/O 控制或数据交换。可构成集中管理、分散控制的分布式控制系统，以完成较大规模的复杂控制。

⑧ 监控功能　监控功能是指利用编程器或监视器对 PLC 系统各部分的运行状态、进程、系统中出现的异常情况进行报警和记录，甚至自动终止运行。通常小型低档 PLC 利用编程器监视运行状态；中档以上的 PLC 使用 CRT 接口，从屏幕上了解系统的工作状况。

（2）可编程控制器的特点

① 可靠性高、抗干扰能力强　继电 - 接触器控制系统使用大量的机械触点，连接线路比较繁杂，且触点通断时有可能产生电弧和机械磨损，影响其寿命，可靠性差。PLC 中采用现代大规模集成电路，比机械触点继电器的可靠性要高。在硬件和软件设计中都采用了先进技术以提高可靠性和抗干扰能力。比如，用软件代替传统继电 - 接触器控制系统中的中间继电器和时间继电器，只剩下少量的输入输出硬件，将触点因接触不良造成的故障大大减少，提高了可靠性；所有 I/O 接口电路采用光电隔离，使工业现场的外电路与 PLC 内部电路进行电气隔离；增加自诊断、纠错等功能，使其在恶劣工业生产现场的可靠性、抗干扰能力提高了。

② 灵活性好、扩展性强　继电 - 接触器控制系统是由继电器等低压电器采用硬件接线实现的，连接线路比较繁杂，而且每个继电器的触点数目有限。当控制系统功能改变时，需改变线路的连接。所以继电 - 接触器控制系统的灵活性、扩展性差。而在由 PLC 构成的控制系统中，只需在 PLC 的端子上接入相应的控制线即可，减少了接线。当控制系统功能改变时，有时只需编程器在线或离线修改程序，就能实现其控制要求。PLC 内部有大量的编程元件，能进行逻辑判断、数据处理、PID 调节和数据通信功能，可以实现非常复杂的控制功能。当元件不够时，只需加上相应的扩展单元即可，因此 PLC 控制系统的灵活性好、扩展性强。

③ 控制速度快、稳定性强　继电 - 接触器控制系统是依靠触点的机械动作来实现控制的，其触点的动断时间一般为几十毫秒，影响控制速度，有时还会出现抖动现象。PLC 控制系统是由程序指令控制半导体电路来实现的，响应速度快，一般执行一条用户指令在很短的微秒级时间内即可完成，PLC 内部有严格的同步，不会出现抖动现象。

④ 延时调整方便，精度较高　继电 - 接触器控制系统的延时控制是通过时间继电器来完成的，而时间继电器的延时调整不方便，且易受环境温度和湿度的影响，延时精度不高。PLC 控制系统的延时是通过内部时间元件来完成的，不受环境的温度和湿度的影响，定时元件的延时时间只需改变定时参数即可修改，因此其定时精度较高。

⑤ 系统设计安装快、维修方便　继电 - 接触器实现一项控制工程，其设计、施工、调试必

须依次进行，周期长，维修比较麻烦。PLC 使用软件编程取代继电 - 接触器中的硬件接线而实现相应功能，使安装接线工作量减小，现场施工与控制程序的设计还可同时进行，周期短、调试快。PLC 具有完善的自诊断、履历情报存储及监视功能，对于其内部工作状态、通信状态、异常状态和 I/O 点的状态均有显示，若控制系统有故障时，工作人员通过它即可迅速查出故障原因，及时排除故障。

1.1.3 PLC 的应用和分类

（1）可编程控制器的应用

以前由于 PLC 的制造成本较高，其应用受到一定的影响。而今，随着微电子技术的发展，PLC 的制造成本不断下降，同时 PLC 的功能大大增强，因此 PLC 目前已广泛应用于冶金、石油、化工、建材、电力、汽车、造纸、纺织、环保等行业。从应用类型看，其应用范围大致归纳为以下几种。

① 逻辑控制　PLC 可进行"与""或""非"等逻辑运算，使用触点和电路的串、并联代替继电 - 接触器系统进行组合逻辑控制、定时控制、计数控制与顺序逻辑控制。这是 PLC 应用最基本、最广泛的领域。

② 运动控制　大多数 PLC 具有拖动步进电动机或伺服电动机的单轴或多轴位置的专用运动控制模块，灵活运用指令，使运动控制与顺序逻辑控制有机结合在一起，广泛用于各种机械设备。如对各种机床、装配机械、机械手等进行运动控制。

③ 过程控制　现代中大型 PLC 都具有多路模拟量 I/O 模块和 PID 控制功能，有的小型 PLC 也具有模拟量输入输出模块。PLC 可将接收到的温度、压力、流量等连续变化的模拟量，通过这些模块实现模拟量和数字量的 A/D 或 D/A 转换，并对被控模拟量进行闭环 PID 控制。这一控制功能广泛应用于锅炉、反应堆、水处理、酿酒等方面。

④ 数据处理　现代 PLC 具有数学运算（如矩阵运算、函数运算、逻辑运算等）、数据传送、转换、排序、查表、位操作等功能，可进行数据采集、分析、处理，同时可通过通信功能将数据传送给别的智能装置，如 PLC 对计算机数值控制（CNC）设备进行数据处理。

⑤ 通信联网控制　PLC 通信包括 PLC 与 PLC、PLC 与上位机（如计算机）、PLC 与其他智能设备之间的通信。PLC 通过同轴电缆、双绞线等设备与计算机进行信息交换，可构成"集中管理、分散控制"的分布式控制系统，以满足工厂自动化（FA）系统、柔性制造系统（FMS）、集散控制系统（DCS）等发展的需要。

（2）可编程控制器的分类

PLC 种类繁多，性能规格不一，通常根据其流派、结构形式、性能高低、控制规模等方面进行分类。

1）按流派分　世界上有 200 多个 PLC 厂商，400 多个品种的 PLC 产品。这些产品，根据地域的不同，主要分成 3 个流派：美国流派产品、欧洲流派产品和日本流派产品。美国和欧洲的 PLC 技术是在相互隔离情况下独立研究开发的，因此美国和欧洲的 PLC 产品有明显的差异性。而日本的 PLC 技术是由美国引进的，对美国的 PLC 产品有一定的继承性，但日本的主推产品定位在小型 PLC 上。美国和欧洲以大中型 PLC 而闻名，而日本以小型 PLC 著称。

① 美国 PLC 产品　美国是 PLC 生产大国，有 100 多家 PLC 厂商，著名的有 A-B 公司、通用电气（GE）公司、莫迪康（MODICON）公司、德州仪器（TI）公司、西屋公司等。

A-B（Allen-Bradley，艾伦 - 布拉德利）是 Rockwell（罗克韦尔）自动化公司的知名品牌，其 PLC 产品规格齐全、种类丰富。A-B 小型 PLC 为 MicroLogix PLC，主要型号有

MicroLogix1000、MicroLogix1100、MicroLogix1200、MicroLogix1400、MicroLogix1500，其中 MicroLogix1000 体积小巧、功能全面，是小型控制系统的理想选择；MicroLogix1200 能够在空间有限的环境中，为用户提供强大的控制功能，满足不同应用项目的需要；MicroLogix1500 不仅功能完善，而且还能根据应用项目的需要进行灵活扩展，适用于要求较高的控制系统。A-B 中型 PLC 为 CompactLogix PLC，该系列 PLC 可以通过以太网、控制网、设备网来远程控制输入输出和现场设备，实现不同地点的分布式控制。A-B 大型 PLC 为 ControlLogix PLC，该系列 PLC 提供可选的用户内存模块（750KB～8MB），能解决有大量输入输出点数系统的应用问题（支持多达 4000 点模拟量和 128000 点数字量）；可以控制本地输入输出和远程输入输出；可以通过以太网（EtherNet/IP）、控制网（ControlNet）、设备网（DeviceNet）和远程输入输出（Universal Remote I/O）来监控系统中的输入和输出。

GE 公司的 PLC 代表产品是小型机 GE-1、GE-1/J、GE-1/P 等，除 GE-1/J 外，均采用模块结构。GE-1 用于开关量控制系统，最多可配置到 112 个 I/O 点。GE-1/J 是更小型化的产品，其 I/O 点最多可配置到 96 点。GE-1/P 是 GE-1 的增强型产品，增加了部分功能指令（数据操作指令）、功能模块（A/D、D/A 等）、远程 I/O 功能等，其 I/O 点最多可配置到 168 点。中型机 GE-Ⅲ，它比 GE-1/P 增加了中断、故障诊断等功能，最多可配置到 400 个 I/O 点。大型机 GE-Ⅴ，它比 GE-Ⅲ增加了部分数据处理、表格处理、子程序控制等功能，并具有较强的通信功能，最多可配置到 2048 个 I/O 点。GE-Ⅵ/P 最多可配置到 4000 个 I/O 点。

德州仪器（TI）公司的小型 PLC 产品有 510、520 和 TI100 等，中型 PLC 产品有 TI300、5TI 等，大型 PLC 产品有 PM550、530、560、565 等系列。除 TI100 和 TI300 无联网功能外，其他 PLC 都可实现通信，构成分布式控制系统。

莫迪康（MODICON）公司有 M84 系列 PLC。其中 M84 是小型机，具有模拟量控制、与上位机通信功能，最多 I/O 点为 112 点。M484 是中型机，其运算功能较强，可与上位机通信，也可多台联网，最多可扩展 I/O 点为 512 点。M584 是大型机，其容量大、数据处理和网络能力强，最多可扩展 I/O 点为 8192。M884 是增强型中型机，它具有小型机的结构和大型机的控制功能，主机模块配置 2 个 RS-232C 接口，可方便地进行组网通信。

② 欧洲 PLC 产品　德国的西门子（SIEMENS）公司、AEG 公司和法国的 TE 公司是欧洲著名的 PLC 制造商。德国西门子公司的电子产品以性能精良而久负盛名，在中大型 PLC 产品领域与美国的 A-B 公司齐名。

③ 日本 PLC 产品　日本的小型 PLC 最具特色，在小型机领域中颇具盛名。某些用欧美的中型机或大型机才能实现的控制，用日本的小型机就可以解决。日本小型 PLC 在开发较复杂的控制系统方面明显优于欧美的小型机，所以格外受用户欢迎。日本有许多 PLC 制造商，如三菱、欧姆龙、松下、富士、日立、东芝等，在世界小型 PLC 市场上，日本产品约占有 70% 的份额。

三菱公司的 PLC 是较早进入中国市场的产品。其小型机 F1/F2 系列是 F 系列的升级产品，F1/F2 系列加强了指令系统，增加了特殊功能单元和通信功能，比 F 系列有了更强的控制能力。继 F1/F2 系列之后，20 世纪 80 年代末三菱公司又推出了 FX 系列，在容量、速度、特殊功能、网络功能等方面都有了全面的加强。FX2 系列是在 20 世纪 90 年代开发的整体式高功能小型机，它配有各种通信适配器和特殊功能单元。FX2N 为高功能整体式小型机，它是 FX2 的换代产品，各种功能都有了全面的提升。近年来还不断推出满足不同要求的微型 PLC，如 FX0S、FX1S、FX0N、FX1N 及 α 系列等产品。

三菱公司的大中型机有 A 系列、QnA 系列、Q 系列，具有丰富的网络功能，I/O 点数可达 8192 点。其中 Q 系列具有超小的体积、丰富的机型、灵活的安装方式、双 CPU 协同处理、多存储器、远程口令等特点，是三菱公司现有 PLC 中最高性能的 PLC。

欧姆龙（OMRON）公司的 PLC 产品，大、中、小、微型规格齐全。微型机以 SP 系列为代表，其体积极小，速度极快。小型机有 P 型、H 型、CPM1A 系列、CPM2A 系列、CPM2C、CQM1 等。P 型机现已被性价比更高的 CPM1A 系列所取代，CPM2A/2C、CQM1 系列内置 RS-232C 接口和实时时钟，并具有软 PID 功能，CQM1H 是 CQM1 的升级产品。中型机有 C200H、C200HS、C200HX、C200HG、C200HE、CS1 系列。C200H 是前些年畅销的高性能中型机，配置齐全的 I/O 模块和高功能模块，具有较强的通信和网络功能。C200HS 是 C200H 的升级产品，指令系统更丰富、网络功能更强。C200HX/HG/HE 是 C200HS 的升级产品，有 1148 个 I/O 点，其容量是 C200HS 的 2 倍，速度是 C200HS 的 3.75 倍，有品种齐全的通信模块，是适应信息化的 PLC 产品。CS1 系列具有中型机的规模和大型机的功能，是一种极具推广价值的新机型。大型机有 C1000H、C2000H、CV（CV500/CV1000/CV2000/CVM1）等。C1000H、C2000H 可单机或双机热备运行，安装带电插拔模块，C2000H 可在线更换 I/O 模块；CV 系列中除 CVM1 外，均可采用结构化编程，易读、易调试，并具有更强大的通信功能。

进入 21 世纪后，OMRON PLC 技术的发展日新月异，升级换代呈明显加速趋势，在小型机方面已推出了 CP1H/CP1L/CP1E 等系列机型。其中，CP1H 系列 PLC 是 2005 年推出的，与以往产品 CPM2A 40 点 PLC 输入输出型尺寸相同，但处理速度可达其 10 倍。该机型外形小巧，速度极快，执行基本命令只需 0.1μs，且内置功能强大。

松下公司的 PLC 产品中，FP0 为微型机，FP1 为整体式小型机，FP3 为中型机，FP5/FP10、FP10S（FP10 的改进型）、FP20 为大型机，其中 FP20 是最新产品。松下公司近几年 PLC 产品的主要特点是：指令系统功能强；有的机型还提供可以用 FP-BASIC 语言编程的 CPU 及多种智能模块，为复杂系统的开发提供了软件手段；FP 系列各种 PLC 都配置通信机制，由于它们使用的应用层通信协议具有一致性，这给构成多级 PLC 网络和开发 PLC 网络应用程序带来方便。

2）按结构形式进行分类　根据 PLC 的硬件结构形式，将 PLC 分为整体式、模块式和混合式三类。

① 整体式 PLC　整体式 PLC 是将电源、CPU、I/O 接口等部件集中配置装在一个箱体内，形成一个整体，通常将其称为主机或基本单元。采用这种结构的 PLC 具有结构紧凑、体积小、重量轻、价格较低、安装方便等特点，但主机的 I/O 点数固定，使用不太灵活。一般小型或超小型的 PLC 通常采用整体式结构。

② 模块式 PLC　模块式结构 PLC 又称为积木式结构 PLC，它是将 PLC 各组成部分以独立模块的形式分开，如 CPU 模块、输入模块、输出模块、电源模块和各种功能模块。模块式 PLC 由框架或基板和各种模块组成，将模块插在带有插槽的基板上，组装在一个机架内。采用这种结构的 PLC 具有配置灵活、装配方便、便于扩展和维修等特点。大中型 PLC 一般采用模块式结构。

③ 混合式 PLC　混合式结构 PLC 是将整体式的结构紧凑、体积小、安装方便和模块式的配置灵活、装配方便等优点结合起来的一种新型结构 PLC。例如西门子公司生产的 S7-200 系列 PLC 就是采用这种结构的小型 PLC，西门子公司生产的 S7-300 系列 PLC 是采用这种结构的中型 PLC。

3）按性能高低进行分类　根据性能的高低，将 PLC 分为低档 PLC、中档 PLC 和高档 PLC 三类。

① 低档 PLC　低档 PLC 具有基本控制和一般逻辑运算、计时、计数等基本功能，有的还具有少量模拟量输入 / 输出、算术运算、数据传送和比较、通信等功能。这类 PLC 只适合于小规模的简单控制，在联网中一般作为从机使用。如西门子公司生产的 S7-200 系列 PLC 就属于

低档 PLC。

② 中档 PLC 中档 PLC 有较强的控制功能和运算能力，它不仅能完成一般的逻辑运算，也能完成比较复杂的三角函数、指数和 PID 运算，工作速度比较快，能控制多个输入 / 输出模块。中档 PLC 可完成小型和较大规模的控制任务，在联网中不仅可作从机，也可作主机，如西门子的 S7-300 系列 PLC 就属于中档 PLC。

③ 高档 PLC 高档 PLC 有强大的控制和运算能力，不仅能完成逻辑运算、三角函数、指数、PID 运算，还能进行复杂的矩阵运算、制表和表格传送操作。高档 PLC 可完成中型和大规模的控制任务，在联网中一般作主机，如西门子公司生产的 S7-400 系列 PLC 就属于高档 PLC。

4) 按控制规模进行分类 根据 PLC 控制器的 I/O 总点数的多少可分为小型机、中型机和大型机三种。

① 小型机 I/O 总点数在 256 点以下的 PLC 称为小型机，如西门子公司生产的 S7-200 系列 PLC、三菱公司生产的 FX2N 系列 PLC、欧姆龙公司生产的 CP1H 系列 PLC 均属于小型机。小型 PLC 通常用来代替传统继电 - 接触器控制，在单机或小规模生产过程中使用，它能执行逻辑运算、定时、计数、算术运算、数据处理和传送、高速处理、中断、联网通信及各种应用指令。I/O 总点数等于或小于 64 点的称为超小型或微型 PLC。

② 中型机 I/O 总点数在 256 ～ 2048 点之间的 PLC 称为中型机，如西门子公司生产的 S7-300 系列 PLC、欧姆龙公司生产的 CQM1H 系列 PLC 属于中型机。中型 PLC 采用模块化结构，根据实际需求，用户将相应的特殊功能模块组合在一起，使其具有数字计算、PID 调节、查表等功能，同时相应的辅助继电器增多，定时、计数范围扩大，功能更强，扫描速度更快，适用于较复杂系统的逻辑控制和闭环过程控制。

③ 大型机 I/O 总点数在 2048 点以上的 PLC 称为大型机，如西门子公司生产的 S7-400 系列 PLC、欧姆龙公司生产的 CS1 系列 PLC 属于大型机。I/O 总点数超过 8192 点的称为超大型 PLC 机。大型 PLC 具有逻辑和算术运算、模拟调节、联网通信、监视、记录、打印、中断控制、远程控制及智能控制等功能。目前有些大型 PLC 使用 32 位处理器，多 CPU 并行工作，具有大容量的存储器，使其扫描高速化，存储容量大大加强。

1.1.4 西门子 PLC 简介

德国西门子（SIEMENS）公司是欧洲最大的电子和电气设备制造商之一，生产的 SIMATIC 可编程控制器在欧洲处于领先地位。其第一代可编程控制器是 1975 年投放市场的 SIMATIC S3 系列的控制系统。在 1979 年，微处理器技术被广泛应用于可编程控制器中，产生了 SIMATIC S5 系列，取代了 S3 系列，之后在 20 世纪末西门子又推出了 S7 系列产品。经过多年的发展，西门子公司最新的 SIMATIC 产品主要有 SIMATIC S7、M7、C7 和 WinAC 等几大系列。

M7-300/400 采用与 S7-300/400 相同的结构，它可以作为 CPU 或功能模块使用。其显著特点是具有 AT 兼容计算机功能，使用 S7-300/400 的编程软件 STEP7 和可选的 M7 软件包，可以用 C、C ＋＋或 CFC（连续功能图）等语言来编程。M7 适合需要处理数据量大，对数据管理、显示和实时性有较高要求的系统使用。

C7 由 S7-300 PLC、HMI（人机接口）操作面板、I/O、通信和过程监控系统组成。整个控制系统结构紧凑，面向用户配置 / 编程、数据管理与通信集成于一体，具有很高的性价比。

WinAC 是在个人计算机上实现 PLC 功能，突破了传统 PLC 开放性差、硬件昂贵等缺点，WinAC 具有良好的开放性和灵活性，可以很方便地集成第三方的软件和硬件。

现今应用最为广泛的 S7 系列 PLC 是德国西门子公司在 S5 系列 PLC 基础上，于 1995 年陆续推出的，性能价格比较高的 PLC 系统。

西门子 S7 系列 PLC 体积小、速度快、标准化，具有网络通信能力，功能更强，可靠性更高。S7 系列 PLC 产品可分为微型 PLC（如 S7-200），小规模性能要求的 PLC（如 S7-300）和中、高性能要求的 PLC（如 S7-400）等，其定位及主要性能见表 1-1。

表 1-1　S7 系列 PLC 控制器的定位及主要性能

序号	控制器	定位	主要性能
1	LOGO！	低端独立自动化系统中简单的开关量解决方案和智能逻辑控制器	适用于简单自动化控制，可作为时间继电器、计数器和辅助接触器的替代开关设备。采用模块化设计，柔性应用。有数字量、模拟量和通信模块，具有用户界面友好、配置简单的特点
2	S7-200	低端的离散自动化系统和独立自动化系统中使用的紧凑型逻辑控制器模块	采用整体式设计，其 CPU 集成 I/O，具有实时处理能力，带有高速计数器、报警输入和中断
3	S7-300	中端的离散自动化系统中使用的控制器模块	采用模块式设计，具有通用型应用和丰富的 CPU 模块种类，由于使用 MMC 存储程序和数据，系统免维护
4	S7-400	高端的离散自动化系统中使用的控制器模块	采用模块式设计，具有特别高的通信和处理能力，其定点加法或乘法指令执行速度最快可达 0.03μs，支持热插拔和在线 I/O 配置，避免重启，具备等时模块，可以通过 PROFIBUS 控制高速机器
5	S7-200 SMART	低端的离散自动化系统和独立自动化系统中使用的紧凑型逻辑控制器模块，是 S7-200 的升级版本	采用整体式设计，其结构紧凑、组态灵活、指令丰富、功能强大、可靠性高，具有体积小、运算速度快、性价比高、易于扩展等特点，适合自动化工程中的各种应用场合
6	S7-1200	中低端的离散自动化系统和独立自动化系统中使用的小型控制器模块	采用模块式设计，CPU 模块集成了 PROFINET 接口，具有强大的计数、测量、闭环控制及运动控制功能，在直观高效的 STEP 7 Basic 项目系统中可直接组态控制器和 HMI
7	S7-1500	中高端系统	S7-1500 控制器除了包含多种创新技术之外，还设定了新标准，最大程度提高生产效率。无论是小型设备还是对速度和准确性要求较高的复杂设备装置，都一一适用。S7-1500 PLC 无缝集成到 TIA Portal（博途）中，极大提高了项目组态的效率

S7-200 PLC 是超小型化的 PLC，由于其具有紧凑的设计、良好的扩展性、低廉的价格和强大的指令系统，它能适用于各行各业，各种场合中的自动检测、监测及控制等。S7-200 PLC 的强大功能使其无论是单机运行，或连成网络都能实现复杂的控制功能。

S7-300 PLC 是模块化小型 PLC 系统，能满足中等性能要求的应用。各种单独的模块之间可进行广泛组合构成不同要求的系统。与 S7-200 PLC 比较，S7-300 PLC 采用模块化结构，具备高速（0.6 ~ 0.1μs）的指令运算速度；用浮点数运算比较有效地实现了更为复杂的算术运算；一个带标准用户接口的软件工具方便用户给所有模块进行参数赋值；方便的人机界面服务已经集成在 S7-300 操作系统内，人机对话的编程要求大大减少。SIMATIC 人机界面（HMI）从 S7-300 中取得数据，S7-300 按用户指定的刷新速度传送这些数据。S7-300 操作系统自动地处理数据的传送；CPU 的智能化的诊断系统连续监控系统的功能是否正常、记录错误和特殊系统事件（例如：超时，模块更换，等等）；多级口令保护可以使用户高度、有效地保护其技术机密，防止未经允许的复制和修改；S7-300 PLC 设有操作方式选择开关，操作方式选择开关像钥匙一样可以拔出，当拔出时，就不能改变操作方式，这样就可防止非法删除或改写用户程序。S7-300 PLC 具备强大的通信功能，可通过编程软件 Step 7 的用户界面提供通信组态功能，这使得组态非常容易、简单。S7-300 PLC 具有多种不同的通信接口，并通过多种通信处理器来连接 AS-I 总线接口和工业以太网总线系统；串行通信处理器用来连接点到点的通信系统；多点接口（MPI）集成在 CPU 中，用于同时连接编程器、PC 机、人机界面系统及其他

SIMATIC S7/M7/C7 等自动化控制系统。

S7-400 PLC 是用于中、高档性能范围的可编程控制器。该系列 PLC 采用模块化无风扇的设计，可靠耐用，同时可以选用多种级别（功能逐步升级）的 CPU，并配有多种通用功能的模板，这使用户能根据需要组合成不同的专用系统。当控制系统规模扩大或升级时，只要适当地增加一些模板，便能使系统升级和充分满足需要。

S7-200 SMART PLC 是西门子公司于 2012 年推出的专门针对我国市场的高性价比微型 PLC，可作为国内广泛使用的 S7-200 PLC 的替代产品。S7-200 SMART 的 CPU 内可安装一块多种型号的信号板，配置较灵活，保留了 S7-200 的 RS-485 接口，集成了一个以太网接口，还可以用信号板扩展一个 RS-485/RS-232 接口。用户通过集成的以太网接口，可以用 1 根以太网线，实现程序的下载和监控，也能实现与其他 CPU 模块、触摸屏和计算机的通信和组网。S7-200 SMART 的编程语言、指令系统、监控方法和 S7-200 兼容。与 S7-200 的编程软件 STEP 7-Micro/Win 相比，S7-200 SMART 的编程软件融入了新颖的带状菜单和移动式窗口设计，先进的程序结构和强大的向导功能，使编程效率更高。S7-200 SMART 软件自带 Modbus RTU 指令库和 USS 协议指令库，而 S7-200 需要用户安装这些库。

S7-200 SMART PLC 主要应用于小型单机项目，而 S7-1200 定位于中低端小型 PLC 产品线，可应用于中型单机项目或一般性的联网项目。S7-1200 是西门子公司于 2009 年推出的一款紧凑型、模块化的 PLC，其硬件由紧凑模块化结构组成，其系统 I/O 点数、内存容量均比 S7-200 多出 30%，充分满足市场的针对小型 PLC 的需求，可作为 S7-200 和 S7-300 之间的替代产品。S7-1200 具有集成的 PROFINET 接口，可用于编程、HMI 通信和 PLC 间的通信。S7-1200 带有 6 个高速计数器，可用于高速计数和测量。S7-1200 集成了 4 个高速脉冲输出，可用于步进电机或伺服驱动器的速度和位置控制。S7-1200 提供了多达 16 个带自动调节功能的 PID 控制回路，用于简单的闭环过程控制。

S7-1500 PLC 是西门子公司对 S7-300/400 PLC 进行进一步开发，于 2013 年推出的一种模块化控制系统。它缩短了程序扫描周期，其 CPU 位指令的处理时间最短可达 1ns；集成运动控制，可最多控制 128 轴；CPU 配置显示面板，通过该显示面板可设置操作密码、CPU 的 IP 地址等。S7-1500 PLC 配置的标准通信接口是 PROFINET 接口，取消了 S7-300/400 PLC 标准配置的 MPI 接口，此外 S7-1500 PLC 在少数的 CPU 上配置了 PROFIBUS-DP 接口，因此用户如需要进行 PROFIBUS-DP 通信，则需要配置相应的通信模块。

1.2 PLC 的组成及工作原理

1.2.1 PLC 的组成

PLC 的种类很多，但结构大同小异，PLC 的硬件系统主要由中央处理器（CPU）、存储器、I/O（输入 / 输出）接口、电源、通信接口、扩展接口等单元部件组成。整体式 PLC 的结构形式如图 1-1 所示，模块式 PLC 的结构形式如图 1-2 所示。

（1）中央处理器 CPU

PLC 的中央处理器与一般的计算机控制系统一样，由运算器和控制器构成，是整个系统的核心，类似于人类的大脑和神经中枢。它是 PLC 的运算、控制中心，用来实现逻辑和算术运算，并对全机进行控制，按 PLC 中系统程序赋予的功能，有条不紊地指挥 PLC 进行工作，主要完成以下任务。

① 控制从编程器、上位计算机和其他外部设备键入的用户程序数据的接收和存储。

② 用扫描方式通过输入单元接收现场输入信号，并存入指定的映像寄存器或数据寄存器。

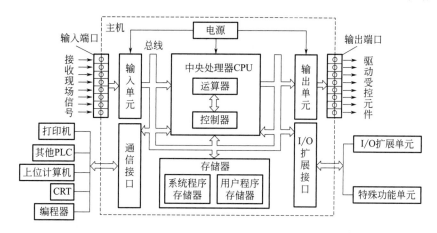

图 1-1　整体式 PLC 的结构形式

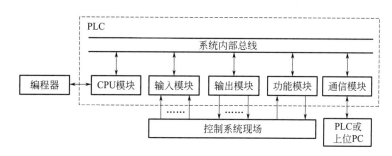

图 1-2　模块式 PLC 的结构形式

③ 诊断电源和 PLC 内部电路的工作故障和编程中的语法错误等。

④ PLC 进入运行状态后，执行相应工作：a. 从存储器逐条读取用户指令，经过命令解释后，按指令规定的任务产生相应的控制信号去启闭相关控制电路，通俗地讲就是执行用户程序，产生相应的控制信号；b. 进行数据处理，分时、分渠道执行数据存取、传送、组合、比较、变换等动作，完成用户程序中规定的逻辑运算或算术运算等任务；c. 根据运算结果，更新有关标志位的状态和输出寄存器的内容，再由输入映像寄存器或数据寄存器的内容，实现输出控制、制表、打印、数据通信等。

（2）存储器

PLC 中存储器的功能与普通微机系统的存储器的结构类似，它由系统程序存储器和用户程序存储器等部分构成。

1）系统程序存储器　系统程序存储器是用 EPROM 或 E²PROM 来存储厂家编写的系统程序的存储器。系统程序是指控制和完成 PLC 各种功能的程序，相当于单片机的监控程序或微机的操作系统，在很大程度上它决定该系列 PLC 的性能与质量，用户无法更改或调用。系统程序有系统管理程序、用户程序编辑和指令解释程序、标准子程序和调用管理程序 3 种类型。

① 系统管理程序：由它决定系统的工作节拍，包括 PLC 运行管理（各种操作的时间分配安排）、存储空间管理（生成用户数据区）和系统自诊断管理（如电源、系统出错，程序语法、句法检验等）。

② 用户程序编辑和指令解释程序：编辑程序能将用户程序变为内码形式以便于程序的修改、调试。解释程序能将编程语言变为机器语言便于 CPU 操作运行。

③ 标准子程序和调用管理程序：为了提高运行速度，在程序执行中某些信息处理（I/O 处理）或特殊运算等都是通过调用标准子程序来完成的。

2）用户程序存储器　用户程序存储器用来存放用户的应用程序和数据，它包括用户程序存储器（程序区）和用户数据存储器（数据区）两种。

程序存储器用以存储用户程序。数据存储器用来存储输入、输出以及内部接点和线圈的状态以及特殊功能要求的数据。

用户存储器的内容可以由用户根据需要任意读 / 写、修改、增删。常用的用户存储器形式有高密度、低功耗的 CMOS RAM（由锂电池实现断电保护，一般能保持 5 ～ 10 年，经常带负载运行也可保持 2 ～ 5 年）、EPROM 和 E²PROM 三种。

（3）输入 / 输出单元（I/O 单元）

输入 / 输出单元又称为输入 / 输出模块，它是 PLC 与工业生产设备或工业过程连接的接口。现场的输入信号，如按钮开关、行程开关、限位开关以及各传感器输出的开关量或模拟量等，都要通过输入模块送到 PLC 中。由于这些信号电平各式各样，而 PLC 的 CPU 所处理的信息只能是标准电平，所以输入模块还需要将这些信号转换成 CPU 能够接收和处理的数字信号。输出模块的作用是接收 CPU 处理过的数字信号，并把它转换成现场的执行部件所能接收的控制信号，以驱动负载，如电磁阀、电动机、显示灯等。

PLC 的输入 / 输出单元上通常都有接线端子，PLC 类型的不同，其输入 / 输出单元的接线方式不同，通常分为汇点式、分组式和隔离式 3 种接线方式，如图 1-3 所示。

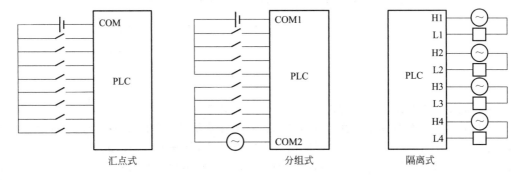

汇点式　　　　　　　　　分组式　　　　　　　　　隔离式

图 1-3　输入 / 输出单元 3 种接线方式

输入 / 输出单元分别只有一个公共端 COM 的称为汇点式，其输入或输出点共用一个电源；分组式是指将输入 / 输出端子分为若干组，每组的 I/O 电路有一个公共点并共用一个电源，组与组之间的电路隔开；隔离式是指具有公共端子的各组输入 / 输出点之间互相隔离，可各自使用独立的电源。

PLC 提供了各种操作电平和驱动能力的输入 / 输出模块供用户选择，如数字量输入 / 输出模块、模拟量输入 / 输出模块。这些模块又分为直流与交流型、电压与电流型等。

1）数字量输入模块　数字量输入模块又称为开关量输入模块，它是将工业现场的开关量信号转换为标准信号传送给 CPU，并保证信息的正确和控制器不受其干扰。它一般是采用光电耦合电路与现场输入信号相连，这样可以防止使用环境中的强电干扰进入 PLC。光电耦合电路的核心是光电耦合器，其结构由发光二极管和光电三极管构成。现场输入信号的电源可由用户提供，直流输入信号的电源也可由 PLC 自身提供。数字量输入模块根据使用电源的不同分为直流输入模块（直流 12V 或 24V）和交流输入模块（交流 100 ～ 120V 或 200 ～ 240V）两种。

① 直流输入模块　当外部检测开关接点接入的是直流电压时，需使用直流输入模块对信号进行检测。下面以某一输入点的直流输入模块为例进行讲解。

直流输入模块的原理电路如图 1-4 所示。外部检测开关 S 的一端接外部直流电源（直流 12V 或 24V），S 的另一端与 PLC 的输入模块的一个信号输入端子相连，外部直流电源的另一端接 PLC 输入模块的公共端 COM。虚线框内的是 PLC 内部输入电路，R1 为限流电阻；R2 和 C 构成滤波电路，抑制输入信号中的高频干扰；LED 为发光二极管。当 S 闭合时，直流电源经 R1、R2 和 C 的分压、滤波后形成 3V 左右的稳定电压供给 VLC 光电隔离耦合器，LED 显示某一输入点有无信号输入。VLC 光电隔离耦合器另一侧的光电三极管接通，此时 A 点为高电平，内部 +5V 电压经 R3 和滤波器形成适合 CPU 所需的标准信号送入内部电路中。

内部电路中的锁存器将送入的信号暂存，CPU 执行相应的指令后，通过地址信号和控制信号读取锁存器中的数据信号。

当输入电源由 PLC 内部提供时，外部电源断开，将现场检测开关的公共接点直接与 PLC 输入模块的公共输入点 COM 相连即可。

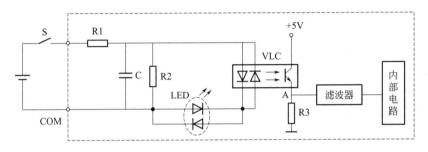

图 1-4 直流输入电路

② 交流输入模块　当外部检测开关接点加入的是交流电压时，需使用交流输入模块进行信号的检测。

交流输入模块的原理电路如图 1-5 所示。外部检测开关 S 的一端接外部交流电源（交流 100 ～ 120V 或 200 ～ 240V），S 的另一端与 PLC 的输入模块的一个信号输入端子相连，外部交流电源的另一端接 PLC 输入模块的公共端 COM。虚线框内的是 PLC 内部输入电路，R1 和 R2 构成分压电路；C 为隔直电容，用来滤掉输入电路中的直流成分，对交流相当于短路；LED 为发光二极管。当 S 闭合时，PLC 可输入交流电源，其工作原理与直流输入电路类似。

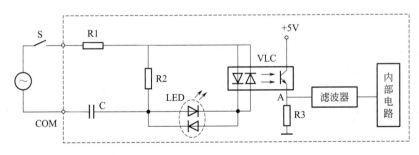

图 1-5 交流输入电路

③ 交直流输入模块　当外部检测开关接点加入的是交流或直流电压时，需使用交直流输入模块进行信号的检测，如图 1-6 所示。从图中看出，其内部电路与直流输入电路类似，只不过交直流输入电路的外接电源除直流电源外，还可用 12 ～ 24V 的交流电源。

2）数字量输出模块　数字量输出模块又称为开关量输出模块，它是将 PLC 内部信号转换成现场执行机构所能接收的各种开关信号。数字量输出模块按照使用电源（即用户电源）的不同，分为直流输出模块、交流输出模块和交直流输出模块 3 种。按照输出电路所使用的开关器件不同，又分为晶体管输出、晶闸管（即可控硅）输出和继电器输出，其中晶体管输出方式的模块只能带直流负载；晶闸管输出方式的模块只能带交流负载；继电器输出方式的模块既可带交流也可带直流的负载。

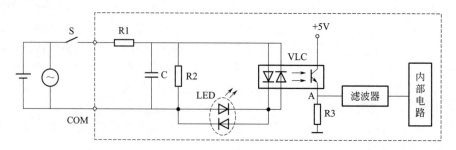

图 1-6　交直流输入电路

① 直流输出模块（晶体管输出方式）　PLC 某 I/O 点直流输出模块（晶体管输出方式）电路如图 1-7 所示，虚线框内表示 PLC 的内部结构。它由 VLC 光电隔离耦合器件、LED 二极管显示、VT 输出电路、VD 稳压管、熔断器 FU 等组成。当某端需输出时，CPU 控制锁存器的对应位为 1，通过内部电路控制 VLC 输出，晶体管 VT 导通输出，相应的负载接通，同时输出指示灯 LED 亮，表示该输出端有输出。当某端不需要输出时，锁存器相应位为 0，VLC 光电隔离耦合器没有输出，VT 晶体管截止，使负载失电，此时 LED 指示灯熄灭，负载所需直流电源由用户提供。

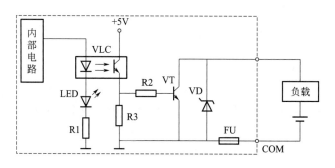

图 1-7　晶体管输出电路

② 交流输出模块（晶闸管输出方式）　PLC 某 I/O 点交流输出模块（晶闸管输出方式）电路如图 1-8 所示，虚线框内表示 PLC 的内部结构。图中双向晶闸管（光控晶闸管）为输出开关器件，由它和发光二极管组成的固态继电器 T 有良好的光电隔离作用；电阻 R2 和 C 构成了高频滤波电路，减少高频信号的干扰；浪涌吸收器起限幅作用，将晶闸管上的电压限制在 600V

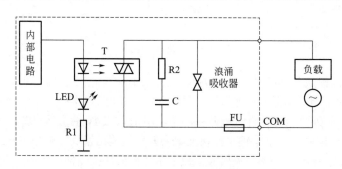

图 1-8　晶闸管输出电路

以下；负载所需交流电源由用户提供。当某端需输出时，CPU 控制锁存器的对应位为 1，通过内部电路控制 T 导通，相应的负载接通，同时输出指示灯 LED 亮，表示该输出端有输出。

③ 交直流输出模块（继电器输出方式）　PLC 某 I/O 点交直流输出模块（继电器输出方式）电路如图 1-9 所示，它的输出驱动是 K 继电器。K 继电器既是输出开关，又是隔离器件；R2 和 C 构成灭弧电路。当某端需输出时，CPU 控制锁存器的对应位为 1，通过内部电路控制 K 吸合，相应的负载接通，同时输出指示灯 LED 亮，表示该输出端有输出。负载所需交直流电源由用户提供。

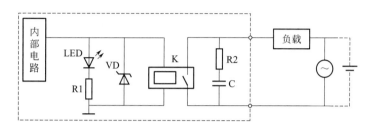

图 1-9　继电器输出电路

通过上述分析可知，为防止干扰和保证 PLC 不受外界强电的侵袭，I/O 单元都采用了电气隔离技术。晶体管只能用于直流输出模块，它具有动作频率高、响应速度快、驱动负载能力小的特点；晶闸管只能用于交流输出模块，它具有响应速度快、驱动负载能力不大的特点；继电器既能用于直流也能用于交流输出模块，它的驱动负载能力强，但动作频率和响应速度慢。

3）模拟量输入模块　模拟量输入模块是将输入的模拟量如电流、电压、温度、压力等转换成 PLC 的 CPU 可接收的数字量。在 PLC 中将模拟量转换成数字量的模块又称为 A/D 模块。

4）模拟量输出模块　模拟量输出模块是将输出的数字量转换成外部设备可接收的模拟量，这样的模块在 PLC 中又称为 D/A 模块。

（4）电源单元

PLC 的电源单元通常是将 220V 的单相交流电源转换成 CPU、存储器等电路工作所需的直流电，它是整个 PLC 系统的能源供给中心，电源的好坏直接影响 PLC 的稳定性和可靠性。对于小型整体式 PLC，其内部有一个高质量的开关稳压电源，为 CPU、存储器、I/O 单元提供 5V 直流电源，还可为外部输入单元提供 24V 直流电源。

（5）通信接口

为了实现微机与 PLC、PLC 与 PLC 间的对话，PLC 配有多种通信接口，如打印机、上位计算机、编程器等接口。

（6）I/O 扩展接口

I/O 扩展接口用于将扩展单元或特殊功能单元与基本单元相连，使 PLC 的配置更加灵活，以满足不同控制系统的要求。

1.2.2　PLC 的工作原理

PLC 虽然以微处理器为核心，具有微型计算机的许多特点，但它的工作方式却与微型计算机有很大不同。微型计算机一般采用等待命令或中断的工作方式，如常见的键盘扫描方式或 I/O 扫描方式，当有键按下或 I/O 动作时，则转入相应的子程序或中断服务程序；无键按下，则继续扫描等待。而 PLC 采用循环扫描的工作方式，即"顺序扫描，不断循环"。

用户程序通过编程器或其他输入设备输入存放在 PLC 的用户存储器中。当 PLC 开始运行时，CPU 根据系统监控程序的规定顺序，通过扫描，完成各输入点状态采集或输入数据采集、用户程序的执行、各输出点状态的更新、编程器键入响应和显示器更新以及 CPU 自检等功能。

PLC 的扫描可按固定顺序进行，也可按用户程序规定的顺序进行。这不仅仅是因为有的程序不需要每扫描一次执行一次，也是因为在一个大控制系统，需要处理的 I/O 点数较多。通过不同的组织模块的安排，采用分时分批扫描执行方法，可缩短扫描周期和提高控制的实时性。

PLC 采用集中采样、集中输出的工作方式，减少了外界干扰的影响。PLC 的循环扫描过程分为输入采样（或输入处理）、程序执行（或程序处理）和输出刷新（或输出处理）三个阶段。

（1）输入采样阶段

在输入采样阶段，PLC 以扫描方式按顺序将所有输入端的输入状态进行采样，并将采样结果分别存入相应的输入映像寄存器中，此时输入映像寄存器被刷新。接着进入程序执行阶段，在程序执行期间即使输入状态变化，输入映像寄存器的内容也不会改变，输入状态的变化只在下一个工作周期的输入采样阶段才被重新采样到。

（2）程序执行阶段

在程序执行阶段，PLC 是按顺序对程序进行扫描执行。如果程序用梯形图表示，则总是按先上后下、先左后右的顺序进行。若遇到程序跳转指令，则根据跳转条件是否满足来决定程序的跳转地址。当指令中涉及输入、输出状态时，PLC 从输入映像寄存器将上一阶段采样的输入端子状态读出，从元件映像寄存器中读出对应元件的当前状态，并根据用户程序进行相应运算，然后将运算结果再存入元件寄存器中，对于元件映像寄存器来说，其内容随着程序的执行而发生改变。

（3）输出刷新阶段

当所有指令执行完后，进入输出刷新阶段。此时，PLC 将输出映像寄存器中所有与输出有关的输出继电器的状态转存到输出锁存器中，并通过一定的方式输出，驱动外部负载。

PLC 工作过程除了包括上述三个主要阶段外，还要完成内部处理、通信处理等工作。在内部处理阶段，PLC 检查 CPU 模块内部的硬件是否正常，将监控定时器复位，以及完成一些别的内部工作。在通信服务阶段，PLC 与其他的带微处理器的智能装置实现通信。

1.3 PLC 与其他顺序逻辑控制系统的比较

1.3.1 PLC 与继电器控制系统的比较

PLC 控制系统与继电器控制系统相比，有许多相似之处，也有许多不同。现将两控制系统进行比较。

（1）从控制逻辑上进行比较

继电器控制系统控制逻辑采用硬件接线，利用继电器机械触点的串联或并联等组合构成控制逻辑，其连线多且复杂、体积大、功耗大，系统构成后，想再改变或增加功能较为困难。另外，继电器的触点数量有限，所以继电器控制系统的灵活性和可扩展性受到很大限制。而 PLC 采用了计算机技术，其控制逻辑是以程序的方式存放在存储器中，要改变控制逻辑只需改变程序，因而很容易改变或增加系统功能。PLC 控制系统连线少、体积小、功耗小，而且 PLC 中每只软继电器的触点数，理论上是无限制的，因此其灵活性和可扩展性很好。

（2）从工作方式上进行比较

在继电器控制电路中，当电源接通时，电路中所有继电器都处于受制约状态，即该吸合的继电器都同时吸合，不该吸合的继电器受某种条件限制而不能吸合，这种工作方式称为并行工作方式。而 PLC 的用户程序是按一定顺序循环执行，所以各软继电器都处于周期性循环扫描接通中，受同一条件制约的各个继电器的动作次序取决于程序扫描顺序，同它们在梯形图中的位置有关，这种工作方式称为串行工作方式。

（3）从控制速度上进行比较

继电器控制系统依靠机械触点的动作以实现控制，工作频率低，触点的开关动作一般在几十毫秒数量级，且机械触点还会出现抖动问题。而 PLC 是通过程序指令控制半导体电路来实现控制的，一般一条用户指令的执行时间在微秒数量级，因此速度较快，PLC 内部还有严格的同步控制，不会出现触点抖动问题。

（4）从定时和计数控制上进行比较

继电器控制系统采用时间继电器的延时动作进行时间控制，时间继电器的延时时间易受环境温度和温度变化的影响，定时精度不高且调整时间困难。而 PLC 采用半导体集成电路作定时器，时钟脉冲由晶体振荡器产生，精度高，定时范围一般从 0.1s 到若干分钟甚至更长，用户可根据需要在程序中设定定时值，修改方便，不受环境的影响。PLC 具有计数功能，而继电器控制系统一般不具备计数功能。

（5）从可靠性和可维护性上进行比较

由于继电器控制系统使用了大量的机械触点，连线多。触点开闭时存在机械磨损、电弧烧伤等现象，触点寿命短，所以可靠性和可维护性较差。而 PLC 采用半导体技术，大量的开关动作由无触点的半导体电路来完成，其寿命长、可靠性高，PLC 还具有自诊断功能，能查出自身的故障，随时显示给操作人员，并能动态地监视控制程序的执行情况，为现场调试和维护提供了方便。

（6）从价格上进行比较

继电器控制系统使用机械开关、继电器和接触器，价格较便宜。而 PLC 采用大规模集成电路，价格相对较高。一般认为在少于 10 个继电器装置时，使用继电器控制逻辑比较经济；在需要 10 个以上的继电器场合，使用 PLC 比较经济。

从上面的比较可知，PLC 在性能上比继电器控制系统优异。特别是它具有可靠性高、设计施工周期短、调试修改方便、体积小、功耗低、使用维护方便的优点。但其价格高于继电器控制系统。

1.3.2 PLC 与微型计算机控制系统的比较

虽然 PLC 采用了计算机技术和微处理器，但它与计算机相比也有许多不同。现将两控制系统进行比较。

（1）从应用范围上进行比较

微型计算机除了用在控制领域外，还大量用于科学计算、数据处理、计算机通信等方面，而 PLC 主要用于工业控制。

（2）从工作环境上进行比较

微型计算机对工作环境要求较高，一般要在干扰小，具有一定温度和湿度的室内使用，而 PLC 是专为适应工业控制的恶劣环境而设计的，适应工程现场的环境。

（3）从程序设计上进行比较

微型计算机具有丰富的程序设计语言，如汇编语言、VC、VB 等，其语法关系复杂，要求使用者必须具有一定水平的计算机软硬件知识，而 PLC 采用面向控制过程的逻辑语言，以继电器逻辑梯形图为表达方式，形象直观、编程操作简单，可在较短时间内掌握它的使用方法和编程技巧。

（4）从工作方式上进行比较

微型计算机一般采用等待命令方式，运算和响应速度快，PLC 采用循环扫描的工作方式，其输入、输出存在响应滞后，速度较慢。对于快速系统，PLC 的使用受扫描速度的限制。另外，PLC 一般采用模块化结构，可针对不同的对象和控制需要进行组合和扩展，具有很大的灵活性和很高的性价比，维修也更简便。

（5）从输入输出上进行比较

微型计算机系统的 I/O 设备与主机之间采用微型计算机联系，一般不需要电气隔离。PLC 一般控制强电设备，需要电气隔离，输入输出均用"光 - 电"耦合，输出还采用继电器，晶闸管或大功率晶体管进行功率放大。

（6）从价格上进行比较

微型计算机是通用机，功能完备，价格较高；PLC 是专用机，功能较少，价格相对较低。

从以上几个方面的比较可知，PLC 是一种用于工业自动化控制的专用微机控制系统，结构简单，抗干扰能力强，易于学习和掌握，价格也比一般的微机系统便宜。在同一系统中，一般 PLC 集中在功能控制方面，而微型计算机作为上位机集中在信息处理和 PLC 网络的通信管理上，两者相辅相成。

1.3.3　PLC 与单片机控制系统的比较

单片机具有结构简单、使用方便、价格便宜等优点，一般用于弱电控制。PLC 是专门为工业现场的自动化控制而设计的，现将两控制系统进行比较。

（1）从使用者学习掌握的角度进行比较

单片机的编程语言一般为汇编语言或单片机 C 语言，这就要求设计人员具备一定的计算机硬件和软件知识，对于只熟悉机电控制的技术人员来说，需要相当长的一段时间的学习才能掌握。PLC 虽然配置上是一种微型计算机系统，但它提供给用户使用的是机电控制员所熟悉的梯形图语言，使用的术语仍然是"继电器"一类的术语，大部分指令与继电器触点的串并联相对应，这就让熟悉机电控制的工程技术人员一目了然。对于使用者来说，不必去关心微型计算机的一些技术问题，只需用较短时间去熟悉 PLC 的指令系统及操作方法，就能应用到工程现场。

（2）从简易程序上进行比较

单片机用来实现自动控制时，一般要在输入 / 输出接口上做大量工作。例如要考虑现场与单片机的连接、接口的扩展、输入 / 输出信号的处理、接口工作方式等问题，除了要设计控制程序外，还要在单片机的外围做很多软硬件工作，系统的调试也较复杂。PLC 的 I/O 口已经做好，输入接口可以与输入信号直接连线，非常方便，输出接口也具有一定的驱动能力。

（3）从可靠性上进行比较

单片机进行工业控制时，易受环境的干扰。PLC 是专门应用于工程现场的自动控制装置，在系统硬件和软件上都采取了抗干扰措施，其可靠性较高。

（4）从价格上进行比较

单片机价格便宜，功能强大，既可以用于价格低廉的民用产品，也可用于昂贵复杂的特殊应用系统，自带完善的外围接口，可直接连接各种外设，有强大的模拟量和数据处理能力。PLC 的价格昂贵，体积大，功能扩展需要较多的模块，并且不适合大批量重复生产的产品。

从以上分析可知，PLC 在数据采集、数据处理通用性和适应性等方面不如单片机，但 PLC 用于控制时稳定可靠，抗干扰能力强，使用方便。

1.3.4 PLC 与 DCS 的比较

集散控制系统（Distributed Control System，简称 DCS），又称分布式控制系统，它是集计算机技术、控制技术、网络通信技术和图形显示技术于一体的系统。PLC 是由早期继电器逻辑控制系统与微型计算机技术相结合而发展起来的，它以微处理器为主，融计算机技术、控制技术和通信技术于一体，集顺序控制、过程控制和数据处理于一身的可编程逻辑控制器。现将 PLC 与 DCS 两者进行比较。

（1）从逻辑控制方面进行比较

DCS 是从传统的仪表盘监控系统发展而来的。它侧重于仪表控制，比如我们使用的 ABB Freelance2000 DCS 系统甚至没有 PID 数量的限制。PID，即比例微分积分算法，是调节阀、变频器闭环控制的标准算法。通常 PID 的数量决定了可以使用的调节阀数量。PLC 从传统的继电器回路发展而来，最初的 PLC 甚至没有模拟量的处理能力，因此，PLC 从开始就强调的是逻辑运算能力。

DCS 开发控制算法采用仪表技术人员熟悉的风格，仪表人员很容易将 P&I 图（Piping and Instrument Diagram，管道及仪表流程图）转化成 DCS 提供的控制算法，而 PLC 采用梯形图逻辑来实现过程控制，对于仪表人员来说相对困难。尤其是复杂回路的算法，不如 DCS 实现起来方便。

（2）从网络扩展方面进行比较

DCS 在发展的过程中各厂家自成体系，但大部分的 DCS 系统，比如西门子、ABB、霍尼韦尔、GE、施耐德等，虽说系统内部（过程级）的通信协议不尽相同，但这些协议均建立在标准串口传输协议 RS232 或 RS485 协议的基础上。DCS 操作级的网络平台不约而同选择了以太网络，采用标准或变形的 TCP/IP 协议。这样就提供了很方便的可扩展能力。在这种网络中，控制器、计算机均作为一个节点存在，只要网络到达的地方，就可以随意增减节点数量和布置节点位置。另外，基于 Windows 系统的 OPC、DDE 等开放协议，各系统也可很方便地通信，以实现资源共享。

目前，由于 PLC 把专用的数据高速公路（High Way）改成通用的网络，并采用专用的网络结构（比如西门子的 MPI 总线性网络），使 PLC 有条件和其他各种计算机系统和设备实现集成，以组成大型的控制系统。PLC 系统的工作任务相对简单，因此需要传输的数据量一般不会太大，所以 PLC 不会或很少使用以太网。

（3）从数据库方面进行比较

DCS 一般都提供统一的数据库，也就是在 DCS 系统中一旦一个数据存在于数据库中，就可在任何情况下引用，比如在组态软件中、在监控软件中、在趋势图中、在报表中等。而 PLC 系统的数据库通常都不是统一的，组态软件和监控软件甚至归档软件都有自己的数据库。

（4）从时间调度方面进行比较

PLC 的程序一般是按顺序进行执行（即从头到尾执行一次后又从头开始执行），而不能按事先设定的循环周期运行。虽然现在一些新型 PLC 有所改进，不过对任务周期的数量还是有限制。而 DCS 可以设定任务周期，比如快速任务等。同样是传感器的采样，压力传感器的变化时间很短，可以用 200ms 的任务周期采样，而温度传感器的滞后时间很大，可以用 2s 的任务周期采样。这样，DCS 可以合理地调度控制器的资源。

（5）从应用对象方面进行比较

PLC 一般应用在小型自控场所，比如设备的控制或少量模拟量的控制及联锁，而大型的应用一般都是 DCS。当然，这个概念不太准确，但很直观，习惯上把大于 600 点的系统称为 DCS，小于这个规模叫作 PLC。热泵及 QCS、横向产品配套的控制系统一般称为 PLC。

总之，PLC 与 DCS 发展到今天，事实上都在向彼此靠拢，严格地说，现在的 PLC 与 DCS 已经不能一刀切开，很多时候它们之间的概念已经模糊了。

第 2 章

西门子 S7-1500 PLC 的硬件系统

西门子 S7-1500 PLC 是西门子公司于 2013 年推出的一款大型模块式 PLC，采用无风扇设计，很容易实现分布式结构，而且操作方便，适用于离散自动化领域中的各种应用场合。S7-1500 PLC 具有品种繁多的 CPU 模块、信号模块和功能模块，根据应用对象的不同，可选用不同型号和不同数量的模块。

2.1 西门子 S7-1500 PLC 的性能特点及硬件系统组成

2.1.1 性能特点

S7-1500 PLC 是在 S7-300/400 PLC 的基础上进一步开发的自动系统，具有电磁兼容性好、抗冲击和振动能力强、工业适应性很强等特点，因而得到了广泛应用。其新的性能特点如下。

（1）系统性能提高

① 缩短了响应时间，提高了生产效率；

② 缩短了程序循环时间；

③ CPU 位指令处理时间最短可达 1ns；

④ 集成运动控制，可控制高达 128 轴。

（2）CPU 配置显示面板

① 统一纯文本诊断信息，缩短停机和诊断时间；

② 即插即用，无需编程；

③ 可设置操作密码；

④ 可设置 CPU 的 IP 地址。

（3）配置 PROFINET 标准接口

① 具有 PN IRT 功能，可确保精准的响应时间以及工厂设备的高精度操作；

② 集成具有不同 IP 地址的标准以太网口和 PROFINET 网口；

③ 集成网络服务器，可通过网页浏览器快速浏览诊断信息。

（4）创新的存储机制

① 灵活的存储卡机制，适合各种项目规模；

② 较大的存储空间，可存储项目数据、归档、配方和相关文档；

③ 优化存储的程序块，可提高处理器的访问速度。

（5）优化的诊断机制

① STEP 7、HMI、Web Server、CPU 显示面板支持统一数据显示，可进行高效故障分析；

② 集成系统诊断功能，模块系统诊断功能支持即插即用模式；

③ 即便 CPU 处于停止模式，也不会丢失系统故障和报警消息。

2.1.2 硬件系统组成

S7-1500 PLC 采用配置灵活的模块式结构，其硬件系统主要包括导轨、电源模块、CPU 模块和 I/O 模块，其系统组成示意图如图 2-1 所示。CPU 模块是 S7-1500 PLC 的核心，主要执行用户程序。广义的 I/O 模块包括信号模块（数字量模块和模拟量模块）、通信模块、工艺模块和分布式模块等，用于连接输入 / 输出设备，或实现网络连接等功能。

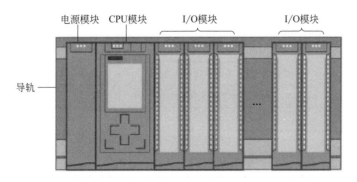

图 2-1　S7-1500 系统组成示意图

导轨是一种特制的不锈钢或铝制异型板，用来安装和固定 PLC 的各类模块，其外形如图 2-2 所示。S7-1500 PLC 采用单排配置，所有模块都安装在同一根安装导轨上。这些模块通过 U 形连接器连接在一起，形成一个自装配的背板总线。

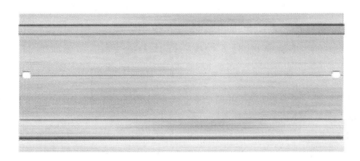

图 2-2　S7-1500 PLC 导轨外形

在 S7-1500 PLC 系统中，CPU 模块是 S7-1500 PLC 的核心，而电源模块可根据需求决定是否安装到导轨上，而其余的广义 I/O 模块最多允许安装 30 个，即在 1 根导轨上最多可安装 32 个模块（包括电源模块、CPU 模块、接口模块 IM 155-5 等）。

2.2　西门子 S7-1500 PLC 的电源模块

电源模块是构成 PLC 控制系统的重要组成部分，它是将外部直流或交流电源变换成稳定的直流 24V 电压，为 S7-1500 PLC 的 CPU 模块和 24V 直流负载电路，如传感器、执行器等提供工作电源。S7-1500 PLC 中有两种电源模块：负载电源模块 PM（Power Module）和系统电源模块 PS（Power Supply）。

2.2.1　负载电源模块

负载电源模块 PM 用于负载供电，通常是 AC 120/230V 输入，DC 24V 输出，通过外部接线为模块（如 CPU 模块、I/O 模块等）、传感器和执行器提供高效、稳定、可靠的 DC 24V 工作电源。负载电源模块 PM 不能通过背板总线向 S7-1500 PLC 以及分布式 I/O ET200MP 供电，所以也可以不安装在机架上，因此可以不在 TIA Portal 软件中配置。

到目前为止，负载电源模块 PM 有两种规格，其主要技术参数见表 2-1。

表 2-1　负载电源模块 PM 的主要技术参数

型号	PM 70W AC 120/230V	PM 190W AC 120/230V
额定输入电压	AC 120/230V，具有自动切换功能	AC 120/230V，具有自动切换功能
输入电压范围	85～132V/170～264V	85～132V/170～264V
输出电压	DC 24V	DC 24V
额定输出电流	3A	8A
功耗	72W	194W

2.2.2　系统电源模块

系统电源模块 PS 是具有诊断功能的电源模块，可通过 U 形连接器连接到背板总线上，为背板总线提供内部所需的系统电压。这种系统电压将为模块电子元件和 LED 指示灯供电。CPU 模块、PROFIBUS 通信模块、Ethernet 通信模块、PtP 通信模块或者接口模块 IM 155-5 未连接到 DC 24V 负载电源时，系统电源也可以为其供电。

到目前为止，系统电源模块 PS 有 3 种规格，其主要技术参数见表 2-2。

表 2-2　系统电源模块 PS 的主要技术参数

型号	PS 25W DC 24V	PS 60W DC 24/48/60V		PS 60W AC /DC 120/230V	
额定输入电压	DC 24V	DC 24/48/60V		DC 120/230V，AC 120/230V	
直流电压上限	静态 28.8V，动态 30.2V	静态 72V，动态 75.5V		300V	
直流电压下限	静态 19.2V，动态 18.5V	静态 19.2V，动态 18.5V		88V	
额定输入电流	1.3A	输入电压 DC 24V 时	3A	输入电压 DC 120V 时	0.6A
		输入电压 DC 48V 时	1.5A	输入电压 DC 230V 时	0.3A
		输入电压 DC 60V 时	1.2A	输入电压 AC 120V 时	0.6A
				输入电压 AC 230V 时	0.34A
短路保护	有	有		有	
背板总线输入功率	25W	60W		60W	

2.2.3　电源配置

可以根据现场电压类型和其他模块的功率损耗灵活地选择系统电源模块 PS。对于 SIMATIC S7-1500 PLC 而言，在 1 根导轨上最多可安装 32 个模块，其中系统电源模块 PS 最多可安装 3 个。S7-1500 PLC 的系统电源模块 PS 可以向背板总线供电，CPU 或接口模块 IM 155-5 也可以向背板总线供电，其电源配置主要有以下三种方式。

（1）只通过 CPU/ 接口模块 IM 155-5 给背板供电

通过负载电源模块 PM 向 CPU/ IM 155-5 提供 DC 24V 电压，再向 CPU/ 接口模块 IM 155-5

为背板总线供电。

如图 2-3 所示，在导轨上未安装系统电源模块 PS。CPU/IM 155-5 的电源由负载电源 PM 或者其他 DC 24V 提供，CPU/IM 155-5 再向背板总线供电，但其功率有限（功率具体数值与 CPU 或接口模块的型号有关），且最多只能连接 12 个模块（与模块种类有关）。如果需要连接更多的模块，则要安装系统电源模块 PS。

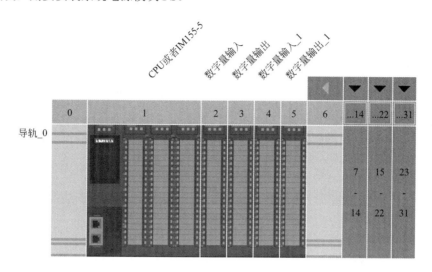

图 2-3　导轨上未安装系统电源模块 PS

（2）通过系统电源模块给背板总线供电

系统电源模块 PS 安装在 CPU/IM 155-5 左边或右边，此时系统电源模块 PS 通过背板总线为 CPU/IM 155-5 和背板总线供电。

如图 2-4 所示，导轨上的系统电源模块 PS 安装在 CPU/IM 155-5 左边。此时，若 CPU 或者 IM 155-5 的电源端子不连接 DC 24V 电源，那么 CPU/IM 155-5 的功率均由系统电源模块提供。如果 CPU/IM 155-5 的电源端子连接 DC 24V 电源，则 CPU 或者 IM 155-5 与系统电源模块 PS 可同时一起向背板总线供电，这样向背板总线提供的总功率就是 CPU/IM 155-5 与系统电源模块 PS 输出功率之和。

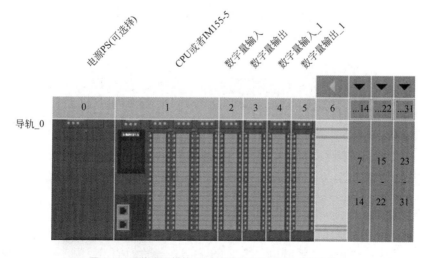

图 2-4　系统电源模块 PS 安装在 CPU/IM 155-5 的左边

如图 2-5 所示，导轨上的系统电源模块 PS 安装在 CPU/IM 155-5 右边。由于系统电源模块 PS 内部带有反向二极管，CPU/IM 155-5 的供电会被系统电源模块 PS 隔断，系统电源模块 PS 将向背板总线提供电源。这种情况下，必须为 CPU/IM 155-5 提供 DC 24V 电源。

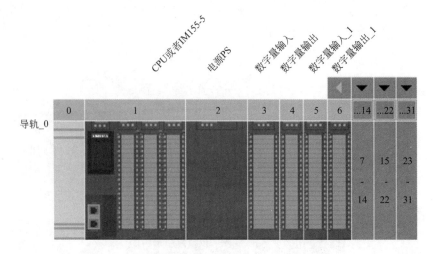

图 2-5　系统电源模块 PS 安装在 CPU/IM 155-5 的右边

（3）多个系统电源模块供电

同一导轨上安装多个系统电源模块 PS 为各模块供电时，可通过系统电源模块内部的反向二极管来划分不同的电源段。如图 2-6 所示，在同一导轨上安装了两个系统电源模块 PS。插槽 0 ～ 3 的供电方式与系统电源模块 PS 安装在 CPU/IM 155-5 左边的方式相同。插槽 4 的系统电源模块 PS 为插槽 5、6 的 I/O 模块供电。

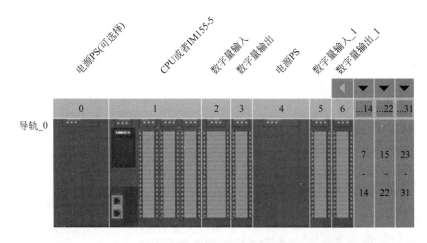

图 2-6　导轨上安装多个系统电源模块 PS

2.2.4　查看电源功率分配信息

如果系统电源模块 PS 安装在导轨的插槽 0，则功率分配的详细信息在 CPU/IM 155-5 的属性中查看。如果系统电源模块 PS 安装在其他插槽，则功率分配的详细信息在系统电源模块 PS 属性中查看。如图 2-7 所示，系统电源模块 PS 安装在导轨的插槽 0 中，4 个 I/O 模块共消耗 4.35W，还剩余 65.65W。

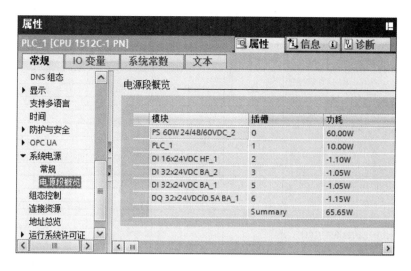

图 2-7　功率分配详细信息

2.3　西门子 S7-1500 PLC 的 CPU 模块

CPU 模块相当于控制器的大脑，它是 PLC 系统构成的核心部件。它按 PLC 系统程序赋予的功能指挥 PLC 有条不紊地进行工作，其主要任务有：为背板总线提供电源；通过输入信号模块接收外部设备信息；存储、检查、校验、执行用户程序；通过输出信号模块送出控制信号；通过通信处理模块或自身的通信部件与其他设备交换数据；进行故障诊断；等等。

2.3.1　CPU 模块类别及性能

S7-1500 PLC 的 CPU 模块包含了 CPU 1511 ～ CPU 1518 中的 20 多个型号，CPU 模块性能按照序号由低到高逐渐增强。性能指标主要根据 CPU 模块的内存空间、计算速度、通信资源和编程资源等进行区别。

20 多个型号的 CPU 模块，按功能的不同可分为标准型 CPU 模块（如 CPU 1511-1PN）、紧凑型 CPU 模块（如 CPU 1512C-1PN）、工艺型 CPU 模块（如 CPU 1515T-2PN）、故障安全型 CPU 模块（如 CPU 1518F-4PN/DP）等。

（1）标准型 CPU 模块

标准型 CPU 模块最为常用，可实现计算、逻辑处理、定时、通信等 CPU 的基本功能。目前，已推出的产品分别是 CPU 1511-1PN、CPU 1513-1PN、CPU 1515-2PN、CPU 1516-3PN/DP、CPU 1517-3PN/DP、CPU 1518-4PN/DP、CPU 1518-4PN/DP ODK、CPU 1518-4PN/DP MFP 等。

CPU 1511-1PN、CPU 1513-1PN 和 CPU 1515-2PN 只集成 PROFINET 或以太网通信口，没有集成 PROFIBUS-DP 通信口，但可以扩展 PROFIBUS-DP 通信模块。

CPU 1516-3PN/DP、CPU 1517-3PN/DP、CPU 1518-4PN/DP、CPU 1518-4PN/DP ODK、CPU 1518-4PN/DP MFP 除了集成 PROFINET 或以太网通信口外，还集成 PROFIBUS-DP 通信口。

标准型 CPU 模块的主要性能见表 2-3。

表 2-3　标准型 CPU 模块的主要性能

CPU	性能特点	PROFIBUS-DP 接口	PROFINET I/O RT/IRT 接口	PROFINET I/O 接口	PROFINET 端口数量	工作存储器	位操作处理时间
CPU 1511-1PN	适用于中小型应用的标准型 CPU	无	1	无	2	1.15MB	60ns
CPU 1513-1PN	适用于中等应用的标准型 CPU	无	1	无	2	1.8MB	40ns
CPU 1515-2PN	适用于大中型应用的标准型 CPU	无	1	1	3	3.5MB	30ns
CPU 1516-3PN/DP	适用于高端应用和通信任务的标准型 CPU	1	1	1	3	6MB	10ns
CPU 1517-3PN/DP	适用于高端应用和通信任务的标准型 CPU	1	1	1	3	10MB	2ns
CPU 1518-4PN/DP CPU 1518-4PN/DP ODK CPU 1518-4PN/DP MFP	适用于高端应用、高要求通信任务和超短响应时间的标准型 CPU	1	1	1	4	24MB	1ns

（2）紧凑型 CPU 模块

紧凑型 CPU 模块基于标准型控制器，集成了数字量 I/O、模拟量 I/O 和高达 400kHz（4倍频）的高速计数功能，还可以如标准型控制器一样扩展 25mm 和 35mm 的 I/O 模块。目前紧凑型 CPU 模块只有 2 个型号，分别是 CPU 1511C-1PN 和 CPU 1512C-1PN，它们的主要性能见表 2-4。

表 2-4　紧凑型 CPU 模块的主要性能

CPU	性能特点	PROFIBUS-DP 接口	PROFINET I/O RT/IRT 接口	PROFINET I/O 接口	PROFINET 基本功能	工作存储器	位操作处理时间
CPU 1511C-1PN	适用于中小型应用的紧凑型 CPU	无	1	无	无	1.175MB	60ns
CPU 1512C-1PN	适用于中等应用的紧凑型 CPU	无	1	无	无	1.25MB	48ns

（3）工艺型 CPU 模块

工艺型 CPU 模块可以通过对象控制速度轴、定位轴、同步轴、外部编码器、凸轮、凸轮轨迹和测量输入，支持标准 Motion Control（运动控制）功能。目前推出的工艺型 CPU 模块主要有 CPU 1511T-1PN、CPU 1515T-2PN、CPU 1516T-3PN/DP 和 CPU 1517T-3PN/DP，它们的主要性能见表 2-5。

表 2-5　工艺型 CPU 模块的主要性能

CPU	性能特点	PROFIBUS-DP 接口	PROFINET I/O RT/IRT 接口	PROFINET I/O 接口	PROFINET 基本功能	工作存储器	位操作处理时间
CPU 1511T-1PN	适用于中小型应用的工艺型 CPU	无	1	无	无	1.225MB	60ns
CPU 1515T-2PN	适用于大中型应用的工艺型 CPU	无	1	1	无	3.75MB	30ns

CPU	性能特点	PROFIBUS-DP 接口	PROFINET I/O RT/IRT 接口	PROFINET I/O 接口	PROFINET 基本功能	工作存储器	位操作处理时间
CPU 1516T-3PN/DP	适用于高端应用和通信任务的工艺型 CPU	1	1	1	无	6.5MB	10ns
CPU 1517T-3PN/DP	适用于高端应用和通信任务的工艺型 CPU	1	1	1	无	11MB	2ns

（4）故障安全型 CPU 模块

SIMATIC S7-1500F 故障安全型 CPU 模块是 S7-1500 PLC 家族中的一员，它除了拥有 S7-1500 PLC 所有特点外，还集成了安全功能，支持到 SIL3 安全完整性等级，其将安全技术轻松地和标准自动化无缝集成在一起。

SIMATIC S7-1500F 故障安全型 CPU 模块有 CPU 1511F-1PN、CPU 1513F-1PN、CPU 1515F-2PN、CPU 1516F-3PN/DP、CPU 1517F-3PN/DP、CPU 1518F-4PN/DP 和 CPU 1518F-4PN/DP MFP，它们的主要性能见表 2-6。

表 2-6　故障安全型 CPU 模块的主要性能

CPU	性能特点	PROFIBUS-DP 接口	PROFINET I/O RT/IRT 接口	PROFINET I/O 接口	PROFINET 端口数量	工作存储器	位操作处理时间
CPU 1511F-1PN	适用于中小型应用的故障安全型 CPU	无	1	无	2	1.225MB	60ns
CPU 1513F-1PN	适用于中等应用的故障安全型 CPU	无	1	无	2	1.95MB	40ns
CPU 1515F-2PN	适用于大中应用的故障安全型 CPU	无	1	1	3	3.75MB	30ns
CPU 1516F-3PN/DP	适用于高端应用和通信任务的故障安全型 CPU	1	1	1	3	6.5MB	10ns
CPU 1517F-3PN/DP	适用于高端应用和通信任务的故障安全型 CPU	1	1	1	3	11MB	2ns
CPU 1518F-4PN/DP	适用于高端应用、高要求通信任务和超短响应时间的故障安全型 CPU	1	1	1	4	26MB	1ns
CPU 1518F-4PN/DP MFP							

2.3.2　CPU 模块外形结构

S7-1500 PLC 的 CPU 模块可执行各种用户程序，该模块集成了系统电源，可通过背板总线为所连模块进行供电。S7-1500 PLC 的 CPU 模块外形结构大同小异，如：CPU 1516-3 PN/PD 模块的实物外形如图 2-8 所示。S7-1500 PLC 的 CPU 都配有显示面板，可以拆卸。CPU 1516-3 PN/PD 模块的显示面板如图 2-9 所示，它有 3 只 LED 灯，分别是运行状态指示灯、错误指示灯和维护指示灯。显示屏显示 CPU 信息，S7-1500 CPU 可以脱离显示屏运行，显示屏也可以在运行期间插拔，而不影响 PLC 的运行。操作按钮与显示屏配合使用，可以查看 CPU 内部的故障、设置 IP 地址等。在工厂调试过程中，可直接在显示面板上更改 CPU 的 IP 地址，这样可大量节省时间和成本。维修时，通过快速访问诊断报警，显著减少工厂停工时间。

将显示面板拆下后，其 CPU 模块前视图如图 2-10 所示，后视图如图 2-11 所示。

图 2-8　CPU 1516-3 PN/DP 实物外形

图 2-9　CPU 1516-3 PN/PD 模块的显示面板

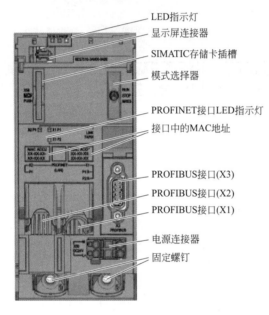

图 2-10　不带前面板的模块前视图

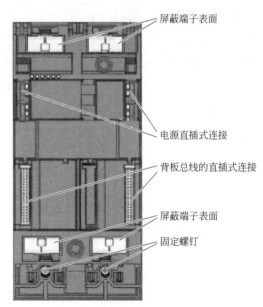

图 2-11　CPU 模块后视图

2.3.3　CPU 模块指示灯

从图 2-9 和图 2-10 可以看出，CPU 模块指示灯包括当前工作模式和诊断状态的 LED 指示灯，以及 PROFINET 接口的 LED 指示灯。

当前工作模式和诊断状态的 LED 指示灯有 3 只，分别为 RUN/STOP（运行 / 停止）LED 指示灯、ERROR（错误）LED 指示灯和 MAINT（维护）LED 指示灯，这 3 只指示灯的含义见表 2-7。

表 2-7　当前工作模式和诊断状态的 LED 指示灯的含义

RUN/STOP LED	ERROR LED	MAINT LED	含义
指示灯熄灭	指示灯熄灭	指示灯熄灭	CPU 电源缺失或不足
指示灯熄灭	红色指示灯闪烁	指示灯熄灭	发生错误
绿色指示灯点亮	指示灯熄灭	指示灯熄灭	CPU 处于运行（RUN）模式
绿色指示灯点亮	红色指示灯闪烁	指示灯熄灭	诊断事件未决

RUN/STOP LED	ERROR LED	MAINT LED	含义
绿色指示灯点亮	指示灯熄灭	黄色指示灯点亮	①设备要求维护，必须在短时间内检查/更换受影响的硬件；②激活强制功能；③ PROFIenergy 暂停
绿色指示灯点亮	指示灯熄灭	黄色指示灯闪烁	①设备要求维护，必须在短时间内检查/更换受影响的硬件；②组态错误
黄色指示灯点亮	指示灯熄灭	黄色指示灯闪烁	固件更新已完成
黄色指示灯点亮	指示灯熄灭	指示灯熄灭	CPU 处于停机（STOP）模式
黄色指示灯点亮	红色指示灯闪烁	黄色指示灯闪烁	① SIMATIC 存储卡中的程序出错；② CPU 故障
黄色指示灯闪烁	指示灯熄灭	指示灯熄灭	① CPU 在停机（STOP）模式时，将执行内部活动，如 STOP 之后启动；②从 SIMATIC 存储卡下载用户程序
黄色/绿色指示灯闪烁	指示灯熄灭	指示灯熄灭	启动（从 RUN 转为 STOP）
黄色/绿色指示灯闪烁	红色指示灯闪烁	黄色指示灯闪烁	①启动（CPU 正在启动）；②启动、插入模块时测试 LED 指示灯；③ LED 指示灯闪烁测试

PROFINET 接口的每个端口都配有一个 LINK RX/TX LED 指示灯，分别为端口 X1 P1 的 LINK RX/TX LED 指示灯、端口 X1 P2 的 LINK RX/TX LED 指示灯和端口 X2 P1 的 LINK RX/TX LED 指示灯，表 2-8 列出了 CPU 1516-3 PN/DP 端口各 LED 指示灯的含义。

表 2-8　CPU 1516-3 PN/DP 端口各 LED 指示灯的含义

LINK TX/RX LED 指示灯	含义
指示灯熄灭	① PROFINET 设备的 PROFINET 接口与通信伙伴之间没有以太网连接；②当前未通过 PROFINET 接口收发任何数据；③没有 LINK 连接
绿色指示灯闪烁	正在执行"LED 指示灯闪烁测试"
绿色指示灯点亮	PROFINET 设备的 PROFINET 接口与通信伙伴之间没有以太网连接
黄色指示灯闪烁	当前正通过 PROFINET 设备的 PROFINET 接口从以太网上的通信伙伴接收/发送数据

2.3.4　CPU 模块的工作方式

将 CPU 模块的显示面板拆下后，其前视图面板上有一个模式选择器开关，可进行 CPU 工作模式选择。CPU 模块的工作模式有 3 种（RUN、STOP、MRES），这些工作模式的意义如表 2-9 所示。CPU 模块前面的当前工作模式和诊断状态的 LED 指示灯将显示 CPU 模块的当前工作状态。

表 2-9　工作模式的含义

工作模式	含义	功能描述
RUN	运行模式	在此模式下，CPU 模块执行用户程序，可以通过编程软件读出用户程序，但是不能修改用户程序
STOP	停机模式	在此模式下，CPU 模块不执行用户程序，通过编程软件可以读出和修改用户程序

工作模式	含义	功能描述
MRES	CPU 存储器复位模式	模式选择开关从 STOP 模式拨向 MRES 模式位置时，可以复位存储器，使 CPU 回到初始状态。工作存储器、RAM 装载存储器中的用户程序和地址区被清除，全部存储器位、定时器、计数器和数据块均被删除，即复位为零，包括有保持功能的数据。CPU 检测硬件，初始化硬件和系统程序的参数，系统参数、CPU 和模块的参数被恢复为默认设置，MPI（多点接口）的参数被保留。如果有 Flash 存储卡，CPU 在复位后将它里面的用户程序和系统参数复制到工作存储区

2.4 西门子 S7-1500 PLC 的信号模块

信号模块 SM 是输入信号模块、输出信号模块的统称，通常作为控制器与过程之间的接口。控制器将通过所连接的传感器和执行器检测当前的过程状态，并触发相应的响应。

输入信号模块主要负责接收现场设备（如锅炉的温度、压力）或控制设备（如控制按钮的状态）的信息，并进行信号电平的转换，然后将转换结果传送到 CPU 进行程序处理。根据所接收的信号类型，将输入信号模块又分为数字量输入模块（DI）和模拟量输入模块（AI）。数字量输入模块只能接收高、低逻辑电平信号，如开关的接通与断开；模拟量输入模块可接收连续变化的模拟量信号，如温度传感器输出的 DC 4 ~ 20mA 电流信号。

输出信号模块主要负责对 CPU 处理的结果进行电平转换并从 PLC 向外输出，然后驱动现场执行设备（如电磁阀、电动机等）或控制设备（如按钮状态指示灯）。根据所输出的信号类型，将输出信号模块又分为数字量输出模块（DQ）和模拟量输出模块（AQ）。数字量输出模块只能输出高、低变化的电平信号，使被控对象工作或停止工作，如控制电动机的启动和停机、指示灯的点亮和熄灭；模拟量输出信号模块可输出连续变化的模拟量电信号，使被控对象连续改变工作状态，如可控制电磁阀的开度。

与 S7-300/400 PLC 的信号模块相比，S7-1500 PLC 的信号模块种类更加优化，集成更多功能并支持通道级诊断，采用统一的前连接器，具有预接线功能，电源线与信号线分开走线使设备更加可靠。

2.4.1 S7-1500 PLC 的数字量模块

数字量模块包括数字量输入模块（DI）、数字量输出模块（DQ）、数字量输入 / 输出混合模块（DI/DQ）。

（1）数字量输入模块

数字量输入模块又称为开关量输入模块，可以将外部数字量信号的电平转换成 S7-1500 PLC 可以接收的信号电平。西门子 S7-1500 PLC 的数字量输入模块型号以 SM521 开头，"5" 表示为西门子 S7-1500 系列，"2" 表示为数字量，"1" 表示为输入类型。直流输入模块（6ES7 521-1BH00-0AB0）的外形如图 2-12 所示。

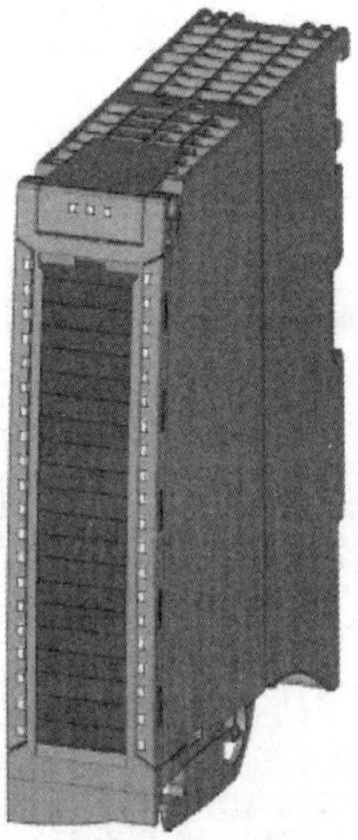

S7-1500 PLC 的数字量输入模块根据使用电源的不同，分为数字量直流输入模块（直流 24V）和数字量交流输入模块（交流 230V）两种；根据输入点数的不同，分为 16 点输入和 32 点输入两种。数字量输入模块有两种宽度：一种为 35mm 的标准型，另一种为 25mm 紧凑型。其中 35mm 宽模块的前连接器需要单独订货，统一为 40 针，接线方式为螺钉连接或弹簧压接；

图 2-12　直流输入模块（6ES7 521-1BH00-0AB0）的外形

25mm 宽模块自带前连接器，接线方式为弹簧压接。35mm 宽、25mm 宽数字量输入模块的主要技术参数见表 2-10 和表 2-11。

表 2-10 数字量输入模块（35mm 宽）的主要技术参数

数字量输入模块	16DI，DC 24V HF	16DI，DC 24V SRC BA	16DI，AC 230V BA	32DI，DC 24V SRC HF
订货号	6ES7 521-1BH00-0AB0	6ES7 521-1BH50-0AA0	6ES7 521-1FH00-0AA0	6ES7 521-1BL00-0AB0
输入点数	16	16	16	32
尺寸（$W \times H \times D$）/mm	35×147×129			
额定电源电压	DC 24V (20.4～28.8V)	DC 24V	AC 230V；120/230V 60/50Hz	DC 24V (20.4～28.8V)
典型功耗	2.6W	2.8W	4.9W	4.2W
输入延时（在输入额定电压时）	0.05～20ms	3ms	25ms	0.05～20ms
硬件中断	√	—	—	√
诊断中断	√	—	—	√
等时同步模式	√	—	—	√

表 2-11 数字量输入模块（25mm 宽）的主要技术参数

数字量输入模块	16DI，DC 24V BA 紧凑型	32DI，DC 24V BA 紧凑型
订货号	6ES7 521-1BH10-0AA0	6ES7 521-1BL00-0AA0
输入点数	16	32
尺寸（$W \times H \times D$）/mm	25×147×129	
额定电源电压	DC 24V (20.4～28.8V)	DC 24V (20.4～28.8V)
典型功耗	1.8W	3W
输入延时（在输入额定电压时）	1.2～4.8ms	1.2～4.8ms
硬件中断	—	—
诊断中断	—	—
等时同步模式	—	—

直流输入模块（6ES7 521-1BH00-0AB0）属于高性能数字量输入模块，其内部框图及端子分配如图 2-13 所示。从图中可以看出，该模块有 16 个输入通道（CH0～CH15）即 16 个输入点，这些通道地址分配给输入字节 a 和字节 b。16 个数字量输入点，以 16 个为一组进行电气隔离。其中通道 0（CH0）和通道 1（CH1）除了可作为普通数字量输入点外，还可作为计数器输入端。L+ 接 DC 24V 电源电压，M 接地。目前仅有 PNP 型输入模块，即输入为高电平有效。

直流输入模块（6ES7 521-1BH50-0AA0）属于基本型数字量输入模块，其内部框图及端子分配如图 2-14 所示。该模块有 16 个输入通道（CH0～CH15）即普通的数字量 16 个输入点，并以 16 个为一组进行电气隔离。

交流输入模块（6ES7 521-1FH00-0AA0）属于基本型数字量输入模块，其内部框图及端子分配如图 2-15 所示。该模块有 16 个输入通道（CH0～CH15）即普通的数字量 16 个输入点，并以 4 个为一组进行电气隔离。xN 为公共端子，与交流电源的零线 N 相连接。

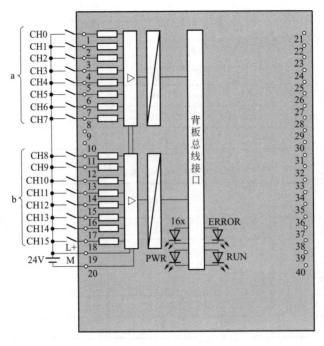

图 2-13 6ES7 521-1BH00-0AB0 的内部框图及端子分配

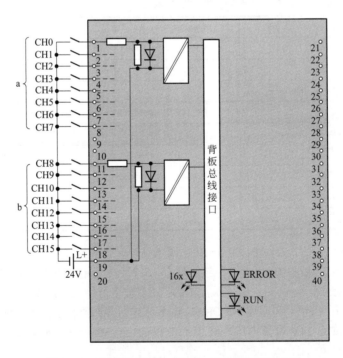

图 2-14 6ES7 521-1BH50-0AA0 的内部框图及端子分配

　　直流输入模块（6ES7 521-1BL00-0AB0）属于高性能数字量输入模块，其内部框图及端子分配如图 2-16 所示。从图中可以看出，该模块有 32 个输入通道（CH0 ～ CH31）即 32 个输入点，这些通道地址分配给输入字节 a ～ d。32 个数字量输入点，以 16 个为一组进行电气隔离。其中通道 0（CH0）和通道 1（CH1）除了可作为普通数字量输入点外，还可作为计数器输入端。1L+、2L+ 接 DC 24V 电源电压，1M 和 2M 接地。

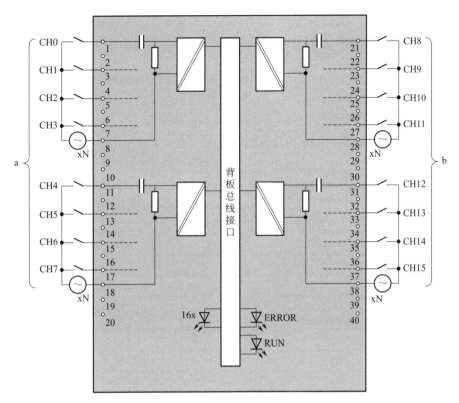

图 2-15　6ES7 521-1FH00-0AA0 的内部框图及端子分配

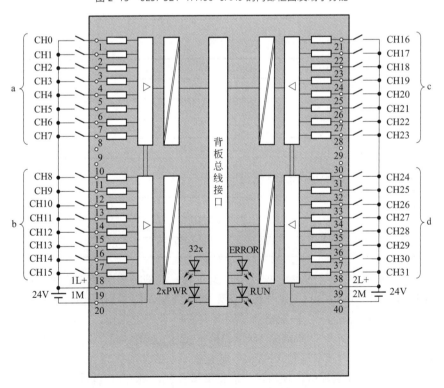

图 2-16　6ES7 521-1BL00-0AB0 的内部框图及端子分配

（2）数字量输出模块

数字量输出模块是将 S7-1500 PLC 内部信号转换成现场执行机构所要求的各种开关信号。

该模块用于驱动电磁阀、接触器、小功率电动机、灯和电动机启动器等负载。SIMATIC S7-1500 PLC 的数字量输出模块型号以 SM522 开头，"5"表示为 SIMATIC S7-1500 系列，第一个"2"表示为数字量，第二个"2"表示为输出类型。

根据负载回路使用的电源不同，它分为直流输出模块、交流输出模块和交直流两用输出模块。根据输出开关器件的种类不同，它又分为晶体管输出方式、晶闸管输出方式和继电器输出方式。数字量输出模块也有两种宽度：一种为 35mm 的标准型，另一种为 25mm 紧凑型。它们主要技术参数见表 2-12 和表 2-13。

表 2-12　数字量输出模块（35mm 宽）的主要技术参数

数字量输出模块	8DQ，AC 230V/2A 标准型	8DQ，AC 230V/5A 标准型	8DQ，AC 230V/2A 高性能型	16DQ，DC 24V/0.5A 标准型
订货号	6ES7 522-5FF00-0AB0	6ES7 522-5HF00-0AB0	6ES7 522-1BF00-0AB0	6ES7 522-1BH00-0AB0
输入点数	8	8	8	16
尺寸（$W{\times}H{\times}D$）/mm	35×147×129			
额定电源电压	AC 120/230V 60/50Hz	AC 120/230V 60/50Hz	DC 24V (20.4～28.8V)	DC 24V (20.4～28.8V)
典型功耗	10.8W	5W	5.6W	2W
输出类型	晶闸管	继电器	晶体管	晶体管
短路保护	—	—	√；电子计时	√；电子计时
诊断中断	—	√	√	√
等时同步模式	—	—	—	√

表 2-13　数字量输出模块（25mm 宽）的主要技术参数

数字量输出模块	16DQ，DC 24V/0.5A 紧凑型	32DQ，DC 24V/0.5A 紧凑型
订货号	6ES7 522-1BH00-0AA0	6ES7 522-1BL10-0AA0
输入点数	16	32
尺寸（$W{\times}H{\times}D$）/mm	25×147×129	
额定电源电压	DC 24V (20.4～28.8V)	DC 24V (20.4～28.8V)
典型功耗	1.8W	3.8W
输出类型	晶体管	晶体管
短路保护	√	√
诊断中断	—	—
等时同步模式	—	—

晶体管输出方式的数字量模块，只能接直流负载，响应速度最快。晶体管输出的直流输出模块（6ES7 522-1BF00-0AB0），其内部框图及端子分配如图 2-17 所示。该模块有 8 个输出点（CH0～CH7），4 个点为一组，输出信号为高电平，即 PNP 输出，负载电源只能是直流电。其中 CH0～CH3 为第一组，公共端为 1M；CH4～CH7 为第二组，公共端为 2M。该模块的 CH0 和 CH4 还可选用作为脉宽调制（PWM）输出。

晶闸管输出方式属于交流输出模块，只能接交流负载，响应速度较快，应用较少。晶闸管输出的交流输出模块（6ES7 522-5FF00-0AB0），其内部框图及端子分配如图 2-18 所示。该模块有 8 个输出点（CH0～CH7），每个点为一组，输出信号为交流信号，即负载电源只能是交流电。

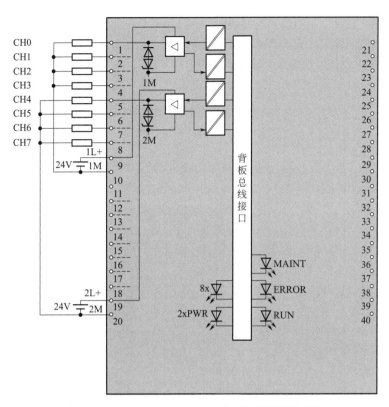

图 2-17 6ES7 522-1BF00-0AB0 的内部框图及端子分配

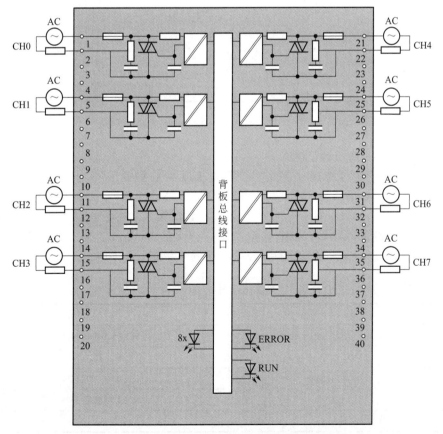

图 2-18 6ES7 522-5FF00-0AB0 的内部框图及端子分配

继电器输出方式属于交直流两用模块，可直接驱动交流或直流负载，其响应速度最慢，但应用最广泛。继电器输出方式的数字量输出模块（6ES7 522-5FH00-0AB0），其内部框图及端子分配如图 2-19 所示。该模块有 8 个输出点（CH0 ~ CH7），每个点为一组，输出信号为继电器的开关触点，所以其负载电源可以是直流电或交流电，通常交流电压不超过 230V。

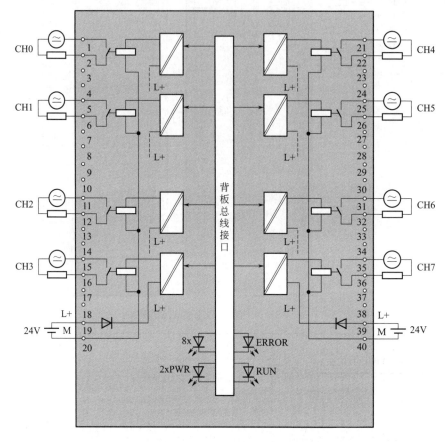

图 2-19　6ES7 522-5FH00-0AB0 的内部框图及端子分配

（3）数字量输入 / 输出混合模块

数字量输入 / 输出混合模块就是一个模块上既有数字量输入点也有数字量输出点。SIMATIC S7-1500 PLC 的数字量输入 / 输出模块型号以 SM523 开头，"5"表示为 SIMATIC S7-1500 系列，"2"表示为数字量，"3"表示为输入 / 输出类型。典型的数字量输入 / 输出混合模块（6ES7 523-1BL00-0AA0）为 16 点输入 /16 点输出，25mm 宽。16 点直流输入（CH0 ~ CH15），高电平信号有效，即 PNP 型输入。其主要技术参数见表 2-14。

表 2-14　数字量输入 / 输出混合模块的主要技术参数

数字量输入 / 输出混合模块	16DQ，DC 24V/0.5A 紧凑型
订货号	6ES7 523-1BL00-0AA0
输入 / 输出点数	16/16
尺寸（$W \times H \times D$）/mm	25×147×129
额定电源电压	DC 24V（20.4 ~ 28.8V）
典型功耗	3.45W

输入类型	漏型输入
输出类型	晶体管
硬件中断	—
诊断中断	—
等时同步模式	—

（4）数字量输入模块 LED 指示灯

从图 2-13 ～图 2-19 中可以看出，每个模块均有 LED 指示灯，如状态和错误指示灯 RUN 和 ERROR、CHx 状态指示灯（如 8 通道为 8x，16 通道为 16x）、电源电压指示灯 PWR、维护状态指示灯 MAINT。这些指示灯的含义见表 2-15 ～表 2-18。

表 2-15 状态和错误指示灯的含义

LED		含义	解决方法
RUN	ERROR		
绿色 LED 熄灭	红色 LED 熄灭	背板总线上电压缺失或过低	①接通 CPU 或系统电源模块；②验证是否插入 U 形连接器；③检查插入的模块是否过多
绿色 LED 闪烁	红色 LED 熄灭	模块启动并在设置有效参数分配前持续闪烁	无
绿色 LED 点亮	红色 LED 熄灭	模块已组态	
绿色 LED 点亮	红色 LED 闪烁	表示模块错误（至少一个通道上存在故障，如断路）	判断诊断数据并消除该错误
绿色 LED 闪烁	红色 LED 闪烁	硬件故障	更换模块

表 2-16 PWR 状态指示灯的含义

LED PWR	含义	解决方法
绿色 LED 熄灭	电源电压 L+ 过低或缺失	检查电源电压 L+
绿色 LED 点亮	有电源电压 L+ 且电压正常	无

表 2-17 CHx 状态指示灯的含义

LED CHx	含义	解决方法
绿色 LED 熄灭	没有数字量输入或数字量输出信号	无
绿色 LED 点亮	有数字量输入或数字量输出信号	无
红色 LED 点亮	断路（数字量输入模块）或短路（数字量输出模块）	检查接线，并纠正电路
	电源电压 L+ 过低或缺失	检查电源电压 L+

表 2-18 维护状态指示灯 MAINT 的含义

LED MAINT	含义
黄色 LED 熄灭	没有维护中断挂起
黄色 LED 点亮	维护中断"限值警告"挂起

2.4.2 S7-1500 PLC 的模拟量模块

模拟量模块包括模拟量输入模块、模拟量输出模块和模拟量输入/输出混合模块。

（1）模拟量输入模块

模拟量输入模块是将采集的模拟量（如电压、电流、温度等）转换成 CPU 模块能识别的数字量的模块。SIMATIC S7-1500 PLC 标准型模拟量输入模块为多功能测量模块，具有多种量程。每个通道的测量类型和范围可以任意选择，不需要量程卡，只需要改变硬件配置和外部接线。

SIMATIC S7-1500 PLC 的模拟量输入模块型号以 SM531 开头，"5"表示为 SIMATIC S7-1500 系列，"3"表示为模拟量，"1"表示为输入类型。S7-1500 PLC 模拟量输入模块的主要技术参数见表 2-19。

表 2-19　模拟量输入模块的主要技术参数

模拟量输入模块	4AI，U/I/RTD/TC 标准型	8AI，U/I/RTD/TC 标准型	8AI，U/I 高速型
订货号	6ES7 531-7QD00-0AB0	6ES7 531-7KF00-0AB0	6ES7 531-7NF10-0AB0
尺寸（W×H×D）/mm	25×147×129	35×147×129	
输入通道数	4（用作电阻/热电阻热测量时数量为 2）	8（用作电阻/热电阻热测量时数量为 4）	
输入信号类型	电流、电压、热电阻、热电偶和电阻		电流和电压
典型功耗	2.3W	2.7W	3.4W
分辨率	包括符号在内 16 位		
额定电源电压	DC 24V		
各通道转换时间	9/23/27/107ms		每个通道 125μs
诊断警报	√	√	√
过程警报	—	√	√
等时同步模式	—	—	√

（2）模拟量输出模块

模拟量输出模块是将 CPU 模块传来的数字量转换成模拟量（电流和电压信号），一般用于控制阀门的开度或者变频器频率给定等。模拟量输出模块只有电压和电流两种输出信号类型。SIMATIC S7-1500 PLC 的模拟量输出模块型号以 SM532 开头，"5"表示为 SIMATIC S7-1500 系列，"3"表示为模拟量，"2"表示为输出类型。S7-1500 PLC 模拟量输出模块的主要技术参数见表 2-20。

表 2-20　模拟量输出模块的主要技术参数

模拟量输出模块	2AQ，U/I 标准型	4AQ，U/I 标准型	8AQ，U/I 高速型
订货号	6ES7 532-5NB00-0AB0	6ES7 532-5HD00-0AB0	6ES7 532-5HF00-0AB0
尺寸（W×H×D）/mm	25×147×129	35×147×129	35×147×129
输出通道数	2	4	8
输出信号类型	电流、电压		
典型功耗	2.7W	4W	7W
分辨率	包括符号在内 16 位		
额定电源电压	DC 24V		

各通道转换时间	0.5ms	0.5ms	50μs
诊断警报	√	√	√
过程警报	—	—	—
等时同步模式	—	—	√

（3）模拟量输入 / 输出混合模块

模拟量输入/输出混合模块就是在一个模块上既有模拟量输入通道，又有模拟量输出通道。SIMATIC S7-1500 PLC 的模拟量输入 / 输出模块型号以 SM534 开头，"5"表示为 SIMATIC S7-1500 系列，"3"表示为模拟量，"4"表示为输入 / 输出类型。目前，S7-1500 PLC 模拟量输入 / 输出混合模块只有一种 25mm 宽的模块，其主要技术参数见表 2-21。

表 2-21　模拟量输入 / 输出混合模块的主要技术参数

模拟量输入 / 输出混合模块		4AI，U/I/RTD/TC 标准型 /2AQ，U/I 标准型
订货号		6ES7 534-7QE00-0AB0
输入通道	通道数	4（用作电阻 / 热电阻测量时数量为 2）
	信号类型	电流、电压、热电阻、热电偶或电阻
	分辨率	16 位
	每通道转换时间	9/23/27/107ms
输出通道	通道数	2
	信号类型	电流或电压
	分辨率	16 位
	每通道转换时间	0.5ms
典型功耗		3.3W
尺寸（$W \times H \times D$）/mm		$25 \times 147 \times 129$
诊断警报		√
过程警报		—
等时同步模式		—

2.5　西门子 S7-1500 PLC 的通信模块

SIMATIC S7-1500 PLC 系统的通信模块用于 PLC 之间、PLC 与计算机和其他智能设备之间的通信。SIMATIC S7-1500 CPU 都集成了 PN 接口，可以进行主站间、主 / 从站间以及编程调试的通信。

SIMATIC S7-1500 PLC 系统的通信模块包括 CM 通信模块和 CP 通信处理模块。CM 模块通常进行小数据量通信，而 CP 模块通常进行大量数据交换。

根据通信协议的不同，SIMATIC S7-1500 PLC 系统的通信模块还可以分为三类：点对点通信模块、PROFIBUS 通信模块和 PROFINET/ETHERNET 通信模块。

2.5.1　点对点通信模块

点对点通信也就是使用 RS-232、RS-422 或 RS-485 物理接口进行通信，该模块的类型以及主要技术参数见表 2-22。

表 2-22　点对点通信模块技术参数

点对点通信模块	CM PtP RS-232 BA	CM PtP RS-422/485 BA	CM PtP RS-232 HF	CM PtP RS-422/485 HF
订货号	6ES7 540-1AD00-0AA0	6ES7 540-1AB00-0AA0	6ES7 540-1AD00-0AB0	6ES7 540-1AB00-0AB0
接口	RS-232	RS-422/485	RS-232	RS-422/485
数据传输速率	300 ～ 19200bps		300 ～ 115200bps	
最大帧长度	1KB		4KB	
诊断中断	√	√	√	√
硬件中断	×	×	×	×
等时同步模式	×	×	×	×
支持的协议驱动	Freeport 协议 3964（R）		Freeport 协议 3964（R） Modbus RTU 主站 Modbus RTU 从站	

2.5.2　PROFIBUS 通信模块

PROFIBUS 通信模块的类型以及主要技术参数见表 2-23。目前，只有 CPU 1516、CPU 1517 和 CPU 1518 集成了 DP 接口，并且使用集成的 DP 接口进行 PROFIBUS 通信时，这些 CPU 只能作为主站。

表 2-23　PROFIBUS 通信模块技术参数

PROFIBUS 通信模块	CP 1542-5	CM 1542-5	CPU 集成的 DP 接口
订货号	6GK7 542-5FX00-0XE0	6GK7 542-5DX00-0XE0	
接口	RS-485		
数据传输速率	9600bps ～ 12Mbps		
诊断中断（从站）	√		
硬件中断（从站）	√		
支持的协议驱动	DPV1 主站 / 从站 S7 通信 PG/OP 通信	DPV1 主站 / 从站 S7 通信 PG/OP 通信	DPV1 主站 / 从站 S7 通信 PG/OP 通信
可连接 DP 从站个数	32	125	

2.5.3　PROFINET/ETHERNET 通信模块

PROFINET/ETHERNET 通信模块的类型以及主要技术参数见表 2-24。列表中包括集成的 PN 接口。

表 2-24　PROFINET/ETHERNET 通信模块技术参数

PROFINET/ETHERNET 通信模块	CP 1543-1	CM 1542-1	CPU 集成的 PN 接口（不包括 CPU 1515/1516/1517/1518 第二个 以太网接口参数）
订货号	6GK7 543-1AX00-0XE0	6GK7 542-1AX00- 0XE0	

接口	RJ45	
数据传输速率	10/100/1000Mbps	10/100Mbps
诊断中断（从站）	√	
硬件中断（从站）	×	√
功能和支持的协议	TCP/IP、ISO、UDP、MODBUS TCP、S7 通信、IP 广播 / 组播、信息安全、诊断 SNMPV1/V3、DHCP、FTP 客户 / 服务器、E-Mail、IPV4/IPV6	TCP/IP、ISO-on-TCP、UDP、MODBUS TCP、S7 通信、IP 广播 / 组播（集成接口除外）、SNMPV1
支持 PROFINET	×	√
PROFINET IO 控制器	×	√
PROFINET IO 设备	×	√
可连接 PN 设备个数	×	128，其中最多 64 台 IRT 设备 / 与 CPU 类型有关，最大 512，其中最多 64 台 IRT 设备

2.6　西门子 S7-1500 PLC 的工艺模块

西门子 S7-1500 PLC 具有多种工艺模块，包括高速计数和位置检测模块、基于时间的 I/O 模块以及 PTO 脉冲输出模块等。

2.6.1　高速计数 / 位置检测模块

西门子 S7-1500 PLC 的高速计数 / 位置检测模块具有硬件级信号处理功能，可对各种传感器进行快速计数、测量和位置记录等操作。可在 S7-1500 CPU 集中操作，也可在 ET 200MP I/O 中进行分布式操作。在西门子 S7-1500 PLC 中，TM Count 为计数模块，TM PosInput 为位置检测模块，它们的主要技术参数见表 2-25。

表 2-25　高速计数 / 位置检测模块的主要技术参数

高速计数 / 位置检测模块	TM Count 2×24V	TM PosInput 2
订货号	6SE7 550-1AA00-0AB0	6SE7 551-1AB00-0AB0
可连接的编码器	增量型编码器，24V 非对称，带 / 不带方向信号的脉冲编码器，上升沿 / 下降沿脉冲编码器	RS-422 增量型编码器（5V 差分信号），带 / 不带方向信号的脉冲编码器，上升沿 / 下降沿脉冲编码器，绝对值编码器 SSI
最大计数频率	200kHz；4 倍频计数方式时为 800kHz	1MHz，4 倍频计数方式时为 4MHz
计数功能	2 个计数器	2 个计数器
比较器	√	√
数字量输入（DI）	6；每个计数器通道 3 点 DI	4；每个计数器通道 2 点 DI
数字量输出（DQ）	4；每个计数器通道 2 点 DQ	4；每个计数器通道 2 点 DQ
测量功能	频率，周期，速度	频率，周期，速度
位置检测	绝对位置和相对位置	绝对位置和相对位置
等时同步模式	√	√
诊断中断	√	√
硬件中断	√	√

2.6.2 基于时间的 I/O 模块

基于时间的 I/O 模块可以读取数字量输入信号的上升沿和下降沿，也可以精确时间控制数字量输出。具有过采样、脉宽调制、计数等功能，适用于确定响应时间的控制、电子凸轮控制、长度检测、脉宽调制以及计数等应用场合。其主要技术参数见表 2-26。

表 2-26　基于时间的 I/O 模块主要技术参数

	订货号	6SE7 552-1AA00-0AB0
数字量输入	最多输入通道数	8，取决于参数设置
	最多带有时间戳输入个数	8 通道
	最多计数器个数	4 通道
	最多增量型计数器个数	4 通道
	最多输入过采样个数	8 通道
数字量输出	最多输出通道数	16 通道，取决于参数设置
	最多带有时间戳输出个数	16 通道
	最多 PWM 个数	16 通道
	最多输出过采样个数	16 通道
编码器	增量编码器（非对称）	24V
	最大输入频率	50kHz
	最大计数频率	200kHz
中断 / 诊断	硬件中断	√
	诊断中断	√
	诊断功能	√

2.6.3 PTO 脉冲输出模块

西门子 S7-1500 PLC PTO 为 4 通道脉冲输出模块，它可以控制带有 PTI 接口（脉冲串输入）的驱动装置，即使用它可以连接不具备 PROFINET 接口的不太复杂的驱动装置，如伺服和步进电动机等。开环控制和运动控制在 CPU 中进行，通过相应模块将控制数据转换为数字量信号。其主要技术参数见表 2-27。

表 2-27　PTO 脉冲输出模块主要技术参数

	订货号	6SE7 553-1AA00-0AB0
数字量输入	最多输入通道数	12，每通道 3 个，包括 1 个 DIQ
	同步功能	√
	测量输入	√
	驱动使能	√
	最多输入过采样个数	8 通道
数字量输出	最多输出通道数	12，每通道 3 个，包括 1 个 DIQ
	电流输入	√；推挽式 DQn.0 和 DQn.1
	电流输出	√
	可配置输出	√
	控制数字量输入	√

	24V 非对称	√；200kHz，DQn.0 和 DQn.1
PTO 信号接口	RS422 对称	√；1MHz
	TTL（5V）非对称	√；200kHz
PTO 信号类型	脉冲和方向	√
	向上计数，向下计数	√
	增量型编码器（A、B 相差）	√
	增量型编码器（A、B 相差，4 倍评估）	√
中断 / 诊断	硬件中断	—
	诊断中断	√
	诊断功能	√，通道级

2.7 西门子 S7-1500 PLC 的分布式模块

S7-1500 PLC 支持的分布式模块分为 ET 200MP 和 ET 200SP。ET 200MP 是一个可扩展且高度灵活的分布式 I/O 系统，用于通过现场总线（PROFINET 或 PROFIBUS）将过程信号连接到中央控制器。与 S7-300/400 PLC 的分布式模块 ET 200M 和 ET 200S 相比，ET 200MP 和 ET 200SP 的功能更加强大。

2.7.1 ET 200MP 模块

ET 200MP 是一种模块化、可扩展的分布式 I/O 系统。ET 200MP 模块包含 IM 接口模块和 I/O 模块，其中 IM 接口模块将 ET 200MP 连接到 PROFINET 或 PROFIBUS 总线，与 S7-1500 PLC 通信，实现 S7-1500 PLC 扩展。ET 200MP 模块的 I/O 模块与 S7-1500 PLC 本机上的 I/O 模块通用。ET 200MP 的 IM 接口模块的主要技术参数见表 2-28。

表 2-28 ET 200MP 的 IM 接口模块的主要技术参数

接口模块	IM 155-5 PN 标准型	IM 155-5 PN 高性能型	IM 155-5 DP 标准型
订货号	6SE7 155-5AA00-0AB0	6SE7 155-5AA00-0AC0	6SE7 155-5BA00-0AB0
电源电压	DC 24V（20.4 ～ 28.8V）		
支持等时同步模式	√（最短周期 250μs）		
通信方式	PROFINET IO		PROFIBUS-DP
接口类型	2×RJ45（共享一个 IP 地址，集成交换机功能）		RS485，DP 接头
支持 I/O 模块数量	30		12
基于 S7-400H 的系统冗余	—	PROFINET 系统冗余	—
共享设备	√；2 个 I/O 控制器	√；4 个 I/O 控制器	—
支持等时同步实时通信（IRT）、优先化启动	√	√	—
支持介质冗余：MRP、MRPD	√	√	—
SNMP	√	√	—

LLDP	√	√	—
硬件中断	√	√	√
诊断中断	√	√	√
诊断功能	√	√	√

2.7.2　ET 200SP 模块

ET 200SP 是新一代分布式 I/O 系统，具有体积小、使用灵活、性能突出等特点，主要体现在以下方面。

① 防护等级 IP20，支持 PROFINET 和 PROFIBUS；

② 更加紧凑的设计，单个模块最多支持 16 通道；

③ 直插式端子，不需要工具，单手可以完成接线；

④ 模块和基座的组装更加方便；

⑤ 各种模块可以任意组合；

⑥ 各个负载电势的形成无需 PM-E 电源模块；

⑦ 支持热插拔，运行中可以更换模块。

ET 200SP 安装于标准 DIN 导轨，一个站点基本配置包括支持 PROFINET 或 PROFIBUS 的 IM 通信接口模块、各种 I/O 模块，功能模块以及所对应的基准单元和最右侧用于完成配置的服务模块。

每个 ET 200SP 接口通信模块最多可扩展 32 个或 64 个模块，其 IM 接口模块的主要技术参数见表 2-29。

表 2-29　ET 200SP 的 IM 接口模块的主要技术参数

接口模块	IM 155-6 PN 基本型	IM 155-6 PN 标准型	IM 155-6 PN 高性能型	IM 155-6 PN 高速型	IM 155-6 DP 高性能型
电源电压	DC 24V	DC 24V	DC 24V	DC 24V	DC 24V
典型功耗	1.7W	1.9W	2.4W	2.4W	1.5W
通信方式	PROFINET IO	PROFINET IO	PROFINET IO	PROFINET IO	PROFINET DP
总线连接	集成 2×RJ45	总线适配器	总线适配器	总线适配器	PROFIBUS DP 接头
支持模块数量	12	32	64	30	32
Profisafe 故障安全	—	√	√	√	√
S7-400 冗余系统	—	—	PROFINET 冗余	—	可以通过 Y-Link
扩展连接 ET 200AL	—	√	√	—	—
PROFINET RT/IRT	√ / —	√ / √	√ / √	√ / √	—
PROFINET 共享设备	—	√	√	√	√
中断 / 诊断功能 / 状态显示	√	√	√	√	√

ET 200SP 的 I/O 模块非常丰富，包括数字量输入模块、数字量输出模块、模拟量输入模块、模拟量输出模块、工艺模块和通信模块等。

第3章

TIA 博途软件的使用

PLC 是一种由软件驱动的控制设计，可编程控制器的软件系统是 PLC 所使用的各种程序集合。为了实现某一控制功能，需要在特定环境（编程软件）中使用某种语言编写相应指令来完成。S7-1200 PLC 和 S7-1500 PLC 专用的编程软件为 TIA 博途（Totally Integrated Automation Portal，简称 TIA Portal）软件，本章将介绍该软件的使用方法。

3.1 TIA 博途软件平台与安装

TIA 博途软件是由西门子公司推出的，面向工业自动化领域的新一代工程软件，它将全部自动化设计工具完美地融合在一个开发环境中。这是软件开发领域中一个里程碑，是工业领域第一个带有"组态设计环境"的自动化软件。

3.1.1 TIA 博途软件平台及其构成

TIA 博途软件为全集成自动化的实现提供了如图 3-1 所示的统一项目平台，用户不仅可以将组态和程序编辑应用于控制器，也可以应用于具有 Safety 功能的安全控制器，还可以将组态应用于可视化的 WinCC 等人机界面操作系统和 SCADA 系统。通过在 TIA 博途软件中集成应用于装置的 StartDrive 软件，可以对 SINAMICS 系列驱动产品配置和调试。若组合面向运动控制的 SCOUT 软件，还可以实现对 SIMOTION 运动控制器的组态和程序编辑。

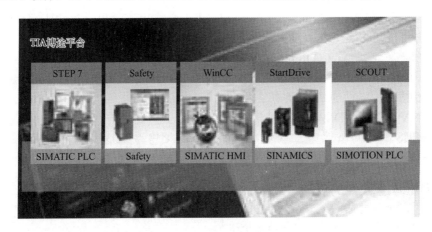

图 3-1　TIA 博途软件平台

TIA 博途软件主要由 SIMATIC STEP 7、SIMATIC WinCC 和 SINAMICS StartDrive 这三个部分组成，如图 3-2 所示。

（1）SIMATIC STEP 7（TIA 博途）

SIMATIC STEP 7（TIA 博途）是用于组态 SIMATIC S7-1200（F）、SIMATIC S7-1500（F）、

SIMATIC S7-300（F）/400（F）和 WinAC 控制器系列的项目组态软件。SIMATIC STEP 7
（TIA 博途）有基本版和专业版这两个版本，具体使用取决于可组态的控制器系列。

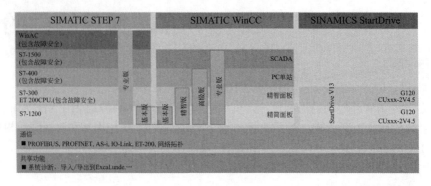

图 3-2　TIA 博途软件构成

STEP 7 基本版即 STEP 7 Basic，主要用于组态 S7-1200 系列，并且自带 WinCC Basic，可进行 Basic 面板的组态。

STEP 7 专业版即 STEP 7 Professional，可用于组态 S7-1200（F）、S7-1500（F）、S7-300（F）/400（F）和 WinAC 控制器，并且自带 WinCC Basic，可进行 Basic 面板的组态。

（2）SIMATIC WinCC（TIA 博途）

SIMATIC WinCC（TIA 博途）是用于 SIMATIC 面板、SIMATIC 工业 PC、标准 PC 和 SCADA 系统的项目组态软件，其配套的可视化运行软件为 WinCC Runtime 高级版或 SCADA 系统 WinCC Runtime 专业版。SIMATIC WinCC（TIA 博途）有 4 种版本，具体使用取决于可组态的操作员控制系统。

WinCC 基本版即 WinCC Basic，用于组态精简系列面板。WinCC Basic 包含在 STEP 7 基本版或 STEP 7 专业版产品中。

WinCC 精智版即 WinCC Comfort，用于组态包括精简面板、精智面板和移动面板的所有面板。

WinCC 高级版即 WinCC Runtime Advanced，用于通过 WinCC Runtime Advanced 可视化软件组态的所有面板和 PC。WinCC Runtime Advanced 是基于 PC 单站系统的可视化软件。

WinCC 专业版即 WinCC Runtime Professional，用于组态所有面板以及运行 WinCC Runtime Professional 或 SCADA 系统的 PC。WinCC Runtime Professional 是一种构建组态范围从单站系统到多站系统的 SCADA 系统。

（3）SINAMICS StartDrive（TIA 博途）

SINAMICS StartDrive 能够直观地将 SINAMICS 变频器集成到自动化环境中，实现 SINAMICS 驱动设备的系统组态、参数设置、调试和诊断。

3.1.2　TIA 博途软件的安装

（1）TIA 博途软件的安装要求与注意事项

本书介绍 TIA 博途软件的版本为 TIA Portal V15，TIA Portal V15 中的 SIMATIC STEP 7 V15 软件包在安装时，对计算机的硬件配置和操作系统均有相应的要求。

① 硬件要求　TIA 博途软件对计算机的硬件配置要求较高，为了正常使用该软件，计算机最好配置固态硬盘（SSD）。安装"SIMATIC STEP 7 V15"软件包时，其硬件配置的要求如表 3-1 所示。

表 3-1　计算机硬件配置要求

硬件项目	最低配置要求	推荐配置
CPU	Intel® Core ™ i3-6100U，2.30 GHz	Intel® Core ™ i5-6440EQM，3.4GHz 及以上
内存条	8GB	16GB 或更大
硬盘	S-ATA 接口，配备 20GB 可用空间	固态（SSD），至少配备 50GB 以上可用空间
屏幕分辨率	1024×768	15.6" 全高清显示器（1920×1080 或更高）

注：1"=1in=25.4mm。

② 操作系统要求　TIA 博途软件对计算机操作系统的要求也较高，专业版、企业版或者旗舰版的操作系统是必备的条件，对于家庭版操作系统，如 Windows 7 Home Premium SP1 和 Windows 10 Home Version 1703 仅适用于 STEP 7 基本版（STEP 7 Basic）的安装。表 3-2 所示为安装 SIMATIC STEP 7 V15 软件包对操作系统的要求。

表 3-2　安装 SIMATIC STEP 7 V15 软件包对计算机操作系统的要求

操作系统	可以安装的操作系统	推荐操作系统
Windows 7 （64 位）	Windows 7 Home Premium SP1 Windows 7 Professional SP1 Windows 7 Enterprise SP1 Windows 7 Ultimate SP1	Windows 7 Professional SP1 Windows 7 Enterprise SP1 Windows 7 Ultimate SP1
Windows 10 （64 位）	Windows 10 Home Version 1703 Windows 10 Professional Version 1703 Windows 10 Enterprise Version 1703 Windows 10 Enterprise 2016 LTSB Windows 10 IoT Enterprise 2015 LTSB Windows 10 IoT Enterprise 2016 LTSB	Windows 10 Professional Version 1703 Windows 10 Enterprise Version 1703 Windows 10 Enterprise 2016 LTSB
Windows Server （64 位）	Windows Server 2012 R2 StdE（完全安装） Windows Server 2016 R2 Standard（完全安装）	Windows Server 2012 R2 StdE（完全安装） Windows Server 2016 R2 Standard（完全安装）

用户可以在虚拟机上安装 TIA Portal V15 中的两个软件包：SIMATIC STEP 7 V15 和 SIMATIC WinCC V15。在安装这些软件包时，需选择以下指定的或更新版本的虚拟机平台：

　　a．VMware vSphere Hypervisor（ESXi）6.5；

　　b．VMware Workstation 12.5.5；

　　c．VMware Player 12.5.5；

　　d．Microsoft Hyper-V Server 2016。

③ TIA 博途软件的安装注意事项

　　a．无论是 Windows 7 还是 Windows 11 系统的家庭（Home）版，都只能安装 STEP 7 基本版，若需安装 TIA Portal V15 的专业版，应使用 64 位的专业版、企业版或者旗舰版的 Windows 操作系统。

　　b．安装不同的 TIA Portal 软件包时，应使用相同的服务包和更新版本进行安装。例如，已安装了 SIMATIC STEP 7 V15 SP1，需安装 SIMATIC WinCC 软件包时，必须安装对应的 SIMATIC WinCC V15 SP1。

　　c．安装 TIA Portal V15 软件包时，最好关闭监控和杀毒软件。

　　d．安装 TIA Portal V15 软件包时，软件的安装路径中不能使用任何 Unicode 字符（如中文字符）。

　　e．在安装 TIA Portal V15 软件包的过程中，会出现提示"请重新启动 Windows"字样。这可能是 360 安全软件作用的结果，重启计算机有时为可行方案，但有时计算机会重复提示重启电脑，导致 TIA Portal V15 的软件包无法安装，此时解决方法如下：

在 Windows 菜单命令下，单击"开始"按钮 ，在"搜索程序和文件"对话框
搜索程序和文件 中输入"regedit"打开注册表编辑器。选择注册表编辑器中的"HKEY_
LOCAL_MACHINE\SYSTEM\CurrentControlSet\Control\Session Manager"，删除右侧窗口的
"PendingFileRenameOperations"选项。重新安装，就不会出现重启计算机的提示了。

（2）TIA 博途软件的安装步骤

当计算机的硬件配置和操作系统均满足安装条件，且用户拥有计算机管理员的权限时，才
能进行 TIA 博途软件的安装。TIA Portal V15 软件包的安装步骤如下。

① 启动安装。首先关闭正在运行的其他程序，如 Word 软件等，然后将 TIA Portal V15 软
件包安装光盘插入计算机的光驱中，安装程序会自动启动，如图 3-3 所示。如果没有自动启动，
则双击安装光盘中的可执行文件"start.exe"，手动启动安装。

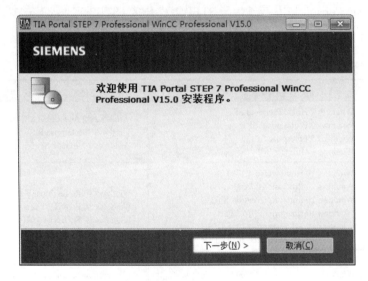

图 3-3　启动安装

② 选择安装语言。TIA Portal V15 提供了英语、德语、简体中文、法语、西班牙语和意大
利语以供用户选择安装。在此，选择"简体中文"，如图 3-4 所示。

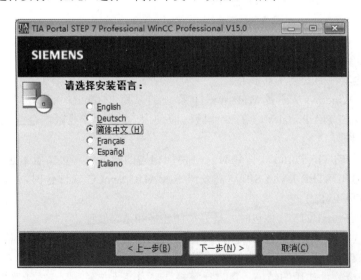

图 3-4　选择安装语言

③ 安装产品配置。在图 3-4 所示界面中，选择相应的语言后，单击"下一步"将进入如图 3-5 所示的安装产品配置界面。在此界面上提供了"最小""典型"和"用户自定义"这 3 个配置选项卡以供用户选择。若选择"用户自定义"选项卡，用户可进一步选择需要安装的软件，这需要根据购买的授权确定。

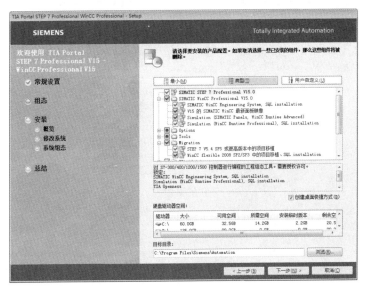

图 3-5　安装产品配置

如果要在桌面上创建快捷方式，需选中"创建桌面快捷方式"复选框；如果要更改安装的目标路径，在图 3-5 的右下方点击"浏览"按钮，并选择合适的路径即可。注意路径中不能含有任何 Unicode 字符（如中文字符），且安装路径的长度不能超过 89 个字符。

④ 接受许可条款。在图 3-5 中配置好后，单击"下一步"按钮，进入图 3-6 所示安装许可界面。在此界面中，将两个复选框都选中，接受相应的条款。

⑤ 接受安全控制。在图 3-6 中选中两个复选框后，单击"下一步"按钮，进入图 3-7 所示的安全控制界面。在此界面中，将"我接受此计算机上的安全和权限设置"复选框选中，接受安全控制。

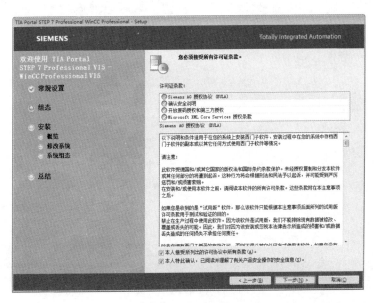

图 3-6　安装许可界面

⑥ 安装概览。在图 3-7 所示界面中设置好后，单击"下一步"按钮，进入图 3-8 所示的安装概览。在此界面中，显示要安装的产品配置、产品语言及安装路径。

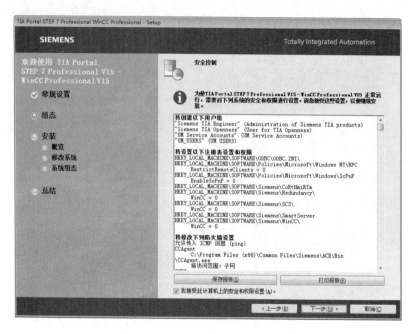

图 3-7　安全控制界面

⑦ 产品安装。在图 3-8 所示界面中，单击"安装"按钮，将进入产品的安装，如图 3-9 所示。如果安装过程中未在计算机中找到许可密钥，用户可以通过从外部导入的方式将其传送到计算机中。如果跳过许可密钥传送，稍后用户可通过 Automation License Manager 进行注册。安装过程中，可能需要重新启动计算机。在这种情况下，请选择"是，立即重启计算机"选项按钮，然后单击"重启"，直至安装完成。

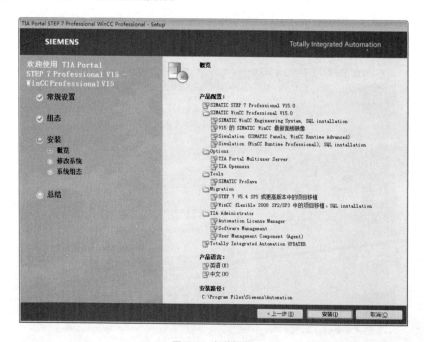

图 3-8　安装概览

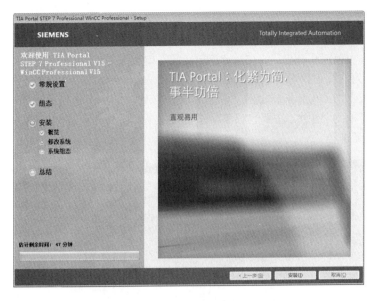

图 3-9　产品安装

3.2　TIA 博途软件使用入门

TIA 博途软件安装完，并且授权管理成功后，用户才能使用 TIA 博途软件。本节以"TIA Portal V15"为例讲述 TIA 博途软件的使用。

3.2.1　启动 TIA 博途

在 Windows 系统中，用鼠标双击桌面上"TIA Portal V15"图标，或鼠标单击"开始"→"所有程序"→"Siemens Automation"→"TIA Portal V15"即可启动 TIA 博途软件。TIA 博途软件有两种视图界面：一种是面向任务的 Portal 视图，另一种是包含项目各组件的项目视图。

默认情况下，启动 TIA 博途软件后为面向任务的 Portal 视图界面，如图 3-10 所示。在

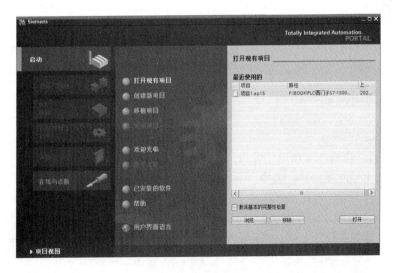

图 3-10　Portal 视图

Portal 视图中,它主要分为左、中、右3个区。左区为 Portal 任务区,显示启动、设备与网络、PLC 编程、运行控制＆技术、可视化以及在线与诊断等自动化任务,用户可以快速选择要执行的任务。中区为操作区,提供了在所选 Portal 任务中可使用的操作,如打开现有项目、创建新项目等。右区为选择窗口,该窗口的内容取决于所选的 Portal 任务和操作。

在 Portal 视图中,单击左下角的"项目视图"按钮,将 Portal 视图切换至如图 3-11 所示的项目视图。在项目视图中,主要包括菜单栏、工具条、项目树、详细视图、任务栏、监视窗口、工作区、任务卡等。

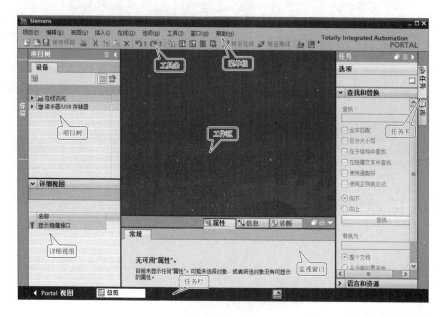

图 3-11　项目视图

菜单栏中包括工作所需的全部命令。工具条由图标(或工具按钮)组成,这些图标以快捷方式作为经常使用的菜单命令,可用鼠标点击执行。用户使用项目树可以访问所有组件和项目数据,在项目树中可执行的任务有添加组件、编辑现有组件、扫描和修改现有组件的属性。工作区中显示的是为进行编辑而打开的对象,这些对象包括编辑器和视图、表格等,例如选择了项目树下的某一对象时,则工作区将显示出该对象的编辑器或窗口。监视窗口显示有关所选或已执行动作的其他信息。在详细视图中,将显示所选对象的特定内容。任务卡将可以操作的功能进行分类显示,使软件的使用更加方便。可用的任务卡取决于所编辑或选择的对象,对于较复杂的任务卡会划分多个空格,这些窗格可以折叠和重新打开。

3.2.2　新建项目与组态设备

(1) 新建与打开项目

① 新建项目　启动 TIA 博途软件后,可以使用以下方法新建项目。

方法1:在 Portal 视图中,选中"启动"→"创建新项目",在"项目名称"中输入新建的项目名称(如"示例1"),在"路径"中选择合适的项目保存路径,如图 3-12 所示。设置好后,点击"创建"按钮,即可创建新的项目。

方法2:在项目视图中,执行菜单命令"项目"→"新建"(如图 3-13 所示),将弹出"创建新项目"对话框,在此对话框中输入项目名称及设置保存路径,如图 3-14 所示,然后点击"创建"按钮,即可创建新的项目。

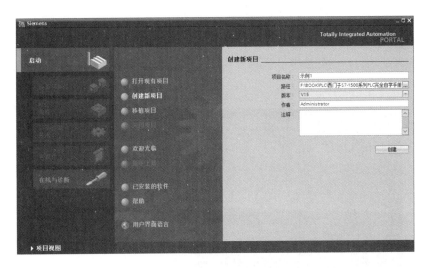

图 3-12　在 Portal 视图中新建项目

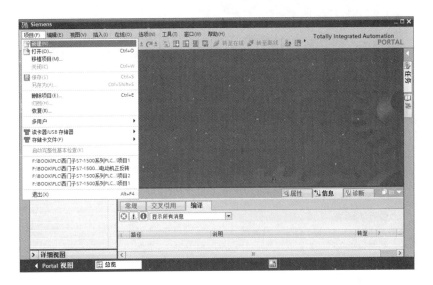

图 3-13　在项目视图中新建项目

图 3-14　创建新项目对话框

　　方法 3：在项目视图中，单击工具栏中"新建项目"图标，将弹出"创建新项目"对话框，在此对话框中输入项目名称及设置保存路径，如图 3-14 所示，然后点击"创建"按钮，即可创建新的项目。

② 打开项目　启动 TIA 博途软件后，可以使用以下方法打开已创建的项目。

方法 1：在 Portal 视图中，选中"启动"→"打开现有项目"，然后在右侧"最近使用的"窗口选中要打开的项目，例如选中"示例1"（如图 3-15 所示），再单击"打开"按钮，"示例1"项目即可打开。

图 3-15　在 Portal 视图中打开项目

方法 2：在项目视图中，执行菜单命令"项目"→"打开"或者单击工具栏中"打开项目"图标，将弹出"打开项目"对话框，在此对话框中选择要打开的项目名称，如图 3-16 所示，然后点击"打开"按钮，即可打开已创建的项目。

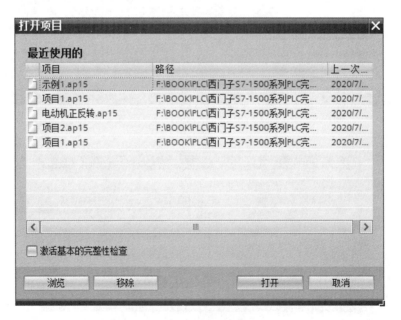

图 3-16　打开项目对话框

方法 3：打开已创建的 TIA 博途项目存放目录，如图 3-17 所示，双击要打开的项目，如"示例1"，则现有项目"示例1"被打开。

图 3-17 打开项目

（2）组态设备

硬件组态的任务就是在 TIA 博途中生成一个与实际的硬件系统完全相同的系统。在 TIA 博途软件中，硬件组态包括 CPU 模块、电源模块、信号模块等硬件设备的组态，以及 CPU 模块、信号模块相关参数的配置。项目视图是 TIA 博途软件的硬件组态和编程的主窗口，下面以项目视图为例，讲解组态设备的相关操作。

① 添加 CPU 模块　在项目树的"设备"栏中，双击"添加新设备"，将弹出"添加新设备"对话框，如图 3-18 所示。可以修改设备名称，也可保持系统默认名称。然后根据需求选择合适的控制器设备，即 CPU 模块。本例的 CPU 模块型号为 CPU 1511-1 PN，订货号为 6ES7 511-1AK02-0AB0。勾选"打开设备视图"，单击"确定"按钮，完成 CPU 模块的添加，并打开设备视图，如图 3-19 所示。从图 3-19 中可以看出，在导轨_0（即机架）的插槽 1 中已添加了 CPU 模块。

图 3-18　选择 CPU 模块

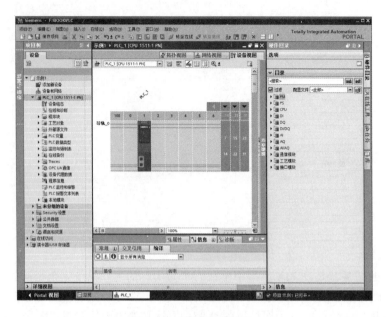

图 3-19　已添加 CPU 模块

② 添加电源模块　导轨_0 上的插槽 0 可以放入负载电源模块 PM 或者系统电源模块 PS。由于负载电源 PM 不带有背板总线接口，所以也可以不进行设备组态。如果将一个系统电源 PS 插入 CPU 的左侧，则该模块可以与 CPU 模块一起为导轨中右侧设备供电。若需要添加系统电源模块，则在导轨_0 上先点击插槽 0，将其进行选中，然后在右侧"硬件目录"中找到 PS，并双击合适的系统电源模块即可。本例的系统电源模块为 PS 60W 24/48/60VDC，订货号为 6ES7 505-0RA00-0AB0，如图 3-20 所示。

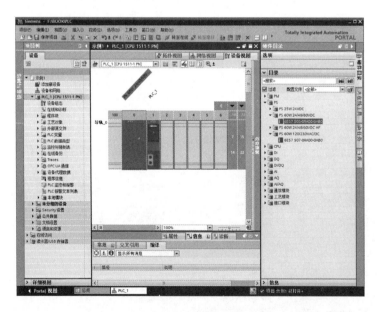

图 3-20　添加电源模块

③ 添加信号模块　导轨从 2 号槽起，可以依次添加信号模块或者通信模块，由于目前导轨不带有源背板总线，相邻模块间不能有空槽位。

a. 添加数字量输入模块。若需要添加数字量输入模块，则在导轨_0 上先点击插槽 2，将其进行选中，然后在右侧"硬件目录"中找到 DI，选择合适的数字量输入模块并双击该模块即可。本例的数字量输入模块为 DI 16×24VDC BA，订货号为 6ES7 521-1BH10-0AA0，如图 3-21 所示。

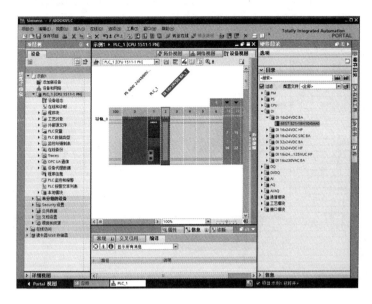

图 3-21　添加数字量输入模块

b．添加数字量输出模块。若需要添加数字量输出模块，则在导轨_0 上先点击插槽 3，将其进行选中，然后在右侧"硬件目录"中找到 DQ，选择合适的数字量输出模块并双击该模块即可。本例的数字量输出模块为 DQ 16×24VDC/0.5A BA，订货号为 6ES7 522-1BH10-0AA0，如图 3-22 所示。

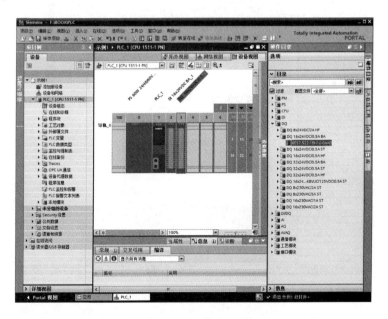

图 3-22　添加数字量输出模块

c．添加模拟量输入模块。若需要添加模拟量输入模块，则在导轨_0 上先点击插槽 4，将其进行选中，然后在右侧"硬件目录"中找到 AI，选择合适的模拟量输入模块并双击该模块即可。本例的模拟量输入模块为 AI 4×U/I/RTD/TC ST，订货号为 6ES7 531-7QD00-0AB0，如图 3-23 所示。

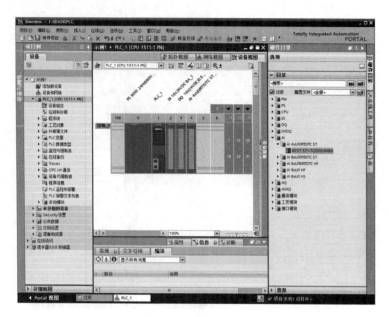

图 3-23　添加模拟量输入模块

d．添加模拟量输出模块。若需要添加模拟量输出模块，则在导轨 _0 上先点击插槽 5，将其进行选中，然后在右侧"硬件目录"中找到 AQ，选择合适的模拟量输出模块并双击该模块即可。本例的模拟量输出模块为 AQ 4×U/I ST，订货号为 6ES7 532-5HD00-0AB0，如图 3-24 所示。

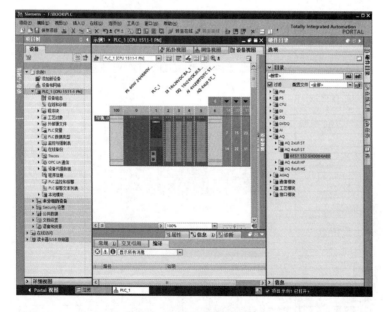

图 3-24　添加模拟量输出模块

3.2.3　CPU 模块的参数配置

导轨上选中 CPU 模块，在 TIA 博途软件底部的监视窗口中显示 CPU 模块的属性视图。在此可以配置 CPU 模块的各种参数，如 CPU 的启动特性、通信接口等设置。下面以 CPU 1511-1 PN 为例讲解 CPU 模块相关参数的配置。

（1）常规

单击属性视图中的"常规"选项卡，该选项卡中显示了 CPU 模块的项目信息、目录信息、标识与维护以及校验和等相关内容，如图 3-25 所示。用户可以在项目信息下编写和查看与项目相关的信息。在目录信息下查看该 CPU 模块的简单特性描述、订货号及组态的固件版本。工厂标识和位置标识用于识别设备和设备所处的位置，工厂标识最多可输入 32 个字符，位置标识最多可输入 22 个字符，附加信息最多可以输入 54 个字符。

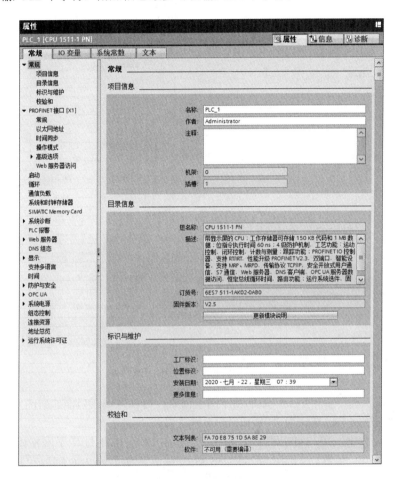

图 3-25　CPU 模块常规信息

（2）PROFINET 接口 [X1]

PROFINET 接口 [X1] 表示 CPU 模块集成的第一个 PROFINET 接口，在 CPU 的显示屏中有标识符用于识别。PROFINET 接口包括常规、以太网地址、时间同步、操作模式、高级选项、Web 服务器访问等内容。

1）PROFINET 接口的常规　在 PROFINET 接口选项卡中，单击"常规"标签，用户可以在"名称""作者""注释"等空白处做一些提示性的标注，如图 3-26 所示。这些标注不同于"标识与维护"数据，不能通过程序块读出。

2）PROFINET 接口的以太网地址　在 PROFINET 接口选项卡中，单击"以太网地址"标签，可以创建新网络、设置 IP 地址参数等，如图 3-27 所示。

图 3-26　PROFINET 接口的常规

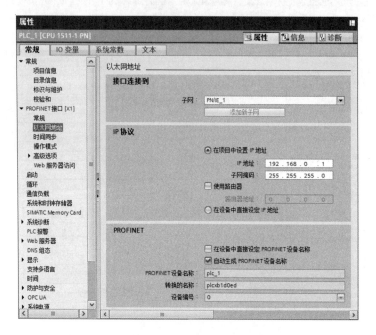

图 3-27　PROFINET 接口的以太网地址

在"接口连接到"中，单击"添加新子网"按钮，可以为该接口添加新的以太网网络，新添加的以太网的子网名称默认为"PN/IE_1"。

在"IP 协议"中，用户可以根据实际情况设置 IPv4 的 IP 地址和子网掩码，其默认 IPv4 地址为"192.168.0.1"，默认子网掩码为"255.255.255.0"。如果该 PLC 需要和其他不是处于同一子网的设备进行通信，则需要勾选"使用路由器"选项，并输入路由器（网关）的 IP 地址。如果选择了"在设备中直接设定 IP 地址"，表示不在硬件组态中设置 IP 地址，而是使用函数"T_CONFIG"或者显示屏等方式分配 IP 地址。

在"PROFINET"中，选中"在设备中直接设定 PROFINET 设备名称"选项，则 CPU 模块用于 PROFINET IO 通信时，不在硬件组态中组态设备名，而是通过函数"T_CONFIG"或者显示屏等方式分配设备名。选中"自动生成 PROFINET 设备名称"，则 TIA 博途软件根据接口的名称自动生成 PROFINET 设备名称。未选中"自动生成 PROFINET 设备名称"，则可以由用户设定 PROFINET 设备名。"转换的名称"表示此 PROFINET 设备名称转换为符合 DNS 惯例的名称，用户不能修改。"设备编号"表示 PROFINET IO 设备的编号。

3）PROFINET 接口的时间同步　PROFINET 接口的时间同步界面如图 3-28 所示。NTP 模式表示该 PLC 可以通过以太网从 NTP（Network Time Protocol）服务器上获取时间以同步自己的时钟。如选中"通过 NTP 服务器启动同步时间",表示 PLC 从 NTP 服务器上获取时间以同步自己的时钟。然后添加 NTP 服务器的 IP 地址,这里最多可以添加 4 个 NTP 服务器。"更新间隔"定义 PLC 每次请求时钟同步的时间间隔,时间间隔的取值范围为 10s 到一天之间。

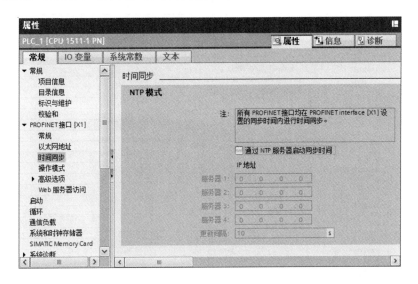

图 3-28 PROFINET 接口的时间同步界面

4) PROFINET 接口的操作模式   PROFINET 接口的操作模式界面如图 3-29 所示。在操作模式界面中,可以将该接口设置为 PROFINET IO 的控制器或者 IO 设备。"IO 控制器"选项不能修改,即一个 PROFINET 网络中的 CPU 即使被设置作为 IO 设备,也可以同时作为 IO 控制器使用。如果该 PLC 作为智能设备,则需要选中"IO 设备",并在"已分配的 IO 控制器"选项中选择一个 IO 控制器。如果 IO 控制器不在该项目中则选择"未分配"。如果选中"PN 接口的参数由上位 IO 控制器进行分配",则 IO 设备的设备名称由 IO 控制器分配。

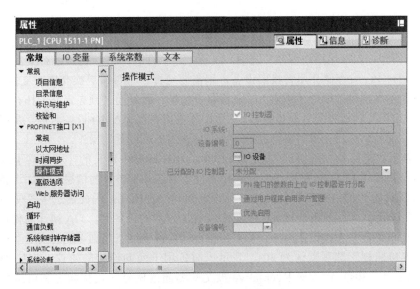

图 3-29 PROFINET 接口的操作模式界面

5) PROFINET 接口的高级选项   PROFINET 接口的高级选项界面如图 3-30 所示,主要包括接口选项、介质冗余、实时设定、端口等设置。

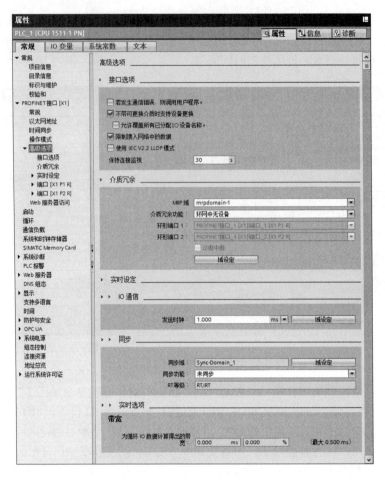

图 3-30　PROFINET 接口的高级选项界面

①接口选项　默认情况下，一些关于 PROFINET 接口的通信事件，例如维护信息、同步丢失等，会进入 CPU 的诊断缓冲区，但不会调用诊断中断 OB82。如果在"接口选项"中选择"若发生通信错误，则调用用户程序"选项，出现上述事件时，CPU 将调用 OB82。

如果不通过 PG 或存储介质替换旧设备，则需要选择"不带可更换介质时支持设备更换"选项。新设备不是通过存储介质或者 PG 来获取设备名，而是通过预先定义的拓扑信息和正确的相邻关系由 IO 控制器直接分配设备名。"允许覆盖所有已分配 IO 设备名称"是指当使用拓扑信息分配设备名称时，不再需要将设备进行"重置为出厂设置"操作。

LLDP 表示"链路层发现协议"，是 IEEE 802.1 AB 标准中定义的一种独立于制造商的协议。以太网设备使用 LLDP，按固定间隔向相邻设备发送关于自身的信息，相邻设备则保存此信息。所有联网的 PROFINET 设备接口必须设置为同一种模式，因此需选中"使用 IEC V2.2 LLDP 模式"选项。当组态同一个项目中 PROFINET 子网的设备时，TIA 博途软件自动设置正确的模式，用户不需要考虑设置问题。如果是在不同项目下组态，则可能需要手动设置。

"保持连接监视"选项默认为 30s，表示该服务用于面向连接的协议，例如 TCP 或 ISO on TCP，周期性（30s）地发送 Keep-alive 报文检测通信伙伴的连接状态和可达性，并用于故障检测。

②介质冗余　PROFINET 接口的模块支持 MRP 协议，即介质冗余协议，也就是 PROFINET 接口的设备可以通过 MRP 协议实现环网连接。

"介质冗余功能"有 3 个选项：管理器、客户端和环网中无设备。环网管理器发送报文检测网络连接状态，客户端只能传递检测报文。选择了"管理器"选项，则还要选取使用哪两个端口连接 MRP 环网。

③ 实时设定　实时设定中包括 IO 通信、同步和实时选项。

"IO 通信"用于设置 PROFINET 的发送时钟，其默认值为 1ms，最大值为 4ms，最小值为 250μs，该时间表示 IO 控制器和 IO 设备交换数据的最小时间间隔。

"同步"中，同步域是指域内的 PROFINET 设备按照同一时基进行时钟同步，即一台设备为同步主站（时钟发生器），而其余设备为同步从站。在"同步功能"选项可以设置此接口是"未同步""同步主站"或"同步从站"。当组态 IRT 通信时，所有的站点都在一个同步域内。

"带宽"表示 TIA 博途软件根据 IO 设备的数量和 IO 字节，自动计算"为循环 IO 数据计算得出的带宽"大小。最大带宽一般为"发送时钟"的一半。

④ 端口 [X1 P1 R]　PROFINET 接口的端口 [X1 P1 R] 界面如图 3-31 所示。主要包括常规、端口互连、端口选项等部分的设置。

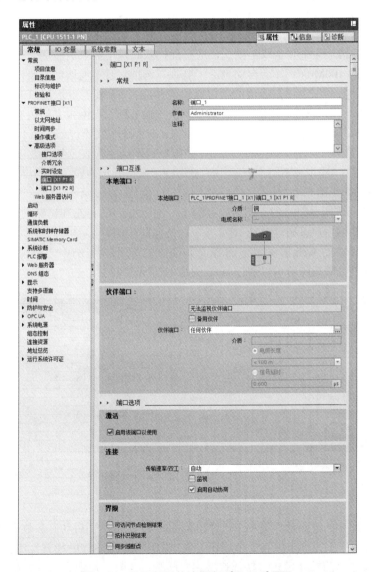

图 3-31　PROFINET 接口的端口 [X1 P1 R] 界面

在"常规"部分，用户可以在"名称""作者""注释"等空白处做一些提示性的标注，可以输入汉字字符。

在"端口互连"部分，可对本地端口及伙伴端口进行相关设置。在"本地端口"中显示本地端口的名称，用户可设置本地端口的传输介质，默认为"铜"，电缆名称显示为"—"，即无。在"伙伴端口"的下拉列表中可选择需要连接的伙伴端口，如果在拓扑视图中已经组态了网络拓扑，则在"伙伴端口"处会显示连接的伙伴端口、"介质"类型以及"电缆长度"或"信号延迟"等信息。其中对于"电缆长度"或"信号延迟"两个参数，仅适用于 PROFINET IRT 通信。选择"电缆长度"，则 TIA 博途根据指定的电缆长度自动计算信号延迟时间；选择"信号延时"，则人为指定信号延迟时间。如果选中了"备用伙伴"选项，则可以在拓扑视图中将 PROFINET 接口中的一个端口连接至不同的设备，同一时刻只有一个设备真正连接到端口上。并且使用功能块"D_ACT_DP"来启用 / 禁用设备，这样可以实现"在操作期间替换 IO 设备功能"。

在"端口选项"部分有 3 个选项的设置，即激活、连接和界限。如果在"激活"中选中"启用该端口以使用"，表示该端口可以使用，否则处于禁用状态。在"连接"中，"传输速率 / 双工"的下拉列表中有"自动"和"TP 100Mbit/s"两个选项，默认为"自动"，表示 PLC 和连接伙伴自动协商传输速率和全双工模式，选择此模式时，不能取消激活"启用自动协商"选项。如果选择"TP 100Mbit/s"，会自动激活"监视"选项，且不能取消"监视"选项，同时默认激活"启用自动协商"选项，但该选项可以取消激活。"监视"表示端口的连接处于监视状态，一旦出现故障，则向 CPU 报警。"界限"表示传输某种以太网报文的边界限制，其中"可访问节点检测结束"表示该接口是检测可访问的 DCP 协议报文不能被该端口转发，即该端口的下游设备不能显示在可访问节点的列表中；"拓扑识别结束"表示拓扑发现 LLDP 协议报文不会被该端口转发；"同步域断点"表示不转发那些用来同步域内设备的同步报文。

端口 [X1 P2 R] 是第二个端口，与端口 [X1 P1 R] 类似，在此不再赘述。

⑤ Web 服务器访问 CPU 的存储区中存储了一些含有 CPU 信息和诊断功能的 HTML 页面，Web 服务器功能使得用户可通过 Web 浏览器执行访问此功能。

PROFINET 接口的 Web 服务器访问界面如图 3-32 所示，若选中"启用使用该接口访问 Web 服务器"选项，则意味着可以通过 Web 浏览器访问该 CPU。

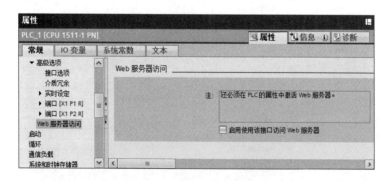

图 3-32　PROFINET 接口的 Web 服务器访问

（3）启动

单击属性视图中的"启动"选项卡，弹出如图 3-33 所示的"启动"参数设置界面。

"上电后启动"下拉列表中有 3 个选项：未重启（仍处于 STOP 模式）、暖启动 -RUN、暖启动 - 断开电源之前的操作模式。默认选项为"暖启动 - 断开电源之前的操作模式"，在此模式下，CPU 上电后，会进入到断电之前的运行模式，如 CPU 运行时通过 TIA 博途的"在线工具"将其停止，那么断电再上电之后，CPU 仍处于 STOP 状态。选择"未重启（仍处于 STOP 模式）"时，CPU 上电后处于 STOP 模式。选择"暖启动 -RUN"时，CPU 上电后进入到暖启动和运行模式。用户如果将 CPU 模块上的模式开关置为"STOP"，即使选择"暖启动 -RUN"，CPU 也不会执行启动模式，同样也不会进入运行模式。

图 3-33　"启动"参数设置界面

"比较预设与实际组态"下拉列表中有 2 个选项：即便不兼容仍然启动 CPU、仅兼容时启动 CPU。兼容是指安装的模块要匹配组态的输入 / 输出数量，且必须匹配其电气和功能特性。若选择"仅兼容时启动 CPU"，则当实际模块与组态模块一致或者实际的模块兼容硬件组态的模块时，CPU 可以启动。若选择"即便不兼容仍然启动 CPU"，即使实际模块与组态的模块不一致，也可以启动 CPU。

"组态时间"用于设置在 CPU 启动过程中，检查集中式 I/O 模块和分布式 I/O 站点中的模块在此时间段内是否准备就绪，如果没有准备就绪，则 CPU 的启动特性取决于"比较预设与实际组态"中的硬件兼容性的设置。

（4）循环

单击属性视图中的"循环"选项卡，弹出如图 3-34 所示界面，在该界面中设置与 CPU 循环扫描相关的参数。"最大循环时间"是设定程序循环扫描的监控时间，如果超过了这个时间，在没有下载 OB80 的情况下，CPU 会进入停机状态。通信处理、连续调用中断（故障）、CPU 程序故障等都会增加 CPU 的扫描时间。在有些应用中需要设定 CPU 的最小扫描时间，此时可在"最小循环时间"项中进行设置。如果实际扫描时间小于设定的最小时间，CPU 将等待，直至达到最小扫描时间后才进行下一个扫描周期。

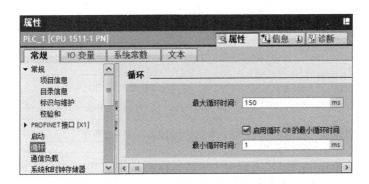

图 3-34　"循环"参数设置界面

（5）通信负载

单击属性视图中的"通信负载"选项卡，弹出如图 3-35 所示界面。CPU 间的通信以及调试时程序的下载等操作将影响 CPU 的扫描时间。如果 CPU 始终有足够的通信任务要处理，"通信产生的循环负载"参数可以限制通信任务在一个循环扫描周期中所占的比例，以确保 CPU 的扫描周期中通信负载小于设定的比例。

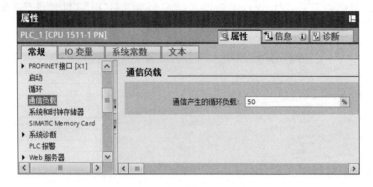

图 3-35　"通信负载"参数设置界面

（6）系统和时钟存储器

单击属性视图中的"系统和时钟存储器"选项卡，弹出如图 3-36 所示界面。在该界面中可以设置系统存储器位和时钟存储器位的相关参数。

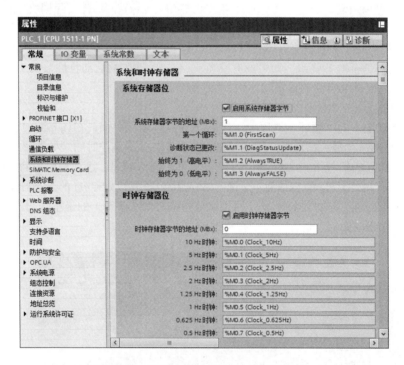

图 3-36　"系统和时钟存储器"参数设置界面

在"系统存储器位"项中如果选中"启用系统存储器字节"，则将系统存储器赋值到一个标志位存储区的字节中。系统默认为"1"，表示系统存储器字节地址为 MB1。其中第 0 位（M1.0）为首次扫描位，只有在 CPU 启动后的第 1 个程序循环中值为 1，否则为 0；第 1 位（M1.1）表示诊断状态发生更改，即当诊断事件到来或者离开时，此位为 1，且只持续一个周期；第 2 位（M1.2）始终为 1；第 3 位（M1.3）始终为 0；第 4 ～ 7 位（M1.4 ～ M1.7）为保留位。

时钟存储器是 CPU 内部集成的时钟存储器，在"时钟存储器位"项中如果选中"启用时钟存储器字节"，则 CPU 将 8 个固定频率的方波时钟信号赋值到一个标志位存储区的字节中。字节中每一位对应的频率和周期如表 3-3 所示。系统默认为"0"，表示时钟存储器字节地址为 MB0，M0.0 位即为频率 10Hz 的时钟。用户也可以指定其他的存储字节地址。

表 3-3　时钟存储器

时钟存储器的位	7	6	5	4	3	2	1	0
频率 /Hz	0.5	0.625	1	1.25	2	2.5	5	10
周期 /s	2	1.6	1	0.8	0.5	0.4	0.2	0.1

（7）系统诊断

系统诊断就是记录、评估和报告自动化系统内的故障信息，比如模块故障、插拔模块、传感器断路等。用户不需要编写程序即可在 PLC 的显示屏、Web 服务器或者 HMI 中查看这些故障信息。单击属性视图中的"系统诊断"选项卡，弹出如图 3-37 所示界面。"激活该设备的系统诊断"项一直处于激活状态，且不能取消激活；"将网络故障报告为维护而非故障"为可选项，用户可以根据实际情况决定是否选择该项。

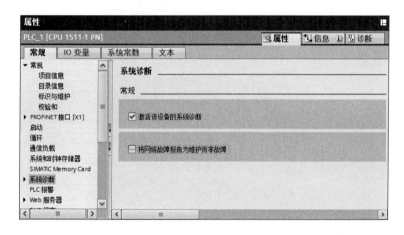

图 3-37　"系统诊断"参数设置界面

（8）显示

单击属性视图中的"显示"选项卡，将进入 SIMATIC S7-1500 PLC 的显示器参数化界面，如图 3-38 所示。在该界面中可以设置 CPU 显示器的相关参数，例如常规、自动更新、密码、监控表和用户自定义徽标等。

常规设置的参数有：显示待机模式、节能模式和显示的语言。在待机模式下，显示器保持黑屏，并在按下某个显示器按键时立即重新激活。在显示器的显示菜单中，还可以更改待机模式，如时间长短或者禁用。在节能模式下，显示器将以低亮度显示信息。按下任意显示器按键时，节能模式立即结束。在显示器的显示菜单中，还可以更改节能模式，如时间长短或者禁用。"显示的语言"表示显示器默认的菜单语言。在使用设定的标准语言装载硬件配置后语言立即更改。

"自动更新"可设置更新显示的时间间隔，默认时间间隔为 5s。

"密码"用来设置显示器的操作密码，以防止未经授权的访问。要设定屏保，必须选择"启用屏保"选项。为了安全起见，还可以设置在无任何操作下访问授权自动注销的时间。

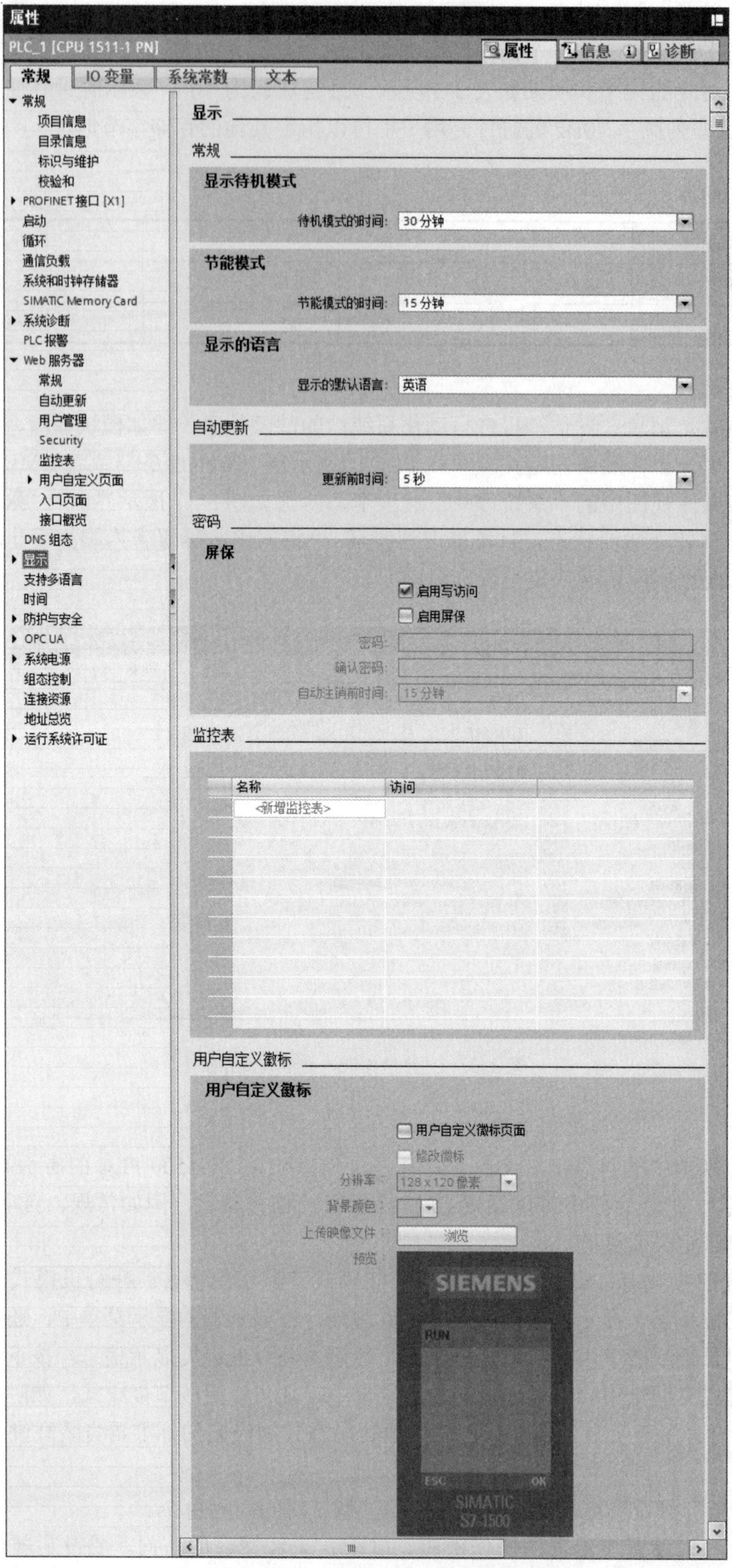

图 3-38 “显示”参数设置界面

如果在此处添加了项目中的监控表或者强制表，并设置访问方式是"只读"或"读/写"，那么操作过程中可在显示屏上使用选择的监控表。

"用户自定义徽标"，可以将用户自定义的图片与硬件配置一起装载到CPU。

（9）防护与安全

防护与安全的功能是设置CPU的读或者写保护以及访问密码，其参数设置界面如图3-39所示。S7-1500 CPU模块提供了4个访问级别：1个无保护和3个密码保护。

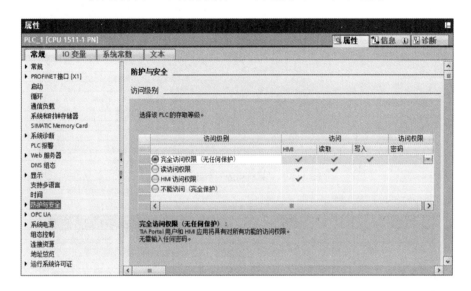

图3-39 "防护与安全"参数设置界面

"完全访问权限"（即无保护，CPU默认设置），用户不需要输入密码，总是允许进行读写访问；"读访问权限"只能进行只读访问，无法更改CPU上的任何数据，也无法装载任何块或组态；"HMI访问权限"只能读不能写；选择"不能访问"（即完全保护）时，对于"可访问设备"区域或项目中已切换到在线状态的设备，无法进行读或写操作。

（10）系统电源

TIA博途软件自动计算每一个模块在背板总线的功率损耗。在"系统电源"界面中可以查看背板总线功率损耗的详细情况，如图3-40所示。如果CPU连接了24V DC电源，那么CPU本身可能为背板总线供电，此时需要选择"连接电源电压L+"；如果CPU没有连接24V DC电源，则CPU不能为背板总线供电，同时本身也会消耗电源，此时应选择"未连接电源电压L+"。每个CPU可以提供的功率大小是有限的，如果"Summary"（汇总）的电源为正值，表示功率有剩余；如果为负值，表示需要增加PS模块来提供更多的功率。

（11）连接资源

每个连接都需要一定的连接资源，用于相应设备上的端点和转换点（例如CP、CM）。可用的连接资源数取决于所使用的CPU/CP/CM模块类型。图3-41所示为"连接资源"界面中连接资源情况，如PG通信的最大站资源为4个。

（12）地址总览

CPU的地址总览可以显示已经配置的所有模块的类型（是输入还是输出）、起始地址、结束地址、模块简介、所属的过程映像分区（如有配置）、归属总线系统（DP、PN）、机架、插槽等信息，给用户提供了一个详细的地址总览，例如"示例1"的地址总览界面如图3-42所示。

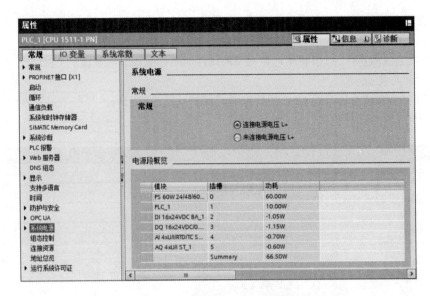

图 3-40　"系统电源"参数设置界面

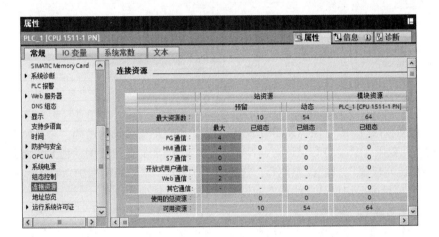

图 3-41　"连接资源"界面

图 3-42　"地址总览"界面

3.2.4　信号模块的参数配置

在 TIA 博途软件中，可以对信号模块的参数进行配置，如数字量输入模块、数字量输出模块、模拟量输入模块、模拟量输出模块的常规信息，各通道的诊断组态信息，以及 IO 地址的分配，等等。各信号模块的参数因模块型号不同，可能会有所不同，下面以3.2.2节"示例1"中所组态的信号模块为例，讲述信号模块参数配置的相关内容。

（1）数字量输入模块的参数配置

数字量输入模块的参数主要包括常规、模块参数和输入这3大项。其中，常规选项卡中的选项与CPU模块常规信息类似。

① 模块参数　数字量输入模块的模块参数包括常规和DI组态两项，如图3-43所示。

在"常规"选项中包含了"启动"选项，表示当组态硬件和实际硬件不一致时，硬件是否启动。"DI组态"的"子模块的组态"功能可以将模块分成2个8路数字量输入的子模块，用以实现基于子模块的共享设备功能。因模块种类不同，能够分成的子模块数量也不相同。图3-43中数字量输入模块（DI 16×24VDC BA_1）没有分成子模块。"DI组态"的"值状态（质量信息）"表示当激活"值状态"选项时，模块会占用额外的输入地址空间，这些额外的地址空间用来表示I/O通道的诊断信息。"DI组态"的"共享设备的模块副本（MSI）"表示模块内部的共享输入功能。一个模块将所有通道的输入值复制最多3个副本，这样该模块可以由最多4个IO控制器（CPU）对其进行访问，每个IO控制器都具有对相同通道的访问权限。

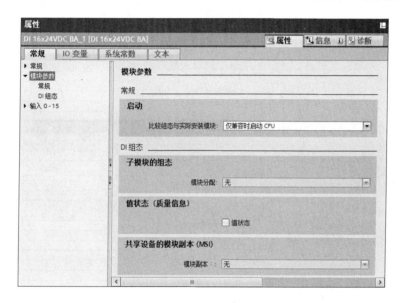

图3-43　数字量输入模块的模块参数

② I/O地址　在导轨上插入数字量输入I/O模块时，系统自动为模块分配逻辑地址，删除或添加模块不会造成逻辑地址冲突。在实际应用中，修改模块地址是比较常见的现象，如编写程序时，程序的地址和模块地址不匹配，既可修改程序地址，也可以修改模块地址。修改输入模块地址的方法是：先选中要修改的数字量输入模块，再选中"输入0-15"选项卡，然后在起始地址中输入希望修改的地址（如输入20），如图3-44所示，最后单击键盘"回车"键即可，而结束地址是系统自动计算生成的，不需要设置。如果输入的起始地址和系统有冲突，系统会弹出提示信息。

（2）数字量输出模块的参数配置

数字量输出模块的模块参数包括常规和DQ组态两项，如图3-45所示。从图中可以看出，这两项的功能与输入模块类似，这里不再赘述。

数字量输出模块的输出参数包括常规与I/O地址，如图3-46所示。常规项中显示模块的名称，而I/O地址中的输出地址其设置与输入模块类似，这里也不再赘述。

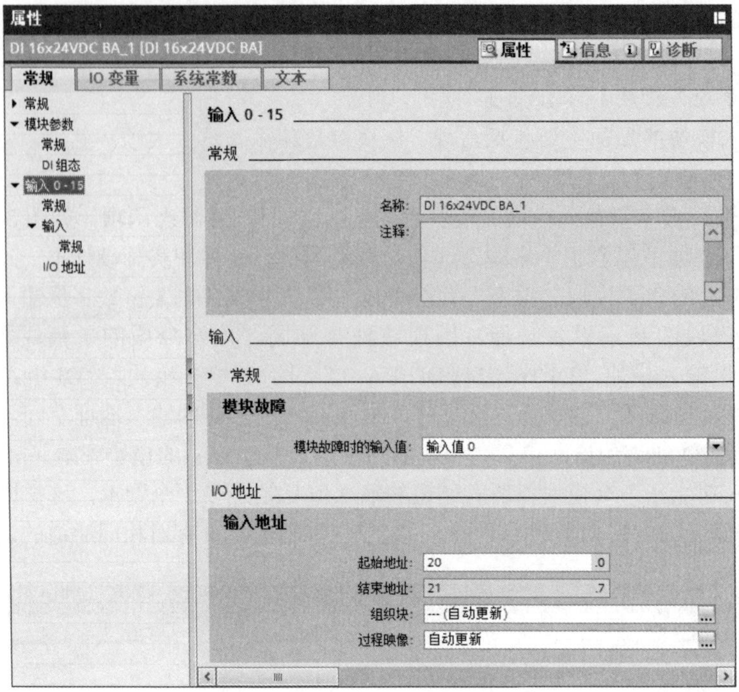

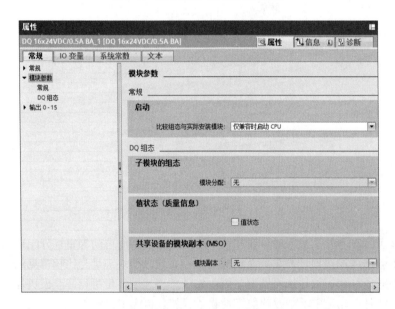

图 3-44　数字量输入模块的输入参数

图 3-45　数字量输出模块的模块参数

（3）模拟量输入模块的参数配置

模拟量输入模块可以连接多种传感器，在模块上需要不同的接线方式以匹配不同类型的传感器。由于传感种类较多，除了接线不同外，在参数配置时也有所不同。

模拟量输入模块的参数主要包括常规、模块参数和输入这 3 大项。其中，常规选项卡中的选项与 CPU 模块常规信息类似。

① 模块参数　模拟量输入模块的模块参数包括常规、通道模板和 AI 组态这 3 项，如图 3-47 所示。其中常规和 AI 组态的设置与数字量输入模块类似。

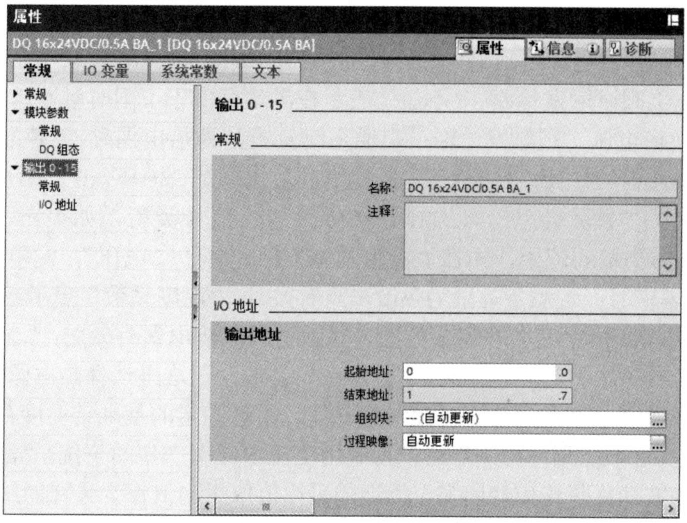

图 3-46　数字量输出模块的输出参数

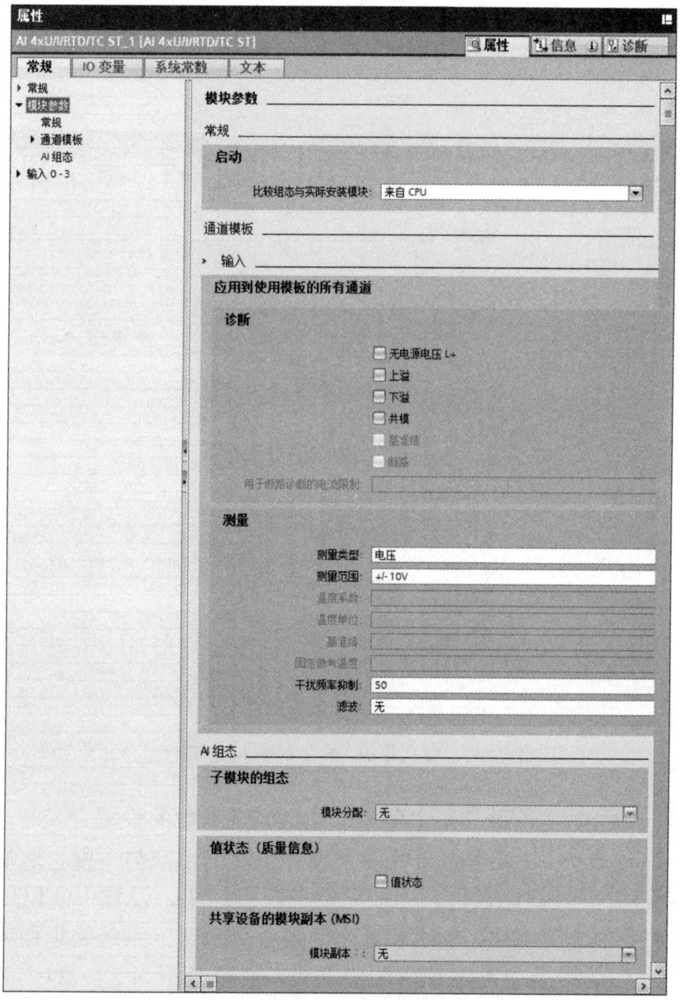

图 3-47　模拟量输入模块的模块参数

使用"通道模板"可以为各个通道分配参数，主要包括"诊断"和"测量"两大方面的设置。

在"诊断"中，"无电源电压 L+"表示启用对电源电压 L+ 缺失或不足的诊断；"上溢"表示在测量值超出上限时触发诊断；"下溢"表示在测量值低于下限时触发诊断；"共模"表示如果超过有效的共模电压，则触发诊断；当通道测量类型为热电偶时，"基准结"项可选，表示启用了温度补偿通道的诊断；"断路"可以检测测量线路是否断路。

在"测量"中，"测量类型"可选择连接传感器的信号类型，如电压、电流、电阻等；"测量范围"可选择测量的范围，如在"测量类型"中选择了"电压"，测量范围可选择"+/-10V""1～5V"等信号；若测量类型为热敏电阻有效时，"温度系数"表示当温度上升 1℃时，特定材料的电阻响应变化程度；若测量类型为热敏电阻或热电偶有效时，"温度单位"指定温度测量的单位；若测量类型为热电偶时，"基准结"有效，在这里选择热电偶的温度补偿方式；当"基准结"选择"固定参考温度"时此参数有效，组态固定的基准结温度存储在模块中；在模拟量输入模块上，"干扰频率抑制"可以抑制由交流电频率产生的干扰；"滤波"可对各个测量值进行滤波，滤波功能是将模块的多个周期的采样值取平均值作为采样的结果。

② 输入参数　模拟量输入模块的输入参数包括常规、组态概览、输入和 I/O 地址这 4 项，其中常规项中显示模块的名称；I/O 地址用于修改模拟量输入模块的输入地址；组态概览包括诊断和输入参数这两方面的概况，如图 3-48 所示；"输入"包括 4 个通道（通道 0～3）的诊断、测量、硬件中断的参数设置。这 4 个通道的设置基本相同，例如通道 0 的参数设置面如图 3-49 所示。

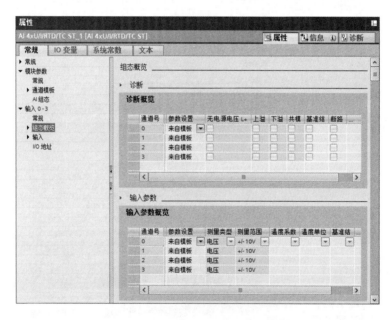

图 3-48　模拟量输入模块的输入组态概览

从图 3-49 中可以看出，"诊断"与"测量"这两大项参数的设置含义与"通道模板"中的相同。每个通道（通道 0～3）最多可设置两个硬件中断的上限与下限，若启动某个硬件中断的上限或下限，则可以输入事件名称、添加硬件中断组织块、设置中断组织块的优先级。在"硬件中断"处添加了中断组织块，那么当此中断事件到来时，系统将调用所组态的中断组织块一次；在"优先级"处设置中断组织块的优先级，取值范围为 2～24；在上限或下限中可分别设置上限值或下限值，当超过这个范围时，会产生一个硬件中断，并由 CPU 调用中断组织块。

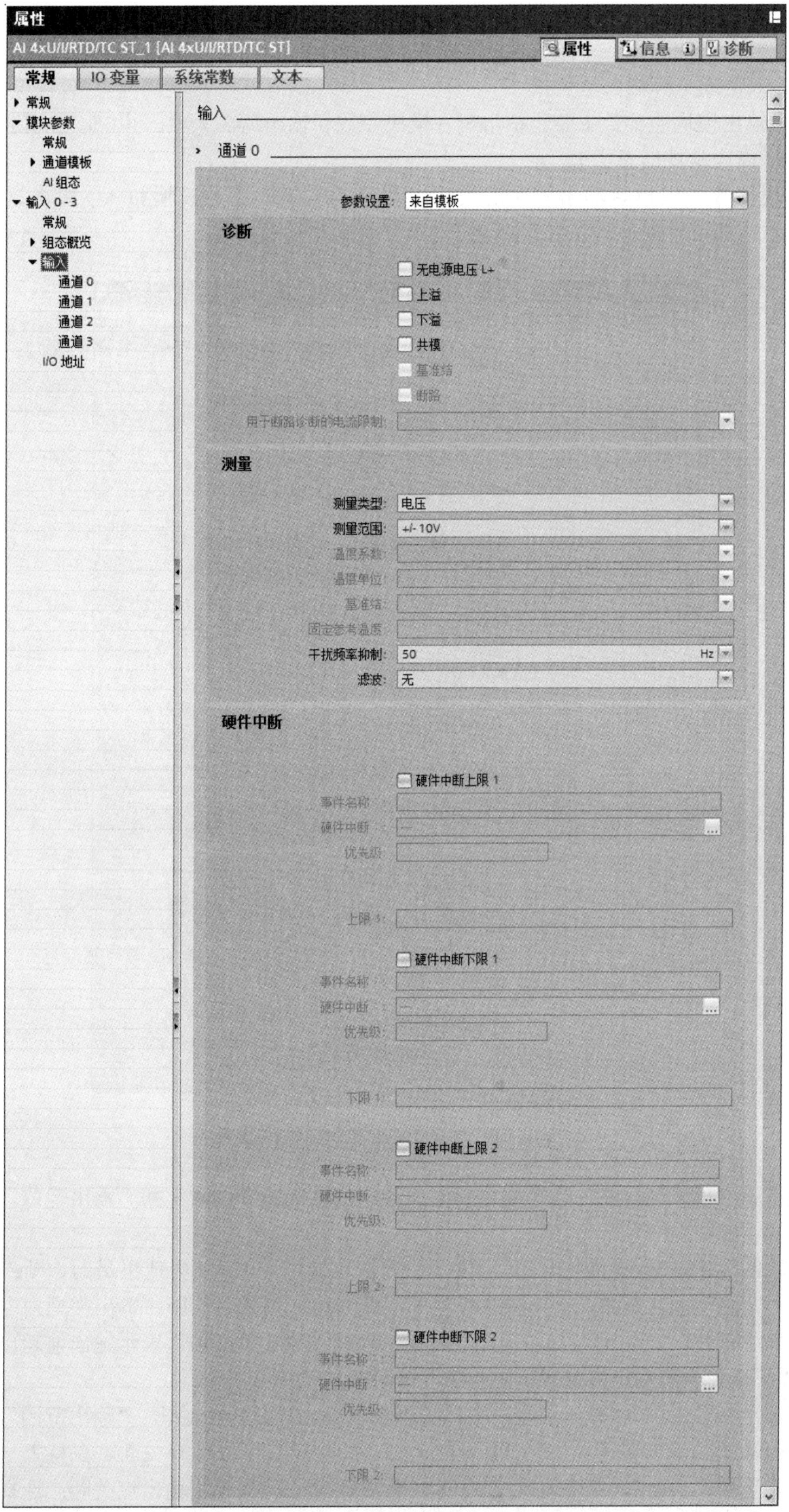

图 3-49　通道 0 的参数设置界面

（4）模拟量输出模块的参数配置

模拟量输出模块可将数字量转换为模块量，常用于对变频器给定和调节阀门的开度，只能连接电压输入型或电流输入型负载。

模拟量输出模块的参数主要包括常规、模块参数和输出这 3 大项。其中，常规选项卡中的选项与 CPU 模块常规信息类似。

① 模块参数　模拟量输出模块的模块参数包括常规、通道模板和 AQ 组态这 3 项，如图 3-50 所示。其中常规和 AQ 组态的设置与数字量输出模块类似。

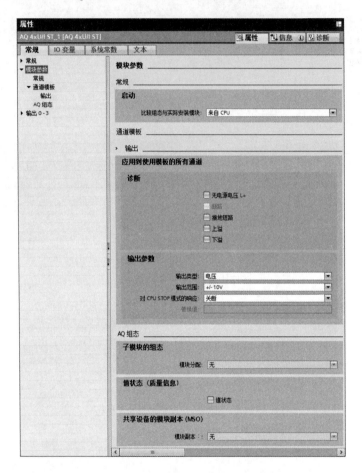

图 3-50　模拟量输出模块的模块参数

使用"通道模板"可以为各个通道分配参数，主要包括"诊断"和"输出参数"两大方面的设置。

在"诊断"中，"无电源电压 L+"表示启用对电源电压 L+ 缺失或不足的诊断；输出类型为电流时，"断路"项才有效，若连接执行器的线路断路，则激活诊断；输出类型为电压时，"接地短路"项才有效，如果 MANA 的输出短路，则激活诊断；"上溢"表示输出值超出上限时触发诊断；"下溢"表示输出值低于下限时触发诊断。

在"输出参数"中，"输出类型"可以选择电压输出还是电流输出；"输出范围"选择电压输出或电流输出的输出范围；"对 CPU STOP 模式的响应"可以选择关断、保持上一个值、输出替换值。选择"关断"，则当 CPU 处于 STOP 模式时，这个模块输出点关断；选择"保持上一个值"表示模块输出保持上次有效值；选择"输出替换值"表示模块输出使用替换值，在

"替换值"选项中设置替换值。

② 输出参数　模拟量输出模块的输出参数包括常规、组态概览、输出和 I/O 地址这 4 项，其中常规项中显示模块的名称；I/O 地址用于修改模拟量输出模块的输出地址；组态概览包括诊断和输出参数这两方面的概况；"输出"包括 4 个通道（通道 0 ～ 3）的诊断和输出两方面的参数设置。

3.2.5 梯形图程序的输入

下面以一个简单的控制系统为例，介绍怎样在 TIA 博途软件中进行梯形图程序的输入。假设控制两台三相异步电动机的 SB1 与 I0.0 连接，SB2 与 I0.1 连接，KM1 线圈与 Q0.0 连接，KM2 线圈与 Q0.1 连接。其运行梯形图程序如图 3-51 所示，按下启动按钮 SB1 后，Q0.0 为 ON，KM1 线圈得电使 M1 电动机运行，同时定时器 T0 开始定时。当 T0 延时 3s 后，T0 常开触点闭合，Q0.1 为 ON，使 KM2 线圈得电，从而控制 M2 电动机运行。当 M2 运行 4s 后，T1 延时时间到，其常闭触点打开使 M2 停止运行。当按下停止按钮 SB2 后，Q0.0 为 OFF，KM1 线圈断电，使 T0 和 T1 先后复位。

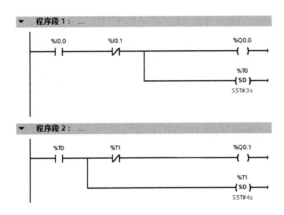

图 3-51　控制两台三相异步电动机运行的梯形图程序

（1）将符号名称与地址变量关联

在硬件组态中，I/O 模块一般使用默认地址，在实际硬件中物理点对应的地址如图 3-52 所示。在 STEP 7 程序中，可以寻址 I/O 信号、存储位、计数器、定时器、数据块和功能块等。可以在程序中用绝对地址来访问这些地址，也可以用符号来访问地址。符号是绝对地址的别名，在程序中如果用符号名称，则程序读起来更容易。例如，用符号"启动"代替绝对地址"I0.0"，可以让程序的阅读者直观了解到 I0.0 是一个电动机启动信号。通常在 I/O 点不多的时候，使用绝对地址进行编程。但是如果 I/O 点比较多的时候，则可采用符号名称来编写程序。

在项目视图中，选定项目树中"PLC 变量"→"显示所有变量"，如图 3-53 所示，在项目视图的右上方有一个表格，单击"添加"按钮，先在表格的"名称"栏中输入启动按钮 SB1，在"地址"栏中输入 I0.0，这样符号"启动按钮 SB1"在寻址时，就代表"I0.0"。用同样的方法将其他的符号名称与地址变量进行关联。

（2）输入程序

在项目视图中，选定项目树中"程序块"→"Main[OB1]"，打开主程序，按以下流程进行梯形图程序的输入。

① 程序段 1 的输入　第一步：常开触点 I0.0 的输入步骤。首先将光标移至程序段 1 中需要输入指令的位置，单击编辑窗口右侧"指令树"中"基本指令"→"位逻辑运算"，在 ⊣⊢ 上

双击鼠标左键输入指令；或者在"工具栏"中选择常开触点 ⊣⊢。然后单击"<??.?>"并输入地址 I0.0。

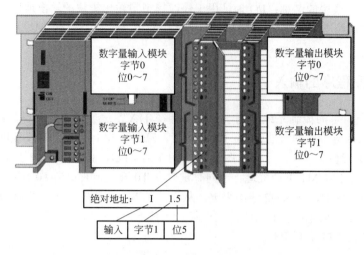

图 3-52　I/O 模块物理点地址

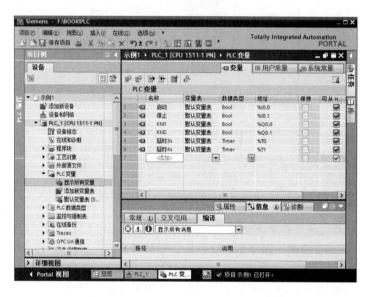

图 3-53　将符号名称与地址变量关联

第二步：串联常闭触点 I0.1 的输入步骤。首先将光标移至程序段 1 中 ⊣⊢ 的右侧，单击编辑窗口右侧"指令树"中"基本指令"→"位逻辑运算"，在 ⊣/⊢ 上双击鼠标左键输入指令；或者在"工具栏"中选择常闭触点 ⊣/⊢。然后单击"<??.?>"并输入地址 I0.1。

第三步：并联常开触点 Q0.0 的输入步骤。首先将光标移至程序段 1 中 ⊣⊢ 的下方，在"工具栏"中点击 ↳ 向下连线，再单击编辑窗口右侧"指令树"中"基本指令"→"位逻辑运算"，并在 ⊣⊢ 上双击鼠标左键输入指令；或者在"工具栏"中点击"触点"选择 ⊣⊢。然后单击"<??.?>"并输入地址 Q0.0。最后单击选中且 ⊣⊢ 点击 ↑ 向上连线。

第四步：输出线圈 Q0.0 的输入步骤。首先将光标移至程序段 1 中的 ⊣/⊢ 右侧，单击编辑窗口右侧"指令树"中"基本指令"→"位逻辑运算"，在 ⊣O⊢ 上双击鼠标左键输入指令；或者在"工具栏"中点击"线圈"选择 ⊣O⊢。然后单击"<??.?>"并输入地址 Q0.0。

第五步：并联定时器指令 T0 的输入步骤。首先将光标移至程序段 1 中的 %0.1 右侧，在"工具栏"中点击 ↳ 向下连线。再单击编辑窗口右侧"指令树"中"基本指令"→"定时器操作"→"原有"，并在 ◰ -(SD) 上双击鼠标左键输入指令。最后在 SD 的上方将"<???>"改为"T0"，在 SD 的下方将"<???>"改为"S5T#3s"。

② 程序段 2 的输入　第一步：定时器 T0 常开触点的输入步骤。首先将光标移至程序段 2 中需要输入指令的位置，单击编辑窗口右侧"指令树"中"基本指令"→"位逻辑运算"，在 ⊣⊢ 上双击鼠标左键输入指令；或者在"工具栏"中点击"触点"选择 ⊣⊢。然后单击"<??.?>"并输入地址 T0。

第二步：串联定时器 T1 常闭触点的输入步骤。首先将光标移至程序段 2 中 %T0 的右侧，单击编辑窗口右侧"指令树"中"基本指令"→"位逻辑运算"，在 ⊣/⊢ 上双击鼠标左键输入指令；或者在"工具栏"中点击"触点"选择 ⊣/⊢。然后单击"<??.?>"并输入地址 T1。

第三步：输出线圈 Q0.1 的输入步骤。首先将光标移至程序段 2 中的 %T1 右侧，单击"指令树"的"位逻辑运算"左侧的三角形，在 ⊣○⊢ 上双击鼠标左键输入指令；或者在"工具栏"中点击"线圈"选择 ⊣○⊢。然后单击"<??.?>"并输入地址 Q0.1。

第四步：定时器指令 T1 的输入步骤。首先将光标移至程序段 2 中 %T0 ⊣⊢ 右侧，在"工具栏"中点击 ↳ 向下连线。再单击编辑窗口右侧"指令树"中"基本指令"→"定时器操作"→"原有"，并在 ◰ -(SD) 上双击鼠标左键输入指令。最后在 SD 的上方将"<???>"改为"T1"，在 SD 的下方将"<???>"改为"S5T#4s"。

输入完毕后保存的完整梯形图主程序如图 3-54 所示。

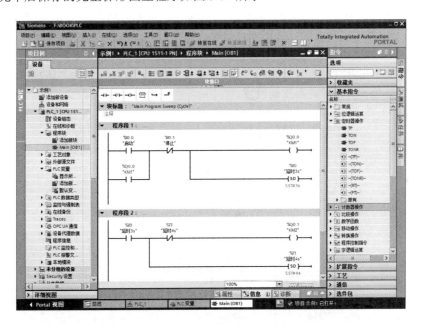

图 3-54　完整的梯形图主程序

3.2.6　项目编译与下载

在 TIA 博途软件中，完成了硬件组态，以及输入完程序后，可对项目进行编译与下载操作。

（1）项目编译

在 TIA 博途软件中，打开已编写好的项目程序，并在项目视图中选定项目树中"PLC_1"，然后右击鼠标，在弹出的菜单中选择"编译"，或执行菜单命令"编辑"→"编译"，即可对项目进行编译。编译后在输出窗口显示程序中语法错误的个数，并说明每条错误的原因和错误的位置。双击某一条错误，将会显示程序编辑器中该错误所在程序段。如图 3-55 所示，表示编译后项目没有错误，但有 2 处警告，这些警告对于本例来说可以忽略。需要指出的是，项目如果未编译，下载前软件会自动编译，编译结果显示在输出窗口。

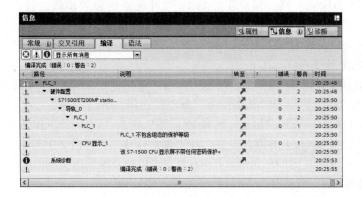

图 3-55　示例 1 的编译结果

（2）程序下载

在下载程序前，必须先要保证 S7-1500 的 CPU 和计算机之间能正常通信。设备能实现正常通信的前提是：设备之间进行了物理连接，设备进行了正确的通信设置，且 S7-1500 PLC 已经通电。如果单台 S7-1500 PLC 与计算机之间连接，只需要 1 根普通的以太网线；如果多台 S7-1500 PLC 与计算机之间连接，还需要交换机。

① 计算机网卡的 IP 地址设置　打开计算机的控制面板，双击"网络连接"图标，其对话框会打开，按图 3-56 所示进行 IP 地址设置即可。这里的 IP 地址设置为"192.168.0.20"，子网掩码为"255.255.255.0"，网关不需要设置。

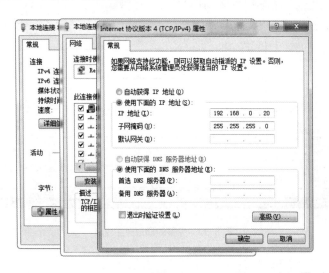

图 3-56　计算机网卡的 IP 地址设置

② 下载　在项目视图中选定项目树中"PLC_1"，然后右击鼠标，在弹出的菜单中选择"下载到设备"，或执行菜单命令"在线"→"下载到设备"，将弹出图 3-57 所示对话框。在此对话框中将"PG/PC 接口的类型"选择为"PN/IE"，将"PG/PC 接口"选择为"Realtek PCIe GBE Family Controller"，将"接口 / 子网的连接"选择为"插槽'1×1'处的方向"。注意"PG/PC

接口"是网卡的型号，不同的计算机可能不同，应根据实际情况进行选择。此外，初学者若选择无线网卡，也容易造成通信失败。

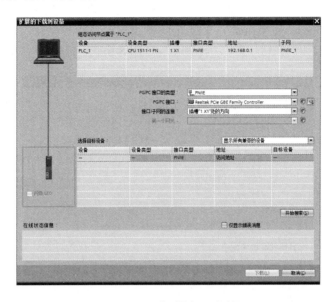

图 3-57 "下载到设备"对话框

单击"开始搜索"按钮，TIA 博途软件开始搜索可以连接的设备，例如"示例 1"搜索到的设备为"PLC_1"。再单击"下载"按钮，在弹出的"下载预览"对话框中把第 1 个动作修改为"全部接受"，然后单击"装载"按钮，弹出如图 3-58 所示对话框，最后单击"完成"按钮，下载完成。

图 3-58 "下载结果"对话框

3.2.7 打印与归档

一个完善的项目，应包含有文字、图表及程序的文件。打印的目的是进行纸面上的交流及存档，归档则是电子方面的交流及存档。

（1）打印项目文档

打印的操作步骤如下：

① 打开相应的项目对象，在屏幕上显示要打印的信息。

② 在应用程序窗口中，使用菜单栏命令"项目"→"打印"，打开打印界面。

③ 可以在对话框中更改打印选项，如选择打印机、打印范围和打印份数等。

也可以将程序生成 XPS 或者 pdf 格式的文档，以下是生成 XPS 格式文档的步骤。

在项目视图中选定项目树中"PLC_1"，然后右击鼠标，在弹出的菜单中选择"打印"，或执行菜单命令"项目"→"打印"，将弹出图 3-59 所示对话框。在此对话框中设置打印机名称为"Microsoft XPS Document Writer"，文档布局中的文档信息设置为"DocuInfo_Simple_A4_Portrait"，再单击"打印"按钮，生成"示例 1"的 XPS 格式文档如图 3-60 所示。

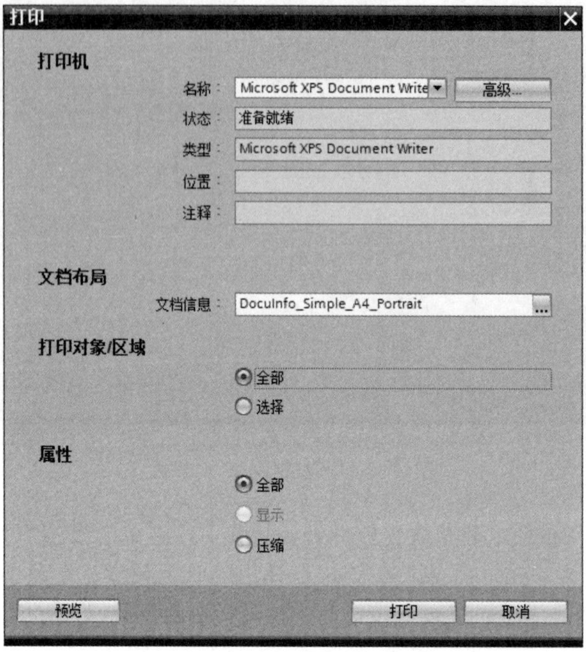

图 3-59　"打印"对话框

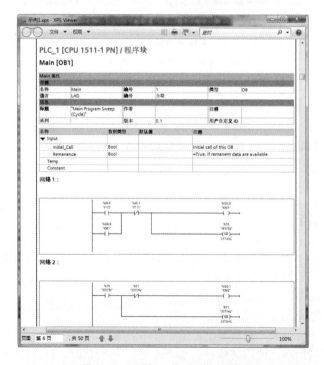

图 3-60　"示例 1"的 XPS 格式文档

（2）项目归档

项目归档的目的是把整个项目的文档压缩到一个压缩文件中，以方便备份及转移。当需要使用时，使用恢复命令即可恢复为原来项目的文档。

① 归档　在项目视图中选定项目树中"PLC_1"，然后右击鼠标，在弹出的菜单中选择"归档"，或执行菜单命令"项目"→"归档"，将弹出图3-61所示对话框。在此对话框中，可以设置归档文件的名称及保存的路径。设置完后，单击"归档"按钮，将生成一个后缀名为".ZAP15"的压缩文件。然后打开相应的文件夹，在此文件夹中可看到刚才已压缩的项目文档。

② 恢复　在项目视图中执行菜单命令"项目"→"恢复"，打开准备解压的压缩文件名称，选中需要的解压文件名称，点击"确定"按钮，在弹出的对话框中选择合适的解压保存路径即可进行文件解压。

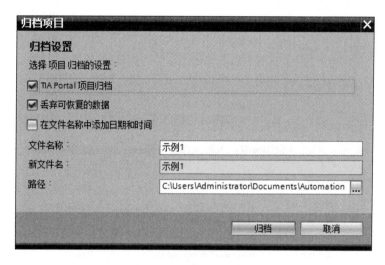

图 3-61　"归档项目"对话框

3.3　S7-PLCSIM 仿真软件的使用

西门子 S7-PLCSIM 仿真软件是 TIA 博途软件的可选软件工具，安装后集成在 TIA 博途软件中。它不需任何 S7 硬件（CPU 或信号模块），能够在 PG/PC 上模拟 S7-1200、S7-1500 系列部分型号 CPU 中用户程序的执行过程，可以在开发阶段发现和排除错误，非常适合前期的项目测试。

S7-PLCSIM 进行仿真时其操作比较简单，下面以"示例 1"为例讲述其使用方法。

第一步：开启仿真。首先在 TIA 博途软件打开已创建的"示例 1"项目，并在项目视图中选定项目树中"PLC_1"，然后右击鼠标，在弹出的菜单中选择"开始仿真"，或执行菜单命令"在线"→"仿真"→"启动"，即可开启 S7-PLCSIM 仿真。

第二步：装载程序。开启 S7-PLCSIM 仿真时，弹出"扩展的下载到设备"对话框，在此对话框中将"接口/子网的连接"选择为"插槽'1×1'处的方向"，再点击"开始搜索"按钮，TIA 博途软件开始搜索可以连接的设备，并显示相应的在线状态信息，如图3-62所示。然后在图3-62中单击"下载"按钮，将弹出图3-63所示的"下载预览"对话框。在图3-63对话框中单击"装载"按钮，将实现程序的装载。

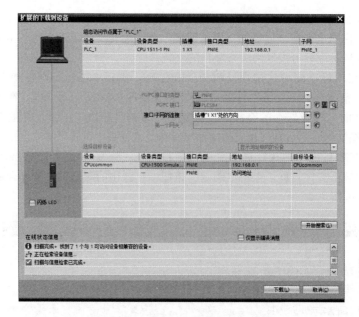

图 3-62 "扩展的下载到设备"对话框

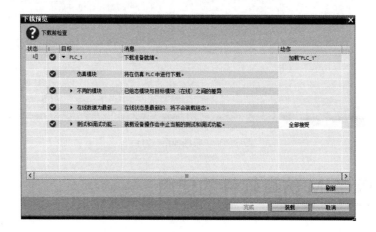

图 3-63 "下载预览"对话框

第三步：强制变量。点击项目树中"监控与强制表"文件夹下的"强制表"，将其打开。在此强制表的地址中分别输入变量"I0.0"和"I0.1"，并将 I0.0 的强制值设为"TRUE"，然后点击启动强制图标 **F.**，将 I0.0 强制为 ON，最后点击全部监视图标 ，如图 3-64 所示。

图 3-64 强制变量

第四步：监视运行。点击项目树中"程序块"下的"Main[OB1]"，切换到主程序窗口，然后点击全部监视图标 <img>，同时使 S7-PLCSIM 处于"RUN"状态，即可观看程序的运行情况。"示例 1"的仿真运行效果如图 3-65 所示。

图 3-65 "示例 1"的仿真运行效果

第4章

西门子 S7-1500 PLC 编程基础

本章将介绍西门子 S7-1500 PLC 的编程基础知识，包括 PLC 编程语言的介绍、数据存储器、西门子 S7-1500 PLC 的存储系统与寻址方式等内容。

4.1 PLC 编程语言简介

PLC 是专为工业控制而开发的装置，其主要使用者是工厂广大电气技术人员，为了适应他们的传统习惯和掌握能力，通常 PLC 采用面向控制过程、面向问题的"自然语言"进行编程。S7-1500 系列 PLC 是在 TIA 博途软件中进行程序的编写，该软件支持的编程语言非常丰富，有梯形图、语句表（又称指令表或助记符）、顺序功能流程图、功能块图等，用户可选择一种语言或混合使用多种语言，通过上位机编写具有一定功能的指令。

4.1.1 PLC 编程语言的国际标准

基于微处理器的 PLC 自 1968 年问世以来，已取得迅速的发展，成为工业自动化领域应用最广泛的控制设备。当形形色色的 PLC 涌入市场时，国际电工委员会（International Electrotechnical Commission，IEC）于 1993 年制定了 IEC 1131 标准以引导 PLC 健康发展。

IEC 1131 标准分为 IEC 1131-1 ～ IEC 1131-5 共 5 个部分：IEC 1131-1 为一般信息，即对通用逻辑编程做了一般性介绍并讨论了逻辑编程的基本概念、术语和定义；IEC 1131-2 为装配和测试需要，从机械和电气两部分介绍了逻辑编程对硬件设备的要求和测试需要；IEC 1131-3 为编程语言的标准，它吸取了多种编程语言的长处，并制定了 5 种标准语言；IEC 1131-4 为用户指导，提供了有关选择、安装、维护的信息资料和用户指导手册；IEC 1131-5 为通信规范，规定了逻辑控制设备与其他装置的通信联系规范。

IEC 1131 标准是由来自欧洲、北美以及日本的工业界和学术界的专家通力合作的产物，在 IEC 1131-3 中，首先规定了控制逻辑编程中的语法、语义和显示，然后从现有编程语言中挑选了 5 种，并对其进行了部分修改，使其成为目前通用的语言。在这 5 种语言中，有 3 种是图形化语言，2 种是文本化语言。图形化语言有梯形图（Ladder Programming，LAD）、顺序功能图（Sequential Function Chart，SFC）、功能块图（Function Block Diagram，FBD），文本化语言有指令表（Instruction List，IL）和结构文本（Structured Text，ST）。IEC 并不要求每种产品都运行这 5 种语言，可以只运行其中的一种或几种，但均必须符合标准。在实际组态时，可以在同一项目中运用多种编程语言，相互嵌套，以供用户选择最简单的方式生成控制策略。

正是由于 IEC 1131-3 标准的公布，许多 PLC 制造厂先后推出符合这一标准的 PLC 产品。美国 A-B 公司属于罗克韦尔（Rockwell）公司，其许多 PLC 产品都带符合 IEC 1131-3 标准中结构文本的软件选项。施耐德（Schneider）公司的 Modicon TSX Quantum PLC 产品可采用符合 IEC 1131-3 标准的 Concept 软件包，它在支持 Modicon 984 梯形图的同时，也遵循 IEC 1131-3 标准的 5 种编程语言。德国西门子（SIEMENS）公司的 SIMATIC S7-1500 PLC 的编译环境为 TIA 博途，该软件中的编程语言符合 IEC 1131-3 标准。

4.1.2 TIA 博途中的编程语言

TIA 博途中的编程语言非常丰富，有梯形图、语句表、顺序功能图、功能块图等，用户可选择一种语言或混合使用多种语言，通过专用编程器或上位机编写具有一定功能的指令。

（1）梯形图

梯形图 LAD 语言是使用最多的图形编程语言，被称为 PLC 的第一编程语言。梯形图是在继电 - 接触器控制系统原理图的基础上演变而来的一种图形语言，它和继电 - 接触器控制系统原理图很相似，如图 4-1 所示。梯形图具有直观易懂的优点，很容易被工厂电气人员掌握，特别适用于开关量逻辑控制，它常被称为电路或程序，梯形图的设计称为编程。

1）梯形图相关概念　在梯形图编程中，用到软继电器、能流和梯形图的逻辑解算这三个基本概念。

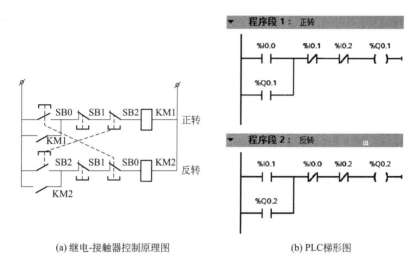

(a) 继电-接触器控制原理图　　　　　　(b) PLC梯形图

图 4-1　同一功能的两种不同图形

① 软继电器　PLC 梯形图中的某些编程元件沿用了继电器的这一名称，如输入继电器、输出继电器、内部辅助继电器等，但是它们不是真实的物理继电器，而是一些存储单元（软继电器），每一软继电器与 PLC 存储器中映像寄存器的一个存储单元相对应。梯形图中采用了类似于继电 - 接触器中的触点和线圈符号，如表 4-1 所示。

表 4-1　符号对照表

元件	物理继电器	PLC 继电器
线圈		—( )
常开触点		┤├
常闭触点		┤/├

存储单元如果为 "1" 状态，则表示梯形图中对应软继电器的线圈 "通电"，其常开触点接通，常闭触点断开，称这种状态是该软继电器的 "1" 或 "ON" 状态。如果该存储单元为 "0"

状态，对应软继电器的线圈和触点的状态与上述相反，称该软继电器为"0"或"OFF"状态。使用中常将这些"软继电器"称为编程元件。

PLC 梯形图与继电-接触器控制原理图的设计思想一致，它沿用继电-接触器控制电路元件符号，只有少数不同，信号输入、信息处理及输出控制的功能也大体相同。但两者还是有一定的区别：

a．继电-接触器控制电路由真正的物理继电器等部分组成，而梯形图没有真正的继电器，是由软继电器组成的；

b．继电-接触器控制系统得电工作时，相应的继电器触点会产生物理动断操作，而梯形图中软继电器处于周期循环扫描接通之中；

c．继电-接触器系统的触点数目有限，而梯形图中的软触点有多个；

d．继电-接触器系统的功能单一且编程不灵活，而梯形图的设计和编程灵活多变；

e．继电-接触器系统可同步执行多项工作，而 PLC 梯形图只能采用扫描方式由上而下按顺序执行指令并进行相应工作。

② 能流　在梯形图中有一个假想的"概念电流"或"能流"（Power Flow）从左向右流动，这一方向与执行用户程序时逻辑运算的顺序是一致的。能流只能从左向右流动。利用能流这一概念，可以帮助我们更好地理解和分析梯形图。图 4-2（a）不符合能流只能从左向右流动的原则，因此应改为如图 4-2（b）所示的梯形图。

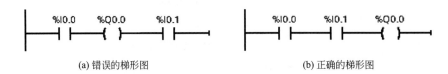

(a) 错误的梯形图　　　　　　　　　　　　(b) 正确的梯形图

图 4-2　母线梯形图

梯形图两侧的垂直公共线称为公共母线，左侧母线对应于继电-接触器控制系统中的"相线"，右侧母线对应于继电-接触器控制系统中的"零线"，一般右侧母线可省略。在分析梯形图的逻辑关系时，为了借用继电器电路图的分析方法，可以想象左右两侧母线（左母线和右母线）之间有一个左正右负的直流电源电压，母线之间有"能流"从左向右流动。

③ 梯形图的逻辑解算　根据梯形图中各触点的状态和逻辑关系，求出与图中各线圈对应的编程元件的状态，称为梯形图的逻辑解算。梯形图中逻辑解算是按从左至右、从上到下的顺序进行的。解算的结果，马上可以被后面的逻辑解算所利用。逻辑解算是根据输入映像寄存器中的值，而不是根据解算瞬时外部输入触点的状态来进行的。

2）梯形图的编程规则　尽管梯形图与继电-接触器电路图在结构形式、元件符号及逻辑控制功能等方面类似，但在编程时，梯形图需遵循一定的规则，具体如下。

① 按自上而下、从左到右的方法编写程序。编写 PLC 梯形图时，应按从上到下、从左到右的顺序放置连接元件。在 TIA 博途软件中，与每个输出线圈相连的全部支路形成 1 个逻辑行即 1 个程序段，每个程序段起于左母线，最后终于输出线圈，同时还要注意输出线圈的右边不能有任何触点，输出线圈的左边必须有触点，如图 4-3 所示。

② 串联触点多的电路应尽量放在上部。在每个程序段（每一个逻辑行）中，当几条支路并联时，串联触点多的应尽量放在上面，如图 4-4 所示。

③ 并联触点多的电路应尽量靠近左母线。几条支路串联时，并联触点多的应尽量靠近左母线，这样可适当减少程序步数，如图 4-5 所示。

④ 垂直方向不能有触点。在垂直方向的线上不能有触点，否则会形成不能编程的梯形图，因此需重新安排，如图 4-6 所示。

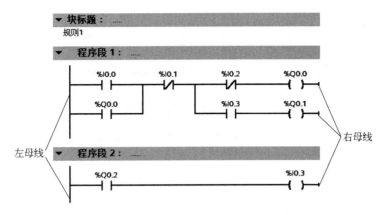

图 4-3　梯形图绘制规则 1

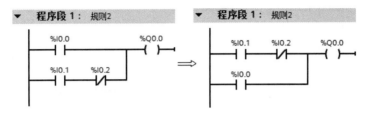

图 4-4　梯形图绘制规则 2

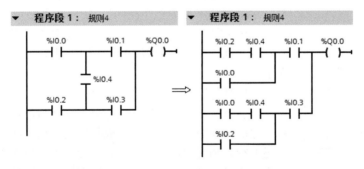

图 4-5　梯形图绘制规则 3

图 4-6　梯形图绘制规则 4

⑤ 触点不能放在线圈的右侧。不能将触点放在线圈的右侧，只能放在线圈的左侧，对于多重输出的，还需将触点多的电路放在下面，如图 4-7 所示。

（2）语句表

语句表 STL，又称指令表或助记符。它是通过指令助记符控制程序要求的，类似于计算机汇编语言。不同厂家的 PLC 所采用的指令集不同，所以对于同一个梯形图，编写的语句表指令形式也不尽相同。

一条典型指令往往由助记符和操作数或操作数地址组成，助记符是指使用容易记忆的字符代表可编程控制器某种操作功能。语句表与梯形图有一定的对应关系，如图4-8所示，分别采用梯形图和语句表来实现电动机正反转控制的功能。

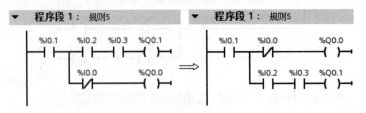

图 4-7 梯形图绘制规则 5

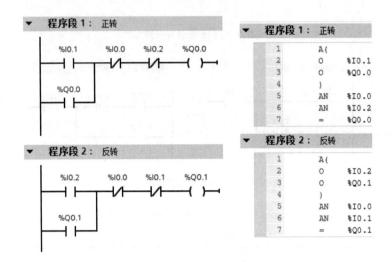

图 4-8 采用梯形图和语句表实现电动机正反转控制程序

（3）顺序功能图

顺序功能图 SFC 又称状态转移图，它是描述控制系统的控制过程、功能和特性的一种图

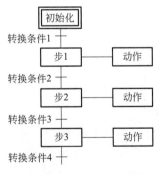

图 4-9 顺序功能图

形，这种图形又称为"功能图"。顺序功能图中的功能框并不涉及所描述的控制功能的具体技术，而是只表示整个控制过程中一个个的"状态"，这种"状态"又称"功能"或"步"，如图4-9所示。

顺序功能图编程法可将一个复杂的控制过程分解为一些具体的工作状态，把这些具体的功能分别处理后，再把这具体的状态依一定的顺序控制要求，组合成整体的控制程序，它并不涉及所描述的控制功能的具体技术，是一种通用的技术语言，可以供进一步设计和不同专业的人员之间进行技术交流之用。

SIMATIC STEP 7 中的顺序控制图形编程语言（S7 Graph）属于可选软件包，在这种语言中，工艺过程被划分为若干个顺序出现的步，步中包含控制输出的动作，从一步到另一步的转换由转换条件控制。用 Graph 表达复杂的顺序控制过程非常清晰，用于编程及故障诊断更为有效，使 PLC 程序的结构更为易读，它特别适合于生产制造过程。S7 Graph 具有丰富的图形、窗口和缩放功能。系统化的结构和清晰的组织显示使 S7 Graph 对于顺序过程的控制更加有效。

（4）功能块图

功能块图 FBD 又称逻辑盒指令，它是一种类似于数字逻辑门电路的 PLC 图形编程语言。

控制逻辑常用"与""或""非"3种逻辑功能进行表达，每种功能都有一个算法。运算功能由方框图内的符号确定，方框图的左边为逻辑运算的输入变量，右边为输出变量，没有像梯形图那样的母线、触点和线圈。图4-10所示为PLC梯形图和功能块图表示的电动机启动电路。

西门子公司的"LOGO"系列微型PLC使用功能块图编程，除此之外，国内很少有人使用此语言。功能块图语言适合熟悉数字电路的用户使用。

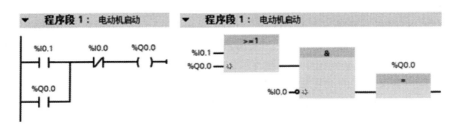

图 4-10　梯形图和功能块图表示的电动机启动电路

（5）结构化控制语言

结构文本ST是为IEC 61131-3标准创建的一种专用高级编程语言，STEP 7的S7 SCL结构化控制语言是IEC 61131-3标准高级文本语言。S7 SCL的语言结构与编程语言Pascal和C相似，与梯形图相比，它能实现更复杂的数学运算，而编写的程序非常简洁和紧凑。S7 SCL适合于复杂的公式计算和最优化算法，或管理大量的数据等。所以S7 SCL适用于数据处理场合，特别适合习惯使用高级编程语言的人使用。

S7 SCL程序是用自由编辑方式编辑器中SCL源文件生成的。例如定义的一个功能块FB20的某段子程序如下：

```
FUNCTION_BLOCK FB20
VAR_INPUT
ENDVAL:                 INT;
END_VAR
VAR_IN_OUT
IQ1:                    REAL;
END_VAR
VAR
INDEX:                  INT;
END_VAR
BEGIN
CONTROL:=FALSE;
FOR INDEX:=1 TO ENDVAL DO
    IQ1:=IQ1*2;
        IF IQ1>10000 THEN
            CONTROL=TRUE
        END_IF
END_FOR
END_FUNCTION_BLOCK
```

（6）S7 HiGraph 编程语言

SIMATIC STEP 7中的S7 HiGraph图形编程语言属于可选软件包，它用状态图（State Graphs）来描述异步、非顺序过程的编程。系统被分解为几个功能单元，每个单元呈现不同的状态，各功能单元的同步信息可以在图形之间交换。需要为不同状态之间的切换定义转换条件，用类似于语句表的语言描述状态的动作和状态之间的转换条件。S7 HiGraph适用于异步、非顺序过程的编程。

可为每个功能单元创建一个描述功能单元响应的图，各图组合起来就构成了设备图。图之间可进行通信，以对功能单元进行同步。通过合理安排的功能单元的状态转换视图，可使用户能够进行系统编程并简化调试。

S7 Graph 与 S7 HiGraph 之间的区别为：S7 HiGraph 每一时刻仅获取一个状态（在 S7 Graph 的"步"中）。

（7）S7 CFC 编程语言

SIMATIC STEP 7 中的连续功能图 CFC（Continuous Function Chart）是用图形的方式连接程序库中以块形式提供的各种功能，它包括从简单的逻辑操作到复杂的闭环和开环控制等领域。编程时，将这些块复制到图中并用线连接起来即可。

不需要用户掌握详细的编程知识和 PLC 的专门知识，只要具有行业所必需的工艺技术方面的知识，就可以用 CFC 来编程。CFC 适用于连续过程控制的编程。

4.2　西门子 S7-1500 PLC 的数制与数据类型

4.2.1　数据长度

计算机中使用的都是二进制数，在 PLC 中，通常使用位、字节、字、双字来表示数据，它们占用的连续位数称为数据长度。

位（bit）指二进制的一位，它是最基本的存储单位，只有"0"或"1"两种状态。在 PLC 中一个位可对应一个继电器，如某继电器线圈得电时，相应位的状态为"1"；继电器线圈失电或断开时，其对应位的状态为"0"。8 位二进制数构成一个字节（Byte），其中第 7 位为最高位（MSB），第 0 位为最低位（LSB）。两个字节构成一个字（Word），在 PLC 中字又称为通道（CH），一个字含 16 位，即一个通道（CH）由 16 个继电器组成。两个字构成一个汉字，即双字（Double Word），在 PLC 中它由 32 个继电器组成。

4.2.2　数制

数制也称计数制，是用一组固定的符号和统一的规则来表示数值的方法。如在计数过程中采用进位的方法，则称为进位计数制。进位计数制有数位、基数、位权三个要素。数位，指数码在一个数中所处的位置。基数，指在某种进位计数制中，数位上所能使用的数码的个数，例如，十进制数的基数是 10，二进制的基数是 2。位权，指在某种进位计数制中，数位所代表的大小，对于一个 R 进制数（即基数为 R），若数位记作 j，则位权可记作 R^j。

人们通常采用的数制有十进制、二进制、八进制和十六进制。在 S7-1500 系列 PLC 中使用的数制主要是二进制、十进制、十六进制。

（1）十进制数

十进制数有两个特点：①数值部分用 10 个不同的数字符号 0、1、2、3、4、5、6、7、8、9 来表示；②逢十进一。

例：123.45

小数点左边第一位代表个位，3 在左边 1 位上，它代表的数值是 3×10^0，1 在小数点左边 3 位上，代表的是 1×10^2，5 在小数点右边 2 位上，代表的是 5×10^{-2}。

$$123.45 = 1 \times 10^2 + 2 \times 10^1 + 3 \times 10^0 + 4 \times 10^{-1} + 5 \times 10^{-2}$$

一般对任意一个正的十进制数 S，可表示为：

$$S=K_{n-1}\times10^{n-1}+K_{n-2}\times10^{n-2}+\cdots+K_0\times10^0+K_{-1}\times10^{-1}+K_{-2}\times10^{-2}+\cdots+K_{-m}\times10^{-m}$$

其中，k_j 是 0、1、$\cdots$、9 中任意一个，由 S 决定，k_j 为权系数；m，n 为正整数；10 称为计数制的基数；10^j 称为权值。

（2）二进制数

BIN 即为二进制数，它是由 0 和 1 组成的数据，PLC 的指令只能处理二进制数。它有两个特点：①数值部分用 2 个不同的数字符号 0、1 来表示；②逢二进一。

二进制数化为十进制数，通过按权展开相加法。

例：$1101.11B=1\times2^3+1\times2^2+0\times2^1+1\times2^0+1\times2^{-1}+1\times2^{-2}$

$$=8+4+0+1+0.5+0.25$$

$$=13.75$$

任意二进制数 N 可表示为：

$$N=\pm(K_{n-1}\times2^{n-1}+K_{n-2}\times2^{n-2}+\cdots+K_0\times2^0+K_{-1}\times2^{-1}+K_{-2}\times2^{-2}+\cdots+K_{-m}\times2^{-m})$$

其中，k_j 只能取 0、1；m，n 为正整数；2 是二进制的基数。

（3）八进制数

八进制数有两个特点：①数值部分用 8 个不同的数字符号 0、1、2、3、4、5、6、7 来表示；②逢八进一。

任意八进制数 N 可表示为：

$$N=\pm(K_{n-1}\times8^{n-1}+K_{n-2}\times8^{n-2}+\cdots+K_0\times8^0+K_{-1}\times8^{-1}+K_{-2}\times8^{-2}+\cdots+K_{-m}\times8^{-m})$$

其中，k_j 只能取 0、1、2、3、4、5、6、7；m，n 为正整数；8 是基数。

因 $8^1=2^3$，所以 1 位八进制数相当于 3 位二进制数，根据这个对应关系，二进制与八进制间的转换方法为从小数点向左向右每 3 位分为一组，不足 3 位者以 0 补足 3 位。

（4）十六进制数

十六进制数有两个特点：①数值部分用 16 个不同的符号 0、1、2、3、4、5、6、7、8、9、A、B、C、D、E、F 来表示；②逢十六进一。这里的 A、B、C、D、E、F 分别对应十进制数字中的 10、11、12、13、14、15。

任意十六进制数 N 可表示为：

$$N=\pm(K_{n-1}\times16^{n-1}+K_{n-2}\times16^{n-2}+\cdots+K_0\times16^0+K_{-1}\times16^{-1}+K_{-2}\times16^{-2}+\cdots+K_{-m}\times16^{-m})$$

其中，k_j 只能取 0、1、2、3、4、5、6、7、8、9、A、B、C、D、E、F；m，n 为正整数；16 是基数。

因 $16^1=2^4$，所以 1 位十六制数相当于 4 位二进制数，根据这个对应关系，二进制数转换为十六进制数的转换方法为从小数点向左向右每 4 位分为一组，不足 4 位者以 0 补足 4 位，将待转换的十六制数中的每个数依次用 4 位二进制数表示。

4.2.3 数据类型

数据类型决定了数据的属性，如要表示元素的相关地址及值的允许范围等，数据类型也决定了所采用的操作数。在 S7-1500 系列 PLC 中，所使用的数据类型主要包括：基本数据类型、复杂数据类型、用户自定义数据类型、指针类型、参数类型、系统数据类型、硬件数据类型等。

（1）基本数据类型

基本数据类型是根据 IEC 1131-3（国际电工委员会制定的 PLC 编程语言标准）来定义的，对于 S7-1500 系列 PLC 而言，每个基本数据类型具有固定的长度且不超过 64 位。

基本数据类型最为常用，可细分为位数据类型、整数数据类型、浮点数类型、字符数据类型、定时器数据类型及日期和时间数据类型。每一种数据类型都具备关键字、数据长度、取值范围和常数表达格式等属性。

1）位数据类型　S7-1500 系列 PLC 中的位数据类型包括布尔型（Bool）、字节型（Byte）、字型（Word）、双字型（DWord）和长字型（LWord），如表 4-2 所示。注意，在 TIA 博途软件中，关键字不区分大小写，如 Byte 和 BYTE 都是合法的，不必严格区分。

表 4-2　位数据类型

关键字	长度 / 位	取值范围	输入值示例
Bool	1	0～1	TRUE，FALSE，0，1
Byte	8	B#16#00～B#16#FF	B#16#3C，B#16#FA
Word	16	W#16#0000～W#16#FFFF	W#16#4AB9，W#16#EBCD
DWord	32	DW#16#0000_0000～DW#16#FFFF_FFFF	DW#16#9AC8DE2C
LWord	64	LW#16#0000_0000_0000_0000～LW 16#FFFF_FFFF_FFFF_FFFF	LW#16#12349876A1B2F3D4

① 布尔型（BOOL）　布尔型又称位（bit）类型，它只有 TRUE/FALSE（真 / 假）这两个取值，对应二进制数的"1"和"0"。

位存储单元的地址由字节地址和位地址组成，例如 I2.5 中的"I"表示过程输入映像区域标识符，"2"表示字节地址，"5"表示位地址，这种存取方式称为"字节 . 位"寻址方式。

② 字节型（Byte）　字节型（Byte）数据长度为 8 位，一个字节等于 8 位（Bit0 ～ Bit7），其中 Bit0 为最低位，Bit7 为最高位。例如：IB0（包括 I0.0 ～ I0.7 位）、QB0（包括 Q0.0 ～ Q0.7 位）、MB0、VB0 等。字节的数据格式为"B#16#"，其中"B"代表 Byte，表示数据长度为一个字节（8 位），"#16#"表示十六进制，取值范围 B#16#00 ～ B#16#FF（即十进制的 0 ～ 255）。

③ 字型（Word）　字型（Word）数据长度为 16 位，它用来表示一个无符号数，可由相邻的两字节（Byte）组成一个字。例如：IW0 是由 IB0 和 IB1 组成的，其中"I"是区域标识符，"W"表示字，"0"是字的起始字节。需要注意的是，字的起始字节（如该例中的"0"）都必须是偶数。字的取值范围为 W#16#0000 ～ W#16#FFFF（即十进制的 0 ～ 65535）。在编程时要注意，那么已经用了 IW0，那么再用 IB0 或 IB1 要特别加以小心。

④ 双字型（Double Word）　双字型（Double Word）的数据长度为 32 位，它也可用来表示一个无符号数，可由相邻的两个字（Word）组成一个双字或相邻的四个字节（Byte）组成一个双字。例如：MD100 是由 MW100 和 MW102 组成的，其中"M"是内部存储器标志位存储区区域标识符，"D"表示双字，"100"是双字的起始字节。需要注意的是，双字的起始字节（如该例中的"100"）和字一样，必须是偶数。双字的取值范围为 DW#16#0000_0000 ～ DW#16#FFFF_FFFF（即十进制的 0 ～ 4294967295）。在编程时要注意，如果已经用了 MD100，那么再用 MW100 或 MW102 要特别加以小心。

⑤ 长字型（Long Word）　长字型（Long Word）的数据长度为 64 位，其取值范围为 LW#16#0000_0000_0000_0000 ～ LW#16#FFFF_FFFF_FFFF_FFFF。该类型的数据无法比较大小，只能处理一些与 LINT（32 位有符号长整型）和 ULINT（64 位无符号长整型）数据类型处理的相同的十进制数据。

以上的字节、字和双字数据类型均为无符号数，即只有正数，没有负数。位、字节、字和双字的相互关系如表 4-3 所示。

表 4-3 位、字节、字与双字之间的关系（以部分输出映像存储器为例）

双字				字		字节	位							
					QW0	QB0	Q0.7	Q0.6	Q0.5	Q0.4	Q0.3	Q0.2	Q0.1	Q0.0
			QD0	QW1		QB1	Q1.7	Q1.6	Q1.5	Q1.4	Q1.3	Q1.2	Q1.1	Q1.0
		QD1			QW2	QB2	Q2.7	Q2.6	Q2.5	Q2.4	Q2.3	Q2.2	Q2.1	Q2.0
	QD2			QW3		QB3	Q3.7	Q3.6	Q3.5	Q3.4	Q3.3	Q3.2	Q3.1	Q3.0
QD3					QW4	QB4	Q4.7	Q4.6	Q4.5	Q4.4	Q4.3	Q4.2	Q4.1	Q4.0
			QD4	QW5		QB5	Q5.7	Q5.6	Q5.5	Q5.4	Q5.3	Q5.2	Q5.1	Q5.0
		QD5			QW6	QB6	Q6.7	Q6.6	Q6.5	Q6.4	Q6.3	Q6.2	Q6.1	Q6.0
	QD6			QW7		QB7	Q7.7	Q7.6	Q7.5	Q7.4	Q7.3	Q7.2	Q7.1	Q7.0
QD7					QW8	QB8	Q8.7	Q8.6	Q8.5	Q8.4	Q8.3	Q8.2	Q8.1	Q8.0
			QD8	QW9		QB9	Q9.7	Q9.6	Q9.5	Q9.4	Q9.3	Q9.2	Q9.1	Q9.0
		QD9			QW10	QB10	Q10.7	Q10.6	Q10.5	Q10.4	Q10.3	Q10.2	Q10.1	Q10.0
	QD10			QW11		QB11	Q11.7	Q11.6	Q11.5	Q11.4	Q11.3	Q11.2	Q11.1	Q11.0
QD11					QW12	QB12	Q12.7	Q12.6	Q12.5	Q12.4	Q12.3	Q12.2	Q12.1	Q12.0
			QD12	QW13		QB13	Q13.7	Q13.6	Q13.5	Q13.4	Q13.3	Q13.2	Q13.1	Q13.0
					QW14	QB14	Q14.7	Q14.6	Q14.5	Q14.4	Q14.3	Q14.2	Q14.1	Q14.0
						QB15	Q15.7	Q15.6	Q15.5	Q15.4	Q15.3	Q15.2	Q15.1	Q15.0

2）整数数据类型　整数数据类型根据数据的长短可分为短整型、整型、双整型和长整型；根据符号的不同，可分为有符号整数和无符号整数。有符号整数包括：有符号短整型（SInt）、有符号整型（Int）、有符号双整型（DInt）、有符号长整型（LInt）。无符号整数包括：无符号短整型（USInt）、无符号整型（UInt）、无符号双整型（UDInt）、无符号长整型（ULInt）。整数数据类型如表 4-4 所示。

表 4-4 整数数据类型

关键字	长度 / 位	取值范围	输入值示例
SInt	8	十进制数范围为：-128 ～ +127。十六进制数仅表示正数，其范围为：16#00 ～ 16#7F	16#3C，+36
USInt	8	16#00 ～ 16#FF（即 0 ～ 255）	16#4E，56
Int	16	十进制数范围为：-32768 ～ +32767。十六进制数表示正数，其范围为：16#0000 ～ 16#7FFF	16#79AC，+6258
UInt	16	16#0000 ～ 16#FFFF（即 0 ～ 65535）	16#A74B，12563
DInt	32	十进制数范围为：-2147483648 ～ +2147483647。十六进制数仅表示正数，其范围为：16#0000_0000 ～ 16#7FFF_FFFF	+135980
UDInt	32	16#0000_0000 ～ 16#FFFF_FFFF（即 0 ～ 4294967295）	4041352187
LInt	64	十进制数范围为：-9223372036854775808 ～ +9223372036854775807。十六进制数仅表示正数，其范围为：16#0000_0000_0000_0000 ～ 16#7FFF_FFFF_FFFF_FFFF	+154896325562369
ULInt	64	16#0000_0000_0000_0000 ～ 16#FFFF_FFFF_FFFF_FFFF（即 0 ～ 18446744073709551615）	158258365258479

① 短整型　短整型的数据长度为 8 位，它分为符号位短整型（SInt）和无符号位短整

型（USInt）。对于符号位短整型而言，其最高位为符号位，如果最高位为"1"则表示负数，为"0"则表示正数。使用二进制数、八进制数和十六进制数时，SInt 仅能表示正数，范围为 16#00 ～ 16#7F；使用十进制数时，SInt 可以表示正数或负数，数值范围为 −128 ～ +127。无符号位短整型 USInt 可以表示正数或负数，数值范围为 16#00 ～ 16#FF（即 0 ～ 255）。

② 整型　整型的数据长度为 16 位，它分为符号位整型（Int）和无符号位整型（UInt）。对于符号位整型而言，其最高位为符号位，如果最高位为"1"则表示负数，为"0"则表示正数。使用二进制数、八进制数和十六进制数时，Int 仅能表示正数，范围为 16#0000 ～ 16#7FFF；使用十进制数时，Int 可以表示正数或负数，数值范围为 −32768 ～ +32767。无符号位整型 UInt 可以表示正数或负数，数值范围为 16#0000 ～ 16#FFFF（即 0 ～ 65535）。

③ 双整型　双整型的数据长度为 32 位，它分为符号位双整型（DInt）和无符号位双整型（UDInt）。对于符号位双整型而言，其最高位为符号位，如果最高位为"1"则表示负数，为"0"则表示正数。

④ 长整型　长整型的数据长度为 64 位，它分为符号位长整型（LInt）和无符号位长整型（ULInt）。对于符号位长整型而言，其最高位为符号位，如果最高位为"1"则表示负数，为"0"则表示正数。

3）浮点数类型　对于 S7-1500 系列 PLC 而言，支持两种浮点数类型：32 位的单精度浮点数 Real 和 64 位的双精度浮点数 LReal，如表 4-5 所示。

表 4-5　浮点数类型

关键字	长度 / 位	取值范围	输入值示例
Real	32	+1.175495e-38 ～ +3.402823e+38（正数） −1.175495e-38 ～ −3.402823e+38（负数）	1.0e-5
L Real	64	+2.2250738585072014e-308 ～ +1.7976931348623158e+308（正数） −1.7976931348623158e+308 ～ −2.2250738585072014e-308（负数）	2.3e-24

① 单精度浮点数（Real）　浮点数又称为实数，单精度浮点数 Real 为 32 位，可以用来表示小数。Real 由符号位、指数 e 和尾数三部分构成，其存储结构如图 4-11 所示。例如 $123.4=1.234×10^2$。

图 4-11　Real 存储结构

根据 ANSI/IEEE 标准，单精度浮点数可以表示为 $1.m×2^e$ 的形式。其中指数 e 为 8 位正整数（$0 \leqslant e \leqslant 255$）。在 ANSI/IEEE 标准中单精度浮点数占用一个双字（32 位）。因为规定尾数的整数部分总是为 1，只保留尾数的小数部分 m（0 ～ 22 位）。浮点数的表示范围为 $\pm1.175495×10^{-38}$ ～ $\pm3.402823×10^{+38}$。

② 双精度浮点数（LReal）　双精度浮点数又称为长实数（Long Real），它为 64 位。LReal 同样由符号位、指数 e 和尾数三部分构成，其存储结构如图 4-12 所示。

双精度浮点数可以表示为 $1.m×2^e$ 的形式。其中指数 e 为 11 位正整数（$0 \leqslant e \leqslant 2047$）。尾数的整数部分总是为 1，只保留尾数的小数部分 m（0 ～ 51 位）。

4）字符数据类型　字符数据类型包括字符（Char）和宽字符（WChar），如表 4-6 所示。

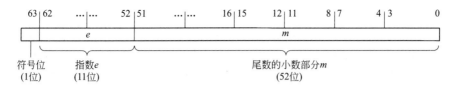

图 4-12　LReal 存储结构

表 4-6　字符数据类型

关键字	长度 / 位	取值范围	输入值示例
Char	8	ASCII 字符集	'A'
WChar	16	Unicode 字符集，取值范围 \$0000 ～ \$D7FF	WCHAR#'a'

　　字符（Char）数据的长度为 8 位，占用一个字节（Byte）的存储空间。它是将单个字符采用 ASCII 码（美国信息交换标准码）的存储方式。

　　宽字符（WChar）数据的长度为 16 位，占用两个字符的存储空间。它是将扩展字符集中的单个字符以 Unicode 编码格式进行存储。控制字符在输入时，以美元符号 \$ 表示。

　　5）定时器数据类型　定时器数据类型主要包括时间（Time）、S5 时间（S5Time）和长时间（LTime）数据类型，如表 4-7 所示。

表 4-7　定时器数据类型

关键字	长度 / 位	取值范围	输入值示例
Time	32	T#-24D_20H_31M_23S_648MS ～ +24D_20H_31M_ 23S_647MS	T#10D_12H_45M_23S_123MS
S5Time	16	S5T#0MS ～ S5T#2H_46M_30S_0MS	S5T#10S
LTime	64	LT#-106751d_23h_47m_16s_854ms_775us_808ns ～ LT#+106751d_23h_47m_16s_854ms_775us_807ns	LT#11350d_20h_25m_14s_830ms_652us_315ns

　　① 时间（Time）　Time 为有符号的持续时间，长度为 32 位，时基为固定值 1ms，数据类型为双整数，所表示的时间值为整数值乘以时基。格式为 T#aaD_bbH_ccM_ddS_eeeMS，其中 aa 为天数，天数前可加符号位；bb 为小时；cc 为分钟；dd 为秒；eee 为毫秒。根据双整数最大值为 2 147 483 647，乘以时基 1ms，可以算出，Time 时间的最大值为 T#24D_20H_31M_23S_648MS。

　　② S5 时间（S5Time）　S5Time 时间长度为 16 位，包括时基和时间常数两部分，时间常数采用 BCD 码。S5Time 时间数据类型结构如图 4-13 所示。

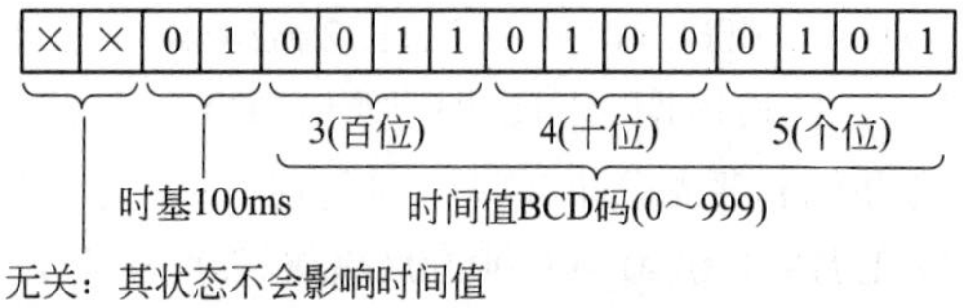

| × | × | 0 | 1 | 0 | 0 | 1 | 1 | 0 | 1 | 0 | 0 | 0 | 1 | 0 | 1 |

时基100ms　　3(百位)　4(十位)　5(个位)
　　　　　　　时间值BCD码(0～999)
无关：其状态不会影响时间值

图 4-13　S5Time 时间数据结构

　　S5Time 时间数据类型的时间值 = 时基 × 时间常数（BCD 码），其中时基代码为 "00" 时表示时基数为 10ms；时基代码为 "01" 时表示时基数为 100ms；时基代码为 "10" 时表示时基数为 1s；时基代码为 "11" 时表示时基数为 10s。所以图 4-13 所示的 S5Time 时间 =100ms×345=34s500ms。

　　预装时间时，采用的格式为 S5T#aH_bbM_ccS_ddMS。其中 a 为小时；bb 为分钟；cc 为秒；dd 为毫秒。由时间存储的格式可以计算出，采用这种格式可以预装的时间最大值为 9990s，也就是说 S5Time 时间数据的最大值为 S5T#2H_46M_30S_0MS。S5Time 的默认时间精度为 10ms。

③ 长时间（LTime） LTime 时间长度为 64 位，其时间单位为 ns。格式为 T#aaD_bbH_ccM_ddS_eeeMS_fffUS_gggNS，其中 aa 为天数，天数前可加符号位；bb 为小时；cc 为分钟；dd 为秒；eee 为毫秒；fff 为微秒；ggg 为纳秒。在实际使用时，可不使用完整的格式，例如 LT#5H20S 也是有效的时间数值。

6）日期和时间数据类型 日期和时间数据类型包括日期（Date）、日时间（TOD）、长日时间（LTOD），如表 4-8 所示。

表 4-8 日期和时间数据类型

关键字	长度 / 字节	取值范围	输入值示例
Date	2	D#1990-01-01 ～ D#2169-06-06	D#2020-05-20
TOD	4	TOD#00:00:00.000 ～ TOD#23:59:59.999	TOD#15:14:30.400
LTOD	8	LTOD#00:00:00.000000000 ～ LTOD#23:59:59.999999999	LTOD#15:20:32.400_365_215

① 日期（Date） 日期数据长度为 2 个字节（16 位），数据类型为无符号整数，以 1 日为单位，日期从 1990 年 1 月 1 日开始至 2169 年 6 月 6 日。1990 年 1 月 1 日对应的整数为 0，日期每增加 1 天，对应的整数值加 1，如 30 对应 1990 年 1 月 31 日。日期格式为 D# 年 _ 月 _ 日，例如 2009 年 8 月 1 日表示为 D#2009_8_1。

② 日时间（TOD） 日时间（Time_of_ Day，TOD）存储从当天 0:00 时开始的毫秒数，数据长度为 4 个字节（32 位），数据类型为无符号整数。

③ 长日时间（LTOD） 长日时间（LTime_of_Day）存储从当天 0:00 时开始的纳秒数，数据长度为 8 个字节（64 位），数据类型为无符号整数。

（2）复杂数据类型

复杂数据类型是一类由其他数据类型组合而成的，或者长度超过 32 位的数据类型。S7-1500 系列 PLC 共有以下 7 种复杂数据类型。

① 日期时间数据类型（Data_and_Time，DT） 日期时间数据类型的长度为 8 个字节，包括的信息有年、月、日、小时、分钟、秒和毫秒。取值范围为 DT#1990-01-01-00:00:00.000 ～ DT#2089-12-31-23:59:59.999。例 如：DT#2020-05-15-12:30:15.200 为 2020 年 5 月 15 日 12 时 30 分 15.2 秒。

② 日期长时间数据类型（Data_and_Time，LDT） 日期长时间数据类型的长度为 8 个字节，包括的信息有年、月、日、小时、分钟、秒和纳秒。取值范围为 LDT#1970-01-01-00:00:00.000000000 ～ LDT#2262-04-11-23:47:16.854775807。

③ 长日期时间数据类型（DTL） 长日期时间数据类型的长度为 12 个字节，以预定义结构存储日期和时间信息，其包括的信息有年、月、日、小时、分钟、秒和纳秒。取值范围为 DTL#1970-01-01-00:00:00.000000000 ～ DTL#2262-04-11-23:47:16.854775807。

④ 字符串数据类型（String） 字符串数据类型的操作数在一个字符串中存储多个字符，它的前两个字节用于存储字符串长度的信息，因此一个字符串类型的数据最多可包含 254 个字符。其常数表达方式是由两个单引号包括的字符串，例如 'Simatic S7-1500'。用户在定义字符串变量时，也可以限定它的最大长度，例如 String [16]，则该变量最多只能包含 16 个字符。

⑤ 宽字符串数据类型（WString） 宽字符串数据类型的操作数存储一个字符串中多个数据类型为 WChar 的 Unicode 字符。如果不指定长度，则字符串的长度为预置的 254 个字符。在字符串中，可使用所有 Unicode 格式的字符。这意味着也可在字符串中使用中文字符。

⑥ 数组类型（Array） 将一组同一类型的数据组合在一起组成一个单位就是数组。一个数组的最大维数为 6 维，数据中的元素可以是基本数据类型，也可以是复杂数据类型，但不包括数组类型本身。数据组中每一维的下标取值范围是 -32768 ～ +32767。但是下标的下限必须小于上限，例如 1..2、-15..-4 都是合法的下标定义。定义一个数组时，需要指明数组的元素类型、维数和每一维的下标范围，例如：Array[1..3，1..5，1..6] of Int 定义了一个元素为整数型，大小为 3×5×6 的三维数组。可以用变量名加上下标来引用数组中的某一个元素，例如a[3，4，5]。

⑦ 结构类型（Struct） Struct 数据类型是一种元素数量固定但数据类型不同的数据结构，通常用于定义一组相关数据。在结构中，可嵌套 Struct 或 Array 数据类型的元素，但是不能在 Struct 变量中嵌套结构。Struct 变量始终以具有偶地址的一个字节开始，并占用直至下一个字字限制的内存。例如电机的一组数据可以按如下方式定义：

```
Motor:STRUCT
  Speed:INT
  Current:REAL
END_ STRUCT
```

（3）用户自定义数据类型（UDT）

UDT（User-Defined Data Types）是一种复杂的用户自定义数据类型，用于声明一个变量。这种数据类型是一个由多个不同数据类型元素组成的数据结构。其中，各元素可源自其他 UDT 和 Array，也可直接使用关键字 Struct 声明为一个结构。与 Struct 不同的是，UDT 是一个模板，可以用来定义其他变量。

（4）指针类型

S7-1500 系列 PLC 支持 Pointer、Any 和 Variant 这 3 种指针类型。

① Pointer Pointer 类型的参数是一个可指向特定变量的指针，它在存储器中占用 6 个字节地址，其指针结构如图 4-14 所示。

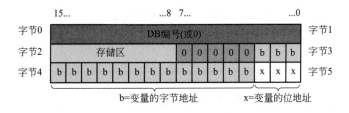

图 4-14 Pointer 指针结构

根据相关信息，可以使用 Pointer 类型声明 4 种类型的指针：内部区域指针、跨区域指针、DB 数据块指针和零指针。内部区域指针存储变量的地址信息，如 P#20.0；跨区域指针存储变量的存储区域和地址信息，如 P#M20.0；DB 数据块指针，可以指向数据块变量，该指针除了存储变量的存储区域和地址信息外，还存储数据块的编号，如 P#DB10.DBX20.0；零指针可以指出缺少值，该缺少值可以表示值不存在或为未知值，如 P#0.0。

② Any Any 类型的参数指向数据区的起始位置，并指定其长度，它在存储器中占用 10 个字节地址，其指针结构如图 4-15 所示。

根据相关信息，可以使用 Any 类型声明 6 种类型信息：数据区元素的数据类型、系统区元素数的重复系数、包含数据区元素声明的 DB 数据块编号、CPU 中存储数据区元素的存储区、通过 Any 指针确定数据区起始位置的数据起始地址和零指针。

③ Variant Variant 数据类型的参数是一个指针或引用，可指向各种不同数据类型的变量。

Variant 指针无法指向实例，所以不能指向多重实例或多重实例的 Array。Variant 指针可以是基本数据类型（如 Int 或 Real）的对象，还可以是 String、DTL、Struct 类型的 Array、UDT、UDT 类型的 Array。Variant 指针可以识别结构，并指向各个结构元素。Variant 数据类型的操作数不占用背景数据块或工作存储器中的空间，但是，将占用 CPU 上的存储空间。

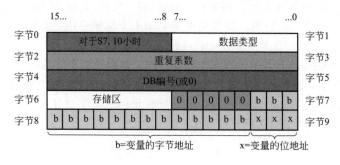

图 4-15　Any 指针结构

（5）参数类型

参数类型是为在逻辑块之间传递参数的形式参数定义的数据类型，它还可以是 PLC 数据类型。参数数据类型及其用途如表 4-9 所示。

表 4-9　参数数据类型及其用途

参数类型	长度 / 位	用途说明
Timer	16	可用于指定在被调用代码块中所使用的定时器。如果使用 Timer 参数类型的形参，那么相关的实参必须是定时器
Counter	16	可用于指定在被调用代码块中使用的计数器。如果使用 Counter 参数类型的形参，那么相关的实参必须是计数器
Block_FC	16	可用于指定在被调用代码块中用作输入的块； 参数的声明决定所要使用的块类型（例如 FB、FC、DB）； 如果使用 Block 参数类型的形参，则将指定一个块地址作为实参
Block_FB	16	
Block_DB	16	
Block_SDB	16	
Void	—	Void 参数类型不会保存任何值。如果输出不需要任何返回值，则使用此参数类型。例如，如果不需要显示错误信息，则可以在输出 Status 中指定 Void 参数类型
Parameter	—	在执行相应输入时，可通过 Parameter 数据类型，使用程序块中的局部变量符号调用该程序块中包含的"GetSymbolName：读取输入参数处的变量名称"和"GetSymbolPath：查询输入参数分配中的组合全局名称"指令

（6）系统数据类型

系统数据类型（SDT）是由系统提供并具有预定义的结构，它只能用于特定指令。系统数据类型的结构由固定数目的可具有各种数据类型的元素构成，使用时用户不能更改系统数据类型的结构。系统数据类型及其用途如表 4-10 所示。

表 4-10　系统数据类型及其用途

参数类型	长度 / 位	用途说明
IEC_Timer	16	声明有 PT、ET、IN 和 Q 参数的定时器结构。时间值为 TIME 数据类型。例如，此数据类型可用于"TP""TOF""TON""TONR""RT"和"PT"指令
IEC_LTimer	32	声明有 PT、ET、IN 和 Q 参数的定时器结构。时间值为 LTIME 数据类型。例如，此数据类型可用于"TP""TOF""TON""TONR""RT"和"PT"指令

参数类型	长度 / 位	用途说明
IEC_SCOUNTER	3	计数值为 SINT 数据类型的计数器结构。例如，此数据类型用于"CTU""CTD"和"CTUD"指令
IEC_USCOUNTER	3	计数值为 USINT 数据类型的计数器结构。例如，此数据类型用于"CTU""CTD"和"CTUD"指令
IEC_COUNTER	6	计数值为 INT 数据类型的计数器结构。例如，此数据类型用于"CTU""CTD"和"CTUD"指令
IEC_UCOUNTER	6	计数值为 UINT 数据类型的计数器结构。例如，此数据类型用于"CTU""CTD"和"CTUD"指令
IEC_DCOUNTER	12	计数值为 DINT 数据类型的计数器结构。例如，此数据类型用于"CTU""CTD"和"CTUD"指令
IEC_UDCOUNTER	12	计数值为 UDINT 数据类型的计数器结构。例如，此数据类型用于"CTU""CTD"和"CTUD"指令
IEC_LCOUNTER	24	计数值为 UDINT 数据类型的计数器结构。例如，此数据类型用于"CTU""CTD"和"CTUD"指令
IEC_ULCOUNTER	24	计数值为 UDINT 数据类型的计数器结构。例如，此数据类型用于"CTU""CTD"和"CTUD"指令
ERROR_STRUCT	28	编程错误信息或 I/O 访问错误信息的结构。例如，此数据类型用于"GET_ERROR"指令
CREF	8	数据类型 ERROR_STRUCT 的组成，在其中保存有关块地址的信息
NREF	8	数据类型 ERROR_STRUCT 的组成，在其中保存有关操作数的信息
VREF	12	用于存储 VARIANT 指针。这种数据类型通常用于 S7-1200/1500 Motion Control 指令中
SSL_HEADER	4	指定在读取系统状态列表期间保存有关数据记录信息的数据结构。例如，此数据类型用于"RDSYSST"指令
CONDITIONS	52	用户自定义的数据结构，定义数据接收的开始和结束条件。例如，此数据类型用于"RCV_CFG"指令
TADDR_Param	8	指定用来存储那些通过 UDP 实现开放用户通信的连接说明的数据块结构。例如，此数据类型用于"TUSEND"和"TURSV"指令
TCON_Param	64	指定用来存储那些通过工业以太网（PROFINET）实现开放用户通信的连接说明的数据块结构。例如，此数据类型用于"TSEND"和"TRSV"指令
HSC_Period	12	使用扩展的高速计数器，指定时间段测量的数据块结构。此数据类型用于"CTRL_HSC_EXT"指令

（7）硬件数据类型

硬件数据类型由 CPU 提供，可用硬件数据类型的数目取决于 CPU。根据硬件配置中设置的模块存储特定硬件数据类型的常量。在用户程序中插入用于控制或激活已组态模块的指令时，可将这些可用常量用作参数。硬件数据类型及其用途如表 4-11 所示。

表 4-11　硬件数据类型及其用途

参数类型	基本数据类型	用途说明
REMOTE	Any	用于指定远程 CPU 的地址。例如，此数据类型可用于"PUT"和"GET"指令
HW_ANY	UInt	任何硬件组件（如模块）的标识
HW_DEVICE	HW_Any	DP 从站 /PROFINET IO 设备的标识
HW_DPMASTER	HW_Interface	DP 主站的标识

参数类型	基本数据类型	用途说明
HW_DPSLAVE	HW_Device	DP 从站的标识
HW_IO	HW_Any	CPU 或接口的标识号。该编号在 CPU 或硬件配置接口的属性中自动分配和存储
HW_IOSYSTEM	HW_Any	PN/IO 系统或 DP 主站系统的标识
HW_SUBMODULE	HW_IO	重要硬件组件的标识
HW_MODULE	HW_IO	模块标识
HW_INTERFACE	HW_SUBMODULE	接口组件的标识
HW_IEPORT	HW_SUBMODULE	端口的标识（PN/IO）
HW_HSC	HW_SUBMODULE	高速计数器的标识。例如，此数据类型可用于 "CTRL_HSC" 和 "CTRL_HSC_EXT" 指令
HW_PWM	HW_SUBMODULE	脉冲宽度调制标识。例如，此数据类型用于 "CTRL_PWM" 指令
HW_PTO	HW_SUBMODULE	脉冲编码器标识。该数据类型用于运动控制
EVENT_ANY	AOM_IDENT	用于标识任意事件
EVENT_ATT	EVENT_Any	用于指定动态分配给 OB 的事件。例如，此数据类型可用于 "ATTACH" 和 "DETACH" 指令
EVENT_HWINT	EVENT_ATT	用于指定硬件中断事件
OB_ANY	INT	用于指定任意组织块
OB_DELAY	OB_Any	用于指定发生延时中断时调用的组织块。例如，此数据类型可用于 "SRT_DINT" 和 "CAN_DINT" 指令
OB_TOD	OB_Any	指定时间中断 OB 的数量。例如，此数据类型用于 "SET_TINT" "CAN_TINT" "ACT_TINT" 和 "QRY_TINT" 指令
OB_CYCLIC	OB_Any	用于指定发生看门狗中断时调用的组织块
OB_ATT	OB_Any	用于指定动态分配给事件的组织块。例如，此数据类型可用于 "ATTACH" 和 "DETACH" 指令
OB_PCYCLE	OB_Any	用于指定分配给 "循环程序" 事件类别事件的组织块
OB_HWINT	OB_Any	用于指定发生硬件中断时调用的组织块
OB_DIAG	OB_Any	用于指定发生诊断中断时调用的组织块
OB_TIMEERROR	OB_Any	用于指定发生时间错误时调用的组织块
OB_STARTUP	OB_Any	用于指定发生启动事件时调用的组织块
PORT	HW_SUBMODULE	用于指定通信端口。该数据类型用于点对点通信
RTM	UInt	用于指定运行小时计数器值。例如，此数据类型用于 "RTM" 指令
PIP	UInt	用于创建和连接 "同步循环" OB。该数据类型可用于 SFC 26、27、126 和 127 中
CONN_ANY	Word	用于指定任意连接
CONN_PRG	CONN_ANY	用于指定通过 UDP 进行开放式通信的连接
CONN_OUC	CONN_ANY	用于指定通过工业以太网（PROFINET）进行开放式通信的连接
CONN_R_ID	DWord	S7 通信块上 R_ID 参数的数据类型
DB_ANY	UInt	DB 的标识（名称或编号）。数据类型 "DB_ANY" 在 "Temp" 区域中的长度为 0
DB_WWW	DB_ANY	通过 Web 应用生成的 DB 的数量（例如，"WWW" 指令）。数据类型 "DB_WWW" 在 "Temp" 区域中的长度为 0
DB_DYN	DB_ANY	用户程序生成的 DB 编号

4.3 西门子 S7-1500 PLC 的存储区与寻址方式

4.3.1 存储区的组织结构

CPU 存储区，又称为存储器。S7-1500 PLC 存储区分为 3 个区域：装载存储器、工作存储器和系统存储区。其组织结构如图 4-16 所示。

（1）装载存储器（load memory）

装载存储器是一种非易失性存储器，用来存储不包含符号地址和注释的用户程序和附加的系统数据，例如存储组态信息、连接及模块参数等。将这些对象装载到 CPU 时，会首先存储到装载存储器中。对于 S7-1500 PLC 而言，装载存储器位于 SIMATIC 存储卡上，所以在运行 CPU 之前必须先插入 SIMATIC 存储卡。

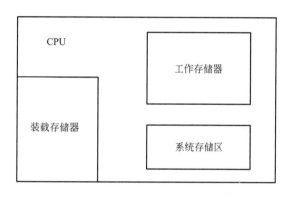

图 4-16　S7-1500 PLC 存储区的组织结构

（2）工作存储器

工作存储器也是一种非易失性存储器，用于运行程序指令，并处理用户程序数据，例如全局数据块、背景数据块等。工作存储器占用 CPU 模块中的部分 RAM，它是集成的高速存取的 RAM 存储器，不能被扩展。为了保证程序执行的快速性和不过多地占用工作存储器，只有与程序执行有关的块被装入工作存储器中。

（3）系统存储区（system memory）

系统存储区是 CPU 为用户程序提供的存储器组件，不能被扩展。系统存储区根据功能的不同，被划分为若干个地址区域，用户程序指令可以在相应的地址区内对数据直接寻址。系统存储区的常用地址区域有：过程映像输入 / 输出（I/Q）、直接访问外设 I/O（PI/PQ）地址、内部存储器标志位存储区（M）、定时器（T）、计数器（C）、局域数据（L）、地址寄存器（AR）、数据块地址存储器（DB、DI）、状态字寄存器等。此外，还包括块堆栈（B 堆栈）、中断堆栈（I 堆栈）等。

4.3.2 系统存储区特性

（1）过程映像输入 / 输出（I/Q）

当用户程序寻址输入（I）和输出（O）地址区时，不能查询数字量信号模块的信号状态。相反，它将访问系统存储器的一个存储区域。这一存储区域称为过程映像，该过程映像被分为两部分：输入的过程映像（PI）和输出的过程映像（PQ）。

一个循环内刷新过程映像的操作步骤如图 4-17 所示，在每个循环扫描开始时，CPU 读取数字量输入模块的输入信号的状态，并将它们存入过程映像输入区（PII）中；在循环扫描中，用户程序计算输出值，并将它们存入过程映像输出区（PIQ）中。在循环扫描结束时，将过程映像输出区中内容写入数字量输出模块。

用户程序访问 PLC 的输入（I）和输出（O）地址区时，不是去读写数字信号模块内的信号状态，而是访问 CPU 中的过程映像区。

I 和 Q 均可以按位、字节、字和双字来存取，例如 I0.1、IB0、IW0、ID0 等。

与直接 I/O 访问相比，过程映像访问可以提供一个始终一致的过程信号映像，以用于循环程序执行过程中的 CPU。如果在程序执行过程中输入模板上的信号状态发生变化，过程映像中的信号状态保持不变，直到下一个循环过程映像再次刷新。另外，由于过程映像被保存在 CPU 的系统存储器中，访问速度与直接访问信号模板相比显著加快。

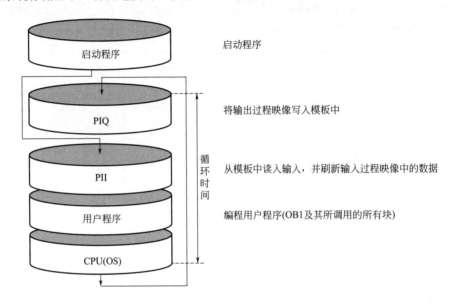

图 4-17　一个循环内刷新过程映像的操作步骤

输入过程映像在用户程序中的标识符为"I"，是 PLC 接收外部输入数字量信号的窗口。输入端可以外接常开或常闭触点，也可以接多个触点组成的串并联电路。PLC 将外部电路的通 / 断状态读入并存储输入过程映像中，外部输入电路接通时，对应的输入过程映像为 ON（1 状态）；外部输入电路断开时，对应的输入过程映像为 OFF（0 状态）。在梯形图中，可以多次使用输入过程映像的常开或常闭触点。

输出过程映像在用户程序中的标识符为"Q"，在循环结束时，CPU 将输出过程映像的数据传送给输出模块，再由输出模块驱动外部负载。如果梯形图中 Q0.0 的线圈"通电"，继电器型输出模块中对应的硬件继电器的常开触点闭合，使接在 Q0.0 对应的输出端子的外部负载工作。输出模块中的每一硬件继电器仅有一对常开触点，但是在梯形图中，每一个输出位的常开触点和常闭触点都可以使用多次。

（2）直接访问外设 I/O（PI/PQ）地址

如果将模块插入到站点中，默认情况下其逻辑地址将位于 SIMATIC S7-1500 CPU 的过程映像区中。在过程映像区更新期间，CPU 会自动处理模块和过程映像区之间的数据交换。

如果希望程序直接访问模块，则可以使用 PI/PQ 指令来实现。通过访问外设 I/O 存储区（PI 和 PQ），用户可以不经过过程映像输入和过程映像输出，直接访问本地的和分布式的输入模块（例如接收模拟量输入信号）和输出模块（例如产生模拟量输出信号）。如果在程序中使用外部输入参数，则在执行程序相应指令时将直接读取指定输入模块的状态。如果使用外部输出参数，则在执行程序相应指令时将直接把计算结果写到指定输出模块上，而不需要等到输出刷新这一过程。可以看到，使用外设输入 / 输出存储区可以跟输入 / 输出模块进行实时数据交换，因此在处理连续变化的模拟量时，一般要使用外部输入 / 输出这一存储区域。

（3）内部存储器标志位存储区（M）

在逻辑运算中，经常需要一些辅助继电器，其功能与传统的继电器控制线路中的中间继电器相同。辅助继电器与外部没有任何直接联系，不能驱动任何负载。每个辅助继电器对应位存储区的一个基本单元，它可以由所有的编程元件的触点来驱动，其状态也可以多次使用。在S7-1500 PLC 中，有时也称辅助继电器为位存储区的内部存储器标志位。

内部存储器标志位在用户编程时，通常用来保存控制逻辑的中间操作状态或其他信息。内部存储器标志位通常以"位"为单位使用，采用"字节 . 位"的编址方式，每 1 位相当于 1 个中间继电器，S7-1500 PLC 的辅助继电器的数量为 16384 个字节。内部存储器标志位除了以"位"为单位使用外，还可以字节、字、双字为单位使用。

（4）定时器（T）

定时器相当于传统的继电器控制线路中的时间继电器，用于实现或监控时间序列。定时器是由位和字组成的复合存储单元，定时器的触点状态通常使用位存储单元表示，字存储单元用于存储定时器的定时时间值（0 ～ 999）。时间值 9 可以用二进制或 BCD 码方式读取。在CPU 的存储器中，有一个区域是专为定时器保留的，此存储区为每个定时器地址保留一个 16位的字。

定时器按照精度分为 4 种：10ms、100ms、1s 和 10s。按照定时方式分为 5 种：脉冲 S5定时器（SP）、扩展脉冲 S5 定时器（SE）、接通延时定时器（SD）、保持型接通延时定时器（SS）、断开延时定时器（SF）。

每个定时器由时基和定时值组成，其数据格式如图 4-18 所示。定时器的定时时间等于时基与定时值（1 ～ 999）的乘积，当定时器运行时，定时值不断减 1，直至减为 0，如果减到 0表示定时时间到，定时器的触点动作。S7-1500 PLC 的时基与定时范围如表 4-12 所示。

表 4-12　S7-1500 PLC 的时基与定时范围

时基	时基的二进制代码	分辨率	定时范围
10ms	0 0	0.01	10ms ～ 9.99s
100ms	0 1	0.1	100ms ～ 1min39s999ms
1s	1 0	1	1s ～ 16min39s
10s	1 1	10	10s ～ 2h46min30s

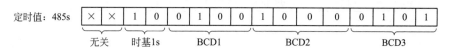

图 4-18　定时器定时值的数据格式

（5）计数器（C）

计数器用于累计其计数脉冲上升沿的次数。计数器是由位和字组成的复合存储单元，计数器的触点状态用位存储单元表示，字存储单元用于存储计数器的当前计数值（0 ～ 999）。计数值可以用二进制或 BCD 码方式读取。在 CPU 的存储器中，有一个区域是专为计数器保留的，此存储区为每个计数器地址保留一个 16 位的字。

计数器的计数方式有加计数器、减计数器和加减计数器。加计数器是从 0 或预置的初始值开始。当计数器的计数值达到上限 999 时，停止累加。减计数是从预置的初始值开始，当计数器的计数值达到 0 时，将不再减少。

在对计数器设定预置值时，累加器 1 低字中的内容（预置值）作为计数器的初始值装入计数器的字存储器中，计数器中的计数值是在初始值的基础上进行增加或减少的。计数值的数据格式如图 4-19 所示。

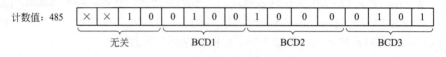

图 4-19　计数器计数值的数据格式

（6）局域数据（L）

局域数据是特定块的本地数据，在处理该块时其状态临时存储在该块的临时堆栈（L 堆栈）中，当完成处理关闭该块后，其数据不能再被访问。其出现在块中的形式有形式参数、静态数据和临时数据。

（7）地址寄存器（AR）

地址寄存器是专门用于寻址的一个特殊指针区域，S7-1500 PLC 的地址寄存器共有两个，AR1 和 AR2，每个 32 位。地址寄存器的内容加上偏移量形成地址指针，地址指针指向的存储器单元，存储器单元可以是位、字节、字或双字。

（8）数据块地址存储器（DB、DI）

CPU 中的数据块分为共享数据块（DB）和背景数据块（DI）。共享数据块不能分配给任何一个逻辑块。它包含设备或机器所需的值，并且可以在程序中的任何位置直接调用。DBX、DBB、DBW 和 DBD 分别表示共享数据块的位、字节、字和双字，对共享数据块可以按位、字节、字或双字存取。背景数据块是直接分给逻辑块的数据块，如功能块。它包含存储在变量声明表中的功能块的数据。DIX、DIB、DIW 和 DID 分别表示背景数据块的位、字节、字和双字，对背景数据块可以按位、字节、字或双字存取。

（9）状态字寄存器

状态字寄存器是 CPU 存储器中的一个 16 位寄存器，用于存储 CPU 执行指令的状态。状态字寄存器的结构如图 4-20 所示，虽然它是一个 16 位的寄存器，但是只使用了 5 个位。状态字的某些位用于决定某些指令是否执行和以什么样的方式执行，执行指令时可能改变状态字中的某些位，用位逻辑指令和字逻辑指令可以访问和检测它们。

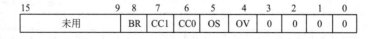

图 4-20　状态字寄存器的结构

① 溢出位（OV）　状态字的第 4 位称为溢出位，如果算术运算或浮点数比较指令执行时出现错误（例如溢出、非法操作和不规范的格式），溢出位被置为"1"。后面的同类指令执行结果正常时该位被清零。

② 溢出状态保持位（OS）　状态字的第 5 位称为溢出状态保持位，它保存了 OV 位，用于指明前面的指令执行过程中是否产生错误。只有 JOS（OS=1 时跳转）指令、块调用指令和

块结束指令才能复位 OS 位。

③ 条件码 1（CC1）和条件码 0（CC0）　状态字的第 7 位和第 6 位分别称为条件码 1 和条件码 0。这两位综合起来用于表示在累加器 1 中产生的算术运算或逻辑运算的结果与 0 的大小关系、比较指令的执行结果或移位指令的移出位状态。

④ 二进制结果位（BR）　状态字的第 8 位称为二进制结果位，它将字处理程序与位处理联系起来，在一段既有位操作又有字操作结果的程序中，用于表示字操作结果是否正确。将 BR 位加入程序后，无论字操作结果如何，都不会造成二进制逻辑链中断。在梯形图的方框指令中，BR 位与 ENO 有对应关系，用于表明方框指令是否被正确执行；如果执行出现了错误，BR 位为 0，ENO 也为 0；如果功能被正确执行，BR 位为 1，ENO 也为 1。

（10）累加器（ACC）

32 位累加器用于处理字节、字或双字的寄存器。S7-1500 CPU 中有两个累加器：ACCU1 和 ACCU2。可以把操作数送入累加器，并在累加器中进行运算和处理，保存在 ACCU1 中的运算结果可以传送到存储区。处理 8 位和 16 位数据时，数据可以按字节、字或双字的方式存放在累加器的低端（右对齐）。通常进行字节、字或双字的数据处理指令绝大部分都是通过累加器来完成的。

4.3.3　寻址方式

寻址方式，即对数据存储区进行读写访问的方式。S7-1500 PLC 的寻址方式可分为立即寻址、直接寻址和间接寻址。

（1）立即寻址

数据在指令中以常数形式出现，取出指令的同时也就取出了操作数据，这种寻址方式称为立即寻址方式。常数可分为字节、字、双字型数据。CPU 以二进制方式存储常数，指令中还可用十进制、十六进制、ASCII 码或浮点数等来表示。有些指令的操作数是唯一的，为简化起见，并在指令中写出，例如 SET、CLR 等指令。表 4-13 是立即寻址的例子。下面是使用立即寻址的程序实例：

```
SET                 // 把 RLO 置 1
OW    W#16#253      // 将常数 W#16#253 与 ASCII" 或 " 运算
L     1521          // 将常数 1521 装入 ACCU1（累加器 1）
L     "9C73"        // 把 ASCII 码字符 9C73 装入 ACCU1
L     C#253         // 把 BCD 码常数 253（计数值）装入 ACCU1
AW    W#16#3C2A     // 将常数 W#16#3C2A 与 ACCU1 的低位 " 与 " 运算，运算结果在 ACCU1 的
                    //    低字中
```

表 4-13　立即寻址举例

不同形式的立即数		举例	说明
二进制常数	8 位	L 2#1100_1001	将 8 位二进制数 1100_1001 装入 ACCU1 中
	16 位	L 2#1001_0110_0010_1010	将 16 位二进制数 1001_0110_0010_1010 装入 ACCU1 中
	32 位	L 2#1001_1011_1100_0110_1011_1010_0110_1001	将 32 位二进制数 1001_1011_1100_0110_1011_1010_0110_1001 装入 ACCU1 中
十进制常数	8 位	L 239	将十进制数 239 装入 ACCU1 中
	16 位	L -3116	将整数 -3116 装入 ACCU1 中
	32 位	L L#-1234	将双整数 -1234 装入 ACCU1 中

不同形式的立即数		举例	说明
十六进制常数	8 位	L B#16#AC	将字节数据 AC 装入 ACCU1 中
	16 位	L W#16#3A4D	将字数据 3A4D 装入 ACCU1 中
	32 位	L DW#16#143C_9DA4	将双字数据 143C_9DA4 装入 ACCU1 中
浮点数		L −3.1213456	将浮点数 −3.1213456 装入 ACCU1 中
ASCII 字符常数		L 'STEP7'	将 ASCII 字符 STEP7 装入 ACCU1 中
时间	S5TIME	L S5T#2H_30M_28S	将 S5T#2H_30M_28S 时间装入 ACCU1 中
	TIME	L T#12D_12H_25M_28S_123MS	将 T#12D_12H_25M_28S_123MS 时间装入 ACCU1 中
	DATE	L D#2009_8_28	将 D#2009_8_28 日期装入 ACCU1 中
	TOD	L TOD#12:23:28.590	将 TOD#12:23:28.590 时间装入 ACCU1 中
计数值常数		L C#234	将计数值 234 装入 ACCU1 中
区域指针常数		L P#10.0	将内部区域指针装入 ACCU1 中
		L P#Q15.0	将交叉区域指针装入 ACCU1 中
2 字节无符号数		L B# (132, 56)	装入 2 字节无符号常数
4 字节无符号数		L B# (24, 18, 87, 34)	装入 4 字节无符号常数

（2）直接寻址

直接寻址在指令中直接给出存储器或寄存器的区域、长度和位置。在 STEP 7 中可采用绝对地址寻址和符号地址寻址这两种方式对存储区直接进行访问，即直接寻址。

绝对地址寻址是直接指定所访问的存储区域、访问形式及地址数据。STEP 7 对于各存储区域（计数器和定时器除外）基本上可采取 4 种方式直接寻址：位寻址、字节寻址、字寻址、双字寻址。

① 位寻址　存储器的最小组成部分是位（Bit），位寻址是最小存储单元的寻址方式。寻址时，采用以下结构：

区域标识符 + 字节地址 + 位地址

例如：Q2.5

"Q"表示过程映像输出区域标识符；"2"表示第 2 个字节，字节地址从 0 开始，最大值由该存储区的大小决定；"5"表示位地址为 5，位地址的取值范围是 0 ～ 7。

② 字节寻址　字节寻址，可用来访问一个 8 位的存储区域。寻址时，采用以下结构：

区域标识符 + 字节的关键字（B）+ 字节地址

例如：MB0

"M"表示内部存储器标志位存储区；"B"表示字节 byte；"0"表示第 0 个字节，它包含 8 个位，其中最低位（LSB）的位地址为 M0.0，最高位（MSB）的位地址为 M0.7，其结构如图 4-21 所示。

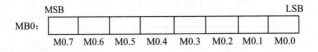

图 4-21　MB0 字节存储区的结构图

③ 字寻址　字寻址，可用来访问一个 16 位的存储区域，即两个连续字节的存储区域。寻址时，采用以下结构：

区域标识符 + 字的关键字（W）+ 第一字节地址

例如：IW3

"I"表示过程映像输入区域标识符；"W"表示字（Word）；"3"表示从第 3 个字节开始的连续两个字节的存储区域，即 IB3 和 IB4，其结构如图 4-22 所示。

使用字寻址时，应注意以下两点：

第一，字中包含两个字节，但在访问时只指明一个字节数，而且只指明数值较低的那个数。例如 QW10 包括 QB10 和 QB11，而不是 QB9 和 QB10。

第二，两个字节按照从高到低的顺序排列，数值较低的字节为高位，而数值较高的字节为低位，这一点可能与习惯不同。例如 IW3 中，IB3 为高位字节，IB4 为低位字节；QW20 中 QB20 为高位，QB21 为低位。

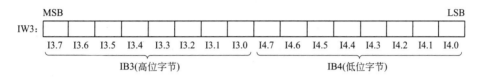

图 4-22　IW3 字存储区的结构图

④ 双字寻址　双字寻址，可用来访问一个 32 位的存储区域，即四个连续字节的存储区域。寻址时，采用以下结构：

区域标识符 + 双字的关键字（D）+ 第一字节地址

例如：LD10

"L"表示局域数据暂存区标识符；"D"表示双字（Double Word）；"10"表示从第 10 个字节开始的连续四个字节的存储区域，即 LB10、LB11、LB12 和 LB13，其结构如图 4-23 所示。

图 4-23　LD10 双字存储区的结构

双字的结构与字的结构类似，但在编写程序进行寻址时，应尽量避免地址重叠情况的发生。例如 MW20 和 MW21，由于都包含了 MB21，所以在使用时，要统一用偶数或奇数且要进行加 4 寻址。

西门子 STEP 7 中绝对寻址的地址如表 4-14 所示。

表 4-14　绝对寻址的地址

区域名称	访问区域方式	关键字	举例
过程映像输入区（I）	位访问	I	I1.4，I2.7，I4.5
	字节访问	IB	IB10，IB21，IB100
	字访问	IW	IW2，IW10，IW24
	双字访问	ID	ID0，ID5，ID13

区域名称	访问区域方式	关键字	举例
过程映像输出区（Q）	位访问	Q	Q0.2，Q1.7，Q6.3
	字节访问	QB	QB4，QB30，QB60
	字访问	QW	QW3，QW12，QW20
	双字访问	QD	QD6，QD12，QD9
内部存储器标志位存储区（M）	存储位	M	M0.4，M2.3，M5.6
	存储字节	MB	MB0，MB12，MB20
	存储字	MW	MW2，MW5，MW10
	存储双字	MD	MD0，MD4，MD10
外设输入（PI）	外设输入字节	PIB	PIB2
	外设输入字	PIW	PIW4
	外设输入双字	PID	PID0
外设输出（PQ）	外设输出字节	PQB	PQB0
	外设输出字	PQW	PQW4
	外设输出双字	PQD	PQD2
定时器（T）	定时器	T	T0，T3，T40
计数器（C）	计数器	C	C2，C5，C125
共享数据块（DB，使用"OPN DB"打开）	数据位	DBX	DBX0.0，DBX10.6
	数据字节	DBB	DBB1，DBB3
	数据字	DBW	DBW0，DBW10
	数据双字	DBD	DBD0，DBD10
背景数据块（DI，使用"OPN DI"打开）	数据位	DIX	DIX0.0，DIX1.5
	数据字节	DIB	DIB0，DIB10
	数据字	DIW	DIW2，DIW6
	数据双字	DID	DID0，DID10
局部数据（L）	临时局部数据位	L	L0.0，L2.7
	临时局部数据字节	LB	LB2，LB5
	临时局部数据字	LW	LW0，LW10
	临时局部数据双字	LD	LD3，LD7

注：外设输入/输出存储区没有位寻址访问方式。另外，在访问数据块时，如果没有预先打开数据块，需采用数据块号加地址的方法。例如，DB20.DBX30.5 是指数据块号为 20 的第 30 个字节的第 5 位的位地址。

（3）间接寻址

采用间接寻址时，只有当程序执行时，用于读或写数值的地址才得以确定。使用间接寻址，可实现每次运行该程序语句时使用不同的操作数，从而减少程序语句并使程序更灵活。

对于 S7-1500 PLC，所有的编程语言都可以通过指针、数组元素的间接索引等方式进行间接寻址。当然，不同的语言也支持特定的间接寻址方式，例如在 STL 编程语言中，可以直接通过地址寄存器寻址操作数。

① 通过指针间接寻址　对于 S7-1500 PLC 支持通过 Pointer、Any 和 Variant 这 3 种指针类型进行间接寻址。表 4-15 为声明各种 Pointer 指针类型的格式；表 4-16 为声明各种 Any 指针类型的格式；表 4-17 为声明各种 Variant 指针类型的格式。

表 4-15　声明各种 Pointer 指针类型的格式

指针表示方式	格式	输入值示例	说明
符号寻址	P#Byte.Bit	"MyTag"	内部区域指针
	P#OperandArea Byte.Bit	"MyTag"	跨区域指针
	P#Data_block.Data_operand	"MyDB"."MyTag"	DB 指针
	P# 零值	—	零指针
绝对地址寻址	P#Byte.Bit	P#30.0	内部区域指针
	P#OperandArea Byte.Bit	P#M30.0	跨区域指针
	P#Data_block.Data_operand	P#DB20.DBX30.0	DB 指针
	P# 零值	P#0.0，ZERO	零指针

表 4-16　声明各种 Any 指针类型的格式

指针表示方式	格式	输入值示例	说明
符号寻址	P#DataBlock.MemoryArea DataAddress Type Number	"MyDB".StructTag.Initial Components	全局 DB11 中从 DBW20 开始带有 10 个字（Int 类型）的区域
	P#MemoryArea DataAddress Type Number	"MyMarkerTag"	以 MB20 开始包含 4 个字节的区域
		"MyTag"	输入 I1.0
	P# 零值	—	零值
绝对地址寻址	P#DataBlock.MemoryArea DataAddress Type Number	P#DB11.DBX20.0 INT 10	全局 DB11 中从 DBW20 开始带有 10 个字（Int 类型）的区域
	P#MemoryArea DataAddress Type Number	P#M20.0 BYTE 10	以 MB20 开始包含 10 个字节的区域
		P#I2.0 BOOL 1	输入 I2.0
	P# 零值	P#0.0 VOID 0，ZERO	零值

表 4-17　声明各种 Variant 指针类型的格式

指针表示方式	格式	输入值示例	说明
符号寻址	操作数	"TagResult"	MW10 存储区
	数据块名称 . 操作数名称 . 元素	"Data_TIA_Portal".Struct Variable.FirstComponent	全局 DB10 中从 DBW10 开始带有 12 个字（Int 类型）的区域
绝对地址寻址	操作数	%MW10	MW10 存储区
	数据块编号 . 操作数 类型长度	P#DB10.DBX10.0 INT 12	全局 DB10 中从 DBW10 开始带有 12 个字（Int 类型）的区域
	P# 零值	P#0.0 VOID，ZERO	零值

② Array 元素的间接索引　要寻址 Array 元素，可以指定整型数据类型的变量并指定常量作为下标。在此，只能使用最长 32 位的整数。使用变量时，可在运行过程中对索引进行计算。例如，在程序循环中，每次循环都使用不同的下标。

对于一维数组 Array 的间接索引格式为 "<Data block>".<ARRAY>["i"]；对于二维数组 Array 的间接索引格式为 "<Data block>".<ARRAY>["i"，"j"]。其中 <Data block> 为数据块名称，<ARRAY> 为数组变量名称，"i" 和 "j" 为用作指针的整型变量。

③ 间接寻址 String 的各字符　要寻址 String 或 WString 的各字符，可以将常量和变量指定为下标。该变量必须为整型数据类型。使用变量时，则可在运行过程中对索引进行计算。例

如，在程序循环中，每次循环都使用不同的下标。

用于 String 的间接索引的格式为 "<Data block>".<STRING>["i"]；用于 WString 的间接索引的格式为 "<Data block>".<WSTRING>["i"]。

4.4 指令的处理

4.4.1 LAD 指令处理

在梯形图程序中，LAD 指令的逻辑处理都是按从左到右传递 "能流" 的方式进行的。如图 4-24 所示，I0.0 ~ I0.2 都是位信号，I0.0、I0.1 为常开触点信号，闭合时状态为 "1"；I0.2 为常闭触点信号，闭合时状态为 "0"。首先 I0.1 和 I0.2 进行逻辑 "与"；然后将 "与" 的结果再和 I0.0 进行逻辑 "或"；最后，相 "或" 后的逻辑执行结果将传递到输出线圈 Q0.0。图中，I0.1 和 I0.2 闭合时，处于导通状态，将 "能流" 传递给 Q0.0，使得 Q0.0 线圈得电输出。

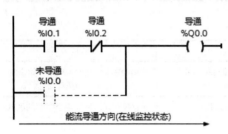

图 4-24 LAD 逻辑处理 "能流" 方向

LAD 程序中的逻辑运算、比较等指令也可以由位信号触发。在这些指令中，左边输入端为 "EN" 使能信号。如果使能信号为 "1"，指令执行，当条件满足则触发输出信号 "ENO"。

4.4.2 STL 指令处理

（1）状态字的使用

与 LAD 指令相比，STL 指令直接对地址区进行操作。例如位处理的 "或" 指令 "O I0.0"，该指令中的 "O" 为逻辑 "或" 位处理指令，"I0.0" 为输入地址区，通过该指令直接对地址进行操作。STL 指令的执行与监控通过状态字实现，由于 S7-1500 CPU 在系统中虚拟了一个运行 STL 程序的环境，所以状态字寄存器也是虚拟的，并且只保留了 5 位，其余的位没有使用或取消。状态字与 RLO 逻辑运算结果一起用于表示地址当前状态、逻辑处理结果、数据溢出等操作状态。

（2）累加器的使用

对于运算指令，STL 使用累加器作为数据的缓存区。S7-1500 CPU 中的累加器也是虚拟的，并且只有两个（即 ACCU1 和 ACCU2），每个累加器占用 32 位地址空间，因此可将 4 个字节的变量放置在累加器中进行运算。

累加器 1 和累加器 2 中的数据通过 "L" 指令自动加载，累加器的使用可以大量节省用于保存计算结果的中间变量。使用 LAD 语言编程没有累加器的概念，通常中间计算的数据转存需要占用 CPU 的存储空间，但是在程序中使用某些优化的指令，例如一个指令可以进行多个变量运算，也可以避免这样的情况。

4.4.3 立即读和立即写

立即读、立即写可以直接对输入 / 输出地址进行读 / 写，而不是访问这些输入 / 输出对应的过程映像区的地址。立即读 / 立即写需要在输入 / 输出地址后面添加后缀 "：P"。

立即读 / 立即写与程序的执行同步，如果 I/O 模块安装在中央机架上，当程序执行到立即读 / 立即写指令时，将通过背板总线直接扫描输入 / 输出地址的当前状态；如果 I/O 模块安装在分布式从站上，当程序执行到立即读 / 立即写指令时，将只扫描其主站中对应的输入 / 输出地址的当前状态。

4.5　变量表、监控表和强制表的应用

4.5.1　变量表

默认情况下，在 TIA 博途软件中输入程序时，系统会自动为所输入的地址定义符号。用户可以在程序编写前，为输入、输出、中间变量等定义相应的符号名。

在 TIA 博途软件中，用户可定义两类符号：全局符号和局部符号。全局符号利用变量表（Tag table）来定义，可以在用户项目的所有程序块中使用；局部符号是在程序块的变量声明表中定义，只能在该程序块中使用。

（1）变量表简介

PLC 变量表（Tag table）包含在整个 CPU 范围有效的变量。系统会为项目中使用的每个 CPU 自动创建一个 PLC 变量表，用户也可以创建其他变量表用于对变量和常量进行归类与分组。

在 TIA 博途软件中添加了 CPU 设备后，会在项目树中 CPU 设备下出现一个"PLC 变量"文件夹，在该文件夹下显示 3 个选项：显示所有变量、添加新变量表、默认变量表，如图 4-25 所示。

图 4-25　变量表

"显示所有变量"选项有 3 个选项卡，变量、用户常量和系统常量，分别显示全部的 PLC 变量、用户常量和 CPU 系统常量。该表不能删除或移动。

"默认变量表"是系统自动创建的，项目的每个 CPU 均有一个标准变量表。用户对该表

进行删除、重命名或移动等操作。默认变量表包含 PLC 变量、用户常量和系统常量。用户可以在"默认变量表"中定义所有的 PLC 变量和用户常量，也可以在用户自定义变量表中进行定义。

双击"添加新变量表"，可以创建用户自定义变量表。用户自定义变量表包含 PLC 变量和用户常量，用户根据需要在用户自定义变量表中定义所需要的变量和常量。在 TIA 博途软件中，用户自定义变量表可以有多个，可以对其进行重命名、整理合并为组或删除等操作。

图 4-26 变量表工具栏

① 变量表工具栏 变量表的工具栏如图 4-26 所示，从左到右依次是：插入行、新建行、导出、导入、全部监视和保持。

② 变量的结构 每个 PLC 变量表包含变量选项卡和用户常量选项卡。默认变量表和"所有变量"表还均包括"系统常量"选项卡。

表 4-18 列出了"常量"选项卡各列的含义，所显示的列编号可能有所不同，可以根据需要显示或隐藏列。

表 4-18 变量表中"常量"选项卡的各列含义

列	含义
	通过单击符号并将变量拖动到程序作为操作数
名称	常量在 CPU 范围内的唯一名称
变量表	显示包含有该变量声明的变量表，该列仅存在于"显示所有变量"表中
数据类型	变量的数据类型
地址	变量地址
保持	将变量标记为具有保持性。保持性变量的值在电源关闭后将保留
可从 HMI/OPC UA 访问	显示运行时该变量是否可从 HMI/OPC UA 访问
从 HMI/OPC UA 可写	显示运行时该变量是否可从 HMI/OPC UA 写入
在 HMI 工程组态中可见	指定操作数选择中的变量是否在默认情况下在 HMI 中可见
监控	显示是否监控为该变量创建的过程诊断
注释	用于说明变量的注释信息

（2）定义全局符号

在变量表中定义变量和常量，所定义的符号名称允许使用字母、数字和特殊字符，但不能使用引号。变量表中的变量均为全局变量，在编程时可以使用全局变量的符号进行寻址，从而提高程序的可读性。

在 TIA 博途软件项目视图的项目树中，双击"添加新变量表"，即可生成新的变量表"变量表 _1[0]"。选中新生成的变量表，右击鼠标弹出快捷菜单，选择"重命名"，即可对其进行更名，例如将其更名为"电动机正反转 _ 表"。

在变量表的"名称"栏中，分别输入"停止按钮""正向启动按钮""反向启动按钮""正向运行"和"反向运行"。在"地址"栏中输入"I0.0""I0.1""I0.2""Q0.0""Q0.1"。5 个符号的数据类型均选为"Bool"，如图 4-27 所示。至此，全局符号定义完成，因为这些符号关联的变量是全局变量，所以这些符号在所有的程序中均可使用。

打开程序块 OB1，可以看到梯形图中的符号和地址关联在一起，且一一对应，如图 4-28 所示。

（3）导出和导入变量表

① 导出变量表 单击变量表工具栏中的"导出"按钮 ，弹出如图 4-29 所示对话框。在此对话框选择合适的导出路径后，单击"确定"按钮，即可将变量导出到默认名为"PLCTag.

xlsx" 的 Excel 文件中。在导出路径中，双击打开导出的 Excel 文件，如图 4-30 所示。

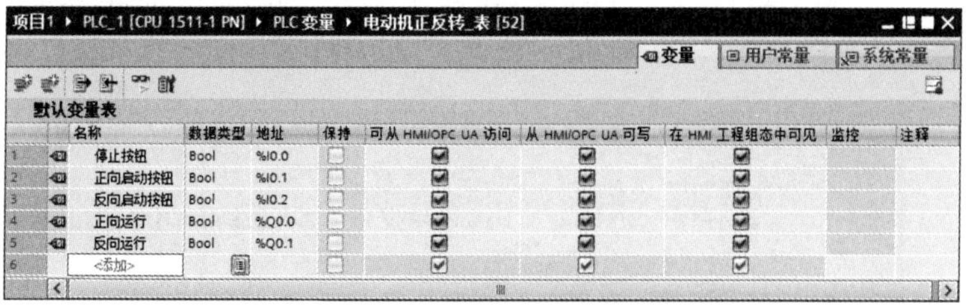

图 4-27　在变量表中定义全局符号

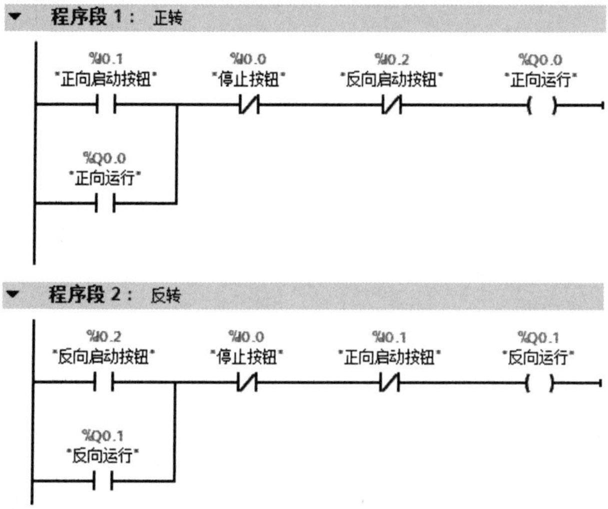

图 4-28　梯形图

图 4-29　导出变量表

图 4-30　导出的 Excel 文件

② 导入变量表 单击变量表工具栏中的"导入"按钮 ，弹出导入路径对话框，如图 4-31 所示。在此对话框选择要导入的 Excel 文件"PLCTag.xlsx"的路径后，单击"确定"按钮，即可将变量导入到变量表中。注意，要导入的 Excel 文件必须符合变量表相关规范。

图 4-31 导入变量表

4.5.2 监控表

硬件接线完成后，需要对所接线的输入和输出设备进行测试，即 I/O 设备测试。I/O 设备的测试可以使用 TIA 博途软件提供的监控表实现。TIA 博途软件中监控表的功能相当于经典 STEP 7 软件中变量表的功能。

监控表（watch table）又称为监视表，可以显示用户程序的所有变量的当前值，也可以将特定值分配给用户程序中或 CPU 中的各个变量。使用这两项功能可以检查 I/O 设备接线情况。

（1）创建监控表

在 TIA 博途软件中添加了 CPU 设备后，会在项目树中 CPU 设备下出现一个"监控与强制表"文件夹。双击该文件夹下的"添加新监控表"，即可创建新的监控表，默认名称为"监控表_1"，如图 4-32 所示。

图 4-32 创建新的监控表

在监控表中输入要监控的变量，创建监控表完成，如图4-33所示。

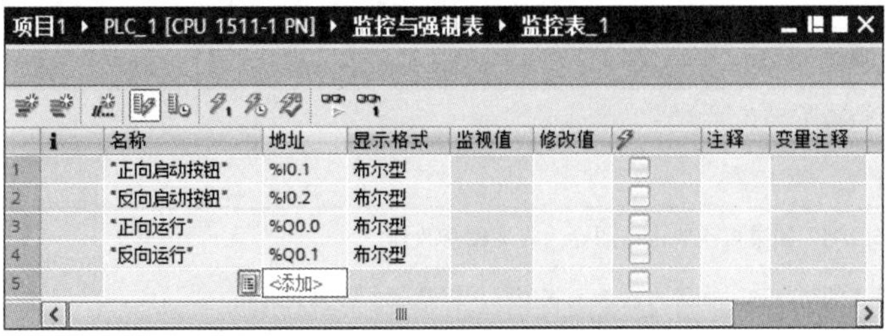

图4-33　在监控表中定义要监控的变量

（2）监控表的显示模式与工具条含义

监控表的显示模式有两种：基本模式和扩展模式。默认为基本模式，图4-33就属于基本模式。在监控表中任意一列右击鼠标，在弹出的对话框中选择"扩展模式"，即切换到扩展模式，如图4-34所示。对比图4-33和图4-34可以看出，扩展模式中显示的列比基本模式多了两项："使用触发器监视"和"使用触发器进行修改"。在监控表中，各列的含义如表4-19所示。

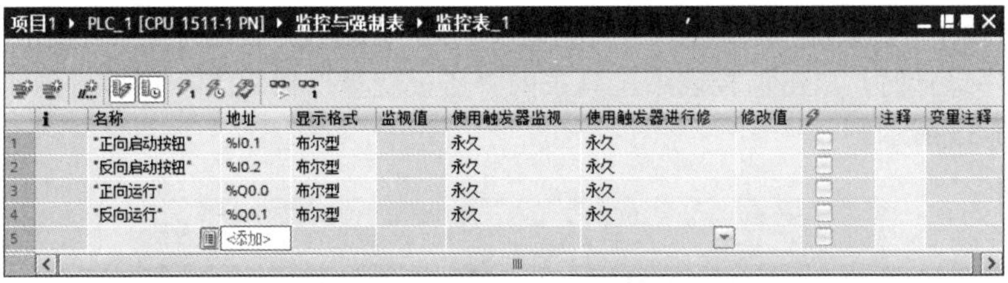

图4-34　扩展模式下的监控表

表4-19　监控表中各列的含义

显示模式	列	含义
基本模式	**i**	标识符列
	名称	插入变量的名称
	地址	插入变量的地址
	显示格式	所选的显示格式
	监视值	变量值，取决于所选的显示格式
	修改值	修改变量时所用的值
	✏	单击相应的复选框可选择要修改的变量
	注释	描述变量的注释
扩展模式显示附加列	使用触发器监视	显示所选的监视模式
	使用触发器进行修改	显示所选的修改模式

监控表的工具条中各个按钮的含义如表4-20所示。

表 4-20　监控表的工具条中各个按钮的含义

列	含义
	在所选行之前插入一行
	在所选行之后插入一行
	插入注释行
	显示所有修改列，如果再次单击该图标，将隐藏修改列
	显示扩展模式的所有列，如果再次单击该图标，将隐藏扩展模式的列
	立即修改所有选定变量的地址一次。该命令将立即执行一次，而不参考用户程序中已定义的触发点
	参考用户程序中定义的触发点，修改所有选定变量的地址
	禁用外设输出的输出禁用命令，因此用户可以在 CPU 处于 STOP 模式时修改外设输出
	开始对激活监控表中的可见变量进行监视。在基本模式下，监视模式的默认设置是"永久"；在扩展模式下，可以为变量监视设置定义的触发点
	开始对激活监控表中的可见变量进行监视。该命令将立即执行并监视变量一次

（3）监控表的 I/O 测试

在监控表中，对数据的编辑功能与 EXCEL 表类似，所以监控表中变量的输入可以使用复制、粘贴和拖曳等操作，变量可以从其他表中复制过来，也可以通过拖曳的方法实现变量的添加。

CPU 程序运行时，单击监控表中工具条的"监视变量"按钮，可以看到 4 个变量的监视值，如图 4-35 所示。

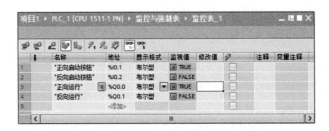

图 4-35　监控表的监控

如图 4-36 所示，选中变量 I0.2 后面的"修改值"栏的"FALSE"，单击鼠标右键，弹出快捷菜单，选中"修改"→"修改为 1"，变量 I0.2 变成"TRUE"，如图 4-37 所示。

图 4-36　修改监控表中 I0.2 的值

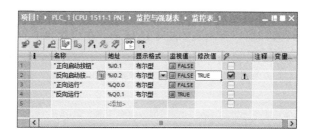

图 4-37　监控表中 I0.2 修改后的值

4.5.3　强制表

使用强制表给用户程序中的各个变量分配固定值，该操作称为"强制"。在强制表中可以进行监视变量及强制变量的操作。

在强制表中可监视的变量包括输入存储器、输出存储器、位存储器和数据块的内容，此外还可监视输入的内容。通过使用或不使用触发条件来监视变量，这些监视变量可以在 PG/PC 上显示用户程序或 CPU 中各变量的当前值。

变量表可强制的变量包括：外设输入和外设输出。通过强制变量可以为用户程序的各个 I/O 变量分配固定值。

在 TIA 博途软件中添加了 CPU 设备后，会在项目树中 CPU 设备下出现一个"监控与强制表"文件夹。双击该文件夹下的"强制表"，即可将其打开，然后输入要强制的变量，如图 4-38 所示。

图 4-38　在强制表中输入强制变量

CPU 程序运行时，如图 4-39 所示，选中变量 I0.1 的"强制值"栏中的"TURE"，单击鼠

图 4-39　将变量 I0.1 强制为"1"

标的右键，弹出快捷菜单，单击"强制"→"强制为 1"命令。然后弹出强制为 1 的对话框，在此对话框中单击"是"按钮后，强制表如图 4-40 所示，在变量 I0.1 的第 1 列出现 E 标识，其强制值显示为 TRUE。CPU 模块的"MAINT"指示灯变为黄色，程序运行效果如图 4-41 所示。

图 4-40　变量 I0.1 的强制值为 TRUE

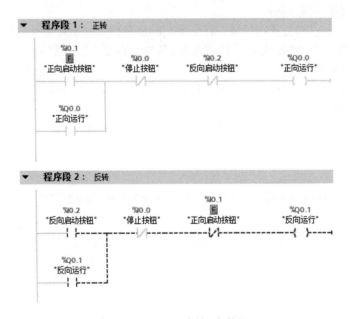

图 4-41　CPU 程序的运行效果

单击工具栏中的"停止所选地址的强制"按钮 F，停止所有的强制输出，"MAINT"指示灯变为绿色。

第 5 章

西门子 S7-1500 PLC 的基本指令及应用

对于可编程控制器的指令系统，不同厂家的产品没有统一的标准，有的即使是同一厂家不同系列产品，其指令系统也有一定的差别。S7-1500 系列 PLC 的指令可分为基本指令、功能指令和扩展指令等。基本指令是用来表达元件触点与母线之间、触点与触点之间、线圈等的连接指令。

5.1 位逻辑指令 ●●●●

位逻辑指令是 PLC 中常用的基本指令，用于二进制数的逻辑运算。S7-1500 PLC 编程时通常采用梯形图（LAD）或语句表（STL）的方式进行。位逻辑梯形图指令有触点和线圈两大类，触点又分为常开触点和常闭触点两种形式；位逻辑语句表指令有"与""或"和"输出"等逻辑关系。对触点与线圈而言，"1"表示动作或通电；"0"表示未动作或未通电。

位逻辑指令扫描信号状态 1 和信号状态 0，并根据布尔逻辑对它们进行组合。这些组合产生结果 1 或 0，位逻辑运算的结果（Result of Logic Operation）简称为 RLO。

5.1.1 语句表中的位逻辑指令

（1）A"与"和 AN"与非"指令

在语句表中用 A（AND）指令来表示串联常开触点，形成逻辑"与"的关系。AN（AND NOT）指令表示串联常闭触点，形成逻辑"与非"的关系。

指令格式：A ＜位＞

　　　　　　AN ＜位＞

寻址存储区：I、Q、M、L、D、T、C

使用说明：

① 在语句表指令中，"//"表示注释。

② A 指令可以检查被寻址位的信号状态是否为"1"，并将测试结果与逻辑运算结果（RLO）进行"与"运算。

③ AN 指令可以检查被寻址位的信号状态是否为"0"，并将测试结果与逻辑运算结果（RLO）进行"与非"运算。

④ A 和 AN 指令中变量的数据类型为 BOOL（布尔）型，其寻址位可以是 I、Q、M、L、D、T、C 的位，也可以是状态字的位 ==0、<>0、>0、<0、>=0、<=0、OV、OS、UO、BR。

例 5-1：A 和 AN 指令的使用如下。

```
A    %I0.0        // 在电路中串联 I0.0 常开触点，当其信号状态为 "1" 时表示触点闭合；
                  // 信号状态为 "0" 时表示触点打开（不动作）
AN   %Q0.1        // 在电路中串联 Q0.1（线圈）常闭触点，当其信号状态为 "1" 时表示线圈
                  // 触点断开；信号状态为 "0" 时表示线圈触点闭合（不动作）
```

（2）= 赋值指令

指令格式：= ＜位＞

寻址存储区：Q、M、L、D

使用说明：

使用赋值指令"="将 CPU 中保存的逻辑运算结果 RLO 的信号状态分配给指定的操作数。如果 RLO 的信号状态为"1"，则置位操作数；如果信号状态为"0"，则操作数复位为"0"。

例 5-2：分析下述程序段指令功能。

```
A    %I0.0
=    %Q0.0
```

分析：当常开触点闭合时，Q0.0 线圈输出有效。使用这两条指令可实现继电 - 接触器控制电路中的点动控制。

（3）O "或" 和 ON "或非" 指令

在语句表中用 O（OR）指令来表示并联常开触点，形成逻辑"或"的关系。ON（OR NOT）指令表示并联常闭触点，形成逻辑"或非"的关系。

指令格式：O ＜位＞

　　　　　ON ＜位＞

寻址存储区：I、Q、M、L、D、T、C

使用说明：

① O 指令可以检查被寻址位的信号状态是否为"1"，并将测试结果与逻辑运算结果（RLO）进行"或"运算。

② ON 指令可以检查被寻址位的信号状态是否为"0"，并将测试结果与逻辑运算结果（RLO）进行"或非"运算。

③ O 和 ON 指令的数据类型为 BOOL（布尔）型，其寻址位可以是 I、Q、M、L、D、T、C 的位，也可以是状态字的位 ==0、<>0、>0、<0、>=0、<=0、OV、OS、UO、BR。

例 5-3：O 和 ON 指令的使用如下。

```
O    %I0.0        // 在电路中并联 I0.0 常开触点，当其信号状态为 "1" 时表示触点闭合；
                  // 信号状态为 "0" 时表示触点打开（不动作）
ON   %I0.1        // 在电路中并联 I0.1 常闭触点，当其信号状态为 "1" 时表示触点打开；
                  // 信号状态为 "0" 时表示触点闭合
```

例 5-4：分析下述程序段指令功能。

```
O    %I0.0
O    %Q0.0
=    %Q0.0
```

分析：I0.0 常开触点与 Q0.0 常开触点并联，当常开触点 I0.0 闭合时，Q0.0 线圈输出有效，同时 Q0.0 常开触点闭合，形成自锁功能（即此时 I0.0 触点断开，而 Q0.0 线圈输出仍有效）。

（4）X "异或" 和 XN "异或非" 指令

在语句表中用 X（XOR）指令来表示并联常开触点，形成逻辑"异或"的关系。XN（XOR NOT）指令表示并联常闭触点，形成逻辑"异或非"的关系。

指令格式：X ＜位＞

　　　　　XN ＜位＞

寻址存储区：I、Q、M、L、D、T、C

使用说明：

① X 指令可以检查被寻址位的信号状态是否为"1"，并将测试结果与逻辑运算结果（RLO）进行"异或"运算。

② XN 指令可以检查被寻址位的信号状态是否为"0"，并将测试结果与逻辑运算结果（RLO）进行"异或非"运算。

③ X 和 XN 指令的数据类型为 BOOL（布尔）型，其寻址位可以是 I、Q、M、L、D、T、

C 的位，也可以是状态字的位 ==0、<>0、>0、<0、>=0、<=0、OV、OS、UO、BR。

④ 可以多次使用"异或"指令，如果有奇数个被检查地址为"1"，则逻辑运算的交互结果为"1"。

例 5-5：分析下述程序段指令功能。

程序段 1：

```
X    %I0.0
X    %I0.1
=    %Q0.0
```

程序段 2：

```
X    %I0.0
XN   %I0.1
=    %Q0.1
```

分析：对于程序段 1 而言，当 I0.0 和 I0.1 的信号状态不同时（例如一个信号状态为"1"，另一个信号状态为"0"），Q0.0 的信号状态为"1"。该程序段相当于图 5-1（a）所示的继电 - 接触器电路。对于程序段 2 而言，当 I0.0 和 I0.1 的信号状态相同时（例如两个信号状态均为"1"，或两个信号状态均为"0"），Q0.1 的信号状态为"1"，即 Q0.1 线圈驱动。该程序段相当于图 5-1（b）所示的继电 - 接触器电路。

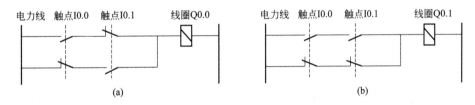

图 5-1　例 5-5 程序段指令相当于继电－接触器的电路图

（5）O 先"与"后"或"指令

指令格式：O

使用说明：该指令根据先"与"后"或"的规则对"与"运算结果执行"或"运算。

例 5-6：分析下述程序段指令功能。

```
A    %I0.0
A    %M0.0
O
A    %I0.1
AN   %T0
O    %I0.3
=    %Q0.4
```

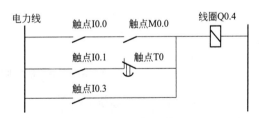

图 5-2　例 5-6 程序段指令相当于
继电－接触器的电路图

分析：当常开触点 I0.0 闭合且 M0.0 常开辅助触点有效，或者 I0.1 常开触点闭合且 T0 定时器延时断开触点不动作，或者常开触点 I0.3 闭合时，Q0.4 线圈有效输出。该程序段相当于图 5-2 所示的继电 - 接触器电路。

（6）"（"嵌套开始与"）"嵌套闭合指令

指令格式：A（　　　　　// "与"操作嵌套开始

　　　　　AN（　　　　　// "与非"操作嵌套开始

　　　　　　O（　　　　　// "或"操作嵌套开始

　　　　　ON（　　　　　// "或非"操作嵌套开始

```
X (                    // "异或" 操作嵌套开始
XN (                   // "异或非" 操作嵌套开始
 )
```

使用说明：

① 可以将当前结果（RLO）和二进制结果（BR）以及一个指令代码保存在嵌套堆栈中，最多可有 7 个嵌套堆栈输入项。

② 使用 ")" 嵌套闭合指令，可以从嵌套堆栈中删除一个输入项，恢复 OR 位。根据指令代码，使堆栈输入项中所包含的 RLO 与当前 RLO 相关，以及赋值结果给 RLO。如果指令代码为 "A" 或 "AN"，则也包括 OR 位。

例 5-7：分析下述程序段指令功能。

```
A (
A        %I0.0
AN       %I0.1
O
A        %I0.2
A        %M10.0
 )
A (
O        %I0.3
O        %T0
 )
=        %Q0.0
```

分析：该程序段实质上由 3 部分组成：第 1 部分为第 1 行的 "A（" 到第 7 行的 "）"，第 2 部分为第 8 行的 "A（" 到第 11 行的 "）"，剩下的 "= Q0.0" 为第 3 部分，即输出线圈部分。其中第 1 部分可看作 I0.0 常开触点和 I0.1 常闭触点进行逻辑 "与" 运算，I0.2 常开触点和 M10.0 辅助常开触点进行逻辑 "与" 运算，然后将两个 "与" 运算的结果进行逻辑 "或" 运算。第 2 部分是 I0.3 常开触点和 T0 定时器延时闭合触点进行逻辑 "或" 运算。该程序段相当于图 5-3 所示的继电 - 接触器电路。

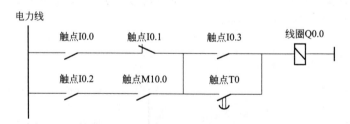

图 5-3　例 5-7 程序段指令相当于继电 - 接触器的电路图

(7) R 复位和 S 置位指令

指令格式：R ＜位＞

　　　　　S ＜位＞

寻址存储区：I、Q、M、L、D

使用说明：

① R 为复位指令，S 为置位指令。它们的数据类型为 BOOL（布尔）型，其寻址位可以是 I、Q、M、L、D 的位。

② 如果 RLO 等于 1，R 复位指令可以将寻址位复位为 "0"；RLO 等于 0，则指定操作数的信号状态保持不变。

③ 如果 RLO 等于 1，S 置位指令可以将寻址位置位为 "1"；RLO 等于 0，则指定操作数的信号状态保持不变。

④ 如果 S 和 R 操作同一寻址位，则书写在后的指令有效。

例 5-8：分析下述程序段指令功能。

```
A    %I0.0
S    %M0.0
A    %I0.1
R    %M0.0
```

分析：当 I0.0 常开触点闭合时，S %M0.0 指令将 M0.0 线圈置位输出为 1，并保持为 1（若无复位信号）；当 I0.1 闭合时，R %M0.0 指令将 M0.0 线圈复位输出为 0，并保持为 0（若无置位信号）。操作时序如图 5-4（a）所示，该程序段相当于图 5-4（b）所示的继电 - 接触器电路。

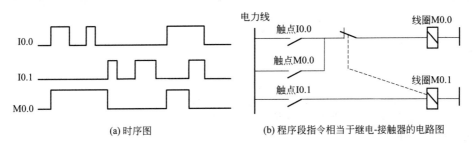

(a) 时序图　　　　　(b) 程序段指令相当于继电-接触器的电路图

图 5-4　例 5-8 相应的图形

（8）NOT（RLO 取反）指令

指令格式：NOT

使用说明：使用 NOT 取反指令，可以对 RLO 取反。

例 5-9：分析下述程序段指令功能。

```
A (
A    %I0.0
A    %I0.1
O    %M10.0
)
NOT
=    %Q0.0
```

分析：当 I0.0 常开触点闭合或者 I0.1 常开触点和 M10.0 常开辅助触点都闭合时，Q0.0 输出为 "0"，否则 Q0.0 输出为 "1"。

（9）SET（RLO 置位）和 CLR（RLO 复位）指令

指令格式：SET

　　　　　CLR

使用说明：

① SET 指令将 RLO 的信号状态置为 "1"；CLR 指令将 RLO 的信号状态置为 "0"。

② SET 和 CLR 与 S< 位 > 和 R< 位 > 的区别：SET 和 CLR 是对 RLO（逻辑运算结果）进行操作，没有寻址位；而 S< 位 > 和 R< 位 > 是对寻址位进行操作。SET 和 CLR 可以对多个 RLO 进行置位 / 复位操作，只需在 RLO 前写上一条 SET 或 CLR 指令即可；S< 位 > 和 R< 位 > 对多个寻址位进行置位 / 复位操作时，每个寻址位前都要写上 S 或 R。

例 5-10：分析下述程序段指令功能。

```
SET
=    %Q0.4
```

```
=        %M1.0
=        %M1.1
CLR
=        %Q0.5
=        %M2.0
=        %M2.1
```

分析：执行 SET 指令，将 Q0.4、M1.0 和 M1.1 的输出置位为"1"；执行 CLR 指令，将 Q0.5、M2.0 和 M2.1 的输出复位为"0"。

（10）SAVE 指令

指令格式：SAVE

使用说明：使用 SAVE 指令，可以将 RLO 存入 BR 位。在执行过程中，此指令会将当前逻辑运算结果的信号状态传送到状态位 BR。此指令的操作与条件无关，不会影响其他状态位。

例 5-11：SAVE 的指令使用如下。

```
A        %I1.0
A        %I0.5
O        %M10.5
SAVE                    //RLO 被存储到 BR 位
BEC                     // 如果 RLO 为 1，则块结束
```

（11）FP（上升沿检测）和 FN（下降沿检测）指令

指令格式：FP < 位 >

　　　　　　FN < 位 >

寻址存储区：I、Q、M、L、D

使用说明：

① 使用上升沿检测指令 FP< 位 >，当 RLO 由"0"（低电平）变为"1"（高电平）时，则说明检测到一个信号的上升沿。

② 使用下降沿检测指令 FN< 位 >，当 RLO 由"1"（高电平）变为"0"（低电平）时，则说明检测到一个信号的下降沿。

③ 在每个程序扫描周期内，RLO 位的信号状态将与上一个周期中获得的 RLO 位信号状态进行比较，看信号是否发生变化。上一个周期的 RLO 信号状态必须保存在边沿标志位地址（< 位 >）中，以便进行比较。如果在当前和先前的 RLO "0"或"1"状态之间发生变化，即检测到上升沿或下降沿，则在该指令执行后，RLO 位将为"1"。

④ 由于一个块的本地数据只在块运行期间有效，如果想要监视的位在过程映像中，则该指令就不起作用。

例 5-12：如果 PLC 在触点 I0.3 检测到一个上升沿，则会在一个 OB1 扫描周期内使 Q0.0 线圈得电，编写程序及时序图如表 5-1 所示。

表 5-1　例 5-12 的程序及时序图

STL（语句表）	时序图
 A %I0.3 FP %M0.3 = %Q0.0	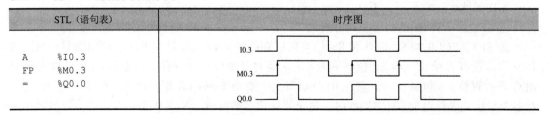

例 5-13：如果 PLC 在触点 I0.3 检测到一个下降沿，则会在一个 OB1 扫描周期内使 Q0.0 线圈得电，编写程序及时序图如表 5-2 所示。

表 5-2　例 5-13 的程序及时序图

STL（语句表）	时序图
A　　%I0.3 FN　　%M0.3 =　　　%Q0.0	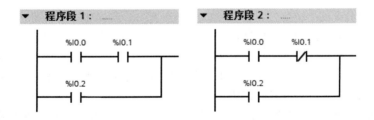

5.1.2　梯形图中的位逻辑指令

（1）⊣⊢（常开触点）和⊣/⊢（常闭触点）指令

指令符号：＜地址＞　　　＜地址＞
　　　　　　⊣⊢　　　　　⊣/⊢

寻址存储区：I、Q、M、L、D、T、C

使用说明：

① 当保存在指定＜地址＞中的位值等于"1"时，⊣⊢（常开触点）闭合。当触点闭合时，梯形图逻辑中的信号流经触点，逻辑运算结果 RLO=1。反之，如果指定＜地址＞的信号状态为"0"，触点打开。当触点打开时，没有信号流经触点，逻辑运算结果 RLO=0。

② 当保存在指定＜地址＞中的位值等于"0"时，⊣/⊢（常闭触点）闭合。当触点闭合时，梯形图逻辑中的信号流经触点，逻辑运算结果 RLO=1。反之，如果指定＜地址＞的信号状态为"1"，触点打开。当触点打开时，没有信号流经触点，逻辑运算结果 RLO=0。

③ 串联使用时，⊣⊢（常开触点）或⊣/⊢（常闭触点）通过"与（AND）"逻辑链接到 RLO 位。并联使用时，⊣⊢（常开触点）或⊣/⊢（常闭触点）通过"或（OR）"逻辑链接到 RLO 位。

例 5-14：常开触点和常闭触点指令的使用如图 5-5 所示。在程序段 1 中，当输入 I0.0 和 I0.1 的信号状态为"1"，或在输入 I0.2 的信号状态为"1"时，则电流流通；在程序段 2 中，当输入 I0.0 的信号状态为"1"且 I0.1 的信号状态为"0"，或者在输入 I0.2 的信号状态为"1"时，则电流流通。

图 5-5　常开触点和常闭触点指令的使用

（2）⊣(　)⊢输出线圈指令

指令符号：＜地址＞
　　　　　　⊣(　)⊢

寻址存储区：Q、M、L、D

使用说明：⊣(　)⊢输出线圈指令的作用和继电器逻辑图中的线圈一样。如果有电流流过线圈（RLO=1），＜地址＞处的位则被置为"1"。如果没有电流流过线圈（RLO=0），＜地址＞处的位则被置为"0"。输出线圈只能放置在梯形逻辑图的右端。

例 5-15：电动机点动控制。合上电源开关，没有按下点动按钮时，指示灯亮，按下点动按钮时电动机转动。分别使用 PLC 梯形图、语句表指令实现这一控制功能。

解：假设电源开关 SA 和点动按钮 SB0 分别与数字量输入模块的 I0.0 和 I0.1 连接；指示灯 LED 与数字量输出模块的 Q0.0 连接；电动机 M1 由交流接触器 KM0 控制，而 KM0 的线圈与数字量输出模块的 Q0.1 连接。为实现点动控制，编写的 PLC 程序如表 5-3 所示。

表 5-3　电动机点动控制程序

程序段	LAD	STL
程序段 1	%I0.0 "电源开关" ── %Q0.0 "电源指示灯"	A　　%I0.0　　// 合上电源开关 =　　%Q0.0　　// 电源指示灯亮
程序段 2	%I0.1 "点动按钮" ── %Q0.0 "电源指示灯" ── %Q0.1 "电动机控制"	A　　%I0.1　　// 按下点动按钮 A　　%Q0.0　　// 且电源指示灯亮 =　　Q0.1　　// 电动机运转

例 5-16：电动机顺序控制。在某控制系统中，SB0 为停止按钮，SB1、SB2 为点动按钮。当 SB1 按下时电动机 M1 启动，此时再按下 SB2 时，电机 M2 启动而电动机 M1 仍然工作，如果按下 SB0，则两个电动机都停止工作。试用 PLC 实现其控制功能。

解：SB0、SB1、SB2 分别与 PLC 的数字量输入模块 I0.0、I0.1、I0.2 连接。电动机 M1、电动机 M2 分别由 KM1、KM2 控制，KM1、KM2 的线圈分别与 PLC 的数字量输出模块 Q0.0 和 Q0.1 连接。为实现控制，编写程序如表 5-4 所示。

表 5-4　电动机顺序控制程序

程序段	LAD	STL
程序段 1	%I0.1 "点动按钮1" ── %I0.0 "停止按钮" ── %Q0.0 "电动机M1控制"；%I0.2 "点动按钮2" ── %Q0.1 "电动机M2控制"	A　　%I0.1 AN　%I0.0 =　　%Q0.0 A　　%I0.2 =　　%Q0.1

（3）电路块指令

在较复杂的控制系统中，触点的串、并联关系不能全部用简单的与、或、非逻辑关系描述，因此在指令系统中使用嵌套指令来实现电路块的"与"和电路块的"或"操作。

在电路中，由两个或两个以上触点串联在一起的回路称为串联回路块；由两个或两个以上触点并联在一起的回路称为并联回路块。

"A（"和"AN（"为并联回路块"与"和"与非"操作指令，用于两个或两个以上触点并联在一起回路块的串联连接。将并联回路块串联连接进行"与"或"与非"操作时，回路块开始用"A（"或"AN（"指令，回路块结束后用"）"指令连接起来。

"O（"和"ON（"为串联回路块"或"和"或非"操作指令，用于两个或两个以上触点串联在一起回路块的并联连接。将串联回路块并联连接进行"或"或"或非"操作时，回路块开始用"O（"或"ON（"指令，回路块结束后用"）"指令连接起来。

例 5-17：串联回路块指令在程序段中的应用如表 5-5 所示。在程序段 1 中，a 由 I0.0 和 I0.1 并联在一起然后与 I0.2 串联，因此 a 可用电路块"A（"和"）"指令来描述。b 由 I0.3 和 I0.4 并联在一起再与 I0.2 串联，因此 b 可用电路块"A（"和"）"指令来描述，c 由 I0.5 和 I0.6 并联在一起，也可用电路块"A（"和"）"指令来描述。也就说，该程序段使用了 3 个电路块"A（"和"）"指令。程序段 2 中由 d、e、f 串联而成，因此可使用 3 个电路块"A（"和"）"指令来描述。

例 5-18：并联回路块指令在程序段中的应用如表 5-6 所示。在程序段 1 中，主要由 a 和 b 两大电路块组成，b 块含有 c 和 d 两电路块。c 和 d 两块为并联关系，a 和 b 为串联关系。在程序段 2 中，主要由 a 和 b 两大电路块组成，a 块中 c 和 d 两电路块串联，d 块由 e 块和 f 块并联而成，g 和 h 两块并联构成 b 块，a 和 b 为并联关系。

表 5-5　串联回路块指令在程序段中的应用

程序段	LAD	STL
程序段 1	a: %I0.0 / %I0.1；%I0.2；b: %I0.3 / %I0.4；c: %I0.5 / %I0.6；%Q0.0	A (O　%I0.0 O　%I0.1) A　%I0.2 A (O　%I0.3 O　%I0.4) A (O　%I0.5 O　%I0.6) =　%Q0.0
程序段 2	d: %I0.0 / %M0.0；e: %I0.1 / %M0.1；f: %I0.2 / %I0.3；%Q0.1	A (O　%I0.0 O　%M0.0) A (O　%I0.1 O　%M0.1) A (O　%I0.2 O　%I0.3) =　%Q0.1

表 5-6　并联回路块指令在程序段中的应用

程序段	LAD	STL
程序段 1	a: %I0.0 %I0.1 / %Q0.0；b/c: %I0.2 %I0.3；d: %I0.4 %I0.5；%I0.6；%Q0.0	A (O　%I0.0 O　%Q0.0) AN　%I0.1 A (A　%I0.2 AN　%I0.3 O A　%I0.4 AN　%I0.5 O　%I0.6) =　%Q0.0
程序段 2	a: %I0.0 / c: %I0.1；e: %I0.2 %I0.3；d/f: %I0.4 %I0.5；%Q0.1；b: %I0.6 g %I0.7；%I1.0 h %I1.1	A (O　%I0.0 O　%I0.1) A (A　%I0.2 AN　%I0.3 O AN　%I0.4 A　%I0.5) O A　%I0.6 AN　%I0.7 O A　%I1.0 A　%I1.1 =　%Q0.1

（4）⊣NOT⊢信号流反向指令

指令符号：⊣NOT⊢

寻址存储区：无显性寻址

使用说明：⊣NOT⊢（信号流反向指令）取 RLO 位的值取反。

例 5-19：在输入 I0.0 与 I0.2 的信号状态同时为"1"或者在输入 I0.3 的信号状态为"1"且输入 I0.1 的信号状态为"0"时，则输出 Q0.0 为"0"，否则 Q0.0 输出为"1"，其程序如表 5-7 所示。

表 5-7 例 5-19 的 PLC 程序

程序段	LAD	STL
程序段 1		A（ A %I0.0 A %I0.2 O A %I0.3 AN %I0.1 ） NOT = %Q0.0

（5）⊣(R)⊢线圈复位指令

指令符号：＜地址＞

⊣(R)⊢

寻址存储区：I、Q、M、L、D、T、C

使用说明：⊣(R)⊢（线圈复位指令）只有在前一指令的 RLO 为"1"时（电流流经线圈），才能执行。如果有电流流过线圈（即 RLO 为"1"），元素的指定＜地址＞处的位则被复位为"0"。RLO 为"0"（没有电流流过线圈）没有任何作用，并且元素指定地址的状态保持不变。＜地址＞也可以是一个定时器值被复位为"0"的定时器（Tno.）或一个计数器值被复位为"0"的计数器（Cno.）。

例 5-20：线圈复位指令的使用如表 5-8 所示。在程序段 1 中，当 I0.0 和 I0.1 的信号状态均为"1"或 I0.2 的信号状态为"1"时，输出线圈 Q0.0 的信号状态被复位，否则 Q0.0 状态保持不变；在程序段 2 中，当 I0.3 的信号状态为"1"时，定时器 T1 的信号状态复位；在程序段 3 中，当 I0.4 的信号状态为"1"时，计数器 C0 的信号状态复位。

表 5-8 线圈复位指令的使用

程序段	LAD	STL
程序段 1		A（ A %I0.0 A %I0.1 O %I0.2 ） R %Q0.0
程序段 2		A %I0.3 R %T1
程序段 3		A %I0.4 R %C0

（6）-{S}-线圈置位指令

指令符号：＜地址＞

-{S}-

寻址存储区：I、Q、M、L、D

使用说明：-{S}-（线圈置位指令）只有在前一指令的 RLO 为"1"时（电流流经线圈），才能执行。如果有电流流过线圈（即 RLO 为"1"），元素的指定＜地址＞处的位则被置位为"1"。RLO 为"0"（没有电流流过线圈）没有任何作用，并且元素指定地址的状态保持不变。

例 5-21：-{S}-线圈置位和-{R}-线圈复位指令的使用如表 5-9 所示。在程序段 1 中，当 I0.0 触点闭合时，Q0.0 置位输出为"1"。在程序段 2 中，当 I0.1 触点闭合时，Q0.0 复位输出为"0"。在程序段 3 中，当 I0.2 触点闭合时，Q0.1 线圈也闭合输出为"1"，Q0.2 置位输出为"1"，Q0.3 复位输出为"0"；当 I0.2 触点断开时，Q0.1 线圈也断开输出为"0"，而 Q0.2 和 Q0.3 保持当前状态。

表 5-9　线圈置位 / 复位指令的使用

程序段	LAD	STL	时序分析
程序段 1	%I0.0　　%Q0.0 ⊣ ⊢　　（S）	A　　%I0.0 S　　%Q0.0	I0.0 I0.1 Q0.0
程序段 2	%I0.1　　%Q0.0 ⊣ ⊢　　（R）	A　　%I0.1 R　　%Q0.0	
程序段 3	%I0.2　　%Q0.1 ⊣ ⊢　　（ ） %Q0.2 （S） %Q0.3 （R）	A　　%I0.2 =　　%Q0.1 S　　%Q0.2 R　　%Q0.3	I0.2 Q0.1 Q0.2 Q0.3

（7）RS 复位置位触发器指令和 SR 置位复位触发器指令

指令符号：　　＜地址＞　　　　　＜地址＞

寻址存储区：I、Q、M、L、D

使用说明：

① ＜地址＞为被置位或复位的位，S 为使能置位指令，R 为使能复位指令，Q 为＜地址＞的信号状态。＜地址＞、S、R、Q 均为 BOOL 数据类型，寻址存储区都可以为 I、Q、M、L、D。

② 如果在 R 端输入的信号状态为"1"，在 S 端输入的信号状态为"0"，则 RS（复位置位触发器）复位。相反，如果在 R 端输入的信号状态为"0"，在 S 端输入的信号状态为"1"，则 RS（复位置位触发器）置位。如果在两个输入端 RLO 均为"1"，则顺序优先，触发器置位。

在指定 < 地址 >，复位置位触发器首先执行复位指令，然后执行置位指令，以使该地址保持置位状态程序扫描剩余时间。

③ S（置位）和 R（复位）指令只有在 RLO 为"1"时才执行。RLO 为"0"对这些指令没有任何作用，并且指令中的指定地址保持不变。

例 5-22：RS 和 SR 指令的使用如表 5-10 所示。在程序段 1 中，如果 I0.0 的信号状态为"1"，I0.1 的信号状态为"0"，则存储位 M0.0 将被复位，Q0.0 输出为"0"；如果 I0.0 的信号状态为"0"，输入 I0.1 的信号状态为"1"，则存储位 M0.0 将被置位，Q0.0 输出为"1"；如果两个信号状态均为"0"，则无变化；如果两个信号状态均为"1"，则由于顺序的原因，置位指令优先，从而 M0.0 置位，Q0.0 输出为"1"。在程序段 2 中，当 I0.2 的信号状态为"1"，I0.3 的信号状态为"0"时，则存储位 M1.0 将被置位，Q0.1 输出为"1"；如果 I0.2 的信号状态为"0"，输入 I0.3 的信号状态为"1"，则存储位 M1.0 将被复位，Q0.1 输出为"1"；如果两个信号状态均为"0"，则无变化；如果两个信号状态均为"1"，则由于顺序的原因，复位指令优先，从而 M1.0 复位，Q0.1 输出为"0"。

表 5-10 RS 和 SR 指令的使用

程序段	LAD	STL
程序段 1		A　%I0.0 R　%M0.0 A　%I0.1 S　%M0.0 A　%M0.0 =　%Q0.0
程序段 2		A　%I0.2 S　%M1.0 A　%I0.3 R　%M1.0 A　%M1.0 =　%Q0.1

（8）-{P}-上升沿检测和-{N}-下降沿检测指令

指令符号：　< 地址 1>　　　　< 地址 1>

　　　　　　　-{P}-　　　　　　-{N}-

　　　　　　　< 地址 2>　　　　< 地址 2>

寻址存储区：I、Q、M、L、D

使用说明：

① 使用-{P}-上升沿检测指令可以在 RLO 由"0"（低电平）变为"1"（高电平）时检测到上升沿，将 < 地址 1> 置位。

② 使用-{N}-下降沿检测指令可以在 RLO 由"1"（高电平）变为"0"（低电平）时检测到下降沿，将 < 地址 1> 置位。

③ 每次执行指令时，都会查询信号上升沿（或下降沿），< 地址 1> 的信号状态将在一个程序周期内保持置位为"1"，在其他任何情况下，其信号状态均为"0"。

④ 上升沿检测指令或下降沿检测指令中 < 地址 2> 为边沿存储位，该位地址在程序中最多只能使用 1 次，否则会覆盖该位存储器。

例 5-23：-{P}-上升沿检测和-{N}-下降沿检测指令的使用及时序如表 5-11 所示。当检测到 I0.3 为 OFF → ON（上升沿）且 I0.4 接通时，Q0.3 输出一个扫描周期的高电平；当检测到 I0.5 为 ON → OFF（下降沿）且 I0.6 为 ON 时，Q0.4 输出一个扫描周期的高电平。M10.0 和 M10.1 用来存储 RLO 的旧状态，即 M10.0 存储 I0.3 的前一状态，M10.1 存储 I0.5 的前一状态。从时序图中可以看出，若 I0.4 为 OFF，即使检测到 I0.3 的上升沿，Q0.3 仍输出为低电平。同理，若 I0.6 为 OFF，即使检测到 I0.5 的下降沿，Q0.4 也仍然输出为低电平。

表 5-11　上升沿检测和下降沿检测指令的使用

程序段	LAD	STL	时序分析
程序段 1	%I0.3　%M0.0　%I0.4　%Q0.3 ├┤├──┤(P)├──┤├──┤(　)┤ 　　　%M10.0	A　　%I0.3 FP　%M0.0 A　　%I0.4 =　　%Q0.3	
程序段 2	%I0.5　%M1.0　%I0.6　%Q0.4 ├┤├──┤(N)├──┤├──┤(　)┤ 　　　%M10.1	A　　%I0.5 FN　%M1.0 A　　%I0.6 =　　%Q0.4	

（9）扫描操作数的信号上升沿和下降沿指令

指令符号：　　＜地址 1＞　　　　　　＜地址 1＞
　　　　　　　　┤P├　　　　　　　　┤N├
　　　　　　　＜地址 2＞　　　　　　＜地址 2＞

寻址存储区：I、Q、M、L、D

使用说明：

① 使用┤P├扫描操作数的上升沿指令，可以确定指定＜地址 1＞的信号状态是否从"0"（低电平）变为"1"（高电平）。若是，则说明出现了一个上升沿。

② 使用┤N├扫描操作数的下降沿指令，可以确定指定＜地址 1＞的信号状态是否从"1"（高电平）变为"0"（低电平）。若是，则说明出现了一个下降沿。

③ 这两条指令会比较＜地址 1＞的当前信号状态与上一次扫描的信号状态，上一次扫描的信号状态保存在边沿存储位＜地址 2＞中。

例 5-24：扫描操作数的信号上升沿和下降沿指令的使用如表 5-12 所示。其中程序段 1 和程序段 2 控制 Q0.0 输出波形；程序段 3 和程序段 4 控制 Q0.2 和 Q0.3 输出波形。

表 5-12　扫描操作数的信号上升沿和下降沿指令的使用

程序段	LAD	时序分析
程序段 1	%I0.0　　　　%Q0.1　%Q0.0 ├┤P├──┤/├──┤(　)┤ 　%M10.0 %Q0.0 ├┤├	
程序段 2	%I0.1　　　　　　%Q0.1 ├┤N├──────┤(　)┤ 　%M10.1	

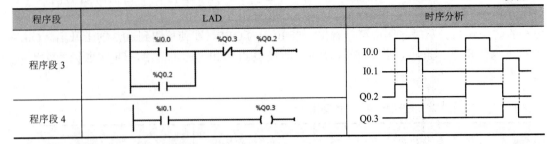

程序段	LAD	时序分析
程序段 3		
程序段 4		

（10）检测信号上升沿和下降沿指令

指令符号：

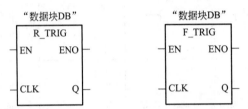

使用说明：

① R_TRIG 为检测信号上升沿指令，F_TRIG 为检测信号下降沿指令。这两条指令有 4 个参数，其参数说明如表 5-13 所示。

表 5-13　R_TRIG 和 F_TRIG 的指令参数

参数	方向	数据类型	寻址存储区	说明
EN	输入	BOOL	I、Q、M、D、L 或常量	使能输入
ENO	输出	BOOL	I、Q、M、D、L	使能输出
CLK	输入	BOOL	I、Q、M、D、L 或常量	到达信号，将查询该信号的边沿
Q	输出	BOOL	I、Q、M、D、L	边沿检测的结果

② R_TRIG 指令可以检测输入 CLK 从"0"到"1"的变化，若检测到 CLK 的状态从"0"变成了"1"，就会在输出 Q 中生成一个信号上升沿，输出的值将在一个循环周期内为 TRUE 或"1"。在其他任何情况下，该指令输出的信号状态均为"0"。

③ F_TRIG 指令可以检测输入 CLK 从"1"到"0"的变化，若检测到 CLK 的状态从"1"变成了"0"，就会在输出 Q 中生成一个信号下降沿，输出的值将在一个循环周期内为 TRUE 或"1"。在其他任何情况下，该指令输出的信号状态均为"0"。

④ 输入 CLK 中变量的上一个状态通常是存储在"数据块 DB"变量中。

例 5-25：检测信号上升沿指令在二分频中的应用如表 5-14 所示。在 CLK 检测到 I0.0 奇数次发生上升沿跳变时，Q 端输出"1"，使 M0.0 在一个循环周期内输出为"1"，Q0.0 接通并自锁。CLK 检测到 I0.0 偶数次发生上升沿跳变时，M0.1 接通，其常闭触点 M0.1 打开使 Q0.0 断开。

表 5-14　检测信号上升沿指令在二分频中的应用

程序段	LAD	时序分析
程序段 1		

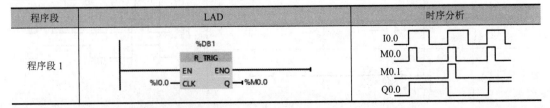

程序段	LAD	时序分析
程序段 2	%M0.0 %Q0.0 %M0.1	
程序段 3	%M0.0 %M0.1 %Q0.0 %Q0.0	

5.2 定时器指令

在传统继电器 - 交流接触器控制系统中一般使用延时继电器进行定时，通过调节延时调节螺钉来设定延时时间的长短。在 PLC 控制系统中通过内部软延时继电器 - 定时器来进行定时操作。PLC 内部定时器是 PLC 中最常用的元器件之一，用好、用对定时器对 PLC 程序设计非常重要。S7-1500 PLC 支持传统的 SIMATIC 定时器和集成在 CPU 操作系统中的 IEC 定时器，SIMATIC 定时器中的 STL（指令表）指令与 LAD（梯形图）指令不能完全对应。在经典的 STEP 7 软件中，SIMATIC 定时器放在指令树下的定时器指令中，IEC 定时器放在库函数中。而在 TIA Portal 软件中，则将这两类指令都放在"指令"任务卡下"基本指令"目录的"定时器操作"指令中，例如 LAD 中的定时器指令集如图 5-6 所示。

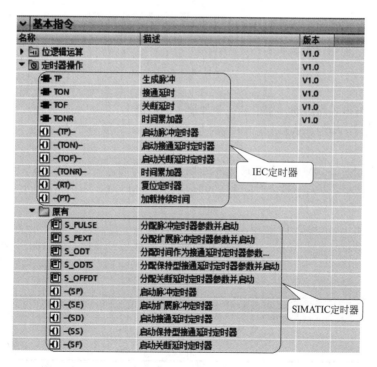

图 5-6 定时器指令集

5.2.1 SIMATIC 定时器指令概述

PLC 中的 SIMATIC 定时器相当于传统继电器 - 交流接触器控制系统中的时间继电器，它是由位和字组成的复合单元，其触点由位表示，其定时时间值存储在字存储器中。S7-1500 PLC 定时器用 T 表示，它们提供了多种形式的定时器：延时接通定时器、延时断开定时器、脉冲定时器、扩展脉冲定时器和保持型接通延时定时器等。

（1）定时器存储区域

S7-1500 CPU 的存储器中为定时器保留了一片存储区，该存储区为每一定时器地址保留一个 16 位的字和一个二进制位。定时器的字用来存放当前的定时时间值，定时器触点的状态由它的位的状态来决定。用定时器地址（T 和定时器号，例如 T2）来存取它的时间值和定时器位，带位操作数的指令存取定时器位，带字操作数的指令存取定时器的时间值。下列功能可以访问定时器存储区。

① 定时器指令。

② 利用时钟定时刷新定时器字。这是 CPU 在 RUN 模式下的功能，按时基规定的时间间隔递减所给定的时间值，一直到时间值等于"0"。

（2）定时器字的表示方法

用户使用的定时器字由 3 位 BCD 码时间值（0 ～ 999）的时基组成，如图 5-7 所示。时基是时间基准的简称，时间值以指定的时基为单位。定时器字的 0 ～ 9 位包含二进制码的时间值。时间值按单位个数给出，时间刷新按时基规定的时间间隔对时间值递减一个时间单位。时间值逐渐连续减少，直至等于"0"。

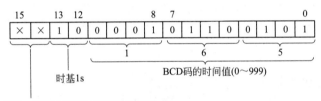

图 5-7　定时器字

可以使用以下格式将时间预置值装入累加器 1 的低位字。

① 十六进制数 W#16#txyz，其中 t 为时基，即时间间隔或分辨率；xyz 为 BCD 码格式的时间值。

② S5T#aH_bM_cS_dMS，其中 H 表示小时，M 为分钟，S 为秒，MS 为毫秒，a、b、c、d 为用户设置的值。可输入的最大时间为 9999s 或 2H_46M_30S（2 小时 46 分 30 秒）。

（3）时基

定时器字的第 12 位和第 13 位用于时基，时基代码为二进制码。时基定义了时间值递减的单位时间间隔，最小时基为 10ms，最大时基为 10s。时基与二进制码的对照如表 5-15 所示。

表 5-15　时基与二进制码的对照

时基	二进制码	时基	二进制码
10ms	00	1s	10
100ms	01	10s	11

时基反映了定时器的分辨率，时基越小分辨率越高，可定时的时间越短；时基越大分辨率越低，可定时的时间越长。但是定时的时间不能越过 2H_46M_30S（2 小时 46 分 30 秒）。对于较高的时间值（例如 2H30ms）而言，如果分辨率过高将被截尾为有效分辨率。S5TIME 的通用格式具有如表 5-16 所示的范围和分辨率。

表 5-16　S5TIME 的通用格式具有的范围和分辨率

分辨率	范围	分辨率	范围
0.01s	10ms ～ 9s990ms	1s	1s ～ 16min39s
0.1s	100ms ～ 1min39s900ms	10s	10s ～ 2h46min30s

（4）正确选择定时器

S7-1500 系列 PLC 有脉冲定时器、延时脉冲定时器、延时接通定时器、保持型延时接通定时器和延时断开定时器这 5 种类型的定时器，各类型及说明如表 5-17 所示，其时序图如图 5-8 所示。

表 5-17　定时器的类型及说明

定时器	说明
脉冲定时器	输出信号为"1"的最长时间等于编程设定的时间值 t。如果输入信号变为"0"，则输出为"0"
延时脉冲定时器	不管输入信号为"1"的时间有多长，输出信号为"1"的时间长度等于编程设定的时间值
延时接通定时器	只有当编程设定的时间已经结束并且输入信号仍为"1"时，输出信号才从"0"变为"1"
保持型延时接通定时器	只有当编程设定的时间已经结束时，输出信号才从"0"变为"1"，而与输入信号为"1"的时间长短无关
延时断开定时器	当输入信号变为"1"或定时器在运行时，输出信号变为"1"。当输入信号从"1"变为"0"时，定时器启动

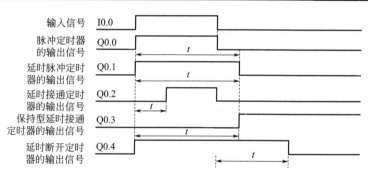

图 5-8　5 种类型定时器时序图

5.2.2　STL 中的 SIMATIC 定时器指令

在 STL（语句表）中可供使用的 SIMATIC 定时器指令有：FR（启动定时器）、L（加载定时器值）、LC（加载 BCD 码定时器值）、R（复位定时器）、SP（启动脉冲定时器）、SE（启动扩展脉冲定时器）、SD（启动延时接通定时器）、SS（启动保持型延时接通定时器）和 SF（启动延时断开定时器）。

（1）FR 启动定时器指令

指令格式：FR ＜定时器＞

寻址存储区：T

使用说明：

①＜定时器＞的数据类型为 TIME，定时器编号和范围与 CPU 型号有关。

② 当 RLO 从"0"变为"1"时，该指令将清除用于启动寻址定时器的边沿检测标志。位于 FR 指令之前的 RLO 位从"0"到"1"的变化，可以启动定时器。

③ 启动定时器指令并不是启动定时器的必需条件，也不是正常定时器操作的必要条件。它只是用于触发一个正在运行的定时器再启动。只有在 RLO="1" 启动操作连续进行时才能实现再启动。

（2）L 加载定时器值指令

指令格式：L < 定时器 >

寻址存储区：T

使用说明：

① < 定时器 > 的数据类型为 TIME，定时器编号和范围与 CPU 型号有关。

② 使用该指令，可以在累加器 1 的内容保存到累加器 2 中之后，从寻址定时器字中将当前时间值以二进制整数（不包括时基）装入累加器 1 低字中。

③ 该指令只能将当前定时值的二进制码装入累加器 1 的低字中，不能装入时基。装入的时间值等于初始时间减去定时器启动后所经历的时间。

例 5-26：L 加载定时器值指令的使用如表 5-18 所示。在程序中，当 I0.0 常开触点闭合时，执行 1 次"L %T0"指令，将当前定时器值作为整数装入累加器 1（ACCU1）。

表 5-18　L 加载定时器值指令的使用

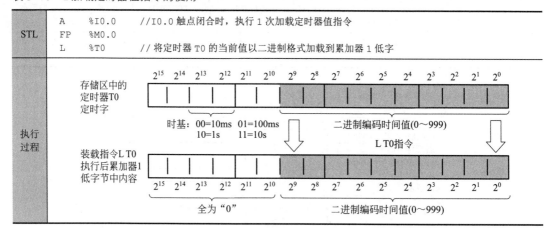

（3）LC 加载 BCD 码定时器值指令

指令格式：LC < 定时器 >

寻址存储区：T

使用说明：

① < 定时器 > 的数据类型为 TIME，定时器编号和范围与 CPU 型号有关。

② 使用该指令，将加载累加器 1 中双编码指定定时器的 BCD 码定时器值。在加载过程中，时基将传送到累加器 1 中。加载完成后，累加器 1 中的值将为 S5TIME 形式的时间段，累加器 1 中剩余的字将用 0 填满。

例 5-27：LC 加载 BCD 码定时器值指令的使用如表 5-19 所示。在程序中，当 I0.0 常开触点闭合时，执行 1 次"LC %T0"指令，LC 将当前定时值作为 BCD 码装入累加器 1。

表 5-19　LC 加载 BCD 码定时器值指令的使用

STL	A	%I0.0	//I0.0 触点闭合时，执行加载 BCD 码定时器值指令
	FP	%M0.0	
	LC	%T0	// 将定时器 T0 的当前值以 BCD 码格式装入累加器 1 低字

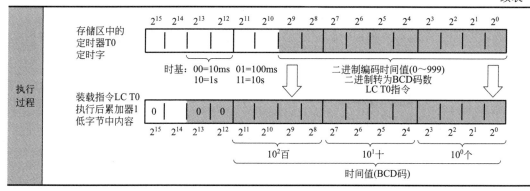

（4）R 复位定时器指令

指令格式：R < 定时器 >

寻址存储区：T

使用说明：

① < 定时器 > 的数据类型为 TIME，定时器编号和范围与 CPU 型号有关。

② 该指令在 RLO 从 "0" 变为 "1" 时，停止当前定时功能，并对指定定时器字的时间值和时基清零。

③ 该指令不会复位内部边沿存储器位。要复位内部边沿存储器位，需要对 "启用定时器"指令进行编程，或者执行该指令，以便在信号状态为 "0" 时开始计时。

（5）SP 启动脉冲定时器指令

指令格式：SP < 定时器 >

寻址存储区：T

使用说明：

① < 定时器 > 的数据类型为 TIME，定时器编号和范围与 CPU 型号有关。

② 该指令在 RLO 从 "0" 变为 "1" 时，启动所指定的定时器。如果检测到信号上升沿，将执行该指令并启动定时器。之后，在执行指令前只要逻辑运算结果（RLO）保持为 "1"，定时器便会运行累加器 1 指定的一段时间。如果在该时间段结束之前，RLO 更改为 "0"，定时器便会停止。只要该时间段没有结束，那么查询结果为 "1" 的定时器状态将返回查询结果 "1"。

③ 在执行 "启动脉冲定时器" 指令之前如果有上升沿则会重新启动定时器。

④ 累加器 1 中的时间段由时间值和时基组成。如果指定的定时器通过 "启动脉冲定时器"指令启动，则会根据时基对时间值进行减计数。当计数器值减为零时，定时器停止运行。

例 5-28：FR、L、SP、R 等指令的使用如表 5-20 所示。

表 5-20　FR、L、SP、R 等指令的使用

STL	程序段 1	A　　%I0.0
		FR　　%T0
		A　　%I0.1
		L　　S5T#30s
		SP　　%T0
		A　　%I0.2
		R　　%T0
		A　　%T0
		=　　%Q0.0
			// 使能定时器 T0
			
			// 预设累加器 1（ACCU1）为 30s
			// 启动脉冲定时器 T0
			
			// 复位定时器 T0
			// 检查定时器 T0 的信号状态

	程序段 2	L　　%T0 T　　%MW10	// 以二进制码的格式装载定时器 T0 的当前时间值

时序图	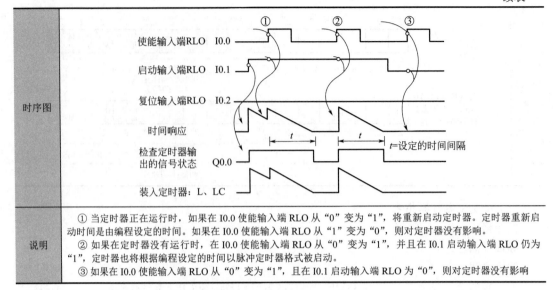
说明	① 当定时器正在运行时，如果在 I0.0 使能输入端 RLO 从 "0" 变为 "1"，将重新启动定时器。定时器重新启动时间是由编程设定的时间。如果在 I0.0 使能输入端 RLO 从 "1" 变为 "0"，则对定时器没有影响。 ② 如果在定时器没有运行时，在 I0.0 使能输入端 RLO 从 "0" 变为 "1"，并且在 I0.1 启动输入端 RLO 仍为 "1"，定时器也将根据编程设定的时间以脉冲定时器格式被启动。 ③ 如果在 I0.0 使能输入端 RLO 从 "0" 变为 "1"，且在 I0.1 启动输入端 RLO 为 "0"，则对定时器没有影响

例 5-29：FR、L、LC、SP、R 等指令的使用如表 5-21 所示。

表 5-21 FR、L、LC、SP、R 等指令的使用

STL	程序段 1	A %I0.0
		FR %T0
		A %I0.1
		L S5T#30s
		SP %T0
		A %I0.2
		R %T0
		A %T0
		= %Q0.0
			
			// 使能定时器 T0
			
			// 预设累加器 1（ACCU1）为 30s
			// 启动脉冲定时器 T0
			
			// 复位定时器 T0
			// 检查定时器 T0 的信号状态

	程序段 2	L %T0 T %MW10	// 以二进制码格式装载定时器 T0 的当前时间值
	程序段 3	LC %T0 T %MW12	// 以 BCD 码格式装载定时器 T0 的当前时间值
时序图		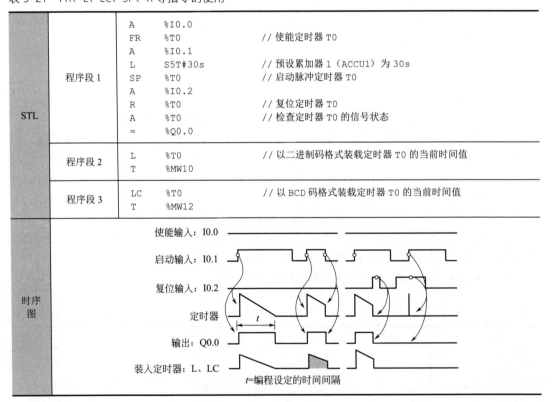	

（6）SE 启动扩展脉冲定时器指令

指令格式：SE <定时器>

寻址存储区：T

使用说明：

① <定时器> 的数据类型为 TIME，定时器编号和范围与 CPU 型号有关。

② 该指令可以在 RLO 从 "0" 变为 "1" 时，启动指定的定时器。之后，在执行指令前只要逻辑运算结果变为 "0"，定时器便会在累加器 1 指定的时间段中运行。只要该时间段没有结束，那么查询结果为 "1" 的定时器状态将返回查询结果 "1"。

③ 在每个信号上升沿处，该指令都将在预定的时间段重新启动定时器，即使定时器仍未计时结束。

④ 累加器 1 中的时间段由时间值和时基组成。如果指定的定时器通过 "启动扩展脉冲定时器" 指令启动，则会根据时基对时间值进行减计数。当计数器值减为零时，定时器停止运行。

例 5-30：FR、L、LC、SE、R 等指令的使用如表 5-22 所示。

表 5-22　FR、L、LC、SE、R 等指令的使用

STL	程序段 1	A　　%I0.0 FR　　%T0　　　　　　// 使能定时器 T0 A　　%I0.1 L　　S5T#30s　　　　// 预设累加器 1（ACCU1）为 30s SE　　%T0　　　　　　// 启动扩展脉冲定时器 T0 A　　%I0.2 R　　%T0　　　　　　// 复位定时器 T0 A　　%T0　　　　　　// 检查定时器 T0 的信号状态 =　　%Q0.0
	程序段 2	L　　%T0　　　　　　// 以二进制码格式装载定时器 T0 的当前时间值 T　　%MW10
	程序段 3	LC　　%T0　　　　　// 以 BCD 码格式装载定时器 T0 的当前时间值 T　　%MW12
时序图		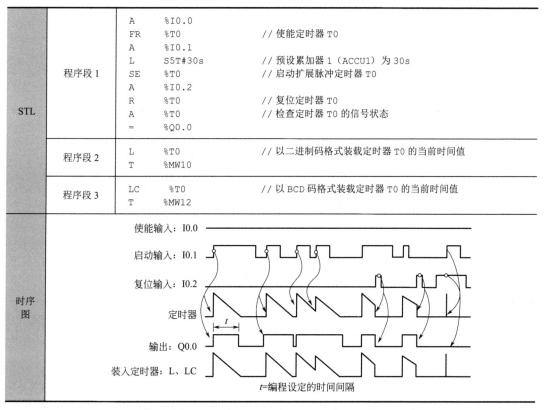

（7）SD 启动延时接通定时器指令

指令格式：SD <定时器>

寻址存储区：T

使用说明：

① <定时器> 的数据类型为 TIME，定时器编号和范围与 CPU 型号有关。

② 该指令可以在 RLO 从 "0" 变为 "1" 时，启动一个指定的编程定时器。只要 RLO 为 "1"，定时器将在超出累加器 1 中指定的持续时间后停止计时。如果定时器计时结束且启动输入的信号状态仍为 "1"，则定时器状态的查询将返回 "1"。如果启动输入处的信号状态为 "0"，则将复位定时器。此时，查询定时器状态将返回信号状态 "0"。只要启动输入的信号状态再次变为 "1"，定时器将再次运行。

③ 定时器输出的信号状态与启动输入的信号状态相同。启动输入与输出直接互连，而非连接定时器。

④ 累加器 1 中的持续时间在内部由定时器值和时基构成。指令启动时，一直运行到编程的时间值进行减计数到零为止。

例 5-31：FR、L、LC、SD、R 等指令的使用如表 5-23 所示。

表 5-23　FR、L、LC、SD、R 等指令的使用

STL	程序段 1	A	%I0.0	
		FR	%T0	// 使能定时器 T0
		A	%I0.1	
		L	S5T#30s	// 预设累加器 1（ACCU1）为 30s
		SD	%T0	// 启动延时接通定时器 T0
		A	%I0.2	
		R	%T0	// 复位定时器 T0
		A	%T0	// 检查定时器 T0 的信号状态
		=	%Q0.0	
	程序段 2	L	%T0	// 以二进制码格式装载定时器 T0 的当前时间值
		T	%MW10	
	程序段 3	LC	%T0	// 以 BCD 码格式装载定时器 T0 的当前时间值
		T	%MW12	
时序图				

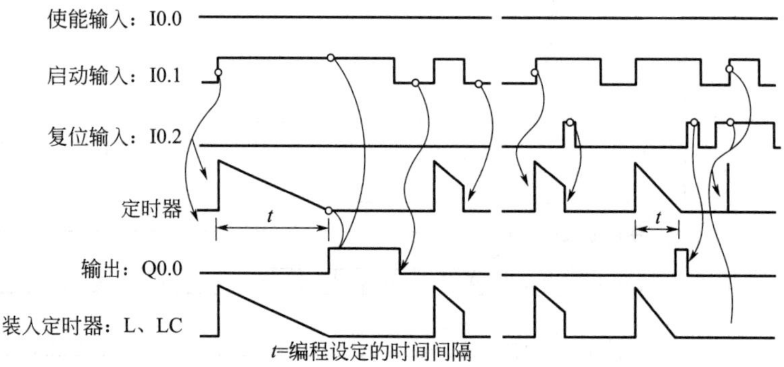

t=编程设定的时间间隔

（8）SS 启动保持型延时接通定时器指令

指令格式：SS <定时器>

寻址存储区：T

使用说明：

① <定时器> 的数据类型为 TIME，定时器编号和范围与 CPU 型号有关。

② 该指令可以在 RLO 从 "0" 变为 "1" 时，启动指定的定时器。之后，即使在执行指令前逻辑运算结果（RLO）更改为 "0"，定时器也会在累加器 1 中所指定的时间段内运行。当时间用完后，将查询定时器的状态是否为 "1"，并返回查询结果 "1"。因此，在执行指令前查询结果不受当前逻辑运算结果信号状态的影响。

③ 在每个上升沿处，即使时间并未用完，该指令都将在预定的时间段重新启动定时器。

④ 累加器 1 中的时间段由时间值和时基组成。如果指定的定时器通过 "启动保持型接通延时定时器" 指令启动，则会根据时基对时间值进行减计数。当计数器值减为零时，定时器停止运行。

例 5-32：FR、L、LC、SS、R 等指令的使用如表 5-24 所示。

表 5-24 FR、L、LC、SS、R 等指令的使用

STL	程序段 1	A	%I0.0	
		FR	%T0	// 使能定时器 T0
		A	%I0.1	
		L	S5T#30s	// 预设累加器 1（ACCU1）为 30s
		SS	%T0	// 启动保持延时接通定时器 T0
		A	%I0.2	
		R	%T0	// 复位定时器 T0
		A	%T0	// 检查定时器 T0 的信号状态
		=	%Q0.0	
	程序段 2	L	%T0	// 以二进制码格式装载定时器 T0 的当前时间值
		T	%MW10	
	程序段 3	LC	%T0	// 以 BCD 码格式装载定时器 T0 的当前时间值
		T	%MW12	
时序图		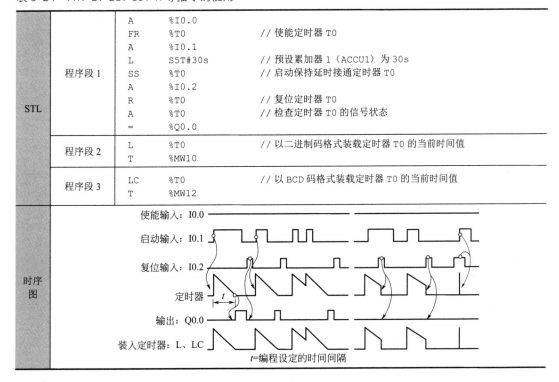 使能输入：I0.0　启动输入：I0.1　复位输入：I0.2　定时器　输出：Q0.0　装入定时器：L、LC　　t=编程设定的时间间隔		

（9）SF 启动延时断开定时器指令

指令格式：SF<定时器>

寻址存储区：T

使用说明：

① <定时器>的数据类型为 TIME，定时器编号和范围与 CPU 型号有关。

② 该指令可以在 RLO 从"1"变为"0"时，启动指定的定时器。之后，定时器将在累加器 1 中指定的时间段内运行。如果在该时间段结束之前，逻辑运算结果（RLO）变为"1"，则定时器复位。只有在指令执行期间检测到信号下降沿时，定时器才会重新启动。

③ 累加器 1 中的时间段由时间值和时基组成。如果指定的定时器通过"启动关断延时定时器"指令启动，则会根据时基对时间值进行减计数。当计数器值减为零时，定时器停止运行。

例 5-33：FR、L、LC、SF、R 等指令的使用如表 5-25 所示。

表 5-25 FR、L、LC、SF、R 等指令的使用

STL	程序段 1	A	%I0.0	
		FR	%T0	// 使能定时器 T0
		A	%I0.1	
		L	S5T#30s	// 预设累加器 1（ACCU1）为 30s
		SF	%T0	// 启动延时断开定时器 T0
		A	%I0.2	
		R	%T0	// 复位定时器 T0
		A	%T0	// 检查定时器 T0 的信号状态
		=	%Q0.0	
	程序段 2	L	T0	// 以二进制码格式装载定时器 T0 的当前时间值
		T	MW10	
	程序段 3	LC	T0	// 以 BCD 码格式装载定时器 T0 的当前时间值
		T	MW12	

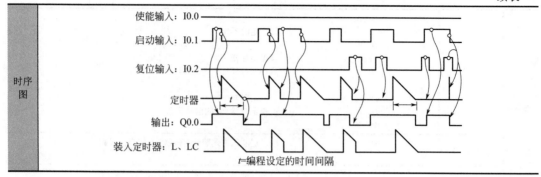

	使能输入：I0.0
	启动输入：I0.1
时序图	复位输入：I0.2
	定时器
	输出：Q0.0
	装入定时器：L、LC

t=编程设定的时间间隔

5.2.3 LAD 中的 SIMATIC 定时器指令

在 LAD（梯形图）中可供使用的 SIMATIC 定时器指令有：S_PULSE 分配脉冲定时器指令、S_PEXT 分配扩展脉冲定时器指令、S_ODT 分配接通延时定时器指令、S_ODTS 分配保持型接通延时定时器指令、S_OFFDT 分配断电延时定时器指令、⊣(SP)⊢启动脉冲定时器指令、⊣(SE)⊢启动扩展脉冲定时器指令、⊣(SD)⊢启动接通延时定时器指令、⊣(SS)⊢启动保持型接通延时定时器指令、⊣(SF)⊢启动断开延时定时器指令。

S_PULSE、S_PEXT、S_ODT、S_ODTS、S_OFFDT 这些指令是属于带有参数的定时器指令；⊣(SP)⊢、⊣(SE)⊢、⊣(SD)⊢、⊣(SS)⊢、⊣(SF)⊢属于带有线圈的定时器指令。实质上，带有线圈的定时器指令与带有参数的定时器指令相比为简化类型指令。例如⊣(SP)⊢与 S_PULSE，在 S_PULSE 指令中带有复位以及当前时间值等参数，而⊣(SP)⊢指令比较简单。

（1）S_PULSE 分配脉冲定时器指令

指令符号：

```
        Tno.
     S_PULSE
  ─ S        Q ─
  ─ TV      BI ─
  ─ R      BCD ─
```

使用说明：

① S_PULSE 分配脉冲定时器指令参数如表 5-26 所示，其中 Tno. 为定时器标识号，范围与 CPU 的型号有关，其数据类型为 TIMER；S 为启动输入端，数据类型为 BOOL；TV 为预置时间值，数据类型为 S5TIME、WORD；R 为复位输入端，数据类型为 BOOL；Q 为定时器的状态输出，数据类型为 BOOL；BI 为当前时间值（整数格式），数据类型为 WORD；BCD 为当前时间值（BCD 码格式），数据类型为 WORD。注意，后续的 S_PEXT、S_ODT、S_ODTS、S_OFFDT 这些指令的参数可参照 S_PULSE 指令。

表 5-26 S_PULSE 分配脉冲定时器指令参数

参数	方向	数据类型	寻址存储区	说明
Tno.	输入	TIMER	T	定时器标识号，范围取决于 CPU 型号
S	输入	BOOL	I、Q、M、D、L 或常量	启动输入
TV	输入	S5TIME、WORD	I、Q、M、D、L 或常量	预设时间值
R	输入	BOOL	I、Q、M、T、C、D、L、P 或常量	复位输入

参数	方向	数据类型	寻址存储区	说明
Q	输出	BOOL	I、Q、M、D、L	定时器的状态输出
BI	输出	WORD	I、Q、M、D、L、P	当前时间值（整数格式）
BCD	输出	WORD	I、Q、M、D、L、P	当前时间值（BCD 码格式）

② S_PULSE 用于在启动（S）输入端上出现上升沿跳变时，启动指定的定时器。为了启动定时器，信号变化总是必要的。只要 S 输入端的信号状态为"1"，则定时器就连续地以 TV 输入端上设定的时间值运行。只要定时器一运行，输出 Q 上的信号状态就为"1"。如果在时间间隔结束之前，且在 S 输入端出现从"1"到"0"的变化，则定时器停止运行。此时，输出 Q 的信号状态为"0"。

③ 当定时器运行时，如果定时器复位（R）输入端从"0"变为"1"，则定时器复位。同时当前时间和时基清零。如果定时器未运行，则定时器的 R 输入端为逻辑"1"对定时器没有影响。

④ 当前的时间值可以从输出 BI 和 BCD 中扫描出来。BI 上的时间值为二进制数值，BCD 上的时间值为 BCD 码表示的数值。当前的时间值等于初始 TV 值减去定时器启动以来所消耗的时间。

例 5-34：S_PULSE 指令的使用如表 5-27 所示。如果输入端 I0.0 的信号状态从"0"变为"1"（RLO 出现上升沿），则启动定时器 T0。只要 I0.0 为"1"，则定时器连续运行 4s 的设定时间（S5T#4S）。如果在定时器结束之前，I0.0 的信号状态从"1"变为"0"，则定时器停止运行。当定时器正在运行时，如果 I0.1 的信号状态从"0"变为"1"，则定时器复位。只要定时器在运行，则输出 Q0.0 为逻辑"1"；如果时间结束或定时器复位，则输出 Q0.0 为逻辑"0"。STL 中的"NOP 0"表示空操作。

表 5-27　S_PULSE 指令的使用

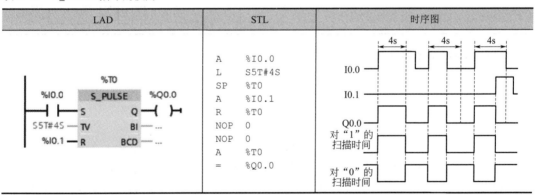

(2) S_PEXT 分配扩展脉冲定时器指令

指令符号：

```
          Tno.
       ┌─────────┐
       │ S_PEXT  │
     ──│ S     Q │──
       │         │
     ──│ TV   BI │──
       │         │
     ──│ R   BCD │──
       └─────────┘
```

使用说明：

① S_PEXT 用于在启动（S）输入端上出现上升沿时，启动指定的定时器。为了启动定时

器，信号变化总是必要的。即使在时间结束之前，在 S 输入端的信号状态为"0"，定时器还是按 TV 输入端上设定的时间间隔继续运行。只要定时器一运行，输出 Q 上的信号状态就为"1"。当定时器正在运行时，如果输入端 S 的信号状态从"0"变为"1"，则定时器以预置时间值重新启动（"重新触发"）。

② 当定时器运行时，如果复位（R）输入端从"0"变为"1"，则定时器复位，同时当前时间和时基清零。

③ 当前的时间值可以在输出 BI 和 BCD 中扫描出来。BI 上的时间值为二进制数值，BCD 上的时间值为 BCD 码表示的数值。当前的时间值等于初始 TV 值减去定时器启动以来所消耗的时间。

例 5-35：S_PEXT 指令的使用如表 5-28 所示。如果输入端 I0.0 的信号状态从"0"变为"1"（RLO 出现上升沿），则启动定时器 T0。定时器按规定的 5s（S5T 5S）继续运行，而不管输入端 S 上是否出现下降沿。如果在定时器结束之前，I0.0 的信号状态从"0"变为"1"，则定时器重新启动。如果 I0.1 的信号状态从"0"变为"1"，则定时器复位。只要定时器一运行，则输出 Q0.0 上的信号状态就为逻辑"1"。

表 5-28　S_PEXT 指令的使用

LAD	STL	时序图
%I0.0　%T0　%Q0.0　S_PEXT　S Q　S5T#5S — TV BI — …　%I0.1 — R BCD — …	A %I0.0　L S5T#5S　SE %T0　A %I0.1　R %T0　NOP 0　NOP 0　A %T0　= %Q0.0	5s 5s 5s 5s　I0.0　I0.1　Q0.0　对"1"的扫描时间　对"0"的扫描时间

（3）S_ODT 分配接通延时定时器指令

指令符号：

使用说明：

① S_ODT 指令用于在启动 S 输入端上出现上升沿时，启动指定的定时器。为了启动定时器，信号变化总是必要的。只要 S 输入端的信号状态为"1"，则定时器就按输入端 TV 上设定的时间间隔继续运行。若时间已经结束，未出现错误并且 S 输入端上的信号状态仍为"1"，则输出 Q 的信号状态为"1"。当定时器正在运行时，如果 S 输入端的信号状态从"1"变为"0"，则定时器停止运行。此时，输出 Q 的信号状态为"0"。

② 当定时器运行时，如果复位 R 输入端从"0"变为"1"，则定时器复位。同时当前时间和时基清零。此时，输出 Q 的信号状态为"0"。如果在输入端 R 的信号状态为逻辑"1"，同时定时器没有运行，输入端 S 为"1"，则定时器复位。

③ 当前的时间值可以在输出 BI 和 BCD 中扫描出来。BI 上的时间值为二进制数值，BCD

上的时间值为 BCD 码表示的数值。当前的时间值等于初始 TV 值减去定时器启动以来所消耗的时间。

例 5-36：S_ODT 指令的使用如表 5-29 所示。如果输入端 I0.0 的信号状态从"0"变为"1"（RLO 出现上升沿），则启动定时器 T0。如果规定的 2s（S5T#2S）时间已结束，输入 I0.0 的信号状态仍为"1"，则输出 Q0.0 为"1"。如果输入 I0.0 的信号状态从"1"变为"0"，则定时器停止运行，Q0.0 为"0"。如果 I0.1 的信号状态从"0"变为"1"，不管定时器是否正在运行，定时器复位，Q0.0 为"0"。

表 5-29 S_ODT 指令的使用

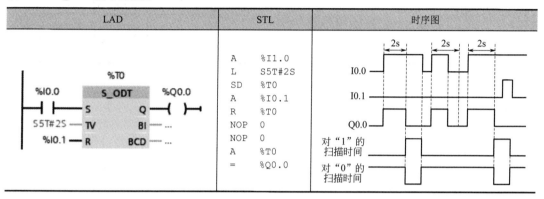

（4）S_ODTS 分配保持型接通延时定时器指令
指令符号：

使用说明：

① S_ODTS 指令用于在启动 S 输入端上出现上升沿时，启动指定的定时器。为了启动定时器，信号变化总是必要的。即使在时间结束之前，在 S 输入端的信号状态变为"0"，定时器还是按 TV 输入端上设定的时间间隔继续运行。若时间已经结束，不管 S 输入端上的信号状态如何，则输出 Q 的信号状态为"1"。当定时器正在运行时，如果输入端 S 的信号状态从"0"变为"1"，则定时器以预置时间值重新启动（"重新触发"）。

② 如果复位 R 输入端从"0"变为"1"，则定时器复位，而不管在 S 输入端上的 RLO 状态。此时，输出 Q 的信号状态为"0"。

③ 当前的时间值可以从输出 BI 和 BCD 中扫描出来。BI 上的时间值为二进制数值，BCD 上的时间值为 BCD 码表示的数值。当前的时间值等于初始 TV 值减去定时器启动以来所消耗的时间。

例 5-37：S_ODTS 指令的使用如表 5-30 所示。如果输入端 I0.0 的信号状态从"0"变为"1"（RLO 出现上升沿），则启动定时器 T0。定时器继续运行，而不管 I0.0 的信号状态是否从"1"变为"0"。如果在定时器结束之前，I0.0 的信号状态从"0"变为"1"，则定时器重新启动。如果时间已结束，则输出 Q0.0 为"1"。如果输入端 I0.1 的信号状态从"0"变为"1"，则定时器复位，而不管 S 端 RLO 的状态如何。

表 5-30　S_ODTS 指令的使用

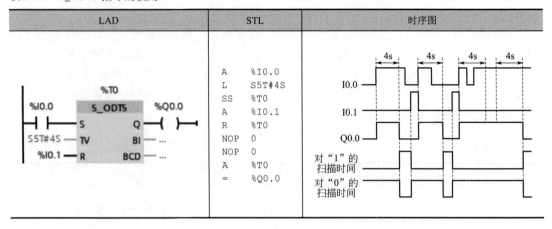

（5）S_OFFDT 分配断电延时定时器指令

指令符号：

使用说明：

① S_OFFDT 指令用于在启动 S 输入端上出现下降沿时，启动指定的定时器。为了启动定时器，信号变化总是必要的。如果 S 输入端的信号状态为"1"，或当定时器运行时，则输出 Q 上的信号状态为"1"。当定时器运行时，如果 S 输入端的信号状态从"0"变为"1"，则定时器复位。一直到 S 输入端的信号状态从"1"变为"0"，定时器才重新启动。

② 当定时器运行时，如果复位 R 输入端从"0"变为"1"，则定时器复位。

③ 当前的时间值可以从输出 BI 和 BCD 中扫描出来。BI 上的时间值为二进制数值，BCD 上的时间值为 BCD 码表示的数值。当前的时间值等于初始 TV 值减去定时器启动以来所消耗的时间。

例 5-38：S_OFFDT 指令的使用如表 5-31 所示。如果 I0.0 的信号状态从"1"变为"0"，则启动定时器。当 I0.0 为"1"或定时器在运行时，则输出 Q0.0 为"1"。当定时器正在运行时，

表 5-31　S_OFFDT 指令的使用

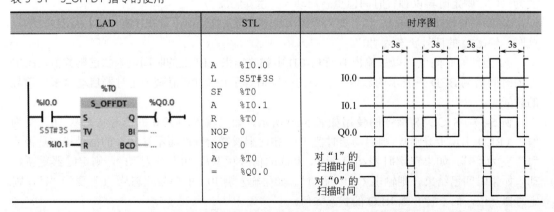

如果 I0.1 的信号状态从"0"变为"1"，则定时器复位。如果输入端 I0.1 的信号状态从"0"变为"1"，则定时器复位，而不管 S 端 RLO 的状态如何。

（6）-[SP]-启动脉冲定时器指令

指令符号：

    <Tno.>

    -[SP]-

    <时间值>

使用说明：

① <Tno.> 为定时器标识号，范围与 CPU 的型号有关，其数据类型为 TIMER；<时间值>为预置时间值，数据类型为 S5TIME。

② -[SP]-指令用于在 RLO 状态出现上升沿时，启动指定的具有给定时间值（<时间值>）的定时器。只要 RLO 为正（"1"），则定时器就按设定的时间运行。只要定时器一运行，则该定时器的信号状态就为"1"。如果在规定时间值过去之前，RLO 从"1"变为"0"，则定时器停止运行。在这种情况下，"1"信号扫描产生结果"0"。

例 5-39：SP 启动脉冲定时器指令的使用如表 5-32 所示。假设轻触开关 SB0 与 I0.0 连接，轻触开关 SB1 与 I0.1 连接，LED 指示灯与 Q0.0 连接。在程序段 1 中，若按下轻触开关 SB0（I0.0），则启动定时器 T0 进行延时，同时 M0.0 线圈得电并自锁。在程序段 2 中，由于 M0.0 线圈得电，则 M0.0 常开触点闭合，当 T0 延时未达到设定时间 3s 时，T0 常开触点闭合，从而使 LED 指示灯（Q0.0）点亮。如果 T0 延时达到设定时间 3s 后，或者在延时未达到 3s 而按下轻触开关 SB1，则 LED 指示灯（Q0.0）熄灭。

表 5-32　SP 启动脉冲定时器指令的使用

程序段	LAD	STL	时序图
程序段 1	%I0.0 %I0.1 %M0.0 %M0.0 %T0 -[SP]- S5T#3S	A %I0.0 O %M0.0 AN %I0.1 = %M0.0 L S5T#3S SP %T0	
程序段 2	%M0.0 %T0 %Q0.0	A %M0.0 A %T0 = %Q0.0	

（7）-[SE]-启动扩展脉冲定时器指令

指令符号：

    <Tno.>

    -[SE]-

    <时间值>

使用说明：

① <Tno.> 为定时器标识号，范围与 CPU 的型号有关，其数据类型为 TIMER；<时间值>为预置时间值，数据类型为 S5TIME。

② -[SE]-指令用于在 RLO 状态出现上升沿时，启动指定的具有给定时间值（<时间值>）的定时器。即使在未达到设定时间之前 RLO 变为"0"，定时器仍按设定的时间运行。只要定时器一运行，则该定时器的信号状态就为"1"。当定时器正在运行时，如果 RLO 从"0"变为"1"，则定时器以预置时间值重新启动（"重新触发"）。

例 5-40：SE 启动扩展脉冲定时器指令的使用如表 5-33 所示。若输入端 I0.0 的信号状态从"0"变为"1"（RLO 出现上升沿），则启动定时器 T0。定时器继续运行，而不管 RLO 是否出现下降沿。如果在定时器结束之前，I0.0 的信号状态从"0"变为"1"，则定时器重新启动。只要定时器一运行，输出 Q0.0 上的信号状态就为"1"。使用 SE 指令编写此功能的程序时，I0.0 按下之后，在定时器未结束时，不能再按下 SB0，否则实现不了此功能。

表 5-33　SE 启动扩展脉冲定时器指令的使用

程序段	LAD	STL	时序图
程序段 1	%I0.0　%T0 ├─┤ ├──(SE)──┤ S5T#3S	A　%I0.0 L　S5T#3S SE　%T0	
程序段 2	%T0　%Q0.0 ├─┤ ├──( )──┤	A　%T0 =　%Q0.0	

（8）┤SD├启动接通延时定时器指令

指令符号：

　　<Tno.>

　　┤SD├

　　<时间值>

使用说明：

① <Tno.> 为定时器标识号，范围与 CPU 的型号有关，其数据类型为 TIMER；<时间值>为预置时间值，数据类型为 S5TIME。

② ┤SD├启动接通延时定时器指令用于在 RLO 状态出现上升沿时，启动指定的具有给定时间值（<时间值>）的定时器。若<时间值>已经结束，未出现错误并且 RLO 仍为"1"，则该定时器的信号状态为"1"。当定时器运行时，如果 RLO 从"1"变为"0"，则定时器复位。在这种情况下，"1"信号扫描产生结果"0"。

例 5-41：SD 指令在闪光灯控制中的应用。

分析：使用两个定时器可构成任意占空比周期性信号输出以实现闪光灯控制，其程序和时序如表 5-34 所示。在本例中，使用定时器 T0 产生 3s 的定时，T1 产生 2s 的定时，使得灯光闪烁周期为 5s。若 I0.0 接通后，Q0.0 接通，同时定时器 T0 开始定时，3s 后，T0 常开触点接通，常闭触点断开，则 Q0.0 断开同时定时器 T1 开始定时，2s 后，T1 常闭触点断开，则定时器 T0、T1 被复位，其触点恢复常态，从而使常闭触点 T1 重新接通，第二个输出周期开始。若要改变闪烁频率，只要改变两个定时器的时间常数即可。如果 T0 和 T1 的设定相同，则 Q0.0 输出一个等宽方波。

表 5-34　SD 指令在闪光灯控制中的应用

程序段	LAD	STL	时序图
程序段 1	%I0.0　%I0.1　%M0.0 ├─┤ ├──┤/├──( )──┤ %M0.0 ├─┤ ├─	A　%I0.0 O　%M0.0 AN　%I0.1 =　%M0.0	

程序段	LAD	STL	时序图
程序段 2	%M0.0 %T1 %T0 ─┤ ├──┤/├──(SD)─ S5T#3S	A %M0.0 AN %T1 L S5T#3S SD %T0	I0.0
程序段 3	%M0.0 %T0 %Q0.0 ─┤ ├──┤/├──( )─	A %M0.0 AN %T0 = %Q0.0	Q0.0 2s / 3s
程序段 4	%T0 %T1 ─┤ ├──(SD)─ S5T#2S	A %T0 L S5T#2S SD %T1	

（9）─(SS)─启动保持型接通延时定时器指令

指令符号：

    <Tno.>

    ─(SS)─

    <时间值>

使用说明：

① <Tno.>为定时器标识号，范围与 CPU 的型号有关，其数据类型为 TIMER；<时间值>为预置时间值，数据类型为 S5TIME。

② ─(SS)─启动保持型接通延时定时器指令用于在 RLO 状态出现上升沿时，启动指定的定时器。如果时间值已经过去，则该定时器的信号状态就为 "1"。只有在定时器复位后，定时器才能重新启动。只有通过复位才能使定时器的信号状态置为 "0"。

③ 当定时器正在运行时，如果 RLO 从 "0" 变为 "1"，则定时器以预置时间值重新启动。

例 5-42：SS 指令的使用如表 5-35 所示。按下按钮 SB1（I0.0），I0.0 常开触点闭合，启动 T0 进行延时。T0 延时 3s 后，T0 常开触点闭合，指示灯（Q0.0）点亮。如果按下停止按钮 SB2（I0.1），将 T0 进行复位，T0 常开触点断开，使得指示灯熄灭。

表 5-35　SS 指令的使用

程序段	LAD	STL	时序图
程序段 1	%I0.0 %T0 ─┤ ├──(SS)─ S5T#3S	A %I0.0 L S5T#3S SS %T0	I0.0
程序段 2	%T0 %Q0.0 ─┤ ├──( )─	A %T0 = %Q0.0	I0.1
程序段 3	%I0.1 %T0 ─┤ ├──(R)─	A %I0.1 R %T0	Q0.0 3s

（10）─(SF)─启动断开延时定时器指令

指令符号：

    <Tno.>

    ─(SF)─

    <时间值>

使用说明：

① <Tno.>为定时器标识号，范围与 CPU 的型号有关，其数据类型为 TIMER；<时间值>

为预置时间值，数据类型为 S5TIME。

②-(SF)-指令用于在 RLO 状态出现下降沿时，启动指定的定时器。当 RLO 为"1"时，或在 < 时间值 > 间隔内，只要定时器运行，该定时器就为"1"。当定时器运行时，如果 RLO 从"0"变为"1"，则定时器复位。如果 RLO 从"1"变为"0"，则总是重新启动定时器。

例 5-43：SF 指令的使用如表 5-36 所示。按下按钮 SB1（I0.0），I0.0 常开触点闭合，T0 常开触点闭合，指示灯（Q0.0）点亮。松开按钮 SB1（I0.0），I0.0 常开触点断开，启动 T0 进行延时。T0 延时 3s 后，T0 常开触点断开，指示灯（Q0.0）熄灭。T0 延时未达到设定的时间时，如果按下停止按钮 SB2（I0.1），将 T0 进行复位，T0 常开触点断开，指示灯立即熄灭。

表 5-36　SF 指令的使用

程序段	LAD	STL	时序图
程序段 1	%I0.0　%T0 ⊢⊢ ⊢⊢ (SF) S5T#3S	A　　%I0.0 L　　S5T#3S SF　　%T0	I0.0
程序段 2	%T0　%Q0.0 ⊢⊢ ⊢⊢ ( )	A　　%T0 =　　%Q0.0	I0.1　3s　3s
程序段 3	%I0.1　%T0 ⊢⊢ ⊢⊢ (R)	A　　%I0.1 R　　%T0	Q0.0

5.2.4　IEC 定时器指令

IEC 定时器集成在 CPU 的操作系统中，占用 CPU 的工作存储器资源，数量与工作存储器大小有关。相对 SIMATIC 定时器而言，IEC 定时器可设定的时间远远大于 SIMATIC 定时器可设定的时间。

SIMATIC 定时器从 S5 系列开始使用，而 IEC 定时器在 S7-300/400 PLC 中才开始使用，且必须带有背景数据块，类型也较少。在 S7-1500 PLC 中，增加了 IEC 定时器的类型，应用多重背景数据块，与 HMI 之间的数据转换也比较方便。在 S7-1500 PLC 中 IEC 定时器指令包括 TP 生成脉冲定时器指令、TON 通电延时定时器指令、TONR 通电延时保持型定时器指令、TOF 断电延时定时器指令等。

（1）TP 生成脉冲定时器指令

执行 TP 生成脉冲定时器指令，可以输出一个脉冲，其脉宽由预设时间 PT 决定。该指令有 IN、PT、ET 和 Q 等参数，各参数说明如表 5-37 所示。

表 5-37　TP 生成脉冲定时器指令参数

LAD	STL	参数	数据类型	说明
TP Time — IN　Q — PT　ET	CALL TP, "TP_DB" IN := "Tag_Start" PT := "Tag_PresetTIME" Q := "Tag_Output" ET := "Tag_ElapsedTIME"	IN	BOOL	启动定时器
		PT	TIME、LTIME	脉冲的持续时间，其值必须为正数
		ET	TIME、LTIME	当前定时器的值
		Q	BOOL	脉冲输出

使用说明：

① 使用 TP 生成脉冲定时器指令，可以将输出 Q 设置为预设的一段时间。

② 当参数 IN 的逻辑运算结果（RLO）从"0"变为"1"（信号上升沿）时，启动该指令

开始计时。

③ 计时的时间由预设时间参数 PT 设定，同时输出参数 Q 的状态在预设时间内保持为 1，即 Q 输出一个宽度为预设时间 PT 的脉冲。

④ 在计时时间内，即使检测到 RLO 新的信号上升沿，输出 Q 的信号状态也不会受到影响。

⑤ 可以在输出参数 ET 处查询当前时间值，该时间值从 T#0s 开始，在达到 PT 时间值后保持不变。如果达到已组态的持续时间 PT，并且输入 IN 的信号状态为 "0"，则输出 ET 将复位为 0。

⑥ 每次调用生成脉冲定时器指令，都必须为其分配一个 IEC 定时器用以存储该指令的数据。只有在调用指令且每次都会访问输出 Q 或 ET 时，才更新指令数据。

在程序代码中使用 "调用块"（call block）（CALL）指令以调用 "生成脉冲"（generate pulse）指令。

例 5-44：TP 指令的使用如表 5-38 所示。按下按钮 SB1（I0.0），I0.0 常开触点闭合，指示灯（Q0.0）点亮，同时 Q0.0 常开触点闭合，启动 TP 开始延时，使得 Q0.1 输出为 ON。当 TP 延时达到 10s 时，Q0.1 输出为 OFF。表中 %DB1（符号为 IEC_Timer_0_DB）是用户指定的存储该 IEC 定时器的数据块。

表 5-38　TP 指令的使用

程序段	LAD	时序分析
程序段 1		
程序段 2		

（2）TON 通电延时定时器指令

通电延时定时器指令 TON 用于单一间隔的定时，该指令有 IN、PT、ET 和 Q 等参数，各参数说明如表 5-39 所示。

表 5-39　TON 通电延时定时器指令参数

LAD	STL	参数	数据类型	说明
	CALL TP, "TON_DB" IN := "Tag_Start" PT := "Tag_PresetTIME" Q := "Tag_Output" ET := "Tag_ElapsedTIME"	IN	BOOL	启动定时器
		PT	TIME、LTIME	通电延时的持续时间，其值必须为正数
		ET	TIME、LTIME	当前定时器的值
		Q	BOOL	定时器输出

使用说明：

① 当参数 IN 的逻辑运算结果（RLO）从 "0" 变为 "1"（信号上升沿）时，启动该指令开始计时。

② 计时的时间由预设时间参数 PT 设定，当计时时间达到后，输出 Q 的信号状态为"1"。

③ 计时时间到达后，只要输入参数 IN 仍为"1"，输出 Q 就保持为"1"，直到输入参数 IN 的信号状态从"1"变为"0"时，将复位输出 Q。

④ 当输入参数 IN 检测到新的信号上升沿时，该定时器功能将再次启动。

⑤ 可以在输出参数 ET 处查询当前时间值，该时间值从 T#0s 开始，在达到 PT 时间值后保持不变。只要输入 IN 的信号状态为"0"，则输出 ET 将复位为 0。

⑥ 每次调用通电延时定时器指令，都必须为其分配一个 IEC 定时器用以存储该指令的数据。只有在调用指令且每次都会访问输出 Q 或 ET 时，才更新指令数据。

例 5-45：TON 指令的使用如表 5-40 所示。按下按钮 SB1（I0.0），I0.0 常开触点闭合，指示灯（Q0.0）点亮，同时 Q0.0 常开触点闭合，启动 TON 开始延时。当 TON 延时达到 10s 时，Q0.1 输出为 ON，否则输出为 OFF。表中 %DB2（符号为 IEC_Timer_0_DB_1）是用户指定的存储该 IEC 定时器的数据块。

表 5-40　TON 指令的使用

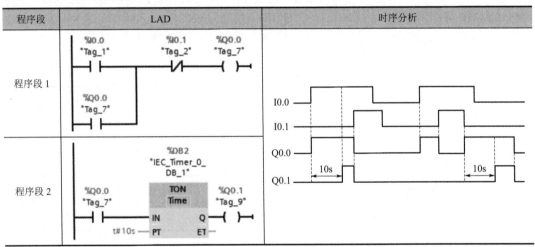

（3）TONR 通电延时保持型定时器指令

通电延时保持型定时器指令用于多次间隔的累计定时，其构成和工作原理与接通延时型定时器类似，不同之处在于通电延时保持型定时器在 IN 端为 0 时，当前值将被保持，当 IN 有效时，在原保持值上继续递增。该指令有 IN、R、PT、ET 和 Q 等参数，各参数说明如表 5-41 所示。

表 5-41　TONR 通电延时保持型定时器指令参数

LAD	STL	参数	数据类型	说明
TONR Time IN　　Q R　　ET PT	CALL TP, "TON_DB" IN := "Tag_Start" R:= "Tag_Reset" PT := "Tag_PresetTIME" Q := "Tag_Output" ET := "Tag_ElapsedTIME"	IN	BOOL	启动定时器
		R	BOOL	复位定时器
		PT	TIME、LTIME	设置的持续时间，其值必须为正数
		ET	TIME、LTIME	累计的时间
		Q	BOOL	超出时间值 PT 之后要置位的输出

使用说明：

① 当参数 IN 的逻辑运算结果（RLO）从"0"变为"1"（信号上升沿）时，启动该指令

开始计时。

② 计时的时间由预设时间参数 PT 设定，当累计时间达到后，输出 Q 的信号状态为"1"。

③ 在计时过程中，参数 IN 的信号状态为"1"时持续累计时间值，累加的时间通过 ET 输出。

④ 当累计时间值达到 PT 后，输出 Q 的信号状态为"1"，即使 IN 的信号状态从"1"变为"0"，Q 仍将保持为"1"。

⑤ 当参数 R 端信号为"1"时，将复位 ET 和 Q。

⑥ 每次调用通电延时保持型定时器指令，都必须为其分配一个 IEC 定时器用以存储该指令的数据。只有在调用指令且每次都会访问输出 Q 或 ET 时，才更新指令数据。

例 5-46：TONR 指令的使用如表 5-42 所示。按下按钮 SB1（I0.0）的时间累计和大于或等于 10s（即 I0.0 闭合 1 次或者多次闭合时间累计和大于或等于 10s），Q0.0 输出为 ON。在时间累计过程中或已累计达到 10s，只要按下按钮 SB2（I0.1），则定时器复位。表中 %DB3（符号为 IEC_Timer_0_DB_2）是用户指定的存储该 IEC 定时器的数据块。

表 5-42　TONR 指令的使用

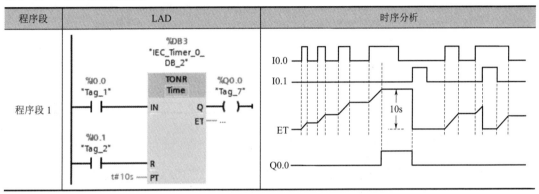

（4）TOF 断电延时定时器指令

断电延时定时器指令 TOF 用于断开或故障事件后的单一间隔定时，该指令有 IN、PT、ET 和 Q 等参数，各参数说明如表 5-43 所示。

表 5-43　TOF 断电延时定时器指令参数

LAD	STL	参数	数据类型	说明
TOF Time —IN　Q— ——PT　ET—	CALL TP, "TON_DB" IN := "Tag_Start" PT := "Tag_PresetTIME" Q := "Tag_Output" ET := "Tag_ElapsedTIME"	IN	BOOL	启动定时器
		PT	TIME、LTIME	断电延时的持续时间，其值必须为正数
		ET	TIME、LTIME	当前定时器的值
		Q	BOOL	超出时间值 PT 之后要复位的输出

使用说明：

① 当参数 IN 的逻辑运算结果（RLO）从"0"变为"1"（信号上升沿）时，输出 Q 变为"1"。

② 当 IN 处的信号状态变回"0"时，开始计时，计时时间由预设时间参数 PT 设定。

③ 计时时间到达后，输出 Q 变为"0"。超出时间 PT 时复位输出。

④ 可以在输出参数 ET 处查询当前时间值，该时间值从 T#0s 开始，在达到 PT 时间值时结束。当持续时间 PT 计时结束后，在输入 IN 变回 "1" 之前，ET 输出仍保持置位为当前值。在持续时间 PT 计时结束之前，如果输入 IN 的信号状态切换为 "1"，则将 ET 输出复位为值 T#0s。

⑤ 每次调用断电延时指令，都必须为其分配一个 IEC 定时器用以存储该指令的数据。只有在调用指令且每次都会访问输出 Q 或 ET 时，才更新指令数据。

例 5-47：TOF 指令的使用程序如表 5-44 所示。按下按钮 SB1（I0.0），I0.0 常开触点闭合，指示灯（Q0.0）点亮。松开按钮 SB1（I0.0），I0.0 常开触点断开，定时器开始延时。当定时器延时达到 10s，指示灯（Q0.0）熄灭。若定时器延时未达到 10s，且 I0.0 常开触点再次闭合，则指示灯（Q0.0）将再次被点亮。

表 5-44　TOF 指令的使用

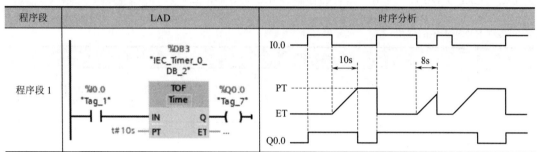

5.2.5　定时器指令的应用

例 5-48：在灯开关的联锁控制电路中，当按下关灯按钮 10s 后，灯再熄灭，试用 PLC 定时器实现其功能。

分析：灯开关的联锁控制电路，必须有开灯和关灯按钮，分别用 I0.0 和 I0.1 对应，用 Q0.0 驱动灯。延时 10s 可采用启动接通延时定时器指令来实现，编写程序如表 5-45 所示。

表 5-45　定时器指令在灯开关联锁控制中的应用程序

程序段	LAD	STL
程序段 1	%I0.0 %T0 %Q0.0 %Q0.0	A　　%I0.0 O　　%Q0.0 AN　　%T0 =　　%Q0.0
程序段 2	%I0.1 %T0 %M0.0 %M0.0 %T0 (SD) s5T#10s	A　　%I0.1 O　　%M0.0 AN　　%T0 =　　%M0.0 L　　S5T#10S SD　　%T0

例 5-49：定时器指令在 3 台电动机控制中的应用。某电动机控制系统中，连接 3 台电动机，要求实现电动机的顺序启动，逆序停止。按下启动按钮 SB1（I0.0），启动第 1 台电动机之后，每隔 5s 再启动一台；按下停止按钮 SB2（I0.1）时，先停止第 3 台电动机，之后每隔 5s 逆序停止第 2 台和第 1 台电动机。

分析：3 台电动机的启动可使用线圈置位指令来实现，其程序如表 5-46 所示。当按下启动按钮 SB1，则程序段 2 中的 Q0.0 置位启动第 1 台电动机运行，同时程序段 1 中启动定时器 T0 进行延时。T0 延时 5s，首先使程序段 4 中的 Q0.1 置位启动第 2 台电动机运行，由于 Q0.1 常开触点未闭合，程序段 3 中的 Q0.2 线圈未置位。虽然 Q0.1 置位，但是在下一个扫描周期时，由于 T0 常开触点已断开，程序段 3 中的 Q0.2 线圈仍然未置位。Q0.1 置位，在程序段 4 中其常闭触点断开 Q0.1 线圈，防止在停止过程再次置位。再过 5s，T0 触点又闭合一个扫描周期，使程序段 3 中的 Q0.2 线圈经 Q0.1 和 Q0.2 触点置位，使第 3 台电动机启动，从而实现了 3 台电动机的顺序启动。

表 5-46　定时器指令在 3 台电动机控制中的应用程序

程序段	LAD	STL
程序段 1	%T0 〔—/—〕 %Q0.0 〔—┤├—〕 %I0.1 〔—/—〕 %T0 —(SD)— s5T#5s	AN %T0 / A %Q0.0 / AN %I0.1 / L S5T#5S / SD %T0
程序段 2	%I0.0 〔—┤├—〕 %Q0.0 —(S)—	A %I0.0 / S %Q0.0
程序段 3	%T0 〔—┤├—〕 %Q0.1 〔—┤├—〕 %Q0.2 〔—/—〕 %Q0.2 —(S)—	A %T0 / A %Q0.1 / AN %Q0.2 / S %Q0.2
程序段 4	%T0 %Q0.0 %Q0.1 %M0.0 %Q0.1 —(S)—	A %T0 / A %Q0.0 / AN %Q0.1 / AN %M0.0 / S %Q0.1
程序段 5	%I0.1 %Q0.0 %M0.0 —( )— %M0.0 %Q0.2 —(R)—	A %I0.1 / O %M0.0 / A %Q0.0 / = %M0.0 / R %Q0.2
程序段 6	%M0.0 %T0 %Q0.1 %Q0.0 —(R)— %Q0.1 —(R)—	A %M0.0 / A %T0 / R %Q0.1 / AN %Q0.1 / R %Q0.0

按下停止按钮 SB2，程序段 5 中的 M0.0 得电自锁，并使 Q0.2 线圈复位，第 3 台电动机将停止运行。M0.0 常开触点闭合，为复位 Q0.0 和 Q0.1 做好准备。5s 后，程序段 6 中的 Q0.1 复位停止第 2 台电动机运行，使得 Q0.1 常闭触点闭合为 Q0.0 复位做好准备。再过 5s，Q0.0 复位停止第 1 台电动机运行，同时程序段 5 中的 M0.0 线圈失电，断开 Q0.0 ~ Q0.2 的复位回路，T0 失电，断开 Q0.1 和 Q0.2 的置位回路，停止过程结束。

5.3　计数器指令 •••

计数器是用来累计输入脉冲的次数，它是 PLC 中常用的元器件之一。例如，在生产线上可使用 PLC 的计数器对加工物品进行计件等操作。S7-1500 PLC 支持传统的 SIMATIC 计数器和集成在 CPU 操作系统中的 IEC 计数器，SIMATIC 计数器中的 STL（指令表）指令与 LAD（梯形图）指令不能完全对应。在经典的 STEP 7 软件中，SIMATIC 计数器放在指令树下的计数器指令中，IEC 计数器放在库函数中。而在 TIA Portal 软件中，则将这两类指令都放在"指令"任务卡下"基本指令"目录的"计数器操作"指令中，例如 LAD 中的计数器指令集如图 5-9 所示。

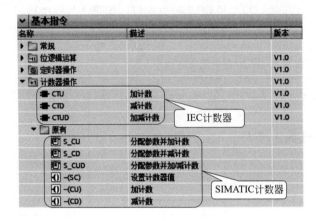

图 5-9　计数器指令集

5.3.1　计数器的基本知识

计数器编程时要预置计数初值，在运行过程中当计数器的输入条件满足时，当前值按一定的单位从预置值开始执行加或减计数。

（1）计数器存储区域

在 CPU 存储区中留有一块计数器区域，该存储区为每一计数器保留一个 16 位的字和一个二进制位。计数器的字用于存放它的当前计数值，计数器触点的状态由它的位的状态来决定。用计数器地址（C 和计数器号，例如 C3）来存取当前计数值和计数器位，带位操作数的指令存取计数器位，带字操作数的指令存取计数器的计数值。计数器指令是访问计数器存储区的唯一功能。

（2）计数器字的表示方法

计数器字可以使用 BCD 码或二进制数的方法来表示，如图 5-10 所示。使用 BCD 码表示的计数器字的 0 ～ 11 位是计数值的 BCD 码，计数值的范围是 0 ～ 999。图中表示的计数值为 156，用格式 C#156 表示 BCD 码。二进制数表示的计数器字只使用了 0 ～ 9 位。

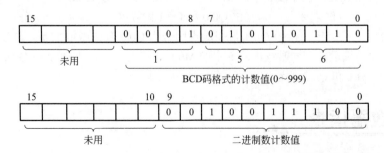

图 5-10　计数器字

5.3.2 STL 中的 SIMATIC 计数器指令

在 STL（语句表）中可供使用的 SIMATIC 计数器指令有：FR（启动计数器）、L（加载计数器值）、LC（加载 BCD 码计数器值）、R（复位计数器）、S（置位计数器）、CU（加计数器）和 CD（减计数器）。

（1）FR 启动计数器指令

指令格式：FR ＜计数器＞

寻址存储区：C

使用说明：

① ＜计数器＞的数据类型为 COUNTER，计数器编号和范围与 CPU 型号有关。

② 当 RLO 从 "0" 变为 "1" 时，该指令将清除用于启动寻址计数器的边沿检测标志。边沿检测标志位用于设置和选择所寻址计数器的加计数或减计数。

③ 设置计数器或正常计数时不需要使能计数器，也就是不管设置计数器初始值、加计数器或减计数器的 RLO 是否为 "1"，在使能计数器后将不能再执行这些指令。

例 5-50：FR 启动 C4 的指令如下所示。

```
A    %I1.0        // 检查输入 I1.0 的信号状态
FR   %C4          // 当 RLO（即 I1.0 的状态）从 "0" 变为 "1" 时，启动计数器 C4
```

（2）L 加载计数器值指令

指令格式：L ＜计数器＞

寻址存储区：C

使用说明：

① ＜计数器＞的数据类型为 COUNTER，计数器编号和范围与 CPU 型号有关。

② 使用该指令，将指定计数器中以二进制编码格式存储的当前值加载到累加器（ACCU1）中的低字，所加载的计数值随后便可作为 16 位整数，以便后续处理。

例 5-51：L 加载计数器值指令的使用如表 5-47 所示。在程序中，当 I0.0 常开触点闭合时，执行 1 次 "L %C5" 指令，将二进制编码形式的当前计数值加载到累加器 1（ACCU1）中。

表 5-47　L 加载计数器值指令的使用

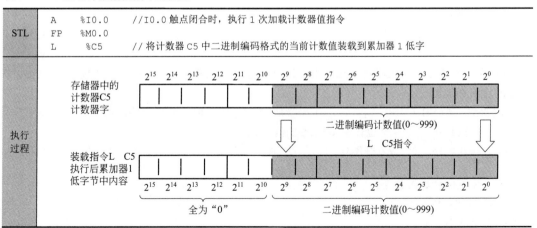

（3）LC 加载 BCD 码计数器值指令

指令格式：LC ＜计数器＞

寻址存储区：C

使用说明：

① <计数器> 的数据类型为 COUNTER，计数器编号和范围与 CPU 型号有关。

② 使用该指令，将指定 BCD 码计数器中的当前值传送到累加器 1 中的低字，所加载的计数值随后便可作为 BCD 码格式使用，以便后续处理。

例 5-52：LC 加载 BCD 码计数器值指令的使用如表 5-48 所示。在程序中，当 I0.0 常开触点闭合时，执行 1 次 "LC %C0" 指令，LC 将当前计数值作为 BCD 码装入累加器 1（ACCU1）。

表 5-48　LC 加载 BCD 码计数器值指令的使用

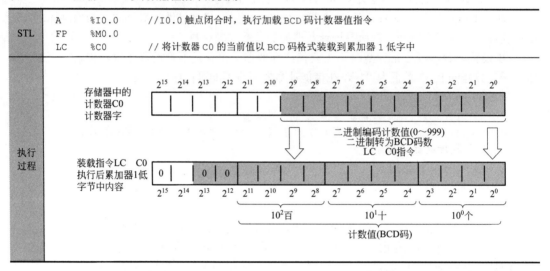

（4）R 复位计数器指令

指令格式：R <计数器>

寻址存储区：C

使用说明：

① <计数器> 的数据类型为 COUNTER，计数器编号和范围与 CPU 型号有关。

② 该指令在 RLO 从 "0" 变为 "1" 时，停止当前计数功能，并对寻址计数器字的当前计数值清零。

③ 执行该指令对计数器复位时，不会复位 "置位计数器" "加计数" 和 "减计数" 指令中内部的边沿存储器位。

例 5-53：当 SB（I1.0）闭合时，计数器复位，使用 R 指令编写程序段如下。

A　　%I1.0　　　// 检查输入 I1.0 的信号状态

R　　%C5　　　// 当 RLO（I1.0 的状态）从 "0" 变为 "1" 时，复位计数器 C5，使 C5
　　　　　　　　　的计数值清零

（5）S 置位计数器指令

指令格式：S <计数器>

寻址存储区：C

使用说明：

① <计数器> 的数据类型为 COUNTER，计数器编号和范围与 CPU 型号有关。

② 该指令在 RLO 从 "0" 变为 "1" 时，将计数值从累加器 1 低字中装入计数器。累加器 1 中的计数值必须是 0 ~ 999 之间的 BCD 数。

例 5-54：当 SB（I1.0）闭合时，将计数初值 "9" 装入 C3 中，使用 S 指令编写程序段如下。

```
A    %I1.0        // 检查输入 I1.0 的信号状态
L    %C#9         // 将计数初值 "9" 装入累加器 1 低字中
S    %C3          // 当 RLO（I1.0 的状态）从 "0" 变为 "1" 时，将累加器 1 中的值装入计
                  //  数器 C3
```

（6）CU 加计数器指令

指令格式：CU < 计数器 >

寻址存储区：C

使用说明：

① < 计数器 > 的数据类型为 COUNTER，计数器编号和范围与 CPU 型号有关。

② 该指令在 RLO 从 "0" 变为 "1" 时，使所寻址计数器的计数值加 "1"，并且计数小于 "999"。当计数到达其上限 "999" 时，停止加计数。

例 5-55：在传输带上使用光电传感器对物件进行计数，要求每来 1 个物件计 1 次数。假如光电传感器检测到每来 1 个物件，I1.0 就产生 1 个信号，因此就可使用 CU 指令实现加计数，编写程序段如下。

```
A    %I1.0        // 检查输入 I1.0 的信号状态
CU   %C3          // 检测到每来 1 个物件时，RLO（I1.0）将从 "0" 变为 "1"，使计数器 C3
                  //  加 1 计数
```

（7）CD 减计数器指令

指令格式：CD < 计数器 >

寻址存储区：C

使用说明：

① < 计数器 > 的数据类型为 COUNTER，计数器编号和范围与 CPU 型号有关。

② 该指令在 RLO 从 "0" 变为 "1" 时，使所寻址计数器的计数值减 "1"，并且计数大于 "0"。当计数到达其下限 "0" 时，停止加计数。

例 5-56：在传输带上使用光电传感器对物件进行计数，要求每计满 100 个物件指示灯（Q0.0）点亮 1 次，编写程序段如下。

```
L    %C#100       // 计数器预置值
A    %I1.0        // 检测到 I1.0 的上升沿后预置计数器
S    %C0          // 启动 C0，装入计数器预置初值
A    %I1.1        // 每检测到 1 个物件，计数 1 次
CD   %C0          // 根据 I1.1 的信号状态，当 RLO 从 "0" 变为 "1" 时，计数器 C0 减 1
AN   %C0          // 使用 C0 检测是否为 "0"
=    %Q0.0        // 如果计数器 C0 为 "0"，则 Q0.0 输出为 1，即指示灯亮
```

5.3.3 LAD 中的 SIMATIC 计数器指令

在 LAD（梯形图）中可供使用的 SIMATIC 计数器指令有：S_CU（分配参数并加计数）指令、S_CD（分配参数并减计数）指令、S_CUD（分配参数并加 / 减计数）指令、-(SC)-设置计数器值指令、-(CU)-（加计数）指令、-(CD)-（减计数）指令。

（1）S_CU 分配参数并加计数指令

指令符号：

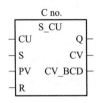

使用说明：

① S_CU 分配参数并加计数指令参数如表 5-49 所示，其中 Cno. 为计数器标识号，范围与 CPU 的型号有关，其数据类型为 COUNTER；CU 为加计数脉冲输入端，数据类型为 BOOL；S 为计数器预置输入端，数据类型为 BOOL；PV 为预置值输入端，数据类型为 WORD；Q 为计数器位输出端，数据类型为 BOOL；CV 为输出十六进制格式的当前计数器值，数据类型为 WORD、S5TIME、DATE；CV_BCD 为输出 BCD 码格式的当前计数器值，数据类型为 WORD、S5TIME、DATE。

表 5-49　S_CU 分配参数并加计数指令参数

参数	方向	数据类型	寻址存储区	说明
Cno.	输入	COUNTER	C	计数器标识号，范围取决于 CPU 型号
CU	输入	BOOL	I、Q、M、D、L 或常量	加计数输入端
S	输入	BOOL	I、Q、M、D、L、T、C 或常量	用于预置加计数器的输入
PV	输入	WORD	I、Q、M、D、L 或常量	预设计数器值（C#0 ～ C#999）
R	输入	BOOL	I、Q、M、D、L、T、C 或常量	复位输入
Q	输出	BOOL	I、Q、M、D、L	计数器的状态输出
CV	输出	WORD、S5TIME、DATE	I、Q、M、D、L	当前计数器值（十六进制格式）
CV_BCD	输出	WORD、S5TIME、DATE	I、Q、M、D、L	当前计数器值（BCD 码格式）

② S_CU 分配参数并加计数指令在输入端 S 出现上升沿时使用输入端 PV 上的数值预置。如果在输入端 R 上的信号状态为 "1"，则计数器复位，计数值被置为 "0"。

③ 如果输入端 CU 上的信号状态从 "0" 变为 "1"，并且计数器的值小于 "999"，则计数器加 "1"。

④ 如果计数器被置位，并且输入端 CU 上的 RLO=1，计数器将相应地在下一扫描循环计数，即使没有从上升沿到下降沿的变化或从下降沿到上升沿的变化。

⑤ 如果计数值大于 "0"，则输出 Q 上的信号状态为 "1"；如果计数值等于 "0"，则输出 Q 上的信号状态为 "0"。

⑥ 应避免在同一块的几个程序段中使用同一个计数器，否则会出现计数错误。

注意：在 S7-200 或 S7-200 SMART PLC 中的加计数器（如 C0），当计数值达到预置值时，C0 常开触点闭合，常闭触点断开，而 S7-1500 PLC 的 SIMATIC 计数器无此功能。

例 5-57：S_CU 分配参数并加计数指令的使用如表 5-50 所示。如果 I0.1 从 "0" 变为 "1"，使计数器的预置值为 "5"。如果 I0.0 的信号状态从 "0" 变为 "1"，且 C0 的当前值小于 "999"，则计数器 C0 的当前计数值将加 "1"。如果 C0 的当前计数值不等于 "0"，则 Q0.0 为 "1"。I0.2 的信号状态从 "0" 变为 "1"，计数器 C0 将被复位，当前计数值清零。

表 5-50　S_CU 分配参数并加计数指令的使用

LAD	STL	时序图
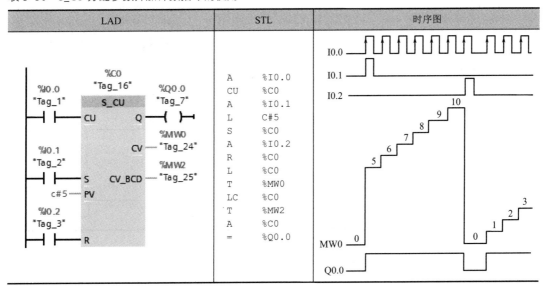	A　　%I0.0 CU　　%C0 A　　%I0.1 L　　C#5 S　　%C0 A　　%I0.2 R　　%C0 L　　%C0 T　　%MW0 LC　　%C0 T　　%MW2 A　　%C0 =　　%Q0.0	

（2）S_CD 分配参数并减计数指令

指令符号：

使用说明：

① Cno. 为计数器标识号，范围与 CPU 的型号有关，其数据类型为 COUNTER；CD 为减计数脉冲输入端，数据类型为 BOOL；S 为计数器预置输入端，数据类型为 BOOL；PV 为预置值输入端，数据类型为 WORD；Q 为计数器位输出端，数据类型为 BOOL；CV 为输出十六进制格式的当前计数器值，数据类型为 WORD、S5TIME、DATE；CV_BCD 为输出 BCD 码格式的当前计数器值，数据类型为 WORD、S5TIME、DATE。

② S_CD 分配参数并减计数指令在输入端 S 出现上升沿时使用输入端 PV 上的数值预置。如果在输入端 R 上的信号状态为 "1"，则计数器复位，计数值被置为 "0"。

③ 如果输入端 CD 上的信号状态从 "0" 变为 "1"，并且计数器的值大于 "0"，则计数器减 "1"。

④ 如果计数器被置位，并且输入端 CD 上的 RLO = 1，计数器将相应地在下一扫描循环计数，即使没有从上升沿到下降沿的变化或从下降沿到上升沿的变化。

⑤ 如果计数值大于 "0"，则输出 Q 上的信号状态为 "1"；如果计数值等于 "0"，则输出 Q 上的信号状态为 "0"。

⑥ 应避免在同一块的几个程序段中使用同一个计数器，否则会出现计数错误。

例 5-58：S_CD 分配参数并减计数指令的使用如表 5-51 所示。如果 I0.1 从 "0" 变为 "1"，使计数器的预置值为 "5"。如果 I0.0 的信号状态从 "0" 变为 "1"，且 C0 的当前值大于 "0"，则计数器 C0 的当前计数值将减 "1"。如果 C0 的当前计数值不等于 "0"，则 Q0.0 为 "1"。I0.2 的信号状态从 "0" 变为 "1"，计数器 C0 将被复位，当前计数值清零。

表 5-51　S_CD 分配参数并减计数指令的使用

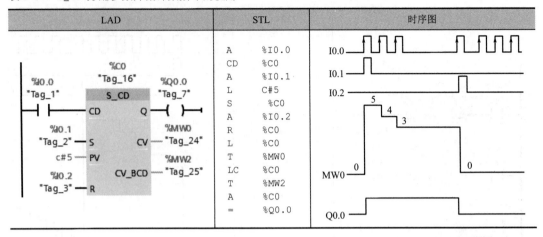

（3）S_CUD 分配参数并加 / 减计数指令

指令符号：

```
              C no.
          ┌─────────────┐
          │   S_CUD     │
        ─┤ CU       Q ├─
        ─┤ CD      CV ├─
        ─┤ S   CV_BCD ├─
        ─┤ PV         │
        ─┤ R          │
          └─────────────┘
```

使用说明：

① Cno. 为计数器标识号，范围与 CPU 的型号有关，其数据类型为 COUNTER；CU 为加计数脉冲输入端，数据类型为 BOOL；CD 为减计数脉冲输入端，数据类型为 BOOL；S 为加计数器预置输入端，数据类型为 BOOL；PV 为预置值输入端，数据类型为 WORD；Q 为计数器位输出端，数据类型为 BOOL；CV 为输出十六进制格式的当前计数器值，数据类型为 WORD、S5TIME、DATE；CV_BCD 为输出 BCD 码格式的当前计数器值，数据类型为 WORD、S5TIME、DATE。

② S_CUD 分配参数并加 / 减计数指令在 S 输入端出现上升沿时使用 PV 输入端的数值预置。如果 R 输入端为"1"，计数器则复位，计数值被置为"0"。如果输入端 CU 上的信号状态从"0"变为"1"，并且计数器的值小于"999"，则计数器加"1"。如果在输入端 CD 出现上升沿，并且计数器的值大于"0"，则计数器减"1"。

③ 如果在两个计数输入端都有上升沿的话，则两种操作都执行，并且计数值保持不变。如果计数器被置位，并且输入端 CU/CD 上的 RLO=1，计数器将相应地在下一扫描循环计数，即使没有从上升沿到下降沿的变化或从下降沿到上升沿的变化。

④ 如果计数值大于"0"，则输出 Q 上的信号状态为"1"；如果计数值等于"0"，则输出 Q 上的信号状态为"0"。

⑤ 应避免在同一块的几个程序段中使用同一个计数器，否则会出现计数错误。

例 5-59：S_CUD 分配参数并加 / 减计数指令的使用如表 5-52 所示。如果 I0.2 从"0"变为"1"，将计数器的预置值设置为"6"。如果 I0.0 的信号状态从"0"变为"1"，计数器 C0 的当前计数值将加"1"。若 C0 的当前值达到"999"，即使 I0.0 发生"0"到"1"的跳变，其当前计数值仍保持为"999"。如果 I0.1 从"0"变为"1"，C0 的当前计数值将减"1"。若 C0 的当前值达到"0"，即使 I0.1 发生"0"到"1"的跳变，其当前计数值仍保持为"0"。如果 C0 当前计数值不等于"0"，则 Q0.0 为"1"。

表 5-52　S_CUD 分配参数并加 / 减计数器指令的使用

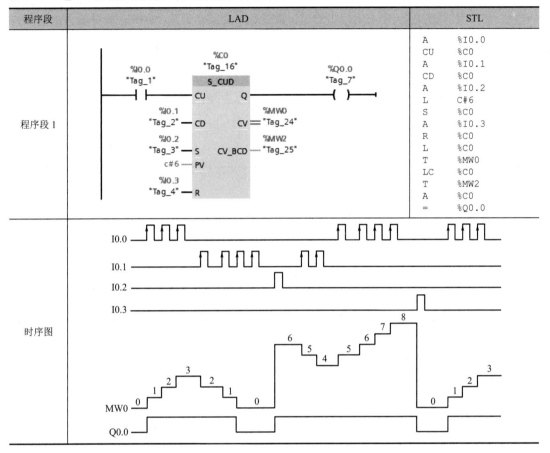

（4）-|SC|-设置计数器值指令

指令符号：

　　　　\<Cno.\>

　　　-|SC|-

　　　\<预置值\>

使用说明：

① Cno. 为计数器标识号，范围与 CPU 的型号有关，寻址存储区为 C，数据类型为 COUNTER；\<预置值\>为可预置的 0 ~ 999 的 BCD 码值，寻址存储区为 I、Q、M、L、D 或常数，数据类型为 WORD。

② -|SC|-设置计数器值指令只有在 RLO 出现上升沿时才执行。同时，将预置值传送到指定的计数器。

（5）-(CU)-加计数指令

指令符号：

　　　　\<Cno.\>

　　　-(CU)-

　　　\<预置值\>

使用说明：

① Cno. 为计数器标识号，范围与 CPU 的型号有关，其数据类型为 COUNTER；＜预置值＞为可预置的 0 ～ 999 的 BCD 码值，其数据类型为 WORD。

② ┤CU├加计数指令在 RLO 出现上升沿并且计数器的值小于"999"时，则使指定计数器的值加"1"。如果在 RLO 没有出现上升沿，或计数器的值已经为"999"，则计数器的值保持不变。

例 5-60：┤CU├加计数指令的使用如表 5-53 所示。如果输入端 I0.0 的信号状态从"0"变为"1"，则预置值"996"装入计数器 C0。如果输入端 I0.1 的信号状态从"0"变为"1"，且 C0 的值小于"999"，则计数器 C0 的值将加"1"。如果在 RLO 没有出现上升沿，则计数器 C0 的值保持不变。如果 I0.2 的信号状态为"1"，则计数器 C0 复位为"0"。

表 5-53　┤CU├ 加计数指令的使用

程序段	LAD	STL
程序段 1	%I0.0 ── ┤ ├ ──── %C0 ─(SC)─ c#996	A　　%I0.0 L　　C#996 S　　%C0
程序段 2	%I0.1 ── ┤ ├ ──── %C0 ─(CU)─	A　　%I0.1 CU　%C0
程序段 3	%I0.2 ── ┤ ├ ──── %C0 ─(R)─	A　　%I0.2 R　　%C0

（6）┤CD├减计数指令

指令符号：

　　＜Cno.＞

　　┤CD├

　　＜预置值＞

使用说明：

① Cno. 为计数器标识号，范围与 CPU 的型号有关，其数据类型为 COUNTER；＜预置值＞为可预置的 0 ～ 999 的 BCD 码值，其数据类型为 WORD。

② ┤CD├减计数器线圈指令在 RLO 出现上升沿并且计数器的值大于"0"时，则使指定计数器的值减"1"。如果在 RLO 没有出现上升沿，或计数器的值已经为"0"，则计数器的值保持不变。

5.3.4　IEC 计数器指令

西门子 PLC 的计数器数量有限，当大型项目中计数器不够用时，则可以使用 IEC 计数器。IEC 计数器集成在 CPU 的操作系统中，占用 CPU 的工作存储器资源。在 S7-1500 PLC 中 IEC 计数器指令包括 CTU 加计数指令、CTD 减计数指令、CTUD 加减计数指令。

（1）CTU 加计数指令

使用加计数指令 CTU，可以递增输出 CV 的值，该指令有 CU、R、PV、Q 和 CV 等参数，各参数说明如表 5-54 所示。

使用说明：

① 当参数 CU 的逻辑运算结果（RLO）从"0"变为"1"（信号上升沿）时，则执行该指

令，同时输出 CV 的当前计数器值加 1。

② 每检测到一个信号上升沿，计数器值就会递增 1，直到达到输出 CV 中所指定数据类型的上限。达到上限时，停止递增，输入 CU 的信号状态将不再影响该指令。

③ 当输入 R 的信号状态从"0"变为"1"时，输出 CV 的值被复位为"0"。

④ 如果当前计数器值大于或等于参数 PV 的值，则输出 Q 的信号状态为"1"，否则 Q 的信号状态为"0"。

表 5-54　CTU 加计数指令参数

LAD	STL	参数	数据类型	说明
CTU Int CU　Q R　CV PV	CALL CTU, "CTU_DB" CU := "Tag_StartCTU" R := "Tag_ResetCounter" PV := "Tag_PresetValue" Q := "Tag_CounterStatus" CV := "Tag_CounterValue"	CU	BOOL	加计数输入
		R	BOOL	复位输入
		PV	整数	置位输出 Q 的目标值
		Q	BOOL	计数器状态
		CV	整数、CHAR、WCHAR、DATE	当前计数器值

例 5-61：CTU 加计数指令的使用如表 5-55 所示。I0.0 为加计数脉冲输入端，I0.1 为复位输入端，计数器的计数次数设置为 4。如果输入端 I0.0 的信号状态每发生 1 次从"0"变为"1"的上升沿跳变时，则当前计数值加 1。如果当前计数器值大于或等于预置值"4"，则 Q0.0 输出为"1"，否则输出为"0"。如果 I0.1 信号状态变为"1"，则计数器复位，使得当前计数器值变为 0，同时 Q0.0 输出为"0"。

表 5-55　CTU 加计数指令的使用

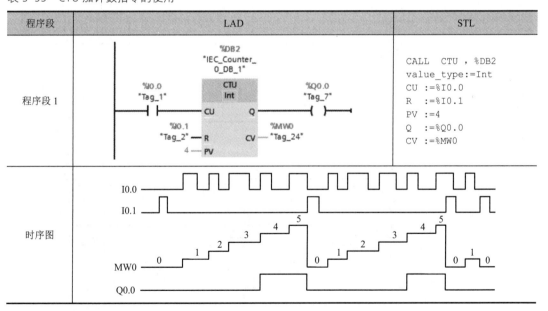

（2）CTD 减计数指令

使用减计数指令 CTD，可以递减输出 CV 的值，该指令有 CD、LD、PV、Q 和 CV 等参数，各参数说明如表 5-56 所示。

表 5-56　CTD 减计数指令参数

LAD	STL	参数	数据类型	说明
CTD **Int** CD　　Q LD　　CV PV	CALL CTD, "CTD_DB" CD := "Tag_StartCTD" LD := "Tag_LoadPV" PV := "Tag_PresetValue" Q := "Tag_CounterStatus" CV := "Tag_CounterValue"	CD	BOOL	减计数输入
		LD	BOOL	装载输入
		PV	整数	置位输出 Q 的目标值
		Q	BOOL	计数器状态
		CV	整数、CHAR、WCHAR、DATE	当前计数器值

使用说明：

① 当参数 CD 的逻辑运算结果（RLO）从 "0" 变为 "1"（信号上升沿）时，则执行该指令，同时输出 CV 的当前计数器值减 1。

② 每检测到一个信号上升沿，计数器值就会递减 1，直到达到输出 CV 中所指定数据类型的下限。达到下限时，停止递减，输入 CD 的信号状态将不再影响该指令。

③ 当输入 LD 的信号状态从 "0" 变为 "1" 时，输出 CV 的值被设置为参数 PV 的值。

④ 如果当前计数器值小于或等于 "0"，则输出 Q 的信号状态为 "1"，否则 Q 的信号状态为 "0"。

例 5-62：CTD 减计数指令的使用如表 5-57 所示。I0.0 为减计数脉冲输入端，I0.1 为装载数据输入端，计数器的计数次数设置为 5。如果输入端 I0.0 的信号状态每发生 1 次从 "0" 变为 "1" 的上升沿跳变，则当前计数值减 1。如果当前计数器值小于或等于 "0"，则 Q0.0 输出为 "1"，否则输出为 "0"。如果 I0.1 信号状态变为 "1"，则计数器置数，使得当前计数器值变为 5。

表 5-57　CTD 减计数指令的使用

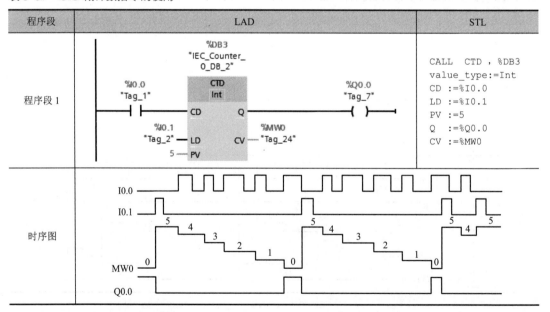

（3）CTUD 加减计数指令

使用加减计数指令 CTUD，可以递增或递减输出 CV 的值，该指令有 CU、CD、R、LD、PV、QU、QD 和 CV 等参数，各参数说明如表 5-58 所示。

表 5-58　CTUD 加减计数指令参数

LAD	STL	参数	数据类型	说明
CTUD Int　CU　QU　CD　QD　R　CV　LD　PV	CALL CTUD, "CTUD_DB"　CU := "Tag_StartCTU"　CD := "Tag_StartCTD"　R := "Tag_ResetCounter"　LD := "Tag_LoadPV"　PV := "Tag_PresetValue"　QU := "Tag_CounterStatus"　QD := "Tag_CounterStatus"　CV := "Tag_CounterValue"	CU	BOOL	加计数输入
		CD	BOOL	减计数输入
		R	BOOL	复位输入
		LD	BOOL	装载输入
		PV	整数	置位输出 QU 的目标值 / 置位输出 CV 中的值
		QU	BOOL	加计数器状态
		QD	BOOL	减计数器状态
		CV	整数，CHAR、WCHAR、DATE	当前计数器值

使用说明：

① 当参数 CU 的逻辑运算结果（RLO）从"0"变为"1"（信号上升沿）时，则当前计数器值加 1 并存储在参数 CV 中；当参数 CD 的逻辑运算结果（RLO）从"0"变为"1"（信号上升沿）时，则当前计数器值减 1 并存储在参数 CV 中。

② 进行加计数操作时，若每检测到一个信号上升沿，计数器值就会递增 1，直到达到输出 CV 中所指定数据类型的上限。达到上限时，停止递增，输入 CU 的信号状态将不再影响该指令。进行减计数操作时，每检测到一个信号上升沿，计数器值就会递减 1，直到达到输出 CV 中所指定数据类型的下限。达到下限时，停止递减，输入 CD 的信号状态将不再影响该指令。

③ 当输入 R 的信号状态从"0"变为"1"时，输出 CV 的值被复位为"0"。当输入 LD 的信号状态从"0"变为"1"时，输出 CV 的值被设置为参数 PV 的值。

④ 如果当前计数器值大于或等于参数 PV 的值，则输出 QU 的信号状态为"1"，否则 QU 的信号状态为"0"。如果当前计数器值小于或等于 0，则输出 QD 的信号状态为"1"，否则 QD 的信号状态为"0"。

例 5-63：CTUD 加减计数指令的使用如表 5-59 所示。I0.0 为加计数脉冲输入端，I0.1 为减计数脉冲输入端，I0.2 为复位输入端，I0.3 为装载输入端，计数器的计数次数设置为 4。如果输入端 I0.0 的信号状态每发生 1 次从"0"变为"1"的上升沿跳变，则当前计数值加 1。如果当前计数器值大于或等于"4"，则 Q0.0 输出为"1"，否则输出为"0"。如果输入端 I0.1 的信号状态每发生 1 次从"0"变为"1"的上升沿跳变，则当前计数值减 1。如果当前计数器值小

表 5-59　CTUD 加减计数指令的使用

程序段	LAD	STL
程序段 1	%DB4 "IEC_Counter_0_DB_3"　%I0.0 "Tag_1"　CTUD Int　CU　QU　%Q0.0 "Tag_7"　%I0.1 "Tag_2" — CD　QD → %Q0.1 "Tag_9"　%I0.2 "Tag_3" — R　CV --- %MW0 "Tag_24"　%I0.3 "Tag_4" — LD　4 — PV	CALL CTUD , %DB4　value_type:=Int　CU :=%I0.0　CD :=%I0.1　R :=%I0.2　LD :=%I0.3　PV :=4　QU :=%Q0.0　QD :=%Q0.1　CV :=%MW0

程序段	LAD	STL
时序图	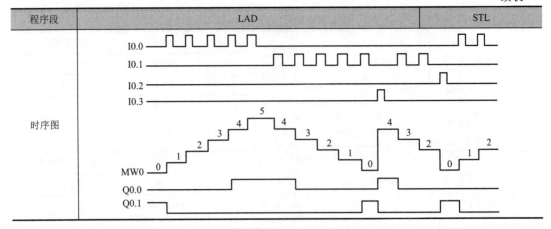	

于或等于"0"，则 Q0.1 输出为"1"，否则输出为"0"。如果 I0.2 信号状态变为"1"，计数器复位，使得当前计数器值变为 0，同时 Q0.0 输出为"0"。如果 I0.3 信号状态变为"1"，计数器置数，使得当前计数器值变为 4。

5.3.5 计数器指令的应用

例 5-64：用一个按钮控制一只灯，按钮和 PLC 的 I0.0 连接，灯与 PLC 的 Q0.0 连接。使用两个加计数器，奇数次按下按钮时，灯为 ON，偶数次按下按钮时，灯为 OFF。编写的程序如表 5-60 所示。

表 5-60　一个按钮控制一只灯的程序

程序段	LAD
程序段 1	%I0.0 "Tag_1" — %DB1 "IEC_Counter_0_DB" CTU Int — CU — Q — %M0.0 "Tag_11"；%Q0.0 "Tag_7" — R；1 — PV；CV — %MW2 "Tag_25"
程序段 2	%I0.0 "Tag_1" — %DB2 "IEC_Counter_0_DB_1" CTU Int — CU — Q — %M0.1 "Tag_10"；CV — %MW4 "Tag_27"；%Q0.0 "Tag_7" — R；1 — PV
程序段 3	%M0.0 "Tag_11" — %M0.1 "Tag_10" — %Q0.0 "Tag_7"；%Q0.0 "Tag_7"

例 5-65：由定时器实现的秒闪及和计数延时控制程序如表 5-61 所示。启动按钮 SB1 与 PLC 的 I0.0 连接，手动复位按钮 SB2 与 PLC 的 I0.1 连接，秒闪输出信号灯 HL1 与 PLC 的 Q0.0 连接，计数输出信号灯 HL2 与 PLC 的 Q0.1 连接。运行程序，I0.0 为 ON 时，Q0.0 每隔 1s 闪烁一次。CTU 加计数器对 Q0.0 秒闪次数计数，当计数达到 10 次时，Q0.1 输出为 ON。当 Q0.1 为 ON 时，延时 5s 后 CTU 加计数器复位，同时 Q0.1 为 OFF。在运行中，当 I0.1 为 ON 时，CTU 加计数器和 Q0.1 将被复位。

表 5-61　定时器实现的秒闪及和计数延时控制程序

程序段	LAD
程序段 1	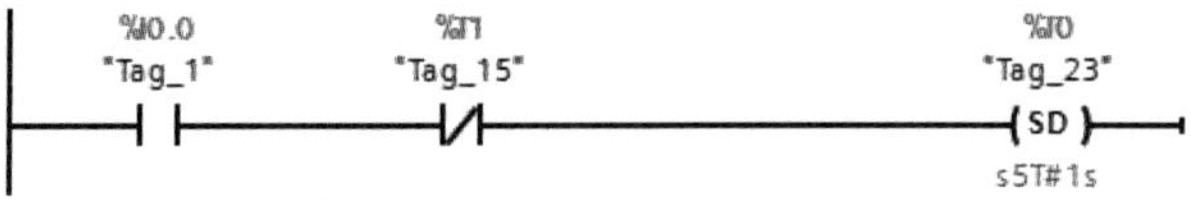
程序段 2	
程序段 3	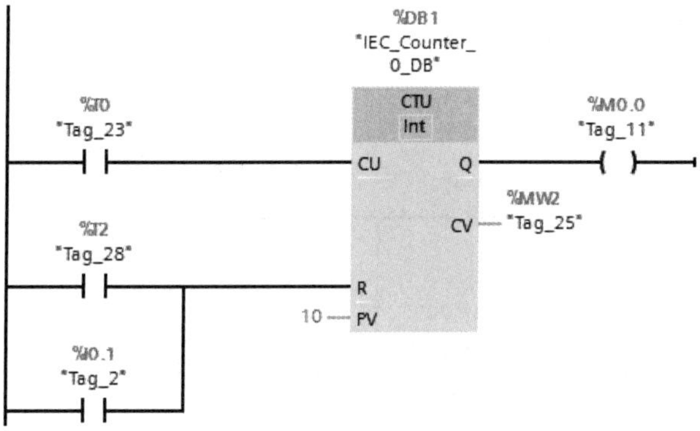
程序段 4	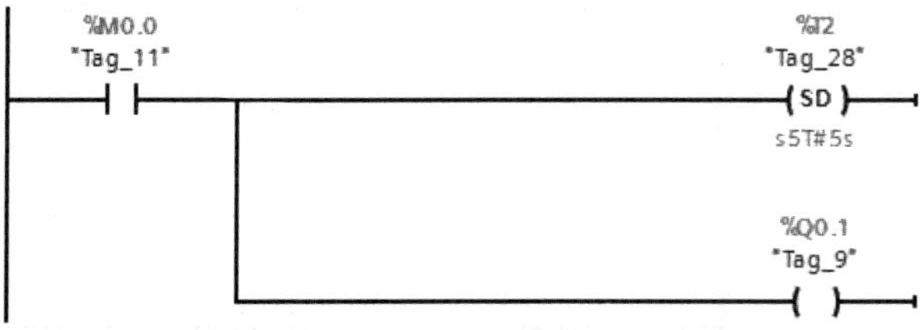

例 5-66：设计一下用 PLC 控制包装传输系统。要求按下启动按钮后，传输带电动机工作，物品在传输带上开始传送，每传送 10 个物品，传输带暂停 10s，工作人员将物品包装。

分析：用光电检测来检测物品是否在传输带上，每来一个物品，产生一个脉冲信号送入 PLC 中进行计数。PLC 中可用加计数器进行计数，计数器的设定值为 10。启动按钮 SB 与 I0.0 连接，停止按钮 SB1 与 I0.1 连接，光电检测信号通过 I0.2 输入 PLC 中，传输带电动机由 Q0.0 输出驱动。编写程序如表 5-62 所示。

当按下启动按钮时，I0.0 常开触点闭合，Q0.0 输出传输带运行。若传输带上有物品，光电检测开关有效，I0.2 常开触点闭合，CTU 加计数器开始计数。当计数到 10 时，M0.0 常开触点闭合，辅助继电器 M0.1 有效，M0.1 的两对常开触点闭合，M0.1 常闭触点断开。M0.1 的一路常开触点闭合使 CTU 加计数器复位，从而使计数器重新计数；另一路 M0.1 常开触点闭合开始延时等待；M0.1 的常闭触点断开，使传输带暂停。若延时时间到，T0 的常闭触点打开，M0.1线圈暂时没有输出；T0 的常开触点闭合，启动传输带又开始传送物品，如此循环。物品传送过程中，若按下停止按钮，I0.1 的常闭触点打开，Q0.0 输出无效，传输带停止运行；I0.1 的常开触点闭合，使 CTU 加计数器复位，为下次启动重新计数做好准备。

表 5-62　PLC 控制包装传输系统的程序

程序段	LAD
程序段 1	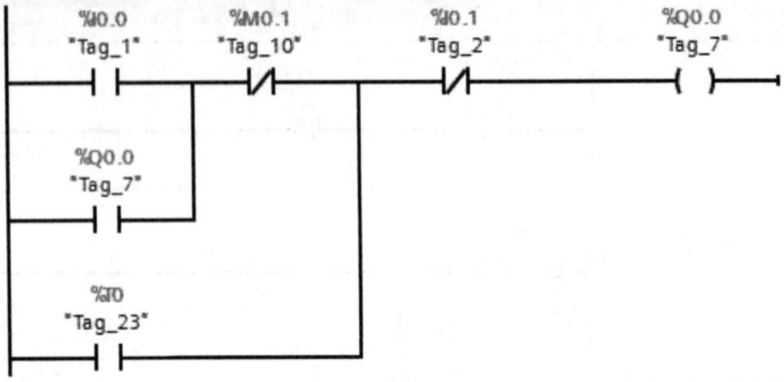
程序段 2	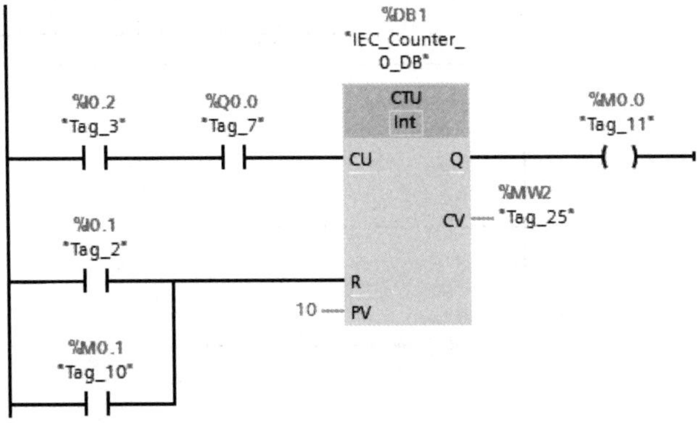
程序段 3	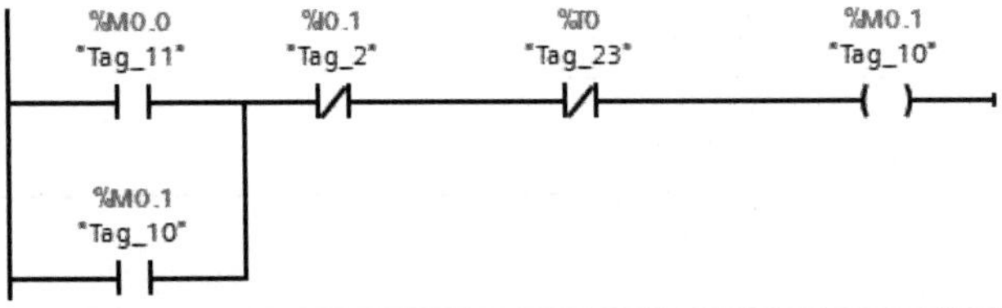
程序段 4	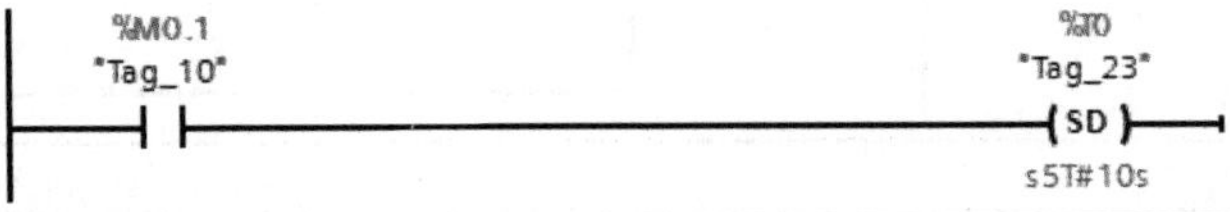

5.4　程序控制类指令

程序控制类指令包括数据块操作指令、跳转指令、代码块操作指令等。

5.4.1　数据块操作指令

数据块占用 CPU 的工作存储区和装载存储区，其数量及每个数据块的大小可以由用户根据实际情况进行定义。数据块中包含用户定义的变量，访问这些变量首先需要将数据块打开，然后通过 CPU 内的数据块寄存器 DB 或 DI 直接访问数据块的内容。

在 SIMATIC S7-1500 PLC 的梯形图（LAD）中没有 DB、DI 寄存器，所以在 LAD 中也没有数据块操作指令，打开数据块会增加运行时间。

在语句表（STL）的数据块指令有：OPN（打开全局数据块）、OPNDI（打开背景数据块）、CDB（交换数据块寄存器）、L DBLG（将全局数据块的长度装入累加器 1 中）、L DBNO（将全局数据块的编号装入累加器 1 中）、L DILG（将背景数据块的长度装入累加器 1 中）、L DINO（将背景数据块的编号装入累加器 1 中）。

（1）OPN 打开全局数据块指令

指令格式：OPN< 数据块 >

使用说明：

① 使用 OPN 指令，可以将数据块作为全局数据块打开，并将数据块编号传送到 DB 寄存器。

② 执行该指令时既不会影响逻辑运算结果，也不会影响累加器的内容。

例 5-67：OPN 指令的使用如下。

```
OPN    %DB20      // 打开全局数据块并将块的数目传送到 DB20 寄存器
L      %DIW42     // 将打开全局数据块的数据字 DW42 装入累加器 1 中
T      %MW20      // 将累加器 1 低字中的内容传送到 MW20
```

（2）OPNDI 打开背景数据块指令

指令格式：OPNDI< 数据块 >

使用说明：

① 使用 OPNDI 指令，可以将数据块作为背景数据块打开，并将数据块编号传送到 DI 寄存器。

② 执行该指令时既不会影响逻辑运算结果，也不会影响累加器的内容。

例 5-68：OPNDI 指令的使用如下。

```
OPNDI %DB10      // 打开背景数据块并将数据块的数目传送到 DB10 寄存器
L      %DIW0      // 将打开背景数据块的数据字 DW0 装入累加器 1 中
T      %MW2       // 将累加器 1 低字中的内容传送到已打开背景数据块的数据字 MW2 中
```

（3）CDB 交换数据块寄存器指令

指令格式：CDB

使用说明：使用 CDB 指令，可以交换数据块寄存器，一个全局数据块可转换为一个背景数据块，同样，一个背景数据块可转换为一个全局数据块。

例 5-69：CDB 指令的使用如下。

```
OPN    %DB20      // 打开全局数据块并将数据块的数目传送到 DB20 寄存器
OPNDI %DB10      // 打开背景数据块并将数据块的数目传送到 DB10 寄存器
CDB               // 交换数据块寄存器，其中 DB 寄存器引用 DB10，而 DI 寄存器引用 DB20
L      %DIW0      // 将打开全局数据块的数据字 DW0 装入累加器 1 低字中
T      MW20       // 将累加器 1 低字中的内容传送到已打开全局数据块的数据字 MW20 中
```

（4）L DBLG 将全局数据块的长度装入累加器 1 中指令

指令格式：L DBLG

使用说明：使用 L DBLG 指令，可以在累加器 1 的内容保存到累加器 2 中后，将全局数据块的长度装入累加器 1 中。如果在执行该指令前，没有通过数据块寄存器打开全局数据块，则将 0 装载到累加器 1 中。

例 5-70：L DBLG 指令的使用如下。

```
OPN    %DB20      // 打开数据块 DB20 作为全局数据块
```

```
L       DBLG        // 装入全局数据块的长度（即 DB20 的长度）
L       %MD10       // 取 MD10 中的内容作为比较值
>D                  // 比较数据块的长度是否足够长
JC      ERRO        // 如果长度大于 MD10 中的数值，则跳转到 ERRO 跳转标号
```

（5）L DBNO 将全局数据块的编号装入累加器 1 中指令

指令格式：L DBNO

使用说明：使用 L DBNO 指令，可以在累加器 1 的内容保存到累加器 2 中后，将全局数据块的编号装入累加器 1 的低字中。

例 5-71：L DBNO 指令的使用如下。

```
OPN     %DB20       // 打开全局数据块并将数据块的数目传送到 DB20 寄存器
L       DBNO        // 将已打开数据块的数目加载到累加器 1 中
L       %MW10       // 取 MW10 中的内容作为比较值
==I                 // 比较数据块的编号是否与 MW10 中的值相等
=       %Q0.0       // 查询结果由 Q0.0 输出
```

（6）L DILG 将背景数据块的长度装入累加器 1 中指令

指令格式：L DILG

使用说明：使用 L DILG 指令，可以在累加器 1 的内容保存到累加器 2 中后，将背景数据块的长度装入累加器 1 的低字中。如果在执行该指令前，没有通过数据块寄存器打开背景数据块，则将 0 装载到累加器 1 中。

例 5-72：L DILG 指令的使用如下。

```
OPNDI   %DB20       // 打开背景数据块并将数据块的数目传送到 DB20 寄存器
L       DILG        // 装入背景数据块的长度（即 DB20 的长度）
L       %MD10       // 取 MD10 中的内容作为比较值
>D                  // 比较数据块的长度是否足够长
JC      ERRO        // 如果长度大于 MD10 中的数值，则跳转到 ERRO 跳转标号
```

（7）L DINO 将背景数据块的编号装入累加器 1 中指令

指令格式：L DINO

使用说明：使用 L DINO 指令，可以在累加器 1 的内容保存到累加器 2 中后，将背景数据块的编号装入累加器 1 中。如果在执行该指令前，没有通过数据块寄存器打开全局数据块，则将 0 装载到累加器 1 中。

5.4.2 跳转指令

跳转指令主要用于较复杂程序的设计，该指令可以用来优化程序结构，增强程序功能。跳转指令可以使 PLC 编程的灵活性大大提高，使 PLC 可根据不同条件的判断，选择不同的程序段执行程序。

（1）语句表中的跳转指令

在语句表中的跳转指令有：JU（无条件跳转）、JL（跳转到标号）、JC（若 RLO=1，则跳转）、JCN（若 RLO=0，则跳转）、JCB（若 RLO=1，则跳转，同时对 BR 置位）、JNB（若 RLO=0，则跳转，同时对 BR 复位）、JBI（若 BR=1，则跳转）、JNBI（若 BR=0，则跳转）、JO（若 OV=1，则跳转）、JOS（若 OS=1，则跳转）、JZ（若计算结果为零，则跳转）、JN（若计算结果为非零，则跳转）、JP（若计算结果为正，则跳转）、JM（若计算结果为负，则跳转）、JPZ（若计算结果大于或等于零，则跳转）、JMZ（若计算结果小于或等于零，则跳转）、JUO（若计算结果无效，则跳转）。

1）JU 无条件跳转指令

指令格式：JU< 跳转标号 >

使用说明：

① 使用该指令，可以中断线性程序扫描，并跳转到一个跳转目的地（即目标指令），该跳转与状态字的内容无关。程序扫描将从目标地址继续进行。跳转目标通过一个跳转标号来指定，可向前跳转和向后跳转。

② 只能在一个程序块内执行跳转，即跳转指令和跳转目标必须位于同一个程序块内。跳转目标在该块内必须是唯一的，最大跳转距离为 −32768 或 +32767 个程序代码字。实际跳转的最大长度取决于程序中所使用语句的组合情况（单字、双字或三字语句）。

例 5-73：某灯光控制系统（QB1 与多个 LED 发光二极管相连），合上电源时，QB1 进行加 1 显示，如果按下常开触点 SB（SB 与 I1.0 连接）时，QB1 不显示，使用 JU 无条件跳转指令编写的程序如下。

```
        A    %I1.0
        JC   RESE      // 当 I1.0 常开触点闭合（即 RLO=1）时，跳转到标号 RESE
                       // I1.0 常开触点没有闭合时，MB10 中的内容加 1，并调用 QB1 显示
        L    %MB10     // 装载 MB10 中的内容到累加器 1 中
        INC  1         // 累加器 1 中的内容加 1
        T    %MB10     // 将累加器 1 中的内容保存到 MB10 中，为下次显示做好准备
        JU   EVAL      // 无条件跳转到标号 EVAL
RESE:   L    0         // 装载 0 到累加器 1 中
        T    %MB10     // 将累加器 1 中的内容装入 MB10 中，实现清 0，即将 QB1 执行
                       //    EVAL，使 QB1 控制 LED 显示
EVAL:   T    %QB1      // 将累加器 1 中的内容送到 QB1，以控制 LED 显示
```

2）JL 跳转指令

指令格式：JL< 跳转标号 >

使用说明：

① 使用该指令，可以进行多级跳转。跳转目标最多有 255 个，从该指令的下一行开始，直至该指令地址中参考跳转到标号的前一行结束。

② 每个跳转目标包含一条无条件跳转指令（JU），跳转目标的数量（0 ~ 255）存储在累加器 1 低字的低字节中。

③ 只要累加器的内容小于 JL 指令和跳转标号之间跳转目标的数量，JL 指令就跳转到相应的一条 JU 指令。如果累加器 1 低字的低字节为 "0"，则跳到第一条 JU 指令。如果累加器 1 低字的低字节为 "1"，则跳到第二条 JU 指令，依此类推。

④ 如果跳转目标的数量太大，则 JL 指令跳转到目标列表中最后一条 JU 指令之后的第一条指令。

⑤ 跳转目标列表必须包含 JU 指令，由其来负责在 JL 指令的地址区内进行相应的跳转。跳转列表中的任何其他指令都是非法的。

例 5-74：JL 跳转指令的使用如下所示。

```
L      %MB10          // 将跳转目标的数量装入累加器 1 低字低字节中
JL     LPI3           // 如果累加器 1 低字低字节中的内容大于 3，则跳转到 LPI3
JU     LPI0           // 如果累加器 1 低字低字节中的内容等于 0，则跳转到 LPI0
JU     LPI1           // 如果累加器 1 低字低字节中的内容等于 1，则跳转到 LPI1
JU     LPI2           // 如果累加器 1 低字低字节中的内容等于 2，则跳转到 LPI2
JU     LPI4           // 如果累加器 1 低字低字节中的内容等于 3，则跳转到 LPI4
LPI3: ……              // 允许的指令
LPI0: ……              // 允许的指令
LPI1: ……              // 允许的指令
LPI2: ……              // 允许的指令
LPI4: ……              // 允许的指令
```

3) JC 若 RLO=1，则跳转指令

指令格式：JC<跳转标号>

使用说明：

① 如果 RLO=1，则该指令可以中断当前线性程序扫描，并跳转到一个跳转目标，在跳转目标继续进行线性程序扫描。如果 RLO=0，则不执行跳转。

② 跳转目标通过一个跳转标号来指定，可向前或向后跳转。

③ 只能在一个程序块内执行跳转，即跳转指令和跳转目标必须位于同一个程序块内，跳转目标在该块内必须是唯一的。

④ 最大跳转距离为 –32768 或 +32767 个程序代码字，但是，实际跳转的最大长度取决于程序中所使用语句的组合情况（单字、双字或三字语句）。

4) JCN 若 RLO=0，则跳转指令

指令格式：JCN<跳转标号>

使用说明：

① 如果 RLO=0，则该指令可以中断当前线性程序扫描，并跳转到一个跳转目标，在跳转目标继续进行线性程序扫描。如果 RLO=1，则不执行跳转。

② 跳转目标通过一个跳转标号来指定，可向前或向后跳转。

③ 只能在一个程序块内执行跳转，即跳转指令和跳转目标必须位于同一个程序块内，跳转目标在该块内必须是唯一的。

④ 最大跳转距离为 –32768 或 +32767 个程序代码字，但是，实际跳转的最大长度取决于程序中所使用语句的组合情况（单字、双字或三字语句）。

5) JCB 若 RLO=1，则跳转，同时对 BR 置位指令

指令格式：JCB<跳转标号>

使用说明：

① 如果 RLO=1，该指令将中断当前线性程序扫描，并跳转到一个跳转目标，在跳转目标处继续进行线性程序扫描，并将 RLO 状态拷贝到该指令的 BR 中。如果 RLO=0，则不执行跳转。

② 跳转目标通过一个跳转标号来指定，可向前跳转或向后跳转。

③ 只能在一个程序块内执行跳转，即跳转指令和跳转目标必须位于同一个程序块内，跳转目标在该块内必须是唯一的。

④ 最大跳转距离为 –32768 或 +32767 个程序代码字，但是，实际跳转的最大长度取决于程序中所使用语句的组合情况（单字、双字或三字语句）。

例 5-75：JCB 跳转指令的使用如下所示。

```
      A      %I1.0
      AN     %I1.1
      JCB    LP1         // 如果 RLO=1，则跳转到标号 LP1，并将 RLO 位的内容复制到 BR 位
      L      %IB10       // 如果 RLO=0，则将 IB10 中的内容装入累加器 1 低字的低字节中
      T      %MB10       // 累加器 1 低字的低字节中的内容送入 MB10 中进行保存
LP1： A      %I1.2       // 在跳转到跳转标号 LP1 后重新进行程序扫描
```

6) JNB 若 RLO=0，则跳转，同时对 BR 复位指令

指令格式：JNB<跳转标号>

使用说明：

① 如果 RLO=0，该指令将中断当前线性程序扫描，并跳转到一个跳转目标，在跳转目标处继续进行线性程序扫描，并将 RLO 状态拷贝到该指令的 BR 中。如果 RLO=1，则不执行跳转。

②跳转目标通过一个跳转标号来指定，可向前跳转或向后跳转。

③只能在一个程序块内执行跳转，即跳转指令和跳转目标必须位于同一个程序块内，跳转目标在该块内必须是唯一的。

④最大跳转距离为 −32768 或 +32767 个程序代码字，但是，实际跳转的最大长度取决于程序中所使用语句的组合情况（单字、双字或三字语句）。

7）JBI 若 BR=1，则跳转指令

指令格式：JBI< 跳转标号 >

使用说明：

①如果状态位 BR=1，该指令将中断当前线性程序扫描，并跳转到一个跳转目标，在跳转目标继续进行线性程序扫描。

②跳转目标通过一个跳转标号来指定，可向前跳转或向后跳转。

③只能在一个程序块内执行跳转，即跳转指令和跳转目标必须位于同一个程序块内，跳转目标在该块内必须是唯一的。

④最大跳转距离为 −32768 或 +32767 个程序代码字，但是，实际跳转的最大长度取决于程序中所使用语句的组合情况（单字、双字或三字语句）。

8）JNBI 若 BR=0，则跳转指令

指令格式：JNBI< 跳转标号 >

使用说明：

①如果状态位 BR=0，该指令将中断当前线性程序扫描，并跳转到一个跳转目标，在跳转目标继续进行线性程序扫描。

②跳转目标通过一个跳转标号来指定，可向前跳转或向后跳转。

③只能在一个程序块内执行跳转，即跳转指令和跳转目标必须位于同一个程序块内，跳转目标在该块内必须是唯一的。

④最大跳转距离为 −32768 或 +32767 个程序代码字，但是，实际跳转的最大长度取决于程序中所使用语句的组合情况（单字、双字或三字语句）。

9）JO 若 OV=1，则跳转指令

指令格式：JO< 跳转标号 >

使用说明：

①如果状态位 OV=1，该指令将中断当前线性程序扫描，并跳转到一个跳转目标，在跳转目标继续进行线性程序扫描。

②跳转目标通过一个跳转标号来指定，可向前跳转或向后跳转。

③只能在一个程序块内执行跳转，即跳转指令和跳转目标必须位于同一个程序块内，跳转目标在该块内必须是唯一的。

④最大跳转距离为 −32768 或 +32767 个程序代码字，但是，实际跳转的最大长度取决于程序中所使用语句的组合情况（单字、双字或三字语句）。

⑤在一个组合的算术指令中，需在每个单独的算术指令后检查是否发生溢出，也可以使用指令 JOS 进行检测，以确保每个中间结果都位于允许范围内。

例 5-76：JO 跳转指令的使用如下所示。

```
    L       %MW10
    L       5
    *I                      // 将 MW10 中的内容与常数进行相乘
    JO      LP1             // 如果相乘结果超出了最大范围，OV=1，则跳转到标号 LP1
    T       %MW20           // 如果相乘结果没有超出最大范围，则继续执行程序扫描
LP1: =      %Q1.0           // 在跳转到跳转标号 LP1 后重新进行程序扫描
```

10) JOS 若 OS=1，则跳转指令

指令格式：JOS< 跳转标号 >

使用说明：

① 如果状态位 OS=0，该指令将中断当前线性程序扫描，并跳转到一个跳转目标，在跳转目标继续进行线性程序扫描。

② 跳转目标通过一个跳转标号来指定，可向前跳转或向后跳转。

③ 只能在一个程序块内执行跳转，即跳转指令和跳转目标必须位于同一个程序块内，跳转目标在该块内必须是唯一的。

④ 最大跳转距离为 -32768 或 +32767 个程序代码字，但是，实际跳转的最大长度取决于程序中所使用语句的组合情况（单字、双字或三字语句）。

例 5-77：JOS 跳转指令的使用如下所示。

```
    L        %MW2
    L        %MW4
    *I                    // 将 MW2 和 MW4 中的内容相乘
    L        %DBW6
    L        %MW8
    -I                    // 将 DBW6 和 MW8 中的内容进行相减
    L        %MW10
    +I
    JOS      LP1          // 如果在乘、减、加的运算过程中，只要有 1 个运算结果出现溢
                         //    出，OS=1，则跳转到标号 LP1
    T        %MW20        // 如果没有执行跳转，则继续执行程序扫描
LP1: =       %Q1.0        // 在跳转到跳转标号 LP1 后重新进行程序扫描
```

11) JZ 若计算结果为零，则跳转指令

指令格式：JZ< 跳转标号 >

使用说明：

① 如果状态位 CC1=0 并且 CC0=0，该指令将中断当前线性程序扫描，并跳转到一个跳转目标，在跳转目标继续进行线性程序扫描。

② 跳转目标通过一个跳转标号来指定，可向前跳转或向后跳转。

③ 只能在一个程序块内执行跳转，即跳转指令和跳转目标必须位于同一个程序块内，跳转目标在该块内必须是唯一的。

④ 最大跳转距离为 -32768 或 +32767 个程序代码字，但是，实际跳转的最大长度取决于程序中所使用语句的组合情况（单字、双字或三字语句）。

12) JN 若计算结果为非零，则跳转指令

指令格式：N< 跳转标号 >

使用说明：

① 如果状态位 CC1 和 CC0 指示的结果大于或小于 0，也就是 CC1=1、CC0=0 或者 CC1=0、CC0=1 时，该指令将中断当前线性程序扫描，并跳转到一个跳转目标，在跳转目标继续进行线性程序扫描。

② 跳转目标通过一个跳转标号来指定，可向前跳转或向后跳转。

③ 只能在一个程序块内执行跳转，即跳转指令和跳转目标必须位于同一个程序块内，跳转目标在该块内必须是唯一的。

④ 最大跳转距离为 -32768 或 +32767 个程序代码字，但是，实际跳转的最大长度取决于程序中所使用语句的组合情况（单字、双字或三字语句）。

13）JP 若计算结果为正，则跳转指令

指令格式：JP＜跳转标号＞

使用说明：

① 如果计算结果大于 0（即状态位 CC1=1 并且 CC0=0），该指令将中断当前线性程序扫描，并跳转到一个跳转目标，在跳转目标继续进行线性程序扫描。

② 跳转目标通过一个跳转标号来指定，可向前跳转或向后跳转。

③ 只能在一个程序块内执行跳转，即跳转指令和跳转目标必须位于同一个程序块内，跳转目标在该块内必须是唯一的。

④ 最大跳转距离为 −32768 或 +32767 个程序代码字，但是，实际跳转的最大长度取决于程序中所使用语句的组合情况（单字、双字或三字语句）。

14）JM 若计算结果为负，则跳转指令

指令格式：JM＜跳转标号＞

使用说明：

① 如果计算结果小于 0（即状态位 CC1=0 并且 CC0=1），该指令将中断当前线性程序扫描，并跳转到一个跳转目标，在跳转目标继续进行线性程序扫描。

② 跳转目标通过一个跳转标号来指定，可向前跳转或向后跳转。

③ 只能在一个程序块内执行跳转，即跳转指令和跳转目标必须位于同一个程序块内，跳转目标在该块内必须是唯一的。

④ 最大跳转距离为 −32768 或 +32767 个程序代码字，但是，实际跳转的最大长度取决于程序中所使用语句的组合情况（单字、双字或三字语句）。

15）JPZ 若计算结果大于或等于零，则跳转指令

指令格式：JPZ＜跳转标号＞

使用说明：

① 如果计算结果大于或等于 0（即状态位 CC1=1、CC0=0 或者 CC1=0、CC0=0），该指令将中断当前线性程序扫描，并跳转到一个跳转目标，在跳转目标继续进行线性程序扫描。

② 跳转目标通过一个跳转标号来指定，可向前跳转或向后跳转。

③ 只能在一个程序块内执行跳转，即跳转指令和跳转目标必须位于同一个程序块内，跳转目标在该块内必须是唯一的。

④ 最大跳转距离为 −32768 或 +32767 个程序代码字，但是，实际跳转的最大长度取决于程序中所使用语句的组合情况（单字、双字或三字语句）。

16）JMZ 若计算结果小于或等于零，则跳转指令

指令格式：JMZ＜跳转标号＞

使用说明：

① 如果计算结果小于或等于 0（即状态位 CC1=0、CC0=1 或者 CC1=0、CC0=0），该指令将中断当前线性程序扫描，并跳转到一个跳转目标，在跳转目标继续进行线性程序扫描。

② 跳转目标通过一个跳转标号来指定，可向前跳转或向后跳转。

③ 只能在一个程序块内执行跳转，即跳转指令和跳转目标必须位于同一个程序块内，跳转目标在该块内必须是唯一的。

④ 最大跳转距离为 −32768 或 +32767 个程序代码字，但是，实际跳转的最大长度取决于程序中所使用语句的组合情况（单字、双字或三字语句）。

17）JUO 若计算结果无效，则跳转指令

指令格式：JUO＜跳转标号＞

使用说明：

① 如果计算结果无效（即状态位 CC1=1 并且 CC0=1），该指令将中断当前线性程序扫描，并跳转到一个跳转目标，在跳转目标继续进行线性程序扫描。

② 跳转目标通过一个跳转标号来指定，可向前跳转或向后跳转。

③ 只能在一个程序块内执行跳转，即跳转指令和跳转目标必须位于同一个程序块内，跳转目标在该块内必须是唯一的。

④ 最大跳转距离为 -32768 或 +32767 个程序代码字，但是，实际跳转的最大长度取决于程序中所使用语句的组合情况（单字、双字或三字语句）。

⑤ 通常当除数为 0 时，或者使用了非法指令时，抑或是浮点数比较结果为无效数，即使用了无效格式时，状态位 CC1=1、CC0=1。

（2）梯形图中的跳转指令

梯形图中的跳转指令有：JMP（跳转）、JMPN（若非跳转）、LABLE（跳转标号）、JMP_LIST（定义跳转列表）、SWITCH（跳转分支）、RET（返回）。

1）JMP 跳转指令

指令符号：<标号名>

　　　　　　--(JMP)

使用说明：

① 如果该指令输入的逻辑运算结果 RLO 为"1"，可以中断正在执行的程序段，转去执行其他程序段，否则将继续执行下一个程序段。

② 对于每一个 --(JMP)，必须有一个目的标号，且指定的目的标号与执行的指令必须位于同一数据块中。指定的名称在块中只能出现一次，一个程序段中只能使用一个跳转线圈。

2）JMPN 若非跳转指令

指令符号：<标号名>

　　　　　　--(JMPN)

使用说明：

① 如果该指令输入的逻辑运算结果 RLO 为"0"，可以中断正在执行的程序段，转去执行其他程序段，否则将继续执行下一个程序段。

② 对于每一个 --(JMPN)，必须有一个目的标号，且指定的目的标号与执行的指令必须位于同一数据块中。指定的名称在块中只能出现一次，一个程序段中只能使用一个跳转线圈。

3）RET 返回指令

指令符号：-(RET)-

使用说明：-(RET)-用于停止有条件或无条件执行的块，即 RLO=1，则返回。程序块退出时，返回值的信号状态与调用程序的使能输出 ENO 相对应。

4）LABLE 跳转标号

指令符号：

```
┌──────────────┐
│    LABLE     │
└──────────────┘
```

使用说明：LABLE 是一个跳转指令目的地的标识符。第一个字符必须是字母表中的一个字母，其他字符可以是字母，也可以是数字（例如 CAS1）。对于每一个 --(JMP)或 --(JMPN)，必须有一个跳转标号（LABLE）。

例 5-78：当 I0.0 和 I0.2 常开触点闭合时，将整数 45 送入 MB10 中进行保存；当 I0.1 常闭触点断开，并且 I0.3 常开触点闭合时，将整数 56 送入 MB10 中进行保存，编写程序如表 5-63

所示。

程序说明：在程序段 1 中当 I0.0 常开触点闭合时，执行 JMP 跳转到标号为 lp1 处。在程序段 2 中，当 I0.1 常闭触点断开时，执行 JMPN 跳转到标号为 lp2 处。程序段 3 为 lp1 的跳转目的地，在此目的地，常开触点 I0.2 闭合时，执行 MOVE 指令，将整数 45 送入 MB10。程序段 4 为 lp2 的跳转目的地，在此目的地，常开触点 I0.3 闭合时，执行 MOVE 指令，将整数 56 送入 MB10。

表 5-63　跳转指令的使用

程序段	LAD	STL
程序段 1	%I0.0　　　　　　　lp1　——| |————————————————————(JMP)	A　　%I0.0 JC　　lp1
程序段 2	%I0.1　　　　　　　lp2　——|/|————————————————————(JMPN)	AN　　%I0.1 JCN　　lp2
程序段 3	lp1 %I0.2　　　　　MOVE ——| |————EN — ENO 　　　　45 — IN ✶ OUT1 — %MB10	lp1:　A　　%I0.2 　　　JNB　_001 　　　L　　45 　　　T　　%MB10 _001: NOP　0
程序段 4	lp2 %I0.3　　　　　MOVE ——| |————EN — ENO 　　　　56 — IN ✶ OUT1 — %MB10	lp2:　A　　%I0.3 　　　JNB　_002 　　　L　　56 　　　T　　%MB10 _002: NOP　0

5）JMP_LIST 定义跳转列表指令

使用 JMP_LIST 指令可以定义多个有条件跳转，并继续执行由参数 K 值指定的程序段中的程序，该指令有 EN、K、DEST0、DEST1、DESTn 等参数，各参数说明如表 5-64 所示。

表 5-64　JMP_LIST 定义跳转列表指令参数

LAD	参数	数据类型	说明
JMP_LIST — EN　DEST0 — — K　　DEST1 — ✶　　　DEST2 —	EN	BOOL	使能输入
	K	UINT	指定输出的编号及要执行的跳转
	DEST0	—	第 1 个跳转标号
	DEST1	—	第 2 个跳转标号
	DESTn	—	第 n+1 个跳转标号

使用说明：

① 可以使用跳转标号（LABLE）来定义跳转，跳转标号可以在指令框的输出指定，例如在指令中点击黄色的星号即可添加跳转（DEST），S7-1500 PLC 最多可以声明 256 个跳转。

② EN 使能端的信号状态为"1"时，才能执行该指令。

③ 参数 K 指定输出编号，程序将从跳转标号处继续执行，如果 K 值大于可用的输出编号，则继续执行块中下个程序段中的程序。

例 5-79：JMP_LIST 指令的使用如表 5-65 所示。当 I0.0 闭合时，将根据 MB0 的内容进行相应的跳转。如果 MB0 中的值等于 0，则跳转到 LP0 标号的程序段（即程序段 2），将整数 12

送入 MB10 中；如果 MB0 中的值等于 1，则跳转到 LP1 标号的程序段（即程序段 3），将整数 23 送入 MB10 中；如果 MB0 中的值等于 2，则跳转到 LP2 标号的程序段（即程序段 4），将整数 34 送入 MB10 中；如果 MB0 中的值是 3 及以上的数值，由于 JMP_LIST 指令中只设置了 3 个标号，所以将跳过程序段 2 ～ 4，继续往下，顺序执行其他程序段。

表 5-65　JMP_LIST 指令的使用

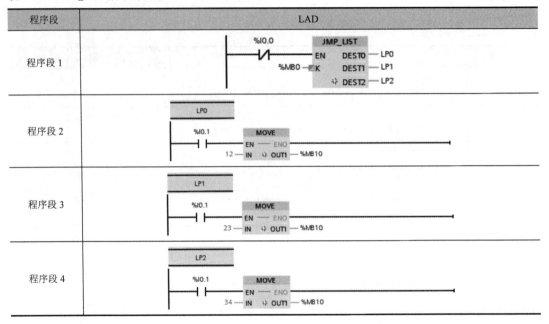

程序段	LAD

6）SWITCH 跳转分支指令

使用跳转分支指令 SWITCH，可以根据一个或多个比较指令的结果，定义要执行的多个程序跳转。该指令有 EN、K、< 比较值 >、DEST0、DEST1、DESTn、ELSE 等参数，各参数说明如表 5-66 所示。

表 5-66　SWITCH 跳转分支指令参数

LAD	参数	数据类型	说明
	EN	BOOL	使能输入
	K	UINT	指定输出的编号及要执行的跳转
	< 比较值 >	位、字符串、整数、浮点数、TIME、DATE 等	要与参数 K 的值比较的输入值
	DEST0	—	第 1 个跳转标号
	DEST1	—	第 2 个跳转标号
	DESTn	—	第 n+1 个跳转标号（n+1 的范围为 2 ～ 256）
	ELSE	—	不满足任何比较条件时，执行的程序跳转

使用说明：

① 可以从指令框的"???"下拉列表中选择该指令的数据类型，如果选择了比较指令而尚未定义指令的数据类型，"???"下拉列表将仅列出所选比较指令允许的那些数据类型。

② 该指令从第 1 个比较开始执行，直至满足比较条件为止。如果满足比较条件，则将不考虑后续比较条件。如果未满足任何指定的比较条件，将在输出 ELSE 处执行跳转。如果输出 ELSE 中未定义程序跳转，则程序从下一个程序段继续执行。

③ <比较值> 可以根据实际情况设置为等于（==）、小于或等于（<=）、大于或等于（>=）、不等于（<>）、小于（<）、大于（>）。

④ 参数 K 指定输出编号，程序将从跳转标号处继续执行，如果 K 值大于可用的输出编号，则继续执行块中下个程序段中的程序。

例 5-80：SWITCH 指令的使用如表 5-67 所示。当 I0.0 闭合时，将根据 MB0 的内容选择相应的跳转。如果 MB0 中的值等于 5，则跳转到 LP0 标号的程序段（即程序段 2），将整数 12 送入 MB10 中；如果 MB0 中的值小于 4，则跳转到 LP1 标号的程序段（即程序段 3），将整数 23 送入 MB10 中；如果 MB0 中的值大于 6，则跳转到 LP2 标号的程序段（即程序段 4），将整数 34 送入 MB10 中；否则，将跳转到 LP3 标号的程序段，将整数 45 送入 MB10 中。

表 5-67　SWITCH 指令的使用

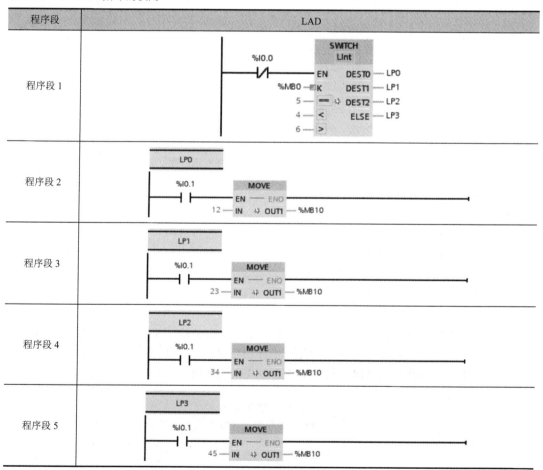

5.4.3　代码块操作指令

通过代码块操作指令可以实现程序块的调用和终止。在 LAD 的编程方式下没有代码块操作指令，对不同函数进行调用是通过拖放的方式实现的。将已经存在的函数（FC）或函数块（FB）拖放到 LAD 程序段中，形成一个类似盒子形状的程序框图。如果调用的函数带有形参，在程序框图的左边为输入端及输入 / 输出端，在程序框图的右边为输出端。STL 中可以使用的代码块操作指令有：BE（块结束）、BEC（块有条件结束）、BEU（块无条件结束）、CALL（块调用）、CC（条件调用块）、UC（无条件调用块）。使用 CC、UC 时，被调用程序块不能带有形参，它们主要用于以指针的方式调用程序块。

（1）BE 块结束指令

指令格式：BE

使用说明：

① 使用该指令，可以中断当前块中的程序扫描，并跳转到调用当前块的程序块。然后从调用程序中块调用语句后的第一条指令开始，重新进行程序扫描。

② 该指令与任何条件无关，但是，如果该指令被跳过，则不结束当前程序扫描，而是从块内跳转到目标处继续程序扫描。

例 5-81：当没有按下按钮 SB 时（SB 与 I0.0 常开触点连接），每次扫描程序时，MB10 进行加 1 计数，并且 8 个 LED（与 QB0 相连）进行相应显示。当按下 SB 时，LED 只显示当前累加值，松开 SB 按钮时，MB10 重新从 0 开始加 1 计数，LED 进行相应显示，编写程序如下。

```
      A     %I0.0
      JC    lp1        //I0.0=1 时，跳转到 lp1 标号
      L     %MB10      //I0.0=0 时，则不执行跳转，继续执行程序扫描，从 MB10 中取
                         数送入累加器 1 最低字节中
      L     1
      +I               // 两个数值相加（即加 1 计数）
      T     %MB10      // 将累加值送入 MB10，为下次累加数做准备
      T     %QB0       // 控制 8 个 LED 进行相应显示
      BE               // 块结束，使程序进入下一次扫描
lp1:  L     0          //I0.0=1，执行 lp1，将 0 送入累加器 1 最低字节中
      T     %MB10      // 将累加器 1 最低字节中的内容送入 MB10，即 MB10 内容清零
```

（2）BEC 块有条件结束指令

指令格式：BEC

使用说明：

① 如果 RLO=1，使用该指令，可以中断当前块中的程序扫描，并跳转到调用当前块的程序块。然后从块调用语句后的第一条指令开始，重新进行程序扫描。

② 如果该指令的执行被某个跳转指令跳过，则不会结束当前程序的执行，而是在块内的跳转目标处恢复执行程序。

例 5-82：当没有按下按钮 SB 时（SB 与 I0.0 常开触点连接），每次扫描程序时，MB10 进行加 1 计数，并且 8 个 LED（与 QB0 相连）进行相应显示。当按下 SB 时，LED 只显示当前累加值，松开 SB 按钮时，MB10 继续加 1 计数，LED 进行相应显示，编写程序如下。

```
A     %I0.0
BEC              //I0.0=1 时，结束块
L     %MB10      // 从 MB10 中取数送入累加器 1 最低字节中
L     1
+I               // 两个数值相加（即加 1 计数）
T     %MB10      // 将累加值送入 MB10，为下次累加数做准备
T     %QB0       // 控制 8 个 LED 进行相应显示
```

（3）BEU 块无条件结束指令

指令格式：BEU

使用说明：

① 使用该指令，可以终止当前块中的程序扫描，并跳转到调用当前块的程序块。然后从

块调用语句后的第一条指令开始，重新进行程序扫描。

② 该指令与任何条件无关。但是，如果该指令被跳过，则不结束当前程序扫描，而是从块内跳转到目标处继续程序扫描。

例5-83：当没有按下按钮 SB 时（SB 与 I0.0 常开触点连接），每次扫描程序时，MB10进行加 1 计数，并且 8 个 LED（与 QB0 相连）进行相应显示。当按下 SB 时，LED 只显示当前累加值，松开 SB 按钮时，MB10 重新从 0 开始加 1 计数，LED 进行相应显示，编写程序如下。

```
        A      %I0.0
        JC     lp1          //I0.0=1 时，跳转到 lp1 标号
        L      %MB10        //I0.0=0 时，则不执行跳转，继续执行程序扫描，从 MB10 中取
                              数送入累加器 1 最低字节中
        L      1
        +I                  // 两个数值相加（即加 1 计数）
        T      %MB10        // 将累加值送入 MB10，为下次累加数做准备
        T      %QB0         // 控制 8 个 LED 进行相应显示
        BEU                 // 块结束，程序进入下一次扫描
lp1:    L      0            //I0.0=1，执行 lp1，将 0 送入累加器 1 最低字节中
        T      %MB10        // 将累加器 1 最低字节中的内容送入 MB10，即 MB10 内容清零
```

（4）CALL 块调用指令

指令格式：CALL< 调用块标识符 >

使用说明：

① 使用该指令，可以无条件调用函数或函数块。

② 在块调用指令 CALL 执行过程中，数据传送到已调用块。通过传送数据，可以更改状态字的内容以及地址和数据块寄存器。那些未提供参数的功能块的参数会保留它们的当前值。在调用函数时，必须提供所有的参数。如果已调用的块没有参数，则不会显示参数列表。

③ 如果已调用的块需要背景数据块，则为其提供该块，在调用时用逗号分开。

（5）CC 条件调用块指令

指令格式：CC< 逻辑块标识符 >

使用说明：

① 使用该指令，可以在 RLO=1 时调用一个无参数的 FC 或 FB 类型的逻辑块。

② 只有 RLO=1 时，才能执行该指令。执行指令之后，将在已调用块中恢复执行程序。执行已调用块时，CPU 切换回调用块并在调用指令完成之后恢复执行该块。

③ 该指令不会更改累加器和地址寄存器的内容。

例5-84：使用 CC 指令调用 FC6 的程序如下。

```
A      I0.0     // 检查输入 I0.0 的信号状态
CC     FC6      //I0.0 为 "1"，调用功能 FC6
A      M2.0     // 在被调用功能（I0.0=1）返回时执行，或当 I0.0=0 时，直接从 A
                  M2.0 语句后执行
```

（6）UC 无条件调用块指令

指令格式：UC< 逻辑块标识符 >

使用说明：

① 使用该指令，可以调用一个无参数的 FC 或 FB 类型的逻辑块。

② 该指令的执行与条件无关，执行指令之后，将在已调用块中恢复执行程序。执行已调用块时，CPU 切换回调用块并在调用指令完成之后恢复执行该块。

③ 该指令不会更改累加器和地址寄存器的内容。

5.5 西门子 S7-1500 PLC 基本指令的应用实例 •••

5.5.1 三相交流异步电动机的星－三角降压启动控制

（1）控制要求

星形-三角形降压启动又称为 Y-△降压启动，简称星-三角降压启动。KM1 为定子绕组接触器；KM2 为三角形连接接触器；KM3 为星形连接接触器；KT 为降压启动时间继电器。启动时，定子绕组先接成星形，待电动机转速上升到接近额定转速时，将定子绕组接成三角形，电动机进入全电压运行状态。传统继电器-接触器星形-三角形降压启动控制线路如图 5-11 所示。现要求使用 S7-1500 PLC 实现三相交流异步电动机的星-三角降压启动控制。

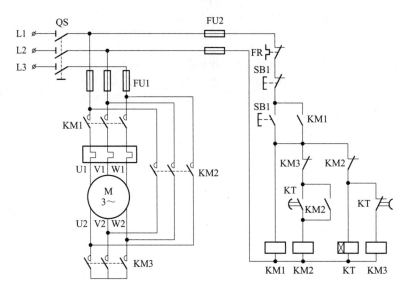

图 5-11　传统继电器－接触器星形－三角形降压启动控制线路原理图

（2）控制分析

一般继电器的启停控制函数为 $Y=(QA+Y) \cdot \overline{TA}$，该表达式是 PLC 程序设计的基础，表达式左边的 Y 表示控制对象；表达式右边的 QA 表示启动条件，Y 表示控制对象自保持（自锁）条件，TA 表示停止条件。

在 PLC 程序设计中，只要找到控制对象的启动、自锁和停止条件，就可以设计出相应的控制程序。即 PLC 程序设计的基础是细致地分析出各个控制对象的启动、自保持和停止条件，然后写出控制函数表达式，根据控制函数表达式设计出相应的梯形图程序。

由图 5-11 可知，控制 KM1 启动的按钮为 SB2；控制 KM1 停止的按钮或开关为 SB1、FR；自锁控制触点为 KM1。因此对于 KM1 来说：

QA=SB2

TA=SB1+ FR

根据继电器启停控制函数，$Y=(QA+Y) \cdot \overline{TA}$，可以写出 KM1 的控制函数为

$$KM1 = (OA + KM1) \cdot \overline{TA} = (SB2 + KM1) \cdot (\overline{SB1 + FR}) = (SB2 + KM1) \cdot \overline{SB1} \cdot \overline{FR}$$

控制 KM2 启动的按钮或开关为 SB2、KT、KM1；控制 KM2 停止的按钮或开关为 SB1、FR、KM3；自锁控制触点为 KM2。因此对于 KM2 来说：

QA=SB2+KT+KM1

TA=SB1+ FR+KM3

根据继电器启停控制函数，$Y=(QA+Y)\cdot\overline{TA}$，可以写出 KM2 的控制函数为

$$KM2 = (OA + KM2)\cdot\overline{TA} = [(SB2 + KM1)\cdot(\overline{KT + KM2})]\cdot\overline{(SB1 + FR + KM3)}$$

$$= [(SB2 + KM1)\cdot(\overline{KT + KM2})]\cdot\overline{SB1}\cdot\overline{FR}\cdot\overline{KM3}$$

控制 KM3 启动的按钮或开关为 SB2、KM1；控制 KM3 停止的按钮或开关为 SB1、FR、KM2、KT；自锁触点无。因此对于 KM3 来说：

QA=SB2+KM1

TA=SB1+ FR+KM2+KT

根据继电器启停控制函数，$Y=(QA+Y)\cdot\overline{TA}$，可以写出 KM3 的控制函数为

$$KM3 = (QA + \overline{TA}) = [(SB2 + KM1)\cdot(\overline{SB1 + FR + KM3 + KT})$$

$$= (SB2 + KM1)\cdot\overline{SB1}\cdot\overline{FR}\cdot\overline{KM3}\cdot\overline{KT}$$

控制 KT 启动的按钮或开关为 SB2、KM1；控制 KT 停止的按钮或开关为 SB1、FR、KM2；自锁触点无。因此对于 KT 来说：

QA=SB2+KM1

TA=SB1+ FR+KM2

根据继电器启停控制函数，$Y=(QA+Y)\cdot\overline{TA}$，可以写出 KT 的控制函数为

$$KT = QA\cdot\overline{TA} = (SB2 + KM1)\cdot\overline{(SB1 + FR + KM2)} = (SB2 + KM1)\cdot\overline{SB1}\cdot\overline{FR}\cdot\overline{KM2}$$

为了节约 I/O 端子，可以将 FR 热继电器触点接入到输出电路，以节约 1 个输入端子。KT可使用 PLC 的定时器 T0 替代。

（3）I/O 端子资源分配与接线

根据控制要求及控制分析可知，需要 2 个输入点和 3 个输出点，输入 / 输出分配如表 5-68所示，因此 CPU 可选用 CPU 1511-1 PN，数字量输入模块为 DI 16×24VDC BA，数字量输出模块为 DQ 8×230VAC/5A ST，所使用的硬件配置如表 5-69 所示。

表 5-68　PLC 控制三相交流异步电动机星 – 三角降压启动的输入 / 输出分配表

输　入			输　出		
功能	元件	PLC 地址	功能	元件	PLC 地址
停止按钮	SB1	I0.0	接触器 1	KM1	Q0.0
启动按钮	SB2	I0.1	接触器 2	KM2	Q0.1
			接触器 3	KM3	Q0.2

表 5-69　三相交流异步电动机星 – 三角降压启动的硬件配置

序号	名称	型号说明	数量
1	CPU	CPU 1511-1 PN（6ES7 511-1AK02-0AB0）	1
2	电源模块	PS 60W 24/48/60V DC（6ES7 505-0RA00-0AB0）	1
3	数字量输入模块	DI 16×24VDC BA（6ES7 521-1BH10-0AA0）	1
4	数字量输出模块	DQ 8×230VAC/5A ST（6ES7 522-5HF00-0AB0）	1

DI 16×24VDC BA 为基本型数字量直流输入模块，它有 20 个接线端子，编号从 1 到 20，其模块输入点数共 16 点，位地址为从 0 到 7 共两个字节，其地址编址由模块的安装位置决定，或者如果 CPU 模块支持地址修改，可在硬件组态工具中进行地址编址设置。DQ 8×230VAC/5A ST 为继电器输出方式的数字量输出模块，可直接驱动交流或直流负载，它有 8 个输出点，位地址为从 0 到 7。数字量输入模块和数字量输出模块的 I/O 接线图如图 5-12 所示。注意，图中所示的是接线端子编号，而不是位地址编号。

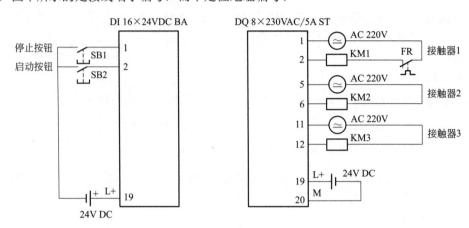

图 5-12 S7-1500 PLC 控制三相交流异步电动机星 – 三角降压启动的 I/O 接线图

（4）编写 PLC 控制程序

根据三相交流异步电动机星 - 三角启动的控制分析和 PLC 资源配置，设计出 PLC 控制三相交流异步电动机星 - 三角降压启动程序如表 5-70 所示。

表 5-70 PLC 控制三相交流异步电动机星 – 三角降压启动程序

程序段	LAD
程序段 1	%I0.1 　%I0.0 　%Q0.0 %Q0.0
程序段 2	%I0.1 　%T0 　%I0.0 　%Q0.1 %Q0.0 　%Q0.1
程序段 3	%I0.1 　%I0.0 　%Q0.1 　%Q0.2 %Q0.0
程序段 4	%I0.1 　%I0.0 　%Q0.1 　%T0 (SD) s5T#3s %Q0.0

（5）程序仿真

① 启动 TIA 博途软件，创建一个新的项目，并根据表 5-69 所示内容进行硬件组态，然后

按照表 5-70 所示输入 LAD（梯形图）程序。

②执行菜单命令"在线"→"仿真"→"启动"，即可开启 S7-PLCSIM 仿真。在弹出的"扩展的下载到设备"对话框中将"接口 / 子网的连接"选择为"插槽'1×1'处的方向"，再点击"开始搜索"按钮，TIA 博途软件开始搜索可以连接的设备，并显示相应的在线状态信息，然后单击"下载"按钮，完成程序的装载。

③在主程序窗口，点击全部监视图标 👓，同时使 S7-PLCSIM 处于"RUN"状态，即可观看程序的运行情况。

④刚进入在线仿真状态时，线圈 Q0.0、Q0.1 和 Q0.2 均未得电。强制表的地址中分别输入变量"I0.0"和"I0.1"，并将 I0.1 的强制值设为"TRUE"（模拟按下启动按钮 SB2），然后点击启动强制图标 🄵，使 I0.1 强制为 ON，最后点击全部监视图标 👓。I0.1 触点闭合，Q0.0 线圈输出，控制 KM1 线圈得电，Q0.0 的常开触点闭合，形成自锁，启动 T0 延时，同时 KM3 线圈得电，表示电动机星形启动，其仿真效果如图 5-13 所示。当 T0 延时达到设定值 3s 时，KM2 线圈得电，KM3 线圈失电，表示电动机启动结束，进行三角形全压运行阶段。只要按下停止按钮 SB1（强制 I0.0 为 TURE），I0.0 常闭触点打开，将切断电动机的电源，从而实现停机。

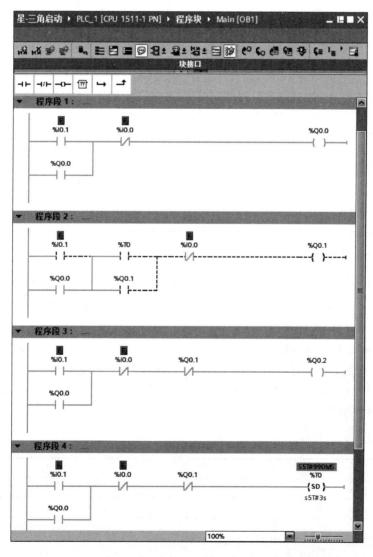

图 5-13　PLC 控制三相交流异步电动机星 - 三角启动的仿真效果图

5.5.2 用 4 个按钮控制 1 个信号灯

（1）控制要求

某系统有 4 个按钮 SB1 ～ SB4，要求这 4 个按钮中任意两个按钮闭合时，信号灯 LED 点亮，否则 LED 熄灭。

（2）控制分析

4 个按钮，可以组合成 $2^4=16$ 组状态。因此，根据要求，可以列出表 5-71 所示的真值表。

表 5-71　信号灯显示输出真值表

按钮 SB4	按钮 SB3	按钮 SB2	按钮 SB1	信号灯 LED	说明
0	0	0	0	0	熄灭
0	0	0	1	0	
0	0	1	0	0	
0	0	1	1	1	点亮
0	1	0	0	0	熄灭
0	1	0	1	1	点亮
0	1	1	0	1	
0	1	1	1	0	熄灭
1	0	0	0	0	
1	0	0	1	1	点亮
1	0	1	0	1	
1	0	1	1	0	熄灭
1	1	0	0	1	点亮
1	1	0	1	0	
1	1	1	0	0	熄灭
1	1	1	1	0	

根据真值表写出逻辑表达式：

$$LED = (\overline{SB4} \cdot \overline{SB3} \cdot SB2 \cdot SB1) + (\overline{SB4} \cdot SB3 \cdot \overline{SB2} \cdot SB1) + (\overline{SB4} \cdot SB3 \cdot SB2 \cdot \overline{SB1})$$
$$+ (SB4 \cdot \overline{SB3} \cdot \overline{SB2} \cdot SB1) + (SB4 \cdot \overline{SB3} \cdot SB2 \cdot \overline{SB1}) + (SB4 \cdot SB3 \cdot \overline{SB2} \cdot \overline{SB1})$$

（3）I/O 端子资源分配与接线

根据控制要求及控制分析可知，需要 4 个输入点和 1 个输出点，输入 / 输出分配表如表 5-72 所示，因此 CPU 可选用 CPU 1511-1 PN（6ES7 511-1AK02-0AB0），数字量输入模块为 DI 16×24VDC BA（6ES7 521-1BH10-0AA0），数字量输出模块为 DQ 16×24VDC/0.5A ST（6ES7 522-1BH00-0AB0）。

表 5-72　用 4 个按钮控制 1 个信号灯的输入 / 输出分配表

输入			输出		
功能	元件	PLC 地址	功能	元件	PLC 地址
按钮 1	SB1	I0.0	信号灯	LED	Q0.0
按钮 2	SB2	I0.1			
按钮 3	SB3	I0.2			
按钮 4	SB4	I0.3			

DQ 16×24VDC/0.5A ST 为晶体管输出方式的数字量输出模块，可直接驱动直流负载，如电磁阀、直流接触器和指示灯等设备。它有 16 个输出点，每 8 个输出点为 1 组。数字量输入模块和数字量输出模块的 I/O 接线如图 5-14 所示。

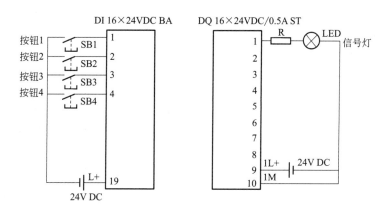

图 5-14　用 4 个按钮控制 1 个信号灯的 I/O 接线图

（4）编写 PLC 控制程序

根据控制分析和 PLC 资源配置，设计出用 4 个按钮控制 1 个信号灯的程序如表 5-73 所示。

表 5-73　用 4 个按钮控制 1 个信号灯的 PLC 程序

程序段	LAD
程序段 1	%I0.0 "Tag_1" — %I0.1 "Tag_2" — %I0.2 "Tag_3" — %I0.3 "Tag_4" — %Q0.0 "Tag_7" —( ) %I0.0 "Tag_1" — %I0.1 "Tag_2" — %I0.2 "Tag_3" %I0.0 "Tag_1" — %I0.1 "Tag_2" %I0.0 "Tag_1" — %I0.1 "Tag_2" — %I0.2 "Tag_3" — %I0.3 "Tag_4" %I0.0 "Tag_1" — %I0.1 "Tag_2" %I0.0 "Tag_1" — %I0.1 "Tag_2" — %I0.2 "Tag_3"

（5）程序仿真

① 启动 TIA 博途软件，创建一个新的项目，并根据表 5-72 所示内容进行硬件组态，然后按照表 5-73 所示输入 LAD（梯形图）程序。

② 执行菜单命令"在线"→"仿真"→"启动"，即可开启 S7-PLCSIM 仿真。在弹出的"扩展的下载到设备"对话框中将"接口 / 子网的连接"选择为"插槽'1×1'处的方向"，再点击"开始搜索"按钮，TIA 博途软件开始搜索可以连接的设备，并显示相应的在线状态信息，然后单击"下载"按钮，完成程序的装载。

③ 在主程序窗口，点击全部监视图标 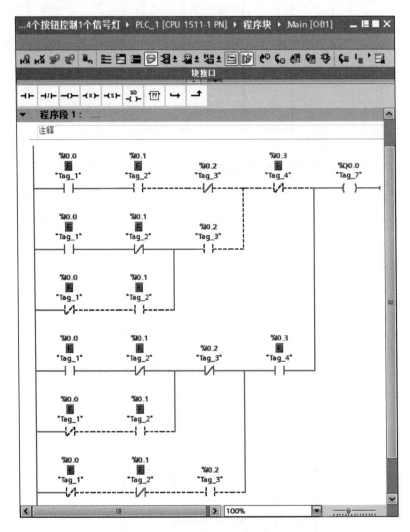，同时使 S7-PLCSIM 处于"RUN"状态，即可观看程序的运行情况。

④ 刚进入在线仿真状态时，Q0.0 线圈处于失电状态。强制表的地址中分别输入 4 个变量 I0.0 ～ I0.3，并将某两个变量的强制值设为"TRUE"（模拟按下两个按钮），然后点击启动强制图标 **F**，使其强制为 ON，最后点击全部监视图标 ，其仿真效果如图 5-15 所示。若强制一个或多个变量为 ON 时，Q0.0 线圈处于失电状态。

图 5-15 用 4 个按钮控制 1 个信号灯的仿真效果图

5.5.3 简易 6 组抢答器的设计

（1）控制要求

每组有 1 个常开按钮，分别为 SB1、SB2、SB3、SB4、SB5、SB6，且各有 1 盏指示灯，分别为 LED1、LED2、LED3、LED4、LED5、LED6，共用 1 个蜂鸣器 LB。其中先按下者，对应的指示灯亮、铃响并持续 5s 后自动停止，同时锁住抢答器，此时，其他组的操作信号不起作用。当主持人按复位按钮 SB7 后，系统复位（灯熄灭）。要求使用置位 SET 与复位 RST 指令实现此功能。

（2）控制分析

假设 SB1、SB2、SB3、SB4、SB5、SB6、SB7 分别与 I0.1、I0.2、I0.3、I0.4、I0.5、I0.6、I0.7 相连；LED1、LED2、LED3、LED4、LED5、LED6 分别与 Q0.1、Q0.2、Q0.3、Q0.4、Q0.5、Q0.6 相连。考虑到抢答许可，因此还需要添加一个允许抢答按钮 SB0，该按钮与 I0.0 相连。LB（蜂鸣器）与 Q0.0 相连。要实现控制要求，在编程时，各小组抢答状态用 6 条 SET 指令保存，同时考虑到抢答器是否已经被最先按下的组所锁定，报答器的锁定状态用 M0.1 保存；抢先组状态锁存后，其他组的操作无效，同时铃响 5s 后自停，可用定时器 T0 实现，LB（蜂鸣器）报警声音控制可使用两个定时器（T1 和 T2）来实现。

（3）I/O 端子资源分配与接线

根据控制要求及控制分析可知，需要 8 个输入点和 7 个输出点，输入/输出分配表如表 5-74 所示，因此 CPU 可选用 CPU 1511-1 PN（6ES7 511-1AK02-0AB0），数字量输入模块为 DI 16×24VDC BA（6ES7 521-1BH10-0AA0），数字量输出模块为 DQ 16×24VDC/0.5A ST（6ES7 522-1BH00-0AB0）。数字量输入模块和数字量输出模块的 I/O 接线如图 5-16 所示。

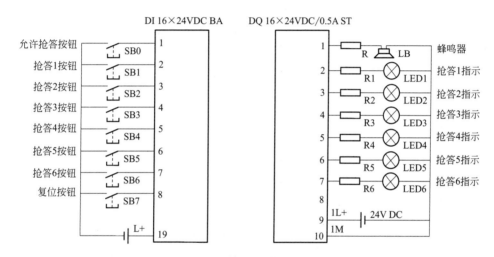

图 5-16　简易 6 组抢答器的 I/O 接线

表 5-74　简易 6 组抢答器的输入/输出分配表

输入			输出		
功能	元件	PLC 地址	功能	元件	PLC 地址
允许抢答按钮	SB0	I0.0	蜂鸣器	LB	Q0.0
抢答 1 按钮	SB1	I0.1	抢答 1 指示	LED1	Q0.1
抢答 2 按钮	SB2	I0.2	抢答 2 指示	LED2	Q0.2
抢答 3 按钮	SB3	I0.3	抢答 3 指示	LED3	Q0.3
抢答 4 按钮	SB4	I0.4	抢答 4 指示	LED4	Q0.4
抢答 5 按钮	SB5	I0.5	抢答 5 指示	LED5	Q0.5
抢答 6 按钮	SB6	I0.6	抢答 6 指示	LED6	Q0.6
复位按钮	SB7	I0.7			

（4）编写 PLC 控制程序

根据简易 6 组抢答器的控制分析和 PLC 资源配置，设计出 PLC 控制简易 6 组抢答器的梯形图（LAD）程序如表 5-75 所示。

表 5-75 PLC 控制简易 6 组抢答器程序

程序段	LAD
程序段 1	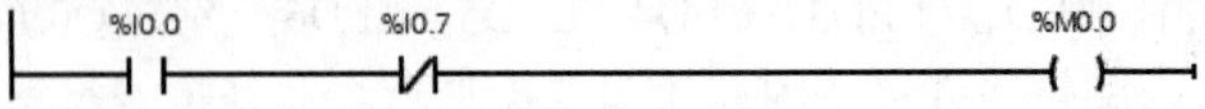 %I0.0 ┤├ %I0.7 ┤/├ %M0.0 ─( )─
程序段 2	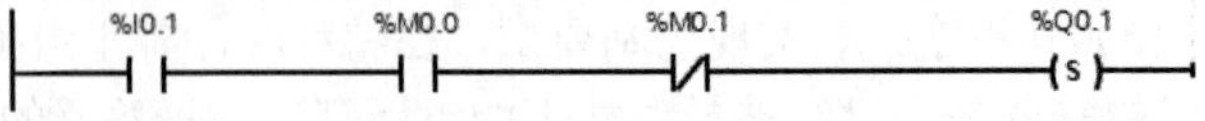 %I0.1 ┤├ %M0.0 ┤├ %M0.1 ┤/├ %Q0.1 ─(S)─
程序段 3	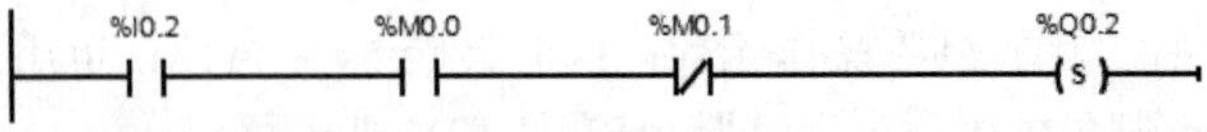 %I0.2 ┤├ %M0.0 ┤├ %M0.1 ┤/├ %Q0.2 ─(S)─
程序段 4	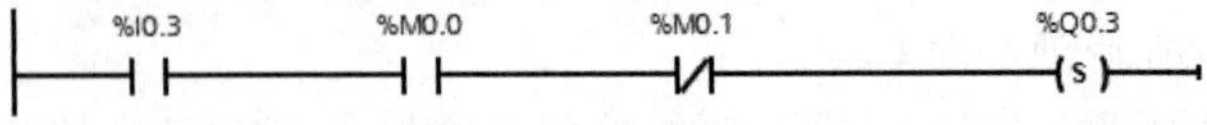 %I0.3 ┤├ %M0.0 ┤├ %M0.1 ┤/├ %Q0.3 ─(S)─
程序段 5	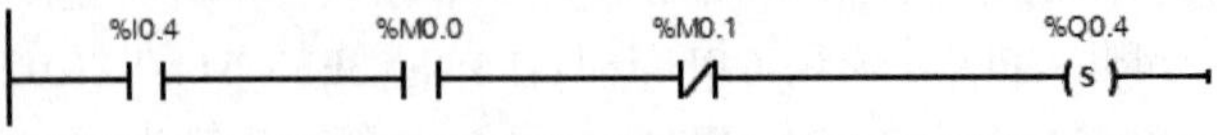 %I0.4 ┤├ %M0.0 ┤├ %M0.1 ┤/├ %Q0.4 ─(S)─
程序段 6	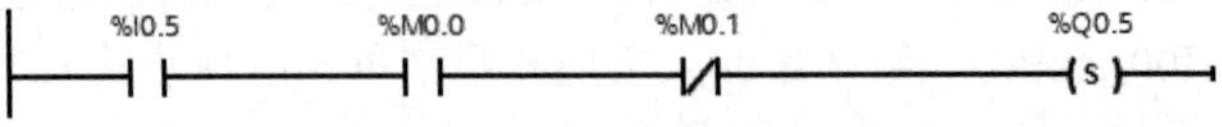 %I0.5 ┤├ %M0.0 ┤├ %M0.1 ┤/├ %Q0.5 ─(S)─
程序段 7	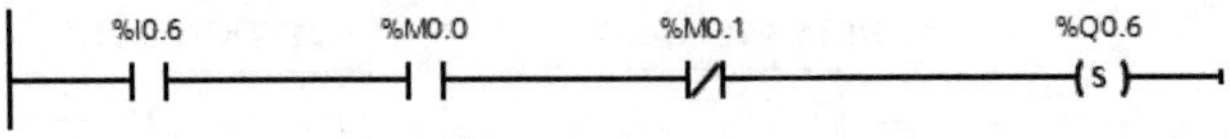 %I0.6 ┤├ %M0.0 ┤├ %M0.1 ┤/├ %Q0.6 ─(S)─
程序段 8	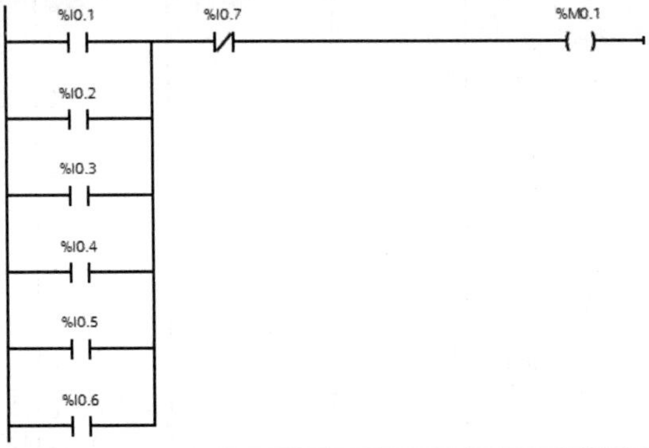 %I0.1 / %I0.2 / %I0.3 / %I0.4 / %I0.5 / %I0.6 ┤├ (并联) —— %I0.7 ┤/├ %M0.1 ─( )─
程序段 9	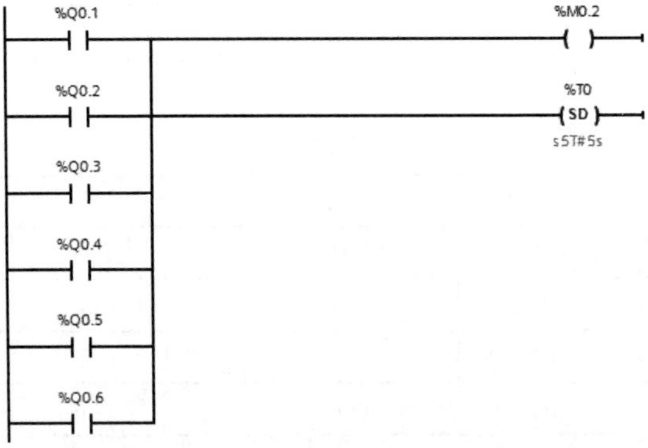 %Q0.1 / %Q0.2 / %Q0.3 / %Q0.4 / %Q0.5 / %Q0.6 ┤├ (并联) —— %M0.2 ─( )─ ; %T0 ─(SD)─ s5T#5s
程序段 10	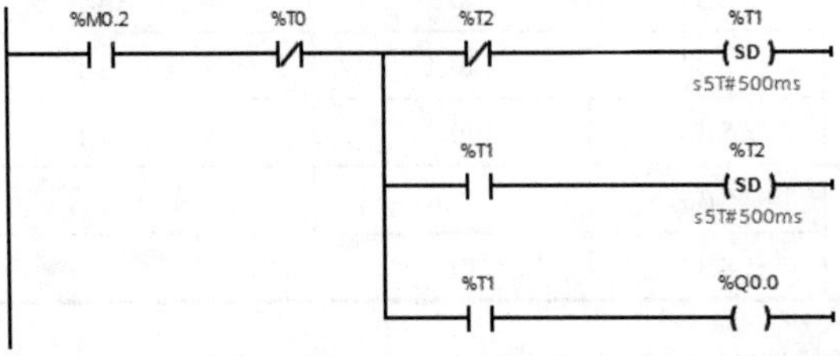 %M0.2 ┤├ %T0 ┤/├ %T2 ┤/├ %T1 ─(SD)─ s5T#500ms ; %T1 ┤├ %T2 ─(SD)─ s5T#500ms ; %T1 ┤├ %Q0.0 ─( )─
程序段 11	 %I0.7 ┤├ %Q0.1 ─(RESET_BF)─ 6

192 西门子 S7-1500 PLC 编程入门与实践手册

（5）程序仿真

① 启动 TIA 博途软件，创建一个新的项目，并进行硬件组态，然后按照表 5-75 所示输入 LAD（梯形图）程序。

② 执行菜单命令"在线"→"仿真"→"启动"，即可开启 S7-PLCSIM 仿真。在弹出的 "扩展的下载到设备"对话框中将"接口 / 子网的连接"选择为"插槽'1×1'处的方向"，再点击"开始搜索"按钮，TIA 博途软件开始搜索可以连接的设备，并显示相应的在线状态信息，然后单击"下载"按钮，完成程序的装载。

③ 在主程序窗口，点击全部监视图标 ，同时使 S7-PLCSIM 处于"RUN"状态，即可观看程序的运行情况。

④ 刚进入在线仿真状态时，各线圈均处于失电状态，表示没有进行抢答。当 I0.0 强制为 ON 后，表示允许抢答。此时，如果 SB1 ～ SB6 中某个按钮最先按下，表示该按钮抢答成功，此时其他按钮抢答无效，相应的线圈得电。例如 SB2 先按下（即 I0.2 先为 ON），而 SB3 后按下（即 I0.3 后为 ON）时，则 I0.2 线圈置为 1，而 I0.4 线圈仍为 0，其仿真效果如图 5-17 所示。同时，定时器延时。主持人按下复位时，Q0.2 线圈失电。

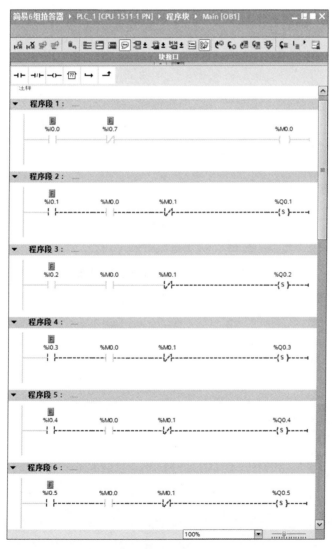

图 5-17

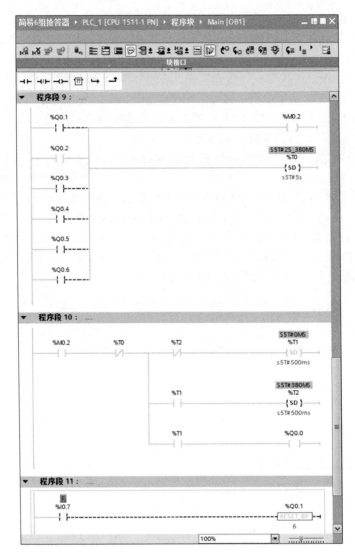

图 5-17　简易 6 组抢答器的仿真效果图

第 6 章

西门子 S7-1500 PLC 的常用功能指令及应用

为适应现代工业自动控制的需求，除了基本指令外，PLC 制造商还为 PLC 增加了许多功能指令（Function Instruction）。功能指令又称为应用指令，它使 PLC 具有强大的数据运算和特殊处理的功能，从而大大扩展了 PLC 的使用范围。SIMATIC S7-1500 PLC 的功能指令主要包括数据处理类指令、数学函数类指令、字逻辑运算类指令、移位控制类指令等。

6.1 数据处理类指令

在 SIMATIC S7-1500 PLC 中数据处理类的指令包括移动操作指令、比较操作指令和转换操作指令等。

6.1.1 移动操作指令及应用

移动指令用于将输入端（源区域）的值复制到输出端（目的区域）指定的地址中。与 SIMATIC S7-300/400 PLC 相比，SIMATIC S7-1500 PLC 的移动操作指令更加丰富，如图 6-1

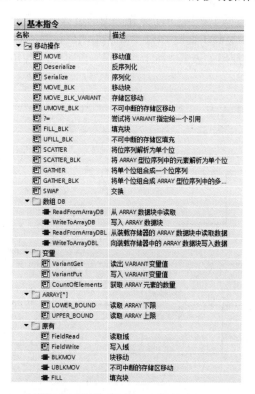

图 6-1 移动操作指令集

所示,有移动值、序列化和反序列化、存储区移动和交换等指令,还有专门针对数组 DB 和 Variant 变量的移动操作指令,当然也支持经典 STEP 7 所支持的移动操作指令。在此讲解一些常用的移动操作指令。

(1)移动值指令 MOVE

移动值指令(MOVE)可以将 IN 输入处操作数中的内容传送到 OUT 输出的操作数中。该指令有 EN、IN、ENO 和 OUT 等参数,各参数说明如表 6-1 所示。

表 6-1 MOVE 指令参数

LAD	STL	参数	数据类型	说明
MOVE EN — ENO IN ⚡ OUT1	CALL MOVE IN := "TagIn_LREAL" OUT := "TagOut_LREAL"	EN	BOOL	允许输入
		ENO	BOOL	允许输出
		IN	位字符串、整数、浮点数、定时器、日期时间、CHAR、WCHAR、STRUCT、ARRAY、TIMER、COUNTER	源数值
		OUT1		目的地址

使用说明:

① 当 EN 的状态为"1"时,执行此指令,将 IN 端的数值传送到 OUT 端的目的地址中。

② 在初始状态,LAD 指令框中包含 1 个输出(OUT1),通过鼠标单击指令框中的星号,可以增加输出数目。

③ 使用此指令时,传送源数值(IN)与传送目的地址单元(OUT)的数据类型要对应。如果输入 IN 数据类型的位长度低于输出 OUT 数据类型的位长度,则目标值的高位会被改写为 0。如果输入 IN 数据类型的位长度超出输出 OUT 数据类型的位长度,则目标值的高位会丢失。

例 6-1:MOVE 指令的使用如表 6-2 所示,在程序段 1 中,当 I0.0 触点闭合时,执行了两

表 6-2 MOVE 指令的使用程序

程序段	LAD	STL

程序段 1	%I0.0
	MOVE
	EN — ENO
	%IB1 — IN ⚡ OUT1 — %QB0
	MOVE
	EN — ENO
	12 — IN ⚡ OUT1 — %QB1
		A %I0.0
		CALL MOVE
		  value_type:=Variant
		  IN :=%IB1
		  OUT :=%QB0
		CALL MOVE
		  value_type:=Variant
		  IN :=12
		  OUT :=%QB1

程序段 2	%I0.1
	MOVE
	EN — ENO
	0 — IN ⚡ OUT1 — %QW2
	MOVE
	EN — ENO
	1234 — IN ⚡ OUT1 — %QW4
		A %I0.1
		CALL MOVE
		  value_type:=Variant
		  IN :=0
		  OUT :=%QW2
		CALL MOVE
		  value_type:=Variant
		  IN :=1234
		   OUT :=%QW4

次数值的移动，首先将字节 IB1（I1.0～I1.7）传送到 QB0 中，再将立即数 12 传送到 QB1 中。在程序段 2 中，当 I0.1 触点闭合时，先将立即数 0 传送到 QW2 中，使 QW2 内容清零，再将立即数 1234 送入 QW4 中。

（2）移动块指令 MOVE_BLK

移动块指令（MOVE_BLK）可以将一个存储区（源区域）的数据移动到另一个存储区（目标区域）中。该指令有 EN、IN、ENO、COUNT 和 OUT 等参数，各参数说明如表 6-3 所示。

表 6-3　MOVE_BLK 指令参数

LAD	STL	参数	数据类型	说明
MOVE_BLK EN　ENO IN　OUT COUNT	CALL MOVE_BLK IN := #a_array[2] COUNT := "Tag_Count" OUT := #b_array[1]	EN	BOOL	允许输入
		ENO	BOOL	允许输出
		IN	二进制数、整数、浮点数、定时器、DATE、CHAR、WCHAR、TOD	待复制源区域中的首个元素
		COUNT	USINT、UINT、UDINT	要从源区域移动到目标区域的元素个数
		OUT	二进制数、整数、浮点数、定时器、DATE、CHAR、WCHAR、TOD	源区域内容要复制到目标区域中的首个元素

使用说明：

① 当 EN 的状态为"1"时，执行此指令，将 IN 端起始区域的 n 个元素（n 由 COUNT 指定）传送到 OUT 端的目的起始区域中。

② EN 的信号状态为 0 或者移动的元素个数超出输入 IN 或输出 OUT 所能容纳的数据量时 ENO 输出为 0。

例 6-2：MOVE_BLK 指令的使用如表 6-4 所示，当符号"Tag_1"为 ON 时，执行 MOVE_BLK 指令，将数组 A 中从第 3 个元素起的 4 个元素传送到数组 B 中第 4 个元素起的数组中。

表 6-4　MOVE_BLK 指令的使用程序

程序段	LAD	STL
程序段 1	"Tag_1"　MOVE_BLK EN　ENO "数据块1".A[2]　IN　OUT　"数据块2".B[3] 4　COUNT	A　　"Tag_1" CALL　MOVE_BLK 　value_type:=Int 　count_type:=UInt 　IN　　:=" 数据块 1".A[2] 　COUNT :=4 　OUT　:=" 数据块 2".B[3]

（3）填充块指令 FILL_BLK

填充块指令（FILL_BLK）可以用 IN 输入的值填充到由 OUT 指定地址起始的存储区（目标区域）。该指令有 EN、IN、ENO、COUNT 和 OUT 等参数，各参数说明如表 6-5 所示。

使用说明：

① 当 EN 的状态为"1"时，执行此指令，将 IN 端的值传送到 OUT 端的目的起始区域中，传送到 OUT 端的区域范围由 COUNT 指定。

② EN 的信号状态为 0 或者移动的元素个数超出输出 OUT 所能容纳的数据量时 ENO 输出为 0。

表 6-5　FILL_BLK 指令参数

LAD	STL	参数	数据类型	说明
		EN	BOOL	允许输入
		ENO	BOOL	允许输出
FILL_BLK EN — ENO IN — OUT COUNT	CALL FILL_BLK IN := #FillValue COUNT := "Tag_Count" OUT := #TargetArea[1]	IN	二进制数、整数、浮点数、定时器、DATE、CHAR、WCHAR、TOD	用于填充目标范围的元素
		COUNT	USINT、UINT、UDINT、ULINT	移动操作的重复次数
		OUT	二进制数、整数、浮点数、定时器、DATE、CHAR、WCHAR、TOD	目标区域中填充的起始地址

例 6-3：FILL_BLK 指令的使用如表 6-6 所示，当符号"Tag_1"为 ON 时，执行 FILL_BLK 指令，将立即数 1234 传送到数组 A 中从第 2 个元素起连续 4 个单元的数组中。

表 6-6　FILL_BLK 指令的使用程序

程序段	LAD	STL
程序段 1	"Tag_1"　　FILL_BLK —| |—　EN — ENO 1234 — IN　OUT — "数据块 1".A[1] 4 — COUNT	A　　　"Tag_1" CALL　FILL_BLK 　value_type:=Int 　count_type:=UInt 　IN　　:=1234 　COUNT :=4 　OUT　:=" 数据块 1".A[1]

（4）交换指令 SWAP

交换指令（SWAP）将输入 IN 中字节的顺序改变，并由 OUT 输出。该指令有 EN、IN、ENO 和 OUT 等参数，各参数说明如表 6-7 所示。

表 6-7　SWAP 指令参数

LAD	参数	数据类型	说明
SWAP ??? EN — ENO IN — OUT	EN	BOOL	允许输入
	ENO	BOOL	允许输出
	IN	WORD、DWORD、LWORD	要交换其字节的操作数
	OUT	WORD、DWORD、LWORD	输出交换结果

使用说明：

① 当 EN 的状态为"1"时，执行此指令，将 IN 端输入的字节顺序发生改变，然后传送到 OUT 端。

② 可以从指令框的"???"下拉列表中选择该指令的数据类型，指令类型可指令 WORD、DWORD 和 LWORD。

例 6-4：SWAP 指令的使用如表 6-8 所示，当 I0.0 为 ON 时，执行 SWAP 指令，将立即数 16#DA34 进行字节交换，交换后，MD0 中的数值为 16#34DA；当 I0.1 为 ON 时，执行 SWAP 指令，将立即数 16#12345678 进行字节交换，交换后，MD2 中的数值为 16#78563412。

表 6-8　SWAP 指令的使用程序

程序段	LAD
程序段 1	%I0.0 "Tag_1" ── SWAP Word ── EN ── ENO ── 16#DA34 ── IN ── OUT ── %MD0 "Tag_37"
程序段 2	%I0.1 "Tag_2" ── SWAP DWord ── EN ── ENO ── 16#12345678 ── IN ── OUT ── %MD2 "Tag_38"

（5）移动操作指令的应用

例 6-5：移动操作指令实现 Q0.0 和 QB1 的置位与复位。

分析：置位与复位是对某些存储器置 1 或清零的一种操作。用移动操作指令实现置 1 与清零，与用 S、R 指令实现置 1 或清零的效果是一致的。将 Q0.0 置 1，则送数据 1 给 QB0 即可；要将该位清零时，则送数据 0 给 QB0；若要 Q1.0 ~ Q1.7 连续 8 位置 1，则将数据 16#FF 送入 QB1 即可；若要 Q1.0 ~ Q1.7 连续 8 位清零，则将数据 0 送入 QB1 即可。移动操作指令实现 Q0.0 和 QB1 的置位与复位，其程序如表 6-9 所示。

表 6-9　移动操作指令实现置位与复位的程序

程序段	LAD
程序段 1	%I0.0 ─┤P├─ %M10.0 ── MOVE ── EN ── ENO ── 1 ── IN ── OUT1 ── %QB0
程序段 2	%I0.1 ─┤P├─ %M10.1 ── MOVE ── EN ── ENO ── 0 ── IN ── OUT1 ── %QB0
程序段 3	%I0.2 ─┤P├─ %M10.2 ── MOVE ── EN ── ENO ── 16#FF ── IN ── OUT1 ── %QB1
程序段 4	%I0.3 ─┤P├─ %M10.3 ── MOVE ── EN ── ENO ── 0 ── IN ── OUT1 ── %QB1

例 6-6：移动操作指令在两级传送带启停控制中的应用。两级传送带启停控制，如图 6-2 所示。若按下启动按钮 SB1 时，I0.0 触点接通，电机 M1 启动，A 传送带运行使货物向右运行。当货物到达 A 传送带的右端点时，触碰行程开关使 I0.1 触点接通，电机 M2 启动，B 传送带运行。当货物传送到 B 传送带并触碰行程开关使 I0.2 触点接通时，电机 M1 停止，A 传送带停止工作。当货物到达 B 传送带的右端点时，触碰行程开关使 I0.3 触点接通，电机 M2 停止，B 传送带停止工作。

分析：使用移动操作指令实现此功能，编写的程序如表 6-10 所示。在程序段 1 中，按下启动按钮 SB1 时，I0.0 常开触点闭合 1 次，将立即数 1 送入 QB0，使 Q0.0 线圈输出为 1，控制 M1 电机运行。在程序段 2 中，货物触碰行程开关使 I0.1 常开触点接通 1 次，将立即数 1 送入 QB1，使 Q1.0 线圈输出为 1，控制 M2 电机运行。在程序段 3 中，货物触碰行程开关使 I0.2 常开触点接通 1 次，将立即数 0 送入 QB0，使 Q0.0 线圈输出为 0，控制 M1 电机停止工作。在程序段 4 中，货物触碰行程开关使 I0.3 常开触点接通 1 次，将立即数 0 送入 QB1，使 Q1.0 线圈输出为 0，控制 M2 电机停止工作。

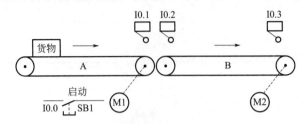

图 6-2　两级传送带启停控制

表 6-10　移动操作指令实现两级传送带启停控制的程序

程序段	LAD
程序段 1	%I0.0 —|P|— %M10.0　MOVE　EN — ENO　1 — IN　✻ OUT1 — %QB0
程序段 2	%I0.1 —|P|— %M10.1　MOVE　EN — ENO　1 — IN　✻ OUT1 — %QB1
程序段 3	%I0.2 —|P|— %M10.2　MOVE　EN — ENO　0 — IN　✻ OUT1 — %QB0
程序段 4	%I0.3 —|P|— %M10.3　MOVE　EN — ENO　0 — IN　✻ OUT1 — %QB1

6.1.2　装入与传送指令及应用

对于西门子 S7-1500 PLC 而言，使用语句表编程时，还可以使用装入与传送指令，如 L（装入）、L STW（将状态字装入累加器 1）、LAR1（将累加器 1 中的内容装入地址寄存器 1）、LAR1<D> ［将双整数（32 位指针）装入地址寄存器 1］、LAR1 AR2（将地址寄存器 2 的内容装入地址寄存器 1）、LAR2（将累加器 1 中的内容装入地址寄存器 2）、LAR2<D>［将双整数（32 位指针）装入地址寄存器 2］、T（传送）、T STW（将累加器 1 中的内容传送到状态字）、TAR1（将地址寄存器 1 中的内容传送到累加器 1）、TAR1<D>［将地址寄存器 1 的内容传送到目的地（32 位指针）］、TAR1 AR2（将地址寄存器 1 的内容传送到地址寄存器 2）、TAR2（将地址寄存器 2 的内容传送到累加器 1）、TAR2<D>［将地址寄存器 2 的内容传送到目的地（32 位指针）］、CAR（交换地址寄存器 1 和地址寄存器 2 的内容）。

（1）L 装入指令

指令格式：L< 地址 >

寻址存储区：输入和输出过程映像（I、Q）、位存储器（M）、临时本地数据（L）、数据块（DB、DI）、指针、I/O（PI）、定时器（T）和计数器（C）

使用说明：

① 执行该指令，可以加载累加器1中特定操作数的内容，并在某个寻址存储区中通过字节、字或双字对装入的操作数进行寻址。

② 累加器1的存储区域以字节为单位，有32位。

③ 该指令以字节为单位将待装入的操作数内容写入累加器1的低字，而累加器1中的剩余字节将用"0"填充；该指令以字为单位将待装入的操作数内容写入累加器1的低字时，该寻址字节的高位将传送到累加器1的低字（位0～7）中，而该寻址字节的低位则写入累加器1的高位，累加器1高字中的剩余字节将用"0"填充；该指令以双字为单位将待传送的操作数内容写入累加器1的32位中时，高地址字节将传送到累加器1的低字节（位0～7）中，而将低地址字节写入位24～31中。

例6-7：L指令的使用如表6-11所示。

表6-11 L指令的使用

寻址方式	举例	说明
立即寻址	L −3	将16位十进制常数 −3 装入累加器1的低字 ACCU1-L
	L +5	将16位十进制常数 5 装入累加器1的低字 ACCU1-L
	L L#7	将32位常数 7 装入累加器1
	L B#16#A3	将8位十六进制常数 A3 装入累加器1最低的字节 ACCU1-LL
	L W#16#ABCD	将16位十六进制常数 ABCD 装入累加器1的低字 ACCU1-L
	L DW#16#1234_ABCD	将16位十六进制常数 1234_ABCD 装入累加器1
	L B# (3，−8)	累加器1中装入2个独立的字节，−8 装入累加器1低字的低字节中，3 装入低字的高字节中
	L B# (3，5，2，7)	累加器1中装入4个独立的字节，2、7 装入累加器1低字节中，3、5 装入累加器1高字节中
	L 2#0010_1001_0001_1010	将16位二进制常数装入累加器1的低字 ACCU1-L
	L 2#0001_1010_0110_1010_ 0101_1100_1011_1000	将32位二进制常数装入累加器1
	L 'AC'	将2个字符 AC 装入累加器1的低字 ACCU1-L
	L 'ABCD'	将4个字符 ABCD 装入累加器1
	L C100	将计数器 C100 中的二进制计数值装入累加器1的低字 ACCU1-L
	L C#100	将1个16位计数值 100 装入累加器1的低字 ACCU1-L
	L T10	将定时器 T10 中的二进制时间值装入累加器1的低字 ACCU1-L
	L T#1M30S	将1个16位定时器常数 1min30s 装入累加器1的低字 ACCU1-L
	L S5T#10S	将1个16位 S5TIME 定时值 10s 装入累加器1的低字 ACCU1-L
	L TOD#10:35:3.0	将32位实时时间常数装入累加器1中
	L D#2009_08_18	将1个16位日期值装入累加器1的低字 ACCU1-L
	L P#I1.0	将1个32位的指向 I1.0 的指针装入累加器1中
	L P#Start	将1个32位的指向局部变量 Start 的指针装入累加器1中
	L 2.354000e+001	将32位浮点数常数装入累加器1中
直接寻址	L IB20	将输入字节 IB20 装入累加器1最低的字节 ACCU1-LL
	L MB10	将8位存储字节 MB10 装入累加器1最低的字节 ACCU1-LL
	L MD10	将16位存储字 MD10 装入累加器1的低字 ACCU1-L
	L DBB12	将数据字节 DBB12 装入累加器1最低的字节 ACCU1-LL

寻址方式	举例	说明
直接寻址	L DIW12	将 16 位背景数据字 DIW12 装入累加器 1 的低字 ACCU1-L
	L LD23	将 32 位局域数据双字 LD23 装入累加器 1
间接寻址	L QB[LD 20]	将输出字节 QB 装入累加器 1 最低的字节 ACCU1-LL，其地址在数据双字 LD20 中
	L DBW[AR2，P#4.0]	将 DBW 装入累加器 1 的低字 ACCU1-L，其地址为 AR2 中的地址加上偏移量 P#4.0

（2）L STW 将状态字装入累加器 1

指令格式：L STW

使用说明：

① 使用 L STW 指令，可以将状态字的内容装入累加器 1 低字中，累加器 1 的剩余位使用"0"进行填充。

② 指令的执行与状态位无关，而且对状态位没有影响。

例 6-8：L STW 指令的使用如下。

```
L     STW          // 将状态字的内容装入累加器 1 中
```

（3）LAR1 将累加器 1 中的内容装入地址寄存器 1

指令格式：LAR1

使用说明：

① 使用该指令，可以将累加器 1 的内容（32 位指针）装入地址寄存器 AR1。

② 指令的执行与状态位无关，而且对状态位没有影响。

例 6-9：LAR1 指令的使用如下。

```
LAR1                // 将累加器 1 中的内容（32 位指针常数）装入地址寄存器（AR1）中
```

（4）LAR1<D> 将双整数（32 位指针）装入地址寄存器 1

指令格式：LAR1<D>

寻址存储区：位存储器（M）、临时本地数据（L）、数据块（DB、DI）

使用说明：

① 地址 <D> 的数据类型为双字或指针常数。

② 使用该指令，可以将寻址双字 <D> 的内容或指针常数装入地址寄存器 AR1。指令的执行与状态位无关，而且对状态位没有影响。

例 6-10：LAR1<D> 指令的使用如下。

```
LAR1    DBD10         // 将数据双字 DBD10 中的指针装入 AR1
LAR1    DID20         // 将背景数据双字 DID20 中的指针装入 AR1
LAR1    LD180         // 将本地数据双字 LD180 中的指针装入 AR1
LAR1    MD20          // 将存储数据双字 MD20 中的指针装入 AR1
LAR1    P#M10.4       // 将带存储区标识符的 32 位指针常数装入 AR1
LAR1    P#20.4        // 将不带存储区标识符的 32 位指针常数装入 AR1
```

（5）LAR1 AR2 将地址寄存器 2 的内容装入地址寄存器 1

指令格式：LAR1 AR2

使用说明：使用该指令（带地址 AR2 的 LAR1 指令），可以将地址寄存器 AR2 的内容装入地址寄存器 AR1。指令的执行与状态位无关，而且对状态位没有影响。

（6）LAR2 将累加器 1 中的内容装入地址寄存器 2

指令格式：LAR2

使用说明：使用该指令，可以将累加器 1 的内容（32 位指针）装入地址寄存器 AR2。指令的执行与状态位无关，而且对状态位没有影响。

例 6-11：LAR2 指令的使用如下。

```
LAR2          // 将累加器 1 中的内容（32 位指针常数）装入地址寄存器（AR2）中
```

（7）LAR2<D> 将双整数（32 位指针）装入地址寄存器 2

指令格式：LAR2<D>

寻址存储区：位存储器（M）、临时本地数据（L）、数据块（DB、DI）

使用说明：

① 地址 <D> 的数据类型为双字或指针常数。

② 使用该指令，可以将寻址双字 <D> 的内容或指针常数装入地址寄存器 AR2。指令的执行与状态位无关，而且对状态位没有影响。

例 6-12：LAR2<D> 指令的使用如下。

```
LAR2    DBD10          // 将数据双字 DBD10 中的指针装入 AR2
LAR2    DID20          // 将背景数据双字 DID20 中的指针装入 AR2
LAR2    LD180          // 将本地数据双字 LD180 中的指针装入 AR2
LAR2    MD20           // 将存储数据双字 MD20 中的指针装入 AR2
LAR2    P#M10.4        // 将带存储区标识符的 32 位指针常数装入 AR2
LAR2    P#20.4         // 将不带存储区标识符的 32 位指针常数装入 AR2
```

（8）T 传送

指令格式：T< 地址 >

寻址存储区：输入和输出过程映像（I、Q）、位存储器（M）、临时本地数据（L）、数据块（DB、DI）、指针、I/O（PQ）

使用说明：

① < 地址 > 的数据类型可以是字节、字、双字。

② 使用该指令，可以将累加器 1 中的内容传送（复制）到目标地址。指令的执行与状态位无关，而且对状态位没有影响。

例 6-13：T 指令的使用如下。

```
T    QB20              // 将累加器 1 低字低字节中的内容传送到输出字节 QB20 中（直接寻址）
T    MW10              // 将累加器 1 低字中的内容传送到存储字 MW10 中（直接寻址）
T    DBD2              // 将累加器 1 中的内容传送到数据双字 DBD2 中（直接寻址）
T    W[AR1, P#4.0]     // 累加器 1 的低字传送到字，其地址为 AR1 中的地址加上偏移量
                       //P#4.0，数据区的类型由 AR1 中的地址标识符决定（间接寻址）
```

（9）T STW 将累加器 1 中的内容传送到状态字

指令格式：T STW

使用说明：

① 使用 T STW（使用地址 STW 传送）指令，可以将累加器 1 的位 0 ～ 8 传送到状态字。

② 指令的执行与状态位无关。

例 6-14：T STW 指令的使用如下。

```
T    STW               // 将累加器 1 的位 0 ～ 8 传送到状态字
```

（10）TAR1 将地址寄存器 1 中的内容传送到累加器 1

指令格式：TAR1

使用说明：

① 使用该指令，可以将地址寄存器 AR1 的内容传送到累加器 1（32 位指针）。累加器 1 的原有内容保存到累加器 2 中。

② 指令的执行与状态位无关，而且对状态位没有影响。

例 6-15：TAR1 指令的使用如下。

```
TAR1                   // 将 AR1 的数据传送到累加器 1，累加器 1 中的数据保存到累加器 2
```

（11）TAR1<D> 将地址寄存器 1 的内容传送到目的地（32 位指针）

指令格式：TAR1<D>

寻址存储区：位存储器（M）、临时本地数据（L）、数据块（DB、DI）

使用说明：

① 地址 <D> 的数据类型为双字。

② 使用该指令，可以将地址寄存器 AR1 的内容传送到寻址双字 <D>。目标地址可以是存储双字（MD）、本地数据双字（LD）、数据双字（DBD）和背景数据双字（DID）。

③ 指令的执行与状态位无关，而且对状态位没有影响。

例 6-16：TAR1<D> 指令的使用如下。

```
TAR1    DBD10           // 将 AR1 中的内容传送到数据双字 DBD10
TAR1    DID20           // 将 AR1 中的内容传送到背景数据双字 DID20
TAR1    LD180           // 将 AR1 中的内容传送到本地数据双字 LD180
TAR1    MD20            // 将 AR1 中的内容传送到存储数据双字 MD20
```

（12）TAR1 AR2 将地址寄存器 1 的内容传送到地址寄存器 2

指令格式：TAR1 AR2

使用说明：使用该指令，可以将地址寄存器 AR1 的内容传送到地址寄存器 AR2。指令的执行与状态位无关，而且对状态位没有影响。

（13）TAR2 将地址寄存器 2 的内容传送到累加器 1

指令格式：TAR2

使用说明：使用该指令，可以将地址寄存器 AR2 的内容传送到累加器 1（32 位指针）。指令的执行与状态位无关，而且对状态位没有影响。

例 6-17：TAR2 指令的使用如下。

```
TAR2                    // 将 AR2 的数据传送到累加器 1，累加器 1 中的数据保存到累加器 2
```

（14）TAR2<D> 将地址寄存器 2 的内容传送到目的地（32 位指针）

指令格式：TAR2<D>

寻址存储区：位存储器（M）、临时本地数据（L）、数据块（DB、DI）

使用说明：

① 地址 <D> 的数据类型为双字。

② 使用该指令，可以将地址寄存器 AR1 的内容传送到寻址双字 <D>。

③ 指令的执行与状态位无关，而且对状态位没有影响。

例 6-18：TAR2<D> 指令的使用如下。

```
TAR2    DBD10           // 将 AR2 中的内容传送到数据双字 DBD10
TAR2    DID20           // 将 AR2 中的内容传送到背景数据双字 DID20
TAR2    LD180           // 将 AR2 中的内容传送到本地数据双字 LD180
TAR2    MD20            // 将 AR2 中的内容传送到存储数据双字 MD20
```

（15）CAR 交换地址寄存器 1 和地址寄存器 2 的内容

指令格式：CAR

使用说明：

① 使用 CAR 指令，可以将地址寄存器 AR1 和 AR2 中的内容进行交换。指令的执行与状态位无关，而且对状态位没有影响。

② 地址寄存器 AR1 中的内容移至地址寄存器 AR2 中，地址寄存器 AR2 中的内容移至地址寄存器 AR1 中。

6.1.3　比较操作指令及应用

比较操作指令是根据所选择比较类型，对两个操作数 IN1 和 IN2 进行大小的比较。TIA 博途软件提供了丰富的比较指令，以满足用户的各种需要，操作数的数据类型可以是整数、双整数、实数等。

（1）等于比较指令 CMP ==

等于比较（CMP ==）指令包含了整数等于比较、双整数等于比较和实数等于比较指令等，其参数如表 6-12 所示。

表 6-12　CMP== 指令参数

LAD	参数	数据类型	说明
<???> ┤ == ├ ??? <???>	IN1	位字符串、整数、浮点数、字符串、TIME、LTIME、DATE、TOD、LTOD、DTL、DT、LDT	比较的第一个数值
	IN2		比较的第二个数值

使用说明：

① 使用等于比较指令判断第一个数值是否等于第二个数值，如果满足条件，则指令返回逻辑运算结果 RLO=1，如果不满足比较条件，则指令返回 RLO=0。

② 可以从指令框的"???"下拉列表中选择该指令的数据类型。

（2）不等于比较指令 CMP<>

不等于比较（CMP <>）指令包含了整数不等于比较、双整数不等于比较和实数不等于比较指令等，其参数如表 6-13 所示。

表 6-13　CMP<> 指令参数

LAD	参数	数据类型	说明
<???> ┤ <> ├ ??? <???>	IN1	位字符串、整数、浮点数、字符串、TIME、LTIME、DATE、TOD、LTOD、DTL、DT、LDT	比较的第一个数值
	IN2		比较的第二个数值

使用说明：

① 使用不等于比较指令判断第一个数值是否不等于第二个数值，如果满足条件，则指令返回逻辑运算结果 RLO=1，如果不满足比较条件，则指令返回 RLO=0。

② 可以从指令框的"???"下拉列表中选择该指令的数据类型。

（3）小于比较指令 CMP<

小于比较（CMP <）指令包含了整数小于比较、双整数小于比较和实数小于比较指令等，其参数如表 6-14 所示。

表 6-14　CMP< 指令参数

LAD	参数	数据类型	说明
<???> ┤ < ├ ??? <???>	IN1	位字符串、整数、浮点数、字符串、TIME、LTIME、DATE、TOD、LTOD、DTL、DT、LDT	比较的第一个数值
	IN2		比较的第二个数值

使用说明：

① 使用小于比较指令判断第一个数值是否小于第二个数值，如果满足条件，则指令返回

逻辑运算结果 RLO=1，如果不满足比较条件，则指令返回 RLO=0。

② 可以从指令框的"???"下拉列表中选择该指令的数据类型。

（4）大于比较指令 CMP >

大于比较（CMP >）指令包含了整数大于比较、双整数大于比较和实数大于比较指令等，其参数如表 6-15 所示。

表 6-15　CMP> 指令参数

LAD	参数	数据类型	说明
<???>　> ???　<???>	IN1	位字符串、整数、浮点数、字符串、TIME、LTIME、DATE、TOD、LTOD、DTL、DT、LDT	比较的第一个数值
	IN2		比较的第二个数值

使用说明：

① 使用大于比较指令判断第一个数值是否大于第二个数值，如果满足条件，则指令返回逻辑运算结果 RLO=1，如果不满足比较条件，则指令返回 RLO=0。

② 可以从指令框的"???"下拉列表中选择该指令的数据类型。

（5）小于或等于比较指令 CMP<=

小于或等于比较（CMP <=）指令包含了整数小于或等于比较、双整数小于或等于比较和实数小于或等于比较指令等，其参数如表 6-16 所示。

表 6-16　CMP<= 指令参数

LAD	参数	数据类型	说明
<???>　<= ???　<???>	IN1	位字符串、整数、浮点数、字符串、TIME、LTIME、DATE、TOD、LTOD、DTL、DT、LDT	比较的第一个数值
	IN2		比较的第二个数值

使用说明：

① 使用小于或等于比较指令判断第一个数值是否小于或等于第二个数值，如果满足条件，则指令返回逻辑运算结果 RLO=1，如果不满足比较条件，则指令返回 RLO=0。

② 可以从指令框的"???"下拉列表中选择该指令的数据类型。

（6）大于或等于比较指令 CMP >=

大于或等于比较（CMP >=）指令包含了整数大于或等于比较、双整数大于或等于比较和实数大于或等于比较指令等，其参数如表 6-17 所示。

表 6-17　CMP>= 指令参数

LAD	参数	数据类型	说明
<???>　>= ???　<???>	IN1	位字符串、整数、浮点数、字符串、TIME、LTIME、DATE、TOD、LTOD、DTL、DT、LDT	比较的第一个数值
	IN2		比较的第二个数值

使用说明：

① 使用大于或等于比较指令判断第一个数值是否大于或等于第二个数值，如果满足条件，

则指令返回逻辑运算结果 RLO=1，如果不满足比较条件，则指令返回 RLO=0。

②可以从指令框的"???"下拉列表中选择该指令的数据类型。

（7）值在范围内比较指令 IN_RANGE

使用值在范围内比较（IN_RANGE）指令可以将输入 VAL 的值与输入 MIN 和 MAX 的值进行比较，判断其是否在 MIN ～ MAX 的取值范围内，指令参数如表 6-18 所示。

表 6-18　IN_RANGE 指令参数

LAD	参数	数据类型	说明
IN_RANGE ??? MIN VAL MAX	功能框输入	BOOL	上一个逻辑运算的结果
	MIN	整数、浮点数	取值范围的下限
	VAL	整数、浮点数	比较值
	MAX	整数、浮点数	取值范围的上限
	功能框输出	BOOL	比较结果

使用说明：

①若"功能框输入"有效，执行本指令；否则不执行。执行指令时，如果 VAL 的值满足 MIN<=VAL 或 VAL<=MAX，则"功能框输出"的信号状态为"1"，否则信号状态为"0"。

②只有待比较的数据类型相同，且互连了"功能框输入"时，才能执行该比较功能。

③可以从指令框的"???"下拉列表中选择该指令的数据类型。

（8）比较操作指令的应用

例 6-19：比较操作指令在仓库自动存放货物控制中的应用。某仓库最多可以存放 5000 箱货物，当货物少于 1000 箱时，HL1 指示灯亮，表示可以继续存放货物；当货物多于 1000 箱且少于 5000 箱时，HL2 指示灯亮，存放货物数量正常；若货物达到 5000 箱时，HL3 指示灯亮，表示不能继续存放货物。

分析：指示灯 HL1 ～ HL3 可分别与 PLC 的 Q0.0 ～ Q0.2 连接，货物的统计可以使用加 / 减计数器中进行。存放货物时，由 I0.0 输入一次脉冲；取一次货物时，由 I0.1 输入一次脉冲。指示灯 HL1 ～ HL3 的状态可以通过比较指令来实现，编写的程序如表 6-19 所示。

表 6-19　比较操作指令在仓库自动存放货物控制中的应用程序

程序段	LAD
程序段 1	%I0.0 —|P|— %M10.0　　%C0 S_CUD CU　Q　　CV — %MW4　　CV_BCD — %MW6　%I0.1 —|P|— %M10.1　CD　S　PV　%I0.2 —|P|— %M10.2　R
程序段 2	%MW4 —| < Int 1000 |—　　%Q0.0 —( )—

程序段	LAD
程序段 3	%MW4 `>` `Int` 5000 %Q0.2 ( )
程序段 4	IN_RANGE Int / 1000 — MIN / %MW4 — VAL / 5000 — MAX %Q0.1 ( )

6.1.4 转换操作指令及应用

在一个指令中包含多个操作数时，必须确保这些数据类型是兼容的。如果操作数的数据类型不相同，则必须进行转换。为此，在 TIA 博途软件中提供了一些转换操作指令，以实现操作数在不同数据类型间的转换或比例缩放等功能。如转换值、取整、标准化、缩放、取消缩放等指令。

（1）转换值指令 CONV

转换值指令 CONV 将读取参数 IN 的内容，并根据指令框中选择的数据类型对其进行转换，转换结果存储在 OUT 中，指令参数如表 6-20 所示。

表 6-20　CONV 指令参数

LAD	参数	数据类型	说明
CONV ??? to ??? EN — ENO IN — OUT	EN	BOOL	允许输入
	ENO	BOOL	允许输出
	IN	位字符串、整数、浮点数、CHAR、	要转换的值
	OUT	WCHAR、BCD16、BCD32	转换结果

使用说明：

① 可以从指令框的"???"下拉列表中选择该指令的数据类型，其中左侧"???"设置待转换的数据类型，右侧"???"设置转换后的数据类型。

② 梯形图中的 CONV 指令对应多条 STL 指令，如 BTI（BCD 码转换成 16 位整数）、ITB（16 位整数转换成 BCD 码）、ITD（16 位整数转换成 32 位双整数）、BTD（BCD 码转换成 32 位双整数）、DTB（32 位双整数转换成 BCD 码）、DTR（32 位双整数转换成 32 位浮点数）。

1）BTI BCD 码转换成 16 位整数指令

指令格式：BTI

使用说明：

① 使用 BTI 指令可以将累加器 1 低字中的内容作为一个 3 位二进制编码的十进制数（BCD）进行编译，并将其转换为一个 16 位整数，转换结果保存在累加器 1 的低字中。

② 累加器 1 低字中的 BCD 数的允许范围为 -999 ～ +999。位 0 ～ 11 为 BCD 数的数值部分，位 15 为 BCD 数的符号位（0= 正数，1= 负数），位 12 ～ 14 在转换时不使用。

例 6-20：将 MW20 中的 BCD 码 +859 转换为 16 位整数，并传送到 MW10 中，编写程序及指令执行过程如表 6-21 所示。若 I0.0 常开触点闭合时，首先将 MW20 中的 BCD 数装入累加器 1 低字中，然后执行转换指令将 BCD 数转换为 16 位整数，结果保存到累加器 1 低字中，最后将转换后的结果（整数）传送到 MW10 中。

表 6-21　BCD 码转换成 16 位整数程序

程序段	LAD	STL
程序段 1	%I0.0　CONV Bcd16 to Int　EN　ENO　%MW20 — IN　OUT — %MW10	A　%I0.0 L　%MW20 BTI T　%MW10
执行过程	+859(BCD码) + 　8　5　9 15　8　7　0 MW20 0 0 0 0 1 0 0 0 0 1 0 1 1 0 0 1 BTI　BCD码转换为整数 MW10 0 0 0 0 0 0 1 1 0 1 0 1 1 0 1 1 15　8　7　0 +859(整数)　+859	

2) ITB 16 位整数转换成 BCD 码指令

指令格式：ITB

使用说明：

① 使用 ITB 指令，可以将累加器 1 低字中的内容作为一个 16 位整数进行编译，并将其转换为一个 3 位二进制编码的十进制数（BCD），转换结果保存在累加器 1 的低字中。位 0 ～ 11 为 BCD 数的数值部分。位 12 ～ 15 为 BCD 数的符号状态（0000= 正数，1111= 负数）。累加器 1 的高字和累加器 2 的内容保持不变。

② 若 16 位整数为负数时，其数值部分（不包括符号位）可认为是相应正数二进制码的反码并在最低位加上 1，其余位为 1。例如 -701 的正数为 701，701 的二进制码为 1010111101，将该二进制码取反为 0101000010，再将反码的最低位加 1，得到 0101000011，然后将加 1 后的二进制码前加多个 1 形成 16 位二进制代码，因此 -701 可表示为 1111 1101 0100 0011。若 16 位整数为正数时，直接将其化为相应二进制码即可。

③ BCD 数的范围为 -999 ～ +999。如果超出允许范围，则状态位 OV（溢出位）和 OS（存储溢出位）被置位为 "1"。

例 6-21：将 MW20 中的 16 位整数 -648 转换为 BCD 码，并传送到 MW10 中，编写程序及指令执行过程如表 6-22 所示。当 I0.0 常开触点闭合时，首先将 MW20 中的 16 位整数装入累加器 1 低字中，然后执行转换指令将 16 位整数转换为 BCD 码，结果保存到累加器 1 低字中，最后将转换后的结果（BCD 码）传送到 MW10 中。

表 6-22　16 位整数转换成 BCD 码程序

程序段	LAD	STL
程序段 1	%I0.0　CONV Int to Bcd16　EN　ENO　%MW20 — IN　OUT — %MW10	A　%I0.0 L　%MW20 ITB T　%MW10

程序段	LAD	STL
执行过程	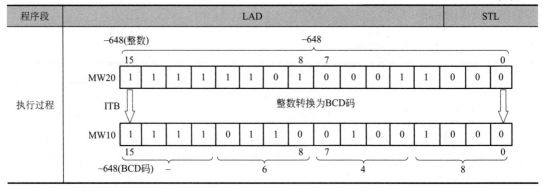	

3）BTD BCD 码转换成 32 位双整数指令

指令格式：BTD

使用说明：

① 使用 BTD 指令，可以将累加器 1 中的内容作为一个 7 位二进制编码的十进制数（BCD）进行编译，并将其转换为一个 32 位双整数，转换结果保存在累加器 1 中。

② 累加器 1 中的 BCD 数的允许范围为 -9 999 999 ～ +9 999 999。位 0 ～ 27 为 BCD 数的数值部分，位 31 为 BCD 数的符号位（0= 正数，1= 负数），位 28 ～ 30 在转换时不使用。

例 6-22：将 MD20 中的 BCD 码 +0126859 转换为 32 位双整数，并传送到 MD30 中，编写程序及指令执行过程如表 6-23 所示。当 I0.0 常开触点闭合时，首先将 MD20 中的 BCD 码装入累加器 1 中，然后执行转换指令将 BCD 码转换为 32 位双整数，结果保存到累加器 1 中，最后将转换后的结果传送到 MD30 中。

表 6-23　BCD 码转换成 32 位双整数程序

程序段	LAD	STL
程序段 1	%I0.0 ——||—— CONV Bcd32 to Dint EN ENO %MD20 — IN　OUT — %MD30	A　%I0.0 L　%MD20 BTD T　%MD30
执行过程	+0126859(BCD码) ＋　0　1　2　6　8　5　9 31　　　　16 15　　　　　0 MD20　0000 0000 0001 0010 0110 1000 0101 1001 BTD　→　BCD码转换为双整数 MD30　0000 0000 0000 0001 1110 1111 1000 1011 31　　　　16 15　　　　　0 +0126859(双整数)　　+0126859	

4）ITD 16 位整数转换成 32 位双整数指令

指令格式：ITD

使用说明：使用 ITD 指令，可以将累加器 1 低字中的内容作为一个 16 位整数进行编译，并将其转换为一个 32 位双整数，转换结果保存在累加器 1 中。

5）DTB 32 位双整数转换成 BCD 码指令

指令格式：DTB

使用说明：

① 使用 DTB 指令，可以将累加器 1 中的内容作为一个 32 位双整数进行编译，并将其转换为一个 7 位二进制编码的十进制数（BCD），转换结果保存在累加器 1 中。位 0 ～ 27 为 BCD 数的数值部分，位 28 ～ 31 为 BCD 数的符号状态（0000= 正数，1111= 负数）。

② 若 32 位双整数为负数，其数值部分（不包括符号位）可认为是相应正数二进制码的反码并在最低位加上 1，其余位为 1。例如 -701 的正数为 701，701 的二进制码为 1010111101，将该二进制码取反为 0101000010，再将反码的最低位加 1，得到 0101000011，然后将加 1 后的二进制码前加多个 1 形成 32 位二进制代码，因此 -701 可表示为 1111 1111 1111 1111 1111 1101 0100 0011。若 32 位双整数为正数，直接将其化为相应二进制码即可。

③ BCD 数的范围为 -9 999 999 ～ +9 999 999。如果超出允许范围，则状态位 OV（溢出位）和 OS（存储溢出位）被置位为 "1"。

例 6-23：将 MD20 中的 32 位双整数 -1302579 转换为 BCD 码，并传送到 MD30 中，编写程序及指令执行过程如表 6-24 所示。当 I0.0 常开触点闭合时，首先将 MD20 中的 32 位双整数装入累加器 1 中，然后执行转换指令将 32 位双整数转换为 BCD 码，结果保存到累加器 1，最后将转换后的结果（BCD 码）传送到 MD30 中。

表 6-24 32 位双整数转换成 BCD 码程序

6）DTR 32 位双整数转换成 32 位浮点数指令

指令格式：DTR

使用说明：使用 DTR 指令，可以将累加器 1 中的内容作为一个 32 位双整数进行编译，并将其转换为一个 32 位 IEEE 浮点数。如果必要的话，该指令会对结果进行取整（一个 32 位整数要比一个 32 位浮点数精度高），结果保存在累加器 1 中。

（2）取整指令

取整指令包括取整数指令 ROUND、浮点数向上取整指令 CEIL、浮点数向下取整指令 FLOOR、截尾取整指令 TRUNC，这些指令均由参数 EN、ENO、IN、OUT 构成，其指令格式如表 6-25 所示。

表 6-25　取整指令格式

指令	LAD	STL
取整数指令	ROUND ??? to ??? EN — ENO IN — OUT	L "Tag_Input" RND T "Tag_Output"
浮点数向上取整指令	CEIL ??? to ??? EN — ENO IN — OUT	L "Tag_Input" RND+ T "Tag_Output"
参数浮点数向下取整指令	FLOOR ??? to ??? EN — ENO IN — OUT	L "Tag_Input" RND- T "Tag_Output"
截尾取整指令	TRUNC ??? to ??? EN — ENO IN — OUT	L "Tag_Input" TRUNC T "Tag_Output"

使用说明：

① EN 为使能输入，其数据类型为 BOOL；IN 为浮点数输入端，其数据类型为 REAL；OUT 为最接近的较大双整数输出端，其数据类型为 DINT；ENO 为使能输出，其数据类型为 BOOL。

② ROUND/TRUNC/CEIL/FLOOR 指令可以将输入参数 IN 的内容以浮点数读入，并将它转换成 1 个双整数（32 位）。其结果为与输入数据最接近的整数（"最接近舍入" / "舍入到零方式" / "向正无穷大舍入" / "向负无穷大舍入"）。如果产生上溢，则 ENO 为 "0"。

③ RND/TRUNC/RND+/RND- 指令将累加器 1 中的内容作为一个 32 位 IEEE 浮点数（32 位，IEEE-FP）进行编译。该指令将 32 位 IEEE 浮点数转换成一个 32 位整数（双整数），并将结果取整为最近的整数。

④ 使用了不能表示为 32 位整数或浮点数的数据类型时，将出现错误，此时不执行转换并显示溢出。

例 6-24：取整指令的使用如表 6-26 所示。在程序段 1 中，当 I0.0 触点闭合时，将实数 7.641 送入 MD0 中；在程序段 2 中，当 I0.1 触点闭合时，将实数 7.641 进行取整，其结果 8 送入 MD10 中；在程序段 3 中，当 I0.2 触点闭合时，将实数 7.641 去掉小数部分进行取整操作，结果 7 送入 MD20 中；在程序段 4 中，当 I0.3 触点闭合时，将实数 7.641 向上取整，结果 8 送入 MD30 中；在程序段 5 中，当 I0.4 触点闭合时，将实数 7.641 向下取整，结果 7 送入 MD40 中。

表 6-26　取整指令的使用

程序段	LAD	STL
程序段 1	%I0.0 —||— MOVE EN — ENO 7.641 — IN ✦ OUT1 — %MD0	A　　I0.0 L　　7.641 T　　%MD0
程序段 2	%I0.1 —||— ROUND Real to Dint EN — ENO %MD0 — IN　OUT — %MD10	A　　%I0.1 L　　%MD0 RND T　　%MD10

程序段	LAD	STL
程序段 3	%I0.2 — TRUNC Real to Dint — EN — ENO — %MD0 — IN — OUT — %MD20	A %I0.2 L %MD0 TRUNC T %MD20
程序段 4	%I0.3 — CEIL Real to Dint — EN — ENO — %MD0 — IN — OUT — %MD30	A %I0.3 L %MD0 RND+ T %MD30
程序段 5	%I0.4 — FLOOR Real to Dint — EN — ENO — %MD0 — IN — OUT — %MD40	A %I0.4 L %MD0 RND- T %MD40

（3）标准化指令 NORM_X

使用标准化指令 NORM_X 可将输入 VALUE 变量中的值映射到线性标尺对其进行标准化。输入 VALUE 值的范围由参数 MAX 和 MIN 进行限定，指令参数如表 6-27 所示。

表 6-27 NORM_X 指令参数

LAD	STL	参数	数据类型	说明
NORM_X ??? to ??? EN ENO MIN OUT VALUE MAX	CALL NORM_X MIN := "Tag_Minimum" VALUE := "Tag_Value" MAX := "Tag_Maximum" RET_VAL:="Tag_Result"	EN	BOOL	允许输入
		ENO	BOOL	允许输出
		MIN		取值范围的下限
		VALUE	整数、浮点数	要标准化的值
		MAX		取值范围的上限
		OUT	浮点数	标准化结果

使用说明：

① 可以从指令框的"???"下拉列表中选择该指令的数据类型。

② 标准化指令 NORM_X 的计算公式为 OUT=(VALUE-MIN)/(MAX-MIN)，其对应的计算原理如图 6-3 所示。

③ 当 EN 的信号状态为"0"或者输入 MIN 的值大于或等于输入 MAX 的值时，ENO 的输出信号状态为"0"。

（4）缩放 / 取消缩放指令

缩放 / 取消缩放的指令有 3 条，分别为缩放 SCALE_X 指令、缩放 SCALE 指令和取消缩放 UNSCALE 指令。

1）缩放 SCALE_X 指令　使用缩放 SCALE_X 指令可将输入 VALUE 变量中的值映射到指定的值范围来对其进行缩放。输入 VALUE 浮点值的范围由参数 MAX 和 MIN 进行限定，指令参数如表 6-28 所示。

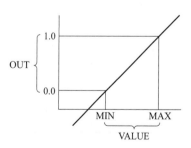

图 6-3 NORM_X 指令公式对应的
计算原理图

表 6-28　SCALE_X 指令参数

LAD	STL	参数	数据类型	说明
		EN	BOOL	允许输入
		ENO	BOOL	允许输出
	CALL SCALE_X MIN := "Tag_Minimum" VALUE := "Tag_Value" MAX := "Tag_Maximum" RET_VAL:="Tag_Result"	MIN	整数、浮点数	取值范围的下限
		MAX		取值范围的上限
		VALUE	浮点数	要缩放的值
		OUT	整数、浮点数	缩放结果

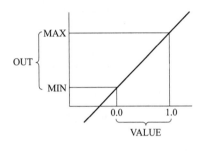

图 6-4　SCALE_X 指令公式对应的
计算原理图

使用说明：

① 可以从指令框的"???"下拉列表中选择该指令的数据类型。

② 缩放 SCALE_X 的计算公式为 OUT=VALUE×(MAX-MIN)+MIN，其对应的计算原理如图 6-4 所示。

③ 若 EN 的信号状态为"0"或者输入 MIN 的值大于或等于输入 MAX 的值时，ENO 的输出信号状态为"0"。

2）缩放 SCALE 指令　使用缩放 SCALE 指令可将参数 IN 上的整数转换为浮点数，该浮点数在介于上下限值之间的物理单位内进行缩放。通过参数 LO_LIM 和 HI_LIM 来指定缩放输入值取值范围的下限和上限，指令参数如表 6-29 所示。

表 6-29　SCALE 指令参数

LAD	STL	参数	数据类型	说明
		EN	BOOL	允许输入
		ENO	BOOL	允许输出
		IN	整数	要缩放的输入值
	CALL SCALE IN := "Tag_InputValue" HI_LIM := "Tag_HighLimit" LO_LIM:= "Tag_LowLimit" BIPOLAR := "Tag_Bipolar" RET_VAL:= "Tag_ErrorCode" OUT := "Tag_OutputValue"	HI_LIM	浮点数	取值范围的上限
		LO_LIM		取值范围的下限
		BIPOLAR	BOOL	对 IN 参数极性的选择，1 表示双极性；0 表示单极性
		RET_VAL	WORD	错误信息，0000 表示无错误；0008 表示 IN 值大于常数 K2 或小于 K1
		OUT	浮点数	缩放结果

使用说明：

① 缩放 SCALE 的计算公式为 OUT=[FLOAT(IN)-K1]/(K2-K1)×(HI_LIM-LO_LIM)+ LO_LIM，参数 BIPOLAR 的信号状态决定常量 K1 和 K2 的值。如果 BIPOLAR=1，假设参数 IN 的值为双极性且取值范围为 -27648 ～ +27648 时，则常数 K1 的值为 -27648.0，而常数 K2 的值为 +27648.0；如果 BIPOLAR=0，假设参数 IN 的值为单极性且取值范围为 0 ～ 27648 时，则常数 K1 的值为 0.0，而常数 K2 的值为 27648.0。

② 如果参数 IN 的值大于常数 K2 的值，则将指令的结果设置为上限值（HI_LIM），RET_VAL 输出一个错误信息；如果参数 IN 的值小于常数 K1 的值，则将指令的结果设置为下限值（LO_LIM），RET_VAL 输出一个错误信息。

③ 如果指定的下限值大于上限值（LO_LIM>HI_LIM），则结果将对输入值进行反向缩放。

3）取消缩放 UNSCALE 指令　使用取消缩放 UNSCALE 指令，将取消在上限和下限之间以物理单位为增量对参数 IN 中的浮点数进行缩放，并将其转换为整数。通过参数 LO_LIM 和 HI_LIM 来指定取消缩放输入值范围的下限和上限，指令参数如表 6-30 所示。

表 6-30　UNSCALE 指令参数

LAD	STL	参数	数据类型	说明
		EN	BOOL	允许输入
		ENO	BOOL	允许输出
		IN	浮点数	待取消缩放并转换为整数的输入值
	CALL UNSCALE IN := "Tag_InputValue" HI_LIM := "Tag_HighLimit" LO_LIM:= "Tag_LowLimit" BIPOLAR := "Tag_Bipolar" RET_VAL:="Tag_ErrorCode" OUT := "Tag_OutputValue"	HI_LIM	浮点数	取值范围的上限
		LO_LIM		取值范围的下限
		BIPOLAR	BOOL	对 IN 参数极性的选择，1 表示双极性；0 表示单极性
		RET_VAL	WORD	错误信息，0000 表示无错误；0008 表示 IN 值大于常数 K2 或小于 K1
		OUT	整数	取消缩放结果

使用说明：

① 取消缩放 UNSCALE 的计算公式为 OUT=(IN-LO_LIM)/(HI_LIM-LO_LIM)×(K2-K1)+K1，参数 BIPOLAR 的信号状态决定常量 K1 和 K2 的值。如果 BIPOLAR=1，假设参数 IN 的值为双极性且取值范围为 -27648 ～ +27648 时，则常数 K1 的值为 -27648.0，而常数 K2 的值为 +27648.0；如果 BIPOLAR=0，假设参数 IN 的值为单极性且取值范围为 0 ～ 27648 时，则常数 K1 的值为 0.0，而常数 K2 的值为 27648.0。

② 如果参数 IN 的值超出 HI_LIM 和 LO_LIM 定义的限制时，会输出错误。

③ 如果指定的下限值大于上限值（LO_LIM>HI_LIM），则结果将对输入值进行反向操作。

（5）转换指令的应用

例 6-25：转换指令在温度转换中的应用。假设 S7-1500 PLC 的模拟量输入 IW64 为温度信号，0 ～ 100℃对应 0 ～ 10V 电压，对应于 PLC 内部 0 ～ 27648 的数，求 IW64 对应的实际整数温度值，并将该值由 4 个数码管（带译码电路）进行显示。

分析：本例需先将温度值转换为整数值，然后将整数转换为 16 位的 BCD 码即可。温度值转换成整数的公式为：$T = \dfrac{IW64 - 0}{27648 - 0} \times (100 - 0) + 0$。16 位 BCD 码中每 4 位 BCD 码连接 1 个带译码电路的数码管，则可实现实际整数温度值的显示。编写程序如表 6-31 所示，程序段 1 和程序段 2 将温度值转换成 16 位整数送入 MW24，程序段 3 将 MW24 中的整数转换成 16 位 BCD 码并送入 QW6。由于 S7-1500 PLC 连接了数字量输出模块，其输出地址为 QW6，而数字量输出模块又与 4 个数码管（带译码电路）连接，这样就实现了温度的转换显示。

表 6-31　转换指令在温度转换中的应用程序

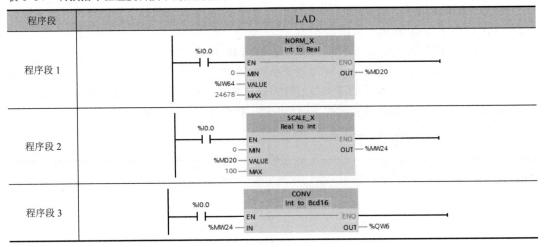

程序段	LAD
程序段 1	%I0.0　NORM_X　Int to Real　EN　ENO　0 — MIN　OUT — %MD20　%IW64 — VALUE　24678 — MAX
程序段 2	%I0.0　SCALE_X　Real to int　EN　ENO　0 — MIN　OUT — %MW24　%MD20 — VALUE　100 — MAX
程序段 3	%I0.0　CONV　Int to Bcd16　EN　ENO　%MW24 — IN　OUT — %QW6

6.2　数学函数类指令

PLC 普遍具有较强的运算功能，其中数学函数类指令是实现运算的主体。S7-1500 PLC 的数学函数类指令可对整数或浮点数实现四则运算、数学函数运算和其他常用数学运算。在 S7-1500 PLC 中，对于数学函数类指令来说，在使用时需注意存储单元的分配，在梯形图（LAD）中，源操作数 IN1、IN2 和目标操作数 OUT 可以使用不一样的存储单元，这样编写程序比较清晰且容易理解。在使用语句表（STL）时，其中的一个源操作数需要和目标操作数 OUT 的存储单元一致，因此给理解和阅读带来不便，在使用数学函数类指令时，建议使用梯形图。

6.2.1　四则运算指令

四则运算包含加法、减法、乘法、除法操作。为完成这些操作，在 S7-1500 PLC 中提供相应的四则运算指令。

（1）加法指令 ADD

ADD 加法指令是对数 IN1 和 IN2 进行相加操作，并产生结果输出到 OUT。它又包括整数加法 +I、双整数加法 +D 和实数加法 +R，其指令参数如表 6-32 所示。

表 6-32　加法指令参数

LAD	STL	参数	数据类型	说明
ADD Auto (???) EN — ENO IN1　OUT IN2	L "Tag_Value_1" L "Tag_Value_2" +I T "Tag_Result"	EN	BOOL	允许输入
		ENO	BOOL	允许输出
	L "Tag_Value_1" L "Tag_Value_2" +D T "Tag_Result"	IN1	整数、浮点数	要相加的第 1 个数
		IN2	整数、浮点数	要相加的第 2 个数
	L "Tag_Value_1" L "Tag_Value_2" +R T "Tag_Result"	INn	整数、浮点数	要相加的第 n 个数
		OUT	整数、浮点数	总和

使用说明：

① 可以从指令框的"???"下拉列表中选择该指令的数据类型。

② 在初始状态下，指令框中包含两个输入，点击指令框中的星号可以扩展输入数目。

③ 执行加法指令时，+I 表示 2 个 16 位数 IN1 和 IN2 相加，产生 1 个 16 位的整数和 OUT；+D 表示 2 个 32 位数 IN1 和 IN2 相加，产生 1 个 32 位的整数和 OUT；+R 表示 2 个 32 位实数 IN1 和 IN2 相加，产生 1 个 32 位的实数和 OUT。

例 6-26：加法指令的使用程序如表 6-33 所示。程序段 1 中，当 I0.0 为 ON 时，16 位整数 100 与 200 相加，结果 300 送入 MW0 中；程序段 2 中，当 I0.1 为 ON 时，MD2 和 MD4 中的 32 位数相加，结果送入 MD10 中；程序段 3 中，当 I0.2 为 ON 时，MD10 中的 32 位数据加上实数 0.5，结果送入 MD14 中。

表 6-33　加法指令的使用程序

程序段	LAD	STL
程序段 1	%I0.0　　ADD Int　EN　ENO　+100—IN1　OUT—%MW0　+200—IN2	A　%I0.0 L　+100 L　+200 +I T　%MW0
程序段 2	%I0.1　　ADD DInt　EN　ENO　%MD2—IN1　OUT—%MD10　%MD4—IN2	A　%I0.1 L　%MD2 L　%MD4 +D T　%MD10
程序段 3	%I0.2　　ADD Real　EN　ENO　%MD10—IN1　OUT—%MD14　0.5—IN2	A　%I0.2 L　%MD10 L　0.5 +R T　%MD14

（2）减法指令 SUB

SUB 减法指令是 IN1 与 IN2 进行相减操作，并产生结果输出到 OUT。它又包括整数减法 -I、双整数减法 -D 和实数减法 -R，其指令参数如表 6-34 所示。

表 6-34　减法指令参数

LAD	STL	参数	数据类型	说明
	L "Tag_Value_1" L "Tag_Value_2" -I T "Tag_Result"	EN	BOOL	允许输入
		ENO	BOOL	允许输出
SUB Auto (???) EN　ENO IN1　OUT IN2	L "Tag_Value_1" L "Tag_Value_2" -D T "Tag_Result"	IN1	整数、浮点数	被减数
		IN2	整数、浮点数	减数
	L "Tag_Value_1" L "Tag_Value_2" -R T "Tag_Result"	OUT	整数、浮点数	差值

使用说明：

① 可以从指令框的"???"下拉列表中选择该指令的数据类型。

② 执行减法指令时，-I 表示 2 个 16 位数 IN1 减去 IN2，产生 1 个 16 位的整数差值 OUT；-D 表示 2 个 32 位数 IN1 减去 IN2，产生 1 个 32 位的整数差值 OUT；-R 表示 2 个 32 位的实数 IN1 减去 IN2，产生 1 个 32 位的实数差值 OUT。

例 6-27：减法指令的使用程序如表 6-35 所示。程序段 1 中，当 I0.0 为 ON 时，16 位的有符号整数 600 减去 150，结果 450 送入 MW10 中；程序段 2 中，当 I0.1 由 OFF 变为 ON 时，MD2 和 MD4 中的 32 位有符号数相减，结果送入 MD12 中；程序段 3 中，当 I0.2 由 OFF 变为 ON 时，MD12 中的 32 位数据减去实数 0.8，结果送入 MD14 中。

表 6-35　减法指令的使用程序

程序段	LAD	STL
程序段 1	%I0.0 —— SUB Int —— EN ENO, +600 — IN1, OUT — %MW10, +150 — IN2	A　%I0.0 L　+600 L　+150 -I T　%MW10
程序段 2	%I0.1 —P— SUB Dint —— EN ENO, %M0.0, %MD2 — IN1, OUT — %MD12, %MD4 — IN2	A　%I0.1 FP　%M0.0 L　%MD2 L　%MD4 -D T　%MD12
程序段 3	%I0.2 —P— SUB Real —— EN ENO, %M0.1, %MD12 — IN1, OUT — %MD14, 0.8 — IN2	A　%I0.2 FP　%M0.1 L　%MD12 L　0.8 -R T　%MD14

（3）乘法指令 MUL

MUL 乘法指令是对 IN1 和 IN2 进行相乘操作，并产生结果输出到 OUT。它包括整数乘法 *I、双整数乘法 *DI 和实数乘法 *R，其指令参数如表 6-36 所示。

表 6-36　乘法指令参数

LAD	STL	参数	数据类型	说明
MUL Auto (???) —— EN ENO, IN1 OUT, IN2	L "Tag_Value_1" L "Tag_Value_2" *I T "Tag_Result"	EN	BOOL	允许输入
		ENO	BOOL	允许输出
	L "Tag_Value_1" L "Tag_Value_2" *D T "Tag_Result"	IN1	整数、浮点数	乘数
		IN2	整数、浮点数	相乘的数
	L "Tag_Value_1" L "Tag_Value_2" *R T "Tag_Result"	INn	整数、浮点数	可相乘的可选输入值
		OUT	整数、浮点数	积

使用说明：

① 可以从指令框的 "???" 下拉列表中选择该指令的数据类型。

② 在初始状态下，指令框中包含两个输入，点击指令框中的星号可以扩展输入数目。

③ 执行乘法指令时，*I 表示 2 个 16 位数 IN1 和 IN2 相乘，产生 1 个 16 位的积 OUT；*D 表示 2 个 32 位数 IN1 和 IN2 相乘，产生 1 个 32 位的积 OUT；*R 表示 2 个 32 位的实数 IN1 和 IN2 相乘，产生 1 个 32 位的实数积 OUT。

例 6-28：乘法指令的使用程序如表 6-37 所示。程序段 1 中，当 I0.0 为 ON 时，16 位整数 23 乘以 34，结果送入 MW10 中；程序段 2 中，当 I0.1 由 OFF 变为 ON 时，MD2 和 MD4 中的 32 位数相乘，结果送入 MD6 中；程序段 3 中，当 I0.2 由 OFF 变为 ON 时，MD12 中的 32 位数据与实数 0.6 相乘，结果送入 MD14 中。

表 6-37　乘法指令的使用程序

程序段	LAD	STL
程序段 1	%I0.0 MUL Int EN ENO 23—IN1 OUT—%MW10 34—IN2	A %I0.0 L 23 L 34 *I T %MW10
程序段 2	%I0.1 P %M0.0 MUL DInt EN ENO %MD2—IN1 OUT—%MD6 %MD4—IN2	A %I0.1 FP %M0.0 L %MD2 L %MD4 *D T %MD6
程序段 3	%I0.2 P %M0.1 MUL Real EN ENO %MD12—IN1 OUT—%MD14 0.6—IN2	A %I0.2 FP %M0.1 L %MD12 L 0.6 *R T %MD14

（4）除法指令 DIV

DIV 除法指令是 IN1 对 IN2 进行相除操作，并产生结果输出到 OUT。它包括整数除法 /I、双整数除法 /D 和实数除法 /R，其指令参数如表 6-38 所示。

表 6-38　除法指令参数

LAD	STL	参数	数据类型	说明
DIV Auto (???) EN ENO IN1 OUT IN2	L "Tag_Value_1" L "Tag_Value_2" /I T "Tag_Result"	EN	BOOL	允许输入
		ENO	BOOL	允许输出
	L "Tag_Value_1" L "Tag_Value_2" /D T "Tag_Result"	IN1	整数、浮点数	被除数
		IN2	整数、浮点数	除数
	L "Tag_Value_1" L "Tag_Value_2" /R T "Tag_Result"	OUT	整数、浮点数	商值

使用说明：

① 可以从指令框的"???"下拉列表中选择该指令的数据类型。

② /I 表示 2 个 16 位数 IN1 和 IN2 相除，产生 1 个 16 位的整数商结果 OUT，不保留余数；

/D 表示 2 个 32 位数 IN1 和 IN2 相除，产生 1 个 32 位的整数商结果 OUT，同样不保留余数；/R 表示 2 个 32 位的实数 IN1 和 IN2 相除，产生 1 个 32 位的实数商结果 OUT，不保留余数。

例 6-29：除法指令的使用程序如表 6-39 所示。程序段 1 中，当 I0.0 为 ON 时，16 位整数 34 除以 3，商为 11 送入 MW10 中；程序段 2 中，当 I0.1 由 OFF 变为 ON 时，MD2 中的 32 位数除以 MD4 中的 32 位数，商送入 MD6 中；程序段 3 中，当 I0.2 由 OFF 变为 ON 时，MD6 中的 32 位数据除以实数 0.4，商送入 MD12 中。

表 6-39　除法指令的使用程序

程序段	LAD	STL
程序段 1	%I0.0 DIV Int EN ENO 34—IN1 OUT—%MW10 3—IN2	A %I0.0 L 34 L 3 /I T %MW10
程序段 2	%I0.1 —P— %M0.0 DIV Dint EN ENO %MD2—IN1 OUT—%MD6 %MD4—IN2	A %I0.1 FP %M0.0 L %MD2 L %MD4 /D T %MD6
程序段 3	%I0.2 —P— %M0.1 DIV Real EN ENO %MD6—IN1 OUT—%MD12 0.4—IN2	A %I0.2 FP %M0.1 L %MD6 L 0.4 /R T %MD12

例 6-30：试编写程序实现以下数学运算：$y = \dfrac{x+20}{5} \times 4 - 20$。式中，$x$ 是从 IW0 输入的二进制数，计算出的 y 值由 4 个数码管（带译码电路）显示出来。

分析：x 是从 IW0 输入的二进制数，此二进制数为 BCD 码，而本例是进行十进制数的运算，所以运算前需先将该二进制数转换成对应的十进制数。运算完后，又需将运算结果转换成相应 BCD 码，以进行显示。编写程序如表 6-40 所示，程序段 1 将 IW0 中 BCD 码转换为十进制数并送入 MW0；程序段 2 将 MW0 中的数加上 20 后的和值送入 MW2；程序段 3 是将 MW2 中的数除以 5 后的商送入 MW4（余数被舍去）；程序段 4 是将 MW4 中的数乘以 4 后的积送入 MW6；程序段 5 是将 MW6 中的数减去 20 后的差值送入 MW8；程序段 6 是将 MW8 中的十进制转换成 BCD 码后送入 QW0 以进行数值显示。

表 6-40　数学运算程序

程序段	LAD	STL
程序段 1	%M20.0 —/— CONV Bcd16 to Int EN ENO %IW0—IN OUT—%MW0	AN %M20.0 L %IW0 BTI T %MW0
程序段 2	%M20.0 —/— ADD Int EN ENO %MW0—IN1 OUT—%MW2 +20—IN2	AN %M20.0 L %MW0 L +20 +I T %MW2

程序段	LAD	STL
程序段 3	%M20.0 ──/── DIV Int / EN ── ENO / %MW2 ── IN1 OUT ── %MW4 / 5 ── IN2	AN %M20.0 / L %MW2 / L 5 / /I / T %MW4
程序段 4	%M20.0 ──/── MUL Int / EN ── ENO / %MW4 ── IN1 OUT ── %MW6 / 4 ── IN2	AN %M20.0 / L %MW4 / L 4 / *I / T %MW6
程序段 5	%M20.0 ──/── SUB Int / EN ── ENO / %MW6 ── IN1 OUT ── %MW8 / 20 ── IN2	AN %M20.0 / L %MW6 / L 20 / -I / T %MW8
程序段 6	%M20.0 ──/── CONV Int to Bcd16 / EN ── ENO / %MW8 ── IN OUT ── %QW0	AN %M20.0 / L %MW8 / ITB / T %QW0

6.2.2 数学函数运算指令

在 S7-1500 PLC 中的数学函数运算指令包括求平方、平方根、自然对数、自然指数、三角函数（正弦、余弦、正切）和反三角函数（反正弦、反余弦、反正切）等指令，这些常用的数学函数运算指令实质是浮点数函数指令，其指令参数如表 6-41 所示。点击表中各指令框的 "???" 下拉列表，可以选择该指令的数据类型（Real 或 LReal）。EN 为指令的允许输入端；ENO 为指令的允许输出端。

表 6-41　数学函数运算指令参数

指令名称	LAD	STL	输入数据 IN	输出数据 OUT
平方指令	SQR ??? EN ── ENO IN ── OUT	L "Tag_Value" SQR T "Tag_Result"	输入值，浮点数类型（I、Q、M、D、L、P 或常量）	输入值 IN 的平方，浮点数类型（I、Q、M、D、L、P）
平方根指令	SQRT ??? EN ── ENO IN ── OUT	L "Tag_Value" SQRT T "Tag_Result"	输入值，浮点数类型（I、Q、M、D、L、P 或常量）	输入值 IN 的平方根，浮点数类型（I、Q、M、D、L、P）
自然对数指令	LN ??? EN ── ENO IN ── OUT	L "Tag_Value" LN T "Tag_Result"	输入值，浮点数类型（I、Q、M、D、L、P 或常量）	输入值 IN 的自然对数，浮点数类型（I、Q、M、D、L、P）
自然指数指令	EXP ??? EN ── ENO IN ── OUT	L "Tag_Value" EXP T "Tag_Result"	输入值，浮点数类型（I、Q、M、D、L、P 或常量）	输入值 IN 的指数值，浮点数类型（I、Q、M、D、L、P）
正弦指令	SIN ??? EN ── ENO IN ── OUT	L "Tag_Value" SIN T "Tag_Result"	输入角度值（弧度形式），浮点数类型（I、Q、M、D、L、P 或常量）	指定角度 IN 的正弦，浮点数类型（I、Q、M、D、L、P）

指令名称	LAD	STL	输入数据 IN	输出数据 OUT
余弦指令	COS ??? EN ENO IN OUT	L "Tag_Value" COS T "Tag_Result"	输入角度值（弧度形式），浮点数类型（I、Q、M、D、L、P 或常量）	指定角度 IN 的余弦，浮点数类型（I、Q、M、D、L、P）
正切指令	TAN ??? EN ENO IN OUT	L "Tag_Value" TAN T "Tag_Result"	输入角度值（弧度形式），浮点数类型（I、Q、M、D、L、P 或常量）	指定角度 IN 的正切，浮点数类型（I、Q、M、D、L、P）
反正弦指令	ASIN ??? EN ENO IN OUT	L "Tag_Value" ASIN T "Tag_Result"	输入正弦值，浮点数类型（I、Q、M、D、L、P 或常量）	指定正弦值 IN 的角度值（弧度形式），浮点数类型（I、Q、M、D、L、P）
反余弦指令	ACOS ??? EN ENO IN OUT	L "Tag_Value" ACOS T "Tag_Result"	输入余弦值，浮点数类型（I、Q、M、D、L、P 或常量）	指定余弦值 IN 的角度值（弧度形式），浮点数类型（I、Q、M、D、L、P）
反正切指令	ATAN ??? EN ENO IN OUT	L "Tag_Value" ATAN T "Tag_Result"	输入正切值，浮点数类型（I、Q、M、D、L、P 或常量）	指定正切值 IN 的角度值（弧度形式），浮点数类型（I、Q、M、D、L、P）

（1）平方指令 SQR 与平方根 SQRT 指令

平方指令 SQR（Square）是计算输入的正实数 IN 的平方值，产生 1 个实数结果由 OUT 指定输出。

平方根指令 SQRT（Square Root）是将输入的正实数 IN 取平方根，产生 1 个实数结果由 OUT 指定输出。

例 6-31：平方指令和平方根指令的使用程序如表 6-42 所示。当 I0.0 发生正跳变时执行 SQR 指令，求出 23.3 的平方值，其结果由 MD0 输出；当 I0.1 发生正跳变时执行 SQRT 指令，求出 65536 的平方根值，其结果由 MD2 输出。

表 6-42 平方指令和平方根指令的使用程序

程序段	LAD	STL
程序段 1	%I0.0 —P— %M10.0 　SQR Real EN ENO 23.3 — IN OUT — %MD0	A %I0.0 FP %M10.0 L 23.3 SQR T %MD0
程序段 2	%I0.1 —P— %M10.1 　SQRT Real EN ENO 65536.0 — IN OUT — %MD2	A %I0.1 FP %M10.1 L 65536.0 SQRT T %MD2

（2）自然对数指令 LN 与自然指数指令 EXP

自然对数指令 LN（Natural Logarithm）是将输入实数 IN 取自然对数，产生 1 个实数结果由 OUT 输出。若求以 10 为底的常数自然对数 lg$x$ 时，用自然对数值除以 2.302585 即可实现。

自然指数指令 EXP（Natural Exponential）是将输入的实数 IN 取以 e 为底的指数，产生 1

个实数结果由 OUT 输出。自然对数与自然指数指令相结合，可实现以任意数为底，任意数为指数的计算。

例 6-32：用 PLC 自然对数和自然指数指令实现 5 的 3 次方运算。

分析：求 5 的 3 次方用自然对数与指数表示为 $5^3=EXP[3×LN(5)]$，若用 PLC 自然对数和自然指数表示，则程序如表 6-43 所示。程序段 1 和程序段 2 分别将整数 3 和 5 转换为实数并存入 MD0 和 MD2 中；程序段 3 执行自然对数指令 LN，求 5 的自然对数；程序段 4 执行实数乘法指令 *R，求得 3×LN（5）；程序段 5 执行自然指数指令，以求得最终结果。注意，由于本例中的相关指令属于浮点数运算，所以在输入程序前，应将 MD0、MD2、MD4、MD6 和 MD8 的数据类型设置为 Real 型，否则执行完程序后其结果会有误。

表 6-43　5^3 运算程序

程序段	LAD	STL
程序段 1	%M10.0 —|/|— CONV Int to Real, EN ENO, +3 — IN, OUT — %MD0	AN %M10.0 L +3 DTR T %MD0
程序段 2	%M10.0 —|/|— CONV Int to Real, EN ENO, +5 — IN, OUT — %MD2	AN %M10.0 L +5 DTR T %MD2
程序段 3	%M10.0 —|/|— LN Real, EN ENO, %MD2 — IN, OUT — %MD4	AN %M10.0 L %MD2 LN T %MD4
程序段 4	%M10.0 —|/|— MUL Real, EN ENO, %MD4 — IN1, OUT — %MD6, %MD0 — IN2	AN %M10.0 L %MD4 L %MD0 *R T %MD6
程序段 5	%M10.0 —|/|— EXP Real, EN ENO, %MD6 — IN, OUT — %MD8	AN %M10.0 L %MD6 EXP T %MD8

例 6-33：用 PLC 自然对数和自然指数指令求 512 的 3 次方根运算。

分析：求 512 的 3 次方根用自然对数与指数表示为 $512^{1/3}=EXP[LN(512)÷3]$，若用 PLC 自然对数和自然指数表示，在表 6-43 的基础上将乘 3 改成除以 3 即可，程序如表 6-44 所示。

表 6-44　512 的 3 次方根运算程序

程序段	LAD	STL
程序段 1	%M10.0 —|/|— CONV Int to Real, EN ENO, +3 — IN, OUT — %MD0	AN %M10.0 L +3 DTR T %MD0
程序段 2	%M10.0 —|/|— CONV Int to Real, EN ENO, +512 — IN, OUT — %MD2	AN %M10.0 L +512 DTR T %MD2

程序段	LAD	STL
程序段 3	%M10.0 —|/|— LN Real EN — ENO %MD2 — IN OUT — %MD4	AN %M10.0 L %MD2 LN T %MD4
程序段 4	%M10.0 —|/|— DIV Real EN — ENO %MD4 — IN1 OUT — %MD6 %MD0 — IN2	AN %M10.0 L %MD4 L %MD0 /R T %MD6
程序段 5	%M10.0 —|/|— EXP Real EN — ENO %MD6 — IN OUT — %MD8	AN %M10.0 L %MD6 EXP T %MD8

（3）三角函数和反三角函数指令

在 S7-1500 PLC 中三角函数指令主要包括正弦指令 SIN、余弦指令 COS、正切指令 TAN，这些指令分别是对输入实数的角度取正弦、余弦或正切值。

反三角函数指令主要包括反正弦指令 ASIN、反余弦指令 ACOS 和反正切指令 ATAN。这些指令分别是对输入实数的弧度取反正弦、反余弦和反正切的角度值。

三角函数和反三角函数指令中的角度均为以弧度为单位的浮点数。如果输入值是以度为单位的浮点数，使用三角函数和反三角函数指令之前应先将角度值乘以 $\pi/180$，转换为弧度值。

例 6-34：用 PLC 三角函数指令实现算式 $\tan45° - \sin30° \times \cos60°$ 的计算。

分析：本例使用正弦、余弦和正切指令即可实现算式的计算。由于这些指令属于浮点数运算，所以也需将相应存储地址设置为浮点数类型，编写程序如表 6-45 所示。

表 6-45　三角函数指令的使用

程序段	LAD	STL
程序段 1	%M10.0 —|/|— DIV Real EN — ENO 3.14 — IN1 OUT — %MD0 180.0 — IN2	AN %M10.0 L 3.14 L 180.0 /R T %MD0
程序段 2	%M10.0 —|/|— MUL Real EN — ENO 30.0 — IN1 OUT — %MD4 %MD0 — IN2	AN %M10.0 L 30.0 L %MD0 *R T %MD4
程序段 3	%M10.0 —|/|— SIN Real EN — ENO %MD4 — IN OUT — %MD4	AN %M10.0 L %MD4 SIN T %MD4
程序段 4	%M10.0 —|/|— MUL Real EN — ENO 60.0 — IN1 OUT — %MD12 %MD0 — IN2	AN %M10.0 L 60.0 L %MD0 *R T %MD12
程序段 5	%M10.0 —|/|— COS Real EN — ENO %MD12 — IN OUT — %MD12	AN %M10.0 L %MD12 COS T %MD12

程序段	LAD	STL
程序段 6	%M10.0 ─/─ 　MUL Real　EN ─ ENO　45.0 ─ IN1　OUT ─ %MD16　%MD0 ─ IN2 ✲	AN　%M10.0 L　45.0 L　%MD0 *R T　%MD16
程序段 7	%M10.0 ─/─ 　TAN Real　EN ─ ENO　%MD16 ─ IN　OUT ─ %MD16	AN　%M10.0 L　%MD16 TAN T　%MD16
程序段 8	%M10.0 ─/─ 　MUL Real　EN ─ ENO　%MD4 ─ IN1　OUT ─ %MD20　%MD12 ─ IN2 ✲	AN　%M10.0 L　%MD4 L　%MD12 *R T　%MD20
程序段 9	%M10.0 ─/─ 　SUB Real　EN ─ ENO　%MD16 ─ IN1　OUT ─ %MD24　%MD20 ─ IN2	AN　%M10.0 L　%MD16 L　%MD20 ─R T　%MD24

6.2.3 其他常用数学运算指令

西门子 S7-1500 PLC 还支持一些其他常用数学运算指令，如取余指令 MOD、取绝对值指令 ABS、递增指令 INC、递减指令 DEC、取最大值指令 MAX、取最小值指令 MIN、设置限值指令 LIMIT 等。

（1）取余指令 MOD

执行取余指令 MOD，将输入端 IN1 整除输入端 IN2 后的余数由 OUT 输出，其指令参数如表 6-46 所示。

表 6-46　取余指令参数

LAD	STL	参数	数据类型	说明
MOD Auto (???)　EN ─ ENO　IN1 ─ OUT　IN2	L "Tag_Value1" L "Tag_Value2" MOD T "Tag_Result"	EN	BOOL	允许输入
		ENO	BOOL	允许输出
		IN1	整数	被除数
		IN2		除数
		OUT	整数	除法的余数

使用说明：

① 可以从指令框的"???"下拉列表中选择该指令的数据类型。

② 当 EN 有效时执行该指令，OUT 输出为 IN1 除以 IN2 后的余数。

（2）取绝对值指令 ABS

执行取绝对值指令 ABS，对输入端 IN 求绝对值并将结果送入 OUT 中，其指令参数如表 6-47 所示。

表 6-47　取绝对值指令参数

LAD	STL	参数	数据类型	说明
ABS ??? EN — ENO IN — OUT	L "Tag_Value" ABS T "Tag_Result"	EN	BOOL	允许输入
		ENO	BOOL	允许输出
		IN	整数、浮点数	输入值
		OUT	整数、浮点数	输入值的绝对值

使用说明：

① 可以从指令框的"???"下拉列表中选择该指令的数据类型。

② 当 EN 有效时执行该指令，OUT 输出为 IN 的绝对值，其表达式为：OUT=|IN|。

例 6-35：使用 MOD 和 ABS 指令计算 |-125|÷2 的余数，其程序编写如表 6-48 所示。

表 6-48　MOD 和 ABS 指令的使用

程序段	LAD	STL
程序段 1	%M10.0 ─│/├─ ABS Dint EN — ENO -125 — IN　OUT — %MD0	AN　%M10.0 L　-125 ABS T　%MD0
程序段 2	%M10.0 ─│/├─ MOD Dint EN — ENO %MD0 — IN1　OUT — %MD2 2 — IN2	AN　%M10.0 L　%MD0 L　2 MOD T　%MD2

（3）递增指令 INC 与递减指令 DEC

对于 S7-1500 PLC 而言，在 LAD 中的递增（Increment）和递减（Decrement）指令是对 IN 中的无符号整数或者有符号整数自动加 1 或减 1，并把数据结果存放到 OUT，IN 和 OUT 为同一存储单元；在 STL 中的递增指令和递减指令是将无符号整数或者有符号整数按照指定的常数递增或递减，并将数据结果存放到输出单元中。INC 和 DEC 的指令参数如表 6-49 所示。

表 6-49　INC 和 DEC 的指令参数

指令名称	LAD	STL	IN/OUT
递增指令	INC ??? EN — ENO IN/OUT	L "Tag_Value" INC <常数> T "Tag_Result"	整数（要递增的值）
递减指令	DEC ??? EN — ENO IN/OUT	L "Tag_Value" DEC <常数> T "Tag_Result"	整数（要递减的值）

使用说明：

① 可以从指令框的"???"下拉列表中选择该指令的数据类型。

② STL 中递增或递减指令的"常数"为 8 位整数，取值范围为 0 ～ 255。

例 6-36：递增与递减指令的使用程序如表 6-50 所示，PLC 一上电，将 I0.0 闭合 1 次，将立即数 126 送入 MD0 单元中。当 I0.1 每发生一次上升沿电平跳变时，将 MD0 中的值自加 1并将结果送入 MD0；当 I0.2 每发生一次上升沿电平跳变时，将 MD0 中的值自减 1 并将结果送入 MD0。

表 6-50　递增与递减指令的使用程序

程序段	LAD	STL
程序段 1	%I0.0 ─┤P├─ %M10.0　　MOVE EN ─ ENO　126 ─ IN ⚡ OUT1 ─ %MD0	A　%I0.0 FP　%M10.0 L　126 T　%MD0
程序段 2	%I0.1 ─┤P├─ %M10.1　　INC Dint EN ─ ENO　%MD0 ─ IN/OUT	A　%I0.1 FP　%M10.1 L　%MD0 INC　1 T　%MD0
程序段 3	%I0.2 ─┤P├─ %M10.2　　DEC Dint EN ─ ENO　%MD0 ─ IN/OUT	A　%I0.2 FP　%M10.2 L　%MD0 DEC　1 T　%MD0

（4）取最大值指令 MAX 与取最小值指令 MIN

取最大值指令 MAX 是比较所有输入值，并将最大的值写入输出 OUT 中；取最小值指令MIN 是比较所有输入值，并将最小的值写入输出 OUT 中，这两条指令的参数如表 6-51 所示。

表 6-51　MAX 和 MIN 的指令参数

指令名称	LAD	STL	IN1	IN2	IN3	OUT
取最大值指令	MAX ??? EN ─ ENO IN1 OUT IN2 IN3 ⚡	CALL MAX IN1 := "TagIn_Value1" IN2 := "TagIn_Value2" IN3 := "TagIn_Value3" OUT := "Tag_Maximum"	第 1 个输入值（整数、浮点数）	第 2 个输入值（整数、浮点数）	第 3 个输入值（整数、浮点数）	输出最大值
取最小值指令	MIN ??? EN ─ ENO IN1 OUT IN2 IN3 ⚡	CALL MIN IN1 := "TagIn_Value1" IN2 := "TagIn_Value2" IN3 := "TagIn_Value3" OUT := "Tag_Minimum"				输出最小值

使用说明：

① 可以从指令框的 "???" 下拉列表中选择该指令的数据类型。

② 只有当所有输入的变量均为同一数据类型时，才能执行该指令。

（5）设置限值指令 LIMIT

使用设置限值指令 LIMIT，将输入 IN 的值限制在输入 MN 与 MX 的值范围内。如果 IN输入的值满足条件，即 MN ≤ IN ≤ MX，则 OUT 以 IN 的值输出；如果不满足该条件且输入值 IN 小于下限 MN，则 OUT 以 MN 的值输出；如果超出上限 MX，则 OUT 以 MX 的值输出。指令参数如表 6-52 所示。

表 6-52　设置限值指令 LIMIT 的指令参数

LAD	STL	参数	数据类型	说明
		EN	BOOL	允许输入
		ENO	BOOL	允许输出
LIMIT ??? — EN — ENO — MN OUT — — IN — MX	CALL LIMIT MN := "Tag_LowLimit" IN := "Tag_InputValue" MX := "Tag_HighLimit" OUT := "Tag_Result"	MN	整数、浮点数	下限值
		IN	整数、浮点数	输入值
		MX	整数、浮点数	上限值
		OUT	整数、浮点数	输出结果

使用说明：

① 可以从指令框的"???"下拉列表中选择该指令的数据类型。

② 只有当所有输入的变量均为同一数据类型时，才能执行该指令。

例 6-37：MAX、MIN、LIMIT 指令的使用程序如表 6-53 所示，I0.0 每发生一次上升沿电平跳变时，将 MD0、MD2 和 MD4 这 3 个存储单元中的大小进行比较，将最小值送入 MD12 中。当 I0.1 每发生一次上升沿电平跳变时，将 MD0、MD2 和 MD4 这 3 个存储单元中的大小进行比较，将最大值送入 MD14 中。当 I0.2 每发生一次上升沿电平跳变时，判断 MD2 中的值是否大于 MD0 且小于 MD4 中的值，若是则将 MD2 中的值送入 MD16 中；如果 MD2 小于 MD0 中的值，则将 MD0 中的值送入 MD16 中；如果 MD2 大于 MD4 中的值，则将 MD4 中的值送入 MD16 中。

表 6-53　MAX、MIN、LIMIT 指令的使用程序

程序段	LAD	STL
程序段 1	%I0.0 —[P]— %M10.0 — MIN Dint — EN — ENO — %MD0 — IN1 OUT — %MD12 — %MD2 — IN2 — %MD4 — IN3	A %I0.0 FP %M10.0 CALL MIN value_type:=DInt IN1 :=%MD0 IN2 :=%MD2 IN3 :=%MD4 OUT :=%MD12
程序段 2	%I0.1 —[P]— %M10.1 — MAX Dint — EN — ENO — %MD0 — IN1 OUT — %MD14 — %MD2 — IN2 — %MD4 — IN3	A %I0.1 FP %M10.1 CALL MAX value_type:=DInt IN1 :=%MD0 IN2 :=%MD2 IN3 :=%MD4 OUT :=%MD14
程序段 3	%I0.2 —[P]— %M10.2 — LIMIT Dint — EN — ENO — %MD0 — MN OUT — %MD16 — %MD2 — IN — %MD4 — MX	A %I0.2 FP %M10.2 CALL LIMIT value_type:=DInt MN :=%MD0 IN :=%MD2 MX :=%MD4 OUT :=%MD16

6.2.4　数学函数类指令的应用

例 6-38：数学函数类指令在英寸与厘米转换中的应用。假设某物品长度的英寸值由拨码

开关通过 IW0 输入（BCD 码），编写程序将物品长度由数码管显示，其显示单位为厘米。

分析：1 英寸等于 2.54 厘米，只要将拨码开关输入的英寸值乘以 2.54 即可换算成厘米值，然后通过 4 个数码管（带译码电路）显示出来即可，其程序编写如表 6-54 所示。程序段 1 是将拨码开关通过 IW0 输入的数值转换为 16 位整数并存入 MW0 中；程序段 2 是将 MW0 中的 16 位整数转换为 32 位整数并存入 MD2 中；程序段 3 是将 MD2 中的值转换为 32 位实数并存入 MD4 中，为实数相乘做准备；程序段 4 是将 MD4 中的实数与实数 2.54 相乘并将结果存入 MD6 中；程序段 5 将 MD6 中的实数转换成 32 位整数存入 MD8 中；程序段 6 是将 MD8 中的 32 位整数转换成 16 位整数，由于 STL 指令中没有 32 位整数转换成 16 位整数的指令，因此可使用 DTB 指令将 32 位整数转换为 7 个 BCD 码，然后再使用 BTI 指令将 BCD 码转换为 16 位整数；程序段 7 是将 16 位整数转换为 BCD 码，以实现数值的显示。

表 6-54 英寸与厘米的转换程序

程序段	LAD	STL
程序段 1	%M10.0 — CONV Bcd16 to Int — EN — ENO — %IW0 — IN — OUT — %MW0	AN %M10.0 L %IW0 BTI T %MW0
程序段 2	%M10.0 — CONV Int to Dint — EN — ENO — %MW0 — IN — OUT — %MD2	AN %M10.0 L %MW0 ITD T %MD2
程序段 3	%M10.0 — CONV Dint to Real — EN — ENO — %MD2 — IN — OUT — %MD4	AN %M10.0 L %MD2 DTR T %MD4
程序段 4	%M10.0 — MUL Real — EN — ENO — %MD4 — IN1 — OUT — %MD6 — 2.54 — IN2	AN %M10.0 L %MD4 L 2.54 *R T %MD6
程序段 5	%M10.0 — ROUND Real to Dint — EN — ENO — %MD6 — IN — OUT — %MD8	AN %M10.0 L %MD6 RND T %MD8
程序段 6	%M10.0 — CONV Dint to Int — EN — ENO — %MD8 — IN — OUT — %MW12	AN %M10.0 L %MD8 DTB T %MD12 L %MD12 BTI T %MW12
程序段 7	%M10.0 — CONV Int to Bcd16 — EN — ENO — %MW12 — IN — OUT — %QW0	AN %M10.0 L %MW12 ITB T %QW0

6.3　字逻辑运算类指令

字逻辑运算类指令是对指定的数或单元中的内容逐位进行逻辑"取反""与""或""异

或""编码""译码"等操作。西门子 S7-1500 PLC 的 LAD 字逻辑运算类指令可以对字节（BYTE）、字（WORD）、双字（DWORD）或长字（LWORD）进行逻辑运算操作；S7-1500 PLC 的 STL 字逻辑运算类指令只能对字（WORD）或双字（DWORD）进行逻辑运算操作。

6.3.1 逻辑"取反"指令

逻辑"取反"（Invert）指令 INV，是对输入数据 IN 按位取反，产生结果 OUT，也就是对输入 IN 中的二进制数逐位取反，由 0 变 1，由 1 变 0，其指令参数如表 6-55 所示。

表 6-55 逻辑"取反"指令参数

LAD	STL	参数	数据类型	说明
INV ??? EN ENO IN OUT	L "Tag_Input" INVI T "Tag_Output"	EN	BOOL	允许输入
		ENO	BOOL	允许输出
	L "Tag_Input" INVD T "Tag_Output"	IN	位字符串、整数	输入值
		OUT	位字符串、整数	输出 IN 值的反码

使用说明：

① 可以从指令框的"???"下拉列表中选择该指令的数据类型。

② 在 LAD 中，可以对字节、字、双字或长字进行逻辑取反操作；在 STL 中，只支持对字或双字进行逻辑取反操作，且相应的指令在"转换"指令中，字"取反"指令为 INVI，双字"取反"指令为 INVD。

例 6-39：逻辑"取反"指令的使用程序如表 6-56 所示。PLC 一上电时，分别将十六进制

表 6-56 逻辑"取反"指令的使用程序

程序段	LAD	STL
程序段 1	%M10.0 ─┤/├─ MOVE EN ENO 16#A5C3 ─IN ⚡ OUT1─ %MW0 MOVE EN ENO 16#B3C3D5E7 ─IN ⚡ OUT1─ %MD12	AN %M10.0 L 16#A5C3 T %MW0 L 16#B3C3D5E7 T %MD12
程序段 2	%I0.0 ─┤P├─ %M10.1 INV Int EN ENO %MW0 ─IN OUT─ %MW2	A %I0.0 FP %M10.1 L %MW0 INVI T %MW2
程序段 3	%I0.1 ─┤P├─ %M10.2 INV Dint EN ENO %MD12 ─IN OUT─ %MD4	A %I0.1 FP %M10.2 L %MD12 INVD T %MD4

MW0 | 1010 0101 1100 0011 | 16#A5C3

MW2 | 0101 1010 0011 1100 | 16#5A3C

MD12 | 1011 0011 1100 0011 1101 0101 1110 0111 | 16#B3C3D5E7

MD4 | 0100 1100 0011 1100 0010 1010 0001 1000 | 16#4C3C2A18

数 16#A5C3 和 16#B3C3D5E7 分别送入 MW0 和 MD12 中。当 I0.0 闭合时，将 MW0 中的数值
"取反"后得到 16#5A3C，将其结果送入 MW2 中；当 I0.1 闭合时，将 MD12 中的数值"取反"
后得到 16#4C3C2A18，将其结果送入 MD4 中。

6.3.2 逻辑"与"指令

逻辑"与"（Logic And）指令 AND，是对两个输入数据 IN1、IN2 按位进行"与"操作，
产生结果 OUT。逻辑"与"时，若两个操作数的同一位都为 1，则该位逻辑结果为 1，否则为
0，其指令参数如表 6-57 所示。

表 6-57　逻辑"与"指令参数

LAD	STL	参数	数据类型	说明
AND ??? EN ENO IN1 OUT IN2 ⭘	L "Tag_Value_1" L "Tag_Value_2" AW T "Tag_Result"	EN	BOOL	允许输入
		ENO	BOOL	允许输出
	L "Tag_Value_1" L "Tag_Value_2" AD T "Tag_Result"	IN1	位字符串、整数	逻辑运算的第 1 个值
		IN2	位字符串、整数	逻辑运算的第 2 个值
		OUT	位字符串、整数	逻辑"与"运算结果

使用说明：

① 可以从指令框的"???"下拉列表中选择该指令的数据类型。

② 在 LAD 中，可以对字节、字、双字或长字进行逻辑"与"操作；在 STL 中，只支持
对字或双字进行逻辑"与"操作，字逻辑"与"指令为 AW，双字逻辑"与"指令为 AD。

③ 在初始状态下，指令框中包含两个输入，点击指令框中的星号可以扩展输入数目。

例 6-40：逻辑"与"指令的使用程序如表 6-58 所示。PLC 一上电时，分别将十六进制数
16#A5C3、16#B3D4 和 16#9D7BA58E 分别送入 MW0、MW2 和 MD12 中。当 I0.0 闭合时，将
MW0 和 MW2 中的数值进行逻辑"与"后得到 16#A1C0，将其结果送入 MW4 中；当 I0.1 闭
合时，将 MD12 中的数值和立即数 16#7C8A5E4B 进行逻辑"与"后得到 16#1C0A040A，将其
结果送入 MD16 中。表中"&"为逻辑"与"的运算符号。

表 6-58　逻辑"与"指令的使用程序

程序段	LAD	STL
程序段 1	%M10.0 ⊣/⊢ MOVE EN ENO 16#A5C3 — IN ⭘ OUT1 — %MW0 MOVE EN ENO 16#B3D4 — IN ⭘ OUT1 — %MW2 MOVE EN ENO 16#9D7BA58E — IN ⭘ OUT1 — %MD12	AN　%M10.0 L　16#A5C3 T　%MW0 L　16#B3D4 T　%MW2 L　16#9D7BA58E T　%MD12

程序段	LAD	STL
程序段 2	%I0.0 —|P|— %M10.1　AND Word　EN — ENO　%MW0 — IN1　OUT — %MW4　%MW2 — IN2 ☆	A 　%I0.0 FP 　%M10.1 L 　%MW0 L 　%MW2 AW T 　%MW4
程序段 3	%I0.1 —|P|— %M10.2　AND DWord　EN — ENO　%MD12 — IN1　OUT — %MD16　16#7C8A5E4B — IN2 ☆	A 　%I0.1 FP 　%M10.2 L 　%MD12 L 　16#7C8A5E4B AD T 　%MD16

```
MW0    1010 0101 1100 0011    16#A5C3
&
MW2    1011 0011 1101 0100    16#B3D4

MW4    1010 0001 1100 0000    16#A1C0


MD12   1001 1101 0111 1011 1010 0101 1000 1110    16#9D7BA58E

       0111 1100 1000 1010 0101 1110 0100 1011    16#7C8A5E4B
&
MD16   0001 1100 0000 1010 0000 0100 0000 1010    16#1C0A040A
```

6.3.3 逻辑 "或" 指令

逻辑 "或" （Logic Or）指令 OR，是对两个输入数据 IN1、IN2 按位进行 "或" 操作，产生结果 OUT。逻辑 "或" 时，只需两个操作数的同一位中 1 个为 1，则该位逻辑结果为 1，其指令参数如表 6-59 所示。

使用说明：

① 可以从指令框的 "???" 下拉列表中选择该指令的数据类型。

② 在 LAD 中，可以对字节、字、双字或长字进行逻辑 "或" 操作；在 STL 中，只支持对字或双字进行逻辑 "或" 操作，字逻辑 "或" 指令为 OW，双字逻辑 "或" 指令为 OD。

③ 在初始状态下，指令框中包含两个输入，点击指令框中的星号可以扩展输入数目。

表 6-59　逻辑 "或" 指令参数

LAD	STL	参数	数据类型	说明
OR ???　EN — ENO　IN1　OUT　IN2 ☆	L "Tag_Value_1" L "Tag_Value_2" OW T "Tag_Result"	EN	BOOL	允许输入
		ENO	BOOL	允许输出
	L "Tag_Value_1" L "Tag_Value_2" OD T "Tag_Result"	IN1	位字符串、整数	逻辑运算的第 1 个值
		IN2	位字符串、整数	逻辑运算的第 2 个值
		OUT	位字符串、整数	逻辑 "或" 运算结果

例 6-41：逻辑"或"指令的使用程序如表 6-60 所示。PLC 一上电时，分别将十六进制数 16#A5C3、16#B3D4 和 16#9D7BA58E 分别送入 MW0、MW2 和 MD12 中。当 I0.0 闭合时，将 MW0 和 MW2 中的数值进行逻辑"或"后得到 16#B7D7，将其结果送入 MW4 中；当 I0.1 闭合时，将 MD12 中的数值和立即数 16#7C8A5E4B 进行逻辑"或"后得到 16#FDFBFFCF，将其结果送入 MD16 中。表中"｜"为逻辑"或"的运算符号。

表 6-60　逻辑"或"指令的使用程序

程序段	LAD	STL
程序段 1	%M10.0 MOVE EN—ENO 16#A5C3 IN OUT1 %MW0 MOVE EN—ENO 16#B3D4 IN OUT1 %MW2 MOVE EN—ENO 16#9D7BA58E IN OUT1 %MD12	AN %M10.0 L 16#A5C3 T %MW0 L 16#B3D4 T %MW2 L 16#9D7BA58E T %MD12
程序段 2	%I0.0 P %M10.1 OR Word EN—ENO %MW0 IN1 OUT %MW4 %MW2 IN2	A %I0.0 FP %M10.1 L %MW0 L %MW2 OW T %MW4
程序段 3	%I0.1 P %M10.2 OR DWord EN—ENO %MD12 IN1 OUT %MD16 16#7C8A5E4B IN2	A %I0.1 FP %M10.2 L %MD12 L 16#7C8A5E4B OD T %MD16

MW0 1010 0101 1100 0011 16#A5C3

MW2 1011 0011 1101 0100 16#B3D4

｜

MW4 1011 0111 1101 0111 16#B7D7

MD12 1001 1101 0111 1011 1010 0101 1000 1110 16#9D7BA58E

0111 1100 1000 1010 0101 1110 0100 1011 16#7C8A5E4B

｜

MD16 1111 1101 1111 1011 1111 1111 1100 1111 16#FDFBFFCF

6.3.4　逻辑"异或"指令

逻辑"异或"（Logic Exclusive Or）指令 XOR，是对两个输入数据 IN1、IN2 按位进行"异或"操作，产生结果 OUT。逻辑"异或"时，两个操作数的同一位不相同，则该位逻辑结果为"1"，其指令参数如表 6-61 所示。

表 6-61 逻辑"异或"指令参数

LAD	STL	参数	数据类型	说明
XOR ??? EN — ENO IN1 OUT IN2 ❖	L "Tag_Value_1" L "Tag_Value_2" XOW T "Tag_Result"	EN	BOOL	允许输入
		ENO	BOOL	允许输出
	L "Tag_Value_1" L "Tag_Value_2" XOD T "Tag_Result"	IN1	位字符串、整数	逻辑运算的第 1 个值
		IN2	位字符串、整数	逻辑运算的第 2 个值
		OUT	位字符串、整数	逻辑"异或"运算结果

使用说明：

① 可以从指令框的"???"下拉列表中选择该指令的数据类型。

② 在 LAD 中，可以对字节、字、双字或长字进行逻辑"异或"操作；在 STL 中，只支持对字或双字进行逻辑"异或"操作，字逻辑"异或"指令 XOW，双字逻辑"异或"指令为 XOD。

③ 在初始状态下，指令框中包含两个输入，点击指令框中的星号可以扩展输入数目。

例 6-42：逻辑"异或"指令的使用程序如表 6-62 所示。PLC 一上电时，分别将十六进制

表 6-62 逻辑"异或"指令的使用程序

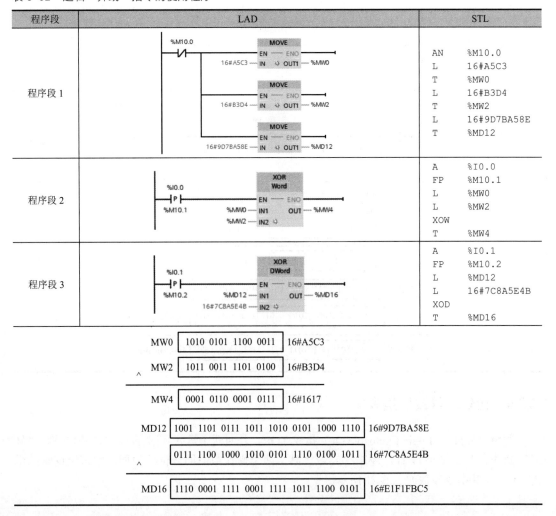

数 16#A5C3、16#B3D4 和 16#9D7BA58E 分别送入 MW0、MW2 和 MD12 中。当 I0.0 闭合时，将 MW0 和 MW2 中的数值进行逻辑"异或"后得到 16#1617，将其结果送入 MW4 中；当 I0.1 闭合时，将 MD12 中的数值和立即数 16#7C8A5E4B 进行逻辑"异或"后得到 16#E1F1FBC5，将其结果送入 MD16 中。表中"^"为逻辑"异或"的运算符号。

6.3.5 编码与译码指令

（1）编码指令

编码指令 ENCO（Encode）是将输入的字型数据 IN 中为 1 的最低有效位的位号写入输出 OUT 中，指令参数如表 6-63 所示。

表 6-63　编码指令参数

LAD	STL	参数	数据类型	说明
ENCO ??? EN — ENO IN — OUT	CALL ENCO IN := "Tag_Input" OUT := "Tag_Output"	EN	BOOL	允许输入
		ENO	BOOL	允许输出
		IN	位字符串	输入值
		OUT	INT	输出编码结果

使用说明：可以从指令框的"???"下拉列表中选择该指令的数据类型。

（2）译码指令

译码指令 DECO（Decode）是将输入 IN 的位号输出到 OUT 所指定单元对应的位置 1，而其他位清 0，指令参数如表 6-64 所示。

表 6-64　译码指令参数

LAD	STL	参数	数据类型	说明
DECO UInt to ??? EN — ENO IN — OUT	CALL DECO IN := "Tag_Input" OUT := "Tag_Output"	EN	BOOL	允许输入
		ENO	BOOL	允许输出
		IN	UINT	输入值
		OUT	位字符串	输出译码结果

使用说明：可以从指令框的"???"下拉列表中选择该指令译码后输出的数据类型。

例 6-43：编码与译码指令的使用如表 6-65 所示。PLC 一上电时，将立即数 16#A5C4 和 4 分别送入 MW0 和 MW2 中。若 I0.1 触点为 OFF 而 I0.0 触点为 ON，执行 ENCO 指令进行编

表 6-65　编码和译码指令程序

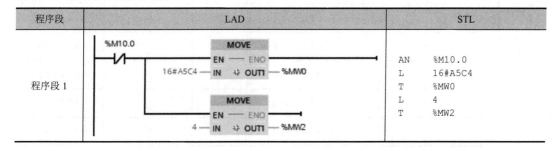

程序段	LAD	STL
程序段 1	%M10.0 MOVE EN — ENO 16#A5C4 — IN ⇩ OUT1 — %MW0 MOVE EN — ENO 4 — IN ⇩ OUT1 — %MW2	AN　%M10.0 L　16#A5C4 T　%MW0 L　4 T　%MW2

程序段	LAD	STL

程序段 2	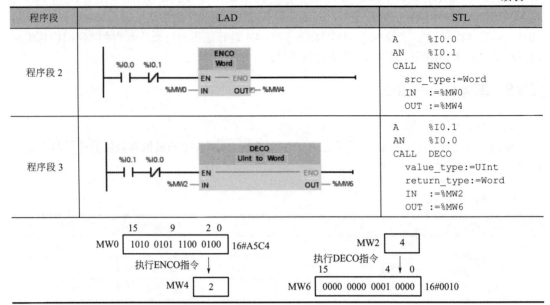	A %I0.0
		AN %I0.1
		CALL ENCO
		  src_type:=Word
		  IN :=%MW0
		  OUT :=%MW4

程序段 3		A %I0.1
		AN %I0.0
		CALL DECO
		  value_type:=UInt
		  return_type:=Word
		  IN :=%MW2
		  OUT :=%MW6

码操作时，由于 16#A5C4 相应的二进制代码为 1010_0101_1100_0100，该二进制代码中最低为 1 的位号为 2，所以执行 ENCO 后 MW4 中的值为 2；若 I0.1 触点为 ON 而 I0.0 触点为 OFF，执行 DECO 指令进行译码操作时，由于指定最低为 1 的位号为 4，所以执行 DECO 后，MW6 中的二进制代码为 0000_0000_0001_0000 即 MW6 的值为 16#0010。

6.3.6 七段显示译码指令

七段显示译码指令 SEG（Segment）是将输入字 IN 的 4 个十六进制数都转换成七段显示的等价位模式，并送到输出字节 OUT。七段显示器的 abcdefg（D0 ～ D6）段分别对应于输出字节的第 0 ～ 6 位。若输出字节的某位为 1，其对应的段显示；输出字节的某位为 0 时，其对应的段不亮。字符显示与各段的关系如表 6-66 所示。例如要显示数字"2"时，D0、D1、D3、D4、D6 为 1，其余为 0。

表 6-66　字符显示与各段关系

IN	段显示	.gfedcba	IN	段显示	.gfedcba
0	0	00111111	8	8	01111111
1	1	00000110	9	9	01100111
2	2	01011011	A	A	01110111
3	3	01001111	B	b	01111100
4	4	01100110	C	C	00111001
5	5	01101101	D	d	01011110
6	6	01111101	E	E	01111001
7	7	00000111	F	F	01110001

七段显示译码指令的参数如表 6-67 所示。

表 6-67　七段显示译码指令参数

LAD	STL	参数	数据类型	说明
SEG EN　ENO IN　OUT	CALL SEG IN := "Tag_Input" OUT := "Tag_Output"	EN	BOOL	允许输入
		ENO	BOOL	允许输出
		IN	字	输入显示值
		OUT	双字	输出显示译码值

使用说明：输入 IN 是以 4 个十六进制数字表示的源字；输出 OUT 是以 4 个字节表示的目标位模式。

例 6-44：若 PLC 的 I0.0 外接按钮 SB0，QB0～QB3 外接 4 位 LED 共阴极数码管，要求每按 1 次按钮时，共阴极数码管显示的数字加 1，其显示数字范围为 0～99。

分析：可以使用增计数器对按钮次数进行统计，再将增计数器中的整数转换为相应七段显示数值即可，编写的程序如表 6-68 所示。程序段 1 中，SB0 每按 1 次按钮时（即 I0.0 触点每发生 1 次上升沿跳变）增计数器加 1 计数，计数结果存入 MW2 中，当计数达到 100 时，M10.3 线圈闭合使得增计数器复位，MW2 中的值立刻变为 0，使得增计数器的循环计数范围为 0～99。程序段 2 中，使用转换指令将 MW2 中的内容转换为 BCD 码并送入 MW4 中，为

表 6-68　七段显示译码程序

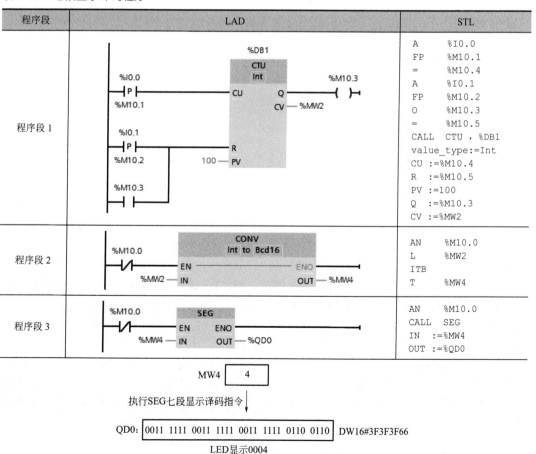

SEG 指令的执行做准备；程序段 3 中，由 SEG 指令将 MW4 中的内容进行七段显示译码，并将译码结果输出给 QD0（即 QB0 ~ QB3），使得数码管能实时显示 SB0 按下的次数。当 SB0 按下 4 次时，MW2 中的内容为 3，使用转换指令将其转换为对应的数值送入 MW4，再通过 SEG 指令译码为 DW16#3F3F3F66，LED 数码管显示为 "0004"。

6.3.7 字逻辑运算指令的应用

例 6-45：字逻辑运算指令在表决器中的应用。在某表决器中有 3 位裁判及若干个表决对象，裁判需对每个表决对象作出评价，看是过关还是淘汰。当主持人按下评价按钮时，3 位裁判均按下 1 键，表示表决对象过关；否则表决对象淘汰。过关绿灯亮，淘汰红灯亮。

分析：根据题意，列出表决器的 I/O 分配如表 6-69 所示。进行表决时，首先将每位裁判的表决情况送入相应的辅助寄存器中（例如 A 裁判的表决结果送入 MB0），然后将辅助寄存器中的内容进行逻辑"与"操作，只有逻辑结果为"1"才表示表决对象过关。编写程序如表 6-70 所示。

表 6-69 表决器的 I/O 分配表

输入			输出		
功能	元件	PLC 地址	功能	元件	PLC 地址
主持人评价按钮	SB1	I0.0	过关绿灯	HL1	Q0.0
主持人复位按钮	SB2	I0.1	淘汰红灯	HL2	Q0.1
A 裁判 1 键	SB3	I0.2			
A 裁判 0 键	SB4	I0.3			
B 裁判 1 键	SB5	I0.4			
B 裁判 0 键	SB6	I0.5			
C 裁判 1 键	SB7	I0.6			
C 裁判 0 键	SB8	I0.7			

程序段 1 为启保停控制电路，当主持人按下评价按钮时，I0.0 常开触点闭合，M10.0 线圈得电并自锁。程序段 2 为复位控制电路，当主持人按下复位按钮时，I0.1 常开触点闭合，将相关的辅助寄存器复位。程序段 3、程序段 4 为 A 裁判表决情况：A 裁判按下 1 键时，将"1"送入 MD0 中；A 裁判按下 0 键时，将"0"送入 MD0 中，同时将 M34.0 置 1。程序段 5、程序段 6 为 B 裁判表决情况：B 裁判按下 1 键时，将"1"送入 MD4 中；B 裁判按下 0 键时，将"0"送入 MD4 中，同时将 M34.1 置 1。程序段 7、程序段 8 为 C 裁判表决情况：C 裁判按下 1 键时，将"1"送入 MD20 中；C 裁判按下 0 键时，将"0"送入 MD20 中，同时将 M34.2 置 1。程序段 9 将各位裁判的表决结果进行逻辑"与"操作，只有 3 位裁判的表决结果均为"1"，MD24 的内容为"1"，否则 MD24 的内容为"0"。程序段 10 为过关绿灯控制，当 MD24 的内容为"1"时，Q0.0 线圈输出为"1"，控制 HL1 点亮。程序段 11 为淘汰红灯控制，当 MD24 的内容为"0"时，只要有 1 位裁判表决结果为"0"时，Q0.1 线圈输出为"1"，控制 HL2 点亮。

表 6-70 逻辑运算指令在表决器中的应用程序

程序段	LAD
程序段 1	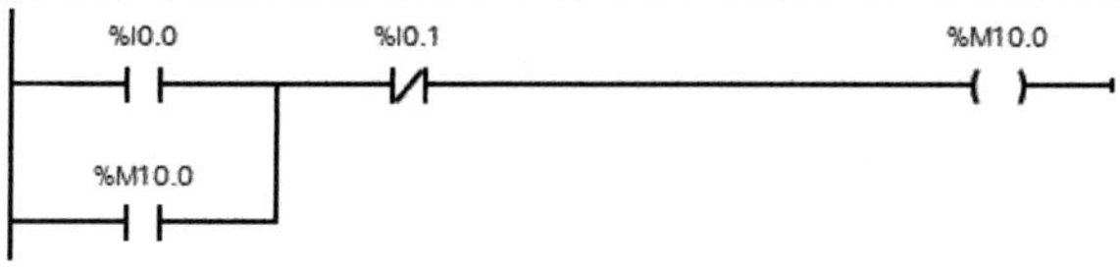
程序段 2	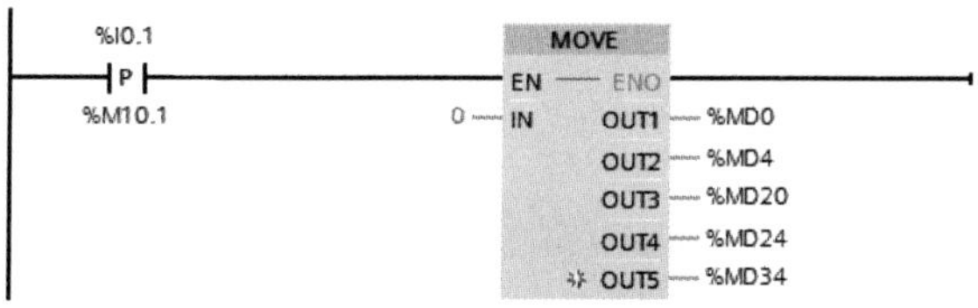
程序段 3	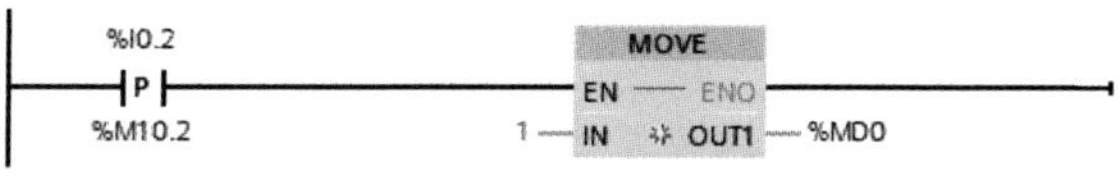
程序段 4	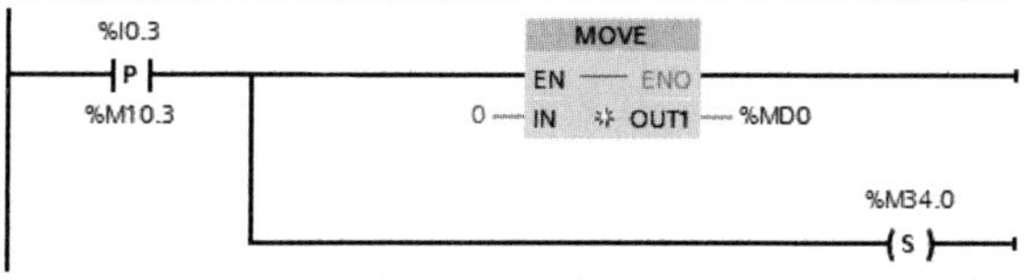
程序段 5	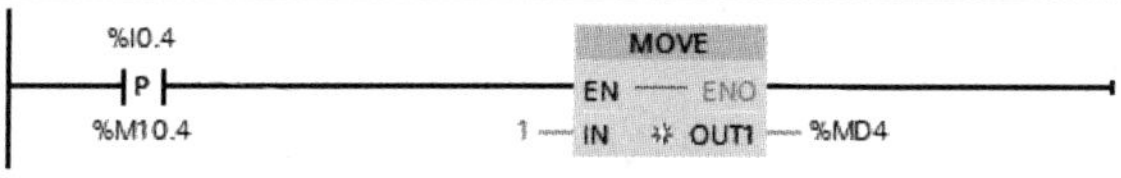
程序段 6	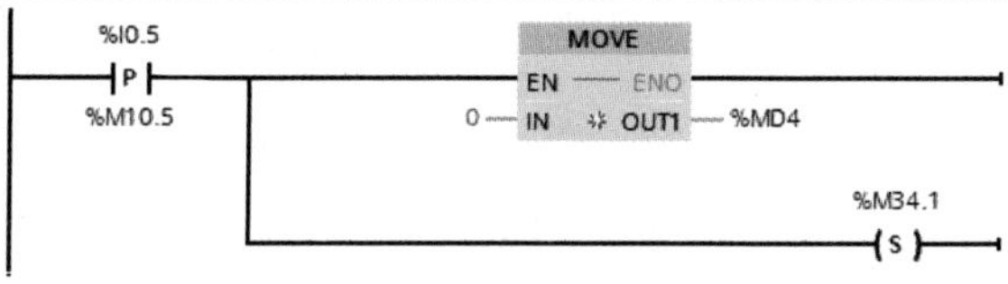
程序段 7	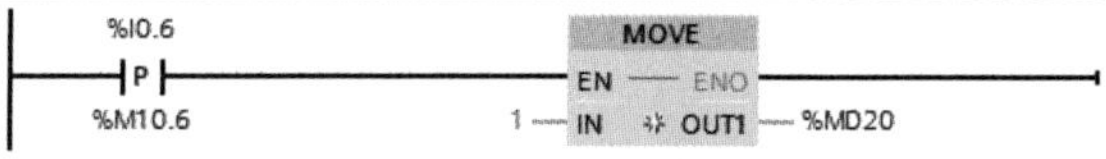
程序段 8	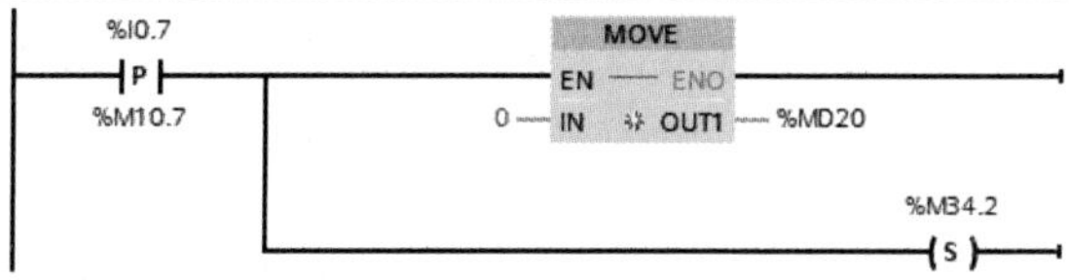
程序段 9	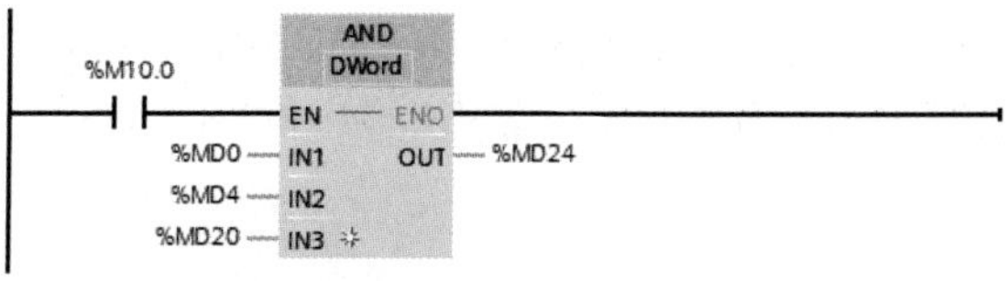
程序段 10	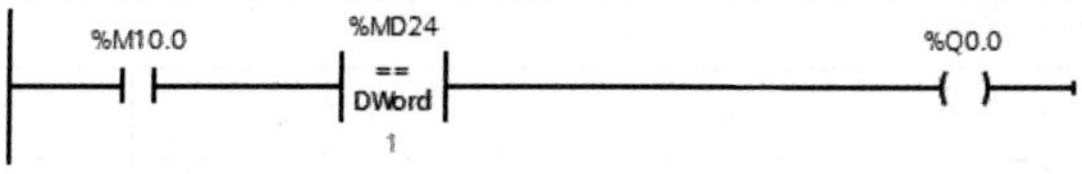
程序段 11	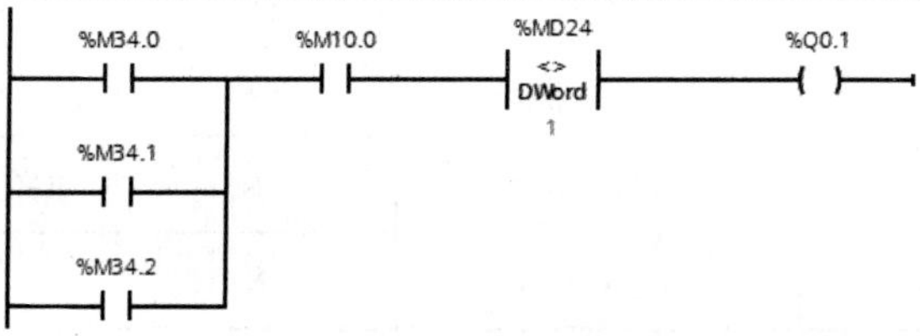

6.4 移位控制类指令

移位控制指令是 PLC 控制系统中比较常用的指令之一，在程序中可以方便地实现某些运算，也可以用于取出数据中的有效位数字。S7-1500 PLC 的移位控制类指令主要有移位指令和循环移位指令。LAD 中，可以对 8 位、16 位、32 位以及 64 位的字或整数进行操作；STL 中，只能对 16 位和 32 位的字或整数进行操作。

6.4.1 移位指令

移位指令是将输入 IN 中的数据向左或向右逐位移动，根据移位方向的不同可分为左移位指令和右移位指令。

（1）左移位指令

左移位指令是将输入端 IN 指定的数据左移 N 位，结果存入 OUT 中，左移 N 位相当于乘以 2^N。在 LAD 中，左移位指令为 SHL；在 STL 中，左移指令有 SLW（16 位的单字左移）和 SLD（32 位的双字左移）。左移位指令参数如表 6-71 所示。

表 6-71　左移位指令参数

LAD	STL	参数	数据类型	说明
SHL ??? EN — ENO IN — OUT N	L "Tag_Value" SLW \<N\> T "Tag_Result"	EN	BOOL	允许输入
		ENO	BOOL	允许输出
	L "Tag_Value" SLD \<N\> T "Tag_Result"	IN	位字符串、整数	要移位的值
		N	正整数	待移位的位数
		OUT	位字符串、整数	左移位输出

使用说明：

① 可以从指令框的"???"下拉列表中选择该指令的数据类型。

② 如果参数 N 的值为 0，则将输入 IN 的值复制到输出 OUT 的操作数。

③ 执行指令时，左侧移出位舍弃，右侧空出的位用"0"进行填充。

（2）右移位指令

右移位指令是将输入端 IN 指定的数据右移 N 位，结果存入 OUT 中，右移 N 位相当于除以 2^N。在 LAD 中，右移位指令为 SHR；在 STL 中，右移指令有 SRW（16 位的单字右移）、SRD（32 位的双字右移）、SSI（带符号逐字右移）和 SSD（带符号逐个双字右移）。右移位指令参数如表 6-72 所示。

表 6-72　右移位指令参数

LAD	STL	参数	数据类型	说明
SHR ??? EN — ENO IN — OUT N	L "Tag_Value" SRW \<N\> T "Tag_Result"	EN	BOOL	允许输入
		ENO	BOOL	允许输出
	L "Tag_Value" SRD \<N\> T "Tag_Result"	IN	位字符串、整数	要移位的值
		N	正整数	待移位的位数

LAD	STL	参数	数据类型	说明
SHR ??? EN — ENO — IN OUT — N	L "Tag_Value" SSI \<N> T "Tag_Result" L "Tag_Value" SSD \<N> T "Tag_Result"	OUT	位字符串、整数	右移位输出

使用说明：

① 可以从指令框的"???"下拉列表中选择该指令的数据类型。

② 如果参数 N 的值为 0，则将输入 IN 的值复制到输出 OUT 的操作数中。

③ 执行指令时，若 IN 为无符号数值，左侧空出的位用"0"进行填充；若 IN 为有符号数值，左侧空出的位用"符号位"进行填充。

例 6-46：移位指令的使用如表 6-73 所示。在程序段 1 中，当 PLC 一上电时，将 I0.0 常开触点闭合 1 次时，分别将两个 16 位的数值送入 MW0 和 MW4 中。在程序段 2 中，将 I0.1 常开触点每闭合 1 次时，执行 1 次左移指令，MW0 中的内容将左移 3 位；在程序段 3 中，将 I0.2 常开触点每闭合 1 次时，执行 1 次右移指令，MW4 中的内容将右移 3 位。每执行 1 次左移指令时，MW0 中的数值的高 3 位先舍去，其余位向左移 3 位，然后最低的 3 位用 0 进行填充；每执行 1 次右移指令时，MW4 中的数值的低 3 位先舍去，其余位向右移 3 位，然后最高的 3 位用 0 进行填充。

表 6-73　移位指令的使用程序

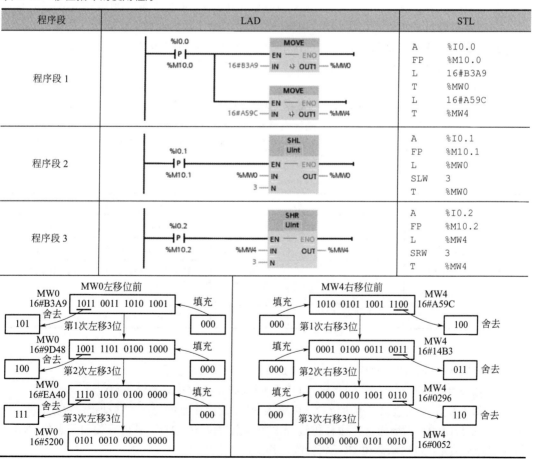

6.4.2 循环移位指令

循环移位指令是将输入 IN 中的全部内容循环地逐位左移或右移，空出的位用输入 IN 移出位的信号状态填充，根据移位方向的不同可分为循环左移指令和循环右移指令。

（1）循环左移指令

循环左移指令是将输入端 IN 指定的数据循环左移 N 位，并用移出的位填充因循环移位而空出的位，结果存入 OUT。在 LAD 中，循环左移指令为 ROL；在 STL 中，循环左移指令有 RLD（32 位的双字循环左移）和 RLDA（循环左移状态位 CC1）。循环左移指令参数如表 6-74 所示。

表 6-74　循环左移指令参数

LAD	STL	参数	数据类型	说明
ROL ??? ─EN ── ENO─ ─IN　　OUT─ ─N	L "Tag_Value" RLD <N> T "Tag_Result"	EN	BOOL	允许输入
		ENO	BOOL	允许输出
	L "Tag_Value" RLDA <N> T "Tag_Result"	IN	位字符串、整数	要循环移位的值
		N	正整数	待移位的位数
		OUT	位字符串、整数	循环左移位输出

使用说明：

① 可以从指令框的 "???" 下拉列表中选择该指令的数据类型。

② 如果参数 N 的值为 0，则将输入 IN 的值复制到输出 OUT 的操作数中。

③ 如果参数 N 的值大于可用位数，则输入 IN 中的操作数仍会循环移动指定位数。

④ 对于 RLDA 指令而言，在移位过程中变为空的位（位 0），其内容使用状态位 CC1 的信号状态来填充，同时状态位 CC1 将接收已移出位（位 31）的信号状态。

（2）循环右移指令

循环右移指令是将输入端 IN 指定的数据循环右移 N 位，并用移出的位填充因循环移位而空出的位，结果存入 OUT。在 LAD 中，循环右移指令为 ROR；在 STL 中，循环右移指令有 RRD（32 位的双字循环右移）和 RRDA（循环右移状态位 CC1）。循环右移指令参数如表 6-75 所示。

表 6-75　循环右移指令参数

LAD	STL	参数	数据类型	说明
ROR ??? ─EN ── ENO─ ─IN　　OUT─ ─N	L "Tag_Value" RRD <N> T "Tag_Result"	EN	BOOL	允许输入
		ENO	BOOL	允许输出
	L "Tag_Value" RRDA <N> T "Tag_Result"	IN	位字符串、整数	要循环移位的值
		N	正整数	待移位的位数
		OUT	位字符串、整数	循环右移位输出

使用说明：

① 可以从指令框的 "???" 下拉列表中选择该指令的数据类型。

② 如果参数 N 的值为 0，则将输入 IN 的值复制到输出 OUT 的操作数中。

③ 如果参数 N 的值大于可用位数，则输入 IN 中的操作数仍会循环移动指定位数。

④ 对于 RRDA 指令而言，在移位过程中变为空的位（位 31），其内容使用状态位 CC1 的信号状态来填充，同时状态位 CC1 将接收已移出位（位 0）的信号状态。

例 6-47：循环移位指令的使用如表 6-76 所示。在程序段 1 中，当 PLC 一上电时，将 I0.0 常开触点闭合 1 次时，分别将两个 32 位的数值送入 MD0 和 MD4 中。在程序段 2 中，将 I0.1 常开触点每闭合 1 次时，执行 1 次循环左移指令，MD0 中的内容将循环左移 3 位；在程序段 3 中，将 I0.2 常开触点每闭合 1 次时，执行 1 次循环右移指令，MD4 中的内容将循环右移 3 位。每执行 1 次循环左移指令时，MD0 中数值的高 3 位移出并添加到 MD0 的最低 3 位，而 MD0 中数值的其余位向左移 3 位形成 1 个新的 32 位数值；每执行 1 次循环右移指令时，MD4 中数值的低 3 位移出并添加到 MD0 的最高 3 位，而 MD4 中数值的其余位向右移 3 位形成 1 个新的 32 位数值。

表 6-76　循环移位指令的应用程序

程序段	LAD	STL
程序段 1	%I0.0 —P— %M10.0　MOVE　EN — ENO　16#B3A98972 — IN ❖ OUT1 — %MD0　MOVE　EN — ENO　16#A59CF5C7 — IN ❖ OUT1 — %MD4	A　%I0.0 FP　%M10.0 L　16#B3A98972 T　%MD0 L　16#A59CF5C7 T　%MD4
程序段 2	%I0.1 —P— %M10.1　ROL DWord　EN — ENO　%MD0 — IN　OUT — %MD0　3 — N	A　%I0.1 FP　%M10.1 L　%MD0 RLD　3 T　%MD0
程序段 3	%I0.2 —P— %M10.2　ROR DWord　EN — ENO　%MD4 — IN　OUT — %MD4　3 — N	A　%I0.2 FP　%M10.2 L　%MD4 RRD　3 T　%MD4

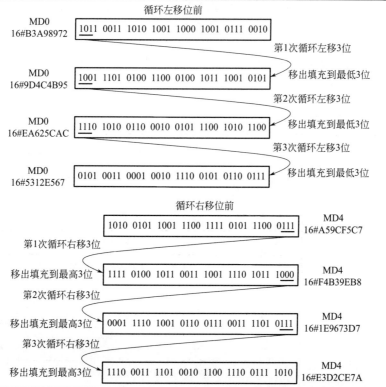

例 6-48：移位指令在流水灯控制系统中的应用。假设 PLC 的输入端子 I0.0 和 I0.1 分别外接启动和停止按钮；PLC 的输出端子 QB0 外接流水灯 HL1 ～ HL8。要求按下启动按钮后，流水灯开始从 Q0.0 ～ Q0.7 每隔 0.5s 依次左移点亮，当 Q0.7 点亮后，流水灯又开始从 Q0.0 ～ Q0.7 每隔 0.5s 依次左移点亮，循环进行。

分析：根据题意可知，PLC 实现流水灯控制时，应有 2 个输入点和 8 个输出点，其 I/O 分配如表 6-77 所示。

表 6-77　PLC 实现流水灯控制的 I/O 分配表

输　入			输　出		
功能	元件	PLC 地址	功能	元件	PLC 地址
启动按钮	SB1	I0.0	流水灯 1	HL1	Q0.0
停止按钮	SB2	I0.1	流水灯 2	HL2	Q0.1
			流水灯 3	HL3	Q0.2
			流水灯 4	HL4	Q0.3
			流水灯 5	HL5	Q0.4
			流水灯 6	HL6	Q0.5
			流水灯 7	HL7	Q0.6
			流水灯 8	HL8	Q0.7

流水灯的启动和停止可由 I0.0、I0.1 和 M10.0 构成。当 I0.0 为 ON 时，M10.0 线圈得电，其触点自锁，这样即使 I0.0 松开，M10.0 线圈仍然保持得电状态。M10.0 线圈得电后，执行一次传送指令，将初始值 1 送入 MW0 为左移赋初值。MW0 赋初值 1 后，由 T0 控制每隔 500ms，执行左移指令使 MW0 中的内容左移 1 次。左移时，MW0 的左移规律为 M1.0 → M1.7 → M0.0 → M0.7。由于每个循环只需移位 8 次，因此当移位到 M0.0 时应将 MW0 重新赋值，为下轮左移做好准备。最后，将 MB1 中的值送入 QB0 即控制相应的灯进行点亮。编写的梯形图程序如表 6-78 所示。

表 6-78　移位指令在流水灯控制系统中的应用程序

程序段	LAD
程序段 1	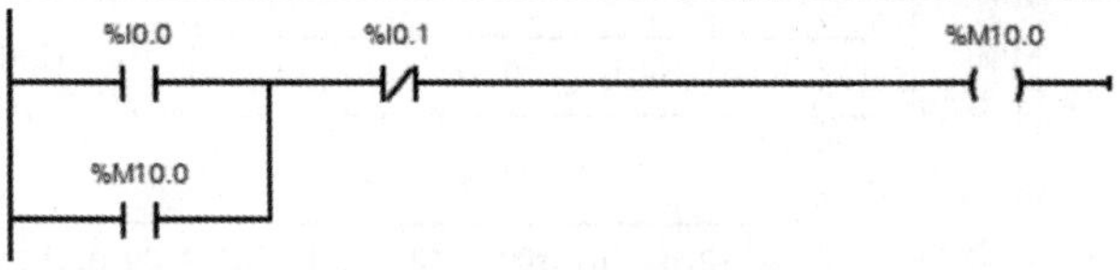
程序段 2	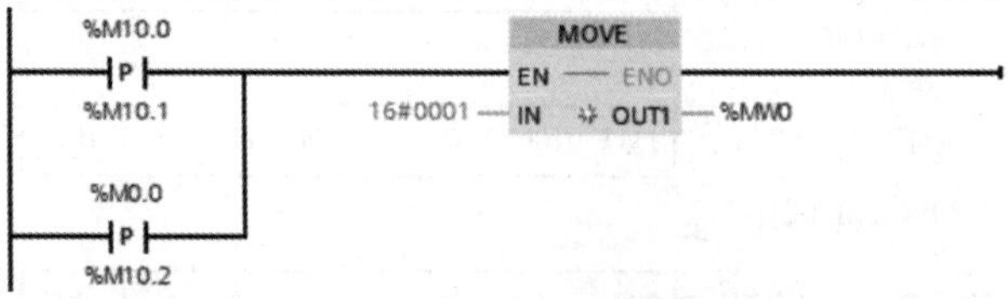
程序段 3	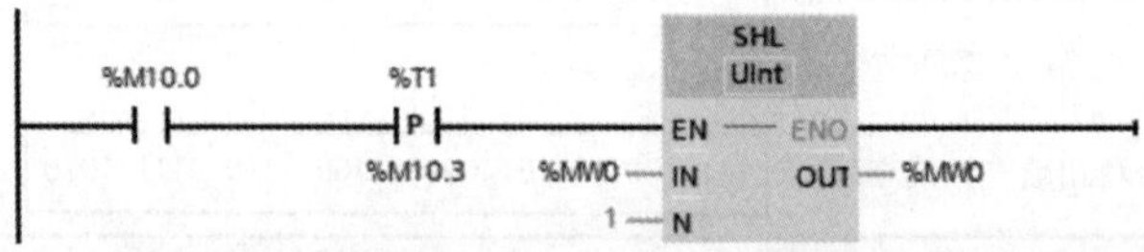

程序段	LAD
程序段 4	%M10.0 —[ ]— %T1 —[/]— %T1 —(SD)— S5T#500ms
程序段 5	%M10.0 —[ ]— MOVE EN — ENO %MB1 — IN ✦ OUT1 — %QB0

例 6-49：循环移位指令在节日彩灯控制系统中的应用。假设 PLC 的输入端子 I0.0 和 I0.1 分别外接启动和停止按钮，PLC 的输出端子 QB0 外接彩灯 HL1 ～ HL8。要求按下启动按钮后，彩灯显示顺序规律为：① 8 只彩灯依次左移点亮；② 8 只彩灯依次右移点亮；③ HL1、HL3、HL5、HL7 亮 1s 熄灭，HL2、HL4、HL6、HL8 亮 1s 熄灭，再 HL1、HL3、HL5、HL7 亮 1s 熄灭……循环 2 次；④ HL1 ～ HL4 亮 1s 熄灭，HL5 ～ HL8 亮 1s 熄灭，再 HL1 ～ HL4 亮 1s 熄灭……循环 2 次；⑤ HL3、HL4、HL7、HL8 亮 1s 熄灭，HL1、HL2、HL5、HL6 亮 1s 熄灭，再 HL3、HL4、HL7、HL8 亮 1s 熄灭……循环 2 次，然后再从①进行循环。

分析：本例的节日彩灯显示较复杂，可将其按时间顺序建立一个显示时序表格，如表 6-79 所示。表中"√"表示该彩灯处于显示状态，空白表示处于熄灭状态。可以使用循环移位指令（如 ROL）来控制彩灯，在循环前将其赋初值为 1，循环指令每执行 1 次使 MD0 中的内容左移 1 次。执行 ROL 指令左移时，MD0 的左移规律为：M3.0 → M3.7 → M2.0 → M2.7 → M1.0 → M1.7 → M0.0 → M0.7。由于本例只需移位 27 次，即移位到 M0.2，所以移位到 M0.3 时需强制将初值 1 重新赋给 MD0，为下轮循环左移做好准备。最后，将 MD0 中的某些常开触点控制相应的彩灯点亮即可。例如移位到 M2.7 时，HL7、HL5、HL3 和 HL1 点亮，所以应将 M2.7 常开触点分别与 Q0.6、Q0.4、Q0.2 和 Q0.0 连接。编写的梯形图程序如表 6-80 所示。

表 6-79 节日彩灯显示时序表

时序	HL8 (Q0.7)	HL7 (Q0.6)	HL6 (Q0.5)	HL5 (Q0.4)	HL4 (Q0.3)	HL3 (Q0.2)	HL2 (Q0.1)	HL1 (Q0.0)
1（M3.0）								√
2（M3.1）							√	
3（M3.2）						√		
4（M3.3）					√			
5（M3.4）				√				
6（M3.5）			√					
7（M3.6）		√						
8（M3.7）	√							
9（M2.0）		√						
10（M2.1）			√					
11（M2.2）				√				
12（M2.3）					√			
13（M2.4）						√		

时序	HL8 (Q0.7)	HL7 (Q0.6)	HL6 (Q0.5)	HL5 (Q0.4)	HL4 (Q0.3)	HL3 (Q0.2)	HL2 (Q0.1)	HL1 (Q0.0)
14（M2.5）							√	
15（M2.6）								√
16（M2.7）		√		√		√		√
17（M1.0）	√		√		√		√	
18（M1.1）		√		√		√		√
19（M1.2）	√				√		√	
20（M1.3）					√	√	√	√
21（M1.4）	√	√	√	√				
22（M1.5）					√	√	√	√
23（M1.6）	√	√		√				
24（M1.7）	√	√			√	√		
25（M0.0）			√	√			√	√
26（M0.1）	√	√			√	√		
27（M0.2）			√	√			√	√

表 6-80　循环移位指令在节日彩灯控制系统中的应用程序

程序段	LAD
程序段 1	
程序段 2	
程序段 3	
程序段 4	

程序段	LAD
程序段 5	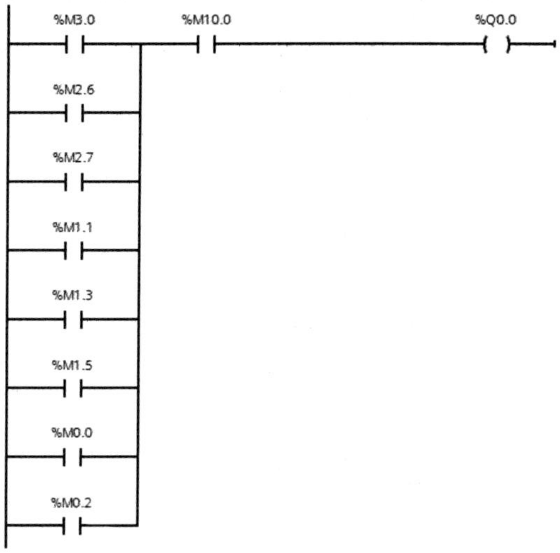 %M3.0 ┤├ 并联 %M2.6 ┤├ %M2.7 ┤├ %M1.1 ┤├ %M1.3 ┤├ %M1.5 ┤├ %M0.0 ┤├ %M0.2 ┤├ 与 %M10.0 ┤├ 输出 %Q0.0 ( )
程序段 6	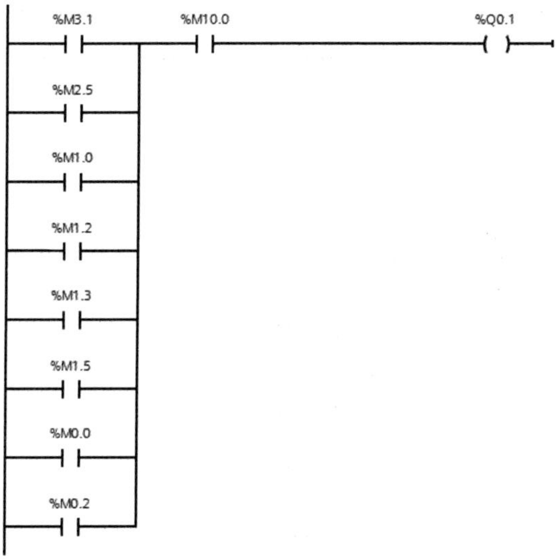 %M3.1 ┤├ 并联 %M2.5 ┤├ %M1.0 ┤├ %M1.2 ┤├ %M1.3 ┤├ %M1.5 ┤├ %M0.0 ┤├ %M0.2 ┤├ 与 %M10.0 ┤├ 输出 %Q0.1 ( )
程序段 7	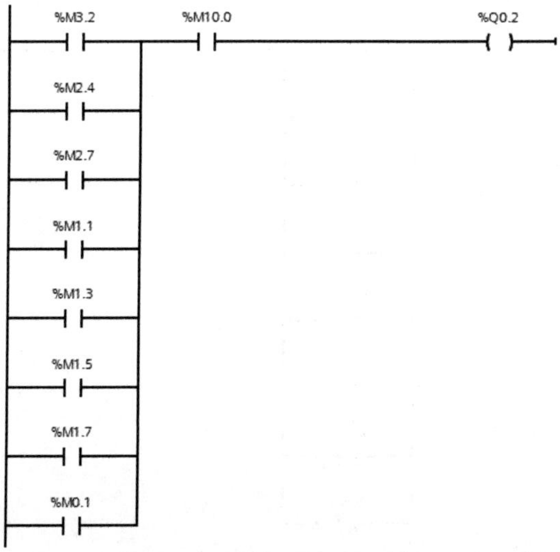 %M3.2 ┤├ 并联 %M2.4 ┤├ %M2.7 ┤├ %M1.1 ┤├ %M1.3 ┤├ %M1.5 ┤├ %M1.7 ┤├ %M0.1 ┤├ 与 %M10.0 ┤├ 输出 %Q0.2 ( )

程序段	LAD
程序段 8	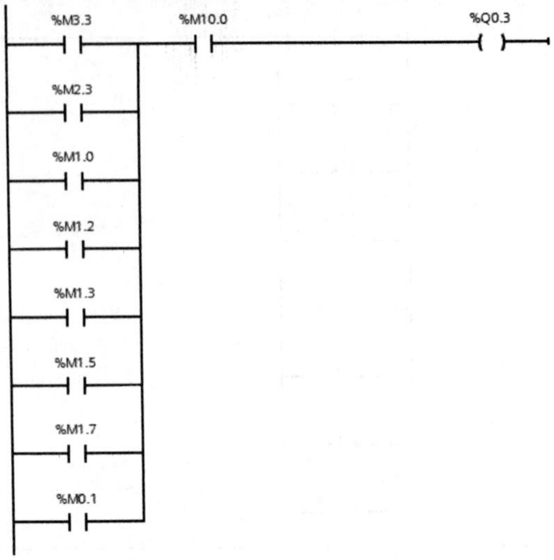 %M3.3 ——[ ]—— %M10.0 ——[ ]—— %Q0.3 ——( )—— %M2.3 ——[ ]—— %M1.0 ——[ ]—— %M1.2 ——[ ]—— %M1.3 ——[ ]—— %M1.5 ——[ ]—— %M1.7 ——[ ]—— %M0.1 ——[ ]——
程序段 9	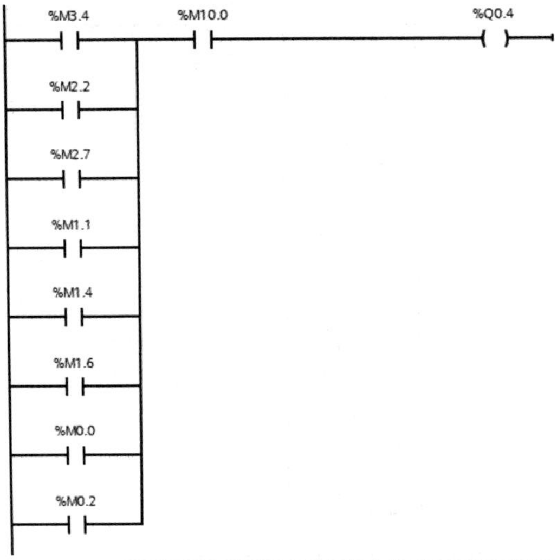 %M3.4 ——[ ]—— %M10.0 ——[ ]—— %Q0.4 ——( )—— %M2.2 ——[ ]—— %M2.7 ——[ ]—— %M1.1 ——[ ]—— %M1.4 ——[ ]—— %M1.6 ——[ ]—— %M0.0 ——[ ]—— %M0.2 ——[ ]——
程序段 10	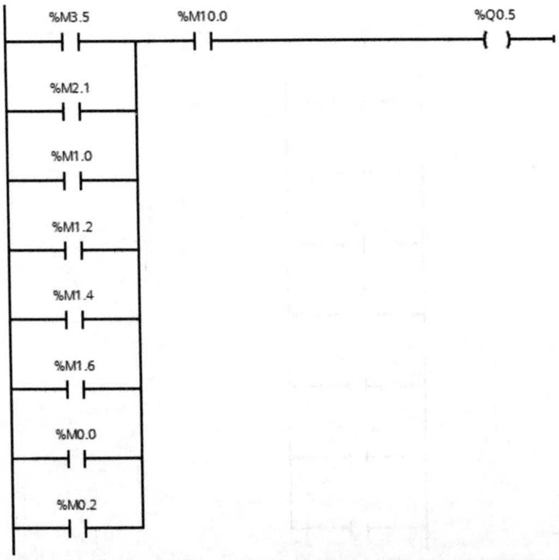 %M3.5 ——[ ]—— %M10.0 ——[ ]—— %Q0.5 ——( )—— %M2.1 ——[ ]—— %M1.0 ——[ ]—— %M1.2 ——[ ]—— %M1.4 ——[ ]—— %M1.6 ——[ ]—— %M0.0 ——[ ]—— %M0.2 ——[ ]——

程序段	LAD
程序段 11	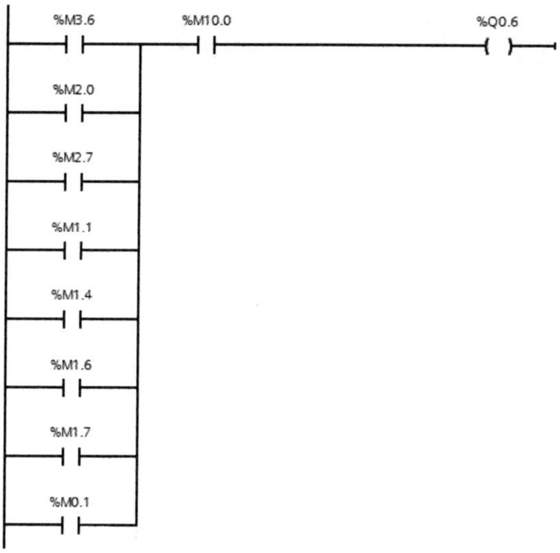 %M3.6 %M10.0 %Q0.6 ┤├ ┤├ ( ) %M2.0 ┤├ %M2.7 ┤├ %M1.1 ┤├ %M1.4 ┤├ %M1.6 ┤├ %M1.7 ┤├ %M0.1 ┤├
程序段 12	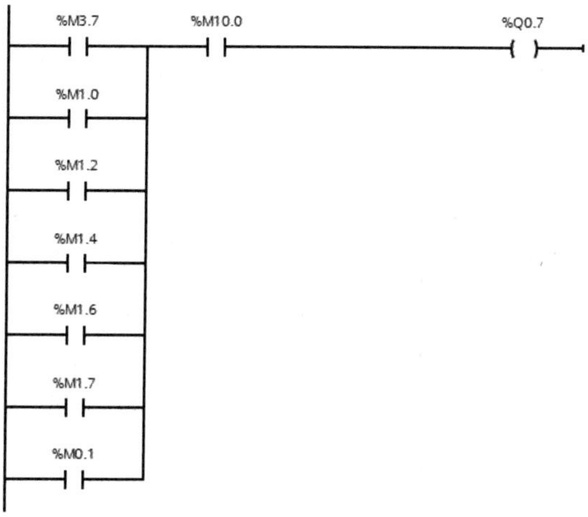 %M3.7 %M10.0 %Q0.7 ┤├ ┤├ ( ) %M1.0 ┤├ %M1.2 ┤├ %M1.4 ┤├ %M1.6 ┤├ %M1.7 ┤├ %M0.1 ┤├

第 7 章

西门子 S7-1500 PLC 的扩展指令及应用

作为大型 PLC 的 S7-1500，除了支持一些基本指令和功能指令外，还支持一些扩展指令的使用。S7-1500 PLC 的扩展指令与系统功能有关，例如 CPU 的日期和时间等。

7.1 日期和时间指令

日期和时间指令用于时间的比较、时间运算以及设定 CPU 的运行时钟等功能。

7.1.1 时间比较指令

时间比较指令 T_COMP 用于对"定时器"或"日期和时间"两个变量（IN1 和 IN2）的内容进行比较，指令参数如表 7-1 所示。

表 7-1　时间比较指令参数表

LAD	参数	数据类型	说明
T_COMP ??? EQ — EN　　ENO — — IN1　　OUT — — IN2	EN	BOOL	允许输入
	ENO	BOOL	允许输出
	IN1	DATE、TIME、LTIME、TOD、LTOD、DT、LDT、DTL、S5TIME	待比较的第 1 个数值
	IN2		待比较的第 2 个数值
	OUT	BOOL	返回比较结果

使用说明：

① 当 EN 的状态为"1"时，执行此指令。

② 可以从指令框的"???"下拉列表中选择该指令的数据类型。

③ 可以从"EQ"下拉列表中选择该指令的比较操作，如表 7-2 所示。

表 7-2　时间比较指令的比较操作

比较操作	说明
EQ	如果参数 IN1 和 IN2 的时间点相同，则 OUT 输出的信号状态为"1"
NE	如果参数 IN1 和 IN2 的时间点不相同，则 OUT 输出的信号状态为"1"
GE	如果参数 IN1 的时间点大于（晚于）或等于 IN2 的时间点，则 OUT 输出的信号状态为"1"
LE	如果参数 IN1 的时间点小于（早于）或等于 IN2 的时间点，则 OUT 输出的信号状态为"1"
GT	如果参数 IN1 的时间点大于（晚于）IN2 的时间点，则 OUT 输出的信号状态为"1"
LT	如果参数 IN1 的时间点小于（早于）IN2 的时间点，则 OUT 输出的信号状态为"1"

例 7-1：时间比较指令的使用程序如表 7-3 所示。当 PLC 一上电时，程序段 1 中的定时器开始计时，当前计时值存入 MD0 中。如果计时超过 10min，则 Q0.0 线圈得电。在程序段 2 中，如果 TON 的当前计时值未达到 1min，则 Q0.1 线圈得电；在程序段 3 中，如果 TON 的当前计时值刚好达到 2min，则 Q0.2 线圈得电；在程序段 4 中，如果 TON 的当前计时值达到 8min 及以上，则 Q0.3 线圈得电。

表 7-3　时间比较指令的使用程序

程序段	LAD
程序段 1	%M10.0　　%DB1 TON Time　　%Q0.0 IN　　Q T#10m — PT　　ET — %MD0
程序段 2	%M10.0　　T_COMP Time LT EN　　ENO %MD0 — IN1　　OUT — %Q0.1 T#1m — IN2
程序段 3	%M10.0　　T_COMP Time EQ EN　　ENO %MD0 — IN1　　OUT — %Q0.2 T#2m — IN2
程序段 4	%M10.0　　T_COMP Time GE EN　　ENO %MD0 — IN1　　OUT — %Q0.3 T#8m — IN2

7.1.2　时间运算指令

为支持西门子 S7-1500 PLC 进行时间运算操作，为此，在扩展指令中提供了一些时间运算指令，如时间加运算指令 T_ADD、时间减运算指令 T_SUB、时间值相减指令 T_DIFF 和组合时间指令 T_COMBINE 等。

（1）时间加运算指令

时间加运算指令 T_ADD 是将 IN1 输入中的时间信息加到 IN2 输入中的时间信息上，然后由 OUT 输出其运算结果，指令参数如表 7-4 所示。

表 7-4　时间加运算指令参数表

LAD	参数	数据类型	说明
T_ADD ??? PLUS ??? EN　　ENO IN1　　OUT IN2	EN	BOOL	允许输入
	ENO	BOOL	允许输出
	IN1	TIME、LTIME、DT、DTL、LDT、TOD、LTOD	要相加的第 1 个数
	IN2	TIME、LTIME	要相加的第 2 个数
	OUT	TIME、LTIME	返回相加的结果

使用说明：

① 当 EN 的状态为"1"时，执行此指令。

② 可以从指令框的"???"下拉列表中选择该指令的数据类型，其中左侧的"???"可选择输入参数 IN1 和 IN2 的数据类型，右侧的"???"可选择输出参数 OUT 的数据类型。

③ 本指令可以将一个时间段加到另一个时间段上，如将一个 TIME 数据类型加到另一个 TIME 数据类型上，也可以将一个时间段加到某个时间上，如将一个 TIME 数据类型加到 DTL 数据类型上。

（2）时间减运算指令

时间减运算指令 T_SUB 是将 IN1 输入中的时间值减去 IN2 输入中的时间值，然后由 OUT 输出其运算结果，指令参数如表 7-5 所示。

表 7-5　时间减运算指令参数表

LAD	参数	数据类型	说明
T_SUB ??? MINUS ??? EN　　ENO IN1　　OUT IN2	EN	BOOL	允许输入
	ENO	BOOL	允许输出
	IN1	TIME、LTIME、DT、DTL、LDT、TOD、LTOD	被减数
	IN2	TIME、LTIME	减数
	OUT	TIME、LTIME	返回相减的结果

使用说明：

① 当 EN 的状态为"1"时，执行此指令。

② 可以从指令框的"???"下拉列表中选择该指令的数据类型，其中左侧的"???"可选择输入参数 IN1 和 IN2 的数据类型，右侧的"???"可选择输出参数 OUT 的数据类型。

③ 本指令可以将一个时间段减去另一个时间段，如将一个 TIME 数据类型减去另一个 TIME 数据类型，也可以从某个时间段中减去时间段，如将一个 TIME 数据类型的时间段减去 DTL 数据类型的时间。

（3）时间值相减指令

时间值相减运算指令 T_DIFF 是将 IN1 输入参数中的时间值减去 IN2 输入参数中的时间值，然后由 OUT 输出其运算结果，指令参数如表 7-6 所示。

表 7-6　时间值相减运算指令参数表

LAD	参数	数据类型	说明
T_DIFF ??? TO ??? EN　　ENO IN1　　OUT IN2	EN	BOOL	允许输入
	ENO	BOOL	允许输出
	IN1	DTL、DATE、DT、TOD	被减数
	IN2		减数
	OUT	TIME、LTIME、INT	返回相减的结果

使用说明：

① 当 EN 的状态为"1"时，执行此指令。

② 可以从指令框的"???"下拉列表中选择该指令的数据类型，其中左侧的"???"可选择输入参数 IN1 和 IN2 的数据类型，右侧的"???"可选择输出参数 OUT 的数据类型。

③ 如果 IN2 输入参数中的时间值大于 IN1 输入参数中的时间值，则 OUT 输出参数中将输出一个负数结果。

④ 如果减法运算的结果超出 TIME 值范围，则使能输出 ENO 的值为"0"。

（4）组合时间指令

组合时间指令 T_COMBINE 用于合并日期值和时间值，并生成一个合并日期时间值，其指令参数如表 7-7 所示。

表 7-7　组合时间指令参数表

LAD	参数	数据类型	说明
T_COMBINE ??? TO ??? — EN　ENO — IN1　OUT — IN2	EN	BOOL	允许输入
	ENO	BOOL	允许输出
	IN1	DATE	日期的输入变量
	IN2	TOD、LTOD	时间的输入变量
	OUT	DT、DTL、LDT	日期和时间的返回值

使用说明：

① 当 EN 的状态为"1"时，执行此指令。

② 可以从指令框的"???"下拉列表中选择该指令的数据类型，其中左侧的"???"可选择输入参数 IN1 和 IN2 的数据类型，右侧的"???"可选择输出参数 OUT 的数据类型。

例 7-2：时间运算指令的使用程序如表 7-8 所示。当 PLC 一上电时，程序段 1 中的定时器开始计时，当前计时值存入 MD0 中。如果计时超过 10min，则 Q0.0 线圈得电。在程序段 2 中，将 TON 的当前计时值与 T#20s 进行时间加运算操作，结果送入 MD4 中；在程序段 3 中，将 T#15m 减去 TON 的当前计时值，结果送入 MD8 中；在程序段 4 中，将 TOD#19:42:35 减去 TOD#12:34:15，求得时间差值送入 MD12 中。

表 7-8　时间运算指令的使用程序

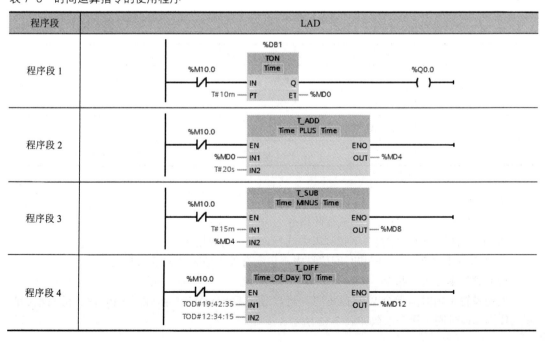

时钟功能指令

时钟功能指令包括设置系统时间指令 WR_SYS_T、读取系统时间指令 RD_SYS_T、设置本地时间指令 WR_LOC_T、读取本地时间指令 RD_LOC_T 等。

（1）设置系统时间指令

使用设置系统时间指令 WR_SYS_T 可以设置 CPU 模块中 CPU 时钟的日期和时间，指令参数如表 7-9 所示。

表 7-9　设置系统时间指令参数表

LAD	参数	数据类型	说明
WR_SYS_T ??? — EN ENO — — IN RET_VAL	EN	BOOL	允许输入
	ENO	BOOL	允许输出
	IN	DT、DTL、LDT	日期和时间
	RET_VAL	INT	指令的状态

使用说明：

① 当 EN 的状态为"1"时，执行此指令。

② 可以从指令框的"???"下拉列表中选择该指令的数据类型。

③ 根据数据类型的不同，IN 输入值的范围也不同。对于 DT 类型，IN 的输入范围为 DT#1990-01-01-0:0:0 ～ DT#2089-12-31-23:59:59.999；对于 LDT 类型，IN 的输入范围为 LDT#1970-01-01-0:0:0.000000000 ～ LDT#2200-12-31-23:59:59.999999999；对于 DTL，IN 的输入范围为 DTL#1970-01-01-00:00:00.0 ～ DTL#2200-12-31-23:59:59.999999999。

（2）读取系统时间指令

使用读取系统时间指令 RD_SYS_T 可以读取 CPU 模块中 CPU 时钟的当前日期和当前时间，指令参数如表 7-10 所示。

表 7-10　读取系统时间指令参数表

LAD	参数	数据类型	说明
RD_SYS_T ??? — EN ENO — RET_VAL — OUT —	EN	BOOL	允许输入
	ENO	BOOL	允许输出
	RET_VAL	INT	指令的状态
	OUT	DT、DTL、LDT	CPU 的日期和时间

使用说明：

① 当 EN 的状态为"1"时，执行此指令。

② 可以从指令框的"???"下拉列表中选择该指令的数据类型。

③ OUT 输出 CPU 的日期和时间信息中不包含有关本地时区或夏令时的信息。

（3）设置本地时间指令

使用设置本地时间指令 WR_LOC_T，可以通过 LOCTIME 参数输入 CPU 时钟的日期和时间以作为本地时间，指令参数如表 7-11 所示。

表 7-11　设置本地时间指令参数表

LAD	参数	数据类型	说明
WR_LOC_T ??? EN ENO LOCTIME RET_VAL DST	EN	BOOL	允许输入
	ENO	BOOL	允许输出
	LOCTIME	DTL，LDT	本地时间
	DST	BOOL	TURE（夏令时）或 FALSE（标准时间）
	RET_VAL	INT	指令的状态

使用说明：

① 当 EN 的状态为"1"时，执行此指令。

② 可以从指令框的"???"下拉列表中选择该指令的数据类型。

③ 根据数据类型的不同，LOCTIME 输入值的范围也不同。对于 DTL 类型，LOCTIME 的输入范围为 DTL#1970-01-01-0:0:0 ～ DTL#2200-12-31-23:59:59.999999999；对于 LDT 类型，其输入范围为 LDT#1970-01-01-0:0:0.000000000 ～ LDT#2200-12-31-23:59:59.999999999。

（4）读取本地时间指令

使用读取本地时间指令 RD_LOC_T，可以从 CPU 时钟读取当前本地时间，并将此时间在 OUT 中输出，指令参数如表 7-12 所示。

表 7-12　读取本地时间指令参数表

LAD	参数	数据类型	说明
RD_LOC_T ??? EN ENO RET_VAL OUT	EN	BOOL	允许输入
	ENO	BOOL	允许输出
	RET_VAL	INT	指令的状态
	OUT	DT、DTL、LDT	输出本地时间

使用说明：

① 当 EN 的状态为"1"时，执行此指令。

② 可以从指令框的"???"下拉列表中选择该指令的数据类型。

③ 在输出本地时间时，会用到夏令时和标准时间的时区和开始时间（已在 CPU 时钟的组态中设置）的相关信息。

7.1.4　日期和时间指令的应用

例 7-3：日期和时间指令在 4 台电动机顺启同停中的应用。当按下启动按钮 SB1（I0.0）时，启动信号灯 HL1（Q0.0）亮，而后每隔 5s 顺序启动一台电动机，直至 4 台电动机（Q0.1 ～ Q0.4）全部启动。4 台电动机全部启动后，启动信号灯 HL1 熄灭。当按下停止按钮 SB2（I0.1）或 4 台电动机全部启动运行 10min 后，4 台电动机全部停止运行。

分析：4 台电动机是按时间顺序启动的，所以当启动按钮 SB1（I0.0）按下后，使用定时器进行延时，然后通过 T_COMP 指令将定时器的当前定时值与相应的时间进行比较，从而可以实现控制要求，程序编写如表 7-13 所示。

表 7-13　日期和时间指令在 4 台电动机顺启同停中的应用

程序段	LAD
程序段 1	%I0.0 — %I0.1 — %M10.1 — %Q0.4 — %Q0.0；%M10.0 自锁支路；%M10.0 线圈
程序段 2	%M10.0 — %DB1 TON Time：IN，PT = T#10m20s，Q — %M10.1，ET — %MD0
程序段 3	%M10.0 — T_COMP Time GE：EN，ENO，IN1 = %MD0，IN2 = T#5s，OUT — %Q0.1
程序段 4	%M10.0 — T_COMP Time GE：EN，ENO，IN1 = %MD0，IN2 = T#10s，OUT — %Q0.2
程序段 5	%M10.0 — T_COMP Time GE：EN，ENO，IN1 = %MD0，IN2 = T#15s，OUT — %Q0.3
程序段 6	%M10.0 — T_COMP Time GE：EN，ENO，IN1 = %MD0，IN2 = T#20s，OUT — %Q0.4

在程序段 1 中，启动时按下启动按钮 SB1（I0.0），则 M10.0 线圈得电自锁，同时 Q0.0 线圈得电，使得启动信号灯 HL1（Q0.0）亮。M10.0 线圈得电，使得程序段 2 中的 M10.0 常开触点闭合，启动 TON 指令进行延时。由于 4 台电动机每隔 5s 才能启动，且 4 台电动机全部启动运行 10min 才能同时停止，所以 TON 指令的延时设定值为 T　10m20s。当 TON 延时达到 10min20s 时，M10.1 线圈得电，使得 4 台电动机都停止运行。程序段 3 ～ 6 使用 T_COMP 指令将定时器的当前定时值（MD0）与相应的时间进行比较，以控制 4 台电动机的顺序启动。例如，程序段 3 中，当 MD0 中的当前定时值大于或等于 5s 时，Q0.1 线圈得电，启动第 1 台电动机运行。

7.2　字符与字符串指令

与字符和字符串相关的函数及函数块，包括字符串移动、字符串比较、字符串转换、字符串读取、字符串查找与替换等相关操作。

7.2.1 字符串移动指令

使用字符串移动指令 S_MOVE，可以将参数 IN 中字符串的内容传送到 OUT 所指定的存储单元中，指令参数如表 7-14 所示。

表 7-14　S_MOVE 指令参数表

LAD	参数	数据类型	说明
S_MOVE EN　ENO IN　OUT	EN	BOOL	允许输入
	ENO	BOOL	允许输出
	IN	STRING、WSTRING	源字符串
	OUT		目的字符串

使用说明：

① 当 EN 的状态为"1"时，执行此指令。

② 若要传送数据类型为 ARRAY 的字符串变量，应使用"MOVE_BLK"或"UMOVE_BLK"指令。

7.2.2 字符串比较指令

使用字符串比较指令 S_COMP 指令，可以比较 IN1 和 IN2 中 STRING 或 WSTRING 数据类型变量的内容，并将比较结果由 OUT 输出，指令参数如表 7-15 所示。

表 7-15　S_COMP 指令参数表

LAD	参数	数据类型	说明
S_COMP ??? EQ EN　ENO IN1　OUT IN2	EN	BOOL	允许输入
	ENO	BOOL	允许输出
	IN1	STRING、WSTRING	待比较的第 1 个变量
	IN2		待比较的第 2 个变量
	OUT	BOOL	返回比较结果

使用说明：

① 当 EN 的状态为"1"时，执行此指令。

② 可以从指令框的"???"下拉列表中选择该指令的数据类型。

③ 可以从"EQ"下拉列表中选择该指令的比较操作，如表 7-16 所示。

④ 字符串比较时，是按照字符的 ASCII 码值从左侧开始比较字符（例如"a"大于"A"）。

表 7-16　字符串比较指令的比较操作

比较操作	说明
EQ	如果参数 IN1 中的字符串和 IN2 中的字符串相同，则 OUT 输出的信号状态为"1"
NE	如果参数 IN1 中的字符串和 IN2 中的字符串不相同，则 OUT 输出的信号状态为"1"
GE	如果参数 IN1 中的字符串大于或等于 IN2 中的字符串，则 OUT 输出的信号状态为"1"
LE	如果参数 IN1 中的字符串小于或等于 IN2 中的字符串，则 OUT 输出的信号状态为"1"
GT	如果参数 IN1 中的字符串大于 IN2 中的字符串，则 OUT 输出的信号状态为"1"
LT	如果参数 IN1 中的字符串小于 IN2 中的字符串，则 OUT 输出的信号状态为"1"

例 7-4：字符串移动与字符串比较指令的使用。首先在 TIA Portal 软件中添加全局数据块（全局数据块的相关知识可参考本书的 8.5.1 节），并在块中创建 4 个用于存储数据的 String 类型变量，如图 7-1 所示。其中前两个变量定义了初始值，而后两个变量的初始值为空。编写如表 7-17 所示的字符串移动与字符串比较指令的使用程序。

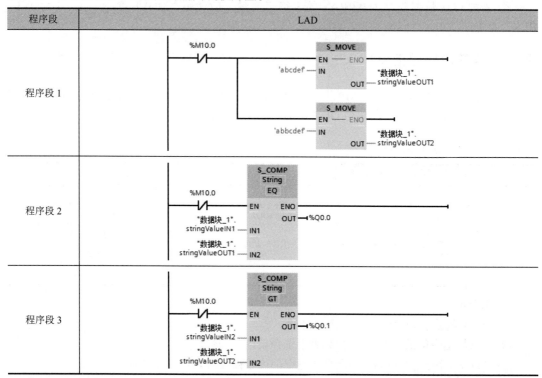

图 7-1　例 7-4 数据块中创建 4 个 String 变量

表 7-17　字符串移动与字符串比较指令的使用程序

程序段	LAD
程序段 1	%M10.0 ─│/├─ S_MOVE EN — ENO 'abcdef' — IN OUT — "数据块_1".stringValueOUT1 S_MOVE EN — ENO 'abbcdef' — IN OUT — "数据块_1".stringValueOUT2
程序段 2	%M10.0 ─│/├─ S_COMP String EQ EN ENO OUT — %Q0.0 "数据块_1".stringValueIN1 — IN1 "数据块_1".stringValueOUT1 — IN2
程序段 3	%M10.0 ─│/├─ S_COMP String GT EN ENO OUT — %Q0.1 "数据块_1".stringValueIN2 — IN1 "数据块_1".stringValueOUT2 — IN2

在程序段 1 中，执行字符串移动指令，将字符串 'abcdef' 和 'abbcdef' 分别传送给变量 stringValueOUT1 和 stringValueOUT2。在程序段 2 中，执行字符串比较指令，如果 stringValueIN1 和 stringValueOUT1 中的字符串相同，则 Q0.0 线圈输出为"1"。在程序段 3 中，执行字符串比较指令，如果 stringValueIN2 中的字符串大于 stringValueOUT2 中的字符串，则 Q0.1 线圈输出为"1"。

7.2.3　字符串转换指令

在扩展指令中，有多条指令与字符串的转换有关，如转换字符串指令 S_CONV、将字符串转换为数字值指令 STRG_VAL、将数字值转换为字符串指令 VAL_STRG、将字符串转换为字符指令 Strg_TO_Chars、将字符转换为字符串指令 Chars_TO_Strg。

（1）转换字符串指令 S_CONV

使用 S_CONV 指令，可将输入 IN 的值转换成在输出 OUT 中指定的数据格式。S_CONV 可实现字符串转换为数字值、数字值转换为字符串、字符转换为字符。

① 字符串转换为数字值　将 IN 输入参数中指定字符串的所有字符进行转换。允许的字符为数字 0 ～ 9、小数点以及加减号。字符串的第 1 个字符可以是有效数字或符号，而前导空格和指数表示将被忽略。无效字符可能会中断字符转换，此时，使能输出 ENO 将设置为“0”。

② 数字值转换为字符串　通过选择 IN 输入参数的数据类型来决定要转换的数字值格式。必须在输出 OUT 中指定一个有效的 STRING 数据类型的变量。转换后的字符串长度取决于输入 IN 的值。由于第 1 个字节包含字符串的最大长度，第 2 个字节包含字符串的实际长度，所以转换的结果从字符串的第 3 个字节开始存储。

③ 字符转换为字符　如果在指令的输入端和输出端都输入 CHAR 或 WCHAR 数据类型，则该字符将写入字符串的第 1 个位置处。

例 7-5：转换字符串指令的使用。首先在 TIA Portal 软件中添加全局数据块，并在块中创建 4 个用于存储数据的变量，如图 7-2 所示。编写如表 7-18 所示的转换字符串指令的使用程序。

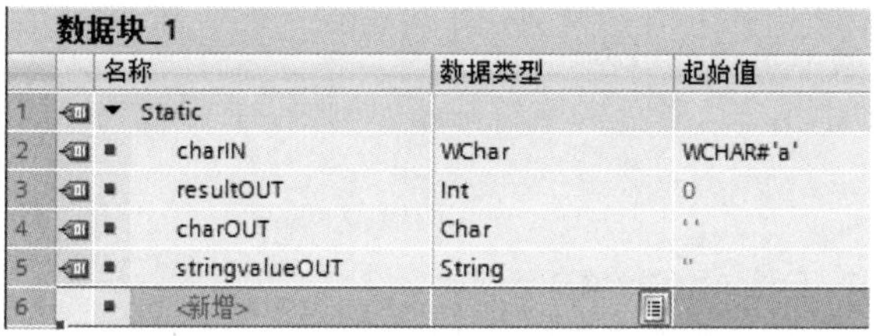

数据块_1

	名称	数据类型	起始值
1	▼ Static		
2	charIN	WChar	WCHAR#'a'
3	resultOUT	Int	0
4	charOUT	Char	' '
5	stringvalueOUT	String	''
6	<新增>		

图 7-2　例 7-5 数据块中创建参数变量

表 7-18　转换字符串指令的使用程序

程序段	LAD
程序段 1	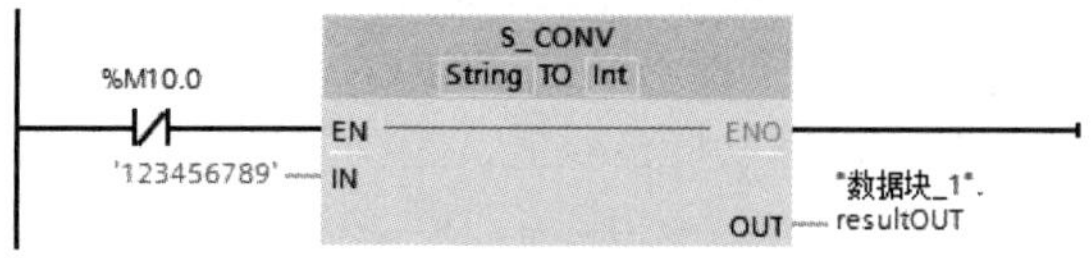
程序段 2	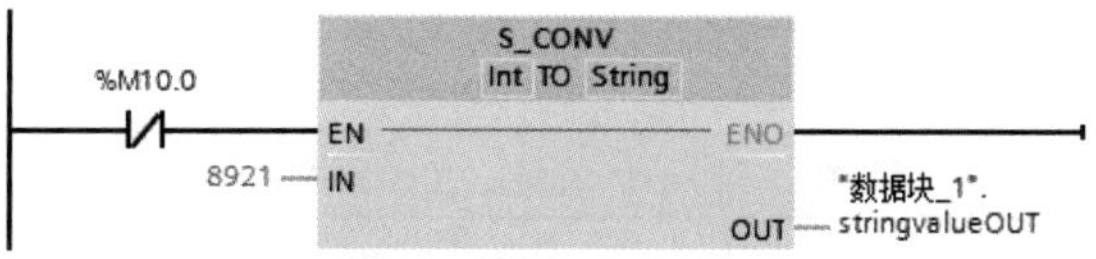
程序段 3	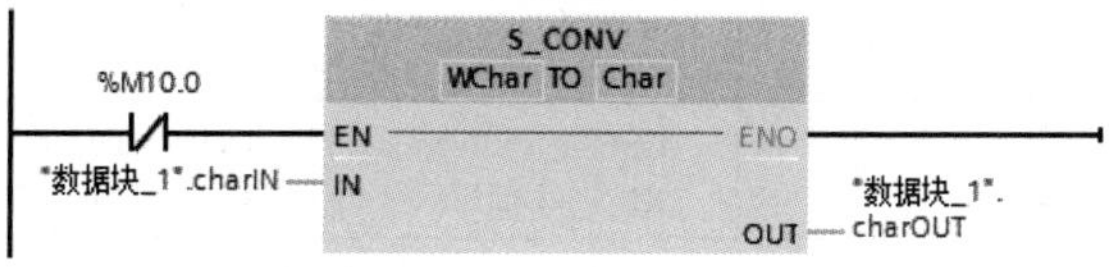

在程序段 1 中，将数字值字符串转换为整数，结果 0 存放到变量 resultOUT 变量中；在程序段 2 中，将整数 8921 转换为字符串，结果 '8921' 存放到 stringvalueOUT 变量中；在程序段 3 中，将 charIN 中的字符（WChar）转换为字符（Char），结果 'a' 存放到 charOUT 变量中。

（2）将字符串转换为数字值指令 STRG_VAL

使用 STRG_VAL 指令，可将 IN 中输入的字符串转换为整数或浮点数，并由 OUT 输出，指令格式如表 7-19 所示。

表 7-19 STRG_VAL 指令参数表

LAD	参数	数据类型	说明
STRG_VAL ??? TO ??? EN ENO IN OUT FORMAT P	EN	BOOL	允许输入
	ENO	BOOL	允许输出
	IN	STRING、WSTRING	要转换的数字字符串
	FORMAT	WORD	字符的输入格式（见表 7-20）
	P	UINT	要转换的第 1 个字符的引用
	OUT	USINT、SINT、UINT、INT、UDINT、 DINT、ULINT、LINT、REAL、LREAL	输出转换结果

使用说明：

① 当 EN 的状态为 "1" 时，执行此指令。

② 可以从指令框的 "???" 下拉列表中选择该指令的数据类型，其中左侧的 "???" 可选择输入参数 IN 的数据类型，右侧的 "???" 可选择输出参数 OUT 的数据类型。

③ 允许转换的字符包括数字 0 ~ 9、小数点、小数撇、计数制 "E" 和 "e" 以及加减号字符，如果是无效字符，将取消转换过程。

④ 转换是从 P 参数中指定位置处的字符开始。例如，P 参数为 "1"，则转换从指定字符串的第 1 个字符开始。

表 7-20 STRG_VAL 指令中 FORMAT 参数值的含义

W#16#（....）	表示法	小数点表示法	W#16#（....）	表示法	小数点表示法 t
0000	小数	"."	0003	指数	"，"
0001	小数	"，"	0004 ~ FFFF		无效值
0002	指数	"."			

（3）将数字值转换为字符串指令 VAL_STRG

使用 VAL_STRG 指令，可以将整数值、无符号整数值或浮点值转换为相应的字符串，指令参数如表 7-21 所示。

表 7-21 VAL_STRG 指令参数表

LAD	参数	数据类型	说明
VAL_STRG ??? TO ??? EN ENO IN OUT SIZE PREC FORMAT P	EN	BOOL	允许输入
	ENO	BOOL	允许输出
	IN	USINT、SINT、UINT、INT、UDINT、 DINT、ULINT、LINT、REAL、LREAL	要转换的数字字符串
	SIZE	USINT	字符位数
	PREC	USINT	小数位数
	FORMAT	WORD	字符的输出格式（见表 7-22）
	P	UINT	开始写入结果的字符
	OUT	STRING、WSTRING	输出转换结果

使用说明：

① 当 EN 的状态为"1"时，执行此指令。

② 可以从指令框的"???"下拉列表中选择该指令的数据类型，其中左侧的"???"可选择输入参数 IN 的数据类型，右侧的"???"可选择输出参数 OUT 的数据类型。

③ P 参数指定从字符串中的哪个字符开始写入结果，例如，P 参数为"2"，则从字符串的第 2 个字符开始保存转换值。

④ SIZE 参数指定待写入字符串的字符数，如果输出值比指定长度短，则结果将以右对齐方式写入字符串。

⑤ PREC 参数定义转换浮点数时保留的小数位数。

表 7-22 VAL_STRG 指令中 FORMAT 参数值的含义

W#16#（....）	表示法	符号	小数点表示法
0000	小数	"-"	"."
0001	小数	"-"	","
0002	指数	"-"	"."
0003	指数	"-"	","
0004	小数	"+" 和 "-"	"."
0005	小数	"+" 和 "-"	","
0006	指数	"+" 和 "-"	"."
0007	指数	"+" 和 "-"	","
0008 ～ FFFF	无效值		

例 7-6：STRG_VAL 与 VAL_STRG 指令的使用。首先在 TIA Portal 软件中添加全局数据块，并在块中创建 4 个用于存储数据的变量，如图 7-3 所示。编写如表 7-23 所示的 STRG_VAL 与 VAL_STRG 的使用程序。

	数据块_1		
	名称	数据类型	起始值
1	▼ Static		
2	STRG_VALIN	String	'1234.5'
3	resultOUT1	Real	0.0
4	Val_StringIN	Real	-456.3
5	resultOUT2	String	"
6	<新增>		

图 7-3　例 7-6 数据块中创建参数变量

表 7-23 STRG_VAL 与 VAL_STRG 的使用程序

程序段	LAD
程序段 1	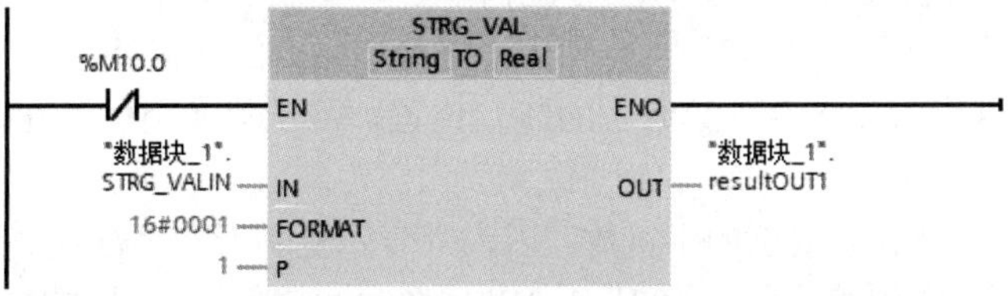 %M10.0 ─┤／├─ STRG_VAL String TO Real　EN　ENO　"数据块_1". STRG_VALIN ─ IN　OUT ─ "数据块_1". resultOUT1　16#0001 ─ FORMAT　1 ─ P

程序段	LAD
程序段 2	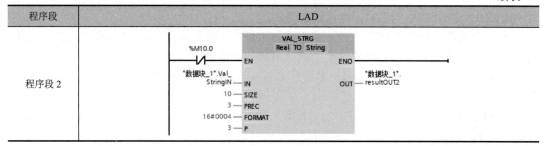

在程序段 1 中执行 STRG_VAL 指令，将字符串 '1234.5' 转换为实数，结果 12345.0 存放到变量 resultOUT1 变量中；在程序段 2 中执行 VAL_STRG 指令，将整数 -456.3 转换为字符串，结果 '-456.300' 存放到 resultOUT2 变量中，执行 STRG_VAL 与 VAL_STRG 指令后数据块的运行结果如图 7-4 所示。

		数据块_1			
		名称	数据类型	起始值	监视值
1		▼ Static			
2		STRG_VALIN	String	'1234.5'	'1234.5'
3		resultOUT1	Real	0.0	12345.0
4		Val_StringIN	Real	-456.3	-456.3
5		resultOUT2	String	""	' -456.300'

图 7-4　执行 STRG_VAL 与 VAL_STRG 指令后数据块的运行结果

（4）将字符串转换为字符指令 Strg_TO_Chars

使用 Strg_TO_Chars 指令，可将数据类型为 STRING 的字符串复制到数组（Array of CHAR 或 Array of BYTE）中；或将数据类型为 WSTRING 的字符串复制到数组（Array of WCHAR 或 Array of WORD）中。该操作只能复制 ASCII 字符，指令参数如表 7-24 所示。

表 7-24　Strg_TO_Chars 指令参数表

LAD	参数	数据类型	说明
Strg_TO_Chars ??? — EN　　ENO — — Strg　　Cnt — — pChars — Chars	EN	BOOL	允许输入
	ENO	BOOL	允许输出
	Strg	STRING、WSTRING	要复制的字符串对象
	pChars	DINT	指定存入数组中的起始位置
	Chars	VARIANT	将字符复制到指定数组中
	Cnt	UINT	指定复制的字符数

使用说明：

① 当 EN 的状态为"1"时，执行此指令。

② 可以从指令框的"???"下拉列表中选择该指令的数据类型。

③ pChars 参数指定存入数组中的起始位置，若从第 4 个位置开始写入数组中，则 pChars 应设置为 3。

④ Cnt 参数指定要复制的字符数，若为 0 表示复制所有字符。

⑤ 如果字符串中包含了"$00"或 W#16#0000 字符，不会影响复制操作的执行。

例 7-7：Strg_TO_Chars 指令的使用。首先在 TIA Portal 软件中添加全局数据块，并在块中创建 4 个参数变量，其中字符数组 MyArrayCHARS 定义 10 个字符元素，如图 7-5 所示。编写如表 7-25 所示 Strg_TO_Chars 指令的使用程序。

		名称	数据类型	起始值
		数据块_1		
1		▼ Static		
2	■	inputSTRG	String	'abcdefgh#'
3	■	pointerCHARS	DInt	3
4	▼	MyArrayCHARS	Array[0..9] of Char	
5	■	MyArrayCHARS[0]	Char	' '
6	■	MyArrayCHARS[1]	Char	' '
7	■	MyArrayCHARS[2]	Char	' '
8	■	MyArrayCHARS[3]	Char	' '
9	■	MyArrayCHARS[4]	Char	' '
10	■	MyArrayCHARS[5]	Char	' '
11	■	MyArrayCHARS[6]	Char	' '
12	■	MyArrayCHARS[7]	Char	' '
13	■	MyArrayCHARS[8]	Char	' '
14	■	MyArrayCHARS[9]	Char	' '
15	■	countCHARS	UInt	0

图 7-5　例 7-7 数据块中创建参数变量

表 7-25　Strg_TO_Chars 指令的使用程序

程序段	LAD
程序段 1	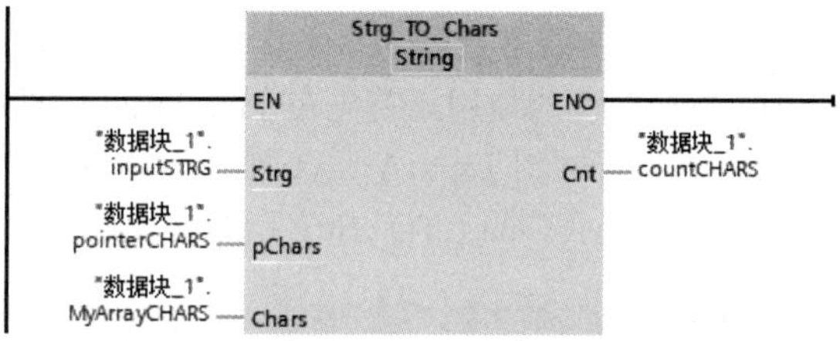 Strg_TO_Chars String EN —— ENO "数据块_1". inputSTRG —— Strg　Cnt —— "数据块_1". countCHARS "数据块_1". pointerCHARS —— pChars "数据块_1". MyArrayCHARS —— Chars

在程序段 1 中执行 Strg_TO_Chars 指令，将数据块预置变量 inputSTRG 中的字符串 'abcdefgh#' 复制到字符数组 MyArrayCHARS 中。指定字符数组从第 4 个字符位置（pointerCHARS=3）开始存储，指令执行后，数组块中的运行结果如图 7-6 所示。

		名称	数据类型	起始值	监视值
		数据块_1			
1		▼ Static			
2	■	inputSTRG	String	'abcdefgh#'	'abcdefgh#'
3	■	pointerCHARS	DInt	3	3
4	▼	MyArrayCHARS	Array[0..9] of Char		
5	■	MyArrayCHARS[0]	Char	' '	' '
6	■	MyArrayCHARS[1]	Char	' '	' '
7	■	MyArrayCHARS[2]	Char	' '	' '
8	■	MyArrayCHARS[3]	Char	' '	'a'
9	■	MyArrayCHARS[4]	Char	' '	'b'
10	■	MyArrayCHARS[5]	Char	' '	'c'
11	■	MyArrayCHARS[6]	Char	' '	'd'
12	■	MyArrayCHARS[7]	Char	' '	'e'
13	■	MyArrayCHARS[8]	Char	' '	'f'
14	■	MyArrayCHARS[9]	Char	' '	'g'
15	■	countCHARS	UInt	0	7

图 7-6　执行 Strg_TO_Chars 指令后数据块的运行结果

（5）将字符转换为字符串指令 Chars_TO_Strg

使用 Chars_TO_Strg 指令，可以将字符串从数组（Array of CHAR 或 Array of BYTE）中复制到数据类型为 STRING 的字符串中，或将字符串从数组（Array of WCHAR 或 Array of WORD）中复制到数据类型为 WSTRING 的字符串中。该操作只能复制 ASCII 字符，指令参数如表 7-26 所示。

表 7-26　Chars_TO_Strg 指令参数表

LAD	参数	数据类型	说明
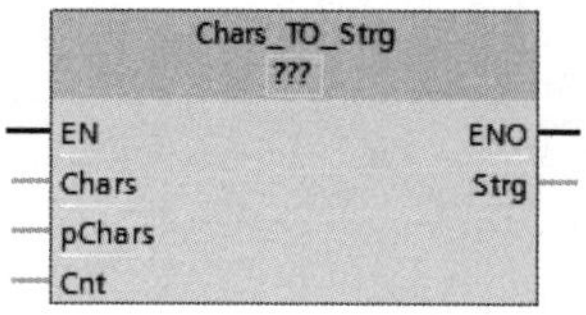 Chars_TO_Strg ??? — EN　　ENO— — Chars　　Strg— — pChars — Cnt	EN	BOOL	允许输入
	ENO	BOOL	允许输出
	Chars	VARIANT	要复制的字符数组对象
	pChars	DINT	指定从字符数组中复制字符的起始位置
	Cnt	UINT	指定复制的字符数
	Strg	STRING、WSTRING	将字符数组复制到指定字符串中

使用说明：

① 当 EN 的状态为"1"时，执行此指令。

② 可以从指令框的"???"下拉列表中选择该指令的数据类型。

③ pChars 参数指定从字符数组中复制字符的起始位置，若从第 4 个位置开始复制数组中的字符，则 pChars 应设置为 3。

④ Cnt 参数指定要复制的字符数，若为 0 表示复制所有字符。

例 7-8：Chars_TO_Strg 指令的使用。首先在 TIA Portal 软件中添加全局数据块，并在块中创建 4 个参数变量，其中字符数组 InputArrayCHARS 定义字符串 'SIMATIC S7-1500'，如图 7-7 所示。编写如表 7-27 所示 Chars_TO_ Strg 指令的使用程序。

		名称	数据类型	起始值
1		▼ Static		
2	▪	OutputSTRG	String	' '
3	▪	pointerCHARS	DInt	3
4	▪ ▼	InputArrayCHARS	Array[0..14] of Char	
5	▪	InputArrayCHARS[0]	Char	'S'
6	▪	InputArrayCHARS[1]	Char	'I'
7	▪	InputArrayCHARS[2]	Char	'M'
8	▪	InputArrayCHARS[3]	Char	'A'
9	▪	InputArrayCHARS[4]	Char	'T'
10	▪	InputArrayCHARS[5]	Char	'I'
11	▪	InputArrayCHARS[6]	Char	'C'
12	▪	InputArrayCHARS[7]	Char	' '
13	▪	InputArrayCHARS[8]	Char	'S'
14	▪	InputArrayCHARS[9]	Char	'7'
15	▪	InputArrayCHARS[...]	Char	'-'
16	▪	InputArrayCHARS[...]	Char	'1'
17	▪	InputArrayCHARS[...]	Char	'5'
18	▪	InputArrayCHARS[...]	Char	'0'
19	▪	InputArrayCHARS[...]	Char	'0'
20	▪	countCHARS	UInt	0

数据块_1

图 7-7　例 7-8 数据块中创建参数变量

表 7-27　Chars_TO_Strg 指令的使用程序

程序段	LAD
程序段 1	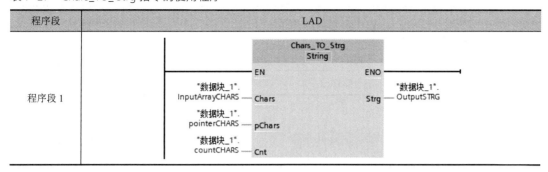

在程序段 1 中执行 Chars_TO_ Strg 指令，将数据块字符数组变量 InputArrayCHARS 中的字符串 'SIMATIC S7-1500' 复制到字符串 OutputSTRG 中。指定字符数组从第 4 个字符位置（pointerCHARS=3）开始复制，指令执行后，数组块中的运行结果如图 7-8 所示。

		名称	数据类型	起始值	监视值
1	▼	Static			
2	■	OutputSTRG	String	' '	'ATIC S7-1500'
3	■	pointerCHARS	DInt	3	3
4	▼	InputArrayCHARS	Array[0..14] of Char		
5	■	InputArrayCHARS[0]	Char	'S'	'S'
6	■	InputArrayCHARS[1]	Char	'I'	'I'
7	■	InputArrayCHARS[2]	Char	'M'	'M'
8	■	InputArrayCHARS[3]	Char	'A'	'A'
9	■	InputArrayCHARS[4]	Char	'T'	'T'
10	■	InputArrayCHARS[5]	Char	'I'	'I'
11	■	InputArrayCHARS[6]	Char	'C'	'C'
12	■	InputArrayCHARS[7]	Char	' '	' '
13	■	InputArrayCHARS[8]	Char	'S'	'S'
14	■	InputArrayCHARS[9]	Char	'7'	'7'
15	■	InputArrayCHARS[...]	Char	'-'	'-'
16	■	InputArrayCHARS[...]	Char	'1'	'1'
17	■	InputArrayCHARS[...]	Char	'5'	'5'
18	■	InputArrayCHARS[...]	Char	'0'	'0'
19	■	InputArrayCHARS[...]	Char	'0'	'0'
20	■	countCHARS	UInt	0	0

数据块_1

图 7-8　执行 Chars_TO_Strg 指令后数据块的运行结果

7.2.4　字符串与十六进制数的转换指令

在扩展指令中，有两条 ASCII 码字符串与十六进制数间的转换指令，分别是将 ASCII 码字符串转换成十六进制数指令 ATH 和将十六进制数转换成 ASCII 码字符串指令 HTA。

（1）将 ASCII 码字符串转换成十六进制数指令 ATH

使用 ATH 指令可以将 IN 输入参数中指定的 ASCII 字符串转换为十六进制数，转换结果输出到 OUT 中，其指令参数如表 7-28 所示。

表 7-28　ATH 指令参数表

LAD	参数	数据类型	说明
ATH EN　　ENO IN　　RET_VAL N　　OUT	EN	BOOL	允许输入
	ENO	BOOL	允许输出
	IN	VARIANT	指向 ASCII 字符串的指针

LAD	参数	数据类型	说明
ATH EN　　ENO IN　RET_VAL N　　OUT	N	INT	待转换的 ASCII 字符数
	RET_VAL	WORD	指令的状态
	OUT	VARIANT	保存十六进制数结果

使用说明：

① 当 EN 的状态为"1"时，执行此指令。

② 通过参数 N，可指定待转换 ASCII 字符的数量。

③ 只能将数字 0 ～ 9、大写字母 A ～ F 以及小写字母 a ～ f 相应的 ASCII 码字符转换为十六进制数，其他字符的 ASCII 码都转换为 0。

④ 由于 ASCII 字符为 8 位，而十六进制数只有 4 位，所以输出字长度仅为输入字长度的一半。ASCII 字符将按照读取时的顺序转换并保存在输出中。如果 ASCII 字符数为奇数，则最后转换的十六进制数右侧的半个字节将以"0"进行填充。

（2）将十六进制数转换成 ASCII 码字符串指令 HTA

使用 HTA 指令，可以将 IN 输入中指定的十六进制数转换为 ASCII 字符串，转换结果存储在 OUT 参数指定的地址中，其指令参数如表 7-29 所示。

表 7-29　HTA 指令参数表

LAD	参数	数据类型	说明
HTA EN　　ENO IN　RET_VAL N　　OUT	EN	BOOL	允许输入
	ENO	BOOL	允许输出
	IN	VARIANT	十六进制数的起始地址
	N	INT	待转换的十六进制字节数
	RET_VAL	WORD	指令的状态
	OUT	VARIANT	结果的存储地址

使用说明：

① 当 EN 的状态为"1"时，执行此指令。

② 通过参数 N，可指定待转换十六进制字节的数量。

③ 转换内容由数字 0 ～ 9、大写字母 A ～ F 构成。

④ 由于 ASCII 字符为 8 位，而十六进制数只有 4 位，所以输出字长度为输入字长度的 2 倍。在保持原始顺序的情况下，将十六进制数的每个半位元组转换为一个字符。

例 7-9：字符串与十六进制数的转换指令的使用。首先在 TIA Portal 软件中添加全局数据块，并在块中创建多个参数变量，并设置相应的起始值，如图 7-9 所示。编写如表 7-30 所示字符串与十六进制数的转换指令的使用程序。

在程序段 1 中执行 ATH 指令后，将数据块字符串变量 ATH_IN1 中的字符串 '09A546' 转换 4 个（ATH_N1=4）ASCII 字符，结果 '09A5' 以字符串的形式存入 ATH_OUT1 中。在程序段 2 中执行 ATH 指令后，将数据块数组 ATH_IN2 中的字节内容 16#45、16#67、16#9A 转换 3 个（ATH_N2=3）ASCII 字符，结果以字的形式存入 ATH_OUT2 中。程序段 3 中执行 HTA 指令后，将以字为单位的十六进制数 16#1234 相应 ASCII 字符转换为十六进制数，结果以字符数组形式存储于 HTA_OUT1 中。在程序段 4 中执行 HTA 指令后，将以字为单位数组中的 ASCII

字符转换为十六进制数，结果以字符串形式存储于 HTA_OUT2 中。程序指令执行后，数组块中的运行结果如图 7-10 所示。

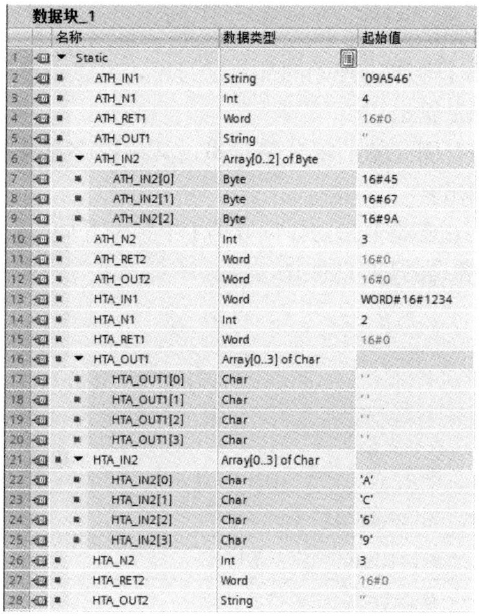

数据块_1

		名称	数据类型	起始值
1		Static		
2		ATH_IN1	String	'09A546'
3		ATH_N1	Int	4
4		ATH_RET1	Word	16#0
5		ATH_OUT1	String	''
6		ATH_IN2	Array[0..2] of Byte	
7		ATH_IN2[0]	Byte	16#45
8		ATH_IN2[1]	Byte	16#67
9		ATH_IN2[2]	Byte	16#9A
10		ATH_N2	Int	3
11		ATH_RET2	Word	16#0
12		ATH_OUT2	Word	16#0
13		HTA_IN1	Word	WORD#16#1234
14		HTA_N1	Int	2
15		HTA_RET1	Word	16#0
16		HTA_OUT1	Array[0..3] of Char	
17		HTA_OUT1[0]	Char	' '
18		HTA_OUT1[1]	Char	' '
19		HTA_OUT1[2]	Char	' '
20		HTA_OUT1[3]	Char	' '
21		HTA_IN2	Array[0..3] of Char	
22		HTA_IN2[0]	Char	'A'
23		HTA_IN2[1]	Char	'C'
24		HTA_IN2[2]	Char	'6'
25		HTA_IN2[3]	Char	'9'
26		HTA_N2	Int	3
27		HTA_RET2	Word	16#0
28		HTA_OUT2	String	

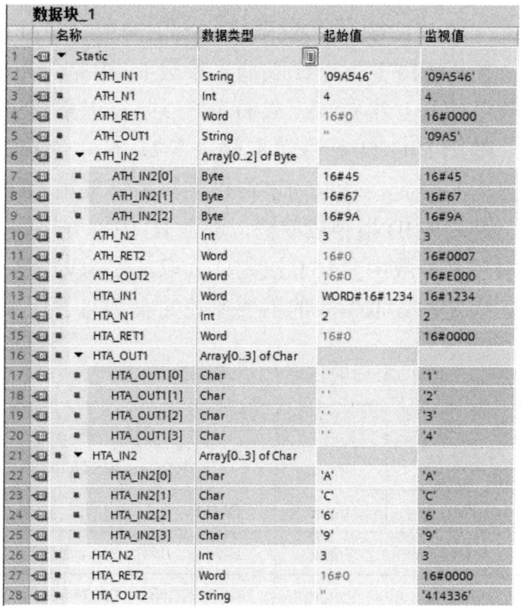

数据块_1

		名称	数据类型	起始值	监视值
1		Static			
2		ATH_IN1	String	'09A546'	'09A546'
3		ATH_N1	Int	4	4
4		ATH_RET1	Word	16#0	16#0000
5		ATH_OUT1	String	''	'09A5'
6		ATH_IN2	Array[0..2] of Byte		
7		ATH_IN2[0]	Byte	16#45	16#45
8		ATH_IN2[1]	Byte	16#67	16#67
9		ATH_IN2[2]	Byte	16#9A	16#9A
10		ATH_N2	Int	3	3
11		ATH_RET2	Word	16#0	16#0007
12		ATH_OUT2	Word	16#0	16#E000
13		HTA_IN1	Word	WORD#16#1234	16#1234
14		HTA_N1	Int	2	2
15		HTA_RET1	Word	16#0	16#0000
16		HTA_OUT1	Array[0..3] of Char		
17		HTA_OUT1[0]	Char	' '	'1'
18		HTA_OUT1[1]	Char	' '	'2'
19		HTA_OUT1[2]	Char	' '	'3'
20		HTA_OUT1[3]	Char	' '	'4'
21		HTA_IN2	Array[0..3] of Char		
22		HTA_IN2[0]	Char	'A'	'A'
23		HTA_IN2[1]	Char	'C'	'C'
24		HTA_IN2[2]	Char	'6'	'6'
25		HTA_IN2[3]	Char	'9'	'9'
26		HTA_N2	Int	3	3
27		HTA_RET2	Word	16#0	16#0000
28		HTA_OUT2	String		'414336'

图 7-9　例 7-9 数据块中创建参数变量　　　图 7-10　执行字符串与十六进制数的转换指令后数据块的运行结果

表 7-30　字符串与十六进制数的转换指令的使用程序

程序段	LAD
程序段 1	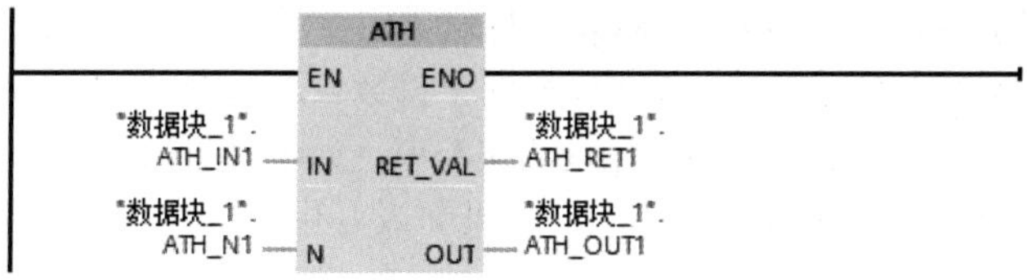 **ATH**　EN ENO　IN "数据块_1".ATH_IN1　RET_VAL "数据块_1".ATH_RET1　N "数据块_1".ATH_N1　OUT "数据块_1".ATH_OUT1
程序段 2	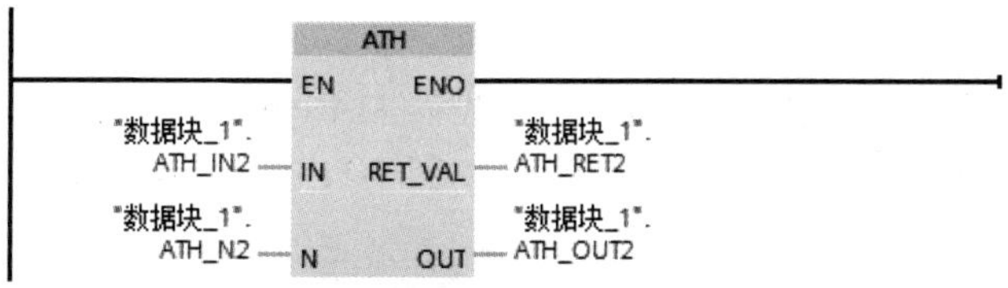 **ATH**　EN ENO　IN "数据块_1".ATH_IN2　RET_VAL "数据块_1".ATH_RET2　N "数据块_1".ATH_N2　OUT "数据块_1".ATH_OUT2
程序段 3	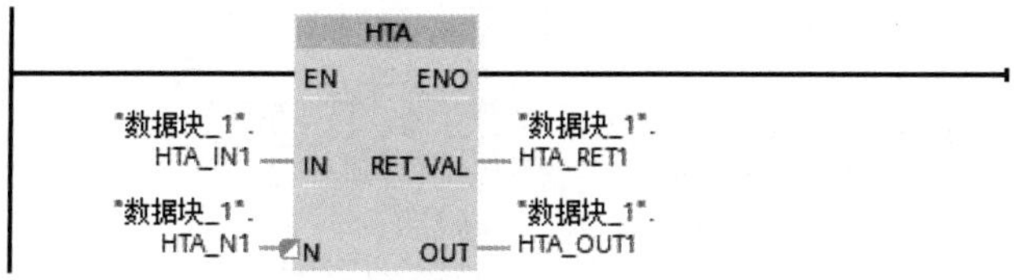 **HTA**　EN ENO　IN "数据块_1".HTA_IN1　RET_VAL "数据块_1".HTA_RET1　N "数据块_1".HTA_N1　OUT "数据块_1".HTA_OUT1
程序段 4	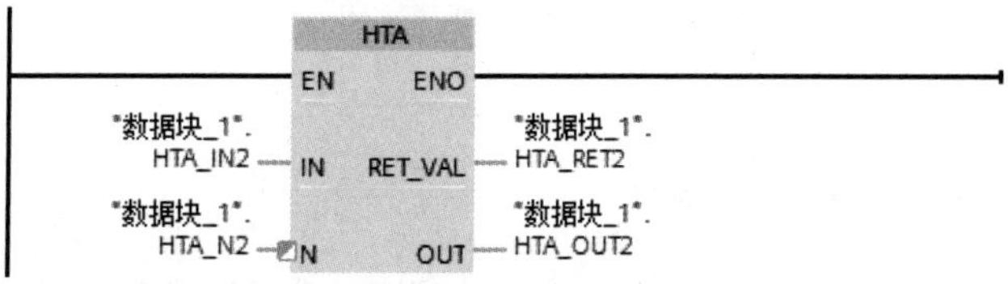 **HTA**　EN ENO　IN "数据块_1".HTA_IN2　RET_VAL "数据块_1".HTA_RET2　N "数据块_1".HTA_N2　OUT "数据块_1".HTA_OUT2

7.2.5 字符串读取指令

字符串读取指令有 3 条，分别是读取字符串中的左侧字符指令 LEFT、读取字符串中的右侧字符指令 RIGHT 和读取字符串中的中间字符指令 MID。

使用 LEFT 指令读取输入参数 IN 中字符串的第 1 个字符开始的部分字符串，其读取字符个数由参数 L 决定，读取的字符以字符串格式由 OUT 输出。

使用 RIGHT 指令读取输入参数 IN 中字符串的右侧开始的部分字符串，其读取字符个数由参数 L 决定，读取的字符以字符串格式由 OUT 输出。

使用 MID 指令读取输入参数 IN 中部分字符串，由参数 P 指定要读取第 1 个字符开始位置，读取字符个数由参数 L 决定，读取的字符以字符串格式由 OUT 输出。

字符串读取指令的主要参数如表 7-31 所示。

表 7-31　字符串读取指令的主要参数

参数	声明	数据类型	说明
IN	Input	STRING、WSTRING	要读取的字符串
L	Input	BYTE、INT、SINT、USINT	要读取的字符个数
P	Input	BYTE、INT、SINT、USINT	要读取的第 1 个字符的位置
OUT	Return	STRING、WSTRING	存储读取部分的字符串

使用说明：

① LEFT 和 RIGHT 指令没有参数 P，其余参数这 3 条指令均有。

② 对于 LEFT 和 RIGHT 指令而言，如果要读取的字符数大于字符串的当前长度，则 OUT 将 IN 中的字符串作为输出结果。如果 L 参数包含"0"或输入值为空字符串，则 OUT 输出空字符串；如果 L 中的值为负数，则 OUT 也输出空字符串。

③ 对于 MID 指令而言，如果要读取的字符数量超过 IN 输入参数中字符串的当前长度，则读取以 P 字符串开始直到字符串结尾处的字符串；如果 P 参数中指定的字符位置超出 IN 字符串的当前长度，则 OUT 将输出空字符串；如果 P 或 L 中的值为负数，则 OUT 也输出空字符串。

④ 字符串读取的 3 条指令在执行过程中，若发生错误而且可写入 OUT 输出参数，则输出空字符串。

例 7-10：字符串读取指令的使用。首先在 TIA Portal 软件中添加全局数据块，并在块中创建多个参数变量，并设置相应的起始值，如图 7-11 所示。编写如表 7-32 所示字符串读取指令的使用程序。

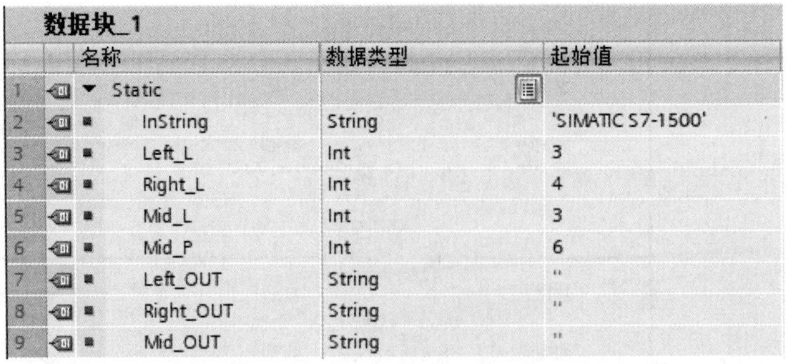

		数据块_1		
		名称	数据类型	起始值
1	◄▣ ▼	Static		
2	◄▣ ■	InString	String	'SIMATIC S7-1500'
3	◄▣ ■	Left_L	Int	3
4	◄▣ ■	Right_L	Int	4
5	◄▣ ■	Mid_L	Int	3
6	◄▣ ■	Mid_P	Int	6
7	◄▣ ■	Left_OUT	String	''
8	◄▣ ■	Right_OUT	String	''
9	◄▣ ■	Mid_OUT	String	''

图 7-11　例 7-10 数据块中创建参数变量

表 7-32　字符串读取指令的使用程序

程序段	LAD
程序段 1	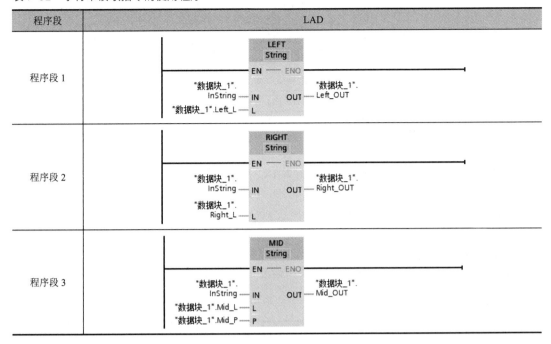
程序段 2	
程序段 3	

在程序段 1 中执行 LEFT 指令，将数据块字符串变量 InString 中字符串 'SIMATIC S7-1500' 从左侧开始读取连续的 3（Left_L=3）个字符，结果 'SIM' 送入 Left_OUT 中；在程序段 2 中执行 RIGHT 指令，将数据块字符串变量 InString 中字符串 'SIMATIC S7-1500' 从右侧开始读取连续的 4（Right_L=4）个字符，结果 '1500' 送入 Right_OUT 中；在程序段 3 中执行 MID 指令，将数据块字符串变量 InString 中字符串 'SIMATIC S7-1500' 从左侧开始第 6（Mid_P=6）个字符开始连续读取 3（Mid_L=3）个字符，结果 'IC' 送入 Mid_OUT 中。程序指令执行后，数组块中的运行结果如图 7-12 所示。

数据块_1

		名称	数据类型	起始值	监视值
1		▼ Static			
2		InString	String	'SIMATIC S7-1500'	'SIMATIC S7-1500'
3		Left_L	Int	3	3
4		Right_L	Int	4	4
5		Mid_L	Int	3	3
6		Mid_P	Int	6	6
7		Left_OUT	String	''	'SIM'
8		Right_OUT	String	''	'1500'
9		Mid_OUT	String	''	'IC '

图 7-12　执行字符串读取指令后数据块的运行结果

7.2.6　字符串查找、插入、删除与替换指令

在西门子 S7-1500 PLC 中，使用扩展指令 FIND、INSERT、DELETE、REPLACE 可实现对字符串的查找、插入、删除与替换等操作。

（1）在字符串中查找字符指令 FIND

使用 FIND 指令，可以在输入参数 IN1 中的字符串中查找 IN2 指定的字符第 1 次出现的所在位置值，然后由 OUT 输出该值的位置，指令参数如表 7-33 所示。

表 7-33　FIND 指令参数表

LAD	参数	数据类型	说明
FIND ??? EN ENO IN1 OUT IN2	EN	BOOL	允许输入
	ENO	BOOL	允许输出
	IN1	STRING、WSTRING	被查找的字符串
	IN2	STRING、WSTRING	要查找的字符串
	OUT	INT	字符位置

使用说明:

① 在 IN1 字符串中从左向右开始查找参数 IN2 指定的字符串。

② 若在 IN1 中查找到了 IN2 指定的字符串, OUT 将输出第 1 次出现该字符串的位置值。如果没有查找到,则 OUT 输出为 0。

(2) 在字符串中插入字符指令 INSERT

使用 INSERT 指令,将输入参数 IN2 中的字符串插入 IN1 的字符串中,插入的字符串的起始位置由参数 P 指定,插入后形成新的字符串通过 OUT 输出,指令参数如表 7-34 所示。

表 7-34　INSERT 指令参数表

LAD	参数	数据类型	说明
INSERT ??? EN ENO IN1 OUT IN2 P	EN	BOOL	允许输入
	ENO	BOOL	允许输出
	IN1	STRING、WSTRING	字符串
	IN2	STRING、WSTRING	要插入的字符串
	P	BYTE、INT、SINT、USINT	指定插入起始位置
	OUT	STRING、WSTRING	输出生成的字符串

使用说明:

① 如果参数 P 中的值超出了 IN1 字符串的当前长度,则 IN2 的字符串将直接添加到 IN1 字符串后。

② 如果参数 P 中的值为负数,则 OUT 输出空字符串。

③ 如果生成的字符串的长度大于 OUT 的变量长度,则将生成的字符串限制到可用长度。

(3) 删除字符串中的字符指令 DELETE

使用 DELETE 指令,将输入参数 IN 中的字符串删除 L 个字符数,删除字符的起始位置由 P 指定,剩余的部分字符串由 OUT 输出,指令参数如表 7-35 所示。

表 7-35　DELETE 指令参数表

LAD	参数	数据类型	说明
DELETE ??? EN ENO IN OUT L P	EN	BOOL	允许输入
	ENO	BOOL	允许输出
	IN	STRING、WSTRING	字符串
	L	BYTE、INT、SINT、USINT	指定要删除的字符数
	P	BYTE、INT、SINT、USINT	指定删除的第 1 个字符位置
	OUT	STRING、WSTRING	生成的字符串

使用说明：

① 如果参数 P 中的值为负数或等于零，则 OUT 输出空字符串。

② 如果参数 P 中的值超出了 IN 字符串的当前长度值或参数 L 的值为 0，则 OUT 输出 IN 中的字符串。

③ 如果参数 L 中的值超出了 IN 字符串的当前长度值，则将删除从 P 指定位置开始的字符。

④ 如果参数 L 中的值为负数，则将输出空字符串。

（4）替换字符串的字符指令 REPLACE

使用 REPLACE 指令，可将 IN1 中的部分字符用 IN2 中的字符串替换，参数 P 指定要替换的字符起始位置，参数 L 指定要替换的字符个数，替换后生成的新字符串由 OUT 输出，指令参数如表 7-36 所示。

表 7-36　REPLACE 指令参数表

LAD	参数	数据类型	说明
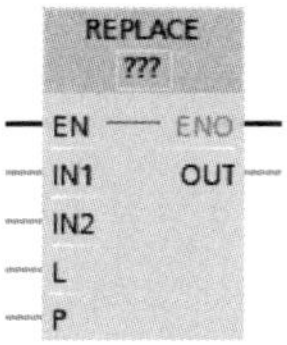 REPLACE ??? EN—ENO IN1—OUT IN2 L P	EN	BOOL	允许输入
	ENO	BOOL	允许输出
	IN1	STRING、WSTRING	要替换其中字符的字符串
	IN2	STRING、WSTRING	含有要替换的字符
	L	BYTE、INT、SINT、USINT	要替换的字符数
	P	BYTE、INT、SINT、USINT	要替换的第 1 个字符的位置
	OUT	STRING、WSTRING	生成的字符串

使用说明：

① 如果参数 P 中的值为负数或等于 0，则 OUT 输出空字符串。

② 如果参数 P 中的值超出了 IN1 字符串的当前长度值，则 IN2 的字符串将直接添加到 IN1 字符串后。

③ 如果参数 P 中的值为 1，则 IN 中的字符串将从第 1 个字符开始被替换。

④ 如果生成的字符串的长度大于 OUT 的变量长度，则将生成的字符串限制到可用长度。

⑤ 如果参数 L 中的值为负数，则 OUT 输出空字符串。

⑥ 如果参数 L 中的值为 0，则将插入而不是更换字符。

例 7-11：字符串查找、插入、删除与替换指令的使用。首先在 TIA Portal 软件中添加全局数据块，并在块中创建多个参数变量，设置相应的起始值，如图 7-13 所示。编写如表 7-37 所示字符串查找、插入、删除与替换指令的使用程序。

	数据块_1		
	名称	数据类型	起始值
1	▼ Static		
2	InString	String	'SIMATIC S7-1500'
3	Find_IN2	String	'S7'
4	Find_OUT	Int	0
5	Insert_IN2	String	' PLC'
6	Insert_P	Int	18
7	Insert_OUT	String	''
8	Delete_L	Int	18
9	Delete_P	Int	8
10	Delete_OUT	String	''
11	Replace_IN2	String	'400'
12	Replace_L	Int	4
13	Replace_P	Int	12
14	Replace_OUT	String	''

图 7-13　例 7-11 数据块中创建参数变量

表 7-37　字符串查找、插入、删除与替换指令的使用程序

程序段	LAD
程序段 1	FIND String EN — ENO "数据块_1".InString — IN1　OUT — "数据块_1".Find_OUT "数据块_1".Find_IN2 — IN2
程序段 2	INSERT String EN — ENO "数据块_1".InString — IN1　OUT — "数据块_1".Insert_OUT "数据块_1".Insert_IN2 — IN2 "数据块_1".Insert_P — P
程序段 3	DELETE String EN — ENO "数据块_1".InString — IN　OUT — "数据块_1".Delete_OUT "数据块_1".Delete_L — L "数据块_1".Delete_P — P
程序段 4	REPLACE String EN — ENO "数据块_1".Insert_OUT — IN1　OUT — "数据块_1".Replace_OUT "数据块_1".Replace_IN2 — IN2 "数据块_1".Replace_L — L "数据块_1".Replace_P — P

在程序段 1 中执行 FIND（查找）指令，将数据块字符串变量 InString 中字符串 'SIMATIC S7-1500' 从左侧开始查找字符串 'S7'（Find_IN2='S7'），将第 1 次找到的位置值 9 送入 Find_OUT 中；在程序段 2 中执行 INSERT（插入）指令，将数据块字符串变量 InString 中字符串 'SIMATIC S7-1500' 插入字符串 'PLC'（Insert_IN2='PLC'），由于指定的位置值 18（Insert_P=18）大于 InString 中字符串个数值，所以将字符串 'PLC' 直接添加到 'SIMATIC S7-1500' 的右侧，形成新的字符串为 'SIMATIC S7-1500 PLC'，并将其由 Insert_OUT 输出；在程序段 3 中执行 DELETE（删除）指令，将数据块字符串变量 InString 中字符串 'SIMATIC S7-1500' 从第 8 个字符（Delete_P=8）开始连续删除 18 个字符（Delete_L=18），由于字符串 'SIMATIC S7-1500' 本身的字符个数就少于 18 个，所以执行此指令后，直接将该字符串从左侧开始连续 7 个字符保留，从第 8 个字符开始剩余的字符全部删除，保留的字符串结果 'SIMATIC' 由 Delete_OUT 输出；在程序段 4 中执行 REPLACE（替换）指令，将数据块字符串变量 Insert_OUT 中字符串 'SIMATIC S7-1500 PLC' 从第 12 个字符（Replace_P=12）开始连续 4 个字符（Replace_L=4）替换成字符串 '400'（Replace_IN2='400'），形成新的字符串 'SIMATIC S7-400 PLC'，并将其由 Replace_OUT 输出。程序指令执行后，数组块中的运行结果如图 7-14 所示。

		名称	数据类型	起始值	监视值
1	▼	Static			
2	■	InString	String	'SIMATIC S7-15...	'SIMATIC S7-1500'
3	■	Find_IN2	String	'S7'	'S7'
4	■	Find_OUT	Int	0	9
5	■	Insert_IN2	String	' PLC'	' PLC'
6	■	Insert_P	Int	18	18
7	■	Insert_OUT	String	''	'SIMATIC S7-1500 PLC'
8	■	Delete_L	Int	18	18
9	■	Delete_P	Int	8	8
10	■	Delete_OUT	String	''	'SIMATIC'
11	■	Replace_IN2	String	'400'	'400'
12	■	Replace_L	Int	4	4
13	■	Replace_P	Int	12	12
14	■	Replace_OUT	String	''	'SIMATIC S7-400 PLC'

图 7-14 字符串查找、插入、删除与替换指令后数据块的运行结果

7.3 过程映像指令 ●●●...

用户程序访问输入（I）和输出（Q）信号时，通常不能直接扫描数字量模块的端口，而是通过 CPU 系统存储器中的过程映像区对 I/O 模块进行访问。通过 S7-1500 系列 PLC 的相关扩展指令，可更新组态中定义的输入 / 输出过程映像分区；与 DP 循环或 PN 循环关联的用户程序，也可在等时同步模式下更新输入 / 输出的过程映像分区。

7.3.1 更新过程映像输入指令

使用更新过程映像输入指令 UPDAT_PI，可以更新组态中定义的输入过程映像分区，其指令参数如表 7-38 所示。

表 7-38 UPDAT_PI 指令参数表

LAD	参数	数据类型	说明
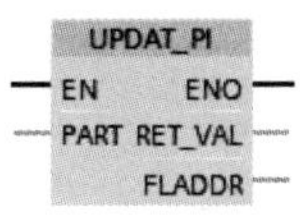 UPDAT_PI EN ENO PART RET_VAL FLADDR	EN	BOOL	允许输入
	ENO	BOOL	允许输出
	PART	PIP	待更新的输入过程映像分区的数量
	RET_VAL	INT	错误信息
	FLADDR	WORD	发生访问错误时，造成错误的第 1 个字节的地址

使用说明：

① 对系统侧过程映像更新时，若组态反复发送 I/O 访问错误信号，则所选过程映像将终止更新。

② 组态分配给输入过程映像分区的所有逻辑地址都不再属于 OB1 输入过程映像分区。

③ OB1 输入过程映像的系统更新以及指定中断 OB 的输入过程映像分区的系统更新与 UPDAT_PI 调用无关。

例 7-12：UPDAT_PI 指令的使用。首先在 TIA Portal 中添加全局数据块，并在块中创建 4 个参数变量，并设置相应的起始值，如图 7-15 所示。编写如表 7-39 所示 UPDAT_PI 指令的使

用程序。

图 7-15 例 7-12 数据块中创建参数变量

表 7-39 UPDAT_PI 指令的使用程序

程序段	LAD
程序段 1	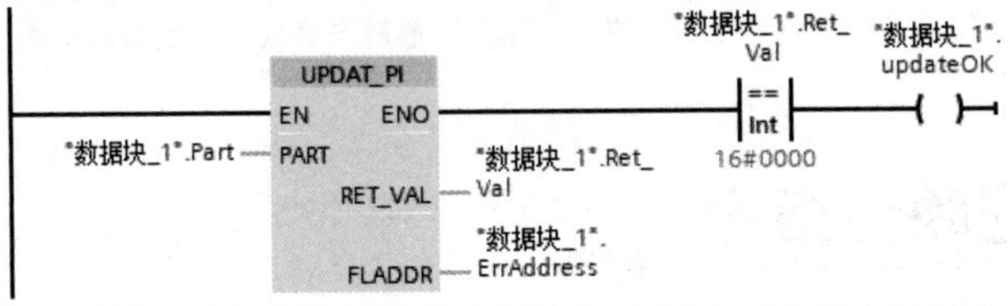 "数据块_1".Part — PART, UPDAT_PI, EN ENO, RET_VAL — "数据块_1".Ret_Val, FLADDR — "数据块_1".ErrAddress ···· "数据块_1".Ret_Val ==Int 16#0000 —— "数据块_1".updateOK —( )—

在硬件组态中点击数字量输入模块，执行"属性"→"常规"→"输入 0-15"→"输入"→"I/O 地址"命令，在"I/O 地址"对话框中将起始地址设置为"0"，结束地址设置为"1"，组织块设置为"无"，过程映像设置为"PIP 1"，如图 7-16 所示。

在硬件组态中对数字量输入模块设置完后，先将待更新的输入过程映像区编号存储在 Part 中，执行 UPDAT_PI 指令时，将对指定的输入过程映像区（PIP 1）进行更新。更新过程中，如果没有错误（RET_VAL 输出为 16#0000），则 updateOK 输出状态为 TRUE。程序指令执行后，数据块中的运行结果如图 7-17 所示。

图 7-16 数字输入模块"I/O 地址"对话框的设置

图 7-17 UPDAT_PI 指令后数据块的运行结果

7.3.2 更新过程映像输出指令

使用更新过程映像输入指令 UPDAT_PO，可以更新组态中定义的输出过程映像分区，将信号状态传送到输出模块，其指令参数如表 7-40 所示。

表 7-40　UPDAT_PO 指令参数表

LAD	参数	数据类型	说明
UPDAT_PO EN　ENO PART RET_VAL FLADDR	EN	BOOL	允许输入
	ENO	BOOL	允许输出
	PART	PIP	待更新的输出过程映像分区的数量
	RET_VAL	INT	错误信息
	FLADDR	WORD	发生访问错误时，造成错误的第 1 个字节的地址

使用说明：

① 如果已为所选过程映像分区指定了一致性范围，则将对应的数据作为一致性数据传送到各自的 I/O 模块。

② 组态分配给输出过程映像分区的所有逻辑地址都不再属于 OB1 输出过程映像分区。

③ OB1 输出过程映像和分配给中断 OB 的输出过程映像分区由系统传送到数字量输出模块，更新与 UPDAT_PO 调用无关。

例 7-13：UPDAT_PO 指令的使用。首先在 TIA Portal 软件中添加全局数据块，并在块中创建 4 个参数变量，设置相应的起始值，如图 7-18 所示。编写如表 7-41 所示 UPDAT_PO 指令的使用程序。

在硬件组态中点击数字量输出模块，执行"属性"→"常规"→"输出 0-15"→"I/O 地址"命令，在"I/O 地址"对话框中将起始地址设置为"0"，结束地址设置为"1"，组织块设置为"无"，过程映像设置为"PIP 1"，如图 7-19 所示。

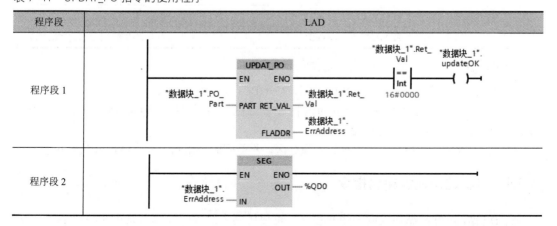

图 7-18　例 7-13 数据块中创建参数变量

表 7-41　UPDAT_PO 指令的使用程序

程序段	LAD
程序段 1	（UPDAT_PO 指令程序：EN，PART 输入 "数据块_1".PO_Part，RET_VAL 输出 "数据块_1".Ret_Val，FLADDR 输出 "数据块_1".ErrAddress；"数据块_1".Ret_Val == Int 16#0000 驱动 "数据块_1".updateOK）
程序段 2	（SEG 指令：IN 输入 "数据块_1".ErrAddress，OUT 输出 %QD0）

在硬件组态中对数字量输出模块设置完后，先将待更新的输出过程映像区编号存储在 PO_Part 中，执行 UPDAT_PO 指令时，将对指定的输出过程映像区（PIP 1）进行更新。更新过程中，如果没有错误（RET_VAL 输出为 16#0000），则 updateOK 输出状态为 TRUE。同时，与 QD0 相连的数码管将显示相应的 RET_VAL 参数代码。程序指令执行后，数组块中的运行结果如图 7-20 所示。

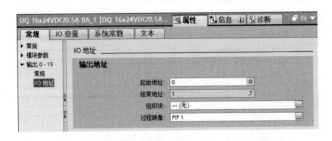

图 7-19   数字量输出模块"I/O 地址"对话框的设置

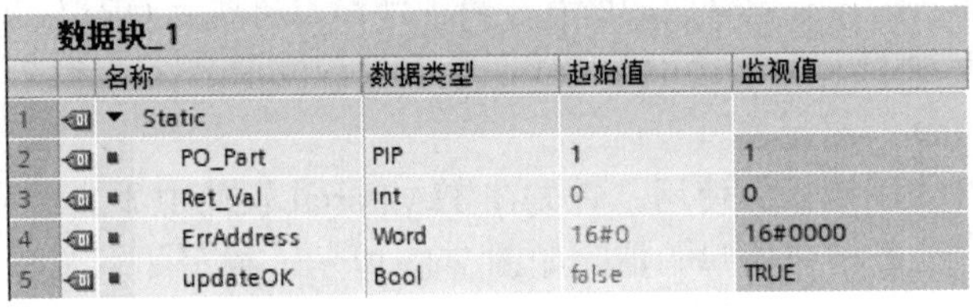

		名称	数据类型	起始值	监视值
		数据块_1			
1		▼ Static			
2		■ PO_Part	PIP	1	1
3		■ Ret_Val	Int	0	0
4		■ ErrAddress	Word	16#0	16#0000
5		■ updateOK	Bool	false	TRUE

图 7-20   UPDAT_PO 指令后数据块的运行结果

7.3.3 同步过程映像输入指令

与 DP 循环或 PN 循环关联的用户程序，可使用同步过程映像输入指令 SYNC_PI，实现等时模式，其指令参数如表 7-42 所示。

表 7-42   SYNC_PI 指令参数表

LAD	参数	数据类型	说明
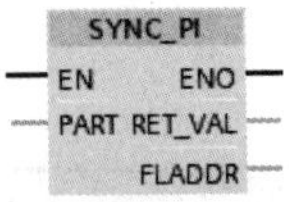	EN	BOOL	允许输入
	ENO	BOOL	允许输出
SYNC_PI EN ENO PART RET_VAL FLADDR	PART	PIP	待更新的输入过程映像分区的数量
	RET_VAL	INT	错误信息
	FLADDR	WORD	发生访问错误时，造成错误的第 1 个字节的地址

使用说明：

① 本指令可中断，并且仅在 OB61、OB62、OB63 和 OB64 中调用。

② 仅当在硬件配置中将受影响的过程映像分区分配给相关的 OB 后，才能在 OB61、OB62、OB63 和 OB64 中调用本指令。

③ 使用 SYNC_PI 指令更新的过程映像分区，不能同时使用指令 UPDAT_PI 进行更新。

7.3.4 同步过程映像输出指令

与 DP 循环或 PN 循环关联的用户程序，可使用同步过程映像输出指令 SYNC_PO，实现等时模式，其指令参数如表 7-43 所示。

表 7-43 SYNC_PO 指令参数表

LAD	参数	数据类型	说明
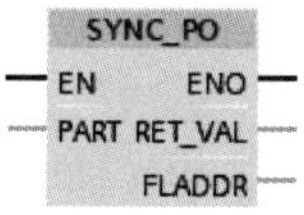 SYNC_PO EN ENO PART RET_VAL FLADDR	EN	BOOL	允许输入
	ENO	BOOL	允许输出
	PART	PIP	待更新的输出过程映像分区的数量
	RET_VAL	INT	错误信息
	FLADDR	WORD	发生访问错误时，造成错误的第 1 个字节的地址

使用说明：

① 本指令可中断，并且仅在 OB61、OB62、OB63 和 OB64 中调用。

② 仅当在硬件配置中将受影响的过程映像分区分配给相关的 OB 后，才能在 OB61、OB62、OB63 和 OB64 中调用本指令。

③ 使用 SYNC_PO 指令更新的过程映像分区，不能同时使用指令 UPDAT_PO 进行更新。

第8章

西门子 S7-1500 PLC 的用户程序结构

西门子 S7-1500 PLC 的程序由不同的程序块构成，如组织块 OB、函数块 FB、函数 FC、数据块 DB 等。S7-1500 PLC 的编程主要是针对不同的功能块进行编程，整个程序的功能可通过程序块的相互调用来实现。

8.1 西门子 S7-1500 PLC 的用户程序 •••••

PLC 的用户程序是利用 PLC 的编程语言，根据控制要求编制的程序。在 PLC 的应用中，最重要的是用 PLC 的编程语言来编写用户程序，以实现控制目的。

8.1.1 程序分类

S7-1500 PLC 的 CPU 中运行的程序分为系统程序和用户程序。

系统程序是固化在 CPU 中的程序，它提供了一套系统运行和调试的机制，用于协调 PLC 内部事务，与控制对象特定的任务无关。系统程序主要完成以下工作：处理 PLC 的启动（暖启动和热启动）、刷新输入的过程映像表和输出的过程映像表、调用用户程序、检测并处理错误、检测中断并调用中断程序、管理存储区域、与编程设备和其他通信设备通信等。

用户程序是为了完成特定的自动化任务，由用户在编程软件（如 STEP 7）中编写的程序，然后下载到 CPU 中。用户程序可以完成以下工作：暖启动和热启动的初始化工作、处理过程数据（数字信号、模拟信号）、对中断的响应、对异常和错误的处理。小型 PLC（如 S7-200 SMART）的用户程序比较简单，不需要分段，而是顺序编制的。大中型 PLC（如 S7-1200/1500）的用户程序很长，也比较复杂，为使用户程序编制简单清晰，可按功能结构或使用目的将用户程序划分成各个程序模块。按模块结构组成的用户程序，每个模块用来解决一个确定的技术功能，能使很长的程序编制得易于理解，还可以使程序的调试和修改变得很容易。

系统程序处理的是底层的系统级任务，它为 PLC 应用搭建了一个平台，提供了一套用户程序的机制；而用户程序则在这个平台上，完成用户自己的自动化任务。

8.1.2 用户程序中的块

在 TIA Portal 软件中，用户程序编写的程序和程序所需的数据均放置在块中，使单个程序部件标准化。块是一些独立的程序或者数据单元，通过在块内或块之间类似子程序的调用，可以显著增加 PLC 程序的组织透明性、可理解性，使程序易于修改、查错的调试。在 S7-1500 PLC 中，程序可由组织块 OB（Organization Block）、函数块 FB（Function Block）、函数 FC（Function）、背景数据块 DI（Instance Data Block）和共享数据块 DB（Shared Data Block，又称为全局数据块）等组成，如图 8-1 所示。各块均有相应的功能，如表 8-1 所示。

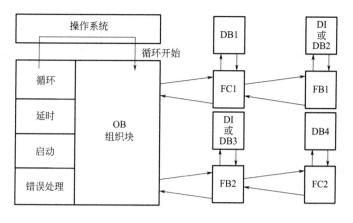

图 8-1 块结构

表 8-1 用户程序块

块名称	功能简介	举例	块分类
组织块 OB	操作系统与用户程序的接口,决定用户程序的结构,只能被操作系统调用	OB1,OB100	逻辑块
函数块 FB	由用户编写的包含经常使用的功能的子程序,有专用的存储区(即背景数据块)	FB2	
函数 FC	由用户编写的包含经常使用的功能的子程序,没有专用的存储区	FC4	
背景数据块 DI	用于保存 FB 的输入、输出参数和静态变量,其数据在编译时自动生成	DI10	数据块
共享数据块 DB	用于存储用户数据,除分配给功能块的数据外,还可以供给任何一个块来定义和使用	DB5	

OB1 相当于 S7-200 SMART PLC 用户程序的主程序,除 OB1 外其他的 OB 相当于 S7-200 系列 PLC 用户程序的中断程序。FB、FC 相当于 S7-200 SMART 系列 PLC 用户程序的子程序,而 DB 和 DI 相当于 S7-200 SMART PLC 用户程序的 V 区。

在这些块中,组织块 OB、函数块 FB、函数 FC 都包含有由用户程序根据特定的控制任务而编写的程序代码和各程序需要的数据,因此它们为程序块或逻辑块。背景数据块 DI 和共享数据块 DB 不包含 SIMATIC S7 的指令,用于存放用户数据,因此它们可统称为数据块。

8.1.3 用户程序的编程方法

组织块 OB 是用户和 PLC 之间的程序接口,由 PLC 来调用,而函数 FC 和函数块 FB 则可以作为子程序由用户来调用。FC 或 FB 被调用时,可以与调用块之间没有参数传递,实现模块化编程,也可以存在参数传递,实现参数化编程(又称结构化编程)。所以,在 SIMATIC S7-1500 PLC 中,用户程序可采用 3 种编程方法,即线性化编程、模块化编程和结构化编程,如图 8-2 所示。

(1)线性化编程

线性化编程是将整个用户程序放在循环控制组织块 OB1(主程序)中,处理器线性地或顺序地扫描程序的每条指令。这种方法是 PLC 最初所模拟的硬连线继电器梯形逻辑图模式,程序结构简单,不涉及函数块、函数、数据块、局部变量和中断等比较复杂的概念,容易入门。对于许多初学者来说,建议大家使用这种方式编写简单的程序。

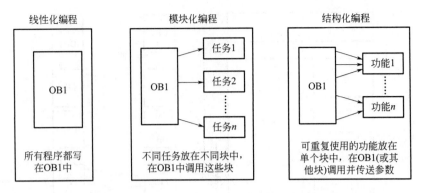

图 8-2 SIMATIC S7-1500 PLC 的 3 种用户程序编程方法

由于所有的指令都在一个块中，即使程序中的某些部分在大多数时候并不需要执行，但每个扫描周期都要执行所有的指令，因此没有有效地利用 CPU。此外，如果要求多次执行相同或类似的操作，需要重复编写程序。

（2）模块化编程

模块化编程是将用户程序分别写在一些块中，通常这些块都是不含参数的 FB 或 FC，每个块中包含完成一部分任务的程序，然后在主程序循环组织块 OB1 中按照顺序调用这些 FB 或 FC。

模块化编程的程序被划分为若干个块，易于几个人同时对一个项目编程。由于只是在需要时才调用有关的程序块，所以提高了 CPU 的利用效率。

（3）结构化编程

结构化编程将复杂的自动化任务分解为能够反映过程的工艺、功能或可以反复使用的小任务，将这些小任务通过用户程序编写一些具有相同控制过程，但控制参数不一致的程序段写在某个可分配参数的 FB 或 FC 中，然后在主程序循环组织块中可重复调用该程序块，且调用时可赋予不同的控制参数。

使用结构化编程的方法较前面两种编程方法先进，适合复杂的控制任务，并支持多人协同编写大型用户程序。结构化编程具有以下优点：

① 程序的可读性更好、更容易理解；

② 简化了程序的组织；

③ 有利于对常用功能进行标准化，减少重复劳动；

④ 由于可以分别测试各个程序块，因此查错、修改和调试都更容易。

8.2　西门子 S7-1500 PLC 组织块 ●●●…

在 S7-1500 PLC 的 CPU 中，用户程序是由启动程序、主程序和各种中断响应程序等不同的程序模块构成的。这些模块在 TIA Portal 软件中的实现形式就是组织块 OB。OB 是系统操作程序与用户应用程序在各种条件下的接口界面，它由系统程序直接调用，用于控制扫描循环和中断程序的执行、PLC 的启动和错误处理等，有的 CPU 只能使用部分组织块。

8.2.1　组织块的构成、分类与中断

（1）组织块的构成

组织块由变量声明表和用户程序组成。由于组织块 OB 没有背景数据块，也不能为组织块

OB 声明静态变量，因此 OB 的变量声明表中只有临时变量。组织块的临时变量可以是基本数据类型、复合数据类型或 ANY 数据类型。

当操作系统调用时，每个 OB 提供了 20 字节的变量声明表。声明表中变量的具体内容与组织块的类型有关。用户可以通过 OB 的变量声明表获得与启动 OB 的原因有关的信息。OB 的变量声明表如表 8-2 所示。

表 8-2　OB 的变量声明表

地址 / 字节	内容
0	事件级别与标识符，例如硬件中断组织块 OB40 为 B#16#11，表示硬件中断被激活
1	用代码表示与启动 OB 事件有关的信息
2	优先级，如循环中断组织块 OB36 的中断优先级为 13
3	OB 块号，例如编程错误组织块 OB121 的块号为 121
4 ~ 11	附加信息，例如硬件中断组织块 OB40 的第 5 字节为产生中断的模块的类型，16#54 为输入模块，16#55 为输出模块；第 6、7 字节组成的字为产生中断的模块的起始地址；第 8 ~ 11 字节组成的双字为产生中断的通道号
12 ~ 19	启动 OB 的日期和时间（年、月、日、时、分、秒、毫秒与星期）

（2）组织块的分类

组织块 OB 只有系统程序才能调用，操作系统可根据不同的启动事件来调用不同的组织块，因此，用户的主程序必须写在组织块中。

根据条件不同，组织块大致可分为主程序循环执行的程序组织块、时间中断组织块、延时中断组织块、循环中断组织块、硬件中断组织块、同步循环中断组织块、异步错误组织块、同步错误组织块和启动组织块等，如表 8-3 所示。

表 8-3　组织块 OB 的类型

OB 类型	OB 块名称	启动事件	中断优先级	备注
主程序循环	OB1	系统启动结束或 OB1 结束	1	自由循环
时间中断	OB10	日期时钟中断 0	2	没有默认日期时间，使用时需设置时间
	OB11	日期时钟中断 1		
	OB12	日期时钟中断 2		
	OB13	日期时钟中断 3		
	OB14	日期时钟中断 4		
	OB15	日期时钟中断 5		
	OB16	日期时钟中断 6		
	OB17	日期时钟中断 7		
延时中断	OB20	时间延时中断 0	3	没有默认延时时间，使用时需设置时间
	OB21	时间延时中断 1	4	
	OB22	时间延时中断 2	5	
	OB23	时间延时中断 3	6	
循环中断	OB30	循环中断 0	7	默认时间 5s
	OB31	循环中断 1	8	默认时间 2s
	OB32	循环中断 2	9	默认时间 1s

OB 类型	OB 块名称	启动事件	中断优先级	备注
循环中断	OB33	循环中断 3	10	默认时间 500ms
	OB34	循环中断 4	11	默认时间 200ms
	OB35	循环中断 5	12	默认时间 100ms
	OB36	循环中断 6	13	默认时间 50ms
	OB37	循环中断 7	14	默认时间 20ms
	OB38	循环中断 8	15	默认时间 10ms
硬件中断	OB40	硬件中断 0	16	由模块信号触发
	OB41	硬件中断 1	17	
	OB42	硬件中断 2	18	
	OB43	硬件中断 3	19	
	OB44	硬件中断 4	20	
	OB45	硬件中断 5	21	
	OB46	硬件中断 6	22	
	OB47	硬件中断 7	23	
状态中断	OB55	状态中断	2 或 4	状态中断
更新中断	OB56	更新中断		更新中断
制造商特定中断	OB57	制造商特定中断		制造商特定中断
同步循环中断	OB61	同步循环中断 1	25	同步循环中断
	OB62	同步循环中断 2		
	OB63	同步循环中断 3		
	OB64	同步循环中断 4		
异步错误（硬件或系统错误）	OB80	时间错误	22	超出最大循环时间
	OB82	诊断错误	5	如输入模块短路
	OB83	拆除 / 插入中断	6	移除或插入中央模块
	OB86	机架故障		扩展设备或 DP 从站错误
启动	OB100	暖启动	1	当系统启动完毕，按照相应的启动方式执行相应的启动 OB
	OB101	热启动		
	OB102	冷启动		
同步错误	OB121	编程错误	7	编程错误
	OB122	访问错误		I/O 访问错误

（3）组织块的中断及中断优先级

所谓中断，是指当 CPU 模块执行正常程序时，系统中出现某些急需处理的异常情况和特殊请求，CPU 暂时中止现行程序，转去对随机发生的更为紧迫事件进行处理，处理完毕后，CPU 自动返回原来的程序继续执行，此过程称为中断。

能向 CPU 发出请求的事件称为中断源。PLC 的中断源可能来自 I/O 模块的硬件中断，或是 CPU 模块内部的软件中断，例如日期时间中断、延时中断、循环中断和编程错误引起的中断。

组织块 OB 都是事件触发而执行的中断程序块，是按照已分配的优先级（见表 8-3）

来执行的。用相应的组织块，可以创建在特定的时间执行的特定程序，或者响应特定事件的程序。例如，当 CPU 的电池发生故障时，S7 CPU 的操作系统就可以中断正在处理的 OB，发出一个相应的 OB 启动事件。

所谓中断优先级，也就是组织块 OB 的优先权，高优先级的 OB 可以中断低优先级的 OB 的处理过程。如果同时产生多个中断请求时，那么最先执行优先级最高的组织块 OB，然后按照优先级由高至低的顺序执行其他 OB。同一优先级可以分配给不同的组织块，具有相同优先级的组织块 OB 按启动它们的事件出现的先后顺序处理。

8.2.2 主程序循环组织块

打开电源或 CPU 前面板上的模式选择开关置于 RUN 时，CPU 首先启动程序，在启动组织块处理完毕后，CPU 开始处理主程序。

主程序位于主程序循环组织块 OB1 中，通常，在许多应用中，整个用户程序仅存于 OB1 中。在 OB1 中可调用函数块 FB 或使用函数 FC。

OB1 中的程序处理完毕后，操作系统传送过程映像输出表到输出模板，然后，CPU 立即重新调用 OB1，即 CPU 循环处理 OB1。在 OB1 再开始前，操作系统通过读取当前的输入 I/O 信号状态来更新过程映像输入表以及接收 CPU 的任何全局数据。

SIMATIC S7 专门有监视运行 OB1 的扫描时间的时间监视器，最大扫描时间默认为 150ms。用户可以设置一个新值，也可以在用户程序中使用"RE_TRIGR"指令来重新启动时间监视。如果用户程序超出了 OB1 的最大扫描时间，则操作系统将调用 OB80，如果没有发现 OB80，则 CPU 将进入 STOP 模式。

除了监视最大扫描时间外，还可以保证最小扫描时间。可以为主程序设置合适的处理时间，从而保留一些时间做后台处理。如果已设置最小循环时间，则操作系统将延迟，达到此时间后才开始另一次 OB1。

（1）主程序循环组织块的循环时间设置

启动 TIA Portal 软件，在"项目树"的"PLC_1"中双击"设备组态"，进入 PLC_1 的组态界面。双击 CPU 模块，或者点选模块之后执行菜单"编辑"→"属性"，在弹出的"属性"对话框中选择"常规"选项卡，然后点击"循环"，可设置最大循环时间和最小循环时间参数。操作系统在运行期间受监视的所有 OB 块中，OB1 具有最低的处理优先级。

（2）主程序循环组织块的变量声明表

在 OB1 中系统定义了如表 8-4 所示的变量声明表。

表 8-4 OB1 的变量声明表

参数	数据类型	描述
OB1_EV_CLASS	BYTE	事件类别和标识符 :0～3 位 =1 事件等级；4～7 位是标识符，=1 表示 OB1 激活。例 :B#16#11 表示中断被激活
OB1_SCAN_1	BYTE	B#16#01: 完成暖重启 B#16#02: 完成热重启 B#16#03: 完成主循环 B#16#04: 完成冷重启 B#16#05: 主站 - 保留站切换和"停止"上一主站之后新主站 CPU 的首个 OB1 循环
OB1_PRIORITY	BYTE	指定的优先等级，默认值为 1
OB1_OB_NUMBR	BYTE	OB 编号（01）
OB1_RESERVED_1	BYTE	保留

参 数	数据类型	描 述
OB1_RESERVED_2	BYTE	保留
OB1_PREV_CYCLE	INT	上一次扫描周期的运行时间（ms）
OB1_MIN_CYCLE	INT	上一次启动后的最小循环时间（ms）
OB1_MAX_CYCLE	INT	上一次启动后的最大循环时间（ms）
OB1_DATE_TIME	Data_And_Time	调用 OB 时的日期和时间

8.2.3 时间中断组织块

在 SIMATIC S7 CPU 中，提供了 8 个日期时钟中断组织块 OB10 ～ OB17。这些块允许用户通过 TIA Portal 软件编程，在特定日期、时间（如每分钟、每小时、每天、每周、每月、每年）执行一次中断，也可以从设定的日期时间开始，周期性地重复执行中断操作。

（1）时间中断组织块的启动

时间中断只有设置了中断的参数，并且在相应的组织块中有用户程序存在，时间中断才能被执行。如果没有达到这些要求，操作系统将会在诊断缓冲区中产生一个错误信息，并执行异步错误处理（OB80）。

周期的时间中断必须对应一个实际日期，例如设置从 1 月 31 日开始每月执行一次 OB10 是不可能的，因为并不是每个月都有 31 天，在此情况下，只在有 31 天的那些月才能启动它。

时间中断需在 PLC 暖启动或热启动时被激活，而且只能在 PLC 过程结束之后才能执行。如果是暖启动，则必须重新设置日期时间中断。在参数设置时，不能启动没有选中的日期时间中断。

为了启动日期时间中断，首先要设置中断参数，然后再激活它。可以通过下述 3 种方法启动时间中断。

① 使用 TIA Portal 设置并激活时间中断，即自动启动时间中断。

② 使用 TIA Portal 设置时间中断，再通过在程序中调用"ACT_TINT"指令激活时间中断。

③ 通过调用"SET_TINT"指令设置参数，然后通过在程序中调用"ACT_TINT"指令激活时间中断。

（2）影响时间中断 OB 的条件

由于时间中断只能以指定的时间间隔发生，因此在执行用户程序期间，某些条件可能影响 OB 操作。表 8-5 列出了一些条件对执行时间中断的影响。

表 8-5 影响时间中断 OB 的条件

条 件	影响结果
用户程序调用"CAN_TINT"指令并取消时间中断	操作系统清除了时间中断的启动事件（日期和时间），如果需要执行 OB，必须再次设置启动事件并在再次调用 OB 之前激活它
用户程序试图激活时间中断 OB，但未将 OB 加载到 CPU 中	操作系统调用 OB85，如果 OB85 尚未编程（装载到 CPU 中），则 CPU 将转为 STOP 模式
当同步或更正 CPU 的系统时钟时，用户提前设置了时间并跳过时间中断 OB 的启动事件日期或时间	操作系统调用 OB80 并对时间中断 OB 的编号和 OB80 中的启动事件信息进行编程。随后操作系统将运行一次时间中断 OB，而不管本应执行此 OB 的次数。OB80 的启动事件信息显示了最初跳过时间中断 OB 时的日期和时间
CPU 通过暖重启或冷重启运行	通过指令组态的所有时间中断 OB 重新采用指定的组态。如果已为相应 OB 的单次启动组态了时间中断，使用 TIA Portal 对其进行了设置，并将其激活，则当所组态的启动时间为过去的时间（相对于 CPU 的实时时钟）时，会在暖重启或冷重启操作系统后调用一次 OB

条 件	影响结果
当发生下一时间间隔的启动事件时，仍执行时间中断 OB	操作系统调用 OB80。如果 OB80 没有编程，则 CPU 转为 STOP 模式。如果装载了 OB80，则会首先执行 OB80 和时间中断 OB，然后再执行请求的中断

（3）时间中断组织块的查询

如果要查询设置了哪些日期时间中断，以及这些中断什么时间发生，用户可以调用"QRY_TINT"指令来进行。QRY_TINT 指令的状态字节 STATUS 如表 8-6 所示。

表 8-6　QRY_TINT 指令输出的状态字节 STATUS

位	含 义
0	始终为"0"
1	取值为"0"，表示已启用时间中断；取值为"1"，表示已禁用时间中断
2	取值为"0"，表示时间中断未激活；取值为"1"，表示已激活时间中断
3	始终为"0"
4	取值为"0"，表示具有在参数 OB_NR 中指定的 OB 编号的 OB 不存在；取值为"1"，表示存在编号 OB_NR 参数所指定的 OB
5	始终为"0"
6	取值为"0"，表示时间中断基于系统时间；取值为"1"，表示时间中断基于本地时间
7	始终为"0"

（4）时间中断组织块的临时变量表

时间中断组织块 OB10 的临时（TEMP）变量表如表 8-7 所示。

表 8-7　时间中断组织块 OB10 的临时变量表

参 数	数据类型	描 述
OB10_EV_CLASS	BYTE	事件类别和标识符 :0 ～ 3 位 =1 事件等级；4 ～ 7 位是标识符，=1 表示 OB1 激活。例 :B#16#11 表示中断被激活
OB10_STRT_INF	BYTE	B#16#11 ～ B#16#18:OB10 ～ OB17 的启动请求
OB10_PRIORITY	BYTE	指定的优先等级，默认值为 2
OB10_OB_NUMBR	BYTE	OB 编号（10 ～ 17）
OB10_RESERVED_1	BYTE	保留
OB10_RESERVED_2	BYTE	保留
OB10_PERIOD_EXE	WORD	OB 以指定的时间间隔执行 W#16#0000: 单次　　　W#16#0201: 每分钟一次 W#16#0401: 每小时一次　W#16#1001: 每天一次 W#16#1201: 每周一次　　W#16#1401: 每月一次 W#16#1801: 每年一次　　W#16#2001: 月末
OB10_RESERVED_3	INT	保留
OB10_RESERVED_4	INT	保留
OB10_DATE_TIME	Data_And_Time	调用 OB 时的日期和时间

（5）时间中断扩展指令参数

用户可以使用 SET_TINT、CAN_TINT、ACT_TINT 和 QRY_TINT 等时间中断扩展指令来设置、终止、激活和查询时间中断，这些指令的参数如表 8-8 所示。

表 8-8　时间中断扩展指令的参数表

参数	声明	数据类型	存储区间	参数说明
OB_NR	INPUT	OB_TOD	I、Q、M、D、L 或常量	时间中断 OB 的编号（10 ～ 17）
SDT	INPUT	DT	D、L 或常量	开始日期和开始时间
PERIOD	INPUT	WORD	I、Q、M、D、L 或常量	从 SDT 开始计时的执行时间间隔 W#16#0000：单次 W#16#0201：每分钟一次 W#16#0401：每小时一次 W#16#1001：每天一次 W#16#1201：每周一次 W#16#1401：每月一次 W#16#1801：每年一次 W#16#2001：月末
RET_VAL	RETURN	INT	I、Q、M、D、L	如果发生错误，则 RET_VAL 的实际参数将包含错误代码
STATUS	OUTPUT	WORD	I、Q、M、D、L	时间中断的状态

（6）时间中断组织块的应用实例

例 8-1：OB10 时间中断组织块的应用实例。从 2021 年 3 月 18 日 18 时 18 分 18.8 秒起，在 I0.0 的上升沿时启动日期时间中断 OB10，在 I0.1 为 1 时禁止日期时间中断，每分钟中断 1 次，每次中断使共阴极数码管显示的数字加 1，其显示数字范围为 0 ～ 99。

解：首先在 TIA Portal 中建立项目，再在 Main[OB1] 中编写相关设置程序，然后在 OB10 中编写中断程序，具体操作步骤如下所述。

步骤一：建立项目。

首先在 TIA Portal 中新建一个项目，并添加好电源模块、CPU 模块、数字量输入模块和数字量输出模块，如图 8-3 所示。

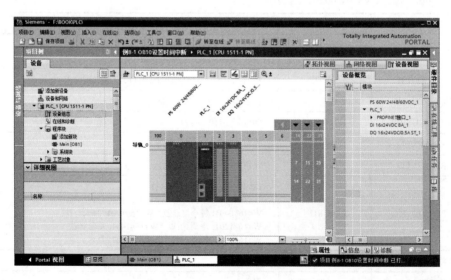

图 8-3　新建项目

步骤二：在 OB1 中编写程序。

在 OB1 中编写程序如表 8-9 所示。程序段 1，通过 QRY_TINT 指令查询输入端 "10"（表示 OB10）的中断状态，其查询的结果送入 MW16 中，而 MW208 中保存执行时可能出现的错误代码。

　　程序段 2，通过 SET_TINT 和 ACT_TINT 指令来设置和激活时间中断。SET_TINT 指令中的 SDT 端装载 OB1 中所设置的开始日期和时间值，PERIOD 装载 W#16#0201 表示中断的执行时间间隔为每分钟一次，RET_VAL 将系统处于激活状态时的出错代码保存到 MW20 中。ACT_TINT 指令用于激活时钟中断，OB_NR 端输入为常数 10，表示激活 OB10 的时间中断块，RET_VAL 端将系统处于激活状态时的出错代码保存到 MW24 中。

　　程序段 3 是 I0.1 发生上升沿跳变时，终止时间中断。CAN_TINT 指令用于终止时间中断，其 OB_NR 端外接常数 10 表示取消的日期时间中断组织块为 OB10。

　　程序段 4 中，使用 CONV 转换指令将 MW4（MW4 为 OB10 中统计中断次数）中的内容转换为 BCD 码并送入 MW8 中，为 SEG 指令的执行做准备。

　　程序段 5 中，由 SEG 指令将 MW8 中的内容进行七段显示译码，并将译码结果输出给 QD0（即 QB0 ～ QB3），使得数码管能实时显示自 2021 年 3 月 18 日 18 时 18 分 18.8 秒起，I0.0 触点闭合后每隔 1 分钟的时间中断次数。当已中断了 4 次时，MW4 中的内容为 3，使用转换指令将其转换为对应的数值送入 MW8，再通过 SEG 指令译码为 DW16#3F3F3F66，LED 数码管显示为 "0004"。

表 8-9　例 8-1 中 OB1 的程序

程序段	LAD
程序段 1	QRY_TINT EN　　　　ENO 10 — OB_NR　　Ret_Val — %MW208 　　　　　STATUS — %MW16
程序段 2	%I0.0 —|P|—　　　SET_TINT %M10.0　　　EN　　　　ENO 　　　10 — OB_NR　　RET_VAL — %MW20 　　DT#2021-03- 　　18-18:18:18.8 — SDT 　　W#16#0201 — PERIOD 　　　　　　ACT_TINT 　　　　　EN　　　　ENO 　　　10 — OB_NR　　RET_VAL — %MW24
程序段 3	%I0.1 —|P|—　　　CAN_TINT %M10.1　　　EN　　　　ENO 　　　10 — OB_NR　　RET_VAL — %MW26
程序段 4	%M10.0　　　CONV —| |—　　Int to Bcd16 　　　　　EN　　　　ENO 　%MW4 — IN　　　OUT — %MW8
程序段 5	%M10.0　　　SEG —| |—　　EN　　　ENO 　%MW8 — IN　　　OUT — %QD0

　　步骤三：添加时间中断组织块 OB10，并编写程序。

　　① 在 TIA Portal 项目结构窗口的 "程序块" 中双击 "添加新块"，在弹出的添加新块中点击 "组织块"，然后选择 "Time of day" 并按下 "确定" 键，如图 8-4 所示。

　　② 在 TIA Portal 项目结构窗口的 "程序块" 中双击 "Time of day[OB10]"，在 OB10 中编写如表 8-10 所示程序，并保存。OB10 每发生 1 次中断时，MW4 中的内容将加 1。

图 8-4 添加时间中断组织块 OB10

表 8-10 例 8-1 中 OB10 的程序

程序段	LAD
程序段 1	 INC Int EN ── ENO %MW4 ── IN/OUT

8.2.4 延时中断组织块

PLC 中普通定时器的定时工作与扫描工作方式有关，其定时精度要受到不断变化的扫描周期的影响，使用延时中断组织块可以达到以 ms 为单位的高精度延时。在 SIMATIC S7 CPU 中，提供了 4 个延时中断组织块 OB20 ～ OB23。

（1）延时中断组织块的启动

每个延时中断组织块（OB）都可以通过调用 SRT_DINT 指令来启动，延时时间在 SRT_DINT 指令中进行设置。当用户程序调用 SRT_DINT 指令时，需要提供 OB 编号、延时时间和用户专用的标识符。经过指定的延时时间后，相应的 OB 将会启动。

只有当该中断设置了参数，并且在相应的组织块中有用户程序存在时，延时中断才被执行，否则操作系统会在诊断缓冲区中输入一个错误信息，并执行异步错误处理。

（2）延时中断组织块的查询

若想知道究竟哪些延时中断组织块已经启动，可以通过调用 QRY_DINT 指令访问延时中断组织块状态。QRY_DINT 指令输出的状态字节 STATUS 如表 8-11 所示。

表 8-11 QRY_DINT 指令输出的状态字节 STATUS

位	取值	含 义
0	0	取值为 "0"，表示处于运行模式；取值为 "1"，表示处于启动模块

位	取值	含　义
1	0	取值为 "0"，表示已启用延时中断；取值为 "1"，表示已禁用延时中断
2	0	取值为 "0"，表示延时中断未被激活或已完成；取值为 "1"，表示已启用延时中断
3	0	—
4	0	取值为 "0"，表示具有在参数 OB_NR 中指定的 OB 编号的 OB 不存在；取值为 "1"，表示存在编号 OB_NR 参数所指定的 OB
其他位	0	始终为 "0"

（3）延时中断组织块的临时变量表

在 OB20 ～ OB23 中系统定义了延时中断 OB 的临时（TEMP）变量，例如延时中断组织块 OB20 的临时变量表如表 8-12 所示。

表 8-12　延时中断组织块 OB20 的临时变量表

参　数	数据类型	描　述
OB20_EV_CLASS	BYTE	事件类别和标识符 :0 ～ 3 位 =1 事件等级；4 ～ 7 位是标识符，=1 表示 OB1 激活。例 :B#16#11 表示中断被激活
OB20_STRT_INF	BYTE	B#16#20 ～ B#16#23:OB20 ～ OB23 的启动请求
OB20_PRIORITY	BYTE	优先级，取值为 3（OB20）～ 6（OB23），S7-1500 CPU 的默认值为 3
OB20_OB_NUMBR	BYTE	OB 编号（20 ～ 23）
OB20_RESERVED_1	BYTE	保留
OB20_RESERVED_2	BYTE	保留
OB20_SIGN	WORD	用户 ID，调用 SRT_DINT 时输入的参数标记
OB20_DTIME	INT	已指定的延时时间（以 ms 为单位）
OB20_DATE_TIME	Date_And_Time	调用 OB 时的日期和时间

（4）延时中断扩展指令参数

用户可以使用 SRT_DINT、CAN_DINT 和 QRY_DINT 等延时中断扩展指令来启用、终止和查询延时中断，这些指令的参数如表 8-13 所示。

表 8-13　延时中断扩展指令的参数表

参数	声明	数据类型	存储区间	参数说明
OB_NR	INPUT	OB_TOD	I、Q、M、D、L 或常量	延时中断 OB 的编号（20 ～ 23）
SDT	INPUT	DT	D、L 或常量	开始日期和开始时间
DTIME	INPUT	TIME	I、Q、M、D、L 或常量	延时值（1 ～ 60000ms）
SIGN	INPUT	WORD	I、Q、M、D、L 或常量	调用延时中断 OB 时 OB 的启动事件信息中出现的标识符
RET_VAL	RETURN	INT	I、Q、M、D、L	如果发生错误，则 RET_VAL 的实际参数将包含错误代码
STATUS	OUTPUT	WORD	I、Q、M、D、L	延时中断的状态

（5）延时中断组织块的应用实例

例 8-2：OB20 延时中断组织块的应用实例。在主程序循环块 OB1 中，当 I0.0 产生上升沿时，通过调用 SRT_DINT 启动延时中断 OB20，15s 后 OB20 被调用，在 OB20 中将 Q0.0 置

1，并立即输出。在延时过程中当 I0.1 由 0 变为 1 时，在 OB1 中用 CAN_DINT 终止延时中断，OB20 不会再被调用，Q0.0 将被复位。

解：首先在 TIA Portal 中建立项目，再在 OB1 中编写相关设置程序，最后在 OB20 中编写中断程序，具体操作步骤如下所述。

步骤一：建立项目。

首先在 TIA Portal 中新建一个项目，并添加好电源模块、CPU 模块、数字量输入模块和数字量输出模块。

步骤二：在 OB1 中编写程序。

在 OB1 中编写程序如表 8-14 所示。程序段 1 是在 I0.0 发生上升沿跳变时通过 SRT_DINT 指令来启动延时中断块 OB20。SRT_DINT 指令的 OB_NR 输入端为 20，表示延时启动的中断组织块为 OB20，DTIME 输入端为 T#15s 表示延时启动设置为 15s。

程序段 2 中使用系统功能 QRY_DINT 指令来查询延时中断组织块 OB20 的状态，并将查询的结果通过 STATUS 端送到 MW4 中。

程序段 3 中，当 I0.1 发生上升沿跳变时，取消延时 OB20 的延时中断，同时将 Q0.0 线圈复位。

表 8-14　例 8-2 中 OB1 的程序

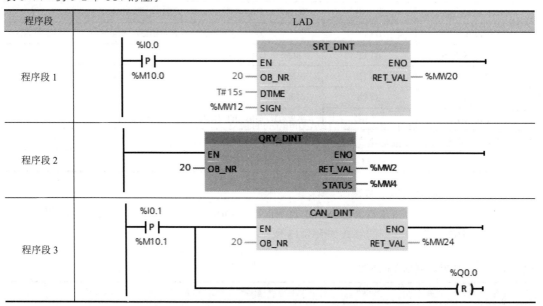

程序段	LAD
程序段 1	%I0.0 —P— %M10.0　SRT_DINT　EN　ENO　20—OB_NR　RET_VAL—%MW20　T#15s—DTIME　%MW12—SIGN
程序段 2	QRY_DINT　EN　ENO　20—OB_NR　RET_VAL—%MW2　STATUS—%MW4
程序段 3	%I0.1 —P— %M10.1　CAN_DINT　EN　ENO　20—OB_NR　RET_VAL—%MW24　%Q0.0 —(R)—

步骤三：添加延时中断组织块 OB20，并编写程序。

① 在 TIA Portal 项目结构窗口的"程序块"中双击"添加新块"，在弹出的添加新块中点击"组织块"，然后选择"Time delay interrupt"并按下"确定"键，如图 8-5 所示。

② 在 TIA Portal 项目结构窗口的"程序块"中双击"Time delay interrupt [OB20]"，在 OB20 中编写如表 8-15 所示程序，并保存。OB20 每发生 1 次中断时，Q0.0 线圈将置为 1。

表 8-15　例 8-2 中 OB20 的程序

程序段	LAD
程序段 1	%M10.2 —/／— %Q0.0 —(S)—

图 8-5　添加延时中断组织块 OB20

8.2.5　循环中断组织块

所谓循环中断就是经过一段固定的时间间隔启动用户程序，而无须执行循环程序。在 SIMATIC S7 CPU 中，提供了 9 个循环中断组织块 OB30 ～ OB38，可用于按一定时间间隔循环执行中断程序。循环中断按间隔启动，间隔的时间是从 STOP 状态到 RUN 时开始计算。

（1）循环中断组织块的启动

循环中断组织块可通过调用 EN_IRT 指令来启动。为了启动循环中断，用户必须在 TIA Portal 中的循环中断参数块里定义时间间隔。时间间隔必须是 1ms 基本时钟率的整数倍。

时间间隔 $=n \times$ 基本时钟率 1ms

对于 9 个循环中断组织块 OB30 ～ OB38 而言，每个 OB 都有其默认的时间间隔。如果加载循环中断组织块 OB 后，系统会使用其相应的默认时间间隔。根据实际情况的需求，用户也可以通过设置参数来改变默认时间间隔。

如果两个或多个 OB 的时间间隔成整数倍，不同的循环中断 OB 可能会同时请求中断，这样会造成循环中断服务程序的时间超过指定的循环时间。针对这种情况，用户最好可以定义一个相位偏移量来避免这样的错误。

相位偏移量时间必须要小于间隔时间，使循环间隔时间到达时，延时一定的时间后再执行循环中断。

相位偏移 $=m \times$ 基本时钟率（$0 \leqslant m \leqslant n$，$n$ 为循环的时间间隔）

例如 OB35 和 OB36 的时间间隔分别为 10ms 和 20ms，如果没有采用相位偏移量，两者都启动后，将会在 20ms、40ms、60ms 等时间段同时请求中断，这样会造成错误。对于此种情况，可设定 OB35 的偏移量为 0s，OB36 的偏移量为 3s，那么循环中断功能块 OB35 和 OB36 的等距启动时间是由时间间隔和相位偏移量共同决定的。即 OB35 分别在 10ms、20ms、30ms、40ms 等时产生中断，而 OB36 分别在 23ms、43ms、63ms 等时产生中断。

（2）循环中断组织块的临时变量表

在 OB30 ～ OB38 中系统定义了循环中断 OB 的临时（TEMP）变量，例如循环中断组织块 OB35 的临时变量表如表 8-16 所示。

表 8-16　循环中断组织块 OB35 的临时变量表

参　数	数据类型	描　述
OB35_EV_CLASS	BYTE	事件类别和标识符:0～3 位 =1 事件等级；4～7 位是标识符，=1 表示 OB1 激活。例 :B#16#11 表示中断被激活
OB35_STRT_INF	BYTE	B#16#30: 特殊标准的循环中断 OB 的启动请求，仅用于 H-CPU；B#16#31～B#16#39:OB30～OB38 的启动请求
OB35_PRIORITY	BYTE	优先级，取值为 7（OB30）～15（OB38）
OB35_OB_NUMBR	BYTE	OB 编号（30～38）
OB35_RESERVED_1	BYTE	保留
OB35_RESERVED_2	BYTE	保留
OB35_PHASE_OFFSET	WORD	相位偏移（ms）
OB35_RESERVED_3	INT	保留
OB35_EXC_FREQ	INT	执行的时间间隔（ms）
OB35_DATE_TIME	Date_And_Time	调用 OB 时的日期和时间

（3）循环中断相关指令参数

用户可以使用启动中断指令 EN_IRT 和禁用中断指令 DIS_IRT 来实现循环中断组织块的控制，参数如表 8-17 所示。

表 8-17　循环中断相关指令的参数表

参数	声明	数据类型	存储区间	参数说明
OB_NR	INPUT	OB_TOD	I、Q、M、D、L 或常量	循环中断 OB 的编号（30～38）
MODE	INPUT	BYTE	I、Q、M、D、L 或常量	指定启用或禁用哪些中断和异步错误事件，该位含义如表 8-18 所示
RET_VAL	RETURN	INT	I、Q、M、D、L	如果发生错误，则 RET_VAL 的实际参数将包含错误代码

表 8-18　MODE 位的含义

MODE	含　义
0	启用所有新发生的中断和异步错误事件
1	启用属于指定中断类别的新发生事件，可以通过时间中断（OB10）、延时中断（OB20）、循环中断（OB30）、过程中断（OB40）、DPV1 中断（OB50）、多处理器中断（OB60）、冗余错误中断（OB70）和异步错误中断（OB80）等方式进行指定来标识中断类别
2	启用指定中断的所有新发生事件

（4）循环中断组织块的应用实例

例 8-3：OB35 在跑马灯控制中的应用实例。SB0（SB0 与 I0.0 相连）按下时启动 OB35 对应的循环中断，使 OB35 中的程序用于控制 16 位跑马灯（跑马灯与 QW0 连接）。SB1（SB1 与 I0.1 相连）按下时禁止 OB35 对应的循环中断，SB2（SB2 与 I0.2 相连）按下时，控制 16 位跑马灯左移；SB3（SB3 与 I0.3 相连）按下时，控制 16 位跑马灯右移。

解：对于 S7-1500 PLC 而言，要实现跑马灯移位显示，可使用字循环移位指令（ROL 和 ROR）每隔 1s 将 MW4 中的内容进行移位，然后将 MW4 中的内容送入 QW0 即可。MW4 由

MB4 和 MB5 构成，MB4 是 MW4 的高字节，MB5 为 MW4 中的低字节。为实现 MW4 的循环左移，即 M4.0 → M4.7 → M5.0 → M5.7 → M4.0，其左移初值可设置为 16#0080；为实现 MW4 的循环右移，即 M5.7 → M5.0 → M4.7 → M4.0 → M5.7，其右移初值可设置为 16#0100。

在本例中，首先在 TIA Portal 中建立项目，并进行循环中断设置，再在 OB1 中编写相关程序，然后在 OB35 中编写循环中断程序，具体操作步骤如下所述。

步骤一：建立项目。

首先在 TIA Portal 中新建一个项目，并添加好电源模块、CPU 模块、数字量输入模块和数字量输出模块。

步骤二：在 OB1 中编写程序。

在 OB1 中编写程序如表 8-19 所示。程序段 1 是在 I0.0 发生上升沿跳变（SB0 按下）时使用 EN_IRT 指令来启动循环中断。EN_IRT 指令的 OB_NR 端输入为 35，表示启动循环中断组织块为 OB35；MODE 端输入为 B#16#2，表示启用 OB35 中断组织块新发生的事件。

程序段 2 是在 I0.1 发生上升沿跳变（SB1 按下）时使用 DIS_IRT 指令来禁止循环中断。由于 DIS_IRT 指令的 OB_NR 端输入为 35，表示禁止循环中断组织块为 OB35；MODE 端输入为 B#16#2，表示禁止 OB35 中断组织块新发生的事件。

步骤三：添加循环中断组织块 OB35，并编写程序。

① 在 TIA Portal 项目结构窗口的"程序块"中双击"添加新块"，在弹出的添加新块中点击"组织块"，然后选择"Cyclic interrupt"，并设置循环时间为 1000000μs（即 1s），最后按下"确定"键，如图 8-6 所示。

图 8-6　添加循环中断组织块 OB35

表 8-19　例 8-3 中 OB1 的程序

程序段	LAD
程序段 1	%I0.0 —|P|— %M10.0　　EN_IRT　EN　ENO　B#16#2 — MODE　RET_VAL — %MW24　35 — OB_NR

程序段	LAD
程序段 2	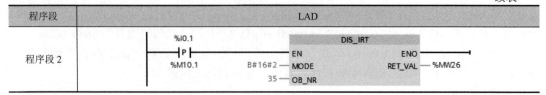

② 在 TIA Portal 项目结构窗口的"程序块"中双击"Cyclic interrupt [OB35]",在 OB35 中编写如表 8-20 所示程序,并保存。SB2 闭合时程序段 1 中的 M10.2 线圈得电并自锁;SB3 闭合时程序段 2 中的 M10.3 线圈得电并自锁;程序段 3 和程序段 5 分别为循环左移和循环右移赋移位初值;若 SB0 按下,启动循环中断 OB35,SB2 闭合,则每隔 1s 程序段 4 控制 MW4 中的内容循环左移;若 SB3 闭合,则每隔 1s 程序段 6 控制 MW4 中的内容循环右移;程序段 7 是将 MW4 中的内容实时送入 QW0 中,以进行跑马灯显示。

表 8-20　例 8-3 中 OB35 的程序

程序段	LAD
程序段 1	%I0.2 / %M10.2 ── %I0.3 ── %M10.3 ── %M10.2 ( )
程序段 2	%I0.3 / %M10.3 ── %I0.2 ── %M10.2 ── %M10.3 ( )
程序段 3	%M10.2 %M10.4 (P) ── %I0.3 ── MOVE EN ENO 16#0080 — IN OUT1 — %MW4
程序段 4	%M10.2 ── ROL Word EN ENO %MW4 — IN OUT — %MW4 1 — N
程序段 5	%M10.3 %M10.5 (P) ── %I0.2 ── MOVE EN ENO 16#0100 — IN OUT1 — %MW4
程序段 6	%I0.3 ── ROR Word EN ENO %MW4 — IN OUT — %MW4 1 — N
程序段 7	MOVE EN ENO %MW4 — IN OUT1 — %QW0

8.2.6　硬件中断组织块

在 SIMATIC S7 CPU 中,提供了多达 8 个硬件中断组织块 OB40 ～ OB47,用于对具有中断能力的数字信号模块(SM)、通信处理器(CP)和功能模块(FM)的信号变化进行快速中断响应。当具有中断能力的信号模块将中断信号传送到 CPU 时，或者当功能模块产生一个中断信号时，将触发硬件中断。

（1）硬件中断组织块的设置

具有硬件中断能力的信号模块的每个通道都可以触发一个硬件中断，究竟是哪一个通道在什么条件下产生硬件中断？将执行哪个硬件中断？对于不同的信号模块，设置方法略有不同。

对于具有中断能力的数字量信号模块（SM），可以在 TIA Portal 软件中进行硬件组态时设置硬件中断，也可以使用 WR_PARM、WR_DPARM 和 PARM_MOD 指令为模块的硬件中断设置相应参数以实现硬件中断。

对于具有中断能力的通信处理器（CP）和功能模块（FM），可以使用 TIA Portal 软件在硬件组态时按照向导的对话框设置相应的参数来实现设置中断。

模块触发硬件中断之后，操作系统将自动识别是哪一个槽的模块和模块中哪一个通道产生的硬件中断。硬件中断 OB 执行完后，将发送通道确认信号。

如果正在处理某一中断事件，又出现了同一模块同一通道产生的完全相同的中断事件，新的中断事件将丢失。如果正在处理某一中断信号时同一模块中其他通道或其他模块产生了中断事件，当前已激活的硬件中断执行完后，再处理暂存的中断。

（2）硬件中断组织块的临时变量表

在 OB40 ～ OB47 中系统定义了硬件中断 OB 的临时（TEMP）变量，例如 OB40 的临时变量表如表 8-21 所示。

表 8-21　硬件中断组织块 OB40 的临时变量表

参数	数据类型	描述
OB40_EV_CLASS	BYTE	事件类别和标识符 :0 ～ 3 位 =1 事件等级 ; 4 ～ 7 位是标识符，=1 表示 OB1 激活。例 :B#16#11 表示中断被激活
OB40_STRT_INF	BYTE	B#16#41: 通过中断线 1 中断 B#16#42: 通过中断线 2 中断（仅限 S7-400） B#16#43: 通过中断线 3 中断（仅限 S7-400） B#16#44: 通过中断线 4 中断（仅限 S7-400） B#16#45:WinAC 通过 PC 触发的中断
OB40_PRIORITY	BYTE	优先级，取值为 16(OB40) ～ 23(OB47)，S7-1500 默认为 16
OB40_OB_NUMBR	BYTE	OB 编号（40 ～ 47）
OB40_RESERVED_1	BYTE	保留
OB40_IO_FLAG	BYTE	I/O 标志 :输入模块为 B#16#54，输出模块为 B#16#55
OB40_MDL_ADDR	WORD	触发中断的模块的逻辑起始地址
OB40_POINT_ADDR	WORD	数字量输入模块内的位地址（第 0 位对应第 1 个输入）可以在给定模块的说明中找到为模块中的通道分配的 OB40_POINT_ADDR 的起始位。对于 CP 和 FM 是模块的中断状态，与用户程序无关
OB40_DATE_TIME	Date_And_Time	调用 OB 时的日期和时间

（3）硬件中断组织块的相关指令

用户编写程序时，可使用 DIS_IRT、EN_IRT、DIS_AIRT 和 EN_AIRT 指令来禁用或延迟，并重新启用硬件中断。

（4）硬件中断组织块的应用实例

例 8-4：OB40 硬件中断组织块的应用实例。使用 CPU 1511-1 PN(6SE7 511-1AK02-0AB0) 外接数字量输入模块 DI 16×24VDC HF(6SE7 521-1BH00-0AB0)、数字量输出模块为 DQ 16×24VDC/0.5A HF(6SE7 522-1BH01-0AB0)。要求：当 I0.0 发生上升沿跳变时将 Q0.0 置位。在

I0.2 的上升沿跳变激活 QB40 对应的硬件中断，在 I0.3 的上升沿跳变禁止 QB40 对应的硬件中断。

解：首先在 TIA Portal 中建立项目，再在 OB1 中编写相关设置程序，最后在 OB40 中编写中断程序，具体操作步骤如下所述。

步骤一：建立项目。

首先在 TIA Portal 中新建一个项目，并添加好电源模块、CPU 模块、数字量输入模块和数字量输出模块。

步骤二：在 OB1 中编写程序。

在 OB1 中编写程序如表 8-22 所示。程序段 1 是在 I0.2 发生上升沿跳变时通过 EN_IRT 指令来启动硬件中断。由于 EN_IRT 指令的 OB_NR 端输入为 40，表示启动硬件中断组织块为 OB40；MODE 端输入为 B#16#2，表示启用 OB40 中断组织块新发生的事件。

程序段 2 是在 I0.3 发生上升沿跳变时通过 DIS_IRT 指令来禁止硬件中断。由于 DIS_IRT 指令的 OB_NR 端输入为 40，表示禁止硬件中断组织块为 OB40；MODE 端输入为 B#16#2，表示禁止 OB40 中断组织块新发生的事件。

表 8-22　例 8-4 的 OB1 中程序

程序段	LAD
程序段 1	%I0.2 —|P|— %M10.0　　EN_IRT　　EN　ENO　b#16#2 — MODE　RET_VAL — %MW4　40 — OB_NR
程序段 2	%I0.3 —|P|— %M10.1　　DIS_IRT　　EN　ENO　b#16#2 — MODE　RET_VAL — %MW6　40 — OB_NR

步骤三：添加硬件中断组织块 OB40，并编写程序。

① 在 TIA Portal 项目结构窗口的"程序块"中双击"添加新块"，在弹出的添加新块中点击"组织块"，然后选择"Hardware interrupt"并按下"确定"键，如图 8-7 所示。

图 8-7　添加硬件中断组织块 OB40

② 在 TIA Portal 的"设备组态"界面中单击数字量输入模块,将输入通道 0 的硬件中断进行设置,如图 8-8 所示。

③ 在 TIA Portal 项目结构窗口的"程序块"中双击"Hardware interrupt [OB40]",在 OB40 中编写如表 8-23 所示程序,并保存。

表 8-23　例 8-4 中 OB40 的程序

程序段	LAD
程序段 1	%M10.3 ──┤/├── %Q0.0 ──( )──

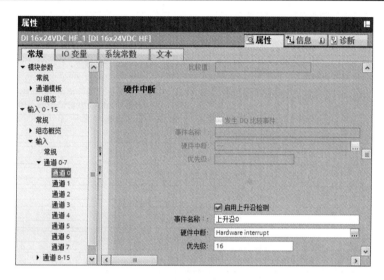

图 8-8　输入通道 0 的硬件中断设置

8.2.7　启动组织块

接通 CPU 后,S7-1500 PLC 在开始执行循环用户程序之前首先执行启动程序。通过适当编写启动组织块程序,可以在启动程序中为循环程序指定一些初始化变量。对启动组织块的数量没有要求,即可以在用户程序中创建一个或多个启动 OB,或者一个也不创建。启动程序由一个或多个启动 OB 组成。

（1）CPU 的启动方式

在 STARTUP 模式下 CPU 有 3 种启动方式:暖启动、热启动和冷启动。

暖启动时,过程映像数据以及非保持的存储器位、定时器和计数器被复位。具有保持功能的存储器位、定时器、计数器和所有数据块将保留原数值。程序将重新开始运行,执行启动 OB 或 OB1。手动暖启动时,将模式选择开关扳到 STOP 位置,"STOP"LED 亮,然后扳到 RUN 或 RUN-P 位置。

在 RUN 状态时如果电源突然丢失,然后又重新上电,S7-1500 CPU 将被执行一个初始化程序,自动地完成热启动。热启动从上次 RUN 模式结束时被中断之处继续执行,不对计数器等复位。

启动时,过程数据区的所有过程映像数据、存储器位、定时器、计数器的数据块都被复位为零（包括有保持功能的数据）。用户程序将重新开始运行,执行启动 OB 和 OB1。手动冷启动时，将模式开关扳到 STOP 位置，"STOP" LED 亮，再扳到 MRES 位置，"STOP" LED 灭 1s，亮 1s，再灭 1s，然后保持亮，最后将它扳到 RUN 或 RUN-P 位置。

（2）启动组织块的调用

在 STARTUP 模式下当遇到下列情况时，会有相应的 OB 被操作系统调用。其中暖启动时，操作系统调用 OB100；热启动时，操作系统调用 OB101；冷启动时，操作系统调用 OB102。

（3）启动组织块的临时变量表

启动组织块 OB100、OB101 和 OB102 的临时变量表如表 8-24 所示。表中 "x" 表示启动组织块的最后一位（包括 0、1 和 2）。

表 8-24　启动组织块的临时变量表

参数	数据类型	描述
OB10x_EV_CLASS	BYTE	事件类别和标识符：B#16#11（表示激活）
OB10x_STRTUP	BYTE	启动请求：B#16#81 表示手动暖启动请求；B#16#82 表示自动暖启动请求；B#16#83 表示手动热启动请求；B#16#84 表示自动热启动请求；B#16#85 表示手动冷启动请求；B#16#86 表示自动冷启动请求；B#16#87 表示主站手动冷启动请求；B#16#88 表示主站自动冷启动请求；B#16#8A 主站手动暖启动请求；B#16#8B 主站自动暖启动请求；B#16#8C 备用手动启动请求；B#16#8C 备用自动启动请求
OB10x_PRIORITY	BYTE	优先级，默认为 27
OB10x_OB_NUMBR	BYTE	OB 编号（100、101 或 102）
OB10x_RESERVED_1	BYTE	备用
OB10x_RESERVED_2	BYTE	备用
OB10x_STOP	WORD	引起 CPU 停机事件的编号
OB10x_STRT_INFO	DWORD	关于当前启动的进一步信息
OB10x_DATE_TIME	Date_And_Time	调用 OB 时的日期和时间

（4）OB100_STR_INFO 和 OB101_STR_INFO 的代码含义

参数 OB100_STR_INFO 和 OB101_STR_INFO 中的信息代码也很重要，这些信息代码的含义如表 8-25 所示。

表 8-25　参数 OB100_STR_INFO 和 OB101_STR_INFO 中的信息代码

位号	含义	二进制值	说明
31～24	启动信息	0000xxxx	机架 0（仅 H CPU）
		0100xxxx	机架 1（仅 H CPU）
		1000xxxx	机架 2（仅 H CPU）
		0001xxxx	多值计算（仅 S7-400 CPU）
		0010xxxx	该机架超过一个 CPU 在运行（仅 S7-400 CPU）
		xxxxxxx0	设定和实际组态一致（仅 S7-300）
		xxxxxxx1	设定和实际组态不一致（仅 S7-300）
		xxxxxx0x	设定和实际组态一致
		xxxxxx1x	设定和实际组态不一致
		xxxxx0xx	不是 S7-400H CPU
		xxxxx1xx	是 S7-400H CPU

位号	含义	二进制值	说明
31～24	启动信息	xxxx0xxx	在最后 POWER ON 时时钟不是由电池支持的
		xxx1xxxx	在最后 POWER ON 时时钟是由电池支持的
23～16	启动刚完成	00000001	根据参数赋值未改变 CPU 上设置的多处理器暖启动（仅 S7-400）
		00000011	方式选择开关触发的暖启动
		00000100	通过 MPI 由命令触发的暖启动
		00000101	根据参数赋值未改变 CPU 上设置的多处理器冷启动（仅 S7-400）
		00000011	方式选择开关触发的冷启动
		00001000	通过 MPI 由命令触发的冷启动
		00001010	根据参数赋值未改变 CPU 上设置的多处理器热启动（仅 S7-400）
		00001011	方式选择开关触发的热启动
		00001100	通过 MPI 由命令触发的热启动
		00010000	有电池支持 POWER ON 之后的自动热启动
		00010001	根据参数赋值有电池支持 POWER ON 之后的冷启动
		00010011	模式选择开关触发的暖启动，最后 POWER ON 时电池支持
		00010100	通过 MPI 由命令触发的暖启动，最后 POWER ON 时有电池支持
		00100000	有电池支持 POWER ON 之后，由系统存储器复位，执行了自动暖启动
		00100001	有电池支持 POWER ON 之后，由系统存储器复位，执行了自动冷启动
		00100011	模式选择开关触发的暖启动，最后 POWER ON 时无电池支持
		00100100	通过 MPI 由命令触发的暖启动，最后 POWER ON 时无电池支持
		10100000	根据参数赋值有电池支持 POWER ON 之后的热启动（仅 S7-400 CPU）
15～12	是否允许自动启动	0000	自动启动非法，需存储器复位
		0001	自动启动非法，需修改参数等
		0111	允许自动暖启动
		1111	允许自动暖 / 热启动（仅 S7-400）
11～8	是否允许手动启动	0000	启动非法，需存储器复位
		0001	启动非法，需修改参数等
		0111	允许暖启动
		1111	允许暖 / 热启动（仅 S7-400）
7～0	最后有效的干涉或 POWER ON 后自动启动的设置	00000000	无启动
		00000001	根据参数赋值在 CPU 上的设置无改变的多处理器暖启动（仅 S7-400）
		00000011	模式选择开关触发的暖启动
		00000100	通过 MPI 由命令触发的暖启动
		00000101	根据参数赋值在 CPU 上的设置无改变的多处理器冷启动（仅 S7-400）
		00000111	模式选择开关触发的冷启动
		00001000	通过 MPI 由命令触发的冷启动
		00001010	根据参数赋值在 CPU 上的设置无改变的多处理器热启动（仅 S7-400）
		00001011	模式选择开关触发的热启动（仅 S7-400）
		00001100	通过 MPI 由命令触发的热启动（仅 S7-400）

位号	含义	二进制值	说明
7～0	最后有效的干涉或 POWER ON 后自动启动的设置	00010000	在电池后备 POWER ON 之后自动暖启动
		00010001	根据参数赋值有电池支持 POWER ON 之后的冷启动
		00010011	模式选择开关触发的暖启动，最后 POWER ON 时有电池支持
		00010100	通过 MPI 由命令触发的暖启动，最后 POWER ON 时有电池支持
		00100000	有电池支持 POWER ON 之后自动暖启动（由系统复位存储器）
		00100001	根据参数赋值有电池支持 POWER ON 之后的冷启动
		00100011	模式选择开关触发的暖启动，最后 POWER ON 时无电池支持
		00100100	通过 MPI 由命令触发的暖启动，最后 POWER ON 时无电池支持
		10100000	根据参数赋值有电池支持 POWER ON 之后自动热启动（仅 S7-400）

（5）启动组织块的应用实例

例 8-5：OB100 启动组织块的应用实例。使用启动组织块 OB100，在 S7-1500 PLC 启动运行时，CPU 检测系统实时时钟是否丢失，若丢失，则警示灯 LED(LED 与 Q0.0 相连) 亮。

解：首先在 TIA Portal 中建立项目，再在启动组织块 OB100 中编写程序检测实时时钟是否丢失，具体操作步骤如下所述。

步骤一：建立项目。

首先在 TIA Portal 中新建一个项目，并添加好电源模块、CPU 模块、数字量输入模块和数字量输出模块。

步骤二：添加启动组织块 OB100，并编写程序。

① 在 TIA Portal 项目结构窗口的"程序块"中双击"添加新块"，在弹出的添加新块中点击"组织块"，先选择"Startup"，并设置编号为"100"，然后按下"确定"键，如图 8-9 所示。

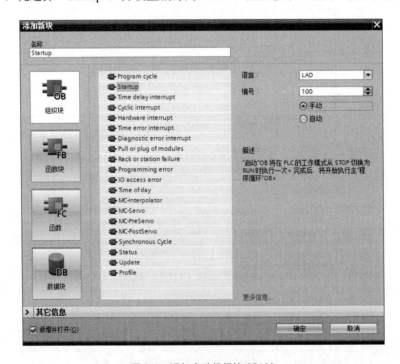

图 8-9　添加启动组织块 OB100

② 在 TIA Portal 项目结构窗口的"程序块"中双击"Startup [OB100]"，在 OB100 中编写如表 8-26 所示程序，并保存。程序中"LostRTC"为实时时钟检测变量，当 S7-1500 PLC 从 STOP 转到 RUN 时，如果 CPU 检测到实时时钟丢失，则与 Q0.0 连接的指示灯点亮。

表 8-26　例 8-5 中 OB100 的程序

程序段	LAD
程序段 1	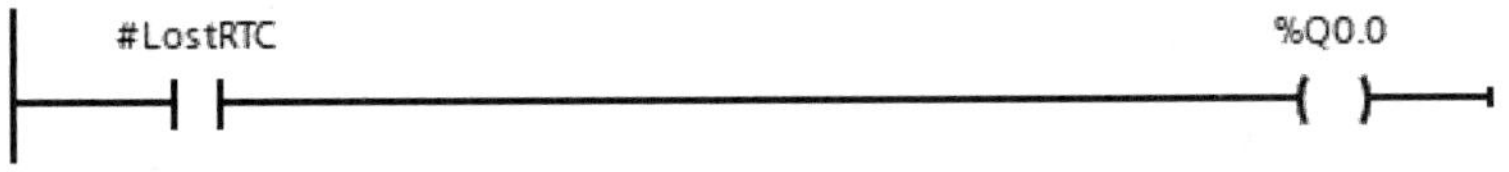 #LostRTC %Q0.0 ┤ ├─────────────────────( )

8.3　西门子 S7-1500 PLC 函数及其应用 ●•••

函数 FC 是用户编写的程序块，是不带"存储器"的代码块。S7-1500 PLC 可创建的 FC 编号范围为 1 ～ 65535，一个函数的最大程序容量与具体的 PLC 类型有关。由于没有可以存储块参数值的存储数据区，在调用函数时，必须给所有形参分配实参。

用户在函数中编写的程序，在其他代码块中调用该函数时将执行此程序。函数 FC 既可以作为子程序使用，也可以在程序的不同位置被多次调用。作为子程序使用时，是将相互独立的控制设备分成不同的 FC 编写，统一由 OB 块调用，这样就对整个程序进行了结构化划分，便于程序调试及修改，使整个程序的条理性和易读性增强。函数中通常带有形参，通过在程序的不同位置中被多次调用，并对形参赋值的实参，可实现对功能类似的设备统一编程和控制。

8.3.1　函数的接口区

每个函数的前部都有一个如图 8-10 所示的接口区，该接口区中包含了函数中所用局部变量和局部常量的声明。这些声明实质上可分为在程序中调用时构成块接口的块参数和用于存储中间结果的局部数据。

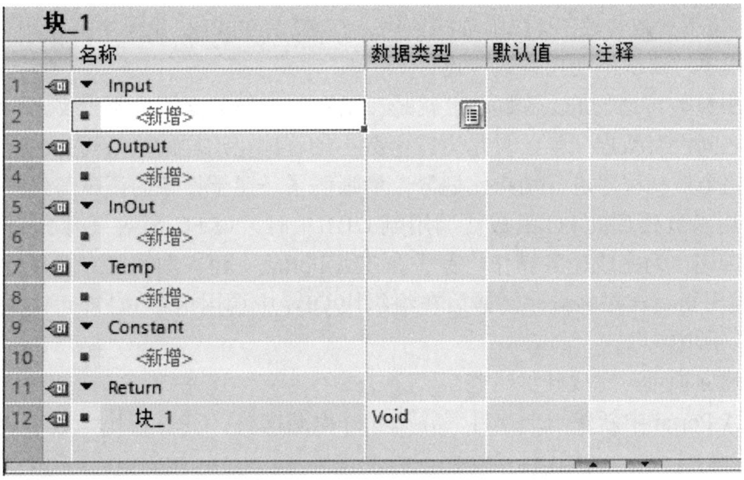

图 8-10　函数的接口区

函数中块参数的类型主要包括 Input（输入参数）、Output（输出参数）、InOut（输入 / 输出参数）和 Return（返回值）。Input（输入参数）将数据传递到被调用的块中进行处理；Output

（输出参数）是将函数执行的结果传递到调用的块中；InOut（输入/输出参数）将数据传递到被调用的块中进行处理，在被调用的块中处理数据后，再将被调用的块中发送的结果存储在相同的变量中；Return（返回值）返回到调用块的值 RET_VAL。

函数中局部数据的类型主要包括 Temp（临时局部数据）和 Constant（常量）。Temp（临时局部数据）用于存储临时中间结果的变量，只能用于函数内部作为中间变量。临时变量在函数调用时生效，函数执行完成后临时变量区被释放，所以临时变量不能存储中间结果。Constant（常量）声明常量符号名后，程序中可以使用符号代替常量，这使得程序具有可读性且易于维护。

8.3.2 函数的生成与调用

函数 FC 类似于 C 语言中的函数，用户可以将具有相同控制过程的代码编写在 FC 中，然后在主程序 Main[OB1] 中调用。

（1）函数的生成

如果控制功能不需要保存它自己的数据，可以用函数 FC 来编程。在函数的变量接口区中，可以使用的类型为 Input、Output、InOut、Temp、Constant 和 Return。

在 TIA Portal 项目结构窗口的"程序块"中双击"添加新块"，在弹出的添加新块中点击"函数"，输入函数名称，并设置函数编号，然后按下"确定"键，即可生成函数。然后双击生成的函数，就可进入函数的编辑窗口，在此窗口中可以进行用户程序的编写。

（2）函数的调用

函数的调用分为条件调用和无条件调用。用梯形图调用函数时，函数的 EN（Enable，使能输入端）有能流流入时执行函数，否则不执行。条件调用时，EN 端受到触点电路的控制。函数被正确执行时 ENO（Enable Output，使能输出端）为 1，否则为 0。

函数没有背景数据块，不能给函数的局部变量分配初值，所以必须给函数分配实参。TIA Portal 为函数提供了一个特殊的输出参数 Return（RET_VAL），调用函数时，可以指定一个地址作为实参来存储返回值。

8.3.3 函数的应用

例 8-6：不使用参数传递的 FC 函数的应用。在 S7-1500 PLC 系统中，使用 FC 函数编写电机正反转控制程序，要求不使用参数传递。

解：不使用参数传递的 FC 函数，也就是在函数的接口数据区中不定义形参变量，使得调用程序与函数之间没有数据交换，只是运行函数中的程序，这样的函数可作为子程序调用。使用子程序可将整个控制程序进行结构化划分，清晰明了，便于设备的调试与维护。

本例不使用参数传递的 FC 函数被调用到 OB1 中时，该 FC 函数只有 EN 和 ENO 端，不能进行参数的传递。为完成任务操作，首先在 TIA Portal 中建立项目、完成硬件组态，然后添加函数 FC 并编写正反转控制程序，最后在组织块 OB1 中调用这个 FC 即可实现控制要求，具体操作步骤如下所述。

步骤一：建立项目，完成硬件组态。

首先在 TIA Portal 中新建一个项目，并添加好电源模块、CPU 模块、数字量输入模块和数字量输出模块。

步骤二：添加函数 FC，并编写正反转控制程序。

① 在 TIA Portal 项目结构窗口的"程序块"中双击"添加新块"，在弹出的添加新块中点击"函数"，输入函数名称为"正反转控制"，并设置函数编号为 1、编程语言为 LAD，然后按下"确定"键，如图 8-11 所示。

图 8-11 添加函数 FC1

② 添加函数 FC1 后，在 TIA Portal 项目结构窗口的"程序块"中双击"正反转控制 [FC1]"，在 FC1 中编写如表 8-27 所示程序，并保存。程序段 1 用于正转运行控制；程序段 2 为反转运行控制。注意，程序中的绝对地址 (例如"正转启动") 等是在 PLC 变量的默认变量表中对其进行了设置。

表 8-27　例 8-6 中 FC1 的程序

程序段	LAD
程序段 1	%I0.0 "正转启动" ─┤├─ %I0.2 "停止运行" ─┤/├─ %I0.1 "反转启动" ─┤/├─ %Q0.1 "反转驱动" ─┤/├─ %Q0.0 "正转驱动" ─( )─ %Q0.0 "正转驱动" ─┤├─
程序段 2	%I0.1 "反转启动" ─┤├─ %I0.2 "停止运行" ─┤/├─ %I0.0 "正转启动" ─┤/├─ %Q0.0 "正转驱动" ─┤/├─ %Q0.1 "反转驱动" ─( )─ %Q0.1 "反转驱动" ─┤├─

步骤三：在 OB1 中编写主控制程序。

在 OB1 中，拖曳 FC1 到程序段 1 中，其程序如表 8-28 所示。该程序段中直接调用用户自定义的函数 FC1，而此处 FC1 是不带参数传递的。

表 8-28　例 8-6 中 OB1 的程序

程序段	LAD
程序段 1	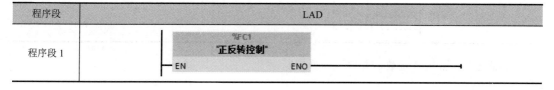

例 8-7：使用参数传递的 FC 函数的应用。在 S7-1500 系列 PLC 系统中，通过参数传递方法使用两个 FC 函数调用实现 LED 闪烁控制，要求用 FC1 编写按钮启停控制程序，FC2 编写 1s 闪烁程序。

解：使用参数传递的 FC 函数，也就是在函数的接口数据区中定义形参变量，使得调用程序与函数之间有相关数据的交换。

为实现本例操作，在 TIA Portal 中编写程序时，需编写两个函数 FC1 和 FC2，然后在组织块 OB1 中调用这两个模块即可实现控制要求。具体步骤如下所述。

步骤一：建立项目，完成硬件组态。

首先在 TIA Portal 中新建一个项目，并添加好电源模块、CPU 模块、数字量输入模块和数字量输出模块。

步骤二：添加函数 FC1，并编写启停控制程序。

① 在 TIA Portal 项目结构窗口的"程序块"中双击"添加新块"，在弹出的添加新块中点击"函数"，输入函数名称为"启停控制"，并设置函数编号为 1、编程语言为 LAD，然后按下"确定"键。

② 添加函数 FC1 后，在 TIA Portal 项目结构窗口的"程序块"中双击"启停控制 [FC1]"，然后在函数的接口数据区 Input 变量类型下分别输入两个变量 start 和 stop，在 InOut 变量类型下输入变量 con_out，这些变量的数据类型均为 Bool，Return 变量类型下的返回值"启停控制"(RET_VAL) 数据类型设置为 Word，如图 8-12 所示。

		名称	数据类型	默认值	注释
1	◀ ▼	Input			
2	◀ ■	start	Bool		
3	◀ ■	stop	Bool		
4	■	<新增>			
5	◀ ▼	Output			
6	■	<新增>			
7	◀ ▼	InOut			
8	◀ ■	con_out	Bool		
9	◀ ▼	Temp			
10	■	<新增>			
11	◀	Constant			
12	■	<新增>			
13	◀ ▼	Return			
14	◀ ■	启停控制	Word		

图 8-12　FC1 函数接口区的定义

③ 在 FC1 中编写如表 8-29 所示程序，并保存。

表 8-29　例 8-7 中 FC1 的程序

程序段	LAD
程序段 1	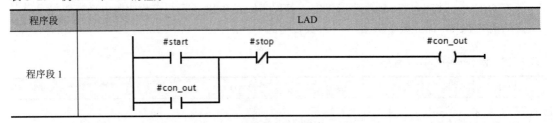

步骤三：添加 FC2 函数，并编写闪烁控制程序。

① 在 TIA Portal 项目结构窗口的"程序块"中双击"添加新块",在弹出的添加新块中点击"函数",输入函数名称为"闪烁控制",并设置函数编号为2、编程语言为 LAD,然后按下"确定"键。

② 添加函数 FC2 后,在 TIA Portal 项目结构窗口的"程序块"中双击"闪烁控制 [FC2]",然后在函数的接口数据区 Input 变量类型下输入变量 control,在 Output 变量类型下输入变量 lamp,这些变量的数据类型均为 Bool,Return 变量类型下的返回值"闪烁控制"(RET_VAL)数据类型设置为 Word,如图 8-13 所示。注意在 FC2 块中定义局部变量时,变量名不能与 FC1 中的变量名相同,否则程序运行时可能会发生错误。

		名称	数据类型	默认值	注释
1	▼	Input			
2	■	control	Bool		
3	■	<新增>			
4	▼	Output			
5	■	lamp	Bool		
6	■	<新增>			
7	▼	InOut			
8	■	<新增>			
9	▼	Temp			
10	■	<新增>			
11	▼	Constant			
12	■	<新增>			
13	▼	Return			
14	■	闪烁控制	Word		

闪烁控制

图 8-13 FC2 函数接口区的定义

③ 在 FC2 的代码窗口中输入表 8-30 所示程序段并保存。

表 8-30 例 8-7 中 FC2 的程序

程序段	LAD
程序段 1	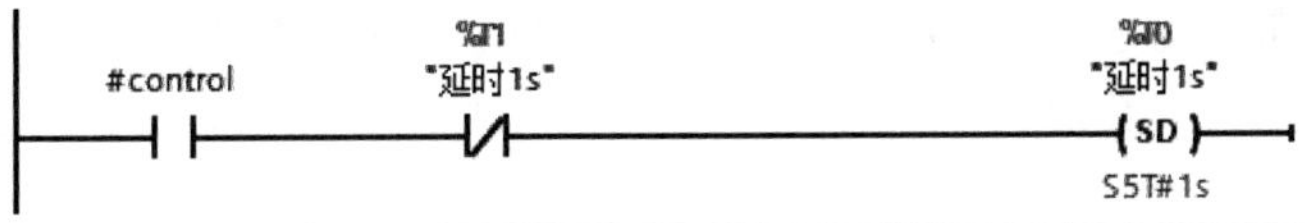 #control —| |— %T1 "延时1s" —|/|— %T0 "延时1s" —(SD)— S5T#1s
程序段 2	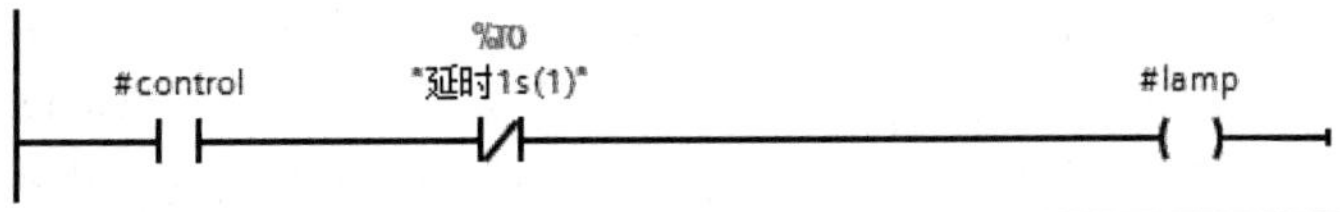 #control —| |— %T0 "延时1s(1)" —|/|— #lamp —( )—
程序段 3	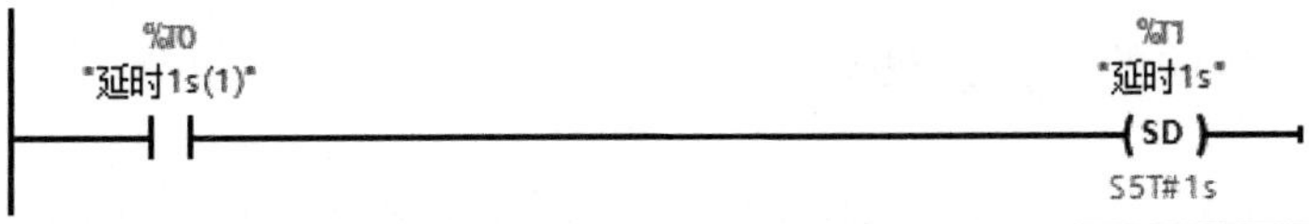 %T0 "延时1s(1)" —| |— %T1 "延时1s" —(SD)— S5T#1s

步骤四:在 OB1 中编写主控制程序。

在 OB1 中,分别拖曳 FC1 和 FC2 到程序段 1 和程序段 2 中,并进行相应的参数设置,其程序如表 8-31 所示。该程序段中直接调用用户自定义的函数 FC1 和 FC2,而此处 FC1 和 FC2 是带参数传递的。

表 8-31　例 8-7 中 OB1 的程序

程序段	LAD
程序段 1	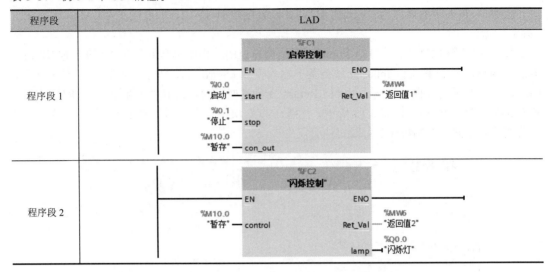
程序段 2	

8.4　西门子 S7-1500 PLC 函数块及其应用

　　函数块 FB 属于编程者自己编程的块，也是一种带内存的块，块内分配有存储器，并存有变量。与函数 FC 相比，调用函数块 FB 时必须要为它分配背景数据块。FB 的输入参数、输出参数、输入 / 输出参数及静态变量存储在背景数据块中，在执行完函数块后，这些值仍然有效。一个数据块既可以作为一个函数块的背景数据块，也可以作为多个函数块的背景数据块 (多重背景数据块)。函数块也可以使用临时变量，临时变量并不存储在背景数据块中。

8.4.1　函数块的接口区

　　与函数 FC 相同，函数块 FB 也有一个接口区，该接口区中参数的类型主要包括 Input(输入参数)、Output(输出参数)、InOut(输入 / 输出参数)、Static(静态变量)、Temp(临时局部数据) 和 Constant(常量)。Input(输入参数) 将数据传递到被调用的函数块中进行处理；Output(输出参数) 是将函数块执行的结果传递到调用的块中；InOut(输入 / 输出参数) 将数据传递到被调用的块中进行处理，在被调用的块中处理数据后，再将被调用的块中发送的结果存储在相同的变量中；Static(静态变量) 不参与参数传递，用于存储中间过程的值；Temp(临时局部数据) 用于存储临时中间结果的变量，不占用背景数据块空间；Constant(常量) 声明常量符号名后，程序中可以使用符号代替常量，这使得程序具有可读性且易于维护。

8.4.2　函数块的生成及调用

　　函数块 FB 也类似于 C 语言中的函数，用户可以将具有相同控制过程的代码编写在 FC 中，然后在主程序 Main[OB1] 中调用。

　　(1) 函数块的生成

　　在 TIA Portal 项目结构窗口的"程序块"中双击"添加新块"，在弹出的添加新块中点击"函数块"，输入函数块名称，并设置函数块编号，然后按下"确定"键，即可生成函数块。然后双击生成的函数块，就可进入函数块的编辑窗口，在此窗口中可以进行用户程序的编写。

（2）函数块的调用

函数块的调用分为条件调用和无条件调用。用梯形图调用函数块时，函数块的 EN（Enable，使能输入端）有能流流入时执行块，否则不执行。条件调用时，EN 端受到触点电路的控制。函数块被正确执行时 ENO（Enable Output，使能输出端）为 1，否则为 0。

调用函数块之前，应为它生成一个背景数据块，调用时应指定背景数据块的名称。生成背景数据块时应选择数据块的类型为背景数据块，并设置调用它的函数块的名称。

8.4.3 函数块的应用

例 8-8：不使用参数传递的 FB 函数块的应用。在 S7-1500 PLC 系统中，使用 FB 函数块编写电机星 - 三角控制程序，要求不使用参数传递。

解：不使用参数传递的 FB 函数块被调用到 OB1 中时，该 FB 函数块只有 EN 和 ENO 端，不能进行参数的传递。为完成任务操作，首先在 TIA Portal 中建立项目、完成硬件组态，然后添加函数块 FB 并编写星 - 三角控制程序，最后在组织块 OB1 中调用这个 FB 即可实现控制要求，具体操作步骤如下所述。

步骤一：建立项目，完成硬件组态。

首先在 TIA Portal 中新建一个项目，并添加好电源模块、CPU 模块、数字量输入模块和数字量输出模块。

步骤二：添加函数块 FB，并编写星 - 三角控制程序。

① 在 TIA Portal 项目结构窗口的"程序块"中双击"添加新块"，在弹出的添加新块中点击"函数块"，输入函数块名称为"星 - 三角启动"，并设置函数块编号为 1、编程语言为 LAD，然后按下"确定"键，如图 8-14 所示。

图 8-14　添加函数块 FB1

② 添加函数块 FB1 后，在 TIA Portal 项目结构窗口的"程序块"中双击"星 - 三角启动 [FB1]"，在 FB1 中编写如表 8-32 所示程序，并保存。注意，程序中的绝对地址（例如"电机启动"）等是在 PLC 变量的默认变量表中对其进行了设置。

表 8-32 例 8-8 中 FB1 的程序

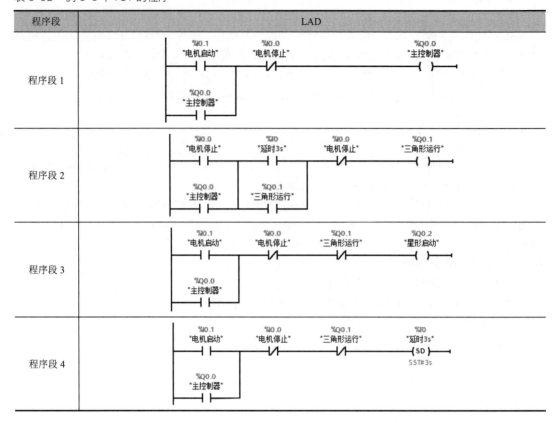

步骤三：在 OB1 中编写主控制程序。

在 OB1 中，拖曳 FB1 到程序段 1 中，其程序如表 8-33 所示。该程序段中直接调用用户自定义的函数块 FB1，而此处 FB1 是不带参数传递的。在拖曳时会弹出图 8-15 所示对话框，在此对话框中输入数据块名称及设置数据块编号，即可生成 FB1 对应的背景数据块。

表 8-33 例 8-8 中 OB1 的程序

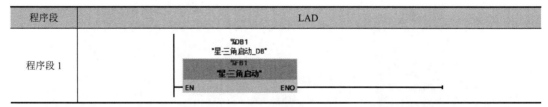

例 8-9：带参数传递的 FB 函数块流水灯中的应用。假设 PLC 的输入端子 I0.0 和 I0.1 分别外接启动和停止按钮；PLC 的输出端子 QB0 外接流水灯 HL1 ～ HL8。要求通过参数传递方式使用两个 FB 函数块在按下启动按钮后，流水灯开始从 Q0.0 ～ Q0.7 每隔 0.5s 依次左移点亮，当 Q0.7 点亮后，流水灯又开始从 Q0.0 ～ Q0.7 每隔 0.5s 依次左移点亮，循环进行。

解：在 TIA Portal 中编写程序时，需编写两个函数块 FB1 和 FB2，然后在组织块 OB1 中调用这两个函数块即可实现控制要求。调用时，需生成相应的背景数据块。生成背景数据块后，再在 OB1 中进行相应参数设置即可。具体步骤如下所述。

步骤一：建立项目，完成硬件组态。

首先在 TIA Portal 中新建一个项目，并添加好电源模块、CPU 模块、数字量输入模块和数字量输出模块。

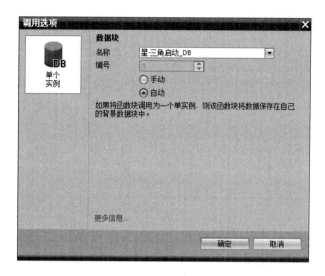

图 8-15　生成 DB 背景数据块对话框

步骤二：添加 FB1 函数块，并编写启动控制程序。

① 在 TIA Portal 项目结构窗口的"程序块"中双击"添加新块"，在弹出的添加新块中点击"函数块"，输入函数块名称为"启动控制"，并设置函数块编号为 1、编程语言为 LAD，然后按下"确定"键。

② 添加函数块 FB1 后，在 TIA Portal 项目结构窗口的"程序块"中双击"启动控制[FC1]"，然后在函数块的接口数据区 Input 变量类型下分别输入变量"启动"和"停止"，InOut 变量类型下输入变量"使能"，这些变量的数据类型均为 Bool，如图 8-16 所示。

		名称	数据类型	默认值	保持
1		▼ Input			
2		■ 启动	Bool	false	非保持
3		■ 停止	Bool	false	非保持
4		▼ Output			
5		■ <新增>			
6		▼ InOut			
7		■ 使能	Bool	false	非保持
8		▼ Static			
9		■ <新增>			
10		▼ Temp			
11		■ <新增>			
12		▼ Constant			

图 8-16　FB1 函数块接口区的定义

③ 在 FB1 的代码窗口的中输入表 8-34 所示程序段并保存。

表 8-34　例 8-9 中 FB1 的程序

程序段	LAD
程序段 1	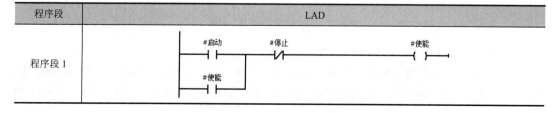

步骤三：添加 FB2 函数块，并编写移位显示程序。

① 在 TIA Portal 项目结构窗口的“程序块”中双击“添加新块”，在弹出的添加新块中点击“函数块”，输入函数名称为“移位显示”，并设置函数块编号为 2、编程语言为 LAD，然后按下“确定”键。

② 添加函数块 FB2 后，在 TIA Portal 项目结构窗口的“程序块”中双击“移位显示 [FB2]”，然后在函数块的接口数据区 Input 变量类型下输入变量“启动”，数据类型为 Bool；Output 变量类型下输入变量“显示”，数据类型为 Byte；Static 变量类型下输入静态变量“移位时间”，数据类型为 S5Time，初始值为 S5T#500ms，如图 8-17 所示。

③ 在 FB2 的代码窗口的中输入表 8-35 所示程序段并保存。

表 8-35　例 8-9 中 FB2 的程序

程序段	LAD
程序段 1	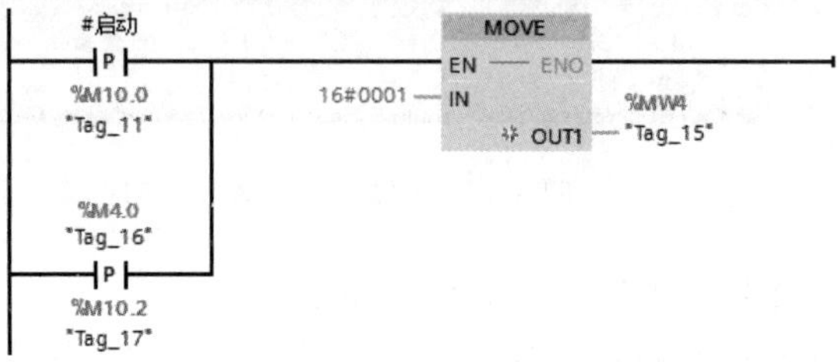
程序段 2	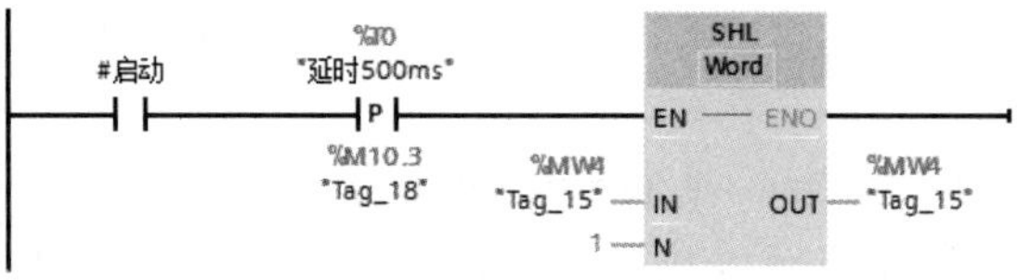
程序段 3	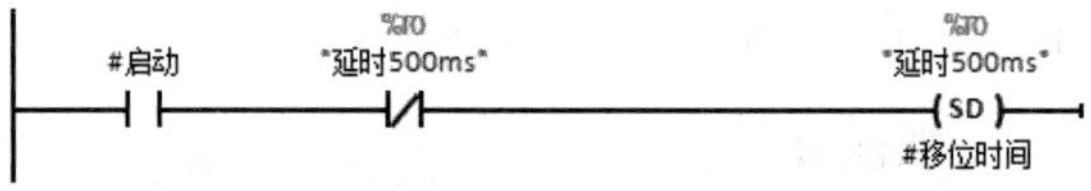
程序段 4	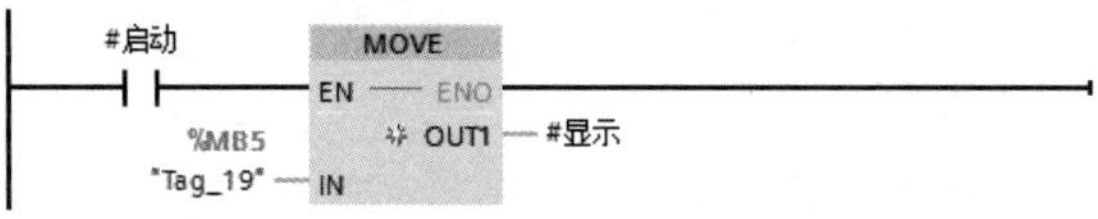

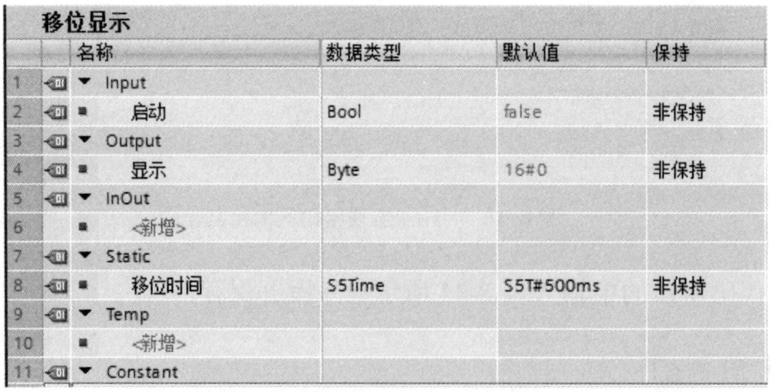

	名称	数据类型	默认值	保持
1	▼ Input			
2	■ 启动	Bool	false	非保持
3	▼ Output			
4	■ 显示	Byte	16#0	非保持
5	▼ InOut			
6	■ <新增>			
7	▼ Static			
8	■ 移位时间	S5Time	S5T#500ms	非保持
9	▼ Temp			
10	■ <新增>			
11	▼ Constant			

图 8-17　FB2 函数块接口区的定义

步骤四：在 OB1 中编写主控制程序。

① 在 OB1 中，分别拖曳 FB1 和 FB2 到程序段 1 和程序段 2 中，并进行相应的参数设置，其程序如表 8-36 所示。该程序段中直接调用用户自定义的函数块 FB1 和 FB2，而此处 FB1 和

FB2 是带参数传递的。

② 在拖曳 FB1 和 FB2 过程中，将分别生成“启动控制 _DB[DB1]”和“移位显示 _DB[DB2]”这两个背景数据块。双击背景数据块，可查看详细信息，例如“启动控制 _DB[DB1]”的详细信息如图 8-18 所示。

表 8-36　例 8-9 中 OB1 的程序

程序段	LAD
程序段 1	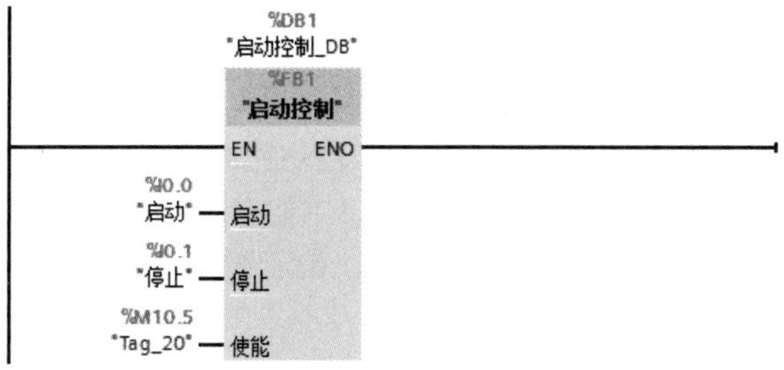
程序段 2	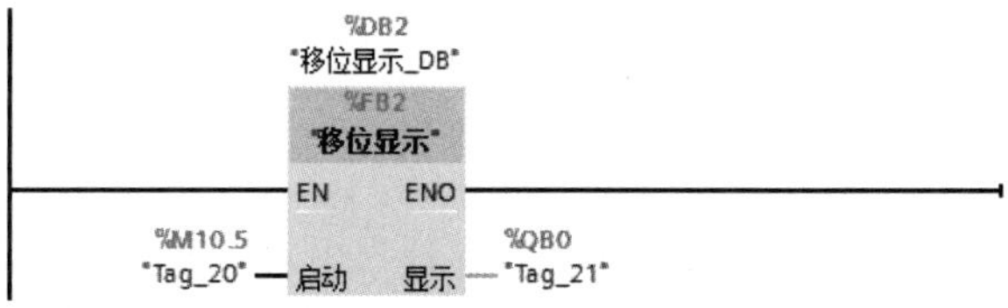

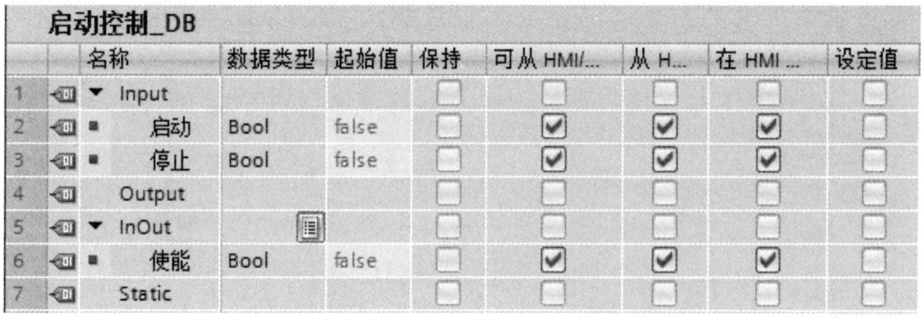

启动控制_DB

	名称	数据类型	起始值	保持	可从 HMI/...	从 H...	在 HMI ...	设定值
1	▼ Input			☐	☐	☐	☐	☐
2	■ 启动	Bool	false	☐	☑	☑	☑	☐
3	■ 停止	Bool	false	☐	☑	☑	☑	☐
4	Output			☐	☐	☐	☐	☐
5	▼ InOut			☐	☐	☐	☐	☐
6	■ 使能	Bool	false	☐	☑	☑	☑	☐
7	Static			☐	☐	☐	☐	☐

图 8-18　查看“启动控制 _DB[DB1]”的详细信息

8.5　数据块及应用

数据块 DB(Data Block) 用来分类储存设备或生产线中变量的值，它也是用来实现各逻辑块之间的数据交换、数据传递和共享数据的重要途径。数据块丰富的数据结构便于提高程序的执行效率和进行数据管理。

新建数据块时，默认状态下是优化的存储方式，且数据块中存储变量的属性是非保持的。数据块占用 CPU 的装载存储区和工作存储区，与标志存储区（M）相比，使用功能类似，都是全局变量。不同的是，M 数据区的大小在 CPU 技术规范中已经定义，且不可扩展，而数据块存储区由用户定义，最大不能超过数据工作存储区或装载存储区（只存储于装载存储区）。

西门子 S7-1500 PLC 非优化的数据块最大数据空间为 64KB，而优化后的数据块存储空间则要大得多，但其存储空间与 CPU 的类型有关。有的程序，只能使用非优化数据块，多数情况下可以使用优化和非优化数据块，但应优先使用优化数据块。

按功能分，数据块 DB 可以分为全局数据块、背景数据块和基于用户数据类型 (用户定义数据类型、系统数据类型或数组类型) 的数据块。

8.5.1 全局数据块及其应用

全局数据块 (Global Data Block) 是为用户提供一个保存程序数据的区域，它不附属于任何逻辑块，所以数据块包含用户程序使用的变量数据。用户可以根据需要设定数据块的大小和数据块内部的数据类型等。在 CPU 允许的条件下，一个程序可创建任意多个 DB，每个 DB 的最大容量为 64KB。

全局数据块必须事先定义才可以在程序中使用，现以一个实例来说明全局数据块的应用。

例 8-10：使用全局数据块实现行程小车自动往返控制。

解：要实现本例操作，首先在 TIA Portal 中建立项目，接着生成一个全局数据块和变量表，然后在 OB1 中编写小车自动往返控制程序，最后通过修改变量来监控电机的运行情况，具体步骤如下所述。

步骤一：建立项目，完成硬件组态。

首先在 TIA Portal 中新建一个项目，并添加好电源模块、CPU 模块、数字量输入模块和数字量输出模块。

步骤二：生成一个全局数据块和变量表。

① 在 TIA Portal 项目结构窗口的"程序块"中双击"添加新块"，在弹出的添加新块中点击"数据块"，输入数据块名称，并设置数据块类型为"全局 DB"及数据块编号，如图 8-19 所示，然后按下"确定"键即可生成一个"小车自动往返"的全局数据块。

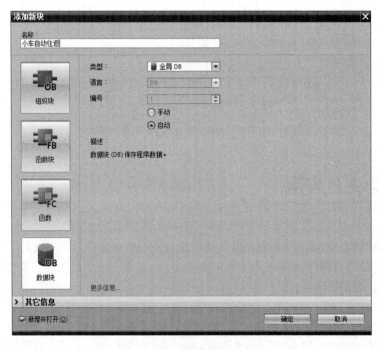

图 8-19　添加全局数据块 DB1

② 生成了全局数据块后，在 TIA Portal 项目结构窗口的"程序块"中双击"小车自动往返 [DB1]"，然后在全局数据块的接口数据区中输入"正转启动""反转启动""停止""正转反""反转正""正向限位"和"反向限位"等变量，如图 8-20 所示。

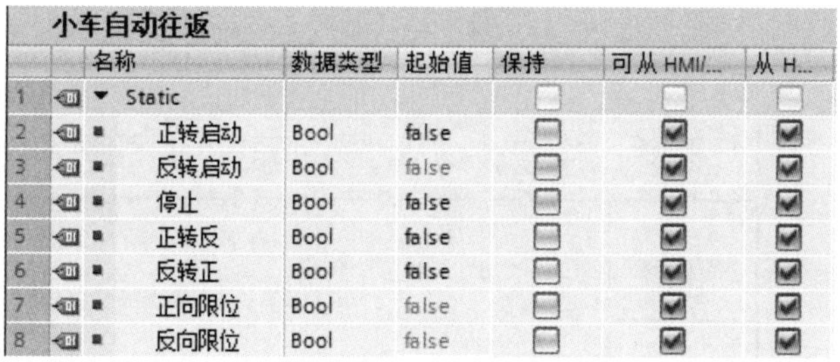

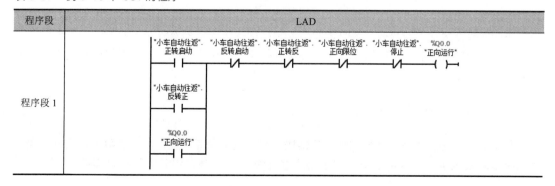

	名称	数据类型	起始值	保持	可从 HMI/...	从 H...
1	▼ Static			☐	☐	☐
2	正转启动	Bool	false	☐	☑	☑
3	反转启动	Bool	false	☐	☑	☑
4	停止	Bool	false	☐	☑	☑
5	正转反	Bool	false	☐	☑	☑
6	反转正	Bool	false	☐	☑	☑
7	正向限位	Bool	false	☐	☑	☑
8	反向限位	Bool	false	☐	☑	☑

图 8-20 "小车自动往返"数据块接口区的定义

③ 在 TIA Portal 项目结构窗口的"程序块"中右击"小车自动往返 [DB1]",在弹出的右键菜单中选择"属性"将弹出"小车自动往返"的设置对话框。在此对话中选择"常规"选项卡中的"属性",可以设置全局数据块的存储方式,如图 8-21 所示。如果不选择"优化的块访问"复选框,则可以使用绝对方式访问该全局数据块中的变量 (如 DB1.DBX0.0)。本例勾选"优化的块访问"复选框,则只能使用符号方式访问本全局数据块中变量 (如 DBX0.0)。例如变量"正转启动",其地址是""小车自动往返".正转启动"。

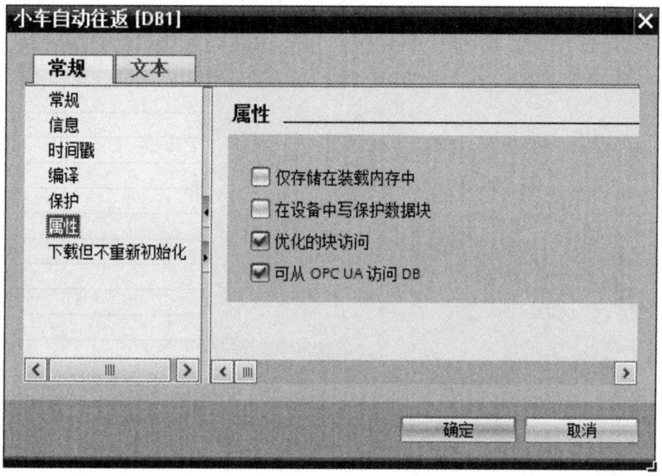

图 8-21 "小车自动往返"数据块的"属性"设置

步骤三:在 OB1 中编写小车自动往返控制程序。

在 OB1 中编写程序如表 8-37 所示。程序段 1 是小车的正向运行控制,程序段 2 是小车反向运行控制。

表 8-37 例 8-10 中 OB1 的程序

程序段	LAD
程序段 1	

程序段	LAD
程序段 2	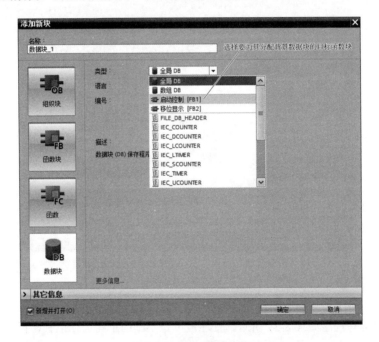

8.5.2 背景数据块

背景数据块 DI（Instance Data Block）是专门指定给某个函数块（FB）使用的数据块，它是 FB 运行时的工作存储区。背景数据块 DI 与函数块 FB 相关联，在创建背景数据块时，必须指定它所属的函数块，而且该函数块必须已经存在，如图 8-22 所示。

图 8-22　创建背景数据块

在调用一个函数块时，既可以为它分配一个已经创建的背景数据块，也可以直接定义一个新的数据块，该数据块将自动生成并作为背景数据块。背景数据块与全局数据块相比，只存储函数块接口数据区相关的数据。函数块的接口数据区决定了它的背景数据块的结构和变量。不能直接修改背景数据块，只能通过对应函数块的接口数据区来修改它。数据块格式随着接口数据区的变化而变化。

8.5.3 数组数据块及其应用

数组数据块是一种特殊类型的全局数据块，它包含一个任意数据类型的数组。其数据类型可以是基本数据类型，也可以是 PLC 数据类型的数组。创建数组数据块时，需要输入数组的数据类型和数组的上限。创建完成数组数据块后，可以在其属性中更改数组的上限，但是不能修改数据类型。数组数据块始终启用"优化的块访问"属性，不能进行标准访问，并且为非保持性属性，不能修改为保持性属性。

数组数据块在 S7-1500 PLC 中经常会被使用，以下实例是用数据块创建数组。

例 8-11：数组数据块的应用。使用数组数据块定义一个字节数组，要求将 IB0 中的状态值存入数组的第 1 个字节中，MB2 中的数值存入数组的第 2 个字节中。

解：首先在 TIA Portal 中建立项目，接着生成一个数组数据块，然后在 OB1 中编写传送程序即可，具体步骤如下所述。

步骤一：建立项目，完成硬件组态。

首先在 TIA Portal 中新建一个项目，并添加好电源模块、CPU 模块、数字量输入模块和数字量输出模块。

步骤二：生成一个数组数据块。

① 在 TIA Portal 项目结构窗口的"程序块"中双击"添加新块"，在弹出的添加新块中点击"数据块"，输入数据块名称，并设置数据块类型为"数组 DB"及数据块编号。由于本例只需使用数组的两个字节，因此数组限值设置为 1，数据类型选择 Byte，如图 8-23 所示，然后按下"确定"键即可生成一个"数据块 [DB1]"的数组数据块。

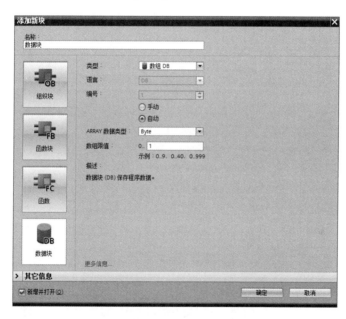

图 8-23　添加数组数据块 DB1

② 生成了数组数据块后，在 TIA Portal 项目结构窗口的"程序块"中双击"数据块 [DB1]"，然后在数组数据块的接口数据区可以看到"数据块"变量，其数据类型为"Array[0..1] of Byte"变量，该变量含两个字节元素"数据块 [0]"和"数据块 [1]"，如图 8-24 所示。

	数据块			
	名称	数据类型	起始值	保持
1	▼ 数据块	Array[0..1] of Byte		
2	■ 数据块[0]	Byte	16#0	
3	■ 数据块[1]	Byte	16#0	

图 8-24　数组数据块 DB1

步骤三：在 OB1 中编写数据传送程序。

在 OB1 中编写程序如表 8-38 所示。程序段 1 是将 IB0(I0.0 ~ I0.7) 中的状态值存入数组的第 1 个字节（"数据块 [0]"）中；程序段 2 是将 MB2 中的数值存入数组的第 2 个字节（"数据块 [1]"）中。

表 8-38　例 8-11 中 OB1 的程序

程序段	LAD
程序段 1	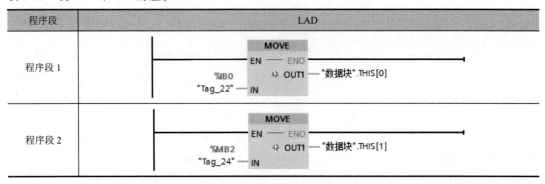
程序段 2	

第9章

西门子 S7-1500 PLC 的数字量控制

数字量控制系统又称为开关量控制系统，传统的继电-接触器控制系统就是典型的数字量控制系统。数字量控制程序的设计包括 3 种方法，分别是翻译设计法、经验设计法和顺序控制设计法。

9.1 翻译设计法及应用举例

9.1.1 翻译设计法简述

PLC 使用与继电-接触器电路极为相似的语言，如果将继电-接触器控制改为 PLC 控制，根据继电-接触器电路设计梯形图是一条捷径。因为原有的继电-接触器控制系统经长期的使用和考验，已有一套自己的完整方案。鉴于继电-接触器电路图与梯形图有很多相似之处，因此可以将经过验证的继电-接触器电路直接转换为梯形图，这种方法被称为翻译设计法。

翻译设计法的基本思路是：根据表 9-1 所示的继电-接触器控制电路符号与梯形图电路符号的对应情况，将原有继电-接触器控制系统的输入信号及输出信号作为 PLC 的 I/O 点，原来由继电-接触器硬件完成的逻辑控制功能由 PLC 的软件——梯形图及程序替代完成。

表 9-1 继电-接触器控制电路符号与梯形图电路符号的对应情况

梯形图电路			继电-接触器电路	
元件	符号	常用地址	元件	符号
常开触点	─┤├─	I、Q、M、T、C	按钮、接触器、时间继电器、中间继电器的常开触点	
常闭触点	─┤/├─	I、Q、M、T、C	按钮、接触器、时间继电器、中间继电器的常闭触点	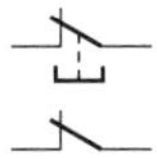
线圈	─( )─	Q、M	接触器、中间继电器线圈	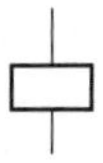
功能框	定时器	Txxx IN TON PT ???ms	T	时间继电器
	计数器	Cxxx CU CTU R PV	C	无	无

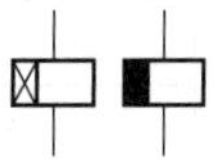

9.1.2 翻译设计法实例

例 9-1：三相异步电动机的 3 地启停控制。

（1）三相异步电动机的多地控制原理图分析

在一些大型生产机械或设备上，要求操作人员能够在不同方位对同一台电动机进行操作或控制，即多地控制。多地控制是用多组启动按钮、停止按钮来进行的。本例以 3 个地址为例，讲述三相异步电动机的多地启停控制，其传统继电 - 接触器控制电路图如图 9-1 所示。

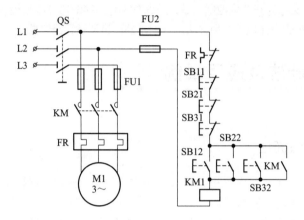

图 9-1　继电 - 接触器 3 地启停控制线路原理图

3 地启停控制时按钮连接的原则是启动按钮的常开触点并联，停止按钮的常闭触点要串联。图中 SB11、SB12 安装在甲地，SB21、SB22 安装在乙地，SB31、SB32 安装在丙地。这样可以在甲地或乙地或丙地控制同一台电动机的启动或停止。

（2）用翻译设计法实现三相异步电动机的多地控制

用 PLC 实现对 3 地启停控制时，其设计步骤如下。

① 将继电 - 接触器式多地控制辅助电路的输入开关逐一改接到 PLC 的相应输入端；辅助电路的线圈逐一改接到 PLC 的相应输出端，本实例需要 6 个输入点和 1 个输出点，I/O 分配如表 9-2 所示，因此 CPU 可选用 CPU 1511-1 PN，数字量输入模块为 DI 16×24VDC BA，数字量输出模块为 DQ 16×230VAC/2A ST，所使用的硬件配置如表 9-3 所示，PLC 外部接线如图 9-2 所示。

表 9-2　3 地启停控制的 I/O 分配表

输入				输出		
	功能	元件	PLC 地址	功能	元件	PLC 地址
甲地	停止按钮 1	SB11	I0.0	M1 电动机控制接触器	KM	Q0.0
	启动按钮 1	SB12	I0.1			
乙地	停止按钮 2	SB21	I0.2			
	启动按钮 2	SB22	I0.3			
丙地	停止按钮 3	SB31	I0.4			
	启动按钮 3	SB32	I0.5			

② 参照表 9-1 所示，将继电 - 接触器式正反转控制辅助电路中的触点、线圈逐一转换成 PLC 梯形图虚拟电路中的触点、线圈，并保持连接顺序不变，但要将线圈之右的触点改接到线

圈之左。

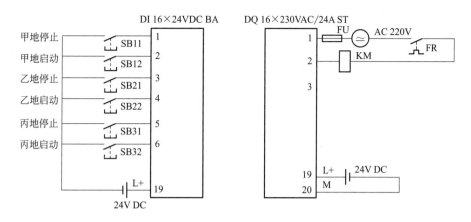

图 9-2　3 地启停控制的 PLC 外部接线图

表 9-3　3 地启停控制的硬件配置表

序号	名称	型号说明	数量
1	CPU	CPU 1511-1 PN（6ES7 511-1AK02-0AB0）	1
2	电源模块	PS 60W 24/48/60V DC（6ES7 505-0RA00-0AB0）	1
3	数字量输入模块	DI 16×24VDC BA（6ES7 521-1BH10-0AA0）	1
4	数字量输出模块	DQ 16×230VAC/2A ST（6ES7 522-5HH00-0AB0）	1

　　③ 检查所得 PLC 梯形图是否满足要求，如果不满足应做局部修改。使用翻译法编写的程序如表 9-4 所示。

表 9-4　翻译法编写的 3 地启停控制程序

程序段	LAD
程序段 1	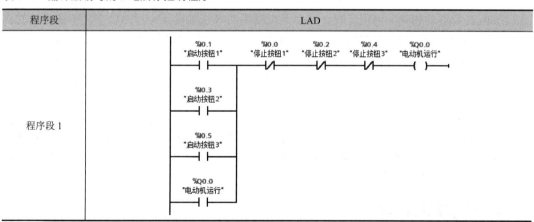

（3）程序仿真

　　① 启动 TIA Portal 软件，创建一个新的项目，并进行硬件组态，然后按照表 9-4 所示输入 LAD（梯形图）程序。

　　② 执行菜单命令"在线"→"仿真"→"启动"，即可开启 S7-PLCSIM 仿真。在弹出的"扩展的下载到设备"对话框中将"接口 / 子网的连接"选择为"插槽'1×1'处的方向"，再点击"开始搜索"按钮，TIA 博途软件开始搜索可以连接的设备，并显示相应的在线状态信

息，然后单击"下载"按钮，完成程序的装载。

③ 在主程序窗口，点击全部监视图标 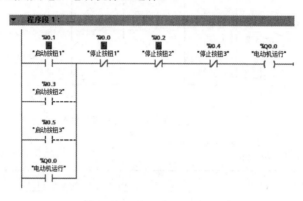，同时使 S7-PLCSIM 处于"RUN"状态，即可观看程序的运行情况。

④ 刚进入在线仿真状态时，Q0.0 线圈处于失电状态，表示电动机没有运行。强制某个启动按钮（如 I0.1，模拟甲地启动）为 ON 后，Q0.0 线圈处于得电状态，即电动机处于运行状态，其仿真效果如图 9-3 所示。电动机在运行过程中，若将某个停止按钮（如 I0.2，模拟乙地停止）强制为 ON，则 Q0.0 线圈失电，电动机停止运行。

图 9-3　3 地启停控制的仿真运行图

9.2　经验设计法及应用举例

9.2.1　经验设计法简述

在 PLC 发展的初期，沿用了设计继电器电路图的方法来设计梯形图程序，即在已有的典型梯形图上，根据被控对象对控制的要求，不断修改和完善梯形图。有时需要反复地调试和修改梯形图，不断地增加中间编程元件的触点，最后才能得到一个较为满意的结果。这种方法没有普遍的规律可以遵循，设计所用的时间、设计的质量与编程者的经验有很大的关系，所以有人将这种设计方法称为经验设计法。

经验设计法要求设计者具有一定的实践经验，掌握较多的典型应用程序的基本环节。根据被控对象对控制系统的具体要求，凭经验选择基本环节，并把它们有机地组合起来。其设计过程是逐步完善的，一般不易获得最佳方案，程序初步设计后，还需反复调度、修改得完善，直至满足被控对象的控制要求。

9.2.2　经验设计法实例

例 9-2：三相异步电动机的串电阻降压启动控制。

（1）继电 - 接触器的串电阻降压启动控制原理图分析

传统继电 - 接触器的串电阻降压启动电路原理图如图 9-4 所示。在左侧的主电路中，KM1 为降压接触器，KM2 为全压接触器，KT 为降压启动时间继电器。

在右侧的辅助控制电路中，按下启动按钮 SB2，KM1 和 KT 线圈同时得电。KM1 线圈得电，主触点闭合，主电路的电流通过降压电阻流入电动机，使电动机降压启动，同时 KM1 的辅助触点闭合，形成自锁。KT 线圈得电开始延时，当延时到一定的时候，KT 延时闭合动合触点闭合，使 KM2 线圈得电。KM2 线圈得电，其辅助常开触点闭合，形成自锁，辅助常闭触点打开，切断了 KM1 和 KT 线圈的电源，KM2 主触点闭合，使电动机全电压运行。同样，当按下 SB1 时，KM2 线圈失电，使电动机停止运转。

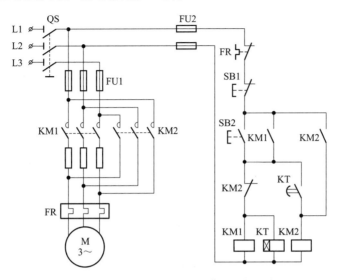

图 9-4　传统继电－接触器的串电阻降压启动控制电路原理图

（2）用经验设计法实现三相异步电动机的串电阻降压启动控制

为实现串电阻降压启动控制，KT 延时继电器在 PLC 中可以使用相应的定时器来替代，本例 PLC 需要 2 个输入点和 2 个输出点，I/O 分配如表 9-5 所示，因此 CPU 可选用 CPU 1511-1 PN，数字量输入模块为 DI 16×24VDC BA，数字量输出模块为 DQ 16×230VAC/2A ST，PLC 外部接线如图 9-5 所示。

表 9-5　串电阻降压启动控制的 I/O 分配表

输入			输出		
功能	元件	PLC 地址	功能	元件	PLC 地址
停止按钮	SB1	I0.0	串电阻降压启动接触器	KM1	Q0.0
启动按钮	SB2	I0.1	切除串电阻全压运行接触器	KM2	Q0.1

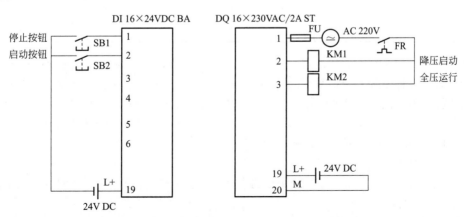

图 9-5　串电阻降压启动控制的 PLC 外部接线图

根据表 9-1，将继电 - 接触器的串电阻降压启动控制电路翻译成梯形图，程序如表 9-6 所示。

从表 9-6 中可以看出，在程序段 1 和程序段 2 中均有 I0.1 常开触点与 Q0.0 常开触点并联后再与 I0.0 常闭触点进行串联的电路，因此可以将其进行优化，形成 1 个公共的程序段，最终程序如表 9-7 所示。

表 9-6　串电阻降压启动控制程序

程序段	LAD
程序段 1	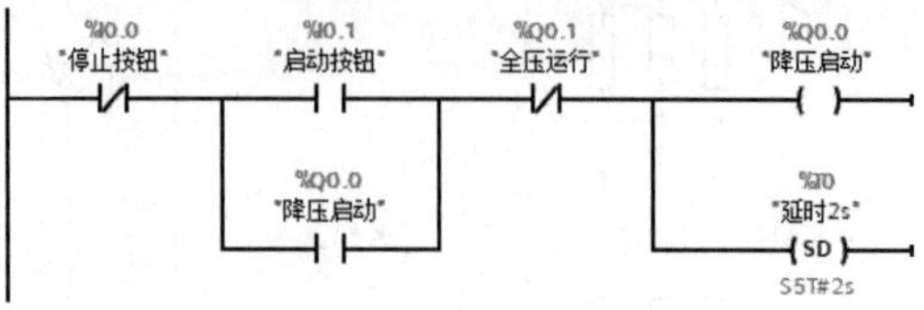 %I0.0 "停止按钮" —]/[— %I0.1 "启动按钮" —] [— (并联 %Q0.0 "降压启动" —] [—) %Q0.1 "全压运行" —]/[— %Q0.0 "降压启动" —( )— ；%T0 "延时2s" —(SD)— S5T#2s
程序段 2	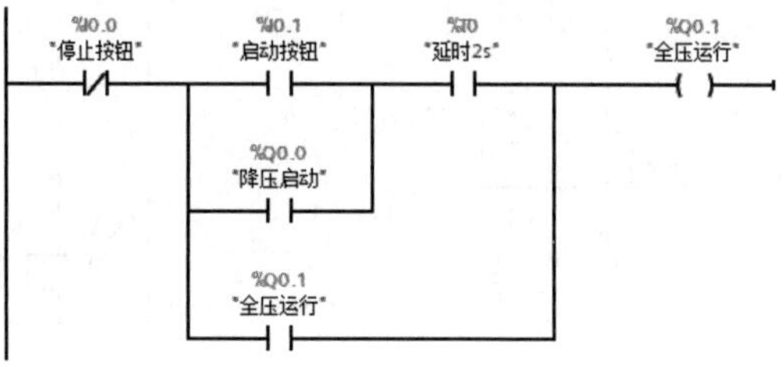 %I0.0 "停止按钮" —]/[— %I0.1 "启动按钮" —] [— (并联 %Q0.0 "降压启动" —] [—) %T0 "延时2s" —] [— %Q0.1 "全压运行" —( )— ；并联 %Q0.1 "全压运行" —] [—

表 9-7　串电阻降压启动控制最终程序

程序段	LAD
程序段 1	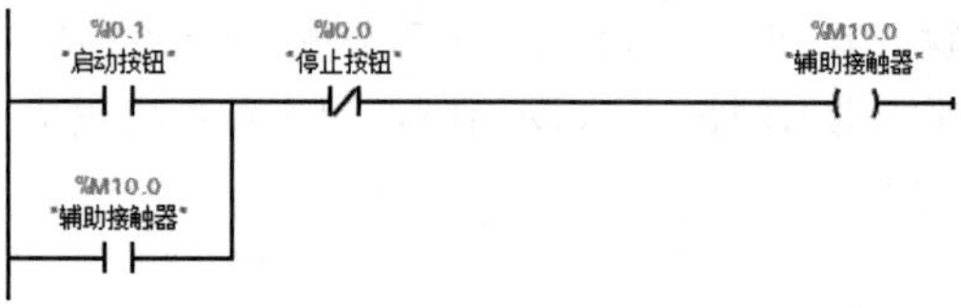 %I0.1 "启动按钮" —] [— %I0.0 "停止按钮" —]/[— %M10.0 "辅助接触器" —( )— ；并联 %M10.0 "辅助接触器" —] [—
程序段 2	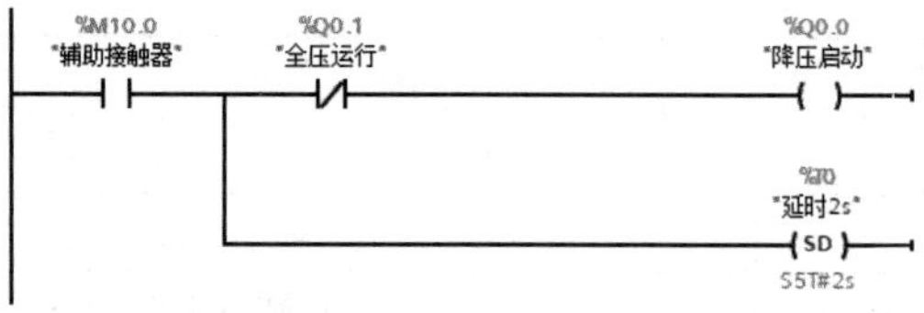 %M10.0 "辅助接触器" —] [— %Q0.1 "全压运行" —]/[— %Q0.0 "降压启动" —( )— ；%T0 "延时2s" —(SD)— S5T#2s
程序段 3	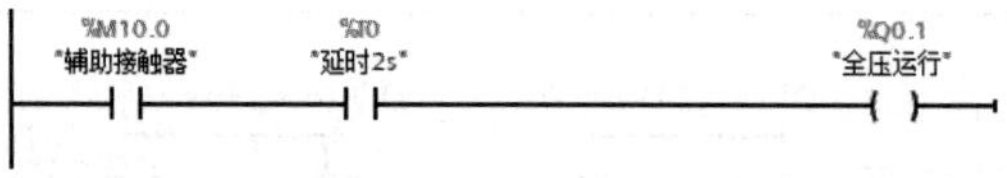 %M10.0 "辅助接触器" —] [— %T0 "延时2s" —] [— %Q0.1 "全压运行" —( )—

按下启动按钮 SB2 时，程序段 1 的 I0.1 常开触点闭合，辅助继电器线圈 M10.0 有效，以控制程序段 2 和程序段 3。程序段 2 的 M10.0 常开触点闭合时，Q0.0 线圈有效，使 KM1 主触点闭合，控制电动机串电阻进行降压启动，同时定时器开始延时。当 T0 延时 2s 时，程序段 3 中 T0 的常开触点闭合，Q0.1 线圈有效，使 KM2 主触点闭合，同时程序段 2 中的 Q0.1 常闭触点断开，KM1 恢复初态，控制电动机全电压运行。

（3）程序仿真

① 启动 TIA Portal 软件，创建一个新的项目，并进行硬件组态，然后按照表 9-7 所示输入 LAD（梯形图）程序。

② 执行菜单命令"在线"→"仿真"→"启动"，即可开启 S7-PLCSIM 仿真。在弹出的"扩展的下载到设备"对话框中将"接口 / 子网的连接"选择为"插槽'1×1'处的方向"，再

点击"开始搜索"按钮，TIA 博途软件开始搜索可以连接的设备，并显示相应的在线状态信息，然后单击"下载"按钮，完成程序的装载。

③ 在主程序窗口，点击全部监视图标 ，同时使 S7-PLCSIM 处于"RUN"状态，即可观看程序的运行情况。

④ 刚进入在线仿真状态时，Q0.0 线圈处于失电状态，表示电动机没有启动运行。强制 I0.1 启动按钮为 ON 后，M10.0 和 Q0.0 线圈处于得电状态，同时 T0 进行延时，表示电动机串电阻降压启动。当 T0 延时达到设定值时，Q0.0 线圈失电，而 Q0.1 线圈得电，表示电动机全电压启动，其仿真效果如图 9-6 所示。

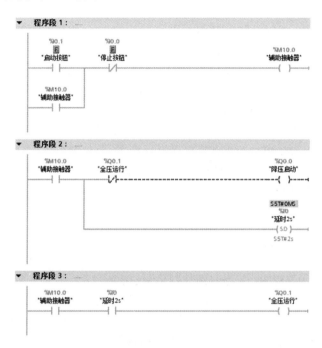

图 9-6　串电阻降压启动控制的仿真运行图

9.3　顺序控制设计法与顺序功能图

在工业控制中存在着大量的顺序控制，如机床的自动加工、自动生产线的自动运行、机械手的动作等，它们都是按照固定的顺序进行动作的。在顺序控制系统中，对于复杂顺序控制程序仅靠基本指令系统编程会感到很不方便，其梯形图复杂且不直观。针对此种情况，可以使用顺序控制设计法进行相关程序的编写。

所谓顺序控制，就是按照生产工艺预先规定的顺序，在各个输入信号的作用下，根据内部状态和时间的顺序，在生产过程中各个执行机构自动地有秩序地进行操作。使用顺序控制设计法首先根据系统的工艺过程，画出顺序功能图，然后根据顺序功能图编写程序。有的 PLC 编程软件为用户提供了顺序功能图（Sequential Function Chart，SFC）语言，在编程软件中生成顺序功能图后便完成了编程工作。例如西门子 S7-1500 PLC 为用户提供了顺序功能图语言，用于编制复杂的顺序控制程序。利用这种编程方法能够较容易地编写出复杂的顺序控制程序，从而提高工作效率。

9.3.1 顺序控制设计法

顺序控制设计法是一种先进的设计方法，很容易被初学者接受，对于有经验的工程师来说，也会提高其设计的效率，程序的调试、修改和阅读也很方便。其设计思想是将系统的一个工作周期划分为若干个顺序相连的阶段，这些阶段称为"步"（Step），并明确每一"步"所要执行的输出，"步"与"步"之间通过指定的条件进行转换，在程序中只需要通过正确连接进行"步"与"步"之间的转换，便可以完成系统的全部工作。

顺序控制程序与其他 PLC 程序在执行过程中的最大区别是：SFC 程序在执行程序过程中始终只有处于工作状态的"步"（称为"有效状态"或"活动步"）才能进行逻辑处理与状态输出，而其他状态的步（称为"无效状态"或"非活动步"）的全部逻辑指令与输出状态均无效。因此，使用顺序控制进行程序设计时，设计者只需要分别考虑每一"步"所需要确定的输出，以及"步"与"步"之间的转换条件，并通过简单的逻辑运算指令就可完成程序的设计。

顺序控制设计法有多种，用户可以使用不同的方式编写顺序控制程序。但是，如果使用的 PLC 类型及型号不同，编写顺序控制程序的方式也不完全一样。比如日本三菱公司的 FX2N 系列 PLC 可以使用启保停、步进指令、移位寄存器和置位/复位指令这 4 种编写方式；西门子 S7-200、S7-200 SMART PLC 可以使用启保停、置位/复位指令和 SFC 顺控指令这 3 种编写方式；西门子 S7-300/400/1200/1500 PLC 可以使用启保停、置位/复位指令和 S7 Graph 这 3 种编写方式；欧姆龙 CP1H PLC 可以使用启保停、置位/复位指令和顺控指令（步启动/步开始）这 3 种编写方式。

9.3.2 顺序功能图的组成

顺序功能图又称为流程图，它是描述控制系统的控制过程、功能和特性的一种图形，也是设计 PLC 的顺序控制程序的有力工具。顺序功能图并不涉及所描述的控制功能的具体技术，它是一种通用的技术语言，可以供进一步设计和不同专业的人员之间进行技术交流之用。

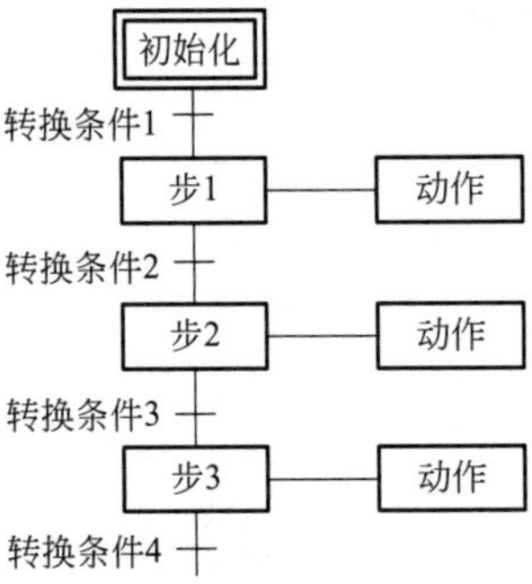

图 9-7 顺序功能图

各个 PLC 厂家都开发了相应的顺序功能图，各国家也都制定了顺序功能图的国家标准，我国于 1986 年颁布了顺序功能图的国家标准（GB 6988.6—1986）。顺序功能图主要由步、有向连线、转换、转换条件和动作（或命令）组成，如图 9-7 所示。

（1）步

在顺序控制中"步"又称为状态，它是指控制对象的某一特定的工作情况。为了区分不同的状态，同时使得 PLC 能够控制这些状态，需要对每一状态赋予一定的标记，这一标记称为"状态元件"。在 S7-1200 PLC 中，使用启保停、置位/复位指令时状态元件通常用辅助寄存器 M 来表示（如 M0.0）；使用顺控指令时，状态元件也可用辅助寄存器 M 来表示。

步主要分为初始步、活动步和非活动步。

初始状态一般是系统等待启动命令的相对静止的状态。系统在开始进行自动控制之前，首先应进入规定的初始状态。与系统的初始状态相对应的步称为初始步，初始步用双线框表示，每一个顺序控制功能图至少应该有 1 个初始步。

当系统处于某一步所在的阶段时，该步处于活动状态，称为"活动步"。步处于活动状态时，相应的动作被执行。处于不活动状态的步称为非活动步，其相应的非存储性动作被停止执行。

（2）动作

可以将一个控制系统划分为施控系统和被控系统，对于被控系统，动作是某一步是所要完成的操作；对于施控系统，在某一步中要向被控系统发出某些"命令"，这些命令也可称为动作。

（3）有向连线

有向连线就是状态间的连接线，它决定了状态的转换方向与转换途径。在顺序控制功能图程序中的状态一般需要 2 条以上的有向连线进行连接，其中 1 条为输入线，表示转换到本状态的上一级"源状态"，另 1 条为输出线，表示本状态执行转换时的下一级"目标状态"。在顺序功能图程序设计中，对于自上而下的正常转换方向，其连接线一般不需标记箭头，但是对于自下而上的转换或是向其他方向的转换，必须以箭头标明转换方向。

（4）转换

步的活动状态的进展是由转换的实现来完成的，并与控制过程的发展相对应。转换用有向连线上与有向连线垂直的短划线来表示，将相邻两步分隔开。

（5）转换条件

所谓转换条件是指用于改变 PLC 状态的控制信号，它可以是外部的输入信号，如按钮、主令开关、限位开关的接通/断开等；也可以是 PLC 内部产生的信号，如定时器、计数器常开触点的接通等；转换条件还可能是若干个信号的与、或、非逻辑组合。不同状态间的转换条件可以不同也可以相同，当转换条件各不相同时，顺序控制功能图程序每次只能选择其中的一种工作状态（称为选择分支）。当若干个状态的转换条件完全相同时，顺序控制功能图程序一次可以选择多个状态同时工作（称为并行分支）。只有满足条件的状态，才能进行逻辑处理与输出，因此，转换条件是顺序功能图程序选择工作状态的开关。

在顺序控制功能图程序中，转换条件通过与有向连线垂直的短横线进行标记，并在短横线旁边标上相应的控制信号地址。

9.3.3 顺序功能图的基本结构

在顺序控制功能图程序中，由于控制要求或设计思路的不同，步与步之间的连接形式也不同，从而形成了顺序控制功能图程序的 3 种不同基本结构形式：①单序列；②选择序列；③并行序列。这 3 种序列结构如图 9-8 所示。

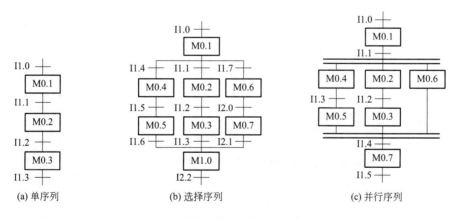

图 9-8　SFC 的 3 种序列结构图

（1）单序列

单序列由一系列相继激活的步组成，每一步的后面仅有一个转换，每一个转换的后面只有一个步，如图 9-8（a）所示。单序列结构的特点如下。

① 步与步之间采用自上而下的串联连接方式。

② 状态的转换方向始终是自上而下且固定不变（起始状态与结束状态除外）。

③ 除转换瞬间外，通常仅有 1 个步处于活动状态，基于此，在单序列中可以使用"重复线圈"（如输出线圈、内部辅助继电器等）。

④ 在状态转换的瞬间，存在一个 PLC 循环周期时间的相邻两状态同时工作的情况，因此对于需要进行"互锁"的动作，应在程序中加入"互锁"触点。

⑤ 在单序列结构的顺序控制功能图程序中，原则上定时器也可以重复使用，但不能在相邻两状态里使用同一定时器。

⑥ 在单序列结构的顺序控制功能图程序中，只能有一个初始状态。

（2）选择序列

选择序列的开始称为分支，如图 9-8（b）所示，转换符号只能标在水平连线之下。在图 9-8（b）中，如果步 M0.1 为活动步且转换条件 I1.1 有效，则发生由步 M0.1 → 步 M0.2 的进展；如果步 M0.1 为活动步且转换条件 I1.4 有效，则发生由步 M0.1 → 步 M0.4 的进展；如果步 M0.1 为活动步且转换条件 I1.7 有效，则发生由步 M0.1 → 步 M0.6 的进展。在步 M0.1 之后选择序列的分支处，每次只允许选择一个序列。

选择序列的结束称为合并，几个选择序列合并到一个公共序列时，用与需要重新组合的序列相同数量的转换符号和水平连线来表示，转换符号只允许标在连线之上。

允许选择序列的某一条分支上没有步，但是必须有一个转换，这种结构的选择序列称为跳步序列。跳步序列是一种特殊的选择序列。

（3）并行序列

并行序列的开始称为分支，如图 9-8（c）所示，当转换的实现导致几个序列同时激活时，这些序列称为并行序列。在图 9-8（c）中，当步 M0.1 为活动步时，若转换条件 I1.1 有效，则步 M0.2、步 M0.4 和步 M0.6 均同时变为活动步，同时步 M0.1 变为不活动步。为了强调转换的同步实现，水平连线用双线表示。步 M0.2、步 M0.4 和步 M0.6 被同时激活后，每个序列中活动步的进展将是独立的。在表示同步的水平双线上，只允许有一个转换符号。并行序列用来表示系统的几个同时工作的独立部分的工作情况。

9.4 启保停方式的顺序控制

启保停电路即启动保持停止电路，它是梯形图设计中应用比较广泛的一种电路。其工作原理是：如果输入信号的常开触点接通，则输出信号的线圈得电，同时对输入信号进行"自锁"或"自保持"，这样输入信号的常开触点在接通后可以断开。

9.4.1 单序列启保停方式的顺序控制

（1）单序列启保停方式的顺序功能图与梯形图的对应关系

单序列启保停方式的顺序功能图与梯形图的对应关系，如图 9-9 所示。在图中，M_{i-1}、M_i、M_{i+1} 是顺序功能图中的连续 3 步，I_i 和 I_{i+1} 为转换条件。对于 M_i 步来说，它的前级步为 M_{i-1}，转换条件为 I_i，所以 M_i 的启动条件为辅助继电器的常开触点 M_{i-1} 与转换条件常开触点 I_i 的串联组合。M_i 的后续步为 M_{i+1}，因此 M_i 的停止条件为 M_{i+1} 的常闭触点。

（2）单序列启保停方式的顺序控制应用实例

例 9-3：单序列启保停方式在某回转工作台控制钻孔中的应用。

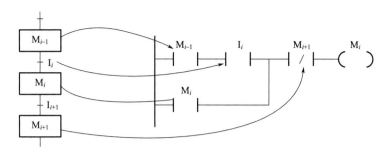

图 9-9　单序列启保停方式的顺序功能图与梯形图的对应关系

1）控制过程　某 PLC 控制的回转工作台控制钻孔的过程是：当回转工作台不转且钻头回转时，如果传感器工件到位，则 I0.0 信号为 1，Q0.0 线圈控制钻头向下工进。当钻到一定深度使钻头套筒压到下接近开关时，I0.1 信号为 1，控制 T0 计时。T0 延时 5s 后，Q0.1 线圈控制钻头快退。当快退到上接近开关时，I0.2 信号为 1，就回到原位。

2）单序列启保停方式实现某回转工作台控制钻孔　根据控制过程可知，需要 3 个输入点和 2 个输出点，I/O 分配如表 9-8 所示，因此 CPU 可选用 CPU 1511-1 PN，数字量输入模块为 DI 16×24VDC BA，数字量输出模块为 DQ 16×230VAC/2A ST，PLC 外部接线如图 9-10 所示。

表 9-8　某回转工作台控制钻孔的 I/O 分配表

输　入			输　出		
功能	元件	PLC 地址	功能	元件	PLC 地址
启动按钮	SB	I0.0	工进电动机	KM1	Q0.0
下接近开关	SQ1	I0.1	钻头电动机	KM2	Q0.1
上接近开关	SQ2	I0.2			

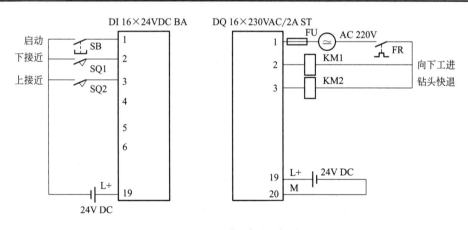

图 9-10　某回转工作台控制钻孔的 PLC 外部接线图

根据某回转工作台控制钻孔的控制过程，画出顺序控制功能图如图 9-11 所示。现以 M0.0 步为例，讲述启保停方式的梯形图程序编写。从图中看出，M0.0 的一个启动条件为 M0.3 的常开触点和转换条件 I0.2 的常开触点组成的串联电路；此外 PLC 刚运行时应将初始步 M0.0 激活，否则系统无法工作，所以首次扫描 M10.0 触点闭合，且控制 T0 延时 10ms 使得其触点闭合 1 次以作为 M0.0 的另一个启动条件，这两个启动条件应并联。为了保证活动状态能持续到下一步活动为止，还需并上 M0.0 的自锁触点。当 M0.0、I0.0 的常开触点同时为 1 时，步 M0.1 变为活动步，M0.0 变为不活动步，因此将 M0.1 的常闭触点串入 M0.0 的回路中作为停止条件。此后 M0.1 ~ M0.3 步的梯形图转换与 M0.0 步梯形图的转换一致，其程序编写如表 9-9 所示。

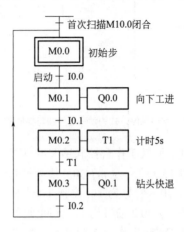

图 9-11　某回转工作台控制钻孔的顺序控制功能图

表 9-9　单序列启保停方式编写某回转工作台控制钻孔中的应用程序

程序段	LAD
程序段 1	%M10.0 "首次闭合" ──/── %T0 "延时10ms" ──(SD)── S5T#10ms
程序段 2	%M0.3 "步3" ──┤├── %I0.2 "上接近开关" ──┤├── %M0.1 "步1" ──┤/├── %M0.0 "初始步" ──( )── %T0 "延时10ms" ──┤P├── %M10.1 "Tag_1" %M0.0 "初始步" ──┤├──
程序段 3	%M0.0 "初始步" ──┤├── %M0.0 "启动按钮" ──┤├── %M0.2 "步2" ──┤/├── %Q0.0 "工进电动机" ──( )── %M0.1 "步1" ──┤├── %M0.1 "步1" ──( )──
程序段 4	%M0.1 "步1" ──┤├── %I0.1 "下接近开关" ──┤├── %M0.3 "步3" ──┤/├── %T1 "延时5s" ──(SD)── S5T#5s %M0.2 "步2" ──┤├── %M0.2 "步2" ──( )──

程序段	LAD
程序段 5	

3）程序仿真

① 启动 TIA Portal 软件，创建一个新的项目，并进行硬件组态，然后按照表 9-9 所示输入 LAD（梯形图）程序。

② 执行菜单命令"在线"→"仿真"→"启动"，即可开启 S7-PLCSIM 仿真。在弹出的 "扩展的下载到设备"对话框中将"接口 / 子网的连接"选择为"插槽'1×1'处的方向"，再点击"开始搜索"按钮，TIA Portal 软件开始搜索可以连接的设备，并显示相应的在线状态信息，然后单击"下载"按钮，完成程序的装载。

③ 在主程序窗口，点击全部监视图标 ，同时使 S7-PLCSIM 处于"RUN"状态，即可观看程序的运行情况。

④ 刚进入在线仿真状态时，M10.0 常闭触点闭合，启动 T0 延时 10ms。延时达到 10ms 后 T0 常开触点闭合 1 次，使 M0.0 线圈得电自锁。先强制 I0.0 为 ON，M0.1 和 Q0.0 线圈得电，模拟钻头向下工进，其仿真效果如图 9-12 所示。再将 I0.0 强制为 OFF，I0.1 强制为 ON。M0.1 和 Q0.0 线圈失电，同时 M0.2 线圈得电、T1 进行延时。当 T1 延时达 5s 时，M0.2 线圈失电，而 Q0.1 和 M0.3 线圈得电，模拟钻头快退。然后将 I0.1 强制为 OFF，I0.2 强制为 ON，M0.3 和 Q0.1 线圈失电，同时 M0.0 线圈得电，又回到初始步状态。

9.4.2 选择序列启保停方式的顺序控制

（1）选择序列启保停方式的顺序功能图与梯形图的转换

选择序列启保停方式的顺序功能图转换为梯形图的关键点在于分支处和合并处程序的处理，其余与单序列的处理方法一致。

① 分支处编程。若某步后有一个由 N 条分支组成的选择程序，该步可能转换到不同的 N 步去，则应将这 N 个后续步对应的辅助继电器的常闭触点与该步线圈串联，作为该步的停止条件。启保停方式的分支序列分支处顺序功能图与梯形图的转换，如图 9-13 所示。图中 M_i 后有 1 个选择程序分支，M_i 的后续步分别为 M_{i+1}、M_{i+2}、M_{i+3}，当这 3 步有 1 个步为活动步时，M_i 就变为不活动步，所以将 M_{i+1}、M_{i+2}、M_{i+3} 的常闭触点与 M_i 线圈串联，作为活动步的停止条件。

② 合并处编程。对于选择程序的合并，若某步之前有 N 个转换，即有 N 条分支进入该步，则控制代表该步的辅助继电器的启动电路由 N 条支路并联而成，每条支路都由前级步辅助继电器的常开触点与转换条件的触点构成的串联电路组成。启保停方式的选择序列合并处顺序功能与梯形图的转换，如图 9-14 所示。图中 M_i 前有 1 个程序选择分支，M_i 的前级步分别为 M_{i-1}、M_{i-2}、M_{i-3}，当这 3 步有 1 步为活动步，且转换条件 I_{i-1}、I_{i-2}、I_{i-3} 为 1，M_i 变为活动步，所以将 M_{i-1}、M_{i-2}、M_{i-3} 的常开触点分别与转换条件 I_{i-1}、I_{i-2}、I_{i-3} 常开触点串联，作为该步的启动条件。

（2）选择序列启保停方式的顺序控制应用实例

例 9-4：选择序列启保停方式在某加工系统中的应用。

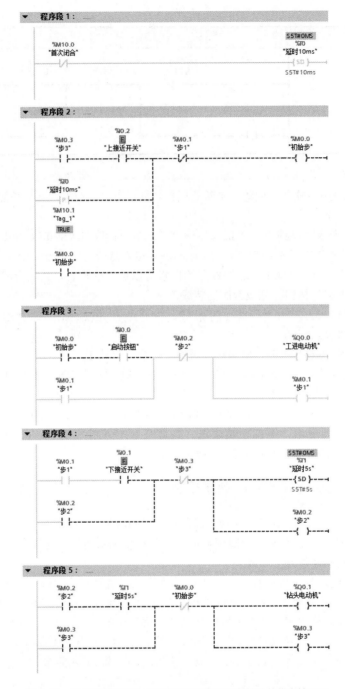

图 9-12 单序列启保停方式的某回转工作台控制钻孔的仿真效果图

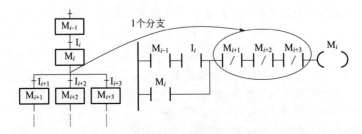

图 9-13 选择序列启保停方式的分支处顺序功能图与梯形图的转换

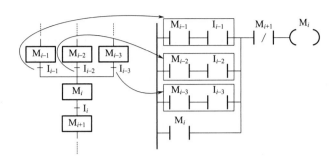

图 9-14　选择序列启保停方式的合并处顺序功能图与梯形图的转换

1）控制要求　某加工系统中有 2 台电动机 M0、M1，由 SB0 ～ SB2、SQ0 和 SQ1 进行控制。系统刚通电时，如果按下 SB0（I0.0）向下工进按钮时，M0 电动机工作控制钻头向下工进；如果按下 SB1（I0.1）向上工进按钮时，M0 电动机工作控制钻头向上工进。当 M0 向下工进压到 SQ0（I0.3）下接近开关，或 M0 向上工进压到 SQ1（I0.4）上接近开关时，M1 电动机才能启动以进行零件加工操作。M1 运行时，若按下 SB2（I0.2）停止按钮，则 M1 立即停止运行，系统恢复到刚通电时的状态。

2）选择序列启保停方式实现某加工系统的控制　根据控制过程可知，需要 5 个输入点和 3 个输出点，I/O 分配如表 9-10 所示，因此 CPU 可选用 CPU 1511-1 PN，数字量输入模块为 DI 16×24VDC BA，数字量输出模块为 DQ 16×230VAC/2A ST，PLC 外部接线如图 9-15 所示。

表 9-10　某加工系统的 I/O 分配表

输　入			输　出		
功能	元件	PLC 地址	功能	元件	PLC 地址
向下工进按钮	SB0	I0.0	M0 向下工进	KM1	Q0.0
向上工进按钮	SB1	I0.1	M0 向上工进	KM2	Q0.1
停止按钮	SB2	I0.2	M1 零件加工	KM3	Q0.2
下接近开关	SQ0	I0.3			
上接近开关	SQ0	I0.4			

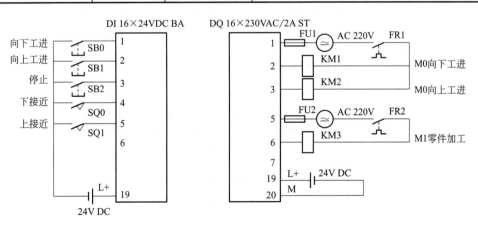

图 9-15　某加工系统的 PLC 外部接线图

根据某加工系统的控制要求，画出顺序控制功能图如图 9-16 所示。从图中可看出，M0.0

步后有 1 个选择程序分支，M0.0 后续步分别为 M0.1 和 M0.2，这 2 步只要有 1 步为活动步，M0.0 步应变为不活动步，所以 M0.1 和 M0.2 的常闭触点与 M0.0 线圈串联，作为该步的停止条件。而 M0.0 的一个启动条件为 M0.3 的常开触点和转换条件 I0.2 的常开触点组成的串联电路；此外 PLC 刚运行时应将初始步 M0.0 激活，否则系统无法工作，所以首次扫描 M10.0 触点闭合，且控制 T0 延时 10ms 使得其触点闭合 1 次以作为 M0.0 的另一个启动条件，这两个启动条件应并联。为了保证活动状态能持续到下一步活动为止，还需并上 M0.0 的自锁触点。

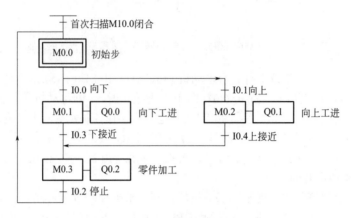

图 9-16　某加工系统的顺序控制功能图

M0.1 步的一个启动条件为 M0.0 的常开触点和转换条件 I0.0 的常开触点组成的串联电路；为了保证活动状态能持续到下一步活动为止，还需并上 M0.1 的自锁触点。此外，M0.3 的常闭触点串入 M0.1 的回路中作为停止条件。

M0.2 步的一个启动条件为 M0.0 的常开触点和转换条件 I0.1 的常开触点组成的串联电路；为了保证活动状态能持续到下一步活动为止，还需并上 M0.2 的自锁触点。此外，M0.3 的常闭触点串入 M0.2 的回路中作为停止条件。

M0.3 步前有 1 个选择程序合并，M0.3 的前级步分别为 M0.1 和 M0.2，当这 2 步有 1 步为活动步，且转换条件 I0.3、I0.4 为 1 时，M0.3 变为活动步，所以将 M0.1、M0.2 常开触点与转换条件 I0.3、I0.4 串联，作为该步的启动条件。综合上述，其程序编写如表 9-11 所示。

表 9-11　选择序列启保停方式在某加工系统中的应用程序

程序段	LAD
程序段 1	%M10.0 "首次闭合"　%T0 "延时10ms" ─(SD)─ S5T#10ms
程序段 2	%M0.3 "步3"　%T0.2 "停止按钮"　%M0.1 "步1"　%M0.2 "步2"　%M0.0 "初始步"　%T0 "延时10ms" ─P─　%M10.1 "Tag_1"　%M0.0 "初始步"

程序段	LAD
程序段 3	%M0.0 "初始步" —┤ ├— %I0.0 "向下工进" —┤ ├— %M0.3 "步3" —┤/├— %M0.1 "步1" —( )— %M0.1 "步1" —┤ ├— ⋯⋯ %Q0.0 "M0向下工进" —( )—
程序段 4	%M0.0 "初始步" —┤ ├— %I0.1 "向上工进" —┤ ├— %M0.3 "步3" —┤/├— %M0.2 "步2" —( )— %M0.2 "步2" —┤ ├— ⋯⋯ %Q0.1 "M0向上工进" —( )—
程序段 5	%M0.1 "步1" —┤ ├— %I0.3 "下接近" —┤ ├— %M0.0 "初始步" —┤/├— %Q0.2 "M1零件加工" —( )— %M0.2 "步2" —┤ ├— %I0.4 "上接近" —┤ ├— ⋯⋯ %M0.3 "步3" —( )— %M0.3 "步3" —┤ ├— ⋯⋯

3）程序仿真

① 启动 TIA Portal 软件，创建一个新的项目，并进行硬件组态，然后按照表 9-11 所示输入 LAD（梯形图）程序。

② 执行菜单命令"在线"→"仿真"→"启动"，即可开启 S7-PLCSIM 仿真。在弹出的"扩展的下载到设备"对话框中将"接口 / 子网的连接"选择为"插槽'1×1'处的方向"，再点击"开始搜索"按钮，TIA 博途软件开始搜索可以连接的设备，并显示相应的在线状态信息，然后单击"下载"按钮，完成程序的装载。

③ 在主程序窗口，点击全部监视图标 👓，同时使 S7-PLCSIM 处于"RUN"状态，即可观看程序的运行情况。

④ 刚进入在线仿真状态时，M10.0 常闭触点闭合，启动 T0 延时 10ms。延时达到 10ms 后 T0 常开触点闭合 1 次，使 M0.0 线圈得电自锁。先强制 I0.0 为 ON，M0.1 和 Q0.0 线圈得电，模拟 M0 电动机向下工进。其仿真效果如图 9-17 所示。再将 I0.0 强制为 OFF，I0.3 强制为 ON，M0.1 和 Q0.0 线圈失电，同时 M0.3、Q0.2 线圈得电，模拟 M1 电动机零件加工。将 I0.3 强制为 OFF，I0.2 强制为 ON，M0.3 和 Q0.2 线圈失电，同时 M0.0 线圈得电，又回到初始步状态。将 I0.1 强制为 ON，M0.2 和 Q0.1 线圈得电，模拟 M0 电动机向上工进。再将 I0.1 强制为 OFF，I0.4 强制为 ON，M0.2 和 Q0.1 线圈失电，同时 M0.3、Q0.2 线圈得电，模拟 M1 电动机零件加工。将 I0.4 强制为 OFF，I0.2 强制为 ON，M0.3 和 Q0.2 线圈失电，同时 M0.0 线圈得电，又回到初始步状态。

图 9-17

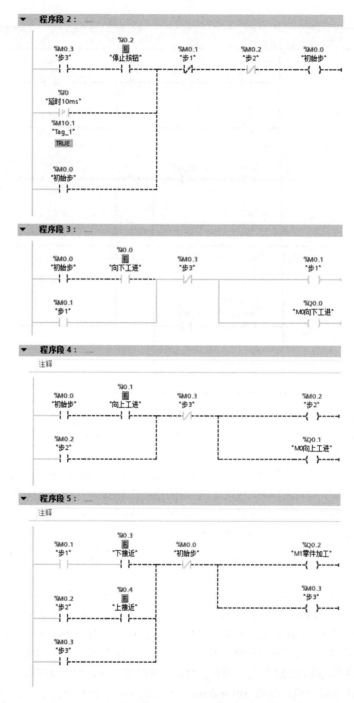

图 9-17　选择序列启保停方式的某加工系统控制仿真效果图

9.4.3　并行序列启保停方式的顺序控制

（1）并行序列启保停方式的顺序功能图与梯形图的转换

并行序列启保停方式的顺序功能图转换为梯形图的关键点也在于分支处和合并处程序的处理，其余与单序列的处理方法一致。

① 分支处编程　若并行程序某步后有 N 条并行分支，如果转换条件满足，则并行分支的

第 1 步同时被激活。这些并行分支的第 1 步的启动条件均相同，都是前级步的常开触点与转换条件的常开触点组成的串联电路，不同的是各个并列分支的停止条件。串入各自后续步常闭触点作为停止条件。启保停方式的并行序列分支处顺序功能图与梯形图的转换，如图 9-18 所示。

　　② 合并处编程　对于合并程序的合并，若某步之前有 N 条分支，即有 N 条分支进入到该步，则并行分支的最后一步同时为 1，且转换条件满足时，方能完成合并。因此合并处的启动电路为所有并列分支最后一步的常开触点串联和转换条件的常开触点的组合；停止条件仍为后续步的常闭触点。启保停方式的并行序列合并处顺序功能图与梯形图的转换，如图 9-18 所示。

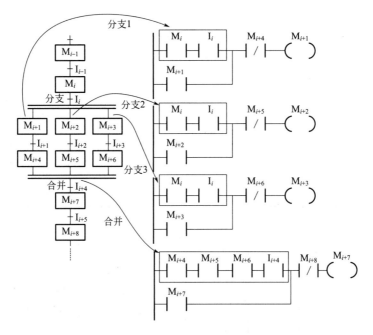

图 9-18　启保停方式的并行序列顺序功能图与梯形图的转换

（2）并行序列启保停方式的顺序控制应用实例

例 9-5：并行序列启保停方式在十字路口信号灯控制中的应用

1）控制要求　某十字路口信号灯的控制示意如图 9-19 所示。按下启动按钮 SB0，东西方向绿灯 HL0 点亮，绿灯 HL0 亮 25s 后闪烁 3s，然后黄灯 HL1 亮 2s 后熄灭，紧接着红灯 HL2

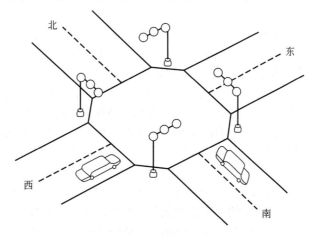

图 9-19　十字路口信号灯控制示意图

亮 30s 后再熄灭,再接着绿灯 HL0 亮……,如此循环。在东西绿灯 HL0 亮的同时,南北红灯 HL3 亮 30s,接着绿灯 HL3 点亮,绿灯 HL3 亮 25s 后闪烁 3s,然后黄灯 HL4 亮 2s 后熄灭,红灯 HL5 亮……,如此循环。

2) 并行序列启保停方式实现十字路口信号灯控制 根据控制过程可知,需要 2 个输入点和 6 个输出点,I/O 分配如表 9-12 所示,因此 CPU 可选用 CPU 1511-1 PN,数字量输入模块为 DI 16×24VDC BA,数字量输出模块为 DQ 16×24VDC/0.5A ST(6ES7 522-1BH00-0AB0),PLC 外部接线如图 9-20 所示。

表 9-12 十字路口信号灯控制的 I/O 分配表

输　入			输　出		
功能	元件	PLC 地址	功能	元件	PLC 地址
启动按钮	SB0	I0.0	东西绿灯	HL0	Q0.0
停止按钮	SB1	I0.1	东西黄灯	HL1	Q0.1
			东西红灯	HL2	Q0.2
			南北绿灯	HL3	Q0.3
			南北黄灯	HL4	Q0.4
			南北红灯	HL5	Q0.5

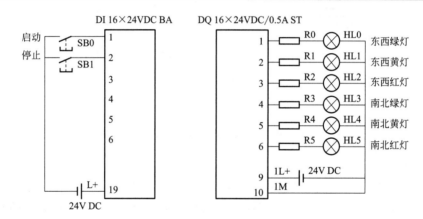

图 9-20 十字路口信号灯控制的 PLC 外部接线图

根据十字路口信号灯的控制要求,画出顺序功能图如图 9-21 所示。从图中看出,在 M0.0 后有 1 个并列分支。当 M0.0 为活动步且 I0.0 为 1 时,则 M0.1 步、M0.5 步同时激活,所以 M0.1 步、M0.5 步的启动条件相同,都为 M0.0 和 I0.0 常开触点的串联,但是它们的停止条件不同,其中 M0.1 步的停止条件是串联 M0.2 常闭触点;M0.5 步的停止条件为串联 M0.6 常闭触点。

在 M1.1 之前有 1 个并行序列的合并,当 M0.4、M1.0 同时为活动步且转换条件 T4 和 T8 常开触点闭合时,M1.1 步应变为活动步,即 M1.1 的启动条件为 M0.4、M1.0、T4 和 T8 常开触点串联,停止条件为 M1.1 步中串入 M0.1 和 M0.5 的常闭触点。综合上述,其程序编写如表 9-13 所示。

当 PLC 一上电时,程序段 1 中 M10.0 触点闭合启动 T0 延时,当 T0 延时达到 10ms 后其触点闭合 1 次以作为程序段 2 中的一个启动条件。程序段 2 为初始步控制,当按下停止按钮 SB1 时,十字路口信号灯要停止工作,所以 M0.1~M1.1 步的停止条件中都串入 I0.1 常闭触点。但为了重启系统方便,M0.0 步中应再加入 1 个启动条件,即 I0.1 常开触点的下降沿触发信号。

程序段 3 为东西方向绿灯点亮 25s 控制；程序段 4 为东西方向绿灯闪烁 3s 控制；程序段 5 为东西方向黄灯点亮 2s 控制；程序段 6 为东西方向红灯亮 30s 控制；程序段 7 为南北方向红灯亮 30s 控制；程序段 8 为南北方向绿灯亮 25s 控制；程序段 9 为南北方向绿灯闪烁 3s 控制；程序段 10 为南北方向黄灯亮 2s 控制；程序段 11 出于编程方便而编写，T9 的时间仅为 0.1s，不影响程序的整体；程序段 12 ～程序段 14 是 M2.0 每隔 500ms 的闪烁输出，作为绿灯的闪烁控制。程序段 15 为东西方向绿灯输出控制，M0.2 常开触点串入 M2.0 常开触点以实现东西方向的绿灯闪烁；程序段 16 为东西方向黄灯输出控制；程序段 17 为东西方向红灯输出控制；程序段 18 为南北方向绿灯输出控制，M0.7 常开触点串入 M2.0 常开触点以实现南北方向的绿灯闪烁；程序段 19 为南北方向黄灯输出控制；程序段 20 为南北方向红灯输出控制。

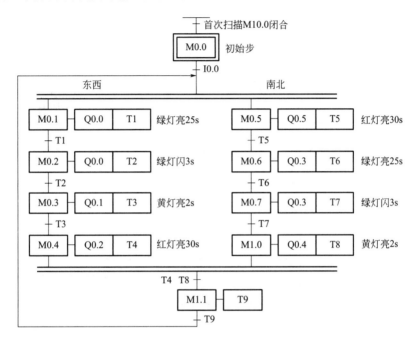

图 9-21 十字路口信号灯的顺序控制功能图

表 9-13 并行序列启保停方式在十字路口信号灯控制中的应用程序

程序段	LAD
程序段 1	%M10.0 "首次闭合" / — %T0 "延时10ms" (SD) S5T#10ms
程序段 2	%I0.0 "启动按钮" P, %M10.2 "Tag_2", %T0 "延时10ms" P, %M10.1 "Tag_1", %M0.0 "初始步" — %M0.1 "步1" / — %M0.5 "步5" / — %M0.0 "初始步" ( )

程序段	LAD
程序段 3	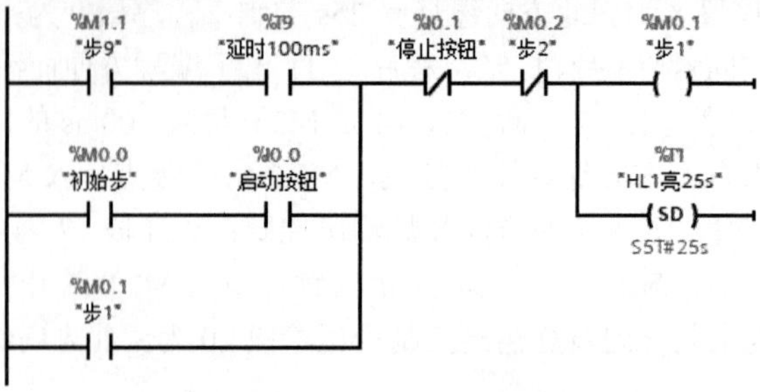 %M1.1 "步9" ── %T9 "延时100ms" ── %I0.1 "停止按钮" ── %M0.2 "步2" ── %M0.1 "步1" ( ) %M0.0 "初始步" ── %I0.0 "启动按钮" %M0.1 "步1" %T1 "HL1亮25s" (SD) S5T#25s
程序段 4	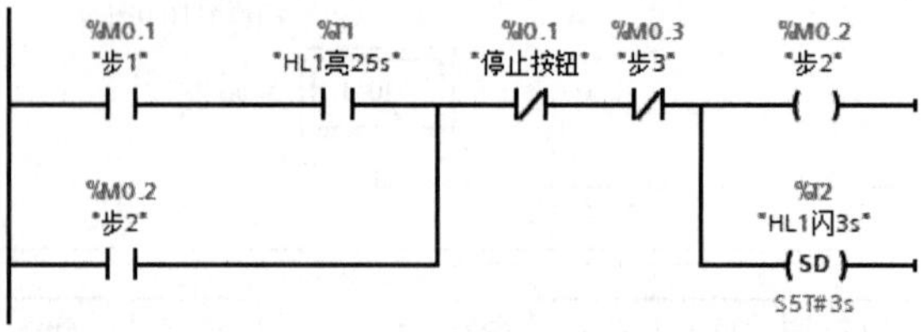 %M0.1 "步1" ── %T1 "HL1亮25s" ── %I0.1 "停止按钮" ── %M0.3 "步3" ── %M0.2 "步2" ( ) %M0.2 "步2" %T2 "HL1闪3s" (SD) S5T#3s
程序段 5	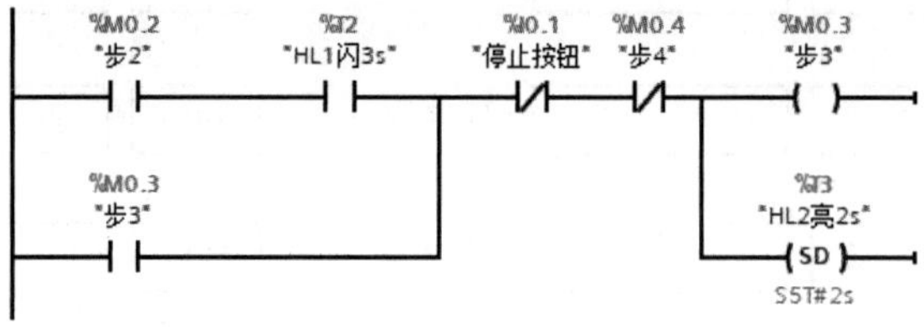 %M0.2 "步2" ── %T2 "HL1闪3s" ── %I0.1 "停止按钮" ── %M0.4 "步4" ── %M0.3 "步3" ( ) %M0.3 "步3" %T3 "HL2亮2s" (SD) S5T#2s
程序段 6	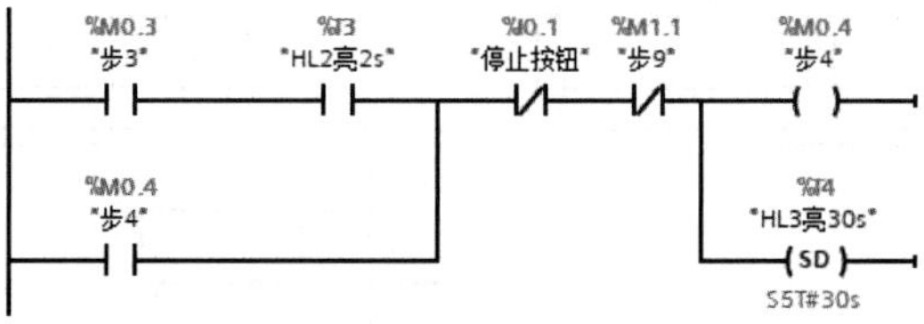 %M0.3 "步3" ── %T3 "HL2亮2s" ── %I0.1 "停止按钮" ── %M1.1 "步9" ── %M0.4 "步4" ( ) %M0.4 "步4" %T4 "HL3亮30s" (SD) S5T#30s
程序段 7	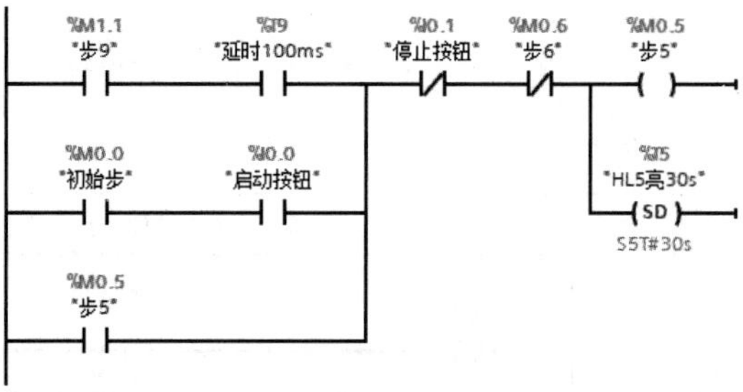 %M1.1 "步9" ── %T9 "延时100ms" ── %I0.1 "停止按钮" ── %M0.6 "步6" ── %M0.5 "步5" ( ) %M0.0 "初始步" ── %I0.0 "启动按钮" %M0.5 "步5" %T5 "HL5亮30s" (SD) S5T#30s
程序段 8	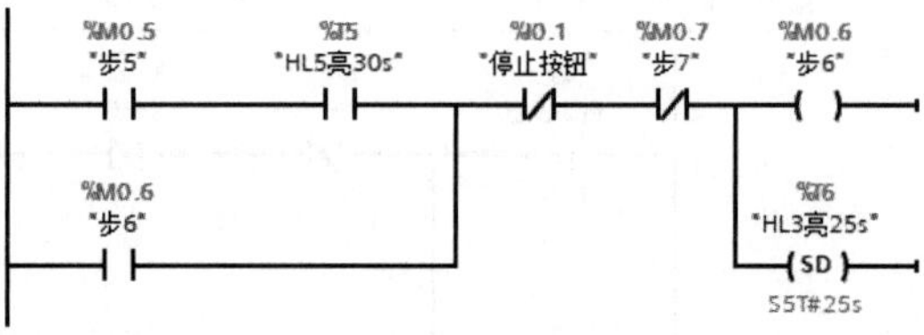 %M0.5 "步5" ── %T5 "HL5亮30s" ── %I0.1 "停止按钮" ── %M0.7 "步7" ── %M0.6 "步6" ( ) %M0.6 "步6" %T6 "HL3亮25s" (SD) S5T#25s
程序段 9	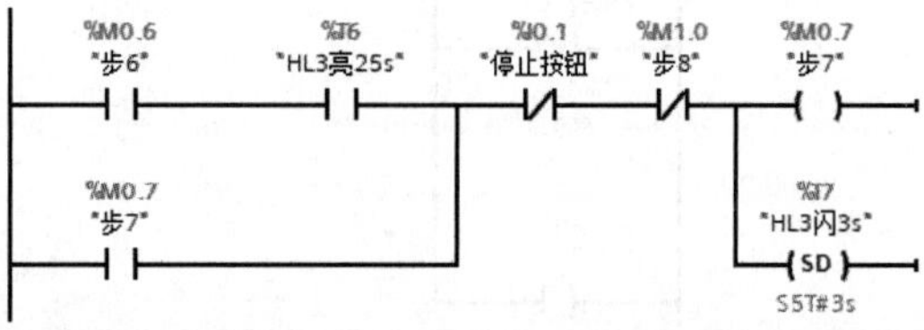 %M0.6 "步6" ── %T6 "HL3亮25s" ── %I0.1 "停止按钮" ── %M1.0 "步8" ── %M0.7 "步7" ( ) %M0.7 "步7" %T7 "HL3闪3s" (SD) S5T#3s

程序段	LAD
程序段 10	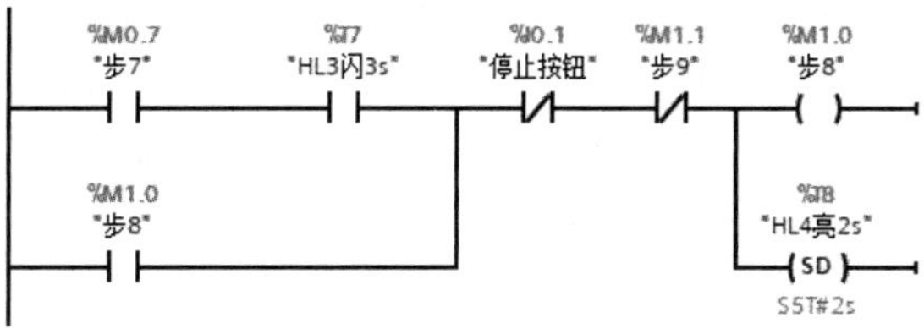 %M0.7 "步7" ── %T7 "HL3闪3s" ── %I0.1 "停止按钮"(常闭) ── %M1.1 "步9"(常闭) ── %M1.0 "步8"( ) %M1.0 "步8" %T8 "HL4亮2s" (SD) S5T#2s
程序段 11	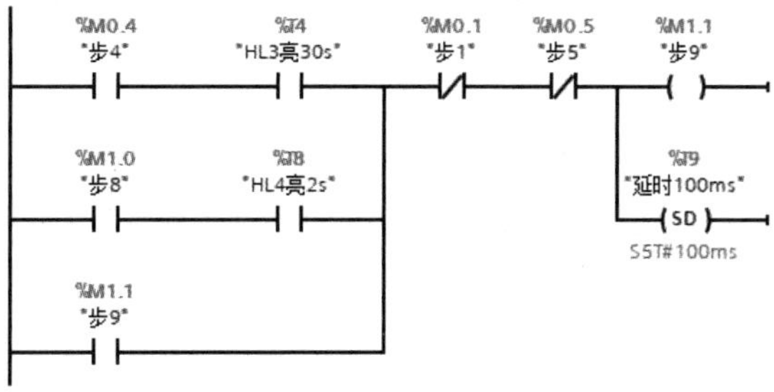 %M0.4 "步4" ── %T4 "HL3亮30s" ── %I0.1 "步1"(常闭) ── %M0.5 "步5"(常闭) ── %M1.1 "步9"( ) %M1.0 "步8" ── %T8 "HL4亮2s" %M1.1 "步9" %T9 "延时100ms" (SD) S5T#100ms
程序段 12	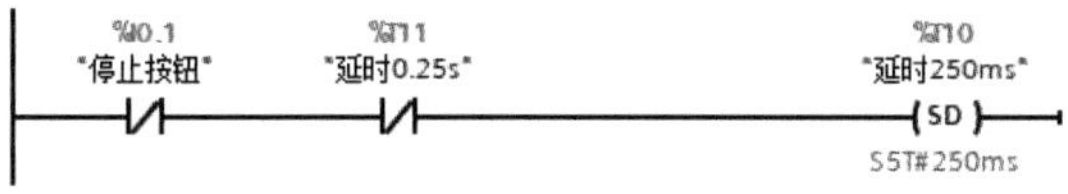 %I0.1 "停止按钮"(常闭) ── %T11 "延时0.25s"(常闭) ── %T10 "延时250ms" (SD) S5T#250ms
程序段 13	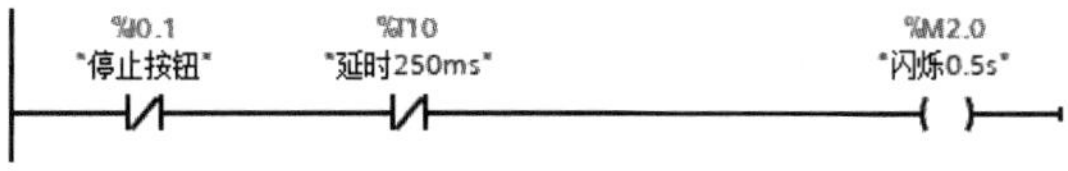 %I0.1 "停止按钮"(常闭) ── %T10 "延时250ms"(常闭) ── %M2.0 "闪烁0.5s"( )
程序段 14	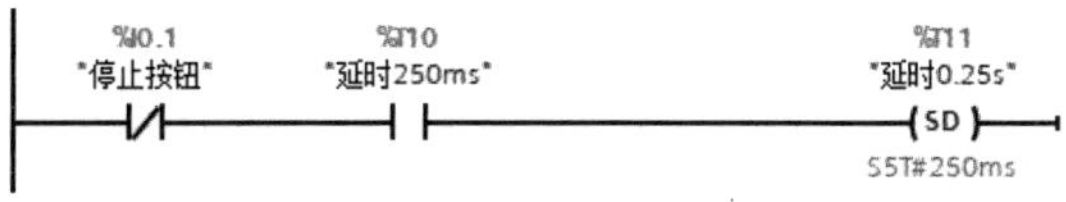 %I0.1 "停止按钮"(常闭) ── %T10 "延时250ms"(常闭) ── %T11 "延时0.25s" (SD) S5T#250ms
程序段 15	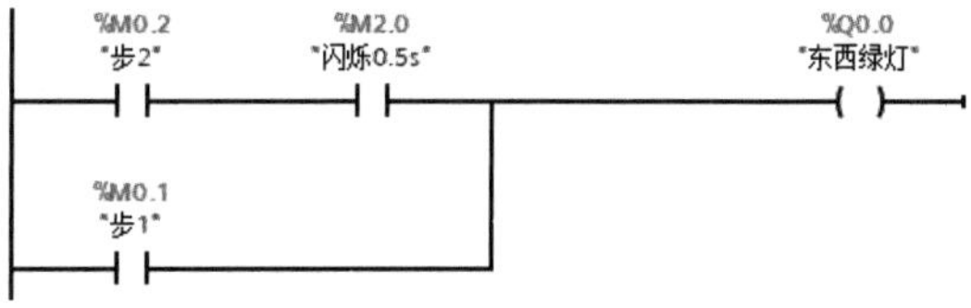 %M0.2 "步2" ── %M2.0 "闪烁0.5s" ── %Q0.0 "东西绿灯"( ) %M0.1 "步1"
程序段 16	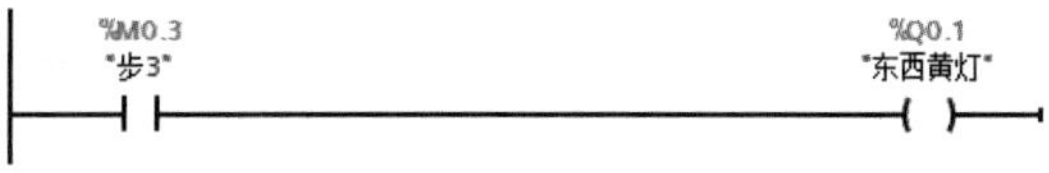 %M0.3 "步3" ── %Q0.1 "东西黄灯"( )
程序段 17	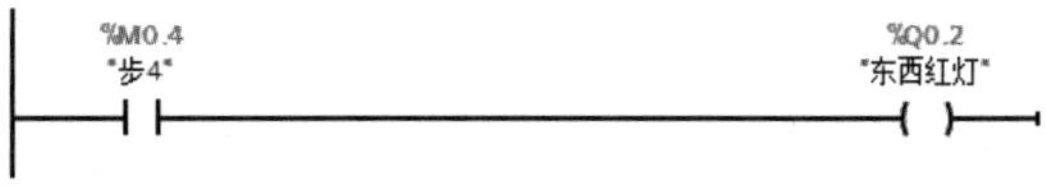 %M0.4 "步4" ── %Q0.2 "东西红灯"( )
程序段 18	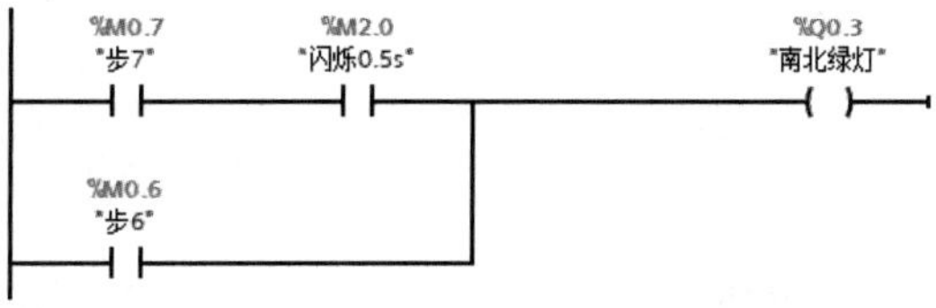 %M0.7 "步7" ── %M2.0 "闪烁0.5s" ── %Q0.3 "南北绿灯"( ) %M0.6 "步6"
程序段 19	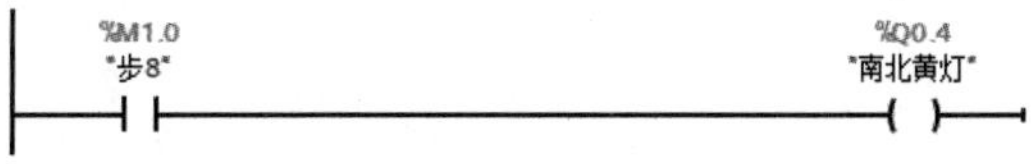 %M1.0 "步8" ── %Q0.4 "南北黄灯"( )
程序段 20	 %M0.5 "步5" ── %Q0.5 "南北红灯"( )

3）程序仿真

① 启动 TIA Portal 软件，创建一个新的项目，并进行硬件组态，然后按照表 9-13 所示输入 LAD（梯形图）程序。

② 执行菜单命令"在线"→"仿真"→"启动"，即可开启 S7-PLCSIM 仿真。在弹出的"扩展的下载到设备"对话框中将"接口/子网的连接"选择为"插槽'1×1'处的方向"，再单击"开始搜索"按钮，TIA 博途软件开始搜索可以连接的设备，并显示相应的在线状态信息，然后单击"下载"按钮，完成程序的装载。

③ 在主程序窗口，单击全部监视图标 ，同时使 S7-PLCSIM 处于"RUN"状态，即可观看程序的运行情况。

④ 刚进入在线仿真状态时，M10.0 常闭触点闭合，启动 T0 延时 10ms。延时达到 10ms 后 T0 常开触点闭合 1 次，使 M0.0 线圈得电自锁。先强制 I0.0 为 ON，M0.1 和 M0.5 线圈得电，然后东西方向和南北方向的步根据时间顺序执行相应操作。图 9-22 为 M0.1 步和 M0.5 步处于活动步的仿真效果图，此时东西方向绿灯亮，南北方向红灯亮，即允许东西方向的车通行。

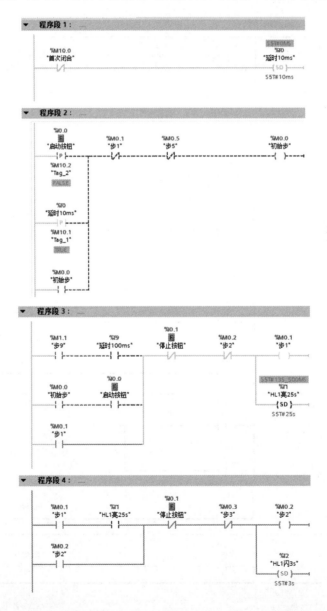

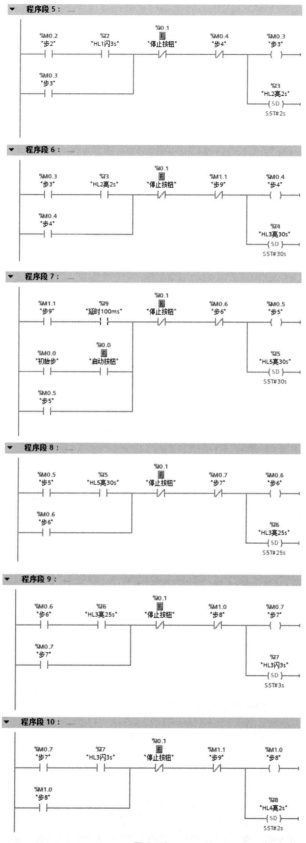

图 9-22

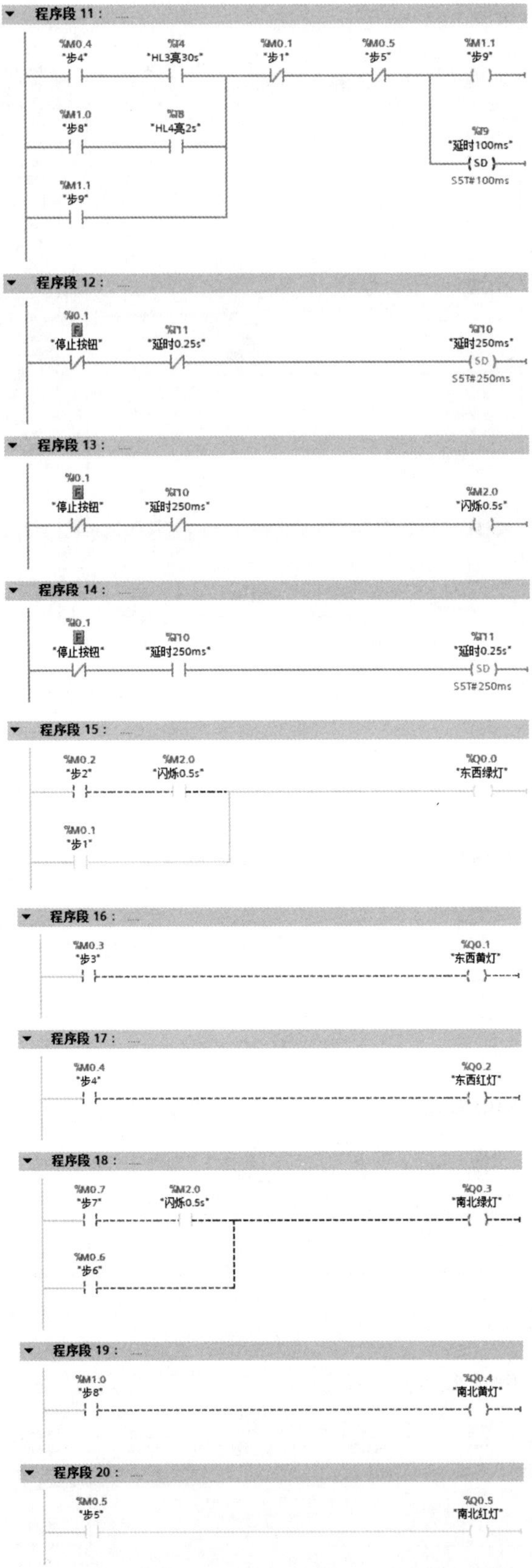

图 9-22　并行序列启保停方式的十字路口信号灯控制仿真效果图

9.5 转换中心方式的顺序控制 ●●●▪▪

使用置位/复位指令的顺序控制功能梯形图的编写方法又称为以转换为中心的编写方法，它是用某一转换所有前级步对应的辅助继电器的常开触点与转换对应的触点或电路串联，作为使用所有后续步对应的辅助继电器置位和使所有前级步对应的辅助继电器复位的条件。

9.5.1 单序列转换中心方式的顺序控制

单序列启保停方式的顺序功能图与梯形图的对应关系，如图 9-23 所示。在图中，M_{i-1}、M_i、M_{i+1} 是顺序功能图中的连续 3 步，I_i 和 I_{i+1} 为转换条件。M_{i-1} 为活动步，且转换条件 I_i 满足，M_i 被置位，同时 M_{i-1} 被复位，因此将 M_{i-1} 和 I_i 的常开触点组成的串联电路作为 M_i 步的启动条件，同时它也作为 M_{i-1} 步的停止条件。M_i 为活动步，且转换条件 I_{i+1} 满足，M_{i+1} 被置位，同时 M_i 被复位，因此将 M_i 和 I_{i+1} 的常开触点组成的串联电路作为 M_{i+1} 步的启动条件，同时它也作为 M_i 步的停止条件。

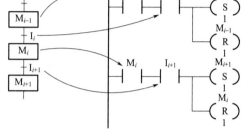

图 9-23　单序列转换中心方式的顺序
功能图与梯形图的对应关系

例 9-6：单序列转换中心方式在彩灯中的应用。

1）控制要求　按下启动按钮 SB0，红灯亮；10s 后，绿灯亮；20s 后，黄灯亮；再过 10s 后返回到红灯亮，如此循环。

2）单序列转换中心方式实现彩灯控制　根据控制过程可知，需要 2 个输入点和 3 个输出点，I/O 分配如表 9-14 所示，因此 CPU 可选用 CPU 1511-1 PN，数字量输入模块为 DI 16×24VDC BA，数字量输出模块为 DQ 16×24VDC/0.5A ST（6ES7 522-1BH00-0AB0），PLC 外部接线如图 9-24 所示。

表 9-14　彩灯控制的 I/O 分配表

输　入			输　出		
功能	元件	PLC 地址	功能	元件	PLC 地址
启动按钮	SB0	I0.0	红灯	HL0	Q0.0
停止按钮	SB1	I0.1	绿灯	HL1	Q0.1
			黄灯	HL2	Q0.2

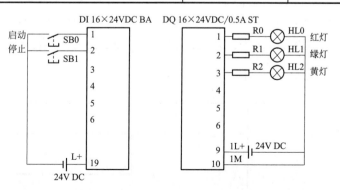

图 9-24　彩灯控制的 PLC 外部接线图

根据彩灯控制要求，画出顺序功能图如图 9-25 所示。从图中可以看出，PLC 一上电时，M10.0 常闭触点闭合 1 次，M0.0 被置位，则 M0.0 步变为活动步。M0.0 为活动步，且转换条件 I0.0 常开触点闭合时，M0.0 被复位，M0.1 被置位，则 M0.1 步变为活动步，此时 Q0.0 线圈得电使得红灯点亮，同时 T1 延时。T1 延时 10s 后，T1 常开触点闭合，使 M0.1 被复位，M0.2 被置位，则 M0.2 步变为活动步，此时 Q0.1 线圈得电使得绿灯点亮，同时 T2 延时。T2 延时 20s 后，T2 常开触点闭合，使 M0.2 被复位，M0.3 被置位，则 M0.3 步变为活动步，此时 Q0.2 线圈得电使得黄灯点亮，同时 T3 延时。T3 延时 10s 后，若未按下停止按钮（I0.1 仍处于闭合状态），则 M0.3 被复位，M0.1 被置位变为活动步，如此循环。程序编写如表 9-15 所示。

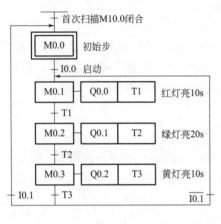

图 9-25　彩灯顺序控制功能图

表 9-15　单序列转换中心方式在彩灯中的应用程序

程序段	LAD
程序段 1	%M10.0 "首次闭合" ─┤/├─ %T0 "延时10ms" ─(SD)─ S5T#10ms
程序段 2	%I0.0 "启动按钮" ─┤P├─ %M10.2 "Tag_2"　%T0 "延时10ms" ─┤P├─ %M10.1 "Tag_1"　→ %M0.0 "初始步" ─(S)─
程序段 3	%M0.0 "初始步" ─┤├─ %I0.0 "启动按钮" ─┤├─ %M0.1 "步1" ─(S)─ / %M0.0 "初始步" ─(R)─
程序段 4	%M0.1 "步1" ─┤├─ %I0.1 "停止按钮" ─┤/├─ %Q0.0 "红灯" ─( )─ / %T1 "红灯亮10s" ─(SD)─ S5T#10s
程序段 5	%M0.1 "步1" ─┤├─ %T1 "红灯亮10s" ─┤├─ %M0.2 "步2" ─(S)─ / %M0.1 "步1" ─(R)─
程序段 6	%M0.2 "步2" ─┤├─ %I0.1 "停止按钮" ─┤/├─ %Q0.1 "绿灯" ─(S)─ / %T2 "绿灯亮20s" ─(SD)─ S5T#20s

程序段	LAD
程序段 7	%M0.2 "步2" —┤├— %T2 "绿灯亮20s" —┤├———— %M0.3 "步3" —(S)— / %M0.2 "步2" —(R)—
程序段 8	%M0.3 "步3" —┤├— %I0.1 "停止按钮" —┤/├———— %Q0.2 "黄灯" —( )— / %T3 "黄灯亮10s" —(SD)— S5T#10s
程序段 9	%M0.3 "步3" —┤├— %T3 "黄灯亮10s" —┤├— %I0.1 "停止按钮" —┤/├— %M0.1 "步1" —(S)— / %M0.3 "步3" —(R)—
程序段 10	%I0.1 "停止按钮" —┤├——— %M0.1 "步1" —[RESET_BF]— 3 / %Q0.0 "红灯" —[RESET_BF]— 3

当 PLC 上电时，程序段 1 中 M10.0 触点闭合启动 T0 延时，当 T0 延时达到 10ms 后其触点闭合 1 次以作为程序段 2 中的一个启动条件。程序段 2 中，当 PLC 上电或按下启动按钮 SB0 时 M0.0 步被激活。程序段 3 中，当 M0.0 步为活动步时，如果按下启动按钮 SB0 时，M0.1 步变为活动步，而 M0.0 变为非活动步。程序段 4 中，当 M0.1 为活动步时，Q0.0 得电且 T1 进行延时，红灯进行点亮。程序段 5 中，当 M0.1 为活动步，且 T1 延时 10s 后，M0.2 步变为活动步，而 M0.1 变为非活动步。程序段 6 中，当 M0.2 为活动步时，Q0.1 得电且 T2 进行延时，绿灯进行点亮。程序段 7 中，当 M0.2 为活动步，且 T2 延时 20s 后，M0.3 步变为活动步，而 M0.2 变为非活动步。程序段 8 中，当 M0.3 为活动步时，Q0.2 得电且 T3 进行延时，黄灯进行点亮。程序段 9 中，当 M0.3 为活动步，且 T3 延时 10s 后，M0.1 步变为活动步，而 M0.3 变为非活动步。程序段 10 中，按下停止按钮 SB1 时，将 M0.1 ～ M0.3 步复位，Q0.0 ～ Q0.2 全部熄灭。

3）程序仿真

① 启动 TIA Portal 软件，创建一个新的项目，并进行硬件组态，然后按照表 9-15 所示输入 LAD（梯形图）程序。

② 执行菜单命令"在线"→"仿真"→"启动"，即可开启 S7-PLCSIM 仿真。在弹出的"扩展的下载到设备"对话框中将"接口 / 子网的连接"选择为"插槽'1×1'处的方向"，再单击"开始搜索"按钮，TIA 博途软件开始搜索可以连接的设备，并显示相应的在线状态信息，然后单击"下载"按钮，完成程序的装载。

③ 在主程序窗口，单击全部监视图标 👓 ，同时使 S7-PLCSIM 处于"RUN"状态，即可观看程序的运行情况。

④ 刚进入在线仿真状态时，M10.0 常闭触点闭合，启动 T0 延时 10ms。延时达到 10ms 后 T0 常开触点闭合 1 次，使 M0.0 线圈得电自锁。先强制 I0.0 为 ON，M0.0 线圈复位，而 M0.1 线圈置 1，同时 Q0.0 线圈输出，T1 进行延时。T1 延时 10s 后，M0.1 线圈复位，而 M0.2 线圈

置 1，同时 Q0.1 线圈输出，T2 进行延时，仿真效果如图 9-26 所示。T2 延时 20s 后，M0.2 线圈复位，而 M0.3 线圈置 1，同时 Q0.2 线圈输出，T3 进行延时。T3 延时 10s 后，M0.3 线圈复位，而 M0.1 线圈置 1，同时 Q0.0 线圈输出，T1 进行延时，如此循环。当按下停止按钮 SB1 时，所有的彩灯均熄灭，系统恢复到初始步。

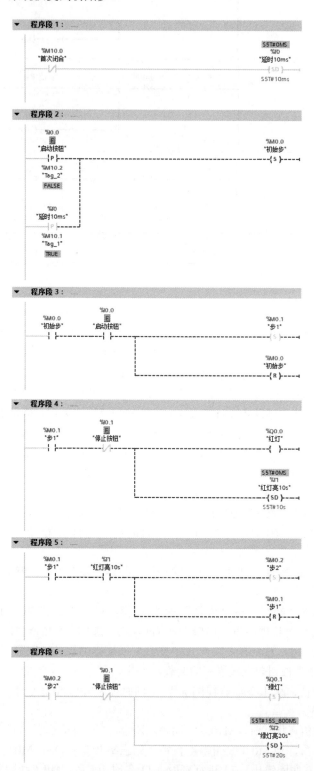

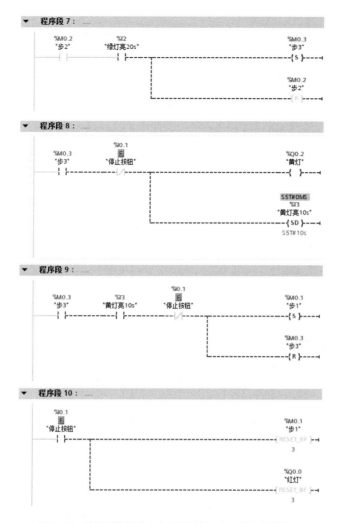

图 9-26 单序列转换中心方式的彩灯中的应用仿真效果图

9.5.2 选择序列转换中心方式的顺序控制

选择序列转换中心方式的顺序功能图转换为梯形图的关键点在于分支处和合并处的程序处理，它不需要考虑多个前级步和后续步的问题，只考虑转换即可。

例 9-7：选择序列转换中心方式在洗车控制系统中的应用。

1）控制要求　洗车过程通常包含 3 道工艺：泡沫洗车（Q0.0）、清水冲洗（Q0.1）和风干（Q0.2）。某洗车控制系统具有手动和自动两种方式。如果选择开关（SA）置于"手动"方式，按下启动按钮 SB0，则执行泡沫清洗；按下冲洗按钮 SB2，则执行清水冲洗；按下风干按钮 SB3，则执行风干；按下结束按钮 SB4，则结束洗车作业。如果选择开关置于"自动"方式，按下启动按钮 SB0，则自动执行洗车操作。自动洗车流程为：泡沫清洗 20s → 清水冲洗 30s → 风干 15s → 结束 → 回到待洗状态。洗车过程结束，警铃（Q0.3）发声提示。

2）选择序列转换中心方式实现洗车控制系统　根据控制过程可知，需要 6 个输入点和 4 个输出点，I/O 分配如表 9-16 所示，因此 CPU 可选用 CPU 1511-1 PN，数字量输入模块为 DI 16×24VDC BA，数字量输出模块为 DQ 16×230VAC/2A ST，PLC 外部接线如图 9-27 所示。

表 9-16　洗车控制系统的 I/O 分配表

输入			输出		
功能	元件	PLC 地址	功能	元件	PLC 地址
手动 / 自动选择开关	SA	I0.0	控制泡沫洗车电动机	KM1	Q0.0
启动按钮	SB0	I0.1	控制清水冲洗电动机	KM2	Q0.1
停止按钮	SB1	I0.2	控制风干电动机	KM3	Q0.2
冲洗按钮	SB2	I0.3	控制警铃	KA	Q0.3
风干按钮	SB3	I0.4			
结束按钮	SB4	I0.5			

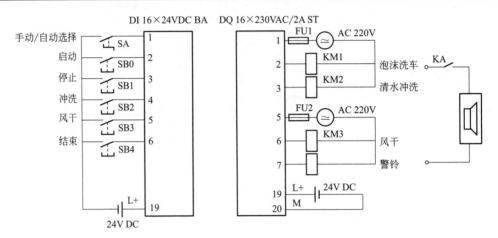

图 9-27　洗车控制系统的 PLC 外部接线图

　　根据洗车控制系统的工作过程，由于"手动"和"自动"工作方式只能选择其一，因此使用选择分支来实现，其顺序功能图如图 9-28 所示。初始状态为 M0.0，待洗状态用 M0.1 表示，

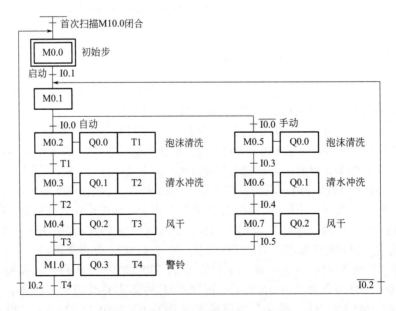

图 9-28　洗车控制系统的顺序控制功能图

洗车作业流程包括泡沫清洗、清水冲洗、风干 3 个工序，所以在"自动"和"手动"方式下可分别用 3 个状态来表示，自动方式使用 M0.2 ～ M0.4，手动方式使用 M0.5 ～ M0.7。洗车作业完成状态用 M1.0 表示。

从图 9-28 中可以看出，程序段 1 中 M10.0 触点闭合启动 T0 延时，当 T0 延时达到 10ms 后其触点闭合 1 次，M0.0 被置位，则 M0.0 步变为活动步。M0.0 为活动步，且转换条件 I0.1 常开触点闭合时，M0.0 被复位，M0.1 被置位，则 M0.1 步变为活动步。M0.1 为活动步时，若 I0.0 常开触点闭合，则执行自动洗车流程，否则执行手动洗车流程。

在自动洗车流程下，I0.0 常开触点闭合，M0.1 被复位，M0.2 被置位，则 M0.2 步变为活动步，此时 Q0.0 线圈得电执行泡沫清洗工序，同时 T1 延时。T1 延时 20s 后，T1 常开触点闭合，使 M0.2 被复位，M0.3 被置位，则 M0.3 步变为活动步，此时 Q0.1 线圈得电执行清水冲洗工序，同时 T2 延时。T2 延时 30s 后，T2 常开触点闭合，使 M0.3 被复位，M0.4 被置位，则 M0.4 变为活动步，此时 Q0.2 线圈得电执行风干工序，同时 T3 延时。T3 延时 15s 后，T3 常开触点闭合，使 M0.4 被复位，M1.0 被置位，则 M1.0 步变为活动步，此时 Q0.3 线圈得电发出警铃，同时 T4 延时。T4 延时 5s 后，若未按下停止按钮（I0.2 仍处于闭合状态），则 M1.0 被复位，M0.1 被置位变为活动步，如此循环。

在手动洗车流程下，I0.0 常闭触点闭合，M0.1 被复位，M0.5 被置位，则 M0.5 步变为活动步，此时 Q0.0 线圈得电执行泡沫清洗工序。按下冲洗按钮 SB2，I0.3 常开触点闭合，使 M0.5 被复位，M0.6 被置位，则 M0.6 步变为活动步，此时 Q0.1 线圈得电执行清水冲洗工序。按下风干按钮 SB3，I0.4 常开触点闭合，使 M0.6 被复位，M0.7 被置位，则 M0.7 步变为活动步，此时 Q0.2 线圈得电执行风干工序。按下结束按钮 SB4，I0.5 常开触点闭合，使 M0.7 被复位，M1.0 被置位，则 M1.0 步变为活动步，此时 Q0.3 线圈得电发出警铃，同时 T4 延时。T4 延时 5s 后，若未按下停止按钮（I0.2 仍处于闭合状态），则 M1.0 被复位，M0.1 被置位变为活动步，如此循环。程序编写如表 9-17 所示。

当 PLC 上电时，程序段 1 中 M10.0 触点闭合启动 T0 延时，当 T0 延时达到 10ms 后其触点闭合 1 次以作为程序段 2 中的一个启动条件。程序段 2 中，当 PLC 上电或按下停止按钮 SB1 时 M0.0 步被激活。程序段 3 中，若按下启动按钮 SB0，I0.1 常开触点闭合，使 M0.1 步变为活动步，而 M0.0 变为非活动步。程序段 4 中，当 M0.1 为活动步，选择"自动"清洗时，I0.0 常开触点闭合，使 M0.2 步变为活动步，而 M0.1 变为非活动步。在程序段 5 中，当 M0.1 为活动步，选择"手动"清洗时，I0.0 常闭触点闭合，使 M0.5 步变为活动步，而 M0.1 变为非活动步。也就是程序段 4 和程序段 5 为选择分支控制。程序段 6 中，当 M0.2 为活动步时，T1 进行延时。程序段 7 中，当 M0.2 为活动步，且 T1 延时 20s 后，M0.3 步变为活动步，而 M0.2 变为非活动步。程序段 8 中，当 M0.3 为活动步时，T2 进行延时。程序段 9 中，当 M0.3 为活动步，且 T2 延时 30s 后，M0.4 步变为活动步，而 M0.3 变为非活动步。程序段 10 中，当 M0.4 为活动步时，T3 进行延时。程序段 11 中，当 M0.4 为活动步，且 T3 延时 15s 后，M1.0 步变为活动步，而 M0.4 变为非活动步。程序段 12 中，当 M1.0 为活动步时，T4 进行延时。程序段 13 中，当 M1.0 为活动步，且 T4 延时 5s 后，M0.1 步变为活动步，而 M1.0 变为非活动步。程序段 14 中，当 M0.5 为活动步，按下冲洗按钮 SB2，I0.3 常开触点闭合，M0.6 步变为活动步，而 M0.5 变为非活动步。程序段 15 中，当 M0.6 为活动步，按下风干按钮 SB3，I0.4 常开触点闭合，M0.7 步变为活动步，而 M0.6 变为非活动步。程序段 16 中，当 M0.7 为活动步，按下结束按钮 SB4，I0.5 常开触点闭合，M1.0 步变为活动步，而 M0.7 变为非活动步。程序段 10 和程序段 16 完成选择分支的合并操作。程序段 17 中，按下停止按钮 SB1 时，将所有的步及输出都复位。程序段 18 ～程序段 20 为相应的输出显示控制。程序段 21 ～程序段 23 为警铃的发声控制。

表 9-17　选择序列转换中心方式在洗车控制系统中的应用程序

程序段	LAD
程序段 1	%M10.0 "首次闭合" —|/|— ……… %T0 "延时10ms" —(SD)— S5T#10ms
程序段 2	%I0.2 "停止按钮" —|P|— %M10.2 "Tag_2" ……… %M0.0 "初始步" —(S)— ；%T0 "延时10ms" —|P|— %M10.1 "Tag_1"
程序段 3	%M0.0 "初始步" —| |— %I0.1 "启动按钮" —| |— ……… %M0.1 "步1" —(S)— ；%M0.0 "初始步" —(R)—
程序段 4	%M0.1 "步1" —| |— %I0.0 "手动/自动" —| |— ……… %M0.2 "步2" —(S)— ；%M0.1 "步1" —(R)—
程序段 5	%M0.1 "步1" —| |— %I0.0 "手动/自动" —|/|— ……… %M0.5 "步5" —(S)— ；%M0.1 "步1" —(R)—
程序段 6	%M0.2 "步2" —| |— %I0.2 "停止按钮" —|/|— ……… %T1 "延时20s" —(SD)— S5T#20s
程序段 7	%M0.2 "步2" —| |— %T1 "延时20s" —| |— ……… %M0.3 "步3" —(S)— ；%M0.2 "步2" —(R)—
程序段 8	%M0.3 "步3" —| |— %I0.2 "停止按钮" —|/|— ……… %T2 "延时30s" —(SD)— S5T#30s
程序段 9	%M0.3 "步3" —| |— %T2 "延时30s" —| |— ……… %M0.4 "步4" —(S)— ；%M0.3 "步3" —(R)—
程序段 10	%M0.4 "步4" —| |— %I0.2 "停止按钮" —|/|— ……… %T3 "延时15s" —(SD)— S5T#15s

程序段	LAD
程序段 11	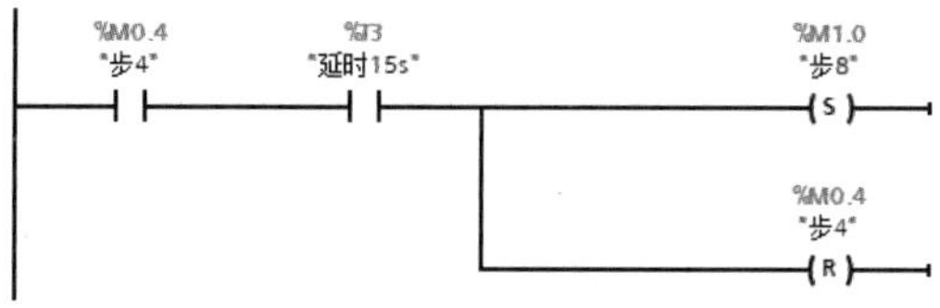 %M0.4 "步4" —| |— %T3 "延时15s" —| |— %M1.0 "步8" —(S)— / %M0.4 "步4" —(R)—
程序段 12	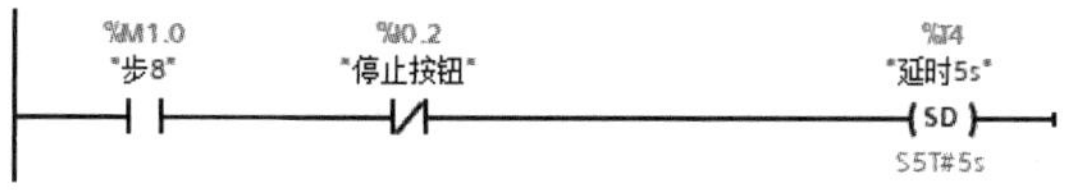 %M1.0 "步8" —| |— %Q0.2 "停止按钮" —|/|— %T4 "延时5s" —(SD)— S5T#5s
程序段 13	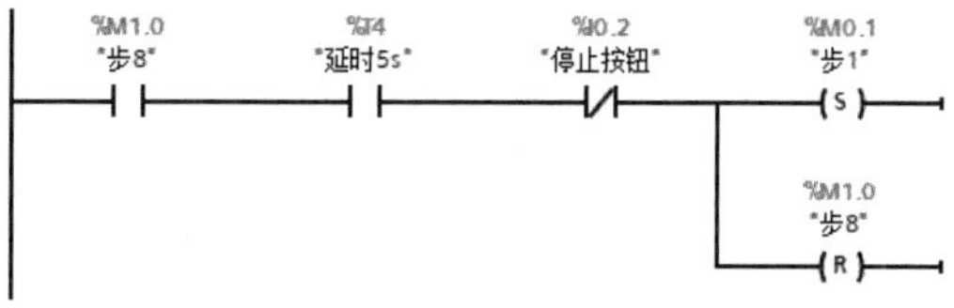 %M1.0 "步8" —| |— %T4 "延时5s" —| |— %Q0.2 "停止按钮" —|/|— %M0.1 "步1" —(S)— / %M1.0 "步8" —(R)—
程序段 14	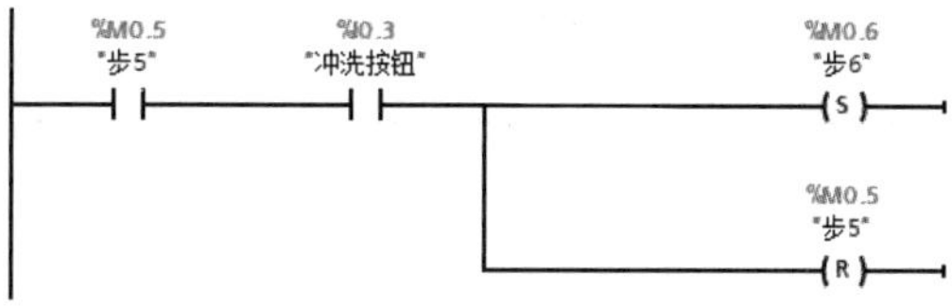 %M0.5 "步5" —| |— %Q0.3 "冲洗按钮" —| |— %M0.6 "步6" —(S)— / %M0.5 "步5" —(R)—
程序段 15	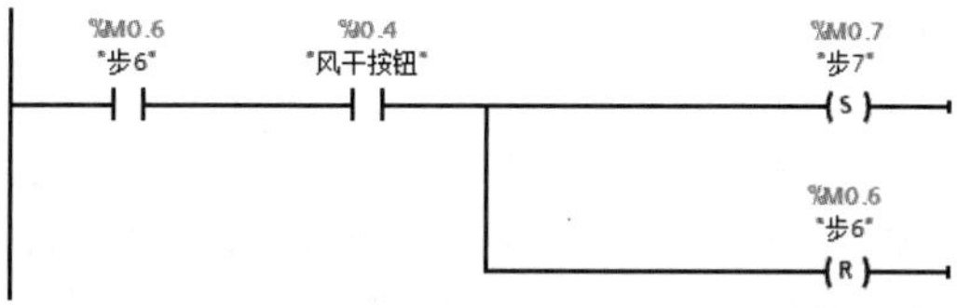 %M0.6 "步6" —| |— %Q0.4 "风干按钮" —| |— %M0.7 "步7" —(S)— / %M0.6 "步6" —(R)—
程序段 16	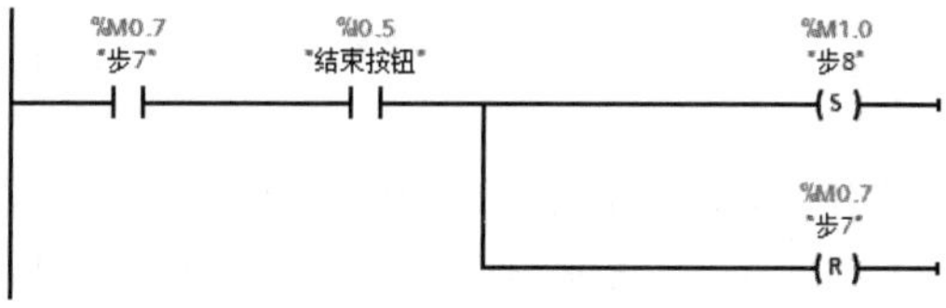 %M0.7 "步7" —| |— %Q0.5 "结束按钮" —| |— %M1.0 "步8" —(S)— / %M0.7 "步7" —(R)—
程序段 17	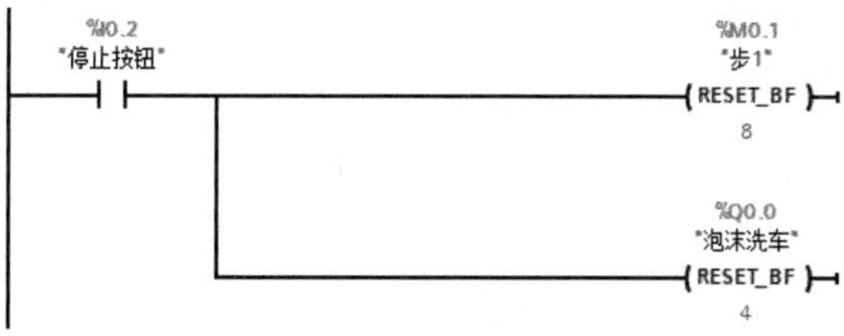 %Q0.2 "停止按钮" —| |— %M0.1 "步1" —(RESET_BF)— 8 / %Q0.0 "泡沫洗车" —(RESET_BF)— 4
程序段 18	%M0.2 "步2" —| |— / %M0.5 "步5" —| |— %Q0.2 "停止按钮" —|/|— %Q0.0 "泡沫洗车" —( )—
程序段 19	%M0.3 "步3" —| |— / %M0.6 "步6" —| |— %Q0.2 "停止按钮" —|/|— %Q0.1 "清水冲洗" —( )—

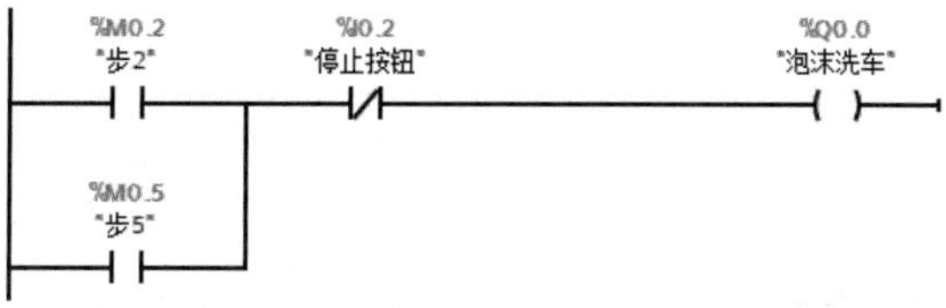

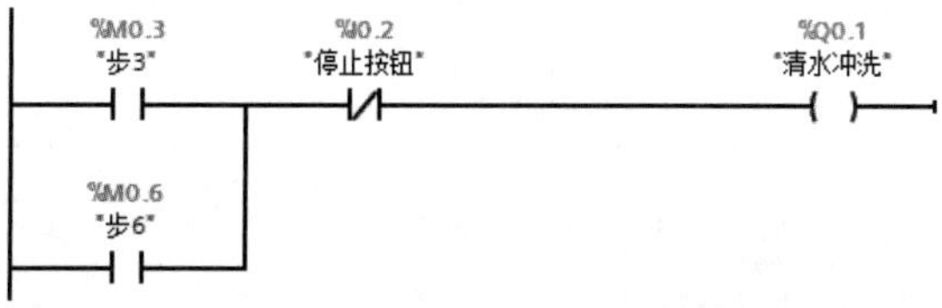

程序段	LAD
程序段 20	%M0.4 "步4"　%I0.2 "停止按钮"　%Q0.2 "风干" %M0.7 "步7"
程序段 21	%M1.0 "步8"　%T11 "延时0.25s"　%T10 "延时250ms" (SD) S5T#250ms
程序段 22	%M1.0 "步8"　%T10 "延时250ms"　%Q0.3 "響铃"
程序段 23	%M1.0 "步8"　%T10 "延时250ms"　%T11 "延时0.25s" (SD) S5T#250ms

3）程序仿真

① 启动 TIA Portal 软件，创建一个新的项目，并进行硬件组态，然后按照表 9-17 所示输入 LAD（梯形图）程序。

② 执行菜单命令"在线"→"仿真"→"启动"，即可开启 S7-PLCSIM 仿真。在弹出的"扩展的下载到设备"对话框中将"接口 / 子网的连接"选择为"插槽'1×1'处的方向"，再单击"开始搜索"按钮，TIA 博途软件开始搜索可以连接的设备，并显示相应的在线状态信息，然后单击"下载"按钮，完成程序的装载。

③ 在主程序窗口，单击全部监视图标 👓，同时使 S7-PLCSIM 处于"RUN"状态，即可观看程序的运行情况。

④ 刚进入在线仿真状态时，M10.0 常闭触点闭合，启动 T0 延时 10ms。延时达到 10ms 后 T0 常开触点闭合 1 次，使 M0.0 线圈得电自锁。强制 I0.0 和 I0.1 为 ON，执行"自动"洗车操作。若只将 I0.1 强制为 ON，执行"手动"洗车操作。图 9-29 为"自动"洗车操作下，执行风干工序的模拟仿真效果图。

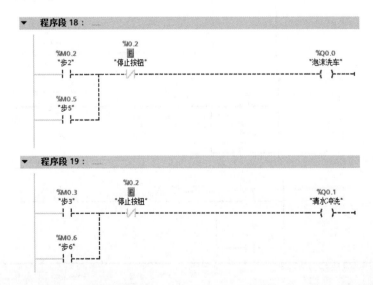

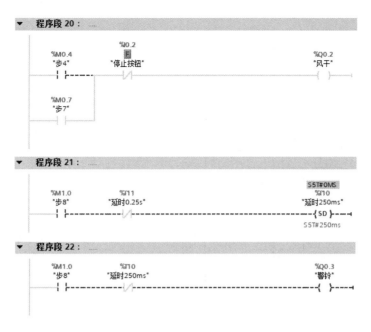

图 9-29　选择序列转换方式在洗车控制系统中的应用仿真效果图（部分）

9.5.3　并行序列转换中心方式的顺序控制

（1）并行序列转换中心方式的顺序功能图与梯形图的转换

并行序列转换中心方式的顺序功能图转换为梯形图的关键点也在于分支处和合并处程序的处理，其余与单序列的处理方法一致。

① 分支处编程　若并行程序某步 M_i 后有 N 条并行分支，如果 M_i 为活动步且转换条件满足，则并行分支的 N 个后续步同时被激活。所以 M_i 与转换条件的常开触点串联来置位后 N 步，同时复位 M_i 步。转换中心方式的并行序列分支处顺序功能图与梯形图的转换，如图 9-30 所示。

② 合并处编程　对于并行程序的合并，若某步之前有 N 条分支，即有 N 条分支进入到该步，则并行分支的最后一步同时为 1，且转换条件满足时，方能完成合并。因此合并处的 N 个分支最后一步常开触点与转换条件的常开触点串联，置位 M_i 同时复位 M_i 所有前级步。转换中心方式的并行序列合并处顺序功能图与梯形图的转换，如图 9-30 所示。

（2）并行序列转换中心方式的顺序控制应用实例

例 9-8：并行序列转换中心方式在某专用钻床控制中的应用

1）控制要求　某专用钻床用两只钻头同时钻两个孔，这两只钻头分别由 M1 和 M2 电动机驱动，其工作示意图如图 9-31 所示。操作人员放好工件后，按下启动按钮 SB0，工件被夹紧后，两只钻头同时开始工作。钻到由限位开关 SQ1 和 SQ3 设定的深度时，回到由限位开关 SQ2 和 SQ4 设定的起始位置时停止上行。两个都到位后，工件被松开，松开到位后，加工结束，系统返回到初始状态。

2）并行序列转换中心方式实现钻床控制　根据控制要求可知，需要 8 个输入点和 6 个输出点，I/O 分配如表 9-18 所示，因此 CPU 可选用 CPU 1511-1 PN，数字量输入模块为 DI 16×24VDC BA，数字量输出模块为 DQ 16×230VAC/2A ST，PLC 外部接线如图 9-32 所示。

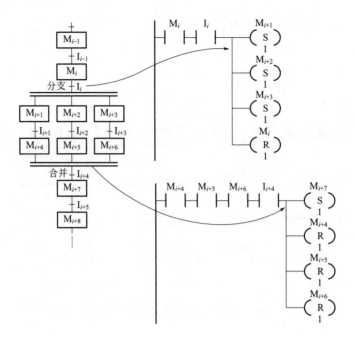

图 9-30 转换中心方式的并行序列顺序功能图与梯形图的转换

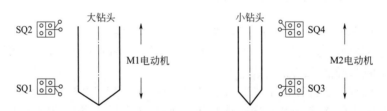

图 9-31 某专用钻床工作示意图

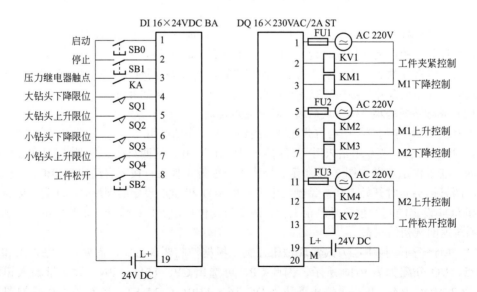

图 9-32 某专用钻床控制的 PLC 外部接线图

表 9-18　某专用钻床控制的 I/O 分配表

输　入			输　出		
功能	元件	PLC 地址	功能	元件	PLC 地址
启动按钮	SB0	I0.0	工件夹紧电磁阀	KV1	Q0.0
停止按钮	SB1	I0.1	M1 电动机下降控制	KM1	Q0.1
压力继电器触点	KA	I0.2	M1 电动机上升控制	KM2	Q0.2
大钻头下降限位	SQ1	I0.3	M2 电动机下降控制	KM3	Q0.3
大钻头上升限位	SQ2	I0.4	M2 电动机上升控制	KM4	Q0.4
小钻头下降限位	SQ3	I0.5	工件松开电磁阀	KV2	Q0.5
小钻头上升限位	SQ4	I0.6			
工件松开按钮	SB2	I0.7			

　　根据钻床的控制过程，画出顺序控制功能图如图 9-33 所示。两只钻头和各自的限位开关组成了两个子系统。这两个子系统在钻孔过程中并行工作，因此用并行序列中的两个子序列来分别表示这两个子系统的内部工作情况。

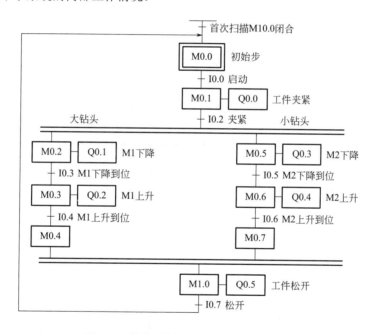

图 9-33　某专用钻床控制的顺序控制功能图

　　M0.1 为活动步时，Q0.0 为 1，夹紧电磁阀的线圈（Q0.0）通电，工件被夹紧后，压力继电器常开触点（I0.2）闭合，使 M0.1 步变为非活动步，而 M0.2 和 M0.5 步同时变为活动步，Q0.1 和 Q0.3 线圈得电，M1 和 M2 电动机执行下降操作，控制两只钻头向下进给，开始钻孔。当大、小孔分别钻完了，Q0.2 和 Q0.4 线圈得电，M1 和 M2 电动机执行上升操作，控制两只钻头向上运动，返回初始位置后，触碰到限位开关 SQ2 和 SQ4，I0.4 和 I0.6 常开触点闭合，等待 M0.4 和 M0.7 分别变为活动步。

　　只要 M0.4 和 M0.7 都变为活动步，M1.0 将直接变为活动步，Q0.5 线圈得电，工件电磁阀控制工件松开。工件被松开后，按钮 SB2 闭合，使得 I0.7 常开触点闭合，系统返回初始步M0.0。程序编写如表 9-19 所示。

当 PLC 一上电时，程序段 1 中 M10.0 触点闭合启动 T0 延时，当 T0 延时达到 10ms 后其触点闭合 1 次以作为程序段 2 中的一个启动条件。程序段 2 中，当 PLC 一上电或按下停止按钮 SB1 时 M0.0 步被激活。程序段 3 中，若按下启动按钮 SB0，I0.0 常开触点闭合，使 M0.1 步变为活动步，而 M0.0 步变为非活动步，Q0.0 线圈得电，工件被夹紧。程序段 4 中，工件被夹紧后 I0.2 常开触点闭合，使得 M0.2 步和 M0.5 步变为活动步，实现了并行序列的分支控制。程序段 5、程序段 6 为大钻头的钻孔控制，程序段 7、程序段 8 为小钻头的钻孔控制。程序段 9 为并行序列的合并控制；程序段 10 为工件松开控制；程序段 11 为复位控制；程序段 12 ～ 程序段 17 为电动机及电磁阀控制。

表 9-19　并行序列转换中心方式在某专用钻床控制中的应用程序

程序段	LAD
程序段 1	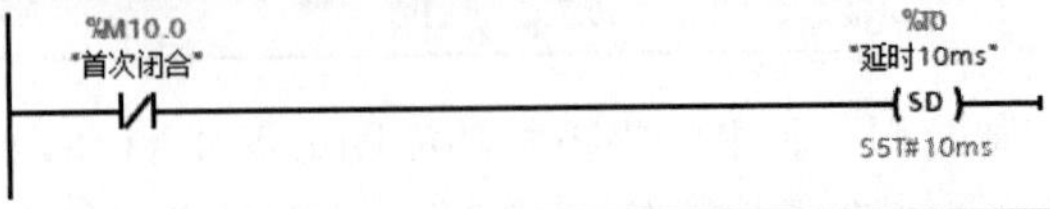 %M10.0 "首次闭合" 常闭触点 —— %T0 "延时10ms" (SD) S5T#10ms
程序段 2	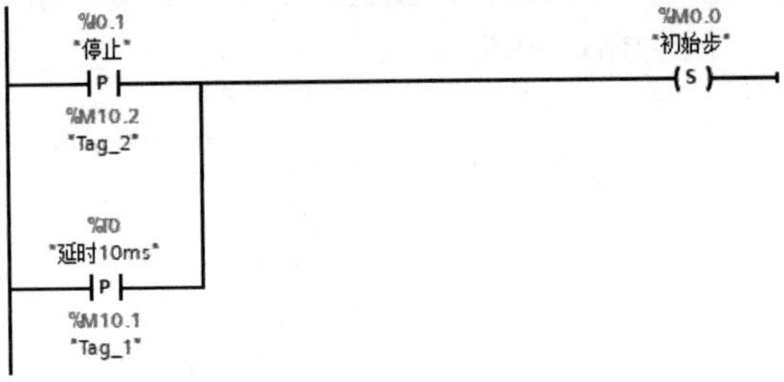 %I0.1 "停止" (P) / %M10.2 "Tag_2" —— %T0 "延时10ms" (P) / %M10.1 "Tag_1" —— %M0.0 "初始步" (S)
程序段 3	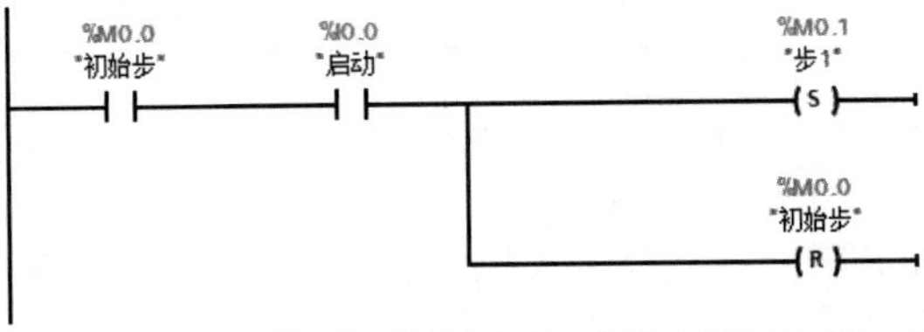 %M0.0 "初始步" —— %I0.0 "启动" —— %M0.1 "步1" (S) / %M0.0 "初始步" (R)
程序段 4	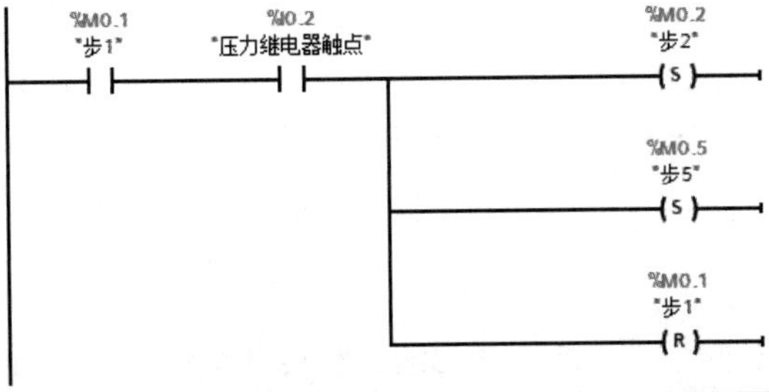 %M0.1 "步1" —— %I0.2 "压力继电器触点" —— %M0.2 "步2" (S) / %M0.5 "步5" (S) / %M0.1 "步1" (R)
程序段 5	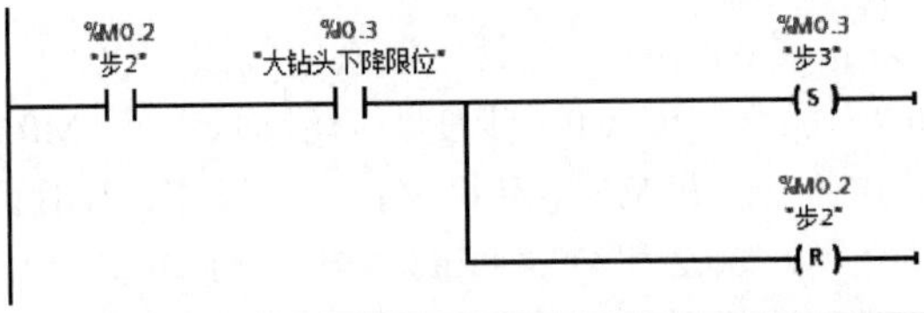 %M0.2 "步2" —— %I0.3 "大钻头下降限位" —— %M0.3 "步3" (S) / %M0.2 "步2" (R)
程序段 6	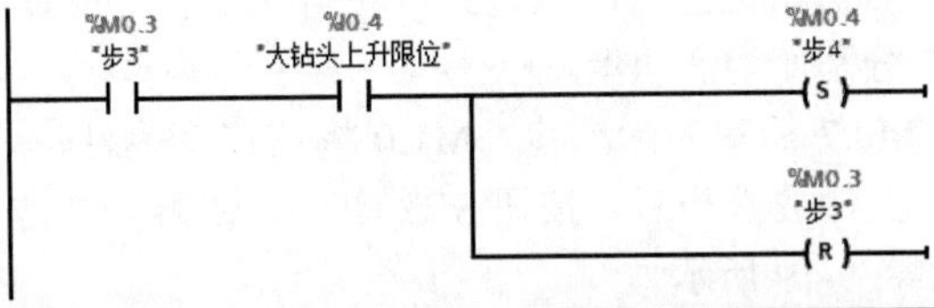 %M0.3 "步3" —— %I0.4 "大钻头上升限位" —— %M0.4 "步4" (S) / %M0.3 "步3" (R)

程序段	LAD
程序段 7	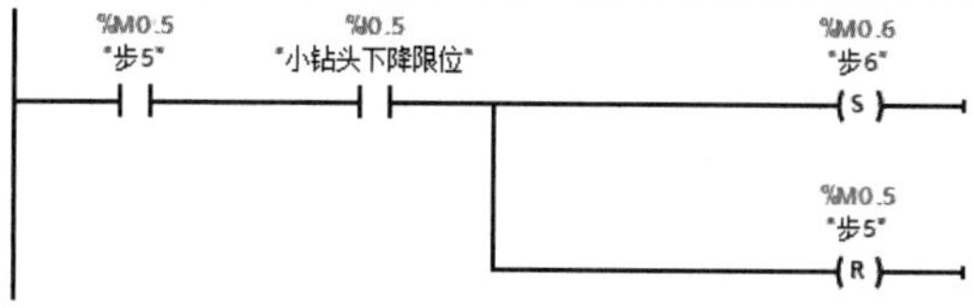 %M0.5 "步5" —┤ ├— %I0.5 "小钻头下降限位" —┤ ├— %M0.6 "步6" —(S)— / %M0.5 "步5" —(R)—
程序段 8	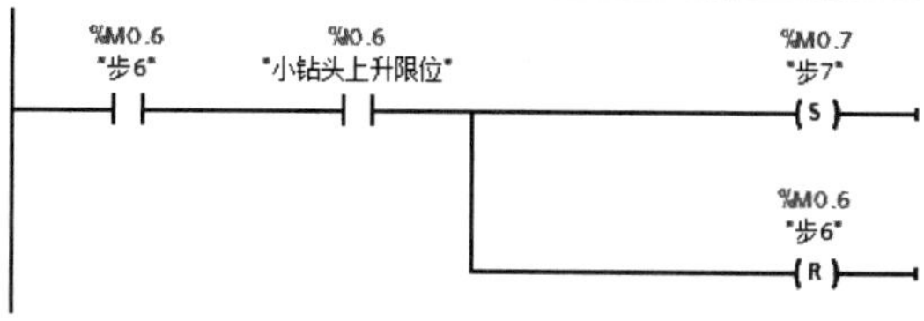 %M0.6 "步6" —┤ ├— %I0.6 "小钻头上升限位" —┤ ├— %M0.7 "步7" —(S)— / %M0.6 "步6" —(R)—
程序段 9	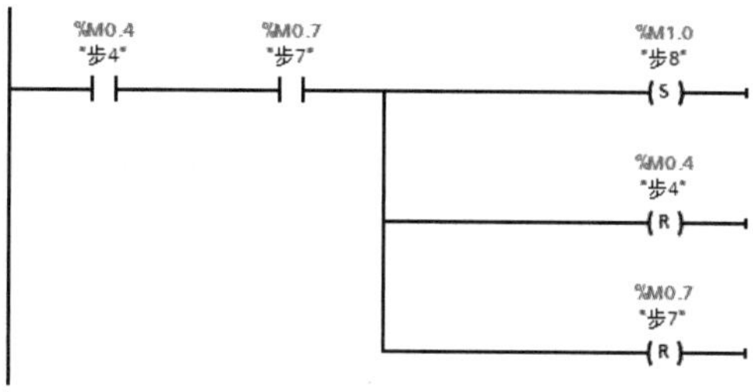 %M0.4 "步4" —┤ ├— %M0.7 "步7" —┤ ├— %M1.0 "步8" —(S)— / %M0.4 "步4" —(R)— / %M0.7 "步7" —(R)—
程序段 10	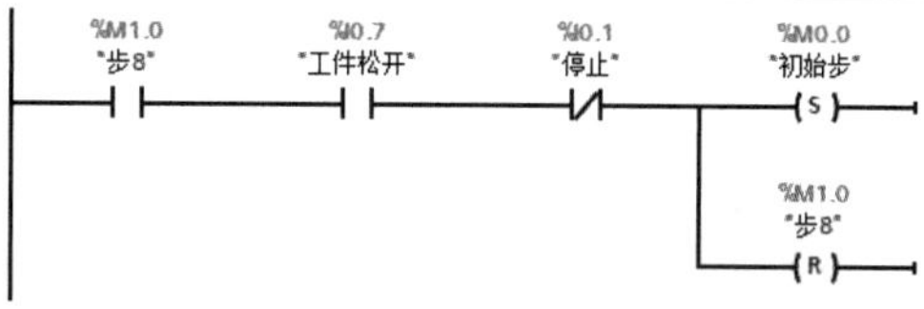 %M1.0 "步8" —┤ ├— %I0.7 "工件松开" —┤ ├— %I0.1 "停止" —┤/├— %M0.0 "初始步" —(S)— / %M1.0 "步8" —(R)—
程序段 11	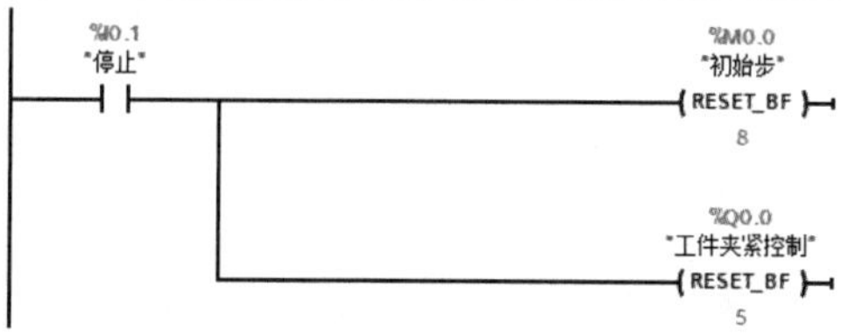 %I0.1 "停止" —┤ ├— %M0.0 "初始步" —(RESET_BF)— 8 / %Q0.0 "工件夹紧控制" —(RESET_BF)— 5
程序段 12	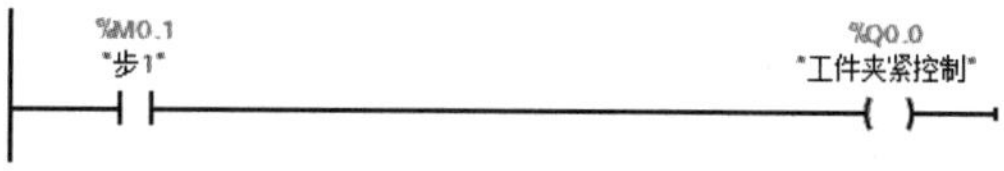 %M0.1 "步1" —┤ ├— %Q0.0 "工件夹紧控制" —( )—
程序段 13	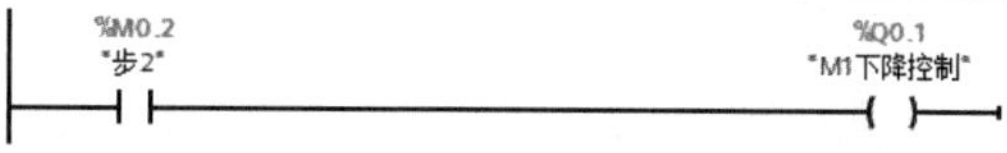 %M0.2 "步2" —┤ ├— %Q0.1 "M1下降控制" —( )—
程序段 14	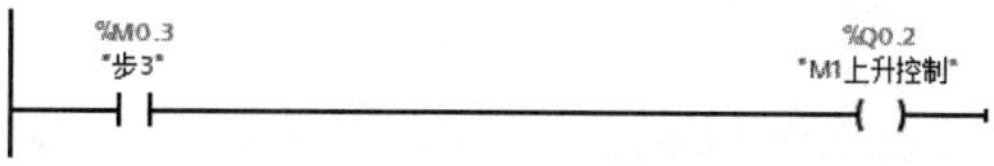 %M0.3 "步3" —┤ ├— %Q0.2 "M1上升控制" —( )—
程序段 15	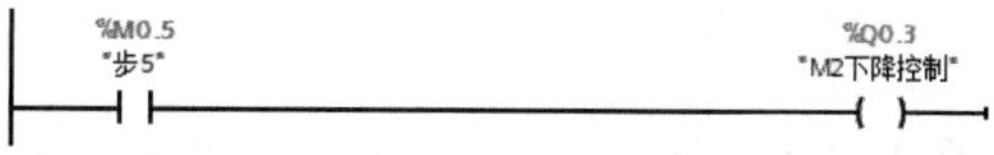 %M0.5 "步5" —┤ ├— %Q0.3 "M2下降控制" —( )—
程序段 16	 %M0.6 "步6" —┤ ├— %Q0.4 "M2上升控制" —( )—
程序段 17	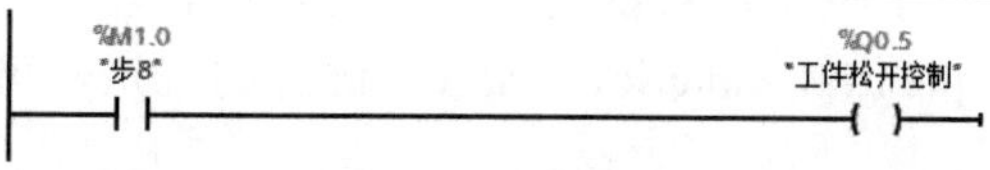 %M1.0 "步8" —┤ ├— %Q0.5 "工件松开控制" —( )—

3）程序仿真

① 启动 TIA Portal 软件，创建一个新的项目，并进行硬件组态，然后按照表 9-19 所示输入 LAD（梯形图）程序。

② 执行菜单命令"在线"→"仿真"→"启动"，即可开启 S7-PLCSIM 仿真。在弹出的"扩展的下载到设备"对话框中将"接口 / 子网的连接"选择为"插槽'1×1'处的方向"，再单击"开始搜索"按钮，TIA 博途软件开始搜索可以连接的设备，并显示相应的在线状态信息，然后单击"下载"按钮，完成程序的装载。

③ 在主程序窗口，单击全部监视图标 ，同时使 S7-PLCSIM 处于"RUN"状态，即可观看程序的运行情况。

④ 刚进入在线仿真状态时，M10.0 常闭触点闭合，启动 T0 延时 10ms。延时达到 10ms 后 T0 常开触点闭合 1 次，使 M0.0 线圈得电自锁。先强制 I0.0 为 ON，Q0.0 线圈得电，表示系统已启动，正执行工件夹紧操作。强制 I0.2 为 ON，Q0.1 和 Q0.3 线圈得电，两只钻头向下工进，执行钻孔操作，其仿真效果如图 9-34 所示。强制 I0.3 和 I0.5 为 ON，Q0.2 和 Q0.4 线圈得电，钻孔完成，两只钻头向上返回。强制 I0.4 和 I0.6 为 ON，Q0.5 线圈得电，工件电磁阀控制工件松开。强制 I0.7 为 ON，返回到初始步。在模拟运行过程中，不管执行到哪一步，如果 I0.1 强制为"ON"，系统恢复为初始步，所有输出都会被复位。

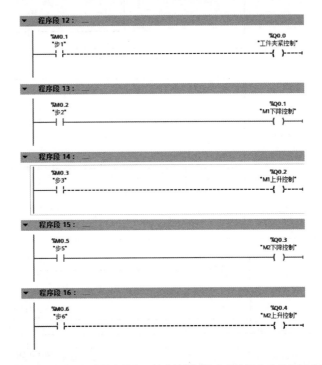

图 9-34　并行序列转换方式在某专用钻床控制系统中的应用仿真效果图（部分）

9.6　西门子 S7-1500 PLC 顺序功能控制语言 S7-Graph

S7-Graph 是应用于顺序控制系统的图形化编程语言，它符合标准 IEC 61131-3 中定义的顺序功能图（Sequential Function Chart）语言的规定，可作为 STEP 7 标准程序的功能的补充。

9.6.1　S7-Graph 程序结构

用 S7-Graph 编写的一个顺序控制项目至少需要 3 个块（如图 9-35 所示）：①一个调用 S7-Graph FB 的块，它可以是组织块（OB）、函数块（FB）或函数（FC）；②一个用来描述顺序控制系统各子任务（步）和相互关系（转换）的 S7-Graph FB，它由一个或多个顺序控制器（Sequencer）组成；③一个指定给 S7-Graph FB 的背景数据块（DB），它包含了顺序控制系统的参数。

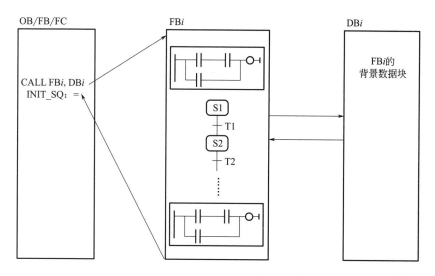

图 9-35　顺序控制系统中的块

用 S7-Graph 编写的顺序控制功能图程序由函数块 FB 和数据块 DB 组成，并被主程序 OB1 调用。函数块 FB 用于执行顺序控制功能图程序的控制功能，包含许多系统定义的参数，并通过参数设置来对整个顺序系统进行控制，从而实现系统的初始化和工作方式的转换等功能；数据块 DB 是顺序控制功能图功能块 FB 的背景数据块，并包含顺序控制功能图程序结构和相关数据。

调用 S7-Graph FB 时，顺序控制器从第 1 步或从初始步开始启动。一个 S7-Graph FB 可以包含多个步，最多可以包含 250 步。在线性顺序控制器中，转换和步在初始步之后交错排列。一个 S7-Graph FB 中最多可以包含 250 个转换。

除线性时序（每步之后仅有单个步）外，顺序控制器还可以有多个分支。一个顺序控制器最多包含 256 个分支，即 249 条并行序列的分支和 125 条选择序列的分支。对于每个 PLC 而言，分支数并不是完全相同的，它与 CPU 的型号有关。通常，只能用 20 ～ 40 条分支，如果使用的分支数过多，则会使程序的执行时间特别长。

可以在路径结束时，在转换之后添加一个跳转（Jump）或一个支路的结束点（Stop）。结束点将正在执行的路径变为不活动的路径。

9.6.2　S7-Graph 编辑界面

首先在 TIA Portal 中创建一个项目并进行相应的硬件组态，然后在 TIA Portal 项目结构窗口的"程序块"中双击"添加新块"。在弹出的添加新块中点击"函数块"，选择编程语言为"Graph"，并设置块编号，如图 9-36 所示，然后按下"确定"键，即可进入 S7-Graph 编辑窗口界面。

图 9-36 创建 FB 函数块对话框

S7-Graph 编辑窗口界面如图 9-37 所示，它主要由导航视图、导航工具栏和编辑区等构成。

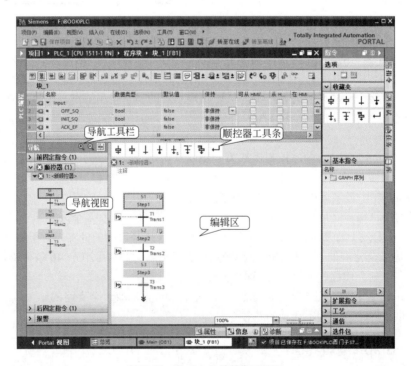

图 9-37 S7-Graph 编辑窗口界面

　　导航视图中包含了前固定指令、顺控器、后固定指令和报警等部分。导航工具栏可以放大或缩小导航中的固定指令和顺控器的图形元素。点击前固定指令，在编辑区中可以编写处理顺控程序前执行的指令。点击顺控器视图，在工作区中可以编辑 S7-Graph 顺控程序。点击后固定指令,在编辑区中可以编写处理顺控程序后执行的指令。点击报警,在编辑区可以设置报警类型及启动报警。

顺控器工具条如图 9-38 所示,此工具条上的按钮可以用来放置步、转换、选择序列和跳步等。并行分支可以编程 AND 分支,也就是可以使用一个转换激活多个步,然后执行该步中的动作。选择分支可以编程 OR 分支,也就是在步后面插入以转换条件开始的分支。嵌套闭合可以结束选择分支和并行分支。使用跳转到步,可以从

图 9-38　顺控器工具条

Graph 函数块中的任何步开始继续程序执行。顺控器结尾可以结束顺控程序或分支的执行。

9.6.3　S7-Graph 中的步与动作

（1）S7-Graph 中的步

一个 S7-Graph 顺序控制器由多个步组成,其中每一步都由步序、步名、转换编号、转换名、转换条件和步的动作等几部分组成,如图 9-39 所示。

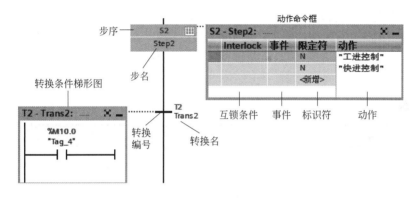

图 9-39　S7-Graph 中步的组成

步的步序、转换编号和步名由系统自动生成,一般不需要更改,如果需要更改时,用户可以根据任务而自行定义,但必须唯一;转换条件可用 LAD 或 FBD 指令编辑;步的动作命令框由互锁条件、事件、标识符和动作组成。

互锁条件可以与动作关联,以影响动作的执行;事件将定义动作的执行时间;标识符将定义待执行动作的类型,如复位或置位操作数;动作将确定执行该动作的操作数。在 S7-Graph 中的动作分为标准动作和与事件相关的动作,动作中可以有定时器、计数器和算术运算。

（2）标准动作

一个动作行由命令和地址组成,它右边的方框用来写入命令。对于标准动作而言,可以设置互锁(在命令的后面加"C")。对于设置了互锁的动作,只能在步处于活动状态和互锁条件满足时,才能被执行;而没有设置互锁的动作,在步处于活动状态时就会被执行。标准的动作行常用命令如表 9-20 所示,其动作示例说明如表 9-21 所示。

表 9-20　标准的动作行常用命令

标识符	操作数类型	说明
N	BOOL	当该步为活动步(且互锁条件满足)时地址输出"1";当该步为非活动步时地址输出"0"
S	BOOL	当该步为活动步(且互锁条件满足)时地址输出"1"并保持(即置位)

标识符	操作数类型	说明
R	BOOL	当该步为活动步（且互锁条件满足）时地址输出"0"并保持（即复位）
D	BOOL 和 TIME/ DWORD	当该步为活动步（且互锁条件满足）时，开始延时。延时时间到时，如果步仍然保持为活动步，则该动作输入为"1"，如果该步已变为不活动步，则动作输出为"0"。可以将时间指定为一个常量或指定为一个 TIME/DWORD 数据类型的 PLC 变量
L	BOOL 和 TIME/ DWORD	用来产生宽度受限的脉冲。当该步为活动步（且互锁条件满足）时，地址输出为"1"并保持一段时间；当该步为非活动步时，地址输出为"0"。可以将时间指定为一个常量或指定为一个 TIME/DWORD 数据类型的 PLC 变量

表 9-21　动作示例说明

标识符	动作	说明
D	"MyTag"，T#3s	在激活步 3s 之后，将"MyTag"操作数置位为"1"，并在步激活期间保持联系为"1"。如果步激活的持续时间小于 3s，则不适用。在取消激活该步之后，复位操作数（无锁存）
L	"MyTag"，T#10s	如果激活该步，则"MyTag"操作数将置位 10s，10s 后将复位该操作数（无锁存）。如果步激活的持续时间小于 10s，则操作数也会复位

（3）与事件相关的动作

与事件相关的动作称为事件动作，如"S1 ON C S003"表示当步 1（STEP 1）激活瞬间并且互锁条件满足时，则激活步 3。事件是指步、监控信号、互锁信号的状态变化，信息的确认或记录信号被置位。常用的控制动作事件如表 9-22 所示。

表 9-22　常用的控制动作事件

事件	信号检测	说明
S1	上升沿	该步已激活
S0	下降沿	该步已取消激活
V1	上升沿	满足监控条件，即发生错误
V0	下降沿	不再满足监控条件，即错误已消除
L0	上升沿	满足互锁条件，即错误已消除
L1	下降沿	不满足互锁条件，即发生错误
A1	上升沿	报警已确认
R1	上升沿	到达的注册

动作命令框里常用的与事件相关的指令中除了"D"（延迟）和"L"（脉冲限制）之外，其他的常用指令都可以进行组合使用。可以与事件指令组合使用的常用指令如表 9-23 所示。

表 9-23　与事件指令组合使用的常用指令（以 S2 步激活事件为例）

指令（符号）		说明
N（C）	Q0.0	S2 步激活（且满足互锁条件），Q0.0 接通一个周期
S（C）	M10.0	S2 步激活（且满足互锁条件），M10.0 置位（即 M10.0=1）
R（C）	M20.0	S2 步激活（且满足互锁条件），M20.0 复位（即 M20.0=0）
CS（C）	C0，C#20	S2 步激活（且满足互锁条件），装载 C0 的计数初值 20（范围：0～999）
CU（C）	C2	S2 步激活（且满足互锁条件），C2 加 1（范围：0～999）

指令（符号）		说明
CD（C）	C4	S2 步激活（且满足互锁条件），C4 减 1（范围：0 ～ 999）
CR（C）	C5	S2 步激活（且满足互锁条件），C5 复位
TD（C）	T0，S5T#10S	S2 步激活（且满足互锁条件），启动 T0 定时器。定时 10s 后，T0 常开触点闭合。启动后定时器开始计时并且与互锁条件和该步（S2）的状态无关，具有闭锁功能。设定值可以使用变量指定，也可以直接使用 S5 的时间值设定
TL（C）	T1，MW7	S2 步激活（且满足互锁条件），启动 T1 以扩展脉冲方式定时，没有闭锁功能。设定值可以使用变量指定，也可以直接使用 S5 的时间值设定
TR（C）	T2	S2 步激活（且满足互锁条件），定时器 T2 复位
N（C）	MW20：=MW24	S2 步激活（且满足互锁条件），将 MW24 的值赋予 MW20。数据类型可以是 8 位、16 位及 32 位
N（C）	MW10：=MW14+IMW16	S2 步激活（且满足互锁条件），将 MW14+MW16 的和值赋予 MW20。数据类型可以是 8 位、16 位及 32 位
N（C）	A：= 函数（B）	S2 步激活瞬间（且满足互锁条件），将 B 按照指定函数运算的结果赋予 A。函数使用 S7-Graph 内置的函数

（4）动作中的计数器与定时器

1）动作中的计数器　动作中的计数器的执行与指定的事件有关。互锁功能可以用于计数器，具有互锁功能的计数器在互锁条件满足和指定的事件出现时，动作中的计数器才会计数。计数值为 0 时计数器的位变量为 0，计数值不为 0 时计数器的位变量为 1。

事件发生时，计数器指令 CS 将初值装入计数器。CS 指令第 2 个参数是要装入的初值，它可以由 IW、QW、MW、LW、DBW、DIW 来提供，或用常数 C#0 ～ C#999 的形式给出。事件发生时，CU、CD、CR 指令使计数值分别加 1、减 1 或将计数值复位为 0。计数器命令与互锁组合时，事件的 Interlock 中设置为 C。

2）动作中的定时器　动作中的定时器与计数器的使用方法类似，事件出现时定时器被执行。互锁功能也可以用于定时器。与定时器相关的命令有 TL、TD、TR。

① TL 命令　TL 为扩展的脉冲定时器命令，该指令的第 2 个参数是定时器定时时间 time，定时器位没有闭锁功能。定时器的定时时间可以由 IW、QW、MW、LW、DBW、DIW 来提供，或用 S5T#time_constant 的形式给出，"#"后面是时间常数值。

一旦事件发生，定时器被启动，启动后将继续定时，而与互锁条件和步是否是活动步无关。在 time 指定的时间内，定时器的位变量为 1，此后变为 0。正在定时的定时器可以被新发生的事件重新启动，重新启动后，在 time 指定的时间内，定时器的位变量为 1。

② TD 命令　TD 命令用来实现定时器位有闭锁功能的延迟。一旦事件发生，定时器被启动，互锁条件 C 仅仅在定时器被启动的那一时刻起作用。定时器被启动后，将继续定时，而与互锁条件和步的活动性无关。在 time 指定的时间内，定时器的位变量为 0。正在定时的定时器可以被新发生的事件重新启动，重新启动后，在 time 指定的时间内，定时器的位变量为 0；定时时间到时，定时器的位变量为 1。

③ TR 命令　TR 是复位定时器命令，一旦事件发生，定时器立即停止定时，定时器位与定时值被复位为 0。

9.6.4 S7-Graph 函数块的接口参数

在 S7-Graph 编辑器中编写程序后生成的函数块将在 OB1 中被调用。如果在 S7-Graph 编辑器中设置函数块的接口参数，则 OB1 调用 FB 函数块时，其参数将有所不同。

在 S7-Graph 编辑界面，执行菜单命令"选项"→"设置"，在打开的设置对话框中执行

"PLC 编程"→"GRAPH"→"新块的默认设置",然后在"接口"中可选择相应接口参数,如图 9-40 所示。

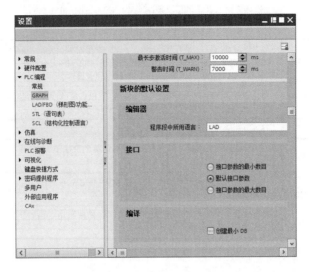

图 9-40 函数块的接口参数选择对话框

(1) FB 的接口参数模式

从图 9-40 中可以看出,S7-Graph 中 FB 有 3 种接口参数模式供用户进行选择:接口参数的最小数目、默认接口参数、接口参数的最大数目。

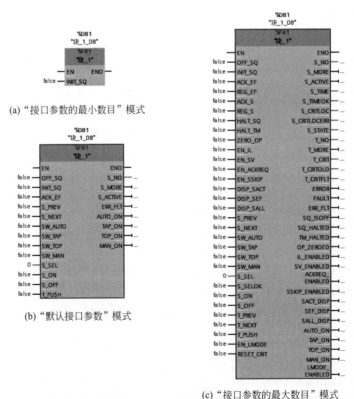

(a) "接口参数的最小数目"模式

(b) "默认接口参数"模式

(c) "接口参数的最大数目"模式

图 9-41 FB 的接口参数模式

如果选择"接口参数的最小数目"模式，调用 FB 时，FB 只有一个启动参数 INIT_SQ，如图 9-41（a）所示。选择此模式，用户程序（FB）只能运行在自动模式，并且不需要其他的控制及监控功能。

如果选择"默认接口参数"模式，FB 包括默认参数，有多种控制模式及状态信息供用户选择，如图 9-41（b）所示。本章 9.7 节中所使用的功能块均采用"默认接口参数"模式。

如果选择"接口参数的最大数目"模式，FB 包括默认参数和扩展参数，有更多的操作员控制、调试和监控功能，如图 9-41（c）所示。

（2）FB 的接口参数

S7-Graph 函数块的部分接口参数含义如表 9-24 所示。

表 9-24　S7-Graph FB 的部分接口参数含义

接口类型	参数	数据类型	参数含义
输入	EN	BOOL	Enable Input：使能输入，控制 FB 的执行，如果直接连接 EN，将一直执行 FB
	OFF_SQ	BOOL	OFF_SQUENCE：关闭顺序控制器，使所有的步变为不活动步
	INIT_SQ	BOOL	INIT_SQUENCE：激活初始步，复位顺序控制器
	ACK_EF	BOOL	ACKNOWLEDGE_ERROR_FAULT：确认错误和故障，强制切换到下一步
	REG_EF	BOOL	REGISTRATE_ERROR_FAULT：记录所有的错误和干扰
	ACK_S	BOOL	ACKNOWLEDGE_STEP：确认 S_NO 参数中指明的步
	REG_S	BOOL	REGISTRATE_STEP：记录在 S_NO 参数中指明的步
	HALT_SQ	BOOL	HALT_SQUENCE：暂停／重新激活顺序控制器
	HALT_TM	BOOL	HALT_TIME：暂停／重新激活所有步的活动时间和顺序控制器与时间有关的命令（L 和 N）
	ZERO_OP	BOOL	ZERO_OPERANDS：将活动步中 L、N 和 D 命令的地址复位为 0，并且不执行动作／重新激活的地址和 CALL 指令
	EN_IL	BOOL	ENABLE_INTERLOCKS：禁止／重新激活互锁（顺序控制器就像互锁条件没有满足一样）
	EN_SV	BOOL	ENABLE_SUPERVISIONS：禁止／重新激活监控（顺序控制器就像互锁条件没有满足一样）
	EN_ACKREQ	BOOL	ENABLE_ACKNOWLEDGE_REQUIRED：激活强制的确认请求
	EN_SSKIP	BOOL	ENABLE_STEP_SKIPPING：激活跳步
	DISP_SACT	BOOL	DISPLAY_ACTIVE_STEPS：只显示活动步
	DISP_SEF	BOOL	DISPLAY_STEPS_WITH_ERROR_OR_FAULT：只显示有错误的故障的步
	DISP_SALL	BOOL	DISPLAY_ALL_STEPS：显示所有的步
	S_PREV	BOOL	PREVIOUS_STEP：自动模式从当前活动步后退一步，步序号在 S_NO 中显示手动模式在 S_NO 参数中指明序号较低的前一步
	S_NEXT	BOOL	NEXT_STEP：自动模式从当前活动步前进一步，步序号在 S_NO 中显示手动模式在 S_NO 参数中显示下一步（下一个序号较高的步）
	SW_AUTO	BOOL	SWITCH_MODE_AUTOMATION：切换到自动模式
	SW_TAP	BOOL	SWITCH_MODE_TRANSITION_AND_PUSH：切换到 Inching（半自动）模式

接口类型	参数	数据类型	参数含义
输入	SW_TOP	BOOL	SWITCH_MODE_TRANSITION_OR_PUSH：切换到"自动或转向下一步"模式
	SW_MAN	BOOL	SWITCH_MODE_MANUAL：切换到手动模式，不能触发自动执行
	S_SEL	INT	STEP_SELECT：选择用于输出参数 S_ON 的指定的步，手动模式用 S_ON 和 S_OFF 激活或禁止步
	S_SELOK	BOOL	STEP_SELECT_OK：将 S_SEL 中的数值用于 S_ON
	S_ON	BOOL	STEP_ON：在手动模式激活显示的步
	S_OFF	BOOL	STEP_OFF：在手动模式使显示的步变为不活动的步
	T_PREV	BOOL	PRVIOUS_TRANSITION：在 T_NO 参数中显示前一个有效的切换
	T_NEXT	BOOL	NEXT_TRANSITION：在 T_NO 参数中显示下一个有效的切换
	T_PUSH	BOOL	PUSH_TRANSITION：条件满足并且在 T_PUSH 的上升沿时，转换实现
输出	ENO	BOOL	Enable Output：使能输出，FB 被执行且没有出错，ENO 为 1，否则为 0
	S_NO	INT	STEP_NUMBER：显示步的编号
	S_MORE	BOOL	MORE_STEPS：激活其他步
	S_ACTIVE	BOOL	STEP_ACTIVE：被显示的步是活动步
	S_TIME	TIME	STEP_TIME：步激活时间
	S_TIMEOK	TIME	STEP_TIME_OK：步激活时间无错误
	S_CRITLOC	DWORD	STEP_CRITERIA：互锁条件位（仅 S7-300/400 或 S7-1500）
	S_CRITLOCERR	DWORD	STEP_CRITERIA_LAST_ERROR：用于 L1 事件的互锁条件位（仅 S7-300/400 或 S7-1500）
	S_CRITSUP	DWORD	STEP_CRITERIA：监控标准位（仅 S7-300/400）
	S_STATE	WORD	STEP_STATE：步的状态位
	T_NO	INT	TRANSITION_NUMBER：有效的转换条件编号
	T_MORE	BOOL	MORE_TRANSITION：显示其他有效转换条件
	T_CRIT	DWORD	TRANSITION_CRITERIA：转换的条件位
	T_CRITOLD	DWORD	T_CRITERIA_LAST_CYCLE：前一周期的转换条件位
	T_CRITFLT	DWORD	T_CRITERIA_LAST_FAULT：事件 V1 的转换条件位
	ERROR	BOOL	INTERLOCK_ERROR：任何一步的互锁错误
	FAULT	BOOL	SUPERVISION_FAULT：任何一步的监控错误
	ERR_FLT	BOOL	IL_ERROR_OR_SV_FAULT：常规故障
	SQ_ISOFF	BOOL	SEQUENCE_IS_OFF：顺序控制器完全停止（没有活动步）
	SQ_HALTED	BOOL	SEQUENCE_IS_HALTED：顺序控制器暂停
	TM_HALTED	BOOL	TIMES_ARE_HALTED：定时器停止
	OP_ZEROED	BOOL	OPERANDS_ARE_ZEROED：地址被复位
	IL_ENABLED	BOOL	INTERLOCK_IS_ENABLED：互锁被使能
	SV_ENABLED	BOOL	SUPERVISION_IS_ENABLED：监控被使能
	SSKIP_ENABLED	BOOL	STEP_SKIPPING_IS_ENABLED：跳步被激活

接口类型	参数	数据类型	参数含义
输出	ACKREQ_ENABLED	BOOL	ACKNOWLEDGE_REQUIRED_IS_ENABLE：强制的确认被激活
	SACT_DISP	BOOL	ACTIVE_STEPS_WERE_DISPLAYED：只显示 S_NO 参数中激活"步"的编号
	SEF_DISP	BOOL	STEPS_WITH_ERROR_FAULT_WERE_CVDISPLAYED：在 S_NO 参数中只显示出错的步和有故障的步
	SALL_DISP	BOOL	ALL_STEPS_WERE_DISPLAYED：在 S_NO 参数中显示所有的步
	AUTO_ON	BOOL	AUTOMATIC_IS_ON：显示自动模式
	TAP_ON	BOOL	T_AND_PUSH_IS_ON：显示单步自动模式
	TOP_ON	BOOL	T_OR_PUSH_IS_ON：显示 SW_TOP 模式
	MAN_ON	BOOL	MANUAL_IS_ON：显示手动模式

9.7 S7-Graph 在顺序控制中的应用实例

9.7.1 S7-Graph 在单序列顺序控制中的应用实例

（1）液压动力滑台的 PLC 控制

1）控制要求　某液压动力滑台的控制示意如图 9-42 所示。初始状态下，动力滑台停在左端，限位开关处于闭合状态。按下启动按钮 SB 时，动力滑台在各步中分别实现快进、工进、暂停和快退，最后返回初始位置和初始步后停止运动。

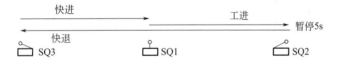

图 9-42　液压动力滑台控制示意图

2）控制分析　这是典型的单序列顺控系统，它由 5 个步构成，可用 S1 ～ S5 来表示。其中步 S1 为初始步；步 S2 用于快进控制；步 S3 用于工进控制；步 S4 用于暂停控制；步 S5 用于快退控制。

3）I/O 端子资源分配与接线　系统要求 SQ1 ～ SQ3 和 SB 由 4 个输入端子控制，液压滑动台的快进、工进、后退可由 3 个输出端子控制，再加上由 OB1 调用 FB1 时一些控制信号端子，因此 CPU 可选用 CPU 1511-1 PN，数字量输入模块为 DI 16×24VDC BA，数字量输出模块为 DQ 16×230VAC/2A ST，I/O 资源部分配如表 9-25 所示，PLC 外部接线如图 9-43 所示。

表 9-25　液压动力滑台的 PLC 控制 I/O 资源分配表

输入			输出		
功能	元件	对应端子	功能	元件	对应端子
关闭顺控	SB1	I0.0	故障显示	HL1	Q0.0
激活顺控	SB2	I0.1	自动运行显示	HL2	Q0.1
确认故障	SB3	I0.2	半自动运行显示	HL3	Q0.2
自动模式	SB4	I0.3	工进控制	KM1	Q1.0

输入			输出		
功能	元件	对应端子	功能	元件	对应端子
半自动模式	SB5	I0.4	快进控制	KM2	Q1.1
启动顺控	SB6	I0.5	后退控制	KM3	Q1.2
启动	SB	I1.0			
快进转工进	SQ1	I1.1			
暂停	SQ2	I1.2			
循环控制	SQ3	I1.3			

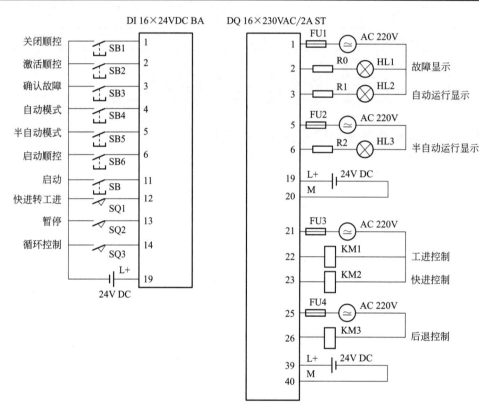

图 9-43　液压动力滑台的 PLC 外部接线图

4）编写 PLC 控制程序　根据液压动力滑台的控制示意图和 PLC 资源配置，设计出液压动力滑台的顺序控制功能图如图 9-44 所示。使用 S7-Graph 编写液压动力滑台的 PLC 控制程序时，可按以下步骤进行。

步骤一：创建 S7-Graph 语言的函数块 FB。

① 启动 TIA 博途软件，创建一个新的项目，并进行硬件组态。

② 在 TIA Portal 项目结构窗口的"程序块"中双击"添加新块"，在弹出的添加新块中点击"函数块"，选择编程语言为"Graph"，并设置块编号。然后按下"确定"键，即可进入 S7-Graph 编辑窗口界面。

步骤二：定义全局变量。

在 TIA Portal 项目结构窗口的"PLC 变量"中双击"默认变量表"，进行全局变量表的定义，如图 9-45 所示。

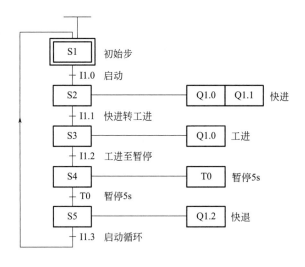

图 9-44 液压动力滑台 PLC 控制的顺序控制功能图

		名称	数据类型	地址 ▲
		默认变量表		
1		关闭顺控	Bool	%I0.0
2		激活顺控	Bool	%I0.1
3		确认故障	Bool	%I0.2
4		自动模式	Bool	%I0.3
5		半自动模式	Bool	%I0.4
6		启动顺控	Bool	%I0.5
7		启动	Bool	%I1.0
8		快进转工进	Bool	%I1.1
9		暂停	Bool	%I1.2
10		循环控制	Bool	%I1.3
11		故障	Bool	%Q0.0
12		自动运行	Bool	%Q0.1
13		半自动运行	Bool	%Q0.2
14		工进控制	Bool	%Q1.0
15		快进控制	Bool	%Q1.1
16		后退控制	Bool	%Q1.2
17		延时5s	Timer	%T0

图 9-45 定义液压动力滑台的全局变量

步骤三：插入步与转换。

在 S7-Graph 编辑窗口界面的工具栏中，点击▦图标，切换为"顺控器视图"显示模式，在此模式下通过顺控器工具条的➕和⊥，可以插入步与转换。用鼠标选中步 5 的跳转（T5），再点击顺控器工具条中的⬇️就可以把跳转指令放到步 5（S5）的跳转指令里，然后选择地址"1"，以完成程序执行完步 5 后跳转到步 1（S1），即完成一个动作周期后开始下一个动作周期，以形成 S1 ~ S5 的闭环。插入步与转换如图 9-46 所示。

步骤四：步与动作的编程。

点击步右上角▦图标，可打开动作表，以进行动作的编程。

由于步 1 是初始步，在图 9-46 中没有执行相应动作，因此可不插入动作。在步 2 中插入两个命令行，分别输入命令 N，相应的地址为 Q1.0 和 Q1.1。在步 3 中插入命令行，输入命令为 N，地址为 Q1.0。由于图 9-44 中步 4 的动作为延时 5s，为避免与转换条件的重复，因此步 4 插入命令行，并输入命令 D，地址中输入 M1.0，而该命令的右下方的方框中输入 T#5S。在步 5 中插入命令行，输入命令 N，地址中输入 Q1.2。至此将各步插入了相应的动作，如图 9-47 所示。

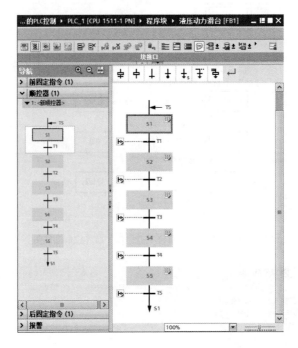

图 9-46　插入步与转换

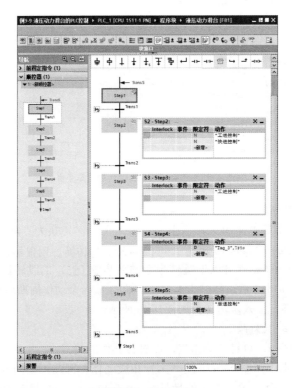

图 9-47　插入动作

步骤五：对转换条件编程。

转换条件可以用梯形图（LAD）或功能块图（FBD）进行表示，在此以梯形图的编辑为例。

① 点击"Trans1"左侧梯形图的母线位置，即虚线与转换相连的转换条件中要放置元件的位置。然后从触点图标工具条中点击两次 ⊣⊢ 常开触点，并分别输入地址 I1.0 和 I1.3。

② 点击"Trans2"左侧梯形图的母线位置，然后从触点图标工具条中点击 ⊣⊢ 常开触点，并输入地址 I1.1。

③ 点击"Trans3"左侧梯形图的母线位置，然后从触点图标工具条中点击 ⊣⊢ 常开触点，并输入地址 I1.2。

④ 点击"Trans4"左侧梯形图的母线位置，然后从触点图标工具条中点击 ⊣⊢ 常开触点，并输入地址 M1.0。

⑤ 点击"Trans5"左侧梯形图的母线位置，然后从触点图标工具条中点击 ⊣⊢ 常开触点，并输入地址 I1.3。

至此，编辑好的转换条件如图 9-48 所示，然后将其进行保存。

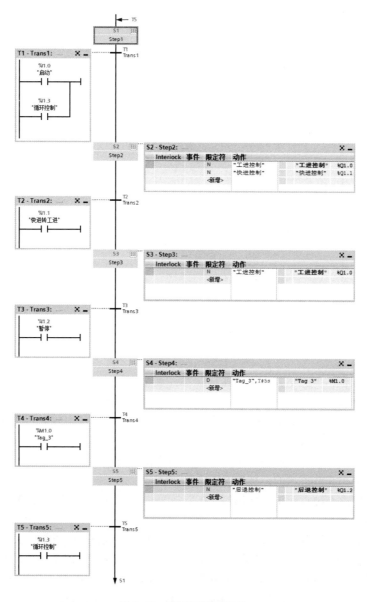

图 9-48　编辑好的转换条件

步骤六：在 OB1 中调用 FB1。

① 在 SIMATIC 管理器的对象窗口中双击 OB1，打开主程序块。在 OB1 功能块的程序段 1 中无条件调用 FB1。

② 在调用的 FB1 块中设置相应参数，如图 9-49 所示。然后进行保存，以生成相对应的背景数据块（DB1）。

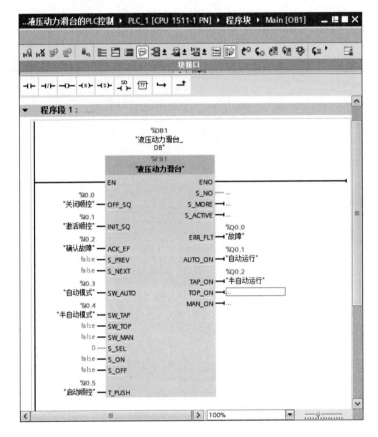

图 9-49　设置 FB1 参数

5）程序仿真

① 执行菜单命令"在线"→"仿真"→"启动"，即可开启 S7-PLCSIM 仿真。在弹出的"扩展的下载到设备"对话框中将"接口 / 子网的连接"选择为"插槽'1×1'处的方向"，再单击"开始搜索"按钮，TIA Portal 软件开始搜索可以连接的设备，并显示相应的在线状态信息，然后单击"下载"按钮，完成程序的装载。

② 在主程序窗口和 FB1 块窗口中，分别单击全部监视图标，同时使 S7-PLCSIM 处于"RUN"状态，即可观看程序的运行情况。

③ 强制一些输入触点（IB0 和 IB1），在监控表中可观看到 QB0 和 QB1 的相应位输出为 TRUE，如图 9-50 所示。

④ 在 FB1 的编辑界面中，可观看其各步的运行情况。刚进入在线监控状态时，S1 为活动步，将 I1.0 强制为"1"，S1 恢复为常态，变为非活动步；而 S2 为活动步；Q1.0 和 Q1.1 均输出为 1，此时再将 I1.0 强制为"0"，Q1.0 和 Q1.1 仍输出为 1。当 I1.1 强制为"1"状态，S2 变为非活动步；而 S3 变为活动步；Q4.0 输出为 1，而 Q1.1 输出为 0。当 I1.2 置为"1"状态，S3 恢复为常态，变为非活动步；而 S4 变为活动步；Q1.0 输出为 0，此时开始延时。当延时 5s

后，M1.0 常开触点瞬时闭合，使 S4 变为非活动步；S5 为活动步；Q4.2 输出为 1。此时再将 I0.3 置为"1"状态，使 S5 变为非活动步，S1 为活动步，这样可以继续下一轮循环操作，监控运行效果如图 9-51 所示。

图 9-50　监控表

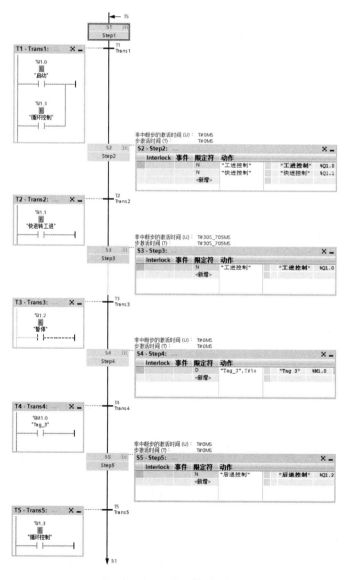

图 9-51　液压动力滑台的监控运行图

（2）PLC 在注塑成型生产线控制系统中的应用

在塑胶制品中，以制品的加工方法不同来分类，主要可以分为四大类：一为注塑成型产品；二为吹塑成型产品；三为挤出成型产品；四为压延成型产品。其中应用面最广、品种最多、精密度最高的当数注塑成型产品类。注塑成型机是将各种热塑性或热固性塑料经过加热熔化后，以一定的速度和压力注射到塑料模具内，经冷却保压后得到所需塑料制品的设备。

现代塑料注塑成型生产线控制系统是一个集机、电、液于一体的典型系统，由于这种设备具有成型复杂制品、后加工量少、加工的塑料种类多等特点，自问世以来，发展极为迅速，目前全世界 80% 以上的工程塑料制品均采用注塑成型机进行加工。

目前，常用的注塑成型控制系统有 3 种，即传统继电器型、可编程控制器型和微机控制型。近年来，可编程控制器以其高可靠性、高性能的特点，在注塑机控制系统中得到了广泛应用。

1）控制要求　注塑成型生产工艺一般要经过闭模、射台前进、注射、保压、预塑、射台后退、开模、顶针前进、顶针后退和复位等操作工序。这些工序由 8 个电磁阀 YV1 ～ YV8 来控制完成，其中注射和保压工序还需要一定的时间延迟。注塑成型生产线工艺流程图如图 9-52 所示。

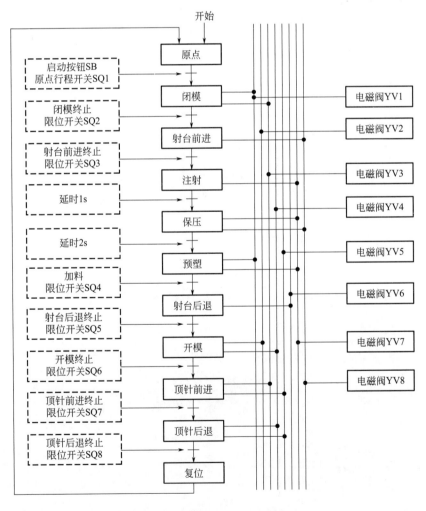

图 9-52　注塑成型生产线工艺流程图

2）控制分析 从图9-52中可以看出，各操作都是由行程开关控制相应电磁阀进行转换的。注塑成型生产工艺是典型的单序列顺序控制，它由10步完成。这10个步分别用S1～S10来表示，其中步S1为初始步；步S2为闭模控制；步S3为射台前进控制；步S4为注射控制；步S5为保压控制；步S6为预塑控制；步S7为射台后退控制；步S8为开模控制；步S9为顶针前进控制；步S10为顶针后退控制。

3）I/O端子资源分配与接线 根据控制要求及控制分析可知，该系统需要10个输入点和8个输出点，再加上由OB1调用FB1时一些控制信号端子，因此CPU可选用CPU 1511-1 PN，数字量输入模块为DI 16×24VDC BA，数字量输出模块为DQ 16×230VAC/2A ST，I/O分配如表9-26所示，PLC控制I/O接线如图9-53所示。

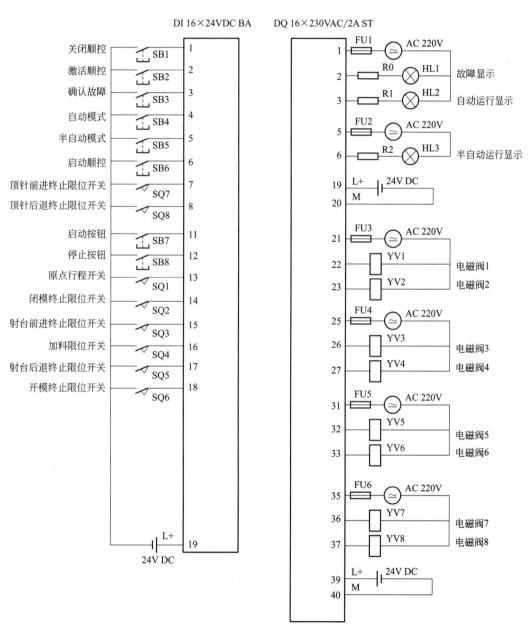

图9-53 注塑成型生产线的PLC控制I/O接线图

表 9-26 PLC 控制注塑成型生产线的 I/O 端子分配表

输 入			输 出		
功能	元件	PLC 地址	功能	元件	PLC 地址
关闭顺控	SB1	I0.0	故障显示	HL1	Q0.0
激活顺控	SB2	I0.1	自动运行显示	HL2	Q0.1
确认故障	SB3	I0.2	半自动运行显示	HL3	Q0.2
自动模式	SB4	I0.3	电磁阀 1	YV1	Q1.0
半自动模式	SB5	I0.4	电磁阀 2	YV2	Q1.1
启动顺控	SB6	I0.5	电磁阀 3	YV3	Q1.2
启动按钮	SB7	I1.0	电磁阀 4	YV4	Q1.3
停止按钮	SB8	I1.1	电磁阀 5	YV5	Q1.4
原点行程开关	SQ1	I1.2	电磁阀 6	YV6	Q1.5
闭模终止限位开关	SQ2	I1.3	电磁阀 7	YV7	Q1.6
射台前进终止限位开关	SQ3	I1.4	电磁阀 8	YV8	Q1.7
加料限位开关	SQ4	I1.5			
射台后退终止限位开关	SQ5	I1.6			
开模终止限位开关	SQ6	I1.7			
顶针前进终止限位开关	SQ7	I0.6			
顶针后退终止限位开关	SQ8	I0.7			

4) 编写 PLC 控制程序 根据注塑成型生产线的工艺流程图和 PLC 资源配置，设计出注塑成型生产线的顺序控制功能图如图 9-54 所示。使用 S7-Graph 编写注塑成型生产线的 PLC 控制程序时，可按以下步骤进行。

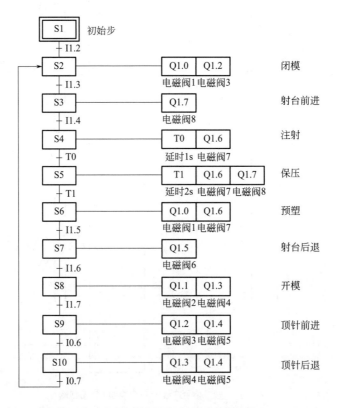

图 9-54 PLC 控制注塑成型生产线的顺控流程图

步骤一：创建 S7-Graph 语言的函数块 FB。

① 启动 TIA Portal 软件，创建一个新的项目，并进行硬件组态。

② 在 TIA Portal 项目结构窗口的"程序块"中双击"添加新块"，在弹出的添加新块中点击"函数块"，选择编程语言为"Graph"，并设置块编号。然后按下"确定"键，即可进入 S7-Graph 编辑窗口界面。

步骤二：定义全局变量。

在 TIA Portal 项目结构窗口的"PLC 变量"中双击"默认变量表"，进行全局变量表的定义，如图 9-55 所示。

		名称	数据类型	地址 ▲
1	⬛	关闭顺控	Bool	%I0.0
2	⬛	激活顺控	Bool	%I0.1
3	⬛	确认故障	Bool	%I0.2
4	⬛	自动模式	Bool	%I0.3
5	⬛	半自动模式	Bool	%I0.4
6	⬛	启动顺控	Bool	%I0.5
7	⬛	顶针前进终止限位开关	Bool	%I0.6
8	⬛	顶针后退终止限位开关	Bool	%I0.7
9	⬛	启动按钮	Bool	%I1.0
10	⬛	停止按钮	Bool	%I1.1
11	⬛	原点行程开关	Bool	%I1.2
12	⬛	闭模终止限位开关	Bool	%I1.3
13	⬛	射台前进终止限位开关	Bool	%I1.4
14	⬛	加料限位开关	Bool	%I1.5
15	⬛	射台后退终止限位开关	Bool	%I1.6
16	⬛	开模终止限位开关	Bool	%I1.7
17	⬛	故障	Bool	%Q0.0
18	⬛	自动运行	Bool	%Q0.1
19	⬛	半自动运行	Bool	%Q0.2
20	⬛	电磁阀1	Bool	%Q1.0
21	⬛	电磁阀2	Bool	%Q1.1
22	⬛	电磁阀3	Bool	%Q1.2
23	⬛	电磁阀4	Bool	%Q1.3
24	⬛	电磁阀5	Bool	%Q1.4
25	⬛	电磁阀6	Bool	%Q1.5
26	⬛	电磁阀7	Bool	%Q1.6
27	⬛	电磁阀8	Bool	%Q1.7
28	⬛	延时1s	Bool	%M1.0
29	⬛	延时2s	Bool	%M1.1

图 9-55　定义注塑成型生产线的全局变量

步骤三：使用 S7-Graph 在 FB1 中编写顺控程序。

在 S7-Graph 编辑窗口界面的工具栏中，点击▣图标，切换为"顺控器视图"显示模式，在此模式中使用 Graph 语言编写如图 9-56 所示的顺控程序，并将其进行保存。

步骤四：在 OB1 中调用 FB1。

① 在 TIA Portal 对象窗口中双击 OB1，打开主程序块。在 OB1 功能块中按表 9-27 所示编写程序。

② 将编写好的程序进行保存，以生成相对应的背景数据块（DB1）。

5）程序仿真

① 执行菜单命令"在线"→"仿真"→"启动"，即可开启 S7-PLCSIM 仿真。在弹出的"扩展的下载到设备"对话框中将"接口/子网的连接"选择为"插槽'1×1'处的方向"，再点击"开始搜索"按钮，TIA 博途软件开始搜索可以连接的设备，并显示相应的在线状态信息，然后点击"下载"按钮，完成程序的装载。

② 在主程序窗口和 FB1 块窗口中，分别点击全部监视图标 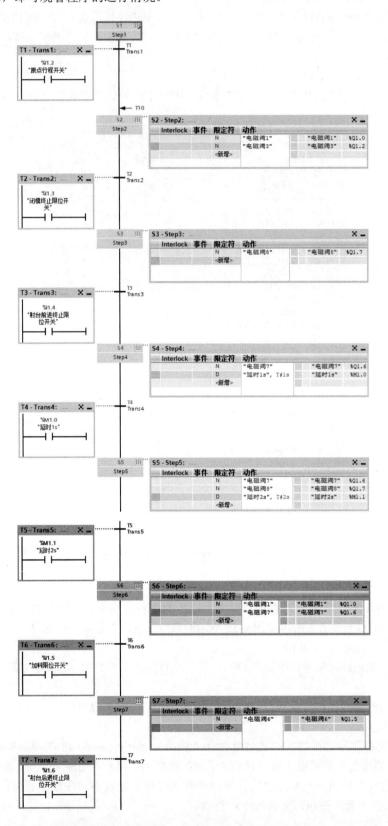，同时使 S7-PLCSIM 处于 "RUN" 状态，即可观看程序的运行情况。

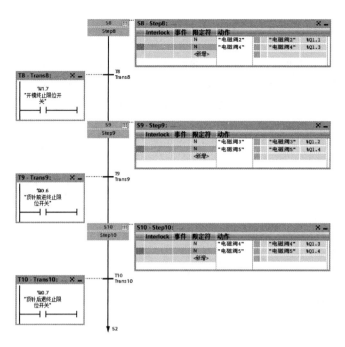

图 9-56 Graph 编写的注塑成型生产线控制程序

表 9-27　注塑成型生产线 OB1 中的程序

程序段	LAD
程序段 1	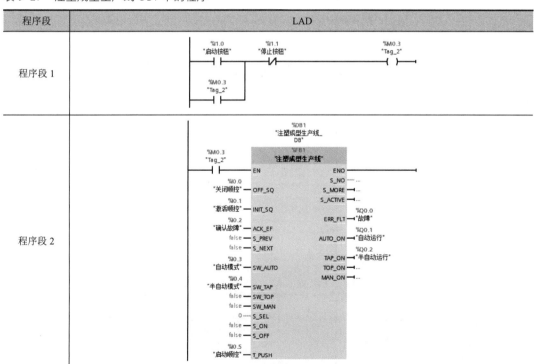
程序段 2	

③ 强制一些输入触点（IB0 和 IB1），在监控表中可观看到 QB0 和 QB1 的相应位输出为 TRUE。

④ 在 FB1 的编辑界面中，可观看其各步的运行情况。刚进入在线监控状态时，S1 为活动步，将 I1.0 强制为 1，使 M0.3 线圈输出为 1。将 I1.2 强制为"1"，S1 恢复为常态，变为非活动步，而 S2 为活动步，Q1.0 和 Q1.2 均输出为 1，表示注塑机正进行闭模的工序。当闭模完成后，将 I1.3 强制为 1，S2 变为非活动步，S3 变为活动步，此时 Q1.7 线圈输出为 1，表示射

台前进。当射台前进到达限定位置时，将 I1.4 强制为 1，S3 变为非活动步，S4 变为活动步，Q1.6 线圈输出为 1，同时进行延时，表示正进行注射的工序。当延时 1s 时间到，S4 变为非活动步，S5 变为活动步，此时 Q1.6 和 Q1.7 线圈输出均为 1，同时进行延时，表示正进行保压的工序。当延时 2s 时间到，S5 变为非活动步，S6 变为活动步，此时 Q1.0 和 Q1.6 线圈输出均为 1，表示正进行加料预塑的工序。加完料后，将 I1.5 强制为 1，S6 变为非活动步，S7 变为活动步，此时 Q1.5 线圈输出为 1，表示射台后退。射台后退到限定位置时，I1.6 强制为 1，S7 变为非活动步，S8 变为活动步，此时 Q1.1 和 Q1.3 线圈均输出为 1，表示进行开模工序，其运行效果如图 9-57 所示。开模完成后，I1.7 强制为 1，S8 变为非活动步，S9 变为活动步，此时 Q1.2 和 Q1.4 线圈均输出为 1，表示顶针前进。当顶针前进到限定位置时，I0.6 强制为 1，S9 变为非活动步，S10 变为活动步，此时 Q1.3 和 Q1.4 线圈均输出为 1，表示顶针后退。当顶针后退到原位点时，将 I0.7 和 I1.2 均强制为 1，系统开始重复下一轮的操作。

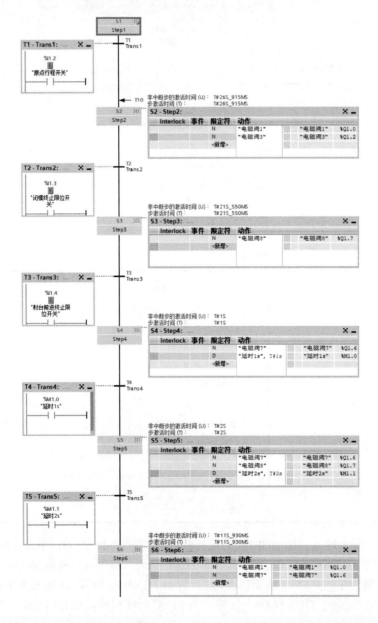

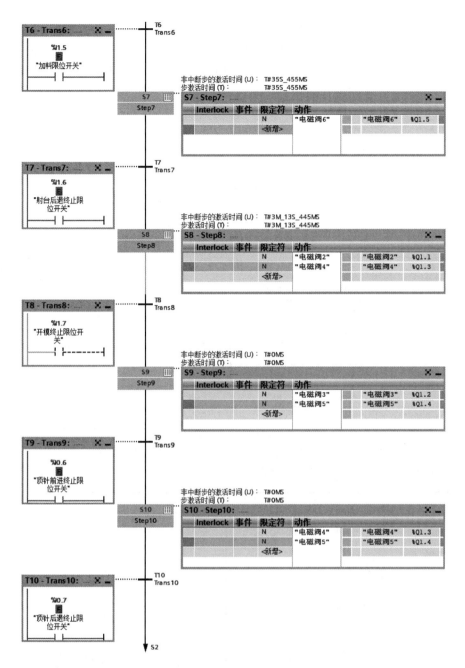

图 9-57 注塑成型生产线的顺序控制仿真图

9.7.2 S7-Graph 在选择序列顺序控制中的应用实例

（1）PLC 在闪烁灯控制中的应用

1）控制要求 某控制系统有 5 个发光二极管 LED1 ～ LED5，要求进行闪烁控制。SB7 为电源开启 / 断开按钮。按下按钮 SB8 时，LED1 持续点亮 1s 后熄灭，然后 LED2 持续点亮 3s 后熄灭；按下 SB9 按钮时，LED3 持续点亮 2s 后熄灭，然后 LED4 持续点亮 2s 后熄灭。如果按下 SB10 按钮时，将重复操作，以实现闪烁灯控制，否则 LED5 点亮。

2）控制分析 假设 5 个发光二极管 LED1 ～ LED5 分别与 Q1.0 ～ Q1.4 连接；按钮 SB7 ～

SB10 分别与 I1.0～I1.3 连接。在 SB7 开启电源的情况下，如果 I1.1 有效时选择方式 1，Q1.0 输出为 1，同时启动 T0 定时。当 T0 延时达到设定值时，Q1.1 输出 1，并启动 T1 定时。当 T1 延时达到设定值时，如果 I1.3 有效，则进入循环操作，否则 Q1.4 输出 1。如果 I1.2 有效则选择方式 2，I1.3 输出为 1，同时启动 T2 定时。当 T2 延时达到设定值时，Q1.4 输出，并启动 T3 定时。当 T3 延时达到设定值时，如果 I1.3 有效，则进入循环操作，否则 Q1.4 输出 1。

3）I/O 端子资源分配与接线　根据控制要求及控制分析可知，该系统需要 4 个输入点和 5 个输出点，再加上由 OB1 调用 FB1 时一些控制信号端子，因此 CPU 可选用 CPU 1511-1 PN，数字量输入模块为 DI 16×24VDC BA，数字量输出模块为 DQ 16×24VDC/0.5A ST（6ES7 522-1BH00-0AB0），I/O 端子资源分配如表 9-28 所示，其 I/O 接线如图 9-58 所示。

表 9-28　闪烁灯的 I/O 端子分配表

输入			输出		
功能	元件	对应端子	功能	元件	对应端子
关闭顺控	SB1	I0.0	故障显示	HL1	Q0.0
激活顺控	SB2	I0.1	自动运行显示	HL2	Q0.1
确认故障	SB3	I0.2	半自动运行显示	HL3	Q0.2
自动模式	SB4	I0.3	驱动 LED1	LED1	Q1.0
半自动模式	SB5	I0.4	驱动 LED2	LED2	Q1.1
启动顺控	SB6	I0.5	驱动 LED3	LED3	Q1.2
开启 / 断开按钮	SB7	I1.0	驱动 LED4	LED4	Q1.3
选择 1	SB8	I1.1	驱动 LED5	LED5	Q1.4
选择 2	SB9	I1.2			
循环	SB10	I1.3			

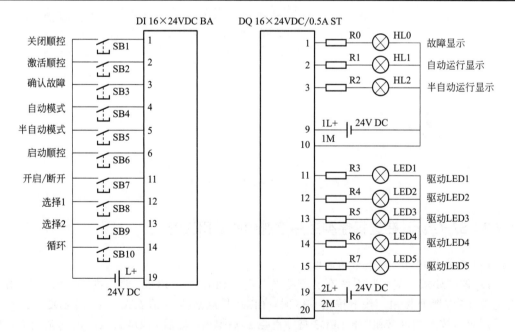

图 9-58　闪烁灯的 PLC 控制 I/O 接线图

4) 编写 PLC 控制程序　此系统是一个条件分支选择顺序控制系统，设计出闪烁灯的顺序控制功能图如图 9-59 所示。使用 S7-Graph 编写闪烁灯的 PLC 控制程序时，可按以下步骤进行。

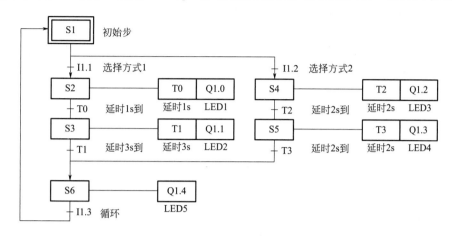

图 9-59　闪烁灯的顺控流程图

步骤一：创建 S7-Graph 语言的函数块 FB。

① 启动 TIA 博途软件，创建一个新的项目，并进行硬件组态。

② 在 TIA Portal 项目结构窗口的"程序块"中双击"添加新块"，在弹出的添加新块中点击"函数块"，选择编程语言为"Graph"，并设置块编号。然后按下"确定"键，即可进入 S7-Graph 编辑窗口界面。

步骤二：定义全局变量。

在 TIA Portal 项目结构窗口的"PLC 变量"中双击"默认变量表"，进行全局变量表的定义，如图 9-60 所示。

		名称	数据类型	地址 ▲
1		关闭顺控	Bool	%I0.0
2		激活顺控	Bool	%I0.1
3		确认故障	Bool	%I0.2
4		自动模式	Bool	%I0.3
5		半自动模式	Bool	%I0.4
6		启动顺控	Bool	%I0.5
7		顶针前进终止限位开关	Bool	%I0.6
8		顶针后退终止限位开关	Bool	%I0.7
9		开启断开按钮	Bool	%I1.0
10		选择1	Bool	%I1.1
11		选择2	Bool	%I1.2
12		循环	Bool	%I1.3
13		故障	Bool	%Q0.0
14		自动运行	Bool	%Q0.1
15		半自动运行	Bool	%Q0.2
16		驱动LED1	Bool	%Q1.0
17		驱动LED2	Bool	%Q1.1
18		驱动LED3	Bool	%Q1.2
19		驱动LED4	Bool	%Q1.3
20		驱动LED5	Bool	%Q1.4
21		延时1s	Bool	%M1.0
22		延时3s	Bool	%M1.1
23		延时2s	Bool	%M1.2
24		延时2s(1)	Bool	%M1.3

图 9-60　定义闪烁灯的全局变量

步骤三：使用 S7-Graph 在 FB1 中编写顺控程序。

在 S7-Graph 编辑窗口界面的工具栏中，点击 图 图标，切换为"顺控器视图"显示模式，在此模式中使用 Graph 语言编写顺控程序。

① 使用 Graph 语言先插入 4 步顺控程序，如图 9-61 所示。

② 先用鼠标左键点选 Step1，再点击顺序器工具条中的 ⚓ 图标，就可以将"选择序列分支"插入到顺序控制器中，如图 9-62 所示。

③ 在图 9-62 右侧的选择序列分支上插入 Step5 和 Step6 后，选中 Step6，再点击顺控器工具条中的 ⤶ 图标，就可以将"嵌套闭合"插入到顺序控制器中，以完成选择序列的合并，如图 9-63 所示。

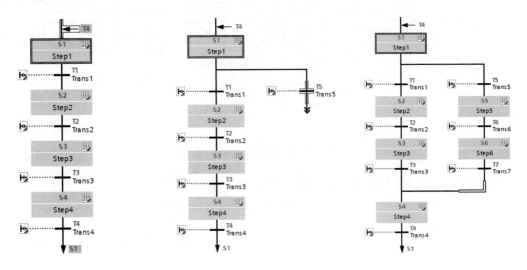

图 9-61　插入 4 步顺控程序　　图 9-62　插入"选择序列分支"　　图 9-63　选择序列的合并

④ 步与动作的编程。在 Step1 中插入命令行 N M0.3；在 Step2 中插入命令行 N Q1.0 和 D M1.0，定时时间为 T#1s；在 Step3 中插入命令行 N Q1.1 和 D M1.1，定时时间为 T#3s；在 Step4 中插入命令行 N M0.2；在 Step5 中插入命令行 N Q1.3 和 D M1.2，定时时间为 T#2s；在 Step6 中插入命令行 N Q1.4 和 D M1.3，定时时间为 T#1s。

⑤ 按图 9-64 所示输入各转换条件。

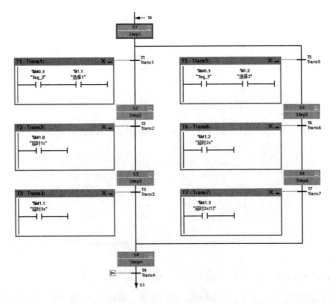

图 9-64　输入转换条件

步骤四：在 OB1 中调用 FB1。

① 在 TIA Portal 的对象窗口中双击 OB1，打开主程序块。在 OB1 功能块中按表 9-29 所示编写程序。

表 9-29　闪烁灯 OB1 中的程序

程序段	LAD
程序段 1	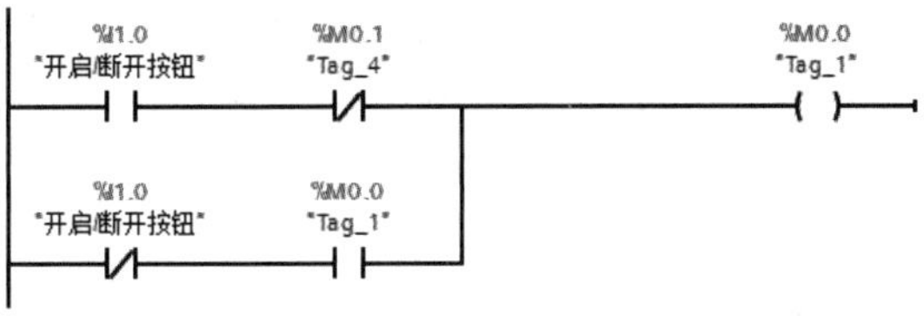
程序段 2	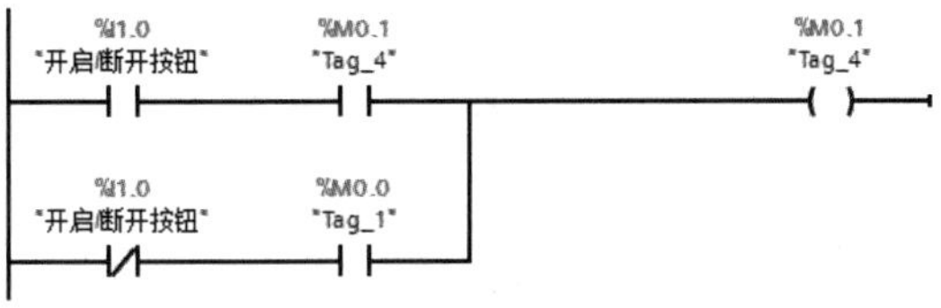
程序段 3	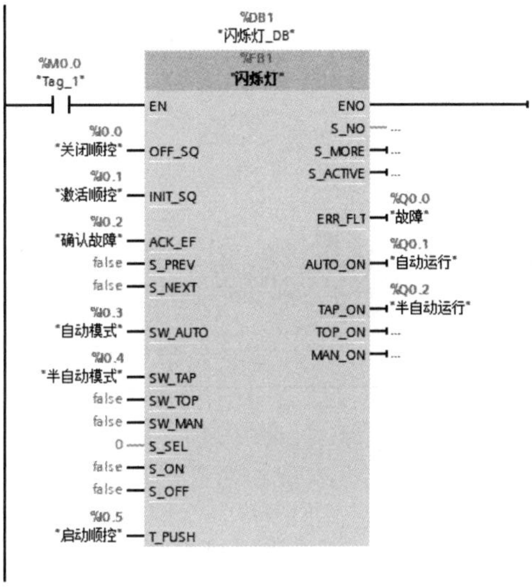

② 将编写好的程序进行保存，以生成相对应的背景数据块（DB1）。

5）程序仿真

① 执行菜单命令"在线"→"仿真"→"启动"，即可开启 S7-PLCSIM 仿真。在弹出的"扩展的下载到设备"对话框中将"接口/子网的连接"选择为"插槽'1×1'处的方向"，再单击"开始搜索"按钮，TIA 博途软件开始搜索可以连接的设备，并显示相应的在线状态信息，然后单击"下载"按钮，完成程序的装载。

② 在主程序窗口和 FB1 块窗口中，分别单击全部监视图标 ，同时使 S7-PLCSIM 处于"RUN"状态，即可观看程序的运行情况。

③ 强制一些输入触点（IB0 和 IB1），在监控表中可观看到 QB0 和 QB1 的相应位输出为 TRUE。

④ 在 FB1 的编辑界面中，可观看其各步的运行情况。刚进入在线监控状态时，S1 步为活动步。奇数次设置 I0.0 为 1 时，M0.0 线圈输出为 1；偶数次设置 I0.0 为 1 时，M0.0 线圈输出为 0，这样使用 1 个输入端子即可实现电源的开启与关闭操作。只有当 M0.0 线圈输出为 1 才

能完成程序中所有步的操作，否则LED1～LED5都处于熄灭状态。当M0.0线圈输出为1，S1为活动步时，可进行LED的选择操作。若设置I1.1为1时选择方式1，S1变为非活动步，S2变为活动步，Q1.0线圈输出为1，使LED1点亮，并启动延时。当延时1s到时，S2变为非活动步，S3变为活动步，Q1.0线圈输出为0，Q1.1线圈输出为1，使LED2点亮，并启动延时。当延时3s到时，S3变为非活动步，S6变为活动步，Q1.1线圈输出为0，Q1.4线圈输出为1，使LED5点亮。若设置I1.3为1时，S6变为非活动步，S1变为活动步，重复下一轮循环操作。若设置I1.2为1时选择方式1，S1变为非活动步，S4变为活动步，Q1.2线圈输出为1，使LED3点亮，并启动延时。当延时2s到时，S4变为非活动步，S5变为活动步，Q1.2线圈输出为0，Q1.3线圈输出为1，使LED4点亮，并启动延时。当延时2s到时，S5为非活动步，S6变为活动步，Q1.3线圈输出为0，Q1.4线圈输出为1，使LED5点亮。若设置I1.3为1时，S6变为非活动步，S1变为活动步，重复下一轮循环操作。在选择方式1时，如果I1.1和I1.3均设置为1，则可实现LED1、LED2的闪烁显示，其监控效果如图9-65所示；在选择方式2时，如果I1.2和I1.3均设置为1，也可实现LED3、LED4闪烁显示。

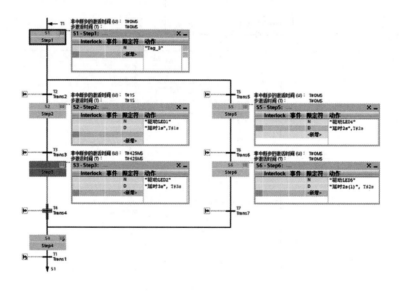

图9-65　闪烁灯的监控运行图

（2）多台电动机的PLC启停控制

1）控制要求　某控制系统中有4台电动机M1～M4，3个控制按钮SB7～SB9，其中SB7为电源控制按钮。当按下启动按钮SB8时，M1～M4电动机按顺序逐一启动运行，即M1电动机运行2s后启动M2电动机；M2电动机运行3s后启动M3电动机；M3电动机运行4s后启动M4电动机运行。当按下停止按钮SB9时，M1～M4电动机按相反顺序逐一停止运行，即M4电动机停止2s后使M3电动机停止；M3电动机停止3s后使M2电动机停止；M2电动机停止4s后使M1电动机停止运行。

2）控制分析　此任务可以使用单序列控制完成，也可使用选择序列控制完成，在此使用选择序列来完成操作，其顺控流程图如图9-66所示。假设4个电动机M1～M4分别由Q1.0～Q1.3控制；按钮SB7～SB9分别与I1.0～I1.2连接。系统中使用S1～S12这12个步，其中步S9～S12中没有任务动作。在SB7开启电源的情况下，当按下SB1时，启动M1电动机运行，此时如果按下了停止按钮SB9，则进入步S12，然后由S12直接跳转到步S9。如果M1电动机启动后，没有按下按钮SB9，则进入到步S3，启动M2电动机运行。如果按下了停止按钮SB9，则进入步S11，然后由S11直接跳转到步S8。如果M2电动机启动后，没有按下按钮 SB9，则进入步 S4，启动 M3 电动机运行。如果按下了停止按钮 SB9，则进入步 S9，然后由 S10 直接跳转步 S7。如果 M3 电动机启动后，没有按下按钮 SB9，则进入步 S5，启动 M4 电动机运行。M4 电动机运行后，如果按下了停止按钮 SB9，则按步 S6 ～ S8 的顺序逐一使 M4 ～ M1 电动机停止运行。

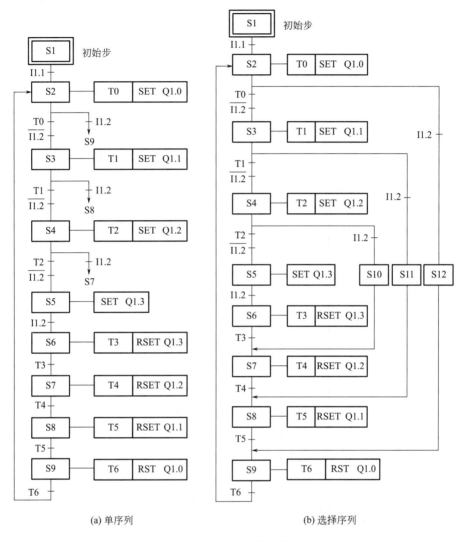

(a) 单序列　　　　　　　　　　　　　(b) 选择序列

图 9-66　多台电动机的 PLC 启停控制的顺控流程图

3）I/O 端子资源分配与接线　根据控制要求及控制分析可知，该系统需要 3 个输入点和 4 个输出点，再加上由 OB1 调用 FB1 时一些控制信号端子，因此 CPU 可选用 CPU 1511-1 PN，数字量输入模块为 DI 16×24VDC BA，数字量输出模块为 DQ 16×230VAC/2A ST，I/O 端子资源分配如表 9-30 所示，其 I/O 接线如图 9-67 所示。

表 9-30　多台电动机 PLC 启停控制的 I/O 端子分配表

输入			输出		
功能	元件	对应端子	功能	元件	对应端子
关闭顺控	SB1	I0.0	故障显示	HL1	Q0.0
激活顺控	SB2	I0.1	自动运行显示	HL2	Q0.1

输入			输出		
功能	元件	对应端子	功能	元件	对应端子
确认故障	SB3	I0.2	半自动运行显示	HL3	Q0.2
自动模式	SB4	I0.3	控制电动机 M1	KM1	Q1.0
半自动模式	SB5	I0.4	控制电动机 M2	KM2	Q1.1
启动顺控	SB6	I0.5	控制电动机 M3	KM3	Q1.2
电源启停	SB7	I1.0	控制电动机 M4	KM4	Q1.3
启动电动机	SB8	I1.1			
停止电动机	SB9	I1.2			

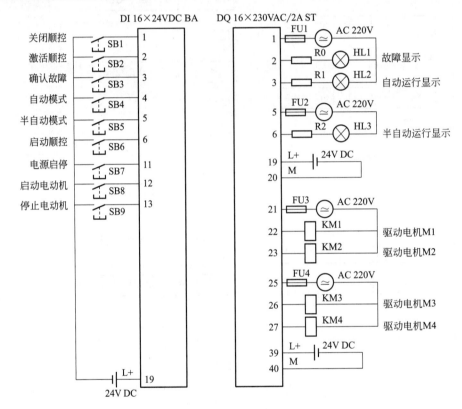

图 9-67　多台电动机的 PLC 启停控制 I/O 接线

4) 编写 PLC 控制程序　这是一个条件分支选择顺序控制系统, 使用 S7-Graph 编写多台电动机的 PLC 启停控制程序时, 可按以下步骤进行。

步骤一: 创建 S7-Graph 语言的函数块 FB。

① 启动 TIA Portal 软件, 创建一个新的项目, 并进行硬件组态。

② 在 TIA Portal 项目结构窗口的 "程序块" 中双击 "添加新块", 在弹出的添加新块中点击 "函数块", 选择编程语言为 "Graph", 并设置块编号。然后按下 "确定" 键, 即可进入 S7-Graph 编辑窗口界面。

步骤二: 定义全局变量。

在 TIA Portal 项目结构窗口的 "PLC 变量" 中双击 "默认变量表", 进行全局变量表的定义，如图 9-68 所示。

步骤三：使用 S7-Graph 在 FB1 中编写顺控程序。

在 S7-Graph 编辑窗口界面的工具栏中，点击圖图标，切换为"顺控器视图"显示模式，在此模式中使用 Graph 语言编写顺控程序。

		名称	数据类型	地址
		默认变量表		
1		故障	Bool	%Q0.0
2		自动运行	Bool	%Q0.1
3		半自动运行	Bool	%Q0.2
4		驱动电机 M1	Bool	%Q1.0
5		驱动电机 M2	Bool	%Q1.1
6		驱动电机 M3	Bool	%Q1.2
7		电源启停	Bool	%I1.0
8		电机启动	Bool	%I1.1
9		电机停止	Bool	%I1.2
10		关闭顺控	Bool	%I0.0
11		激活顺控	Bool	%I0.1
12		确认故障	Bool	%I0.2
13		自动模式	Bool	%I0.3
14		半自动模式	Bool	%I0.4
15		启动顺控	Bool	%I0.5
16		延时2s	Bool	%M1.0
17		延时3s	Bool	%M1.1
18		延时4s	Bool	%M1.2
19		延时3s(1)	Bool	%M1.3
20		电源	Bool	%M0.0
21		Tag_3	Bool	%M0.3
22		Tag_4	Bool	%M0.1
23		Tag_5	Bool	%M0.2
24		驱动电机 M4	Bool	%Q1.3
25		延时2s(1)	Bool	%M1.4
26		延时1s	Bool	%M1.5
27		延时1s(1)	Bool	%M1.6

图 9-68　定义多台电动机启停控制的全局变量

① 使用 Graph 语言先插入如图 9-69 所示的选择分支序列。

② 步与动作的编程。在 Step1 中插入命令行 N M0.3；在 Step2 中插入命令行 S Q1.0，和 D M1.0，定时时间为 T#2s；在 Step3 中插入命令行 S Q1.1 和 D M1.1，定时时间为 T#3s；在 Step4 中插入命令行 S Q1.2 和 D M1.2，定时时间为 T#4s；在 Step5 中插入命令行 S Q1.3；在 Step6 中插入命令行 R Q1.3 和 D M1.3，定时时间为 T#3s；在 Step7 中插入命令行 R Q1.2 和 D M1.4，定时时间为 T#2s；在 Step8 中插入命令行 R Q1.1 和 D M1.5，定时时间为 T#1s；在 Step9 中插入命令行 R Q1.0 和 D M1.6，定时时间为 T#1s。

③ 按图 9-70 所示输入各转换条件，并将程序进行保存。

步骤四：在 OB1 中调用 FB1。

① 在 TIA Portal 的对象窗口中双击 OB1，打开主程序块。在 OB1 功能块中按表 9-31 所示书写程序。

② 将编写好的程序进行保存，以生成相对应的背景数据块（DB1）。

5）程序仿真

① 执行菜单命令"在线"→"仿真"→"启动"，即可开启 S7-PLCSIM 仿真。在弹出的"扩展的下载到设备"对话框中将"接口 / 子网的连接"选择为"插槽'1×1'处的方向"，再单击"开始搜索"按钮，TIA Portal 软件开始搜索可以连接的设备，并显示相应的在线状态信息，然后单击"下载"按钮，完成程序的装载。

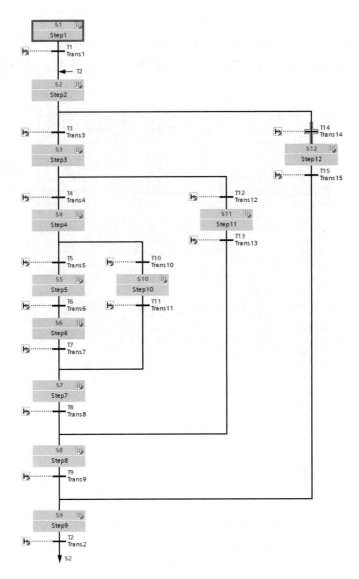

图 9-69　插入多台电动机启停控制的选择分支序列

②　在主程序窗口和 FB1 块窗口中，分别单击全部监视图标 ，同时使 S7-PLCSIM 处于 "RUN" 状态，即可观看程序的运行情况。

③　强制一些输入触点（IB0 和 IB1），在监控表中可观看到 QB0 和 QB1 的相应位输出为 TRUE。

④　在 FB1 的编辑界面中，可观看其各步的运行情况。刚进入在线监控状态时，S1 步为活动步。奇数次设置 I1.0 为 1 时，M0.0 线圈输出为 1；偶数次设置 I1.0 为 1 时，M0.0 线圈输出为 0，这样使用 1 个输入端子即可实现电源的开启与关闭操作。只有当 M0.0 线圈输出为 1 时才能完成程序中所有步的操作，否则 M1～M4 电动机都处于停止状态。M0.0 线圈输出为 1，S1 为活动步时，将 I1.1 设置为 1，S1 变为非活动步，S2 变为活动步，Q1.0 线圈输出 1 使电动机 M1 启动，并且定时器延时。延时到达 1s，M1.0 常开触点闭合，S2 变为非活动步，S3 变为活动步，Q1.0 保持为 1，Q1.1 线圈输出 1 使电动机 M2 启动，并且定时器延时。若没有按下停止按钮（即 I1.2 没有设置为 1），依此顺序使 M3、M4 启动运行，仿真效果如图 9-71 所示。如果按下停止按钮，则直接跳转到相应位置，使电动机按启动的反顺序延时停止运行。例如 M2

电动机在运行且 M3 电动机未启动，按下停止按钮（I1.2 设置为 1），则直接跳转到步 S11，使 M2、M1 电动机按顺序停止运行。

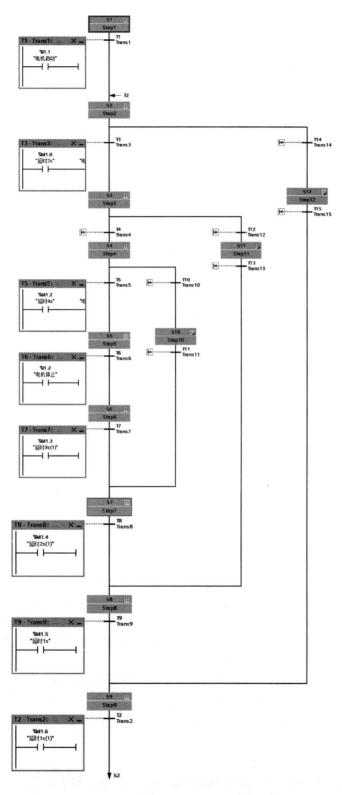

图 9-70 输入多台电动机启停控制的转换条件

表 9-31　多台电动机启停控制 OB1 中的程序

程序段	LAD
程序段 1	%I1.0 "电源启停" — %M0.1 "Tag_4" — %M0.0 "电源" ( ) %I1.0 "电源启停" — %M0.0 "电源"
程序段 2	%I1.0 "电源启停" — %M0.1 "Tag_4" — %M0.1 "Tag_4" ( ) %I1.0 "电源启停" — %M0.0 "电源"
程序段 3	%DB1 "多台电机启停_DB"　%FB1 "多台电机启停" %M0.0 "电源" — EN　ENO S_NO %I0.0 "关闭顺控" — OFF_SQ　S_MORE %I0.1 "激活顺控" — INIT_SQ　S_ACTIVE %I0.2 "确认故障" — ACK_EF　ERR_FLT — %Q0.0 "故障" false — S_PREV　AUTO_ON — %Q0.1 "自动运行" false — S_NEXT %I0.3 "自动模式" — SW_AUTO　TAP_ON — %Q0.2 "半自动运行" %I0.4 "半自动模式" — SW_TAP　TOP_ON false — SW_TOP　MAN_ON false — SW_MAN 0 — S_SEL false — S_ON false — S_OFF %I0.5 "启动顺控" — T_PUSH

9.7.3　S7-Graph 在并行序列顺序控制中的应用实例

（1）控制要求

某人行道交通信号灯控制示意如图 9-72 所示，具体控制要求如下：当 PLC 开始运行时，初始状态 S1 开始动作，车道绿灯亮，而人行道红灯亮。当按下人行按钮时，车道绿灯仍亮，人行道红灯仍亮，此状态保持 30s。30s 后，车道绿灯灭，车道黄灯亮，10s 后车道黄灯也灭，车道红灯点亮。5s 后人行道绿灯亮。25s 后返回初始状态 S1，循环执行此过程。

（2）系统分析

从控制要求可看出，人行道交通信号属于典型的时间顺序控制，可以使用并行序列来完成操作任务。根据控制的通行时间关系，可以将时间按照车道和人行道分别标定。在并行序列中，车道按照定时器 T0、T1 和 T2 设定的时间工作；人行道按照定时器 T3 和 T4 设定的时间工作。

（3）I/O 端子资源分配与接线

根据控制要求及控制分析可知，该系统需要 2 个输入点和 5 个输出点，再加上由 OB1 调用 FB1 时的一些控制信号端子，因此 CPU 可选用 CPU 1511-1 PN，数字量输入模块为 DI

16×24VDC BA，数字量输出模块为 DQ 16×24VDC/0.5A ST（6ES7 522-1BH00-0AB0），I/O 端子资源分配如表 9-32 所示，其 I/O 接线如图 9-73 所示。

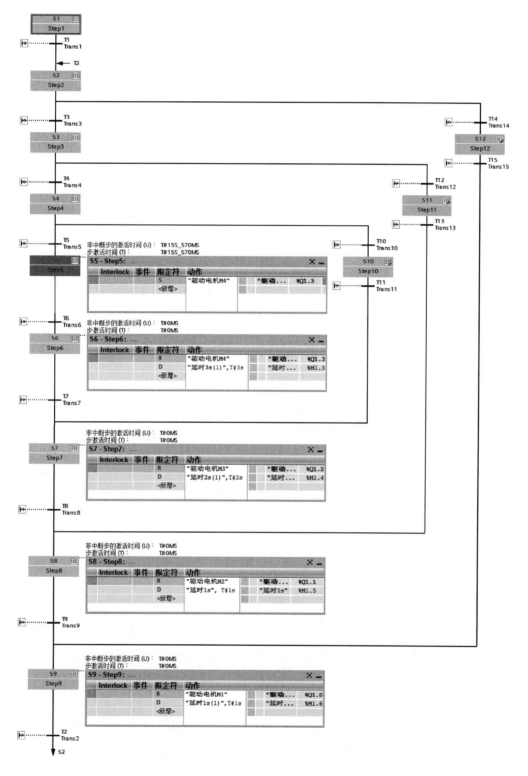

图 9-71　多台电动机启停的顺序控制仿真图

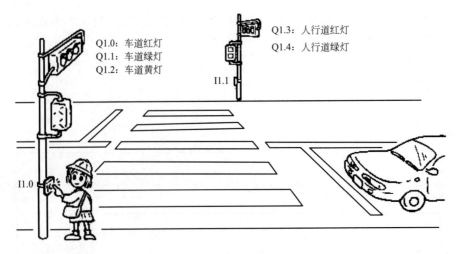

图 9-72 人行道交通信号灯控制示意图

表 9-32 人行道交通信号灯的 I/O 端子分配表

输入			输出		
功能	元件	对应端子	功能	元件	对应端子
关闭顺控	SB1	I0.0	故障显示	HL1	Q0.0
激活顺控	SB2	I0.1	自动运行显示	HL2	Q0.1
确认故障	SB3	I0.2	半自动运行显示	HL3	Q0.2
自动模式	SB4	I0.3	车道红灯	LED1	Q1.0
半自动模式	SB5	I0.4	车道绿灯	LED2	Q1.1
启动顺控	SB6	I0.5	车道黄灯	LED3	Q1.2
电源启停	SB7	I1.0	人行道红灯	LED4	Q1.3
人行按钮	SB8	I1.1	人行道绿灯	LED5	Q1.4

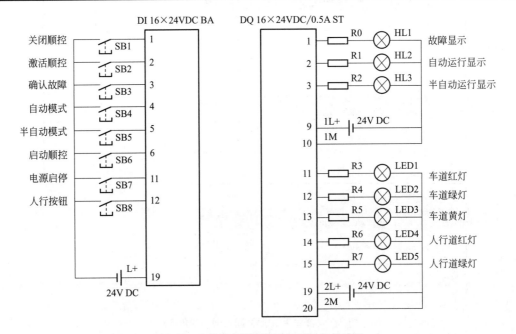

图 9-73 人行道交通信号灯控制的 I/O 接线图

（4）编写 PLC 控制程序

根据人行道交通信号灯控制的工作流程图和 PLC 资源配置，设计出 PLC 控制人行道交通信号灯控制的顺序控制功能流程图如图 9-74 所示。使用 S7-Graph 编写人行道交通信号灯程序时，可按以下步骤进行。

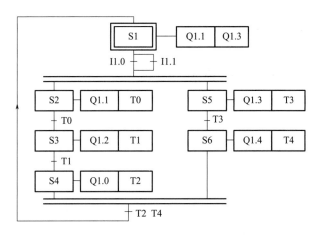

图 9-74　人行道交通信号灯的顺控流程图

步骤一：创建 S7-Graph 语言的函数块 FB。

① 启动 TIA Portal 软件，创建一个新的项目，并进行硬件组态。

② 在 TIA Portal 项目结构窗口的"程序块"中双击"添加新块"，在弹出的添加新块中点击"函数块"，选择编程语言为"Graph"，并设置块编号。然后按下"确定"键，即可进入 S7-Graph 编辑窗口界面。

步骤二：定义全局变量。

在 TIA Portal 项目结构窗口的"PLC 变量"中双击"默认变量表"，进行全局变量表的定义，如图 9-75 所示。

默认变量表

		名称	数据类型	地址 ▲
1		关闭顺控	Bool	%I0.0
2		激活顺控	Bool	%I0.1
3		确认故障	Bool	%I0.2
4		自动模式	Bool	%I0.3
5		半自动模式	Bool	%I0.4
6		启动顺控	Bool	%I0.5
7		电源启停	Bool	%I1.0
8		人行按钮	Bool	%I1.1
9		故障	Bool	%Q0.0
10		自动运行	Bool	%Q0.1
11		半自动运行	Bool	%Q0.2
12		车道红灯	Bool	%Q1.0
13		车道绿灯	Bool	%Q1.1
14		车道黄灯	Bool	%Q1.2
15		人行道红灯	Bool	%Q1.3
16		人行道绿灯	Bool	%Q1.4
17		电源	Bool	%M0.0
18		Tag_4	Bool	%M0.1
19		Tag_5	Bool	%M0.2
20		Tag_3	Bool	%M0.3
21		延时30s	Bool	%M1.0
22		延时10s	Bool	%M1.1
23		延时25s	Bool	%M1.2
24		延时45s	Bool	%M1.3
25		延时20s	Bool	%M1.4

图 9-75　定义人行道交通信号灯的全局变量

步骤三：使用 S7-Graph 在 FB1 中编写顺控程序。

在 S7-Graph 编辑窗口界面的工具栏中，点击▣图标，切换为"顺控器视图"显示模式，在此模式中使用 Graph 语言编写顺控程序。

① 使用 Graph 语言先插入 4 步顺控程序。

② 先用鼠标左键点选 Step1，再点击顺序器工具条中的 🖬 图标，就可以将"并行序列分支"插入顺序控制器中，如图 9-76 所示。

③ 在图 9-76 右侧的并行序列分支上插入 Step5 和 Step6 后，选中 Step6，再点击顺控器工具条中的 ⬑ 图标，就可以将"嵌套闭合"插入顺序控制器中，以完成并行序列的合并，如图 9-77 所示。

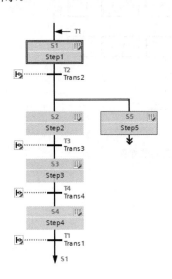

图 9-76　插入"并行序列分支"　　　　　　图 9-77　并行序列的合并

④ 步与动作的编程。在 Step1 中插入命令行 N M0.3、N Q1.1 和 N Q1.3；在 Step2 中插入命令行 N Q1.1 和 D M1.0，定时时间为 T#30s；在 Step3 中插入命令行 N Q1.2 和 D M1.1，定时时间为 T#10s；在 Step4 中插入命令行 N Q1.0 和 D M1.2，定时时间为 T#25s；在 Step5 中插入命令行 N Q1.3 和 D M1.3，定时时间为 T#45s；在 Step6 中插入命令行 N Q1.4 和 D M1.4，定时时间为 T#20s。

⑤ 按图 9-78 所示输入各转换条件，并将程序进行保存。

步骤四：在 OB1 中调用 FB1。

① 在 TIA Portal 的对象窗口中双击 OB1，打开主程序块。在 OB1 功能块中按表 9-33 所示书写程序。

② 将书写好的程序进行保存，以生成相对应的背景数据块（DB1）。

（5）程序仿真

① 执行菜单命令"在线"→"仿真"→"启动"，即可开启 S7-PLCSIM 仿真。在弹出的"扩展的下载到设备"对话框中将"接口 / 子网的连接"选择为"插槽'1×1'处的方向"，再单击"开始搜索"按钮，TIA 博途软件开始搜索可以连接的设备，并显示相应的在线状态信息，然后单击"下载"按钮，完成程序的装载。

② 在主程序窗口和 FB1 块窗口中，分别单击全部监视图标 🖳，同时使 S7-PLCSIM 处于"RUN"状态，即可观看程序的运行情况。

③ 强制一些输入触点（IB0 和 IB1），在监控表中可观看到 QB0 和 QB1 的相应位输出为 TRUE。

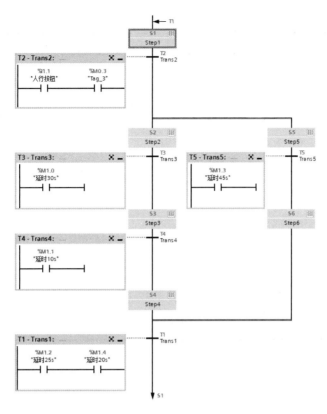

图 9-78　输入人行道交通信号灯的转换条件

　　④ 在 FB1 的编辑界面中，可观看其各步的运行情况。刚进入在线监控状态时，S1 步为活动步。奇数次设置 I1.0 为 1 时，M0.0 线圈输出为 1；偶数次设置 I1.0 为 1 时，M0.0 线圈输出为 0，这样使用 1 个输入端子即可实现电源的开启与关闭操作。只有当 M0.1 线圈输出为 1 才能完成程序中所有步的操作，否则人行道交通信号灯控制不能执行任何操作。当 M0.1 线圈输出为 1，S1 为活动步时，Q1.1 线圈输出为 1（即车道绿灯亮），Q1.3 线圈输出为 1（即人行道红灯亮），表示汽车可以通行，行人不能通行。当行人要通过马路时，按下人行按钮（即将 I1.1 强制为 1），使 S1 为非活动步，S2 为活动步，将执行人行道交通信号灯控制，其具体过程请读者自行观察，其监控效果如图 9-79 所示。

表 9-33　人行道交通信号灯控制 OB1 中的程序

程序段	LAD
程序段 1	%I1.0 "电源启停"　%M0.1 "Tag_4"　　　　　　　　　　　　　　%M0.0 "电源" %I1.0 "电源启停"　%M0.0 "电源"
程序段 2	%I1.0 "电源启停"　%M0.1 "Tag_4"　　　　　　　　　　　　　　%M0.1 "Tag_4" %I1.0 "电源启停"　%M0.0 "电源"

程序段	LAD
程序段 3	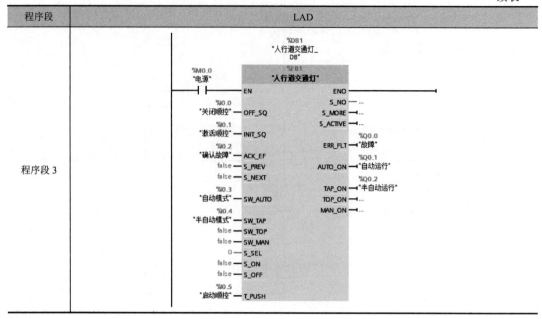

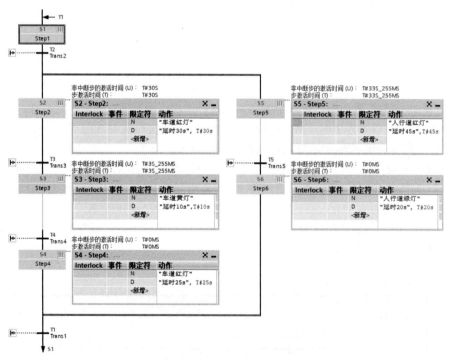

图 9-79　人行道交通信号灯的监控运行图

第 10 章

西门子 S7-1500 PLC 的模拟量与 PID 闭环控制

PLC 是在数字量控制的基础上发展起来的工业控制装置，但是在许多工业控制系统中，其控制对象除了是数字量，还有可能是模拟量，例如温度、流量、压力等均是模拟量。为了适应现代工业控制系统的需要，PLC 的功能不断增强，在第二代 PLC 就实现了模拟控制。当今第五代 PLC 已增加了许多模拟量处理功能，具有较强的 PID 控制能力，完全可以胜任各种较复杂的模拟控制。西门子 S7-1500 PLC 系统通过配置相应的模拟量输入 / 输出模块可以很好地进行模拟量系统的控制。

10.1　模拟量的基本概念 ●●●

10.1.1　模拟量处理流程

随时间连续变化的物理量称为模拟量，例如温度、流量、压力、速度、物位等。在西门子 S7-1500 PLC 系统中，CPU 只能处理 "0" 和 "1" 这样的数字量，所以需要进行模数转换或数模转换。模拟量输入模块 AI 用于将输入的模拟量信号转换成为 CPU 内部处理的数字信号；模拟量输出模块 AO 用于将 CPU 送给它的数字信号转换为成比例的电压信号或电流信号，对执行机构进行调节或控制。模拟量处理流程如图 10-1 所示。

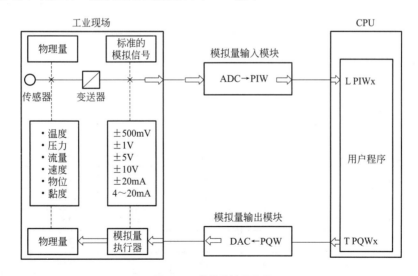

图 10-1　模拟量处理流程

若需将外界信号传送到 CPU，首先通过传感器采集所需的外界信号并将其转换为电信号，该电信号可能是离散性的电信号，需通过变送器将它转换为标准的模拟量电压或电流信号。模拟量输入模块接收到这些标准模拟量信号后，通过 ADC 转换为与模拟量成比例的数字量信号，并存放在缓冲器（PIW）中。CPU 通过"L PIWx"指令读取模拟量输入模块缓冲器中数字量信号，并传送到 CPU 指定的存储区中。

若 CPU 需控制外部相关设备时，首先 CPU 通过"T PQWx"指令将指定的数字量信号传送到模拟量输出模块的缓冲器（PQW）中。这些数字量信号在模拟量输出模块中通过 DAC 转换后，转换为成比例的标准模拟电压或电流信号。标准模块电压或电流信号驱动相应的模拟量执行器进行相应动作，从而实现了 PLC 的模拟量输出控制。

10.1.2 模拟值的表示及精度

（1）模拟值的精度

CPU 只能以二进制处理模拟值。对于具有相同标称范围的输入值和输出值来说，数字化的模拟值都相同。模拟值用一个二进制补码定点数来表示，第 15 位为符号位。符号位为 0 表示正数，1 表示负数。

模拟值的精度如表 10-1 所示，表中以符号位对齐，未用的低位则用"0"来填补，表中的"×"表示未用的位。

表 10-1　模拟值的精度

精度（位数）	分辨率		模拟值	
	十进制	十六进制	高 8 位字节	低 8 位字节
8	128	80H	符号 0000000	1××××××
9	64	40H	符号 0000000	01×××××
10	32	20H	符号 0000000	001××××
11	16	10H	符号 0000000	0001××××
12	8	8H	符号 0000000	00001×××
13	4	4H	符号 0000000	000001××
14	2	2H	符号 0000000	0000001×
15	1	1H	符号 0000000	00000001

（2）输入量程的模拟值表示

① 电压测量范围为 ±1 ～ ±10V 的模拟值表示如表 10-2 所示。

表 10-2　电压测量范围为 ±1～ ±10V 的模拟值表示

电压测量范围					模拟值	
所测电压	±10V	±5V	±2.5V	±1V	十进制	十六进制
上溢	11.85V	5.92V	2.963V	1.185V	32 767	7FFFH
					32 512	7F00H
上溢警告	11.759V	5.879V	2.940V	1.176V	32 511	7EFFH
					27 649	6C01H
正常范围	10V	5V	2.5V	1V	27 648	6C00H
	7.5V	3.75V	1.875V	0.75V	20 736	5100H
	361.7μV	180.8μV	90.4μV	36.17μV	1	1H
	0V	0V	0V	0V	0	0H
					−1	FFFFH

电压测量范围					模拟值	
所测电压	±10V	±5V	±2.5V	±1V	十进制	十六进制
正常范围	−7.5V	−3.75V	−1.875V	−0.75V	−20 736	AF00H
	−10V	−5V	−2.5V	−1V	−27 648	9400H
下溢警告					−27 649	93FFH
	−11.759V	−5.879V	−2.940V	−1.176V	−32 512	8100H
下溢					−32 513	80FFH
	−11.85V	−5.92V	−2.963V	−1.185V	−32 768	8000H

② 电压测量范围为 ±80 ～ ±500mV、1 ～ 5V 以及 0 ～ 10V 的模拟值表示如表 10-3 所示。

表 10-3 电压测量范围为 ±80 ～ ±500mV、1 ～ 5V 以及 0 ～ 10V 的模拟值表示

电压测量范围					模拟值	
所测电压	±500mV	±250mV	±80mV	1 ～ 5V	0 ～ 10V	十进制	十六进制
上溢	592.6mV	296.3mV	94.8mV	5.741V	11.852V	32 767	7FFF
						32 512	7F00
上溢警告	587.9mV	294.0mV	94.1mV	5.704V	11.759V	32 511	7EFF
						27 649	6C01
正常范围	500mV	250mV	80mV	5V	10V	27 648	6C00
	375mV	187.5mV	60mV	4V	7.5V	20 736	5100
	18.08μV	9.04μV	2.89μV	1V+144.7μV	0V+361.7μV	1	1
	0mV	0mV	0mV	1V	0V	0	0
				不支持负值		−1	FFFF
	−375mV	−187.5mV	−60mV			−20 736	AF00
	−500mV	−250mV	−80mV			−27 648	9400
下溢警告						−27 649	93FF
	−587.9mV	−294.0mV	−94.1mV			−32 512	8100
				0.296V		−4864	ED00
下溢						−32 513	80FF
	−592.6mV	−296.3mV	−94.8mV			−32 768	8000

③ 电流测量范围为 ±3.2 ～ ±20mA、0 ～ 20mA 以及 4 ～ 20mA 的模拟值表示如表 10-4 所示。

表 10-4 电流测量范围为 ±3.2 ～ ±20mA、0 ～ 20mA 以及 4 ～ 20mA 的模拟值表示

电流测量范围					模拟值	
所测电流	±20mA	±10mA	±3.2mA	0 ～ 20mA	4 ～ 20mA	十进制	十六进制
上溢	23.7mA	11.85mA	3.79mA	23.7mA	22.96mA	32 767	7FFF
						32 512	7F00
上溢警告	23.52mA	11.76mA	3.76mA	23.52mA	22.81mA	32 511	7EFF
						27 649	6C01

所测电流	电流测量范围					模拟值	
	±20mA	±10mA	±3.2mA	0～20mA	4～20mA	十进制	十六进制
正常范围	20mA	10mA	3.2mA	20mA	20mA	27 648	6C00
	15mA	7.5mA	2.4mA	15mA	16mA	20 736	5100
	723.4nA	361.7nA	115.7nA	723.4nA	4mA+578.7nA	1	1
	0mA	0mA	0mA	0mA	4mA	0	0
						−1	FFFF
	−15mA	−7.5mA	−2.4mA			−20 736	AF00
	−20mA	−10mA	−3.2mA			−27 648	9400
下溢警告						−27 649	93FF
	−23.52mA	−11.76mA	−3.76mA			−32 512	8100
				−3.52mA	1.185mA	−4864	ED00
下溢						−32 513	80FF
	−23.7mA	−11.85mA	−3.79mA			−32 768	8000

（3）输出量程的模拟值表示

① 电压输出范围为 −10 ～ 10V、0 ～ 10V 以及 1 ～ 5V 的模拟值表示如表 10-5 所示。

表 10-5 电压输出范围为 −10～10V、0～10V 以及 1 ～ 5V 的模拟值表示

数字量			输出电压范围			输出电压
百分比	十进制	十六进制	−10～10V	0～10V	1～5V	
118.5149%	32767	7FFFH	0.00V	0.00V	0.00V	上溢、断路和去电
	32512	7F00H				
117.589%	32511	7EFFH	11.76V	11.76V	5.70V	上溢警告
	27649	6C01H				
100%	27648	6C00H	10V	10V	5V	正常范围
75%	20736	5100H	7.5V	7.5V	3.75V	
0.003617%	1	1H	361.7μV	361.7μV	1V+144.7μV	
0%	0	0H	0V	0V	0V	
	−1	FFFFH	−361.7μV			
−75%	−20736	AF00H	−7.5V			
−100%	−27648	9400H	−10V			
	−27649	93FFH				
−25%	−6912	E500H			0V	下溢警告
	−6913	E4FFH				
−117.593%	−32512	8100H	−11.76V	输出值限制在 0V 或空闲状态		
	−32513	80FFH				下溢、断路和去电
−118.519%	−32768	8000H	0.00V	0.00V	0.00V	

② 电流输出范围为 −20 ～ 20mA、0 ～ 20mA 以及 4 ～ 20mA 的模拟值表示如表 10-6 所示。

表 10-6　电流输出范围为 −20 ～ 20mA、0 ～ 20mA 以及 4 ～ 20mA 的模拟值表示

数字量			输出电流范围			
百分比	十进制	十六进制	−20 ～ 20mA	0 ～ 20mA	4 ～ 20mA	输出电流
118.5149%	32767	7FFFH	0.00mA	0.00mA	0.00mA	上溢
	32512	7F00H				
117.589%	32511	7EFFH	23.52mA	23.52mA	22.81mA	上溢警告
	27649	6C01H				
100%	27648	6C00H	20mA	20mA	20mA	正常范围
75%	20736	5100H	15mA	15mA	16mA	
0.003617%	1	1H	723.4nA	723.4nA	4mA+578.7nA	
0%	0	0H	0mA	0mA	4mA	
	−1	FFFFH	−723.4nA			
−75%	−20736	AF00H	−15mA			
−100%	−27648	9400H	−20mA			
	−27649	93FFH				下溢警告
−25%	−6912	E500H			0mA	
	−6913	E4FFH				
−117.593%	−32512	8100H	−23.52mA	输出值限制在 0mA 或空闲状态		下溢
	−32513	80FFH				
−118.519%	−32768	8000H	0.00mA	0.00mA	0.00mA	

10.1.3　模拟量输入方法

模拟量的输入有两种方法：用模拟量输入模块输入模拟量、用采集脉冲输入模拟量。

（1）用模拟量输入模块输入模拟量

模拟量输入模块是将模拟过程信号转换为数字格式，其处理流程可参见图 10-1。使用模拟量输入模块时，要了解其性能，主要的性能如下：

① 模拟量规格　指可接收或可输出的标准电流或标准电压的规格，一般多些好，便于选用。

② 数字量位数　指转换后的数字量，用多少位二进制数表达。位越多，精度越高。

③ 转换时间　指实现一次模拟量转换的时间，越短越好。

④ 转换路数　指可实现多少路的模拟量的转换，路数越多越好，可处理多路信号。

⑤ 功能　指除了实现数模转换的一些附加功能，有的还有标定、平均峰值及开方功能。

（2）用采集脉冲输入模拟量

PLC 可采集脉冲信号，可用高速计数单元或特定输入点采集，也可用输入中断的方法采集。而把物理量转换为电脉冲信号也很方便。

10.1.4　模拟量输出方法

模拟量输出的方法有 3 种：用模拟量输出模块控制输出、用开关量 ON/OFF 比值控制输出、用可调制脉冲宽度的脉冲量控制输出。

（1）用模拟量输出模块控制输出

为使控制的模拟量能连续、无波动地变化，最好采用模拟量输出模块。模拟量输出模块是将数字输出值转换为模拟信号，其处理流程可参见图 10-1。模拟量输出模块的参数包括诊断中

断、组诊断、输出类型选择（电压、电流或禁用）、输出范围选择及对 CPU STOP 模式的响应。使用模拟量输出模块时应按以下步骤进行：

① 选用。确定是选用 CPU 单元的内置模拟量输入 / 输出模块，还是选用外扩的模拟量输出模块。在选择外扩时，要选性能合适的模拟量输出模块，既要与 PLC 型号相当，规格、功能也要一致，而且配套的附件或装置也要选好。

② 接线。模拟量输出模块可为负载和执行器提供电源。模拟量输出模块使用屏蔽双绞线电缆连接模拟量信号至执行器。电缆两端的任何电位差都可能导致在屏蔽层产生等电位电流，干扰模拟信号。为防止发生这种情况，应只将电缆的一端的屏蔽层接地。

③ 设定。有硬设定及软设定。硬设定用 DIP 开关，软设定用存储区或运行相当的初始化 PLC 程序。做了设定，才能确定要使用哪些功能、选用什么样的数据转换、数据存储于什么单元等。总之，没有进行必要的设定，如同没有接好线一样，模块也是不能使用的。

（2）用开关量 ON/OFF 比值控制输出

改变开关量 ON/OFF 比例，进而用这个开关量去控制模拟量，是模拟量控制输出最简单的办法。这个方法不用模拟量输出模块，即可实现模拟量控制输出。其缺点是，这个方法的控制输出是断续的，系统接收的功率有波动，不是很均匀。如果系统惯性较大，或要求不高、允许不大的波动时可用。为了减少波动，可缩短工作周期。

（3）用可调制脉冲宽度的脉冲量控制输出

有的 PLC 有半导体输出的输出点，可缩短工作周期，提高模拟量输出的平稳性。用其控制模拟量，则是既简单又平稳的方法。

10.2　西门子 S7-1500 PLC 模拟量模块的使用

在西门子 S7-1500 PLC 系统中，有些型号的 CPU 本身集成了 AI/AQ（如 CPU 1511C-1 PN、CPU 1512C-1 PN），具有模拟量输入 / 输出功能，而没有集成 AI/AQ 的 CPU 通过配置相应的模拟量输入 / 输出模块就可以很好地实现模拟量输入 / 输出控制。

10.2.1　模拟量模块简介

S7-1500 PLC 的模拟量模块包括模拟量输入模块、模拟量输出模块和模拟量输入 / 输出混合模块。

（1）模拟量输入模块

模拟量输入模块可以测量电压类型、电流类型、电阻类型和热电偶类型的模拟量信号。目前，西门子 S7-1500 PLC 的模拟量输入模块型号有：AI 4×U/I/RTD/TC ST（6SE7 531-7QD00-0AB0）、AI 8×U/I/RTD/TC ST（6SE7 531-7KF00-0AB0）、AI 8×U/R/RTD/TC HF（6SE7 531-7PF00-0AB0）、AI 8×U/I/HF（6SE7 531-7NF00-0AB0）、AI 8×U/I/HS（6SE7 531-7NF10-0AB0），它们的主要技术参数可参考本书 2.4.2 节的相关内容。

模拟量输入模块用于将输入的模拟量信号转换成为 CPU 内部处理的数字信号，其内部主要由内部电源、多路开关、ADC（A/D 转换器）、光电隔离和逻辑电路等部分组成，如图 10-2 所示。输入的模拟量信号一般是模拟量变送器输出的标准直流电压、电流信号。

模拟量输入通道共用一个 ADC，通过多路开关切换被转换通道。模拟量输入模块的各个通道（CH）可以分别使用电流输入或电压输入，并选用不同的量程。各输入通道的 A/D 转换和转换结果的存储与传送是顺序进行的，每个模拟量通道的输入信号是被依次轮流转换的。各个通道的转换结果被保存到各自的存储器，直到被下一次的转换值覆盖。

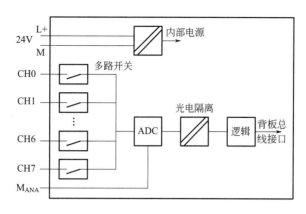

图 10-2　模拟量输入模块内部结构

（2）模拟量输出模块

模拟量输出模块可以输出电压或电流类型的模拟量信号，所以可以连接电压类型或电流类型的模拟量输出设备。目前，西门子 S7-1500 PLC 的模拟量输出模块型号有：AQ 2×U/I ST（6SE7 532-5NB00-0AB0）、AQ 4×U/I ST（6SE7 532-5HD00-0AB0）、AQ 4×U/I HF（6SE7 532-5ND00-0AB0）、AQ 8×U/I HS（6SE7 532-5HF00-0AB0），它们的主要技术参数可参考本书 2.4.2 节的相关内容。

模拟量输出模块用于将 CPU 送给它的数字信号转换为成比例的电压信号或电流信号，对执行机构进行调节或控制。它的内部主要由内部电源、光电隔离、DAC（A/D 转换器）等部分组成，如图 10-3 所示。

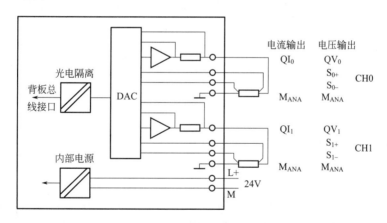

图 10-3　模拟量输出模块内部结构

（3）模拟量输入 / 输出混合模块

模拟量输入/输出混合模块就是在一个模块上既有模拟量输入通道，又有模拟量输出通道。目前，西门子 S7-1500 PLC 的模拟量输入 / 输出混合模块仅有 AI/AQ 4×U/I /RTD /TC/2×U/I ST（6SE7 534-7QE00-0AB0）一款产品。

10.2.2　模拟量模块的接线

对西门子 S7-1500 PLC 模拟量模块进行接线时，为保证信号安全，必须带有屏蔽支架和

屏蔽线夹。此外，将电源元件插入前连接器，可为模拟量模块进行供电。电源元件的接线如

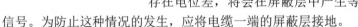

图 10-4 所示，其中端子 41（L+）和 44（M）连接电源电压，通过端子 42（L+）和 43（M）为下一个模块供电。

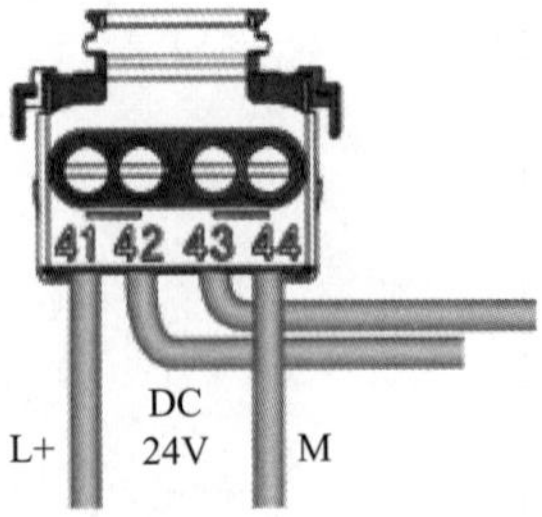

（1）模拟量输入模块的接线

西门子 S7-1500 PLC 模拟量输入模块支持各种传感器，如电压传感器、电流传感器、电阻传感器等，用户可以根据需要将不同的传感器连接到模拟量输入模块。

图 10-4　电源元件的接线

为了减少电子干扰，传感器与模拟量输入模块的连接应使用双绞屏蔽电缆，且模拟信号电缆的屏蔽层应两端接地。如果电缆两端存在电位差，将会在屏蔽层中产生等电位电流，从而产生干扰模块信号。为防止这种情况的发生，应将电缆一端的屏蔽层接地。

为叙述方便，图 10-5 ～ 图 10-10 中的 L+ 表示 DC 24V 电源端子；M 表示接地端子；M- 表示测量导线的负极；M_{ANA} 表示模拟量测量电路的参考电压端子；U_{CM} 为 M_{ANA} 测量电路的参考电压和输入之间的电位差；U_{ISO} 为 M_{ANA} 和 CPU 的 M 端子之间的电位差；IC+ 为恒定电流导线（正极）；IC- 为恒定电流导线（负极）。

对于带隔离的模拟量输入模块，在 CPU 的 M 端子和测量电路参考电压端子 M_{ANA} 之间没有电气连接。如果参考电压端子 M_{ANA} 和 CPU 的 M 端子间存在一个电位差 U_{ISO}，必须选用隔离模拟输入模块。通过在 M_{ANA} 端子和 CPU 的 M 端子之间使用一根等电位连接导线，可以确保 U_{ISO} 不会超过允许值。

对于不带隔离的模拟量输入模块，在 CPU 的 M 端子和测量电路参考电压端子点 M_{ANA} 之间，必须建立电气连接，否则这些端子之间的电位差会破坏模拟量信号。在输入通道的测量线负端 M- 和模拟量测量电路的参考点 M_{ANA} 端之间只会发生有限的电位差 U_{CM}（共模电压）。为了防止超过允许值，应根据传感器的连线情况，采取不同的措施，例如连接 M_{ANA} 端子与 CPU 的 M 端子。

当连接的是带隔离的传感器时，由于带隔离的传感器没有与本地接地电位连接（M 为本地接地端子），在不同的带隔离的传感器之间会引起电位差，这些电位差可能是由干扰或传感器的布局造成的，因此在具有强烈电磁干扰的环境运行时，为防止超过 UCM 的允许值，可将地测量线的负端 M- 与 M_{ANA} 连接。在连接用于电流测量的 2 线制变送器、阻性传感器和未使用的输入通道时，禁止将 M- 连接至 M_{ANA}。

当连接不带隔离的传感器时，在输入通道的测量线 M- 和测量电路的参考点 M_{ANA} 之间会发生有限电位差 U_{CM}（共模电压）。为了防止超过允许值，在测量点之间必须使用等电位连接导线。

① 连接传感器与模拟量输入模块的连接方式　图 10-5 所示为连接传感器与模拟量输入模块的连接方式，其中图 10-5（a）为带隔离的传感器连接到带隔离的模拟量输入模块；图 10-5（b）为连接带隔离的传感器至不带隔离的模拟量输入模块；图 10-5（c）为不带隔离的传感器连接到带隔离的模拟量输入模块；图 10-5（d）为连接不带隔离的传感器至不带隔离的模拟量输入模块。

② 电压传感器与模拟量输入模块的连接　电压传感器与模拟量输入模块的连接如图 10-6 所示，图中的模拟量输入模块带有电气隔离，而电压传感器和模拟量输入模块的连接电缆在图中并没有画出。例如模拟量输入模块 AI 8×U/I/RTD/TC ST（6SE7 531-7KF00-0AB0）与电压传感器的实际连接如图 10-7 所示。

③ 电流传感器与模拟量输入模块的连接　电流传感器分 2 线制和 4 线制。2 线制变送器采用通过模拟量输入模块的端子进行短路保护供电，然后该变送器将所测得的变量转换为电流。

2 线制变送器必须是一个带隔离的传感器，如压力计等，它与模拟量输入模块的连接如图 10-8 所示。例如模拟量输入模块 AI 8×U/I/RTD/TC ST（6SE7 531-7KF00-0AB0）与 2 线制电流传感器的实际连接如图 10-9 所示。

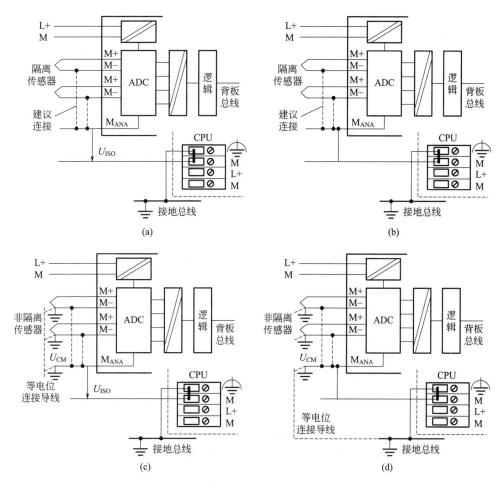

图 10-5　连接传感器至模拟量输入模块的连接方式

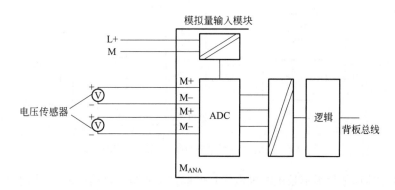

图 10-6　电压传感器与模拟量输入模块的连接

2 线制变送器还可以由 L+ 电源直接供电，其连接方法如图 10-10 所示。采用这种连接方法要注意：电源电压 L+ 从模块供电时，在 TIA Portal 中将 2 线制传感器组态为 4 线制传感器。

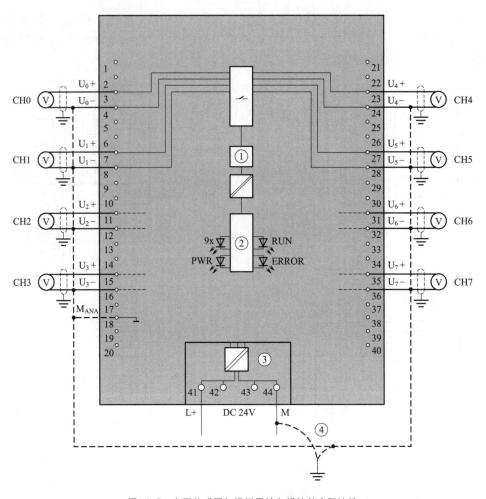

图 10-7　电压传感器与模拟量输入模块的实际连接

①—模数转换器 ADC；②—背板总线接口；③—通过电源元件进行供电；④—等电位连接电缆（可选）

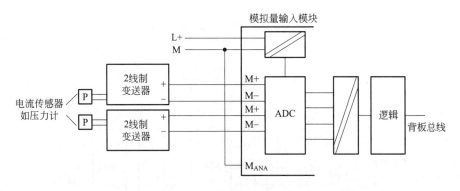

图 10-8　2 线制电流传感器与模拟量输入模块的连接

　　4 线制变送器通常使用单独电源供电，其连接方法如图 10-11 所示。例如模拟量输入模块 AI 8×U/I/RTD/TC ST（6SE7 531-7KF00-0AB0）与 4 线制电流传感器的实际连接如图 10-12 所示。

　　图 10-6～图 10-12 中，模拟量输入模块带有电气隔离，而电流传感器和模拟量输入模块的连接电缆在图中均没画出。

　　④ 电阻温度计与模拟量输入模块的连接　图 10-13 为连接电阻温度计和电阻的接线和连

接图，其中图 10-13（a）为电阻温度计的 4 线制连接方法；图 10-13（b）为电阻温度计的 3 线制连接方法；图 10-13（c）为电阻温度计的 2 线制连接方法。例如模拟量输入模块 AI 8×U/I/RTD/TC ST（6SE7 531-7KF00-0AB0）与电阻传感器或热电阻的 2、3 和 4 线制实际连接如图 10-14 所示。

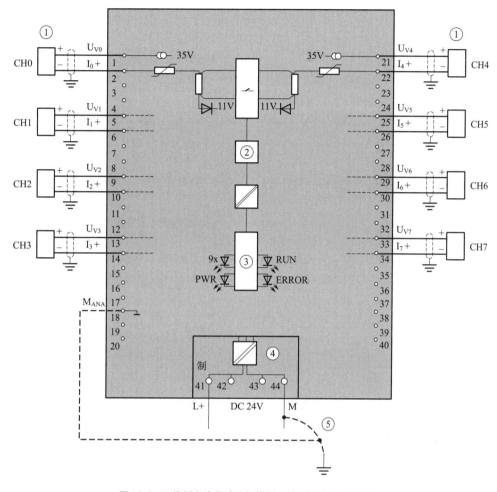

图 10-9　2 线制电流传感器与模拟量输入模块的实际连接

①—连接 2 线制变送器；②—模数转换器（ADC）；③—背板总线接口；④—通过电源元件进行供电；⑤—等电位连接电缆（可选）

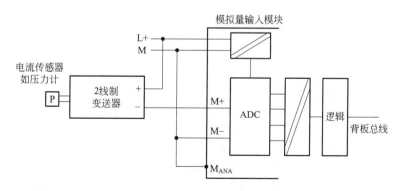

图 10-10　由 L+ 直接供电的 2 线制电流传感器与模拟量输入模块的连接

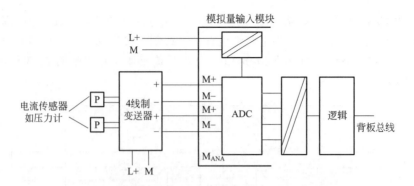

图 10-11　4 线制电流传感器与模拟量输入模块的连接

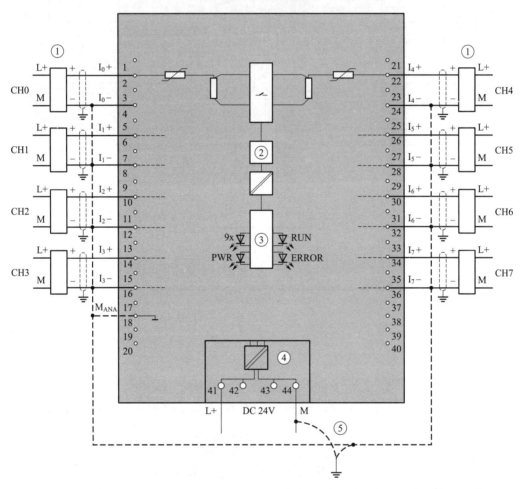

图 10-12　4 线制电流传感器与模拟量输入模块的实际连接

①—连接 4 线制变送器；②—模数转换器（ADC）；③—背板总线接口；④—通过电源元件进行供电；⑤—等电位连接电缆（可选）

　　电阻温度计与模拟量输入模块连接时，在端口 IC+ 和 IC- 处，模块可为电流测量提供恒定电流。恒定电流流经电阻，以测量其电压。恒定电流电缆必须直接接线到电阻温度计 / 电阻上。

　　对于 4 线制的电阻温度计连接方法，其电阻温度计生成的电压在 M+ 和 M- 端子之间测得，对设备进行接线和连接时要遵守极性，4 线制可以获得很高的测量精度。在带有 4 个端子的模块上连接 3 线制电缆时，通常应桥接 M- 和 IC-。对于 2 线制连接，在模块的 M+ 和 IC+ 之间以及 M- 和 IC- 端子之间插入电桥。

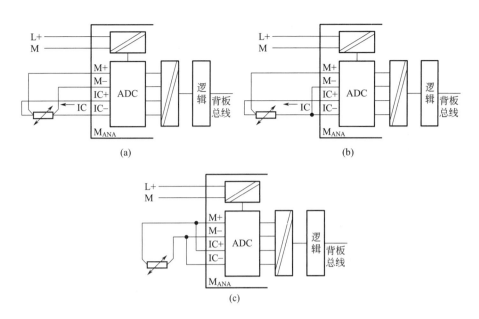

图 10-13　连接电阻温度计和电阻的接线和连接图

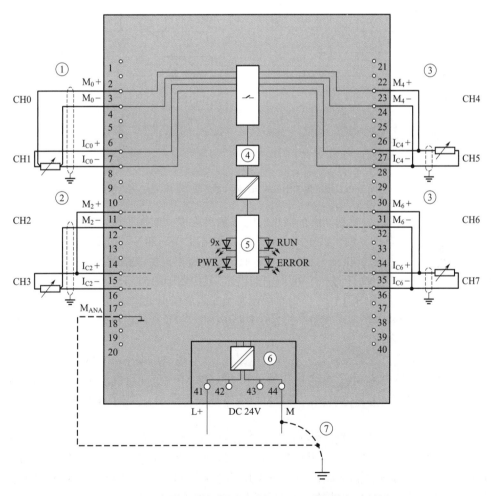

图 10-14　电阻传感器或热电阻的 2、3 和 4 线制的实际连接

①—4 线制连接；②—3 线制连接；③—2 线制连接；④—模数转换器（ADC）；⑤—背板总线接口；
⑥—通过电源元件进行供电；⑦—等电位连接电缆（可选）

（2）模拟量输出模块与执行器的连接

模拟量输出模块可以输出电压或电流类型的模拟量信号，所以西门子 S7-1500 PLC 通过模拟量输出模块可以连接电压类型或电流类型的负载。

模拟量输出模块可以使用屏蔽电缆和双绞电缆连接模拟量信号至负载（即执行器）。敷设 QV 和 S+ 以及 M 和 S- 应分别绞合连接在一起，以减少干扰，并且电缆两端的模拟电缆屏蔽层应接地。如果电缆两端存在电位差，将会在屏蔽层中产生等电位电流，从而造成对模拟信号的干扰。为防止这种情况的发生，应将电缆一端的屏蔽层接地。

为叙述方便，图 10-15 ～图 10-17 中的 QV 表示模拟量输出电压端子；S+ 为探测器导线（正极）；S- 为探测器导线（负极）；L+ 表示 DC 24V 电源端子；M 表示接地端子；M_{ANA} 表示模拟量测量电路的参考电压端子；R_L 为负载阻抗；U_{ISO} 为 M_{ANA} 和 CPU 的 M 端子之间的电位差。

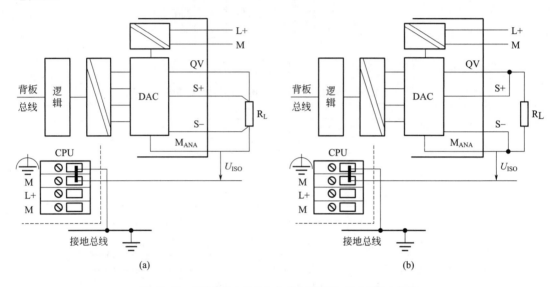

图 10-15 模拟量输出模块与负载（执行器）的电压输出连接

① 模拟量输出模块与负载（执行器）的电压输出连接 连接负载至电压输出可以采用 2 线制和 4 线制电路；其中 4 线负载电路可获得更高的精度，S- 和 S+ 传感器线路直接接线并连接到负载，这样可直接测量和修正负载电压；而 2 线电路不提供线路阻抗的补偿。图 10-15 为模拟量输出模块与负载（执行器）的电压输出连接，其中图 10-15（a）为 4 线负载连接到电气隔离模块的电压输出；图 10-15（b）为负载连接到非隔离模拟量模块电压输出的 2 线制连接。模拟量输出模块 AQ 8×U/I HS（6SE7 532-5HF00-0AB0）与负载的电压输出 2 线制和 4 线制的实际连接如图 10-16 所示。

对于带隔离的模拟量输出模块，在测量电路 M_{ANA} 参考电压端子和 CPU 的 M 端子间没有电气连接。如果测量电路 M_{ANA} 参考电压端子和 CPU 的 M 端子间可能产生电位差 U_{ISO}，那么必须使用隔离型的模拟量输出模块，用等电位连接导线连接 M_{ANA} 端子和 CPU 的 M 端子，以防 U_{ISO} 超出限值。

② 模拟量输出模块与负载（执行器）的电流输出连接 对负载进行接线，并连接到电流输出时，其接线如图 10-17 所示。其中图 10-17（a）为负载连接到电气隔离模块的电流输出；图 10-17（b）为负载连接到非隔离模拟量模块的电流输出。模拟量输出模块 AQ 8×U/I HS（6SE7 532-5HF00-0AB0）与负载的电流输出实际连接如图 10-18 所示。

对于非隔离的模拟量输出模块，必须将测量电路的参考点 M_{ANA} 和 CPU 的 M 端子互连，

即将 M_{ANA} 端子连接到 CPU 的 M 端子。

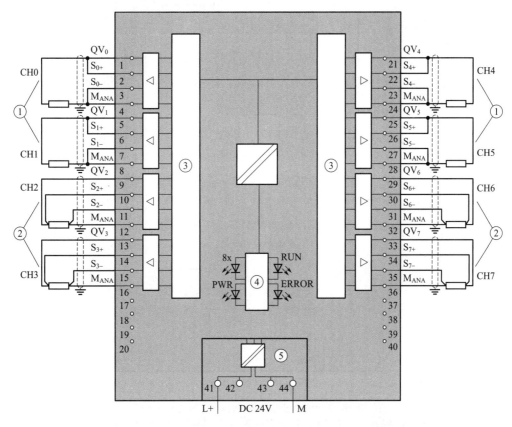

图 10-16　模拟量输出模块与负载的电压输出 2 线制和 4 线制的实际连接

①—2 线制连接；②—4 线制连接；③—数模转换器（DAC）；

④—背板总线接口；⑤—通过电源元件进行供电

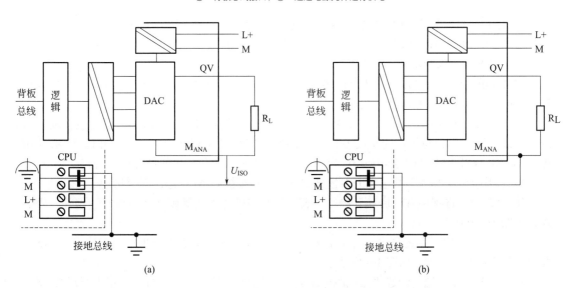

图 10-17　模拟量输出模块与负载（执行器）的电流输出连接

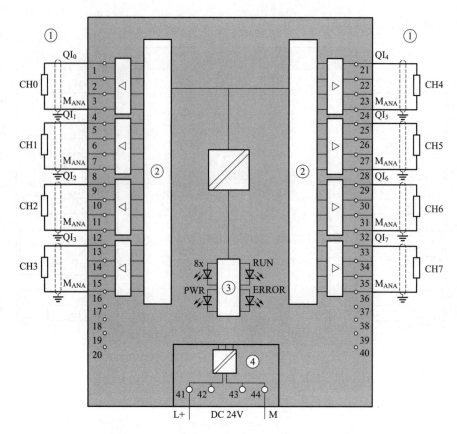

图 10-18　模拟量输出模块与负载的电流输出实际连接

①—电流输出的负载；②—数模转换器（DAC）；③—背板总线接口；④—通过电源元件进行供电

10.2.3　模拟量模块参数设置

S7-1500 PLC 模拟量模块的参数设置主要包括测量类型、测量范围和通道诊断等参数的设置。这些参数可以使用通道模板对所有通道进行统一设置，也可以对每一路通道进行单独设置。

（1）模拟量输入模块的参数设置

S7-1500 PLC 模拟量输入模块可以连接不同类型的传感器，它们的接线也不相同，所以在使用时应根据需求进行相应的参数设置。

模拟量输入模块的参数有 3 个选项卡：常规、模块参数和输入。常规选项卡包含项目信息、目录信息和标识与维护的相关内容，其设置与 CPU 的常规选项类似。在此以 AI 8×U/I/RTD/TC ST（6SE7 531-7KF00-0AB0）为例，讲述其模块参数和输入的设置相关内容。

1）模块参数　模块参数选项卡中包含常规、通道模板和 AI 组态这 3 个选项。

① "常规"选项中有"启动"选项，表示当组态硬件和实际硬件不一致时，硬件是否启动，如图 10-19 所示。

② 在"通道模板"选项中，有"输入"这个选项。在"输入"选项中又包含了"诊断"和"测量"两个子选项，如图 10-20 所示。

在"诊断"中，通过勾选"无电源电压 L+"（电源 L+ 缺失或不足时，启用中断）、"上溢"（测量值超过上限值时，启用中断）、"下溢"（测量值低于下限值时，启用中断）、"共模"（超过有效的共模电压时，启用中断）、"基准结"（在湿度补偿通道上启用错误诊断）、"断路"（模块无电流或电流过滤，无法在所组态的相应输入处进行测量，或者所加载的电压过低时，启用诊断）等复选项中的一项或多项，则模块出现以上描述的故障时，会激活故障诊断中断。

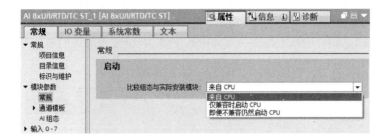

图 10-19   模拟量输入模块"启动"选项的设置

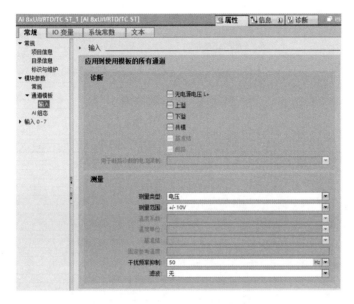

图 10-20   模拟量输入模块通道模板的设置

在"测量"中，用户可根据实际情况选择合适的测量类型，其测量类型包含电压、电流（4 线制变送器）、电流（2 线制变送器）、电阻（4 线制）、电阻（3 线制）、电阻（2 线制）、热敏电阻（4 线制）、热敏电阻（3 线制）、热电偶和已禁用等选项。"测量范围"参数实际就是对传感器量程的选择。"干扰频率抑制"参数可以抑制由交流电频率产生的干扰。由于交流电源网络的频率会使得测量值不可靠，尤其是在低压范围内和正在使用热电偶时，可将此参数设置为系统的电源频率。"滤波"参数包括 4 个级别：无、弱、中和强。设备根据指定数量的已转换（数字化）模拟值生成平均值来实现滤波处理。滤波级别越高，对应生成平均值基于的模块周期数越大，经滤波处理的模拟值就越稳定，但获得经滤波处理的模拟值所需的时间也越长。

③ 在"AI 组态"选项卡中可以对模拟量输入模块进行硬件设置，如图 10-21 所示。

2）输入 0-7   输入 0-7 选项卡中包含常规、组态概览、输入和 I/O 地址这 4 个选项。

① "常规"选项中包含模块名称及相关的注释内容。

② 在"组态概览"选项中，显示了该模块的诊断概览和输入参数概览的情况。

③ 在"输入"选项中，可对模块的每个通道进行"诊断"选择、"测量"设置与"硬件中断"的设置，例如通道 0 的"输入"设置界面如图 10-22 所示。在通道 0 的"参数设置"文本

框下拉列表中有两个选项："来自模板"和"手动"。选择"来自模板"，则"诊断"和"测量"中的一些参数设置均与"通道模板"的参数设置相同，并且显示为灰色，不可更改。如果选择"手动"，则可以单独对"通道 0"的一些参数进行设置，而不影响"通道模板"参数。此外，还可以进行硬件中断的设置。在"硬件中断"中，可以通过勾选复选框选择设置硬件中断上限1、硬件中断下限 1、硬件中断上限 2 和硬件中断下限 2，当发生勾选的事件时将触发相应的硬件中断组织块 OB。

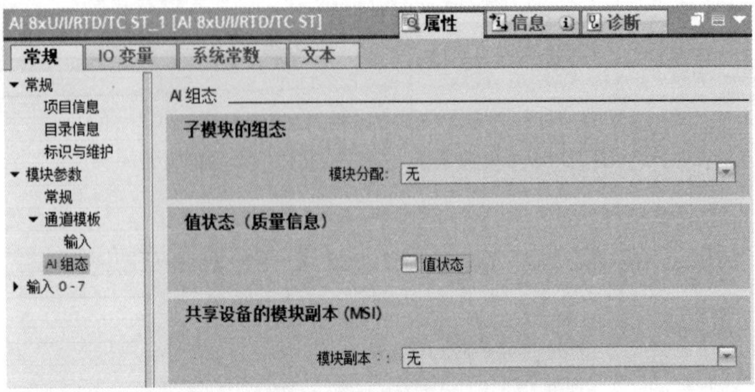

图 10-21　AI 组态的设置

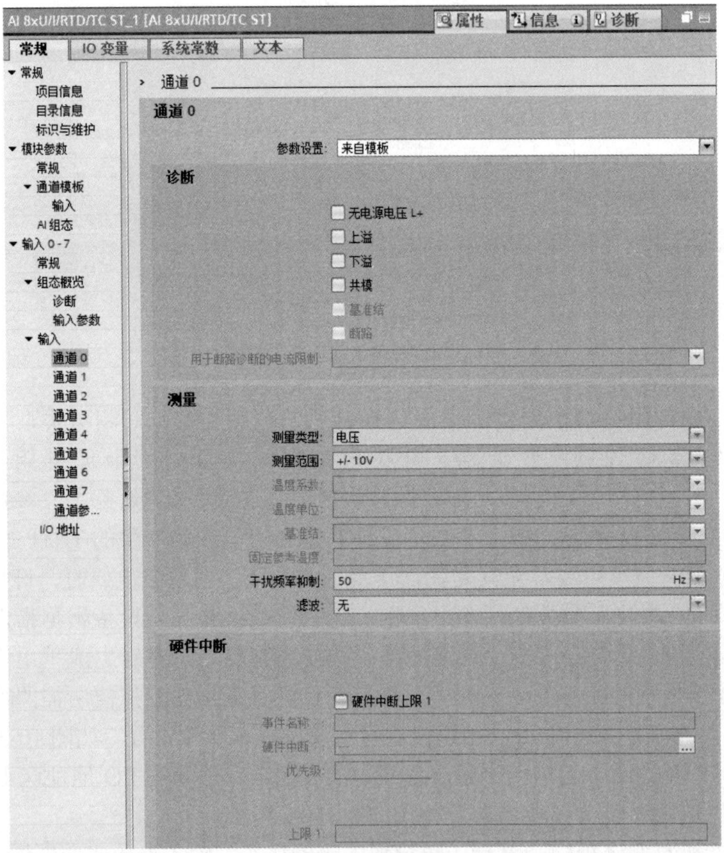

图 10-22　通道 0 的 "输入" 设置界面

④ 在 "I/O 地址" 选项中，可以修改模拟量输入模块的地址，其设置界面如图 10-23 所示。

在"起始地址"中输入希望修改的地址，然后单击"回车"键即可，结束地址是系统自动计算生成的。如果输入的起始地址和系统有冲突，则系统会弹出提示信息。

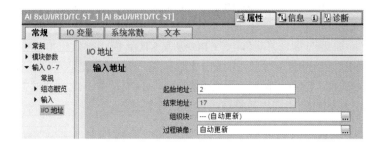

图 10-23   模拟量输入模块的地址设置

（2）模拟量输出模块的参数设置

模拟量输出模块在使用前一定要根据输出信号的类型、量值大小以及诊断中断等要求进行设置。

模拟量输出模块的参数有 3 个选项卡：常规、模块参数和输出。常规选项卡包含项目信息、目录信息和标识与维护的相关内容，其设置与 CPU 的常规选项类似。在此以 AQ 8×U/IHS（6SE7 532-5HF00-0AB0）为例，讲述其模块参数和输出的设置相关内容。

1）模块参数   模块参数选项卡中包含常规、通道模板和 AQ 组态这 3 个选项。

①"常规"选项中有"启动"选项，表示当组态硬件和实际硬件不一致时，硬件是否启动。

②在"通道模板"选项中，有"输出"这个选项。在"输出"选项中又包含了"诊断"和"输出参数"两个子选项，如图 10-24 所示。

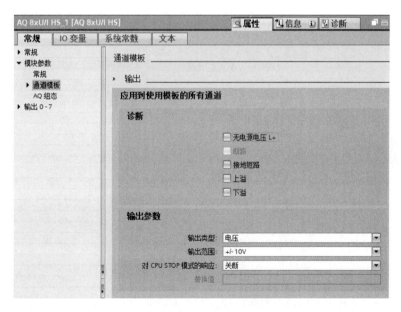

图 10-24   模拟量输出模块通道模板的设置

在"诊断"中，可以通过勾选复选框激活"无电源电压 L+""断路""接地短路""上溢""下溢"等诊断中断。"无电源电压 L+"启用电源电压 L+ 缺失或不足的诊断；"断路"启用对执行器的线路诊断；"接地短路"启用 M_{ANA} 的输出短路诊断；"上溢"启用输出值超出上限诊断；"下溢"启用输出值低于下限诊断。

在"输出参数"中，输出类型包括电流、电压和已禁用选项。输出类型由模块所连接负载的类型决定：如果选择电压输出类型，可选的"输出范围"，如图10-25（a）所示；如果电流输出类型，可选的"输出范围"，如图10-25（b）所示。"对CPU STOP模式的响应"参数用来设置当CPU转入STOP状态时该输出的响应，该参数有3个选项："关断""保持上一个值"和"输出替换值"。如果选择"关断"，则CPU进入STOP模式时，模拟量模块输出通道无输出；如果选择"保持上一个值"，则模拟量模块输出通道在CPU进入STOP模式时保持STOP前的最终值；如果选择"输出替换值"，则"替换值"参数设置有效，且模拟量模拟输出通道在CPU进入STOP模式时输出在"替换值"参数所设置的值。

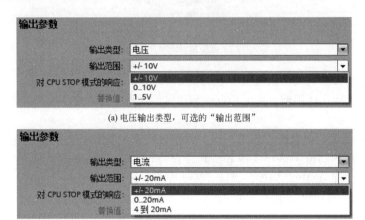

(a) 电压输出类型，可选的"输出范围"

(b) 电流输出类型，可选的"输出范围"

图 10-25 模拟量输出模块的输出范围的设置

③ 在"AQ 组态"选项卡中可以对模拟量输入模块进行硬件设置，如图10-26所示。

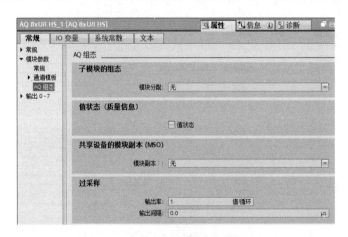

图 10-26 AQ 组态的设置

2）输出 0-7 输出 0-7 选项卡中包含常规、组态概览、输出和 I/O 地址这 4 个选项。

① "常规"选项中包含模块名称及相关的注释内容。

② 在"组态概览"选项中，显示了该模块的诊断概览和输出参数概览的情况。

③ 在"输出"选项中，可对模块的每个通道进行"诊断"选择、"输出"设置，例如通道 0 的"输出"设置界面如图10-27所示。在通道 0 的"参数设置"文本框下拉列表中有两个选项："来自模板"和"手动"。选择"来自模板"，则"诊断"和"测量"中的一些参数设置均

与"通道模板"的参数设置相同，并且显示为灰色，不可更改。如果选择"手动"，则可以单独对"通道 0"的一些参数进行设置，而不影响"通道模板"参数。此外，还可以对该通道的输出类型、输出范围等进行相关设置。对于没有使用的模拟量输出通道，输出类型需要选择"已禁用"，这样将缩短循环时间以及减少干扰。

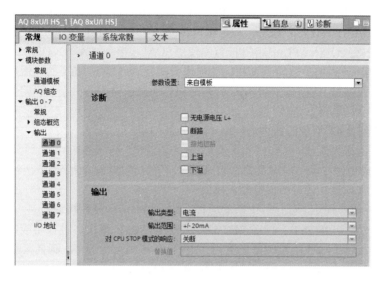

图 10-27　通道 0 的"输出"设置界面

④ 在"I/O 地址"选项中，可以修改模拟量输出模块的地址，其设置界面如图 10-28 所示。在"起始地址"中输入希望修改的地址，然后单击"回车"键即可，结束地址是系统自动计算生成的。如果输入的起始地址和系统有冲突，则系统会弹出提示信息。

图 10-28　模拟量输出模块的地址设置

10.2.4　模拟量模块的应用

（1）模拟量值的规范化

现场的过程信号是具有物理单位的工程量值，模数转换后输入通道得到的是 $-27648 \sim +27648$ 的数字量，这些数字量不具有工程量值的单位，在程序处理时带来不方便。因此，需要将数字量 $-27648 \sim +27648$ 转化为实际的工程量值，这一过程称为模拟量输入值的"规范化"；反之，将实际工程量值转化为对应的数字量的过程称为模拟量输出值的"规范化"。

对于 S7-1500 PLC 可以使用"缩放"指令 SCALE 和"取消缩放"指令 UNSCALE，也可以使用"缩放"指令 SCALE_X 和"标准化"指令 NORM_X 来解决工程量值"规范化"的问题。这 4 条指令的使用在 6.1.4 节中已讲述，在此以 SCALE 指令为例讲解其在模拟量模块的应用。

（2）模拟量模块的应用举例

例 10-1：模拟量输入模块在压力检测中的应用。量程为 0 ～ 20MPa 的压力变送器的输出信号为直流 4 ～ 20mA，由 IW64 单元输出相应测量的压力值。如果实测压力值大于 18MPa 时，LED0 指示灯亮；小于 2MPa 时，LED2 指示灯亮；当压力介于 2 ～ 18MPa 区间时，LED1 指示灯亮。

解：假设压力变送器与模拟量输入模块 AI 8×U/I/RTD/TC ST（6SE7 531-7KF00-0AB0）相连接，AI 8×U/I/RTD/TC ST（6SE7 531-7KF00-0AB0）可以将 4 ～ 20mA 的模拟电流信号转换为 0 ～ 27648 的整数送入 CPU 中。CPU 首先使用 SCALE 指令将 AI 8×U/I/RTD/TC ST（6SE7 531-7KF00-0AB0）转换的整数转换为相应的电流值，然后通过每 1mA 的电流所对应的压力值即可计算压力检测中每个模拟值的压力值，最后根据所测压力值的大小与设定值进行比较，从而控制相应的指示灯是否点亮。

压力变送器每 1mA 对应的压力值 $=20×10^3÷(20-4)(kPa)$

每个模拟值的压力值 $=20×10^3÷(20-4)×($ 转换电流值 $-4mA)(kPa)$

在 TIA Portal 中进行硬件组态及编写相关程序即可，具体操作步骤如下所述。

步骤一：建立项目，设置模拟量输入模块。

① 启动 TIA 博途软件，创建一个新的项目，并添加相应的硬件模块。

② 双击 AI 8×U/I/RTD/TC ST（6SE7 531-7KF00-0AB0）模块，进行相应的模拟量输入设置。在"通道模板"中将其测量类型设置为"电流（2 线制变送器）"，测量范围为 4 ～ 20mA，如图 10-29（a）所示；在"I/O 地址"中将起始地址设置为 64，如图 10-29（b）所示。

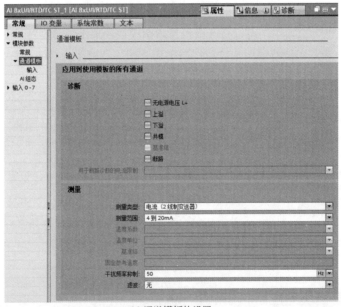

(a) 通道模板的设置

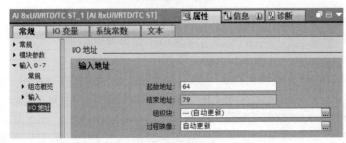

(b) I/O地址的设置

图 10-29　AI 8 × U/I/RTD/TC ST 模块的设置

步骤二：在 OB1 中编写程序。

在 OB1 中编写程序如表 10-7 所示，程序段 1 是将 AI 8×U/I/RTD/TC ST 模块转换后的整数转换为电流值。PIW64 为 AI 8×U/I/RTD/TC ST 模块转换后整数输入地址；MD60 为 4～20mA 量程的上限值；MD70 为 4～20mA 量程的下限值；MD10 为转换后的电流值。

程序段 2 是将转换后的电流值减量程下限值，结果存在 MD20。程序段 3 是实现 20-4 的运算，结果存在 MD30。程序段 4 是计算每 1mA 对应的压力值，结果存在 MD34。程序段 5 是计算实际测量的压力值，结果存在 MD40。

程序段 6～程序段 8 是将 MD40 中的数值与设置压力值进行比较，如果 MD40 中的实测压力值大于 18MPa（即 18000）时，Q0.0 输出为 1；若实测压力值小于 2MPa（即 2000）时，Q0.2 输出为 1；实测压力值介于 18MPa（即 18000）～ 2MPa（即 2000）时，Q0.1 输出为 1。

表 10-7　OB1 中的程序

程序段	LAD
程序段 1	%I0.0 "启动" —| |— EN SCALE ENO —( )— %IW64:P "模拟量输入":P — IN RET_VAL — %MW0 "故障显示字" %MD60 "上限值" — HI_LIM OUT — %MD10 "转换后电流值" %MD70 "下限值" — LO_LIM %I0.1 "极性选择" — BIPOLAR
程序段 2	SUB Real EN — ENO %MD10 "转换后电流值" — IN1 OUT — %MD20 "暂存结果1" %MD14 "4mA" — IN2
程序段 3	SUB Real EN — ENO %MD24 "20mA" — IN1 OUT — %MD30 "暂存结果2" %MD14 "4mA" — IN2
程序段 4	DIV Real EN — ENO %MD50 "20MPa" — IN1 OUT — %MD34 "暂存结果3" %MD30 "暂存结果2" — IN2
程序段 5	MUL Real EN — ENO %MD34 "暂存结果3" — IN1 OUT — %MD40 "暂存结果4" %MD20 "暂存结果1" — IN2
程序段 6	%MD40 "暂存结果4" %Q0.0 "大于18MPa" —| > Real |— —( )— DINT#18000

程序段	LAD
程序段 7	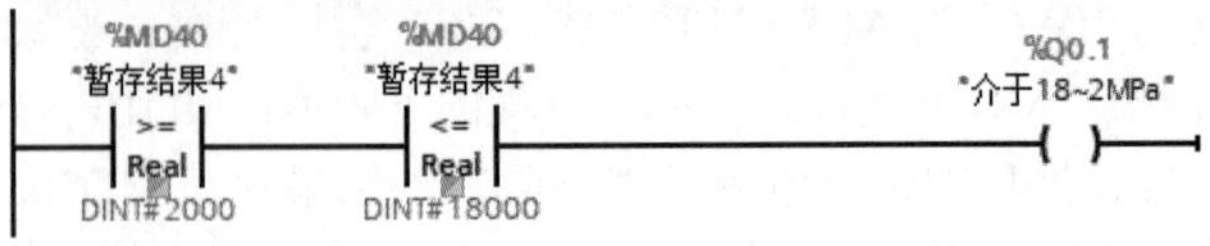 %MD40 "暂存结果4" >= Real DINT#2000 —| |— %MD40 "暂存结果4" <= Real DINT#18000 —| |— %Q0.1 "介于18~2MPa" —( )—
程序段 8	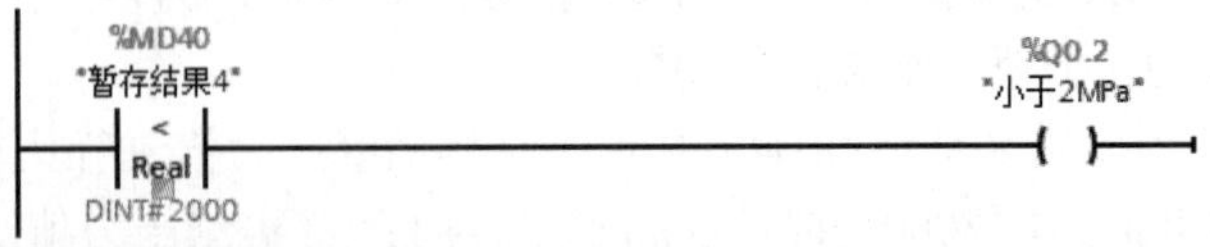 %MD40 "暂存结果4" < Real DINT#2000 —| |— %Q0.2 "小于2MPa" —( )—

10.3 西门子 S7-1500 PLC 的 PID 闭环控制

闭环控制是根据控制对象输出反馈来进行校正的控制方式，它是在测量出实际与计划发生偏差时，按定额或标准来进行纠正的。

10.3.1 S7-1500 PLC 的模拟量处理

典型的模拟量闭环控制系统结构如图 10-30 所示，图中虚线部分可由 PLC 的基本单元加上模拟量输入 / 输出扩展单元来承担，即由 PLC 自动采样来自检测元件或变送器的模拟输入信号，同时将采样的信号转换为数字量，存在指定的数据寄存器中，经过 PLC 运算处理后输出给执行机构去执行。

图 10-30 中 $c(t)$ 为被控量，该被控量是连续变化的模拟量，如压力、温度、流量、物位、转速等。$mv(t)$ 为模拟量输出信号，大多数执行机构（如电磁阀、变频器等）要求 PLC 输出模拟量信号。PLC 采样到的被控量 $c(t)$ 需转换为标准量程的直流电流或直流电压信号 $pv(t)$，例如 4 ～ 20mA 和 0 ～ 10V 的信号。$sp(n)$ 为给定值，$pv(n)$ 为 A/D 转换后的反馈量。$ev(n)$ 为误差，误差 $ev(n)=sp(n)-pv(n)$。$sp(n)$、$pv(n)$、$ev(n)$、$mv(n)$ 分别为模拟量 $sp(t)$、$pv(t)$、$ev(t)$、$mv(t)$ 第 n 次采样计算时的数字量。

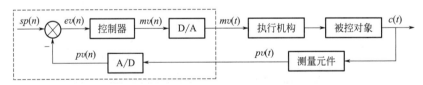

图 10-30 PLC 模拟量闭环控制系统结构框图

要将 PLC 应用于模拟量闭环控制系统中，首先要求 PLC 必须具有 A/D 和 D/A 转换功能，能对现场的模拟量信号与 PLC 内部的数字量信号进行转换；其次 PLC 必须具有数据处理能力，特别是应具有较强的算术运算功能，能根据控制算法对数据进行处理，以实现控制目的；同时还要求 PLC 有较高的运行速度和较大的用户程序存储容量。现在的 PLC 一般都有 A/D 和 D/A 模块，许多 PLC 还设有 PID 功能指令，在 S7-300/400 PLC 中还配有专门的 PID 控制器。

10.3.2 PID 控制器的基础知识

（1）PID 控制的基本概念

PID（Proportional Integral Derivative）即比例（P）- 积分（I）- 微分（D），其功能是实现

有模拟量的自动控制领域中需要按照 PID 控制规律进行自动调节的控制任务，如控制温度、压力、流量等。PID 是根据被控制输入的模拟物理量的实际数值与用户设定的调节目标值的相对差值，按照 PID 算法计算出结果，输出到执行机构进行调节，以达到自动维持被控制的量跟随用户设定的调节目标值变化的目的。

当被控对象的结构和参数不能完全掌握，或者得不到精确的数学模型，并且难以采用控制理论的其他技术，系统控制器的结构和参数必须依靠经验和现场调试来确定，在这种情况下，可以使用 PID 控制技术。PID 控制技术包含了比例控制、微分控制和积分控制等。

① 比例控制（Proportional）　比例控制是一种最简单的控制方式。其控制器的输出与输入误差信号成比例关系，如果增大比例系数，可以使系统反应灵敏，调节速度加快，并且可以减小稳态误差。但是，比例系数过大会使超调量增大，振荡次数增加，调节时间加长，动态性能变坏，比例系数太大甚至会使闭环系统不稳定。当仅有比例控制时系统输出存在稳态误差（steady-state error）。

② 积分控制（Integral）　在 PID 中的积分对应于图 10-31 中的误差曲线 $ev(t)$ 与坐标轴包围的面积，图中的 T_S 为采样周期。通常情况下，用图中各矩形面积之和来近似精确积分。

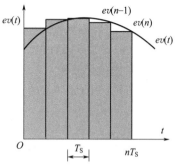

图 10-31　积分的近似计算

在积分控制中，PID 的输出与输入误差信号的积分成正比关系。每次 PID 运算时，在原来的积分值基础上，增加一个与当前的误差值 $ev(n)$ 成正比的微小部分。误差为负值时，积分的增量为负。

对一个自动控制系统，如果在进入稳态后存在稳态误差，则称这个控制系统为有稳态误差系统，或简称有差系统（system with steady-state error）。为了消除稳态误差，在控制器中必须引入"积分项"。积分项对误差的运算取决于积分时间 T_I，T_I 在积分项的分母中。T_I 越小，积分项变化的速度越快，积分作用越强。

③ 比例积分控制　PID 输出中的积分项输入误差的积分成正比。输入误差包含当前误差及以前的误差，它会随时间增加而累积，因此积分作用本身具有严重的滞后特性，对系统的稳定性不利。如果积分项的系数设置得不好，其负面作用很难通过积分作用本身迅速地修正。而比例项没有延迟，只要误差一出现，比例部分就会立即起作用。因此积分作用很少单独使用，它一般与比例和微分联合使用，组成 PI 或 PID 控制器。

PI 和 PID 控制器既克服了单纯的比例调节有稳态误差的缺点，又避免了单纯的积分调节响应慢、动态性能不好的缺点，因此被广泛使用。

如果控制器有积分作用（例如采用 PI 或 PID 控制），积分能消除阶跃输入的稳态误差，这时可以将比例系数调得小一些。如果积分作用太强（即积分时间太小），其累积的作用会使系统输出的动态性能变差，有可能使系统不稳定。积分作用太弱（即积分时间太大），则消除稳态误差的速度太慢，所以要取合适的积分时间值。

④ 微分控制　在微分控制中，控制器的输出与输入误差信号的微分（即误差的变化率）成正比关系，误差变化越快，其微分绝对值越大。误差增大时，其微分为正；误差减小时，其微分为负。由于在自动控制系统中存在较大的惯性组件（环节）或有滞后（delay）组件，具有抑制误差的作用，其变化总是落后于误差的变化。因此，自动控制系统在克服误差的调节过程中可能会出现振荡甚至失稳。在这种情况下，可以使抑制误差的作用的变化"超前"，即在误差接近零时，抑制误差的作用就应该是零。也就是说，在控制器中仅引入"比例"项往往是不够的，比例项的作用仅是放大误差的幅值，而目前需要增加的是"微分项"，它能预测误差变化的趋势，这样，具有比例＋微分的控制器就能够提前使抑制误差的控制作用等于零，甚至为

负值，从而避免被控量的严重超调。所以对有较大惯性或滞后的被控对象，比例＋微分（PD）控制器能改善系统在调节过程中的动态特性。

（2）PID控制器的主要优点

PID控制器成为广泛应用的控制器，它具有以下优点：

① 不需要知道被控对象的数学模型。实际上大多数工业对象准确的数学模型是无法获得的，对于这一类系统，使用PID控制可以得到比较满意的效果。

② PID控制器具有典型的结构，其算法简单明了，各个控制参数相对较为独立，参数的选定较为简单，形成了完整的设计的参数调整方法，很容易为工程技术人员所掌握。

③ 有较强的灵活性和适应性，对各种工业应用场合，都可在不同程度上应用，特别适用于"一阶惯性环节＋纯滞后"和"二阶惯性环节＋纯滞后"的过程控制对象。

④ PID控制根据被控对象的具体情况，可以采用各种PID控制的变种和改进的控制方式，如PI、PD、带死区的PID、积分分离式PID、变速积分PID等。

（3）PID表达式

模拟量PID控制器的输出表式为

$$mv(t) = K_P \left[ev(t) + \frac{1}{T_I} \int ev(t)\mathrm{d}t + T_D \frac{dev(t)}{\mathrm{d}t} \right] + M \tag{10-1}$$

式（10-1）中，控制器的输入量（误差信号）$ev(t)=sp(t)-pv(t)$，$sp(t)$ 为定值，$pv(t)$ 为过程变量（反值）；$mv(t)$ 是PID控制器的输出信号，是时间函数；K_P 是PID回路的比例系数（或称为增益）；T_I 和 T_D 分别是积分时间常数和微分时间常数；M 是积分部分的初始值。

式（10-1）中，等号右边的前三项分别是比例、积分、微分部分，它们分别与误差 $ev(t)$、误差的积分和误差的微分成正比。如果取其中的一项或两项，可以组成P、PI或PD调节器。需要较好的动态品质和较高的稳态精度时，可以选用PI控制方式；控制对象的惯性滞后较大时，应选择PID控制方式。

（4）PID参数的整定

PID控制器的参数整定是控制系统设计的核心内容。它是根据被控过程的特性，确定PID控制器的比例系数、积分时间和微分时间的大小。PID控制器有4个主要的参数 K_P、T_I、T_D 和 T_S（采样周期）需整定，无论哪一个参数选择得不合适都会影响控制效果。在整定参数时应把握住PID参数与系统动态、静态性能之间的关系。

在P（比例）、I（积分）、D（微分）这三种控制作用中，比例部分与误差信号在时间上是一致的，只要误差一出现，比例部分就能及时地产生与误差成正比的调节作用，具有调节及时的特点。

增大比例系数 K_P 一般将加快系统的响应速度，在有静差的情况下，有利于减小静差，提高系统的稳态精度。但是，对于大多数系统而言，K_P 过大会使系统有较大的超调，并使输出量振荡加剧，从而降低系统的稳定性。

积分作用与当前误差的大小和误差的历史情况都有关系，只要误差不为零，控制器的输出就会因积分作用而不断变化，一直到误差消失，系统处于稳定状态时，积分部分才不再变化。因此，积分部分可以消除稳态误差，提高控制精度，但是积分作用的动作缓慢，可能给系统的动态稳定性带来不良影响。积分时间常数 T_I 增大时，积分作用减弱，有利于减小超调，减小振荡，使系统的动态性能（稳定性）有所改善，但是消除稳态误差的时间变长。

微分部分是根据误差变化的速度，提前给出较大的调节作用。微分部分反映了系统变化的趋势，它较比例调节更为及时，所以微分部分具有超前和预测的特点。微分时间常数 T_D 增大时，有利于加快系统的响应速度，使系统的超调量减小，动态性能得到改善，稳定性增加，但是抑制高频干扰的能力减弱。

选取采样周期 T_S 时，应使它远远小于系统阶跃响应的纯滞后时间或上升时间。为使采样值能及时反映模拟量的变化，T_S 越小越好。但是 T_S 太小会增加 CPU 的运算工作量，相邻两次采样的差值几乎没有什么变化，所以也不宜将 T_S 取得过小。

对 PID 控制器进行参数整定时，可实行先比例、后积分、再微分的整定步骤。

首先整定比例部分。将比例参数由小变大，并观察相应的系统响应，直至得到反应快、超调小的响应曲线。如果系统没有静差或静差已经小到允许范围内，并且对响应曲线已经满意，则只需要比例调节器即可。

如果在比例调节的基础上系统的静差不能满足设计要求，则必须加入积分环节。在整定时先将积分时间设定到一个比较大的值，然后将已经调节好的比例系数略为缩小（一般缩小为原值的 0.8），然后减小积分时间，使得系统在保持良好动态性能的情况下，静差得到消除。在此过程中，可根据系统的响应曲线的好坏反复改变比例系数和积分时间，以期得到满意的控制过程和整定参数。

反复调整比例系数和积分时间，如果还不能得到满意的结果，则可以加入微分环节。微分时间 T_D 从 0 逐渐增大，反复调节控制器的比例、积分和微分各部分的参数，直至得到满意的调节效果。

（5）S7-1500 PLC 支持的 PID 指令

S7-1500 PLC 支持的 PID 指令分为两大类：Compact PID 和 PID 基本函数。

Compact PID 为集成 PID 指令，包括集成了调节功能的通用 PID 控制器指令 PID_Compact 和集成了阀门调节功能的 PID 控制指令 PID_3Step 以及对湿度过程进行集成调节的 PID 控制指令 PID_Temp。

PID 基本函数包括连续控制器指令 CONT_C、用于带积分特性执行器的步进控制器指令 CONT_S、用于带比例特性执行器的脉冲发生器指令 PULSEGEN、带有脉冲发生器的连续温度控制器指令 TCONT_CP 和用于带积分特性执行器的温度控制器指令 TCONT_S。PID 基本函数中的指令类似于 STEP 7 为 S7-300/400 PLC 所提供的 PID 函数块。在此，以 PID_Compact 指令为例，讲解 PID 指令的功能及使用。

1）PID_Compact 指令参数　PID_Compact 指令提供了一种可对具有比例作用的执行器进行集成调节的 PID 控制器。该指令存在多种工作模式，如未激活、预调节、精确调节、自动模式、手动模式和带错误监视的替代输出值等。

PID_Compact 的指令参数如表 10-8 所示，该指令分为输入参数和输出参数，其中梯形图指令的左侧为输入参数，右侧为输出参数。指令的视图分为扩展视图和集成视图，单击指令框底部的 ▲ 或 ▼，可以进行选择。不同的视图中所看到的参数不一样，表 10-8 中的 PID_Compact 指令为扩展视图，在该视图中所展示的参数多，它包含了亮色和灰色字迹的所有参数，而集成视图中可见的参数较少，只能看到亮色的参数，而灰色的参数不可见。

表 10-8　PID_Compact 的指令参数

LAD	参数	数据类型	说明
	EN	BOOL	允许输入
	Setpoint	REAL	自动模式下的给定值
	Input	REAL	实数类型反馈
	Input_PER	INT	整数类型反馈
	Disturbance	REAL	扰动变量或预控制值
	ManualEnable	BOOL	上升沿为手动模式；下降沿为自动模式
	ManualValue	REAL	手动模式下的输出值
	ErrorAck	BOOL	上升沿复位 ErrorBits 和 Warnings

LAD	参数	数据类型	说明
	Reset	BOOL	重新启动控制器
	ModeActivate	BOOL	上升沿时，切换到保存在 Mode 参数中的工作模式
	Mode	INT	指定 PID_Compact 将转换到的工作模式
	ScaledInput	REAL	标定的过程值
	Output	REAL	实数类型的输出值
	Output_PER	INT	模拟量输出值
	Output_PWM	BOOL	脉宽调制输出值
	SetpointLimit_H	BOOL	等于 1 表示已达设定值上限
	SetpointLimit_L	BOOL	等于 1 表示已达设定值下限
	InputWarning_H	BOOL	等于 1 表示过程值已达到或超出警告上限
	InputWarning_L	BOOL	等于 1 表示过程值已达到或低于警告下限
	State	INT	PID 控制器的当前工作模式
	Error	BOOL	等于 1 表示有错误信息处于未决状态
	ErrorBits	DWORD	显示处于未决状态的错误消息

LAD 指令框图标题：PID_Compact
输入端：EN, Setpoint, Input, Input_PER, Disturbance, ManualEnable, ManualValue, ErrorAck, Reset, ModeActivate, Mode
输出端：ENO, ScaledInput, Output, Output_PER, Output_PWM, SetpointLimit_H, SetpointLimit_L, InputWarning_H, InputWarning_L, State, Error, ErrorBits

PID 控制指令需要固定的采样周期，所以指令调用时，需要在循环中断 OB 中进行调用。该 OB 的循环中断时间就是采样周期。此外，若将 PID_Compact 作为多重背景数据块调用，将没有参数分配接口或调试接口可用，必须直接在多重背景数据块中为 PID_Compact 分配参数，并通过监视表格进行调试。

2）PID 组态　若为 PID_Compact 指令分配了背景数据块后，单击指令框右上角的 📷 图标，即可打开 PID_Compact 指令的组态编辑器。组态编辑器有两种视图：功能视图（在 TIA Portal 中称为功能视野）和参数视图。

在 PID_Compact 指令组态编辑器的参数视图中，用户可以对当前 PID 指令的所有参数进行查看，并根据需要直接对部分参数的起始值等离线数据进行修改，也可以对在线的参数数据进行监视和修改。

PID_Compact 指令组态编辑器的功能视图包括基本设置、过程值设置和高级设置等内容。在该视图中，采用向导的方式对 PID 控制器进行设置。

① 基本设置　"基本设置"选项页面如图 10-32 所示，主要包括控制器类型和 Input/Output 参数的设置。在"控制器类型"中可以通过下拉列表选择常规、温度、压力、长度、流量、亮度、照明度、力、力矩、质量、电流、电压等。如果希望随着控制偏差的增大而输出值减小，可在该页面中勾选"反转控制逻辑"复选框。如果勾选了"CPU 重启激活 Mode"复选框，则在 CPU 重启后将 Mode 设置为该复选框下方的设置选项。在"Input/Output 参数"中，可以组态设定值、过程值和输出值的源值。例如 Input 过程值中的"Input"项表示过程值来自程序中经过处理的变量，而"Input_PER（模拟量）"项表示过程值来自未经处理的模拟量输入值。同样，Output 输出值的"Output"项表示输出值需使用用户程序来进行处理，也可以用于程序中其他地方作为参考，如串级 PID 等；输出值与模拟量转换值相匹配时，选择"Output_PER（模拟量）"项，可以直接连接模拟量输出；输出也可以是脉冲宽度调制信号"Output_PWM"。

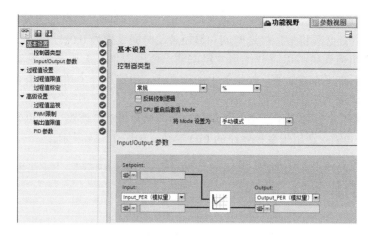

图 10-32　功能视图下的"基本设置"界面

"过程值设置"包括过程值限值的设置和过程值标定（规范化）的量程设置，如图 10-33 所示。如果过程值超出了这些限值，PID_Compact 指令将立即报错（ErrorBits=0001H），并取消调节操作。如果在"基本设置"中将过程值设置为"Input_PER（模拟量）"，由于它来自一个模拟量输入地址，必须将模拟量值转换为过程值的物理量。

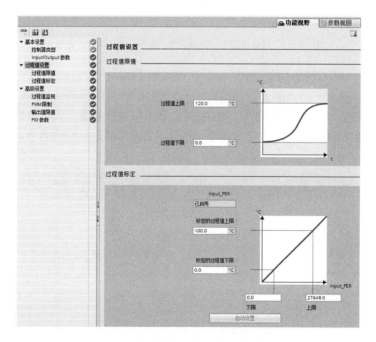

图 10-33　功能视图下的"过程值设置"界面

② 高级设置　"高级设置"包括过程值监视、PWM 限制、输出值限值和 PID 参数的设置。在"过程值监视"中，可以设置过程值的警告上限和警告下限。如果过程值超出警告上限，PID_Compact 指令的输出参数 InputWarning_H 为 TURE；如果过程值低于警告下限，PID_Compact 指令的输出参数 InputWarning_L 为 TURE；警告限值必须处于过程值的限值范围内。如果没有输入警告限值，将使用过程值的上限和下限。

在"PWM 限制"中，可以设置 PID_Compact 控制器脉冲输出 Output_PWM 的最短接通时间和最短关闭时间。如果已选择 Output_PWM 作为输出值，则将执行器的最小开启时间和最小关闭时间作为 Output_PWM 的最短接通时间和最短关闭时间；如果已选择 Output 或 Output_PER 作为输出值，则必须将最短接通时间和最短关闭时间设置为 0.0s。

在"输出值限值"中，以百分比形式组态输出值的限值，无论是在手动模式还是自动模式下，输出值都不会超出该限值。如果在手动模式下，指定了一个超出限值范围的输出值，则 CPU 会将有效值限制为组态的限值。

在"PID 参数"中，如果不想通过控制器自动调节得出 PID 参数，可以勾选"启用手动输入"，通过手动方式输入适用于受控系统的 PID 参数，如图 10-34 所示。

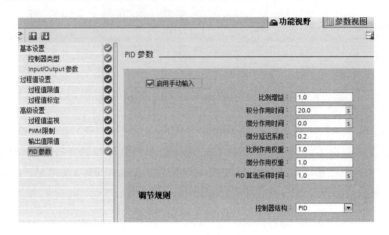

图 10-34 功能视图下"高级设置"中的"PID 参数"界面

3）PID 调试　将项目下载到 CPU 后，就可以开始对 PID 控制器进行优化调试。单击 PID_Compact 指令框右上角的图标，即可进入如图 10-35 所示的调试界面。调试界面的控制区包含了测量的启动（Start）和采样时间的设置、调节模式的设置。调试分为预调节和精确调节两种模式，通常 PID 调试时先进行预调节，然后再根据需要进行精确调节。

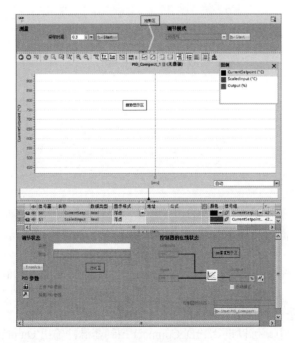

图 10-35 调试界面

预调节可确定输出值对阶跃的过程响应，并搜索拐点。根据受控系统的最大上升速率与死区时间计算 PID 参数。过程值越稳定，PID 参数就越容易计算。

若经过预调节后，过程值振荡且不稳定，此时需要进行精确调节，使过程值出现恒定受限的振荡。PID 控制器将根据此振荡的幅度和频率为操作点调节 PID 参数。所有 PID 参数都根据结果重新计算。精确调节得出的 PID 参数通常比预调节得出的 PID 参数具有更好的主控和抗扰动特性。

趋势显示区以曲线方式显示设定值、反馈值、输出值。优化区显示 PID 调节状态。当前值显示区可监视给定值、反馈值、输出值，并可手动强制输出值，勾选"手动模式"项，可以在"Output"栏内输入百分比形式的输出值。

10.3.3 PID 控制实例

例 10-2：PID 控制在马弗炉中的应用。某马弗炉（即电炉），由电热丝加热，干扰源采用电位计控制的风扇，使用温度传感器测量系统的温度。其控制要求是：设定马弗炉的温度后，PLC 经过 PID 运算后由 Q0.0 端口输出一个脉冲控制信号送到固态继电器，固态继电器根据信号（弱电信号）的大小控制电热丝的加热电压（强电信号）的大小（甚至断开）。风扇运转时，可给传感器周围降温，设定值为 0 ～ 10V 的电压信号送入 PLC。温度传感器作为反馈接入PLC 中，干扰源给定直接输出至风扇。

解：首先添加相应的模拟量输入模块和模拟量输出模块，进行硬件组态，然后编写程序，并进行 PID 调试即可，具体步骤如下所述。

步骤一：建立项目，设置模拟量模块。

① 启动 TIA Portal 软件，创建一个新的项目，并添加相应的硬件模块。

② 双击模拟量输入模块，进行相应的模拟量输入设置。在"通道模板"中将其测量类型设置为"电压"，测量范围为 +/- 10V；在"I/O 地址"中将起始地址设置为 2。

③ 双击模拟量输出模块，进行相应的模拟量输出设置。在"通道模板"中将其输出类型设置为"电流"，输出范围为 4 ～ 20mA；在"I/O 地址"中将起始地址设置为 2。

步骤二：定义全局变量。

在 TIA Portal 项目结构窗口的"PLC 变量"中双击"默认变量表"，进行全局变量表的定义，如图 10-36 所示。

		名称	数据类型	地址
1		给定实数温度	Real	%MD20
2		测量温度	Int	%IW2
3		给定温度	Int	%IW4
4		PWM输出	Bool	%Q0.0
5		PID错误	DWord	%MD10
6		PID_state	Word	%MW16
7		手动	Bool	%I0.0
8		风扇控制	Int	%QW2

图 10-36 定义马弗炉的全局变量

步骤三：PID 组态。

① 添加循环中断组织块。在 TIA Portal 项目结构窗口的"程序块"中双击"添加新块"，在弹出的添加新块中点击"组织块"，然后选择"Cyclic interrupt"，设置循环时间为 20ms，并按下"确定"键。

② 在新添加的循环中断组织块 OB30 中添加 PID_Compact 指令，并编写如表 10-9 所示程序。

③ 单击 PID_Compact 指令框右上角的 图标，打开 PID_Compact 指令的组态编辑器，在"功能视野"视图下进行 PID 组态。基本设置如图 10-37 所示，将控制器类型选择为"温度"，在输入值（即反馈值 IW2）中选择为"Input_PER（模拟量）"，输出值（即脉宽调制输出值 Q0.0）中选择为"Output_PWM"。过程值即反馈值量程化的设置如图 10-38 所示，将过程值的下限值设置为 0.0，上限设置为传感器的上限值 500.0，此为温度传感器的量程。在高级设置中，过程值监视设置如图 10-39 所示，当测量值高于此数值时，会产生报警。在高级设置中，PWM 设置如图 10-40 所示，代表输出接通和断开的最短时间，如固态继电器的导通和断开切换时间为 0.5s。在高级设置中，使"输出值限值"采用默认值，不进行修改，如图 10-41 所示。在高级设置中，PID 参数的"启用手动输入"不勾选，使用系统自整定参数；调节规则使用"PID"控制器，如图 10-42 所示。

步骤四：在 OB1 中编写程序。

在主程序 Main（OB1）中将给定值模拟量输入，量程化为 0.0 ～ 100.0 之间的实数，并将量程化后的数值赋给 MD20，其程序如表 10-10 所示。

表 10-9 OB30 中的程序

程序段	LAD
程序段 1	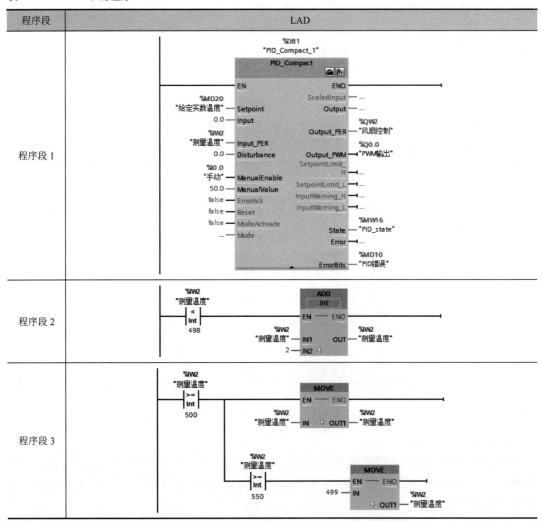
程序段 2	
程序段 3	

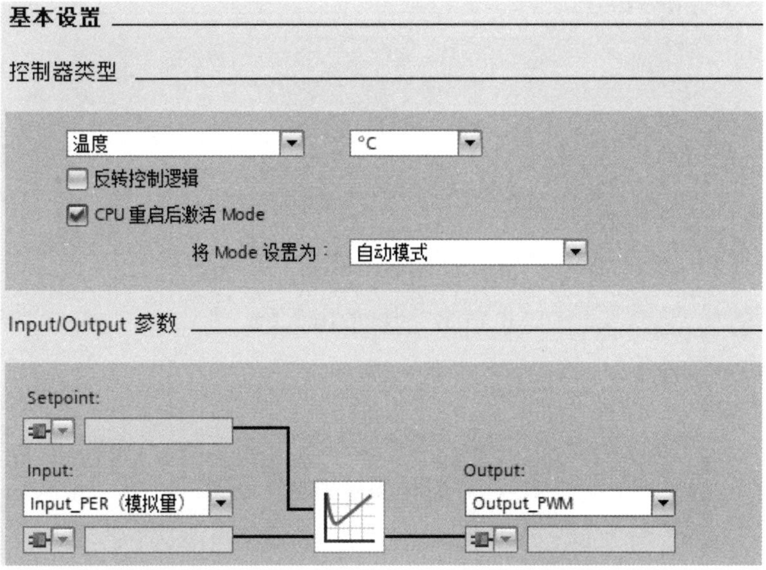

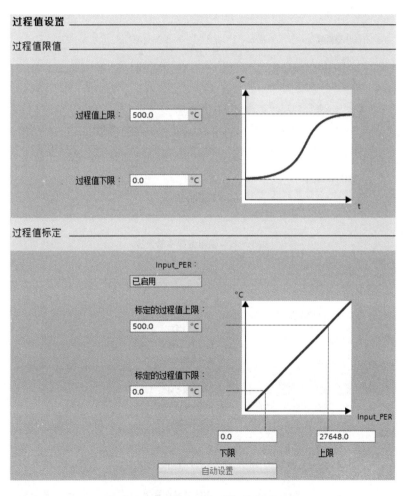

图 10-37　PID_Compact 指令的基本设置

图 10-38　PID_Compact 指令的过程值设置

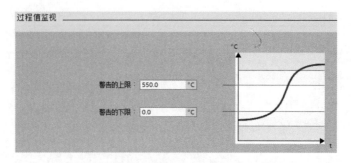

图 10-39　过程值监视的设置

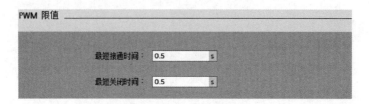

图 10-40　PWM 限值的设置

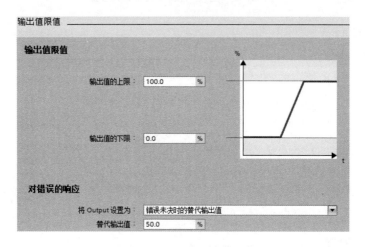

图 10-41　输出值限值的设置

图 10-42　PID 参数的设置

表 10-10　OB1 中的程序

程序段	LAD
程序段 1	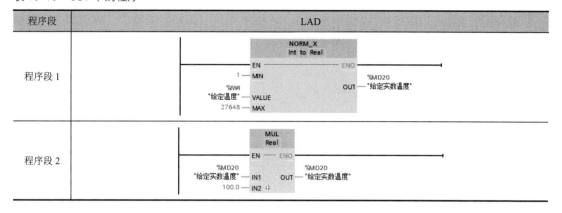
程序段 2	

步骤五：PID 调试。

将项目编译成功并下载到 CPU 后，就可以开始对 PID 控制器进行优化调试。单击 PID_ Compact 指令框右上角的 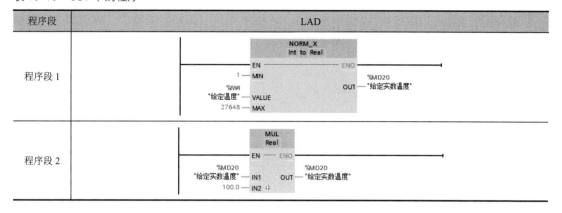 图标，进入 PID 调试界面。在此界面的控制区，点击采样时间 Start 按钮，开始测量在线值，在"调节模式"下选择"预调节"，先进行预调节。当预调节完成后，在"调节模式"下再选择"精确调节"。之后将设定值"给定温度"设为 250℃，随着加热丝的加热，系统将进行温度的自整定过程，如图 10-43 所示。

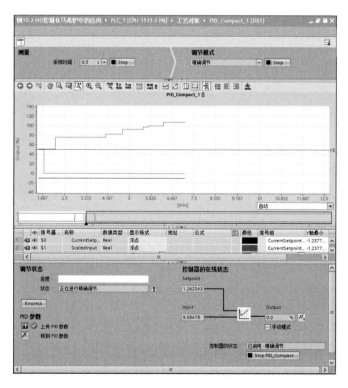

图 10-43　PID 自整定

步骤六：上传参数和下载参数。

由于 PID 自整定是在 CPU 内部进行的，整定后的参数并不一定在项目中，所以需要上传参数到项目。

① 当 PID 自整定完成后，单击图 10-43 所示左下角的"上传 PID 参数"按钮，参数从

CPU 上传到在线项目中。

　　② 单击"转到 PID 参数"，弹出如图 10-44 所示界面，在此界面单击"监控所有"图标，勾选"启用手动输入"选项，再单击"下载"图标，将修正后的 PID 参数下载到 CPU中去。

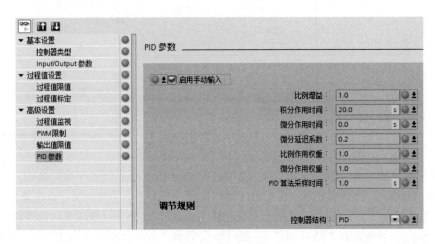

图 10-44　下载 PID 参数界面

第 11 章

西门子 S7-1500 PLC 的通信与网络

网络是将分布在不同物理位置上的具有独立工作能力的计算机、终端及其附属设备用通信设备和通信线路连接起来，并配置网络软件，以实现计算机资源共享的系统。随着计算机网络技术的发展，自动控制系统也从传统的集中式控制向多级分布式控制方向发展。为适应形式的发展，许多 PLC 生产企业加强了 PLC 的网络通信能力，并研制开发出自己的 PLC 网络系统。

11.1 通信基础知识

通信是计算机网络的基础，没有通信技术的发展，就没有计算机网络的今天，也就没有 PLC 的应用基础。

11.1.1 传输方式

在计算机系统中，CPU 与外部数据的传送传输方式有两种：并行数据传送和串行数据传送。

并行数据传送方式，即多个数据的各位同时传送，它的特点是传送速度快，效率高，但占用的数据线较多，成本高，仅适用于短距离的数据传送。

串行数据传送方式，即每个数据是一位一位地按顺序传送，它的特点是数据传送的速度受到限制，但成本较低，只需两根线就可传送数据。主要用于传送距离较远，数据传送速度要求不高的场合。

通常将 CPU 与外部数据的传送称为通信。因此，通信方式分为并行通信和串行通信，如图 11-1 所示。并行数据通信是以字节或字为单位的数据传输方式，除了 8 根或 16 根数据线和 1 根公共线外，还需要双方联络用的控制线。串行数据通信是以二进制的位为单位进行数据传输，每次只传送 1 位。串行通信适用于传输距离较远的场合，所以在工业控制领域中 PLC 一般采用串行通信。

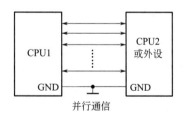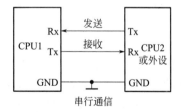

图 11-1　数据传送方式示意图

11.1.2 串行通信的分类

按照串行数据的时钟控制方式，将串行通信分为异步通信和同步通信两种方式。

（1）异步通信（Asynchronous Communication）

异步通信中的数据是以字符（或字节）为单位组成字符帧（Character Frame）进行传送的。

这些字符帧在发送端是一帧一帧地发送，在接收端通过数据线一帧一帧地接收字符或字节。发送端和接收端可以由各自的时钟控制数据的发送和接收，这两个时钟彼此独立，互不同步。

在异步串行数据通信中，有两个重要的指标：字符帧和波特率。

1）字符帧（Character Frame） 在异步串行数据通信中，字符帧也称为数据帧，它具有一定的格式，如图 11-2 所示。

从图 11-2 中可以看出，字符帧由起始位、数据位、奇偶校验位、停止位 4 部分组成。

① 起始位：位于字符帧的开头，只占一位，始终为逻辑低电平，发送器通过发送起始位表示一个字符传送的开始。

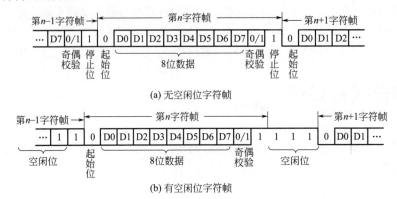

(a) 无空闲位字符帧

(b) 有空闲位字符帧

图 11-2　串行异步通信字符帧格式

② 数据位：起始位之后紧跟着的是数据位。在数据位中规定，低位在前（左），高位在后（右）。

③ 奇偶校验位：在数据位之后，就是奇偶校验位，只占一位。用于检查传送字符的正确性。它有 3 种可能：奇校验、偶校验或无校验。用户根据需要进行设定。

④ 停止位：奇偶校验位之后，为停止位。它位于字符帧的末尾，用来表示一个字符传送的结束，为逻辑高电平。通常停止位可取 1 位、1.5 位或 2 位，根据需要确定。

⑤ 位时间：一个格式位的时间宽度。

⑥ 帧（Frame）：从起始位开始到结束位为止的全部内容称为一帧。帧是一个字符的完整通信格式。因此也把串行通信的字符格式称为帧格式。

在串行通信中，发送端一帧一帧发送信息，接收端一帧一帧地接收信息，两相邻字符帧之间可以无空闲位，也可以有空闲位。图 11-2（a）为无空闲位，图 11-2（b）为 3 个空闲位的字符帧格式。两相邻字符帧之间是否有空闲位，由用户根据需要而确定。

2）波特率（baud rate） 数据传送的速率称为波特率，即每秒传送二进制代码的位数，也称为比特数，单位为 bps（bit per second）即位 / 秒。波特率是串行通信中的一个重要性能指标，用来表示数据传送的速度。波特率越高，数据传送速度越快。波特率和字符实际的传送速率不同，字符的实际传送速率是指每秒内所传字符帧的帧数，它和字符帧格式有关。

例如，波特率为 1200bps，若采用 10 个代码位的字符帧（1 个起始位，1 个停止位，8 个数据位），则字符的实际传送速率为 1200÷10=120（帧 / 秒）；采用图 11-2（a）的字符帧，则字符的实际传送速率为 1200÷11=109.09（帧 / 秒）；采用图 11-2（b）的字符帧，则字符的实际传送速率为 1200÷14=85.71（帧 / 秒）。

每一位代码的传送时间 T_d 为波特率的倒数。例如波特率为 2400bps 的通信系统，每位的传送时间为

$$T_{\mathrm{d}} = \frac{1}{2400} = 0.4167(\mathrm{ms})$$

波特率与信道的频带有关，波特率越高，信道频带越宽。因此，波特率也是衡量通道频宽的重要指标。

在串行通信中，可以使用的标准波特率在 RS-232C 标准中已有规定，使用时应根据速度需要、线路质量等因素选定。

（2）同步通信（synchronous communication）

同步通信是一种连续串行传送数据的通信方式，一次通信可传送若干个字符信息。同步通信的信息帧与异步通信中的字符帧不同，它通常含有若干个数据字符，如图 11-3 所示。

（a）单同步字符帧结构

（b）双同步字符帧结构

图 11-3　串行同步通信字符帧格式

图 11-3（a）为单同步字符帧结构，图 11-3（b）为双同步字符帧结构。从图中可以看出，同步通信的字符帧由同步字符、数据字符、校验字符 CRC 三部分组成。同步字符位于字符帧的开头，用于确认数据字符的开始（接收端不断对传输线采样，并把采样的字符和双方约定的同步字符比较，比较成功后才把后面接收到的字符加以存储）；校验字符位于字符帧的末尾，用于接收端对接收到的数据字符进行正确性的校验。数据字符长度由所需传输的数据块长度决定。

在同步通信中，同步字符采用统一的标准格式，也可由用户约定。通常单同步字符帧中的同步字符采用 ASCII 码中规定的 SYN（即 0x16）代码，双同步字符帧中的同步字符采用国际通用标准代码 0xEB90。

同步通信的数据传送速率较高，通常可达 56000bps 或更高。但是，同步通信要求发送时钟和接收时钟必须保持严格同步，发送时钟除应和发送波特率一致外，还要求把它同时传送到接收端。

11.1.3　串行通信的数据通路形式

在串行通信中，数据的传送是在两个站之间进行的，按照数据传送方向的不同，串行通信的数据通路有单工、半双工和全双工三种形式。

（1）单工（Simplex）

在单工形式下数据传送是单向的。通信双方中一方固定为发送端，另一方固定为接收端，数据只能从发送端传送到接收端，因此只需一根数据线，如图 11-4 所示。

图 11-4　单工形式

（2）半双工（Half Duplex）

在半双工形式下数据传送是双向的，但任何时刻只能由其中的一方发送数据，另一方接收数据。即数据从 A 站发送到 B 站时，B 站只能接收数据；数据从 B 站发送到 A 站时，A 站只能接收数据，如图 11-5 所示。

（3）全双工（Full Duplex）

在全双工形式下数据传送也是双向的，允许双方同时进行数据双向传送，即可以同时发送和接收数据，如图11-6所示。

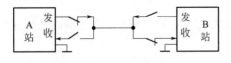

图11-5　半双工形式

图11-6　全双工形式

由于半双工和全双工可实现双向数据传送，所以在 PLC 中使用比较广泛。

11.1.4　串行通信的接口标准

串行异步通信接口主要有 RS-232C 接口、RS-449 接口、RS-422 接口和 RS-485 接口。在 PLC 控制系统中常采用 RS-232C 接口、RS-422 接口和 RS-485 接口。

（1）RS-232C 标准

RS-232C 是使用最早、应用最广的一种串行异步通信总线标准，是美国电子工业协会 EIA（Electronic Industry Association）的推荐标准。RS 表示 Recommended Standard，232 为该标准的标识号，C 表示修订次数。

该标准定义了数据终端设备 DTE（Data Terminal Equipment）和数据通信设备 DCE（Data Communication Equipment）间按位串行传输的接口信息，合理安排了接口的电气信号和机械要求。DTE 是所传送数据的源或宿主，它可以是一台计算机或一个数据终端或一个外围设备；DCE 是一种数据通信设备，它可以是一台计算机或一个外围设备。例如编程器与 CPU 之间的通信采用 RS-232C 接口。

RS-232C 标准规定的数据传输速率为 50bps、75bps、100bps、150bps、300bps、600bps、1200bps、2400bps、4800bps、9600bps、19200bps。由于它采用单端驱动非差分接收电路，因此传输距离不太远（最大传输距离 15m），传送速率不太高（最高速率为 20kbps）的问题。

① RS-232C 信号线的连接　RS-232C 标准总线有 25 根和 9 根两种"D"型插头，25 芯插头座（DB-25）的引脚排列如图 11-7 所示。9 芯插头座的引脚排列如图 11-8 所示。

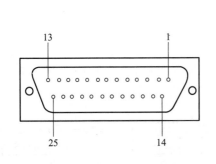

图 11-7　25 芯 232C 引脚图

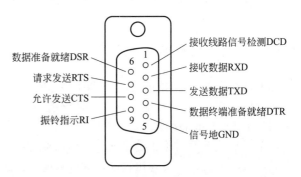

图 11-8　9 芯 232C 引脚图

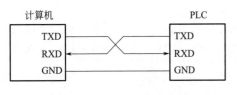

图 11-9　RS-232C 的信号线连接

在工业控制领域中 PLC 一般使用 9 芯的"D"型插头，当距离较近时只需要 3 根线即可实现，如图 11-9 所示，图中的 GND 为信号地。

RS-232C 标准总线的 25 根信号线是为了各设备或器件之间进行联系或信息控制而定义的。各引脚的定义如表 11-1 所示。

表 11-1　RS-232C 信号引脚定义

引脚	名称	定义	引脚	名称	定义
*1	GND	保护地	14	STXD	辅助通道发送数据
*2	TXD	发送数据	*15	TXC	发送时钟
*3	RXD	接收数据	16	SRXD	辅助通道接收数据
*4	RTS	请求发送	17	RXC	接收时钟
*5	CTS	允许发送	18		未定义
*6	DSR	数据准备就绪	19	SRTS	辅助通道请求发送
*7	GND	信号地	*20	DTR	数据终端准备就绪
*8	DCD	接收线路信号检测	*21		信号质量检测
*9	SG	接收线路建立检测	*22	RI	振铃指示
10		线路建立检测	*23		数据信号速率选择
11		未定义	*24		发送时钟
12	SDCD	辅助通道接收线信号检测	25		未定义
13	SCTS	辅助通道清除发送			

注：表中带"*"号的15根引线组成主信道通信，除了11、18及25三个引脚未定义外，其余的可作为辅信道进行通信，但是其传输速率比主信道要低，一般不使用，若使用则主要用来传送通信线路两端所接的调制解调器的控制信号。

② RS-232C 接口电路　在计算机中，信号电平是 TTL 型的，即规定 ≥ 2.4V 时，为逻辑电平"1"；≤ 0.5V 时，为逻辑电平"0"。在串行通信中当 DTE 和 DCE 之间采用 TTL 信号电平传输数据时，如果两者的传输距离较大，很可能使源点的逻辑电平"1"在到达目的点时，就衰减到 0.5V 以下，使通信失败，所以 RS-232C 有其自己的电气标准。RS-232C 标准规定：在信号源点，+5 ～ +15V 时，为逻辑电平"0"，-5 ～ -15V 时，为逻辑电平"1"；在信号目的点，+3 ～ +15V 时，为逻辑电平"0"，-3 ～ -15V 时，为逻辑电平"1"，噪声容限为2V。通常，RS-232C 总线为 +12V 时表示逻辑电平"0"；-12V 时表示逻辑电平"1"。

由于 RS-232C 的电气标准不是 TTL 型的，在使用时不能直接与 TTL 型的设备相连，必须进行电平转换，否则会使 TTL 电路烧坏。

为实现电平转换，RS-232C 一般采用运算放大器、晶体管和光电隔离器等电路来完成。电平转换集成电路有传输线驱动器 MC1488 和传输线接收器 MC1489。MC1488 把 TTL 电平转换成 RS-232C 电平，其内部有 3 个与非门和 1 个反相器，供电电压为 ±12V，输入为 TTL 电平，输出为 RS-232C 电平。MC1489 把 RS-232C 电平转换成 TTL 电平，其内部有 4 个反相器，供电电压为 ±5V，输入为 RS-232C 电平，输出为 TTL 电平。RS-232C 使用单端驱动器 MC1488 和单端接收器 MC1489 的电路如图 11-10 所示，该线路容易受到公共地线上的电位差和外部引入干扰信号的影响。

图 11-10　单端驱动和单端接收

（2）RS-422 和 RS-485

RS-422 是一种单机发送、多机接收的单向、平衡传输规范，被命名为 TIA/EIA-422-A 标准。它是在 RS-232 的基础上发展起来的，用来弥补 RS-232 的不足而提出的。为改进 RS-232 通信距离短、速率低的缺点，RS-422 定义了一种平衡通信接口，将传输速率提高到 10Mbps，传输距离延长到 4000 英尺（约 1219 米）（速率低于 100kbps 时），并允许在一条平衡总线上连接最多 10 个接收器。为扩大应用范围，EIA 又于 1983 年在 RS-422 基础上制定了 RS-485 标准，增加了多点、双向通信能力，即允许多个发送器连接到同一条总线上，同时增加了发送器的驱动能力和冲突保护特性，扩展了总线共模范围，后命名为 TIA/EIA-485-A 标准。由于 EIA 提出的建议标准都是以"RS"作为前缀，所以在通信工业领域，仍然习惯将上述标准以 RS 作前缀称谓。

① 平衡传输   RS-422、RS-485 与 RS-232 不一样，数据信号采用差分传输方式，也称作平衡传输，它使用一对双绞线，将其中一线定义为 A，另一线定义为 B。

通常情况下，发送驱动器 A、B 之间的正电平为 +2 ～ +6V，是一个逻辑状态，负电平为 -2 ～ -6V，是另一个逻辑状态。另有一个信号地 C，在 RS-485 中还有一"使能"端，而在 RS-422 中这是可用或可不用的。"使能"端是用于控制发送驱动器与传输线的切断与连接。当"使能"端起作用时，发送驱动器处于高阻状态，称作"第三态"，即它有别于逻辑"1"与"0"的第三态。

接收器也做出了与发送端相对应的规定，收、发端通过平衡双绞线将 AA 与 BB 对应相连。当在收端 AB 之间有大于 +200mV 的电平时，输出正逻辑电平。小于 -200mV 时，输出负逻辑电平。接收器接收平衡线上的电平范围通常为 200mV ～ 6V。

② RS-422 电气规定   RS-422 标准全称是"平衡电压数字接口电路的电气特性"，它定义了接口电路的特性。图 11-11 是典型的 RS-422 四线接口，它有两根发送线 SDA、SDB 和两根接收线 RDA 和 RDB。由于接收器采用高输入阻抗和发送驱动器，有比 RS-232 更强的驱动能力，故允许在相同传输线上连接多个接收节点，最多可接 10 个节点。即一个主设备（master），其余为从设备（salve），从设备之间不能通信，所以 RS-422 支持点对多的双向通信。接收器输入阻抗为 4kΩ，故发送端最大负载能力是 10×4kΩ+100Ω（终接电阻）。RS-422 四线接口由于采用单独的发送和接收通道，因此不必控制数据方向，各装置之间任何的信号交换均可以按软件方式（XON/XOFF 握手）或硬件方式（一对单独的双绞线）实现。

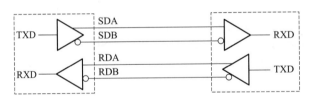

图 11-11   RS-422 通信接线图

RS-422 的最大传输距离约 1219m，最大传输速率为 10Mbps。其平衡双绞线的长度与传输速率成反比，在 100kbps 速率以下，才可能达到最大传输距离。只有在很短的距离下才能获得最高速率传输。一般 100m 长的双绞线上所能获得的最大传输速率仅为 1Mbps。

RS-422 需要一终接电阻，接在传输电缆的最远端，其阻值约等于传输电缆的特性阻抗。在短距离传输时可不需终接电阻，即一般在 300m 以下不需终接电阻。RS-232、RS-422、RS-485 接口的有关电气参数如表 11-2 所示。

表 11-2   三种接口的电气参数

接口类型	RS-232 接口	RS-422 接口	RS-485 接口
工作方式	单端	差分	差分
节点数	1 个发送、1 个接收	1 个发送、10 个接收	1 个发送、32 个接收
最大传输电缆长度	15m	1219m	1219m

最大传输速率		20kbps	10Mbps	10Mbps
最大驱动输出电压		−25 ～ +25V	−0.25 ～ +6V	−7 ～ +12V
驱动器输出信号电平 (负载最小值)	负载	±5 ～ ±15V	±2.0V	±1.5V
驱动器输出信号电平 (空载最大值)	负载	±25V	±6V	±6V
驱动器负载阻抗		3 ～ 7kΩ	100Ω	54Ω
接收器输入电压范围		−15 ～ +15V	−10 ～ +10V	−7 ～ +12V
接收器输入电阻		3 ～ 7kΩ	4kΩ（最小）	≥ 12kΩ
驱动器共模电压			−3 ～ +3V	−1 ～ +3V
接收器共模电压			−7 ～ +7V	−7 ～ +12V

③ RS-485 电气规定　由于 RS-485 是在 RS-422 基础上发展而来的，所以 RS-485 许多电气规定与 RS-422 类似，如都采用平衡传输方式、都需要在传输线上接终接电阻等。RS-485 可以采用 2 线制或 4 线制传输方式，2 线制可实现真正的多点双向通信，而采用 4 线制连接时，与 RS-422 一样只能实现点对多的通信，即只能有一个主设备，其余为从设备，但它比 RS-422 有改进，无论 4 线还是 2 线连接方式，总线上都可接到 32 个设备。

RS-485 与 RS-422 的不同还在于其共模输出电压是不同的，RS-485 是 −7 ～ +12V 之间，而 RS-422 在 −7 ～ +7V 之间；RS-485 接收器最小输入阻抗为 12kΩ，而 RS-422 是 4kΩ。RS-485 满足所有 RS-422 的规范，所以 RS-485 的驱动器可以用在 RS-422 网络中应用。

RS-485 与 RS-422 一样，其最大传输距离约为 1219m，最大传输速率为 10Mbps。平衡双绞线的长度与传输速率成反比，在 100kbps 速率以下，才可能使用规定最长的电缆长度。只有在很短的距离下才能获得最高速率传输。一般 100m 长双绞线最大传输速率仅为 1Mbps。

RS-485 需要 2 个终接电阻，接在传输总线的两端，其阻值要求等于传输电缆的特性阻抗。在短距离传输时可不需终接电阻，即一般在 300m 以下不需终接电阻。

将 RS-422 的 SDA 和 RDA 连接在一起，SDB 和 RDB 连接在一起就可构成 RS-485 接口，如图 11-12 所示。RS-485 为半双工，只有一对平衡差分信号线，不能同时发送和接收数据。使用 RS-485 的双绞线可构成分布式串行通信网络系统，系统中最多可达 32 个站。

图 11-12　RS-485 通信接线图

11.1.5　通信传输介质

通信传输介质一般有 3 种，分别为双绞线、同轴电缆和光纤电缆，如图 11-13 所示。

双绞线是将两根导线扭绞在一起，以减少外部电磁干扰。当使用金属网加以屏蔽时，其抗干扰能力更强。双绞线具有成本低、安装简单等优点，RS-485 接口通常采用双绞线进行通信。

同轴电缆有 4 层，最内层为中心导体，中心导体的外层为绝缘层，包着中心体。绝缘外层为屏蔽层，同轴电缆的最外层为表面的保护皮。同轴电缆可用于基带传输也可用于宽带数据传输，与双绞线相比，具有传输速率高、距离远、抗干扰能力强等优点，但是其成本比双绞线要高。

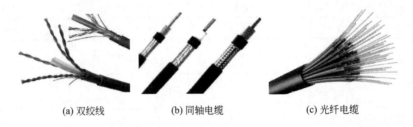

(a) 双绞线　　　　　　　(b) 同轴电缆　　　　　　　(c) 光纤电缆

图 11-13　通信传输介质

光纤电缆有全塑料光纤电缆、塑料护套光纤电缆、硬塑料护套光纤电缆等类型，其中硬塑料护套光纤电缆的数据传输距离最远，全塑料光纤电缆的数据传输距离最短。光纤电缆与同轴电缆相比具有抗干扰能力强、传输距离远等优点，但是其价格高，维修复杂。同轴电缆、双绞线和光纤电缆的性能比较如表 11-3 所示。

表 11-3　同轴电缆、双绞线和光纤电缆的性能比较

性能	双绞线	同轴电缆	光纤电缆
传输速率	9.6kbps ～ 2Mbps	1 ～ 450Mbps	10 ～ 500Mbps
连接方法	点到点 多点 1.5km 不用中继器	点到点 多点 10km 不用中继器（宽带） 1 ～ 3km 不用中继器（宽带）	点到点 50km 不用中继器
传送信号	数字、调制信号、纯模拟信号（基带）	调制信号、数字（基带）、数字、声音、图像（宽带）	调制信号（基带）、数字、声音、图像（宽带）
支持网络	星形、环形、小型交换机	总线形、环形	总线形、环形
抗干扰	好（需屏蔽）	很好	极好
抗恶劣环境	好	好，但必须将同轴电缆与腐蚀物隔开	极好，耐高温与其他恶劣环境

11.2　工业局域网基础

11.2.1　网络拓扑结构

网络结构又称为网络拓扑结构，它是指网络中的通信线路和节点间的几何连接结构。网络中通过传输线连接的点称为节点或站点。网络结构反映了各个站点间的结构关系，对整个网络的设计、功能、可靠性和成本都有影响。按照网络中的通信线路和节点间的连接方式不同，可分为星形结构、总线形结构、环形结构、树形结构、网状结构等，其中星形结构、总线形结构和环形结构为最常见的拓扑结构形式，如图 11-14 所示。

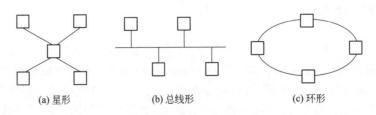

(a) 星形　　　　　　　　　(b) 总线形　　　　　　　　　(c) 环形

图 11-14　常见网络拓扑结构

（1）星形结构

星形拓扑结构是以中央节点为中心节点，网络上其他节点都与中心节点相连接。通信功能由中心节点进行管理，并通过中心节点实现数据交换。通信由中心节点管理，任意两个节点之间通信都要通过中心节点中继转发。星形网络的结构简单，便于管理控制，建网容易，网络延迟时间短，误码率较低，便于集中开发和资源共享。但系统花费大，网络共享能力差，负责通信协调工作的上位计算机负荷大，通信线路利用率不高，且系统可靠性不高，对上位计算机的依靠性也很强，一旦上位机发生故障，整个网络通信就会瘫痪。星形网络常用双绞线作为通信介质。

（2）总线形结构

总线形结构是将所有节点接到一条公共通信总线上，任何节点都可以在总线上进行数据的传送，并且能被总线上任一节点所接收。在总线形网络中，所有节点共享一条通信传输线路，在同一时刻网络上只允许一个节点发送信息。一旦两个或两个以上节点同时传送信息时，总线上的传送的信息就会发生冲突和碰撞，出现总线竞争现象，因此必须采用网络协议来防止冲突。这种网络结构简单灵活，容易加扩新节点，甚至可用中继器连接多个总线。节点间可直接通信，速度快、延时少。

（3）环形结构

环形结构中的各节点通过有源接口连接在一条闭合的环形通信线路上，环路上任何节点均可以请求发送信息。请求一旦批准，信息按事先规定好的方向从源节点传送到目的节点。信息传送的方向可以是单向也可以是双向，但由于环线是公用的，传送一个节点信息时，该信息有可能需穿过多个节点，因此如果某个节点出现障故时，将阻碍信息的传输。

11.2.2 网络协议

在工业局域网中，由于各节点的设备型号、通信线路类型、连接方式、同步方式、通信方式有可能不同，这样会给网络中各节点的通信带来不便，有时会影响整个网络的正常运行，因此在网络系统中，必须有相应通信标准来规定各部件在通信过程中的操作，这样的标准称为网络协议。

国际标准化组织 ISO（International Standard Organization）于 1978 年提出了开放系统互连 OSI（Open Systems Interconnection）模型，作为通信网络国际标准化的参考模型。该模型所用的通信协议一般为 7 层，如图 11-15 所示。

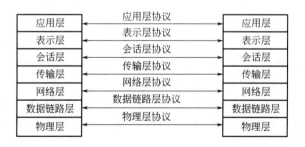

图 11-15　OSI 开放系统互连模型

在 OSI 模型中，最底层为物理层，物理层的下面是物理互连媒介，如双绞线、同轴电缆等。实际通信就是通过物理层在物理互连媒介上进行的，如 RS-232C、RS-422/RS-485 就是在物理层进行通信的。通信过程中 OSI 模型其余层都以物理层为基础，对等层之间可以实现开放系统互连。

在通信过程中，数据是以帧为单位进行传送，每一帧包含一定数量的数据和必要的控制信息，如同步信息、地址信息、差错控制和流量控制等。数据链路层就是在两个相邻节点间进行差错控制、数据成帧、同步控制等操作。

网络层用来对报文包进行分段，当报文包阻塞时进行相关处理，在通信子网中选择合适的路径。

传输层用来对报文进行流量控制、差错控制，还向上一层提供一个可靠的端到端的数据传输服务。

会话层的功能是运行通信管理和实现最终用户应用进程之间的同步，按正确的顺序收发数据，进行各种对话。

表示层用于应用层信息内容的形式变换，如数据加密 / 解密、信息压缩 / 解压和数据兼容，把应用层提供的信息变成能够共同理解的形式。

应用层为用户的应用服务提供信息交换，为应用接口提供操作标准。

11.2.3 现场总线

在传统的自动化控制中，生产现场的许多设备和装置（如传感器、调节器、变送器、执行器等）都是通过信号电缆与计算机、PLC 相连的。当这些装置和设备相隔的距离较远，并且分布较广时，就会使电缆线的用量和铺设费用大大增加，造成整个项目的投资成本增加、系统连线复杂、可靠性下降、维护工作量增大、系统进一步扩展困难等问题。因此人们迫切需要一种可靠、快速的能经受工业现场环境并且成本低廉的通信总线，通过这种总线将分散的设备连接起来，对其实施监控。基于此，现场总线（Field Bus）产生了。

现场总线始于 20 世纪 80 年代，20 世纪 90 年代技术日趋成熟。国际电工委员会 IEC 对现场总线的定义是"安装在制造和过程区域的现场设备、仪表与控制室内的自动控制装置系统之间的一种串行、数字式、多点通信的数据总线"。随着计算机技术、通信技术、集成电路技术的发展，以标准、开放、独立、全数字式现场总线为代表的互联规范，正在迅猛发展和扩大。现场总线 I/O 集检测、数据处理、通信为一体，可以代替变送器、调节器、记录仪等模拟仪表，它不需要框架、机柜，能够直接安装在现场导轨槽上。现场总线 I/O 的连线极为简单，只需要一根电缆，从主机开始沿数据链从一个现场总线 I/O 连接到下一个现场总线 I/O。这样使用现场总线后，还可以减少自控系统的配线、安装、调试等方面的费用。

由于采用现场总线将使控制系统结构简单，系统安装费用减少并且易于维护，用户可以自由选择不同厂商、不同品牌的现场设备达到最佳的系统集成等一系列的优点，现场总线技术正越来越受到人们的重视。各个国家、各个公司为了各自的利益，很多公司推出其各自的现场总线技术。经过多方的争执和妥协，于 1999 年底现场总线国际标准（IEC 61158）通过了 8 种互不兼容的协议，这 8 种协议在 IEC 61158 中分别为 8 种现场总线类型：TS61158、ControlNet、PROFIBUS、P-Net、FF-HSE、SwiftNet、WoldFIP 和 INTERBUS。IEC 61158 国际标准只是一种模式，它不改变各组织专有的行规，各种类型都是平等的，其中 Type2 ～ Type8 需要对Type1 提供接口，而标准本身不要求 Type2 ～ Type8 之间提供接口，目的就是保护各自的利益。2001 年 8 月制定出由 10 种类型现场总线组成的第 2 版现场总线标准，在原来 8 种现场总线基础上增加 FF H1 和 PROFInet。

2007 年 4 月，IEC 61158 Ed.4 现场总线标准第 4 版正式成为国际标准。IEC 61158 Ed.4 现场总线采纳了经过市场考验的 20 种主要类型的现场总线、工业以太网和实时以太网，具体类型如表 11-4 所示。

表 11-4　IEC 61158 Ed.4 现场总线类型

类型编号	技术名称	发起的公司
Type1	TS61158 现场总线	原来的技术报告
Type2	ControlNet 和 Ethernet/IP 现场总线	美国 Rockwell
Type3	PROFIBUS 现场总线	德国 Siemens
Type4	P-NET 现场总线	丹麦 Process Data
Type5	FF HSE 现场总线	美国 Fisher Rosemount
Type6	SwiftNet 现场总线	美国波音
Type7	WorldFIP 现场总线	法国 Alstom
Type8	INTERBUS 现场总线	德国 Phoenix Contact
Type9	FF H1 现场总线	现场总线基金会
Type10	PROFINET 现场总线	德国 Siemens
Type11	Tcnet 实时以太网	
Type12	EtherCAT 实时以太网	德国倍福
Type13	Ethernet Powerlink 实时以太网	法国 Alstom
Type14	EPA 实时以太网	中国浙江大学、沈阳自动化研究所等
Type15	Modbus RTPS 实时以太网	美国 Schneider
Type16	SERCOS Ⅰ、Ⅱ现场总线	数字伺服和传动系统数据通信
Type17	VNET/IP 实时以太网	法国 Alstom
Type18	CC_Link 现场总线	日本三菱电机
Type19	SERCOS Ⅲ现场总线	数字伺服和传动系统数据通信
Type20	HART 现场总线	美国 Fisher Rosemount 公司

现场总线发展的种类较多，当前已有 40 余种，但主要有基金会现场总线 FF（Foundation Field Bus）、过程现场总线 PROFIBUS（Process Field Bus）、WorldFIP、ControlNet/DeviveNet、CAN、PROFINET 等。下面简单介绍部分现场总线。

（1）基金会现场总线 FF（Foundation Field Bus）

现场总线基金会包含 100 多个成员单位，负责制定一个综合 IEC/ISA 标准的国际现场总线标准。它的前身是可互操作系统协议 ISP（Interperable System Protocol）——基于德国的 Profibus 标准和工厂仪表世界协议 WorldFIP（World Factory Instrumentation Protocol）——基于法国的 FIP 标准。ISP 和 WorldFIP 于 1994 年 6 月合并成立了现场总线基金会。

基金会现场总线 FF 采用国际标准化组织 ISO 的开放化系统互连 OSI 的简化模型（物理层、数据链路层和应用层），另外增加了用户层。基金会现场总线 FF 标准无专利许可要求，可供所有的生产厂家使用。

（2）过程现场总线 PROFIBUS（Process Field Bus）

PROFIBUS 是一种国际化、开放式、不依赖于设备生产商的现场总线标准，广泛适用于制造业自动化、流程工业自动化和楼宇、交通、电力等其他领域自动化。

（3）WorldFIP

WorldFIP（World Factory Instrumentation Protocol）协 会 成 立 于 1987 年 3 月，以法国 CEGELEC、SCHNEIDER 等公司为基础开发了 FIP（工厂仪表协议）现场总线系列产品。产品适用于发电与输配电、加工自动化、铁路运输、地铁和过程自动化等领域。1996 年 6 月

WorldFIP 被采纳为欧洲标准 EN50170。WorldFIP 是一个开放系统，不同系统、不同厂家生产的装置都可以使用 WorldFIP，应用结构可以是集中型、分散型和主站 - 从站型。WorldFIP 现场总线构成的系统可分为三级：过程级、控制级和监控级。这样用单一的 WorldFIP 总线就可以满足过程控制、工厂制造加工系统和各种驱动系统的需要了。

WorldFIP 协议由物理层、数据链路层和应用层组成。应用层定义为两种：MPS 定义和 SubMMS 定义。MPS 是工厂周期 / 非周期服务，SubMMS 是工厂报文的子集。

物理层的作用能够确保连接到总线上的装置间进行位信息的传递。介质是屏蔽双绞线或光纤。传输速度有 31.25kbps、1Mbps 和 2.5Mbps，标准速度是 1Mbps，使用光纤时最高可达 5Mbps。

WorldFIP 的帧由三部分组成，即帧起始定界符（FSS）、数据和检验字段，以及帧结束定界符。

应用层服务有三个不同的组：BAAS（Bus Arbitrator Application Services）、MPS（Manufacturing Periodical / a Periodical Services）、SubMMS（Subset of Messaging Services）。MPS 服务提供给用户的功能有：本地读 / 写服务、远方读 / 写服务、参数传输 / 接收指示、使用信息的刷新等。

处理单元通过 WorldFIP 的通信装置（通信数据库和通信芯片组成）挂到现场总线上。通信芯片包括通信控制器和线驱动，通信控制器有 FIPIU2、FIPCO1、FULLFIP2、MICROFIP 等，线驱动器用于连接电缆（FIELDRIVE、CREOL）或光纤（FIPOPTIC/FIPOPTIC-TS）。通信数据库用于在通信控制器和用户应用之间建立连接。

（4）ControlNet/DeviveNet

ControlNet 的基础技术是 Rockwell Automation 企业于 1995 年 10 月公布的。1997 年 7 月成立了 ControlNet International 组织，Rockwell 转让此项技术给该组织。

传统的工厂级的控制体系结构有五层，即工厂层、车间层、单元层、工作站层、设备层。而 Rockwell 自动化系统简化为三层结构模式：信息层（Ethernet 以太网）、控制层（ControlNet 控制网）、设备层（DeviceNet 设备网）。ControlNet 层通常传输大量的 I/O 和对等通信信息，具有确定性和可重复性，紧密联系控制器和 I/O 设备的要求。ControlNet 应用于过程控制、自动化制造等领域。

（5）CAN

CAN（Controller Area Network）称为控制局域网，属于总线式通信网络。CAN 总线规范了任意两个 CAN 节点之间的兼容性，包括电气特性及数据解释协议。CAN 协议分为两层：物理层和数据链路层。物理层决定了实际位传送过程中的电气特性，在同一网络中，所有节点的物理层必须保持一致，但可以采用不同方式的物理层。CAN 的数据链路层功能包括帧组织形式、总线仲裁和检错、错误报告及处理等。CAN 网络具有如下特点：CANBUS 网络上任意一个节点均可在任意时刻主动向网络上的其他节点发送信息，而不分主从；通信灵活，可方便地构成多机备份系统及分布式监测、控制系统；网络上的节点可分成不同的优先级以满足不同的实时要求；采用非破坏性总线裁决技术，当两个节点同时向网络上传送信息时，优先级低的节点主动停止数据发送，而优先级高的节点可不受影响地继续传输数据；具有点对点、一点对多点及全局广播传送接收数据的功能；通信距离最远可达 10km/5kbps，通信速率最高可达 1Mbps/40m；网络节点数实际可达 110 个；每一帧的有效字节数为 8 个，这样传输时间短，受干扰的概率低；每帧信息都有 CRC 校验及其他检错措施，数据出错率极低，可靠性极高；通信介质采用廉价的双绞线即可，无特殊要求；在传输信息出错严重时，节点可自动切断它与总线的联系，以使总线上的其他操作不受影响。

（6）PROFINET

PROFINET 为 IEC61158 公布的 Type10 现场总线 / 工业以太网标准，它属于实时以太网。

PROFINET 选用以太网作为通信媒介，一方面可以把基于通用的 PROFIBUS 技术的系统无缝地集成到整个系统中，另一方面它也可以通过代理服务器实现 PROFIBUS-DP 以及其他现场总线系统与 PROFINET 系统的简单集成。

11.3　SIMATIC 通信网络概述

德国西门子公司按照相应的行业标准，以 ISO/OSI 为参考模型，提供了各种开放的、应用不同控制级别，并支持现场总线或以太网的工业通信网络系统，统称为 SIMATIC NET。

11.3.1　SIMATIC 的网络层次

PLC 的网络技术实质上是计算机网络技术在工业控制领域的应用，系统硬件一般为 3 ～ 4 级结构。SIMATIC NET 总体结构如图 11-16 所示。

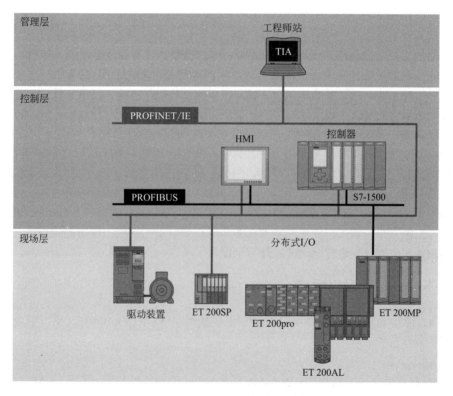

图 11-16　SIMATIC NET 的组成

从图 11-16 中可以看出，SIMATIC NET 从信息管理的角度可以分为 4 级网络结构：执行器 / 传感器层（图 11-16 中未绘制）、现场层、控制层和管理层。这些网络结构组成了图 11-17 所示的"金字塔"形状。

（1）执行器 / 传感器层

执行器 / 传感器层处于 SIMATIC NET 的最底层，可直接与设备中的执行元件、检测元件（通常为数字量输入 / 输出）进行连接，通过专用的连接器 AS-I（Actuator-Sensor Interface）从站进行汇总，并且通过总线与 SIMATIC NET 的接口模块（AS-I 主站模块）相连接，以实现对

I/O 的控制。

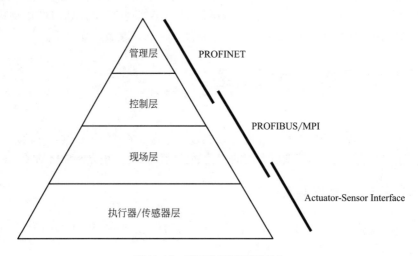

图 11-17　SIMATIC NET 网络结构

（2）现场层

现场层的主要功能是连接现场设备，例如分布式 I/O、传感器、驱动器、执行机构和开关设备等，完成现场设备控制及设备联锁控制。现场层是通过 PROFIBUS 或 MPI 总线来进行控制的，可以用开放的、可扩展的、全数字的双向多变量通信与高速、高可靠性的应答来代替传统的设备间所需要的复杂连线，以拓展 PLC 的应用范围。

（3）控制层

控制层又称为车间监控层，它是用于完成车间生产设备（例如各种 PLC、上位控制机等）之间的连接，实现车间设备的监控。单元级监控包括生产设备状态的在线监控、设备故障报警及维护等。

（4）管理层

管理层为 SIMATIC NET 的最高层，通常采用符合 IEEE802.3 标准的 Industrial Ethernet（工业以太网）局域网来传送工厂的生产管理信息，以达到对工厂各生产现场的数据进行收集、整理，使用户能对生产计划进行统一的管理与调度。

11.3.2　SIMATIC 的通信网络

从图 11-17 中可以看出，SIMATIC NET 主要采用了 AS-I、PROFIBUS/MPI 和 PROFINET 这几种通信网络形式。

（1）AS-I

AS-I 是执行器 - 传感器接口（Actuator-Sensor Interface）的简称，位于 SIMATIC NET 的最底层，通过 AS-I 总线电缆连接最底层的现场二进制设备，将信号传输到控制器。

（2）PROFIBUS

工业现场总线 PROFIBUS（Process Field Bus）是依据 EN50170-1-2 或 IEC61158-2 标准建立的、应用于控制层和现场层的控制网络。应用了混合介质传输技术以及令牌和主从的逻辑拓扑，可以同时在双绞线或光纤上进行传输。

（3）MPI

MPI 是多点接口（Multi Point Interface）的简称，它是一种适用于小范围、少数站点间通信的网络，主要应用于单元级和现场级。S7-300/400 CPU 都集成了 MPI 通信协议，MPI 的物理层是 RS-485，最大传输速率为 12Mbps。PLC 通过 MPI 能同时连接运行 STEP7 的编程器、计算机、人机界面（HMI）以及 SIMATIC S7、M7 和 C7。

（4）PROFINET

工业以太网也可简称为 IE 网络，它是依据 IEEE802.3 标准建立的单元级和管理级的控制网络。PROFINET 是基于工业以太网的开放的现场总线，可以将分布式 I/O 设备直接连接到工业以太网，实现从公司管理层到现场层的直接的、透明的访问。

通过代理服务器（例如 IE/PB 连接器），PROFINET 可以透明地集成现有的 PROFIBUS 设备，保护对现有系统的投资，实现现场总线系统的无缝集成。

使用 PROFINET IO，现场设备可以直接连接到以太网，与 PLC 进行高速数据交换。PROFIBUS 各种丰富的设备诊断功能同样也适用于 PROFINET。

PROFINET 使用以太网和 TCP/IP/UDP 协议作为通信基础，对快速性没有严格要求的数据使用 TCP/IP 协议，响应时间在 100ms 数量级，可以满足工厂控制层的应用。

11.4 西门子 S7-1500 PLC 的串行通信

串行通信主要用于连接调制解调器、扫描仪和条形阅读器等带有串行通信接口的设备。西门子传动装置的 USS 协议通信、Modbus RTU 协议通信和自由口协议通信等属于串行通信。

11.4.1 串行通信接口类型及连接方式

西门子 S7-1500 PLC 的串行通信接口类型有两种：RS-232C 和 RS-422/485。

RS-232C 接口的最大通信距离为 15m，通过屏蔽电缆可实现两个设备的连接，其连接方式如图 11-18 所示。如果没有数据流等控制，通常只使用引脚 2、3 和 5 即可。

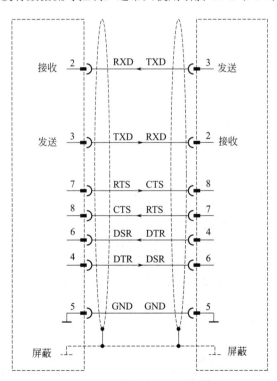

图 11-18 RS-232C 电缆连接方式

RS-422/485 是在 RS-232 的基础上发展起来的，最大通信距离可达 1200m。RS-422/485 为非标准串行接口，有的使用 9 芯接口，有的使用 15 芯接口，每个设备接口引脚定义不同。RS-422/485（X27）是一个 15 针的串行接口，其引脚定义如表 11-5 所示。在 TIA 博途软件中对 RS-422/485 串行接口进行配置，可以选择该接口作为 RS-422 接口或者 RS-485 接口使用，每种接口分别对应不同的接线方式。

表 11-5 RS-422/485 引脚定义

引脚	连接器	名称	输入/输出	说明
1		—	—	—
2		T（A）	输出	发送数据（4 线模式）
3		—	—	—
4		R（A）/T（A）	输入 输入/输出	接收数据（4 线模式） 接收/发送数据（2 线模式）
5		—	—	—
6		—	—	—
7		—	—	—
8		GND	—	功能地（隔离）
9		T（B）	输出	发送数据（4 线模式）
10		—	—	—
11		R（B）/T（B）	输入 输入/输出	接收数据（4 线模式） 接收/发送数据（2 线模式）
12		—	—	—
13		—	—	—
14		—	—	—
15		—	—	—

RS-422 为 4 线制全双工模式，其引脚连接如图 11-19 所示。引脚 2、9 为发送端，连接通信方的接收端，即 T（A）—R（A）、T（B）—R（B）；引脚 4、11 为接收端，连接通信方的发送端，即 R（A）—T（A）、R（B）—T（B）。

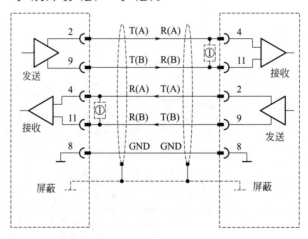

图 11-19 RS-422 接线方式（4 线制）

RS-485 为 2 线制半双工模式，可连接多个设备，其引脚连接如图 11-20 所示。引脚 2、9 与 4、11 内部短接，不需要外接短接。引脚 4 为 R（A），引脚 11 为 R（B）。通信双方的连线为 R（A）—T（A），R（B）—T（B）。在通信过程中发送和接收工作不可以同时进行，为半双工通信制。

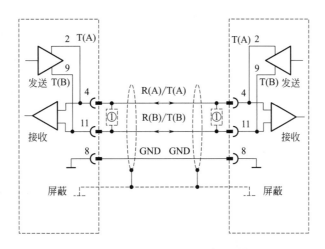

图 11-20　RS-485 接线方式（2 线制）

注意，有些厂商在串行通信接口引脚没有使用 T（A）、R（A）、T（B）、R（B）进行标注，而是使用 T-、R-、T+、R+。实质上 T- 为 T（A）、R- 为 R（A）、T+ 为 T（B）、R+ 为 R（B）。

11.4.2　自由口协议通信

自由口（Freeport Mode）协议通信是西门子 PLC 一个很有特色的点对点（Point-to-Point，PtP）通信，它是没有标准的通信协议，用户通过用户程序对通信口进行操作，自己定义通信协议（如 ASCII 协议）。

用户自行定义协议使 PLC 可通信的范围增大，控制系统的配置更加灵活、方便。应用此种通信协议，使 S7-1500 系列 PLC 可以与任何通信协议兼容，并使串口的智能设备和控制器进行通信。如打印机、条形码阅读器、调制解调器、变频器和上位 PC 机等。当然这种协议也可以使两个 CPU 之间进行简单的数据交换。当连接的智能设备具有 RS-485 接口时，可以通过双绞线进行连接；如果连接的智能设备具有 RS-232C 接口时，可以通过 RS-232C/PPI 电缆连接起来进行自由口通信，此时通信口支持的速率为 1200 ～ 115200bps。

下面以 CM PtP RS-422/485 HF 为例，介绍该串行通信模块自由口协议参数的设置、通信函数以及自由口协议通信的应用实例。

（1）自由口协议参数设置

启动 TIA 博途软件，创建"自由口协议通信"项目，并添加点到点通信模块"CM PtP RS-422/485 HF"（6ES7 541-1AB00-0AB0）到机架上，然后双击该通信模块，即可进行自由口协议参数设置。

在"属性"→"常规"选项卡中，点击"RS422/485 接口"下的"操作模式"标签栏，可以设置接口的操作模式，如图 11-21 所示。"指定工作模式"可以选择 RS-422/485 接口工作在全双工的 RS-422 模式下或者工作在半双工的 RS-485 模式下。"接收线路的初始状态"可选择接收引脚的初始状态，在 RS-422 模式下可选择断路检测。

在"属性"→"常规"选项卡中，点击"RS422/485 接口"下的"端口组态"标签栏，可以对端口进行设置，如端口的协议、端口参数等，如图11-22所示。点击"协议"的下拉列表，可以选择 RS-422/485 接口使用自由口 /Modbus 协议或者 3964（R）协议，选择相应协议后，商品参数会随协议的选择而发生变化，在此选择"自由口 /Modbus"。在端口参数中的"传输率"也就是传输速率，双方应根据实际情况设置相同的传输速率，通常传输距离越远，传输率应设置越低。"奇偶校验""数据位""结束位"这些属于字符帧的设置，通信双方字符帧的设置也应一致。进行串行通信时，串行通信模块接收数据并将其传送到 CPU 中。如果串行通信模块接收数据的速度快于将接收数据传送到 CPU 的速度，将会发生数据溢出的现象。为了防止数据溢出，在串行通信中可以使用数据流控制。数据流控制可以分为软件流控制和硬件流控制：软件流控制是通过特殊字符 XON/XOFF 来控制串行口之间的通信；硬件流控制是使用信号线传送控制命令。软件流控制中，XOFF 表示传输结束，当串行口在发送期间收到 XOFF 字符，将取消当前的发送，直到它从通信伙伴再次得到 XON 字符才允许再次发送。硬件流控制比软件流控制的速率快，RS-232 接口支持硬件流控制，RS-422 支持软件流控制。

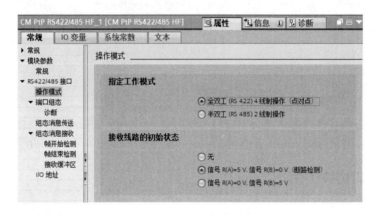

图 11-21　RS422/485 接口操作模式的设置

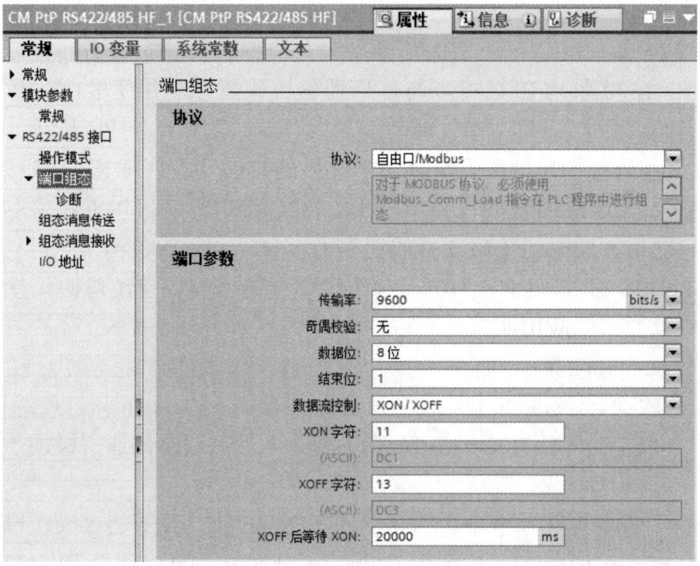

图 11-22　RS422/485 接口的组态

在"属性"→"常规"选项卡中，点击"RS422/485 接口"下的"诊断"标签栏，勾选"启用诊断中断"，则 RS422/485 模块端口发生故障时，将触发 CPU 诊断中断。

在"属性"→"常规"选项卡中，点击"RS422/485 接口"下的"组态消息传送"标签栏，可以设置端口的数据传送相关参数，如图 11-23 所示。如果发送消息，必须通知通信伙伴消息发送的开始和结束情况。这些设置可以在硬件配置中设置，也可以通过组态消息传送属性并使用指令"Send_CFG"在运行期间进行调整。"帧默认设置"可以定义在消息发送前的间断时间和线路空闲时间。"RTS 延时"为 RS-232 参数，用于配置发送请求 RTS 接通和断开的延时时间。"结尾分隔符"可以定义两个结束分隔符。"已添加字符"最多可以在消息后面添加 5 个附加字符。

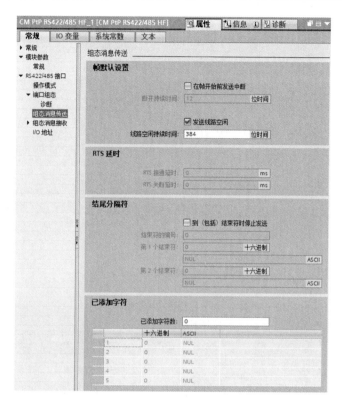

图 11-23　RS422/485 接口的组态消息传送设置

在"属性"→"常规"选项卡中，点击"RS422/485 接口"→"组态消息接收"下的"帧开始检测"标签，可以设置接口的接收数据开始条件的检测参数，如图 11-24 所示。对于使用自由口的数据传输，可以选择多种不同的帧开始条件。如果符合条件，接收端将开始接收数据。在图 11-24 的"帧默认设置"中，如果选择"以任意字符开始"，则通信伙伴发送的第一个字符将作为接收的第一个字符；如果选择"以特殊条件开始"，则需要在"设置帧开始条件"中进一步设置接收条件。在"设置帧开始条件"中，选择"检测到线路中断之后"，则检测到通信伙伴发送的线路间断后开始接收数据；选择"检测到线路空闲之后"，则检测到组态的空闲线路持续时间后开始接收数据；选择"检测到开始字符之后"，则检测到经组态的开始字符后开始接收数据；选择"检测到开始序列之后"，则检测到一个或多个字符序列后开始接收消息，最多可设置 4 个序列，且每个序列最多 5 个字符。

在"属性"→"常规"选项卡中，点击"RS422/485 接口"→"组态消息接收"下的"帧结束检测"标签，可以设置接口的接收数据结束条件的检测参数，如图 11-25 所示。对于使用自由口的数据传输，可以选择多种不同的帧结束条件。如果符合结束条件，接收端的数据接收任务完成。在图 11-25 的"对接收帧的末尾检测模式"中，如果选择"通过消息超时识别消息结束"，则从满足接收条件开始计时，若超过设定的时间后将结束数据接收；如果选择"通过响应超时识别消息结束",当发送任务完成后,在规定时间内有效的开始字符没有被识别,则将结束数据接收;如果选择"接收到固定帧长度之后",将以固定的消息长度判断数据是否结束;如果选择"接收到最大数量的字符之后",则达到所设定的接收字符数之后将结束数据接收;如果选择"从消息读取消息长度",则根据接收消息帧中指定长度的字符数量判断数据是否结束;选择"接收到结束序列之后",则接收到设定的字符序列后判断为帧结束,每个字符序列最多 5 个字符。

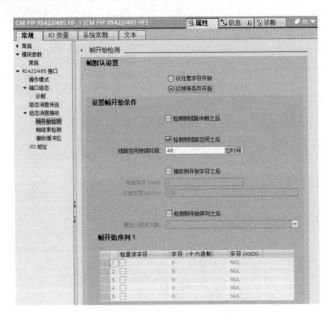

图 11-24 帧开始检测的参数设置

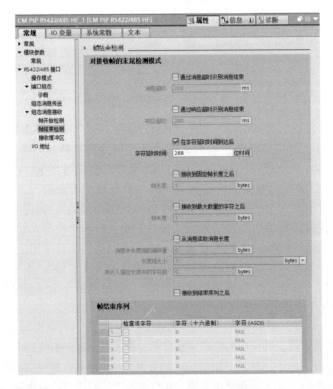

图 11-25 帧结束检测的参数设置

在"属性"→"常规"选项卡中，点击"RS422/485 接口"→"组态消息接收"下的"接收缓冲区"标签，可以设置接收缓冲区的相关参数，如图 11-26 所示。点到点通信模块"CM PtP RS-422/485 HF"的接收缓冲区为 8KB、255 帧消息，最大一帧消息为 4KB。接收缓冲区是一个环形缓冲区，默认设置为阻止数据的覆盖，缓存区设置为 255 帧消息。这样 CPU 接收的消息是缓冲区最早进入的一帧，如果 CPU 总是需要接收最新的消息，必须将缓冲区设置为 1 帧消息，并去掉防止数据覆盖选项。

（2）串行通信模块的通信函数

串行通信模块支持的点到点通信函数如表 11-6 所示。

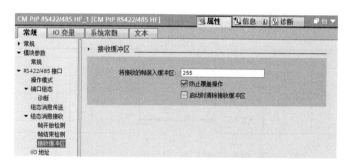

图 11-26 接收缓冲区的参数设置

表 11-6 串行通信模块支持的点到点通信函数

函数	函数名称	功能描述
动态参数分配函数	Port_Config	通过用户程序动态设置"端口组态"中的参数，例如传输率、奇偶校验和数据流控制，参考图 11-22 中的参数
	Send_Config	通过用户程序动态设置"组态消息传送"中的参数，例如 RTS 接通延时、RTS 关断延时等，参考图 11-23 中的参数
	Receive_Config	通过用户程序动态设置"组态消息接收"中的参数，参考图 11-24～图 11-26
	P3964_Config	通过用户程序动态设置 3964（R）协议的参数，例如字符延迟时间、优先级和块校验
通信函数	Send_P2P	发送数据
	Receive_P2P	接收数据
	Receive_Reset	消除通信模块的接收缓冲区
RS-232 信号操作函数	Signal_Get	读取 RS-232 信号的当前状态
	Signal_Set	设置 RS-232 信号 DTR 和 RTS 的状态
高级功能函数	Get_Features	获取有关 Modbus 支持和有关生成诊断报警的信息
	Set_Features	激活诊断报警的生成

（3）串行口通信模块自由口协议通信举例

例 11-1：使用 CM PtP RS-422/485 HF 模块实现甲乙两台 S7-1500 系列 PLC（CPU 1511-1 PN）之间的自由口通信，要求甲机 PLC 控制乙机 PLC 设备上的电动机正反转。

1）控制分析 两台 S7-1500 PLC 间进行自由口通信时，甲机 PLC 作为发送数据方，将电机停止、电机正转启动和电机反转启动这些信号发送给乙机 PLC；乙机 PLC 作为数据接收方，根据接收到的信号决定电机的状态。因此，两台 PLC 可以选择 RS-485 通信方式进行数据的传输。要实现自由口通信,首先应进行硬件配置及 I/O 分配,然后进行硬件组态为每台 PLC 定义变量、添加数据块并划定某些区域为发送或接收缓冲区,接着分别编写 PLC 程序实现任务操作即可。

2)硬件配置及 I/O 分配 这两台 PLC 设备的硬件配置如图 11-27 所示,其硬件主要包括 1 根双绞线、2 台 CM PtP RS-422/485 HF 模块、2 台 CPU 1511-1 PN,以及数字量输入模块 DI 16×24VDC BA 和数字量输出模块 DQ 16×230VAC/2A 等。甲机 PLC 的 I0.0 外接停止运行按钮 SB1,I0.1 外接正向启动按钮 SB2,I0.2 外接反向启动按钮 SB3;乙机 PLC 的 Q0.0 外接电机停止运行指示灯 HL1,Q0.1 外接 KM1 以实现电机正向运行控制,Q0.2 外接 KM2 以实现电机反向运行控制。

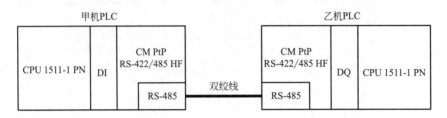

图 11-27 两台 CPU 1511-1 PN 之间的自由口通信配置

3)硬件组态

① 新建项目 在 TIA Portal 中新建项目,添加两台 CPU 模块、CM PtP RS-422/485 HF 通信模块等,如图 11-28 所示。

图 11-28 新建项目

② CM PtP RS-422/485 HF 模块的设置 双击甲机 PLC 中的 CM PtP RS-422/485 HF 模块,将 RS-422/485 接口的操作模式指定为"半双工(RS 485)2 线制操作",端口组态中的协议选择"自由口/Modbus",用同样的方法对乙机 PLC 中的 CM PtP RS-422/485 HF 模块进行设置。

③ 启用系统时钟 双击甲机 PLC 中的 CPU 模块,在其"属性"→"常规"选项卡中选

择"系统和时钟存储器",勾选"启用系统存储器字节",在后面的方框中输入 20,则 CPU 上电后,M20.2 位始终处于闭合状态,相当于 S7-200 SMART 中的 SM0.0;勾选"启用时钟存储器字节",在后面的方框中输入 10,将 M10.5 设置成 1Hz 的周期脉冲,如图 11-29 所示。用同样的方法,双击乙机 PLC 中的 CPU 模块,勾选"启用系统存储器字节",在后面的方框中输入 20。

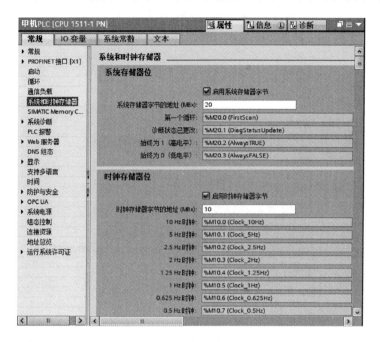

图 11-29　启用系统和时钟

④ 定义变量　在 TIA Portal 项目树中,选择"甲机 PLC"→"PLC 变量"下的"默认变量表",定义甲机 PLC 的默认变量表,如图 11-30 所示;同样的方法,定义乙机 PLC 的默认变量表,如图 11-31 所示。

		名称	数据类型	地址	保持
1		System_Byte	Byte	%MB20	
2		FirstScan	Bool	%M20.0	
3		DiagStatusUpdate	Bool	%M20.1	
4		AlwaysTRUE	Bool	%M20.2	
5		AlwaysFALSE	Bool	%M20.3	
6		Clock_Byte	Byte	%MB10	
7		Clock_10Hz	Bool	%M10.0	
8		Clock_5Hz	Bool	%M10.1	
9		Clock_2.5Hz	Bool	%M10.2	
10		Clock_2Hz	Bool	%M10.3	
11		Clock_1.25Hz	Bool	%M10.4	
12		Clock_1Hz	Bool	%M10.5	
13		Clock_0.625Hz	Bool	%M10.6	
14		Clock_0.5Hz	Bool	%M10.7	
15		停止运行	Bool	%I0.0	
16		正向启动	Bool	%I0.1	
17		反向启动	Bool	%I0.2	
18		停止指示	Bool	%M0.0	
19		正向运行指示	Bool	%M0.1	
20		反向运行指示	Bool	%M0.2	

图 11-30　自由口通信甲机 PLC 默认变量表的定义

⑤ 添加数据块　在 TIA Portal 项目树中,双击"甲机 PLC"→"程序块"下的"添加新块",弹出 "添加新块"界面,在此选择"数据块",类型为"全局 DB",以添加甲机 PLC 的

数据块，如图 11-32 所示。用同样的方法，在乙机 PLC 中添加数据块。

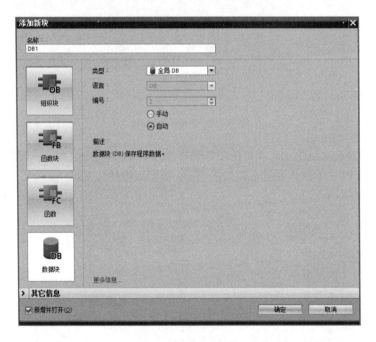

		名称	数据类型	地址	保持
1		Tag_1	Bool	%M0.0	
2		Tag_2	Bool	%M0.1	
3		Tag_3	Bool	%M0.2	
4		Tag_4	DWord	%MD10	
5		Tag_5	Bool	%M1.0	
6		Tag_6	Bool	%M1.1	
7		Tag_7	Word	%MW4	
8		Tag_8	UInt	%MW6	
9		System_Byte	Byte	%MB20	
10		FirstScan	Bool	%M20.0	
11		DiagStatusUpdate	Bool	%M20.1	
12		AlwaysTRUE	Bool	%M20.2	
13		AlwaysFALSE	Bool	%M20.3	
14		电机停止指示	Bool	%Q0.0	
15		电机正向运行	Bool	%Q0.1	
16		电机反向运行	Bool	%Q0.2	

图 11-31　自由口通信乙机 PLC 默认变量表的定义

图 11-32　添加数据块

⑥ 创建数组　在 TIA Portal 项目树中，双击"甲机 PLC"→"程序块"下的"DB1"数据块，创建甲机 PLC 的数组 A，其类型为"Array[0..2]of Bool"，数组 A 中有 3 个位，如图 11-33 所示。用同样的方法，创建乙机 PLC 的数组 Receive，如图 11-34 所示。

4）编写 PLC 程序

① 指令简介　在本项目中，两台 PLC 进行自由口通信时，甲机 PLC 主要负责数据的发送，乙机 PLC 主要负责数据的接收。Send_P2P 为自由口通信的发送指令，Receive_P2P 为自由口通信的接收指令。Send_P2P 指令参数如表 11-7 所示，当 REQ 端为上升沿时，通信模块发送数据，数据传送到数据存储区 BUFFER 中，PORT 中指定通信模块的地址。Receive_P2P 指令参数如表 11-8 所示，PORT 中指定通信模块的地址，BUFFER 为接收数据缓冲区，NDR 为帧错误检测。

DB1					
		名称	数据类型	起始值	保持
1		▼ Static			☐
2		▼ A	Array[0..2] of Bool		☐
3		A[0]	Bool	false	☐
4		A[1]	Bool	false	☐
5		A[2]	Bool	false	☐

图 11-33　甲机 PLC 数组的创建

DB1					
		名称	数据类型	起始值	保持
1		▼ Static			☐
2		▼ Receive	Array[0..2] of Bool		☐
3		Receive[0]	Bool	false	☐
4		Receive[1]	Bool	false	☐
5		Receive[2]	Bool	false	☐

图 11-34　乙机 PLC 数组的创建

表 11-7　Send_P2P 指令参数

LAD	参数	数据类型	说明
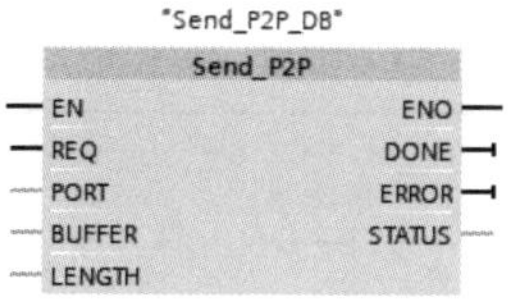 "Send_P2P_DB" Send_P2P — EN　　ENO — — REQ　　DONE — — PORT　　ERROR — — BUFFER　STATUS — — LENGTH	EN	BOOL	使能
	REQ	BOOL	发送请求信号，每次上升沿发送一帧数据
	PORT	端口 （UInt）	通信模块的标识符，符号端口名称可在 PLC 变量表的"系统常数"选项卡中指定
	BUFFER	Variant	发送缓冲区的存储区
	LENGTH	UInt	要发送的数据字长（字节）
	ENO	BOOL	输出使能
	DONE	BOOL	如果上一个请求无错完成，将变为一个 TRUE 并保持一个周期
	ERROR	BOOL	如果上一个请求有错完成，将变为一个 TRUE 并保持一个周期
	STATUS	Word	错误代码

表 11-8　Receive_P2P 指令参数

LAD	参数	数据类型	说明
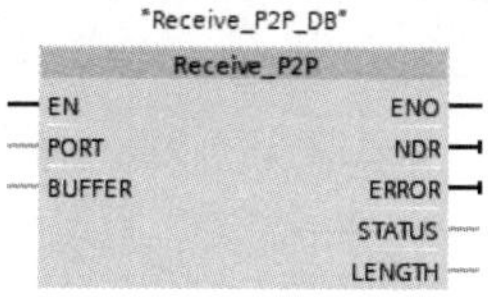 "Receive_P2P_DB" Receive_P2P — EN　　ENO — — PORT　　NDR — — BUFFER　ERROR — 　　　　STATUS — 　　　　LENGTH —	EN	BOOL	使能
	PORT	端口 （UInt）	通信模块的标识符，符号端口名称可在 PLC 变量表的"系统常数"选项卡中指定
	BUFFER	Variant	接收缓冲区的存储区
	ENO	BOOL	输出使能
	NDR	BOOL	如果新数据可用且指令无错完成，则为 TRUE 并保持一个周期
	ERROR	BOOL	如果指令完成但出现错误，将变为一个 TRUE 并保持一个周期
	STATUS	Word	错误代码
	LENGTH	UInt	要接收的数据字长（字节）

② 编写程序　甲机 PLC 程序编写如表 11-9 所示，乙机 PLC 程序编写如表 11-10 所示。

表 11-9　甲机 PLC 程序

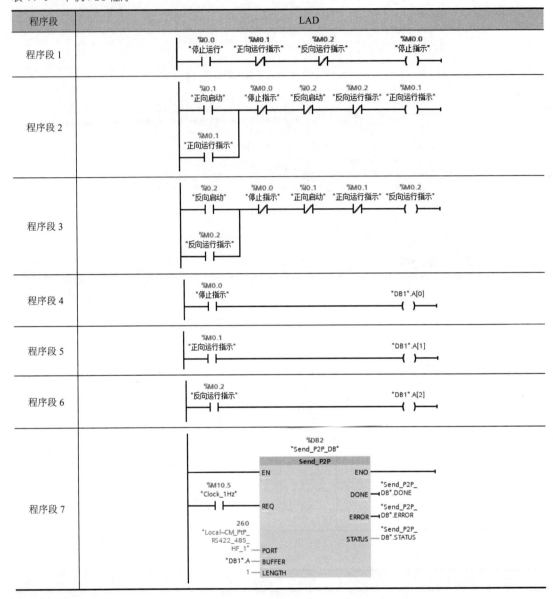

表 11-10　乙机 PLC 程序

程序段	LAD
程序段 2	"DB1".Receive[0]　　　　　　　　　　　　　　　　　　　%Q0.0 "电机停止指示"
程序段 3	"DB1".Receive[1]　　　　　　　　　　　　　　　　　　　%Q0.1 "电机正向运行"
程序段 4	"DB1".Receive[2]　　　　　　　　　　　　　　　　　　　%Q0.2 "电机反向运行"

11.4.3　Modbus RTU 协议通信

Modbus 是一种应用于电子控制器上的通信协议，于 1979 年由 Modicon 公司（现为施耐德公司旗下品牌）发明，并公开、推向市场。由于 Modbus 是制造业、基础设施环境下真正的开放协议，所以得到了工业界的广泛支持，是事实上的工业标准。还由于其协议简单、容易实施和高性价比等优点，所以得到全球超过 400 个厂家的支持，使用的设备节点超过 700 万个，有多达 250 个硬件厂商提供 Modbus 的兼容产品，如 PLC、变频器、人机界面、DCS 和自动化仪表等都广泛使用 Modbus 协议。

（1）Modbus 通信协议

Modbus 协议现为一通用工业标准协议，通过此协议，控制器相互之间、控制器通过网络（例如以太网）和其他设备之间可以通信。有了它，不同厂商生产的控制设备可以连成工业网络，进行集中监控。

Modbus 协议定义了一个控制器能认识使用的消息结构，而不管它们是经过何种网络进行通信的。它描述了控制器请求访问其他设备的过程，如何回应来自其他设备的请求，以及怎样侦测错误并记录。它制定了消息域格式和内容的公共格式。

在 Modbus 网络上通信时，协议规定对于每个控制器必须要知道它们的设备地址、能够识别按地址发来的消息及决定要产生何种操作。如果需要回应，控制器将生成反馈信息并用 Modbus 协议发出。在其他网络上，包含了 Modbus 协议的消息转换为在此网络上使用的帧或包结构。这种转换也扩展了根据具体的网络解决节地址、路由路径及错误检测的方法。

Modbus 通信协议具有多个变种，其具有支持串口和以太网多个版本，其中最著名的是 Modbus RTU、Modbus ASCII 和 Modbus TCP 三种。其中 Modbus RTU 与 Modbus ASCII 均为支持 RS-485 总线的通信协议。Modbus RTU 由于其采用二进制表现形式以及紧凑数据结构，通信效率较高，应用比较广泛。Modbus ASCII 由于采用 ASCII 码传输，并且利用特殊字符作为其字节的开始与结束标识，其传输效率要远远低于 Modbus RTU 协议，一般只有在通信数据量较小的情况下才考虑使用 Modbus ASCII 通信协议，在工业现场一般都是采用 Modbus RTU 协议。通常基于串口通信的 Modbus 通信协议都是指 Modbus RTU 通信协议。

① Modbus 协议网络选择　在 Modbus 网络上传输时，标准的 Modbus 口是使用 RS-232C 或 RS-485 串行接口，它定义了连接口的引脚、电缆、信号位、传输波特率、奇偶校验。控制器能直接或通过 Modem（调制解调器）进行组网。

控制器通信使用主 - 从技术，即仅一个主站设备能初始化传输（查询），其他从站设备根据主站设备查询提供的数据作出相应反应。典型的主站设备，如主机和可编程仪表。典型的从站设备，如可编程控制器等。

主站设备可单独与从站设备进行通信，也能以广播方式和所有从站设备通信。如果单独通信，从站设备返回一消息作为回应，如果是以广播方式查询的，则不作任何回应。Modbus 协议建立了主站设备查询的格式，包括设备（或广播）地址、功能代码、所有要发送的数据、一错误检测域。

从站设备回应消息也由 Modbus 协议构成，包括确认要行动的域、任何要返回的数据和一错误检测域。如果在消息接收过程中发生一错误，或从站设备不能执行其命令，从站设备将建立一错误消息并把它作为回应发送出去。

在其他网络上，控制器使用对等技术通信，故任何控制都能初始化并和其他控制器通信。这样在单独的通信过程中，控制器既可作为主站设备也可作为从站设备。提供的多个内部通道可允许同时发生的传输进程。

在消息位，Modbus 协议仍提供了主 - 从原则，尽管网络通信方法是"对等"。如果一控制器发送一消息，它只是作为主站设备，并期望从从站设备得到回应。同样，当控制器接收到一消息，它将建立一从站设备回应格式并返回给发送的控制器。

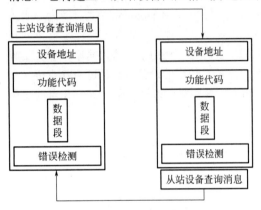

图 11-35　主 - 从式查询 - 回应周期

② Modbus 协议的查询 - 回应周期　Modbus 协议的主 - 从式查询 - 回应周期如图 11-35 所示。

查询消息中的功能代码告知被选中的从站设备要执行何种功能。数据段包含了从站设备要执行功能的任何附加信息。例如功能代码 03 是要求从站设备读保持寄存器并返回它们的内容。数据段必须包含要告知从站设备的信息：从何寄存器开始读及要读的寄存器数量。错误检测域为从站设备提供了一种验证消息内容是否正确的方法。

如果从站设备产生正常的回应，在回应消息中的功能代码是在查询消息中的功能代码的回应。数据段包括了从站设备收集的数据。如果有错误发生，功能代码将被修改并指出回应消息是错误的，同时数据段包含了描述此错误信息的代码。错误检测域允许主设备确认消息内容是否可用。

③ Modbus 的报文传输方式　Modbus 网络通信协议有两种报文传输方式：ASCII（美国信息交换标准码）和 RTU（远程终端单元）。Modbus 网络上以 ASCII 模式通信，在消息中的每个 8Bit 字节都作为两个 ASCII 字符发送。这种方式的主要优点是字符发送的时间间隔可达到 1s 而不产生错误。

Modbus 网络上以 RTU 模式通信，在消息中的每个 8Bit 字节包含两个 4Bit 的十六进制字符。这种方式的主要优点是：在同样的波特率下，其传输的字符的密度高于 ASCII 模式，每个信息必须连续传输。

（2）Modbus 通信帧结构

在 Modbus 网络通信中，无论是 ASCII 模式还是 RTU 模式，Modbus 信息都是以帧的方式传输，每帧有确定的起始位和停止位，使接收设备在信息的起始位开始读地址，并确定要寻址的设备以及信息传输的结束时间。

① Modbus ASCII 通信帧结构　在 ASCII 模式中，以"："号（ASCII 的 3AH）表示信息开始，以换行键（CRLF）（ASCII 的 0DH 和 0AH）表示信息结束。

对其他的区，允许发送的字符为十六进制字符 0 ～ 9 和 A ～ F。网络中设备连续检测并接收一个冒号（：）时，每台设备对地址区解码，找出要寻址的设备。

② Modbus RTU 通信帧结构　Modbus RTU 通信帧结构如图 11-36 所示，从站地址为 0 ～

247，它和功能码各占一个字节，命令帧中 PLC 地址区的起始地址和 CRC 各占一个字，数据以字或字节为单位，以字为单位时高字节在前，低字节在后。但是发送时 CRC 的低字节在前，高字节在后，帧中的数据将为十六进制数。

| 站地址 | 功能码 | 数据1 | ...... | 数据n | CRC低字节 | CRC高字节 |

图 11-36　Modbus RTU 通信帧结构

（3）Modbus RTU 通信指令

Modbus RTU 通信的指令有 3 条，分别是 Modbus_Comm_Load（Modbus 通信模块组态指令）、Modbus_Master（作为 Modbus 主站进行通信指令）和 Modbus_Slave（作为 Modbus 从站进行通信指令）。

① Modbus_Comm_Load 指令　Modbus_Comm_Load 指令是将通信模块（CM PtP RS-422/485 HF）的端口配置成 Modbus 通信协议的 RTU 模式，其指令参数如表 11-11 所示。表中参数 FLOW_CTRL、RTS_ON_DLY 和 RTS_OFF_DLY 用于 RS-232 接口通信，不适用于 RS-422/485 接口通信。

表 11-11　Modbus_Comm_Load 指令参数

LAD	参数	数据类型	说明
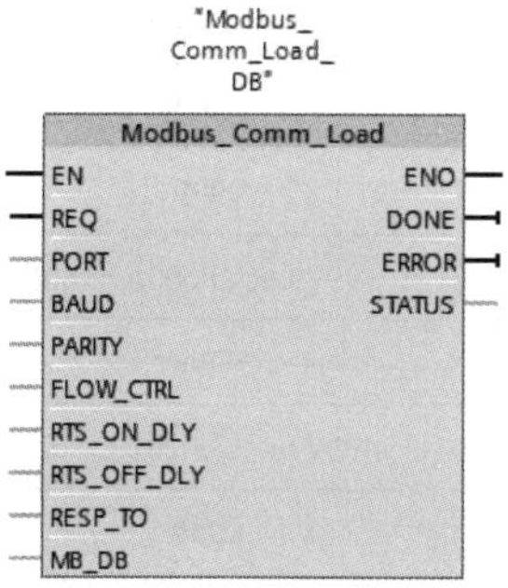	EN	BOOL	使能
	REQ	BOOL	发送请求信号，每次上升沿发送一帧数据
	PORT	端口（UInt）	通信模块的标识符，符号端口名称可在 PLC 变量表的"系统常数"选项卡中指定
	BAUD	UDInt	传输速率，可选 300 ～ 115200bps
	PARITY	UInt	奇偶校验。0 表示无校验；1 表示奇校验；2 表示偶校验
	FLOW_CTRL	UInt	选择流控制。0 表示无流控制；1 表示硬件流控制，RTS 始终开启；2 表示硬件流控制，RTS 切换
	RTS_ON_DLY	UInt	RTS 接通延迟选择。0 表示从 RTS 激活直到发送帧的第 1 个字符之前无延迟；1 ～ 65535 表示从 RTS 激活一直到发送帧的第 1 个字符之前的延迟
	RTS_OFF_DLY	UInt	RTS 关断延迟选择。0 表示从上一个字符一直到 RTS 未激活之前无延迟；1 ～ 65535 表示从传送上一字符直到 RTS 未激活之前的延迟
	RESP_TO	UInt	响应超时，默认值为 1000ms
	MB_DB	Variant	对 Modbus_Master 或 Modbus_Slave 指令的背景数据块的引用
	ENO	BOOL	输出使能
	DONE	BOOL	如果上一个请求无错完成，将变为一个 TRUE 并保持一个周期
	ERROR	BOOL	如果上一个请求有错完成，将变为一个 TRUE 并保持一个周期
	STATUS	Word	错误代码

LAD 图中：

"Modbus_
Comm_Load_
DB"

Modbus_Comm_Load
EN　　　　　ENO
REQ　　　　DONE
PORT　　　ERROR
BAUD　　　STATUS
PARITY
FLOW_CTRL
RTS_ON_DLY
RTS_OFF_DLY
RESP_TO
MB_DB

② Modbus_Master 指令　Modbus_Master 指令参数如表 11-12 所示，该指令可通过由 Modbus_Comm_Load 指令组态的端口作为 Modbus 主站进行通信。当在程序中添加 Modbus_

Master 指令时，将自动分配背景数据块。

表 11-12　Modbus_Master 指令参数

LAD	参数	数据类型	说明
	EN	BOOL	使能
	REQ	BOOL	通信请求。0 表示无请求；1 表示有请求，上升沿有效
	MB_ADDR	UInt	Modbus RTU 从站地址（0 ～ 247）
	MODE	USInt	选择 Modbus 功能类型，见表 11-13
"Modbus_Master_DB" Modbus_Master	DATA_ADDR	UDInt	指定要访问的从站中数据的 Modbus 起始地址
EN　　ENO REQ　　DONE	DATA_LEN	UInt	用于指定要访问的数据长度
MB_ADDR　BUSY MODE　　ERROR	DATA_PTR	Variant	指向要进行数据写入或数据读取的标记或数据块地址
DATA_ADDR　STATUS DATA_LEN	ENO	BOOL	输出使能
DATA_PTR	DONE	BOOL	如果上一个请求无错完成，将变为一个 TRUE 并保持一个周期
	BUSY	BOOL	0 表示 Modbus_Master 无激活命令；1 表示 Modbus_Master 命令执行中
	ERROR	BOOL	如果上一个请求有错完成，将变为一个 TRUE 并保持一个周期
	STATUS	Word	错误代码

表 11-13　Modbus 模式与功能

Mode	Modbus 功能	操作	数据长度（DATA_LEN）	Modbus 地址（DATA_ADDR）
0	01H	读取输出位	1 ～ 2000 或 1 ～ 1992 位	1 ～ 9999
0	02H	读取输入位	1 ～ 2000 或 1 ～ 1992 位	10001 ～ 19999
0	03H	读取保持寄存器	1 ～ 125 或 1 ～ 124 字	40001 ～ 49999 或 400001 ～ 465535
0	04H	读取输入字	1 ～ 125 或 1 ～ 124 字	30001 ～ 39999
1	05H	写入一个输出位	1 位	1 ～ 9999
1	06H	写入一个保持寄存器	1 字	40001 ～ 49999 或 400001 ～ 465535
1	15H	写入多个输出位	2 ～ 1968 或 1960 位	1 ～ 9999
1	16H	写入多个保持寄存器	2 ～ 123 或 1 ～ 122 字	40001 ～ 49999 或 400001 ～ 465535
2	15H	写一个或多个输出位	2 ～ 1968 或 1960 位	1 ～ 9999
2	16H	写一个或多个保持寄存器	2 ～ 123 或 1 ～ 122 字	40001 ～ 49999 或 400001 ～ 465535
11	读取从站通信状态字和事件计数器，状态字为 0 表示指令未执行，为 0xFFFF 表示正在执行。每次成功传送一条消息时，事件计数器的值加 1。该功能忽略 Modbus_Master 指令的 DATA_ADDR 和 DATA_LEN 参数			
80	通过数据诊断代码 0x0000 检查从站状态，每个请求 1 个字			
81	通过数据诊断代码 0x000A 复位从站的事件计数器，每个请求 1 个字			

③ Modbus_ Slave 指令　Modbus_ Slave 指令的功能是将串口作为 Modbus 从站，响应 Modbus 主站的请求，其指令参数如表 11-14 所示。当在程序中添加 Modbus_Slave 指令时，将自动分配背景数据块。

表 11-14　Modbus_Slave 指令参数

LAD	参数	数据类型	说明
	EN	BOOL	使能
	MB_ADDR	UInt	Modbus RTU 从站地址（0～247）
"Modbus_Slave_DB"	MB_HOLD_REG	Variant	Modbus 保持存储器数据块的指针
Modbus_Slave	ENO	BOOL	输出使能
EN　　　ENO	NDR	BOOL	0 表示无新数据；1 表示新数据已由 Modbus 主站写入
MB_ADDR　NDR	DR	BOOL	0 表示未读取数据；1 表示该指令已将 Modbus 主站接收到的数据存储在目标区域中
MB_HOLD_REG　DR　ERROR　STATUS	ERROR	BOOL	如果上一个请求有错完成，将变为一个 TRUE 并保持一个周期
	STATUS	Word	错误代码

（4）串行口通信模块 Modbus RTU 协议通信举例

例 11-2：使用 CM PtP RS-422/485 HF 模块实现甲乙两台 S7-1500 PLC（CPU 1511-1 PN）之间的 Modbus RTU 通信，要求甲机 PLC 控制乙机 PLC 设备上的电动机启停操作。

1）控制分析　两台 S7-1500 PLC 间进行 Modbus RTU 通信时，甲机 PLC 作为发送数据方（主站），将电机停止、电机启动这些信号发送给乙机 PLC；乙机 PLC 作为数据接收方（从站），根据接收到的信号决定电机的状态。因此，两台 PLC 可以选择 RS-485 通信方式进行数据的传输。要实现 Modbus RTU 通信，首先应进行硬件配置及 I/O 分配，然后进行硬件组态为每台 PLC 定义变量、添加数据块并划定某些区域为发送或接收缓冲区，接着分别编写程序实现任务操作即可。

2）硬件配置及 I/O 分配　这两台 PLC 设备的硬件配置如图 11-37 所示，其硬件主要包括 1 根双绞线、2 台 CM PtP RS-422/485 HF 模块、2 台 CPU 1511-1 PN，以及数字量输入模块 DI 16×24VDC BA 和数字量输出模块 DQ 16×230VAC/2A 等。甲机 PLC 的 I0.0 外接停止运行按钮 SB1，I0.1 外接启动按钮 SB2；乙机 PLC 的 Q0.0 外接电机停止运行指示灯 HL1，Q0.1 外接 KM1 以实现电机运行控制。

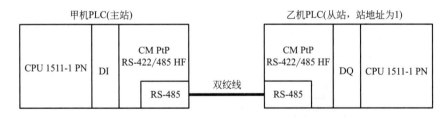

图 11-37　两台 CPU 1511-1 PN 之间的 Modbus RTU 通信配置图

3）硬件组态

① 新建项目　在 TIA Portal 中新建项目，添加两台 CPU 模块、CM PtP RS-422/485 HF 通信模块等。

② CM PtP RS-422/485 HF 模块的设置　双击甲机 PLC 中的 CM PtP RS-422/485 HF 模块，将 RS-422/485 接口的操作模式指定为 "半双工（RS 485）2 线制操作"，端口组态中的协议选择 "自由口 /Modbus"，用同样的方法对乙机 PLC 中的 CM PtP RS-422/485 HF 模块进行设置。

③ 启用系统时钟　双击甲机 PLC 中的 CPU 模块，在其 "属性" → "常规" 选项卡中选择

"系统和时钟存储器",勾选"启用系统存储器字节",在后面的方框中输入 20,则 CPU 上电后,M20.2 位始终处于闭合状态;勾选"启用时钟存储器字节",在后面的方框中输入 10,将 M10.5 设置成 1Hz 的周期脉冲。用同样的方法,双击乙机 PLC 中的 CPU 模块,勾选"启用系统存储器字节",在后面的方框中输入 20。

④ 定义变量 在 TIA Portal 项目树中,选择"甲机 PLC"→"PLC 变量"下的"默认变量表",定义甲机 PLC 的默认变量表,如图 11-38 所示;同样的方法,定义乙机 PLC 的默认变量表,如图 11-39 所示。

		名称	数据类型	地址	保持
默认变量表					
1		System_Byte	Byte	%MB20	
2		FirstScan	Bool	%M20.0	
3		DiagStatusUpdate	Bool	%M20.1	
4		AlwaysTRUE	Bool	%M20.2	
5		AlwaysFALSE	Bool	%M20.3	
6		Clock_Byte	Byte	%MB10	
7		Clock_10Hz	Bool	%M10.0	
8		Clock_5Hz	Bool	%M10.1	
9		Clock_2.5Hz	Bool	%M10.2	
10		Clock_2Hz	Bool	%M10.3	
11		Clock_1.25Hz	Bool	%M10.4	
12		Clock_1Hz	Bool	%M10.5	
13		Clock_0.625Hz	Bool	%M10.6	
14		Clock_0.5Hz	Bool	%M10.7	
15		停止运行	Bool	%I0.0	
16		电机启动	Bool	%I0.1	
17		停止指示	Bool	%M0.0	
18		电机运行指示	Bool	%M0.1	

图 11-38 Modbus RTU 通信甲机 PLC 默认变量表的定义

		名称	数据类型	地址	保持
默认变量表					
1		Tag_1	Bool	%M0.0	
2		Tag_2	Bool	%M0.1	
3		Tag_3	Bool	%M0.2	
4		Tag_4	DWord	%MD10	
5		Tag_5	Bool	%M1.0	
6		Tag_6	Bool	%M1.1	
7		Tag_7	Word	%MW4	
8		Tag_8	UInt	%MW6	
9		System_Byte	Byte	%MB20	
10		FirstScan	Bool	%M20.0	
11		DiagStatusUpdate	Bool	%M20.1	
12		AlwaysTRUE	Bool	%M20.2	
13		AlwaysFALSE	Bool	%M20.3	
14		电机停止指示	Bool	%Q0.0	
15		电机运行指示	Bool	%Q0.1	

图 11-39 Modbus RTU 通信乙机 PLC 默认变量表的定义

⑤ 添加数据块 在 TIA Portal 项目树中,双击"甲机 PLC"→"程序块"下的"添加新块",弹出"添加新块"界面,在此选择"数据块",类型为"全局 DB",以添加甲机 PLC 的数据块。用同样的方法,在乙机 PLC 中添加数据块。

⑥ 创建数组 在 TIA Portal 项目树中,双击"甲机 PLC"→"程序块"下的"DB1"数据块,创建甲机 PLC 的数组 A,其类型为"Array[0..1]of Bool",数组 A 中有 2 个位。用同样

的方法，创建乙机 PLC 的数组 Receive，其类型为"Array[0..1]of Bool"，数组 Receive 中有 2 个位。

4）编写 PLC 程序

① 主站程序的编写　首先在甲机 PLC 的主程序块 OB1 中编写程序通过 Modbus_Master 指令将按钮状态发送给乙机 PLC，然后添加启动组织块 OB100，并在此块中使用 Modbus_Comm_Load 指令，对主站（甲机 PLC）进行初始化操作，程序编写如表 11-15 所示。

表 11-15　主站（甲机 PLC）程序

程序段		LAD
OB1	程序段 1	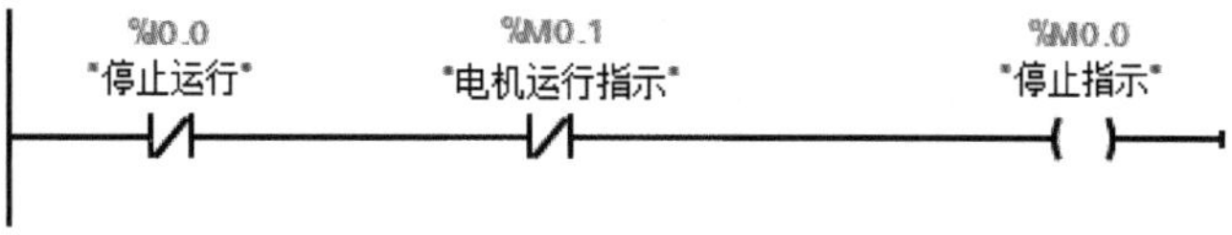 %I0.0 "停止运行" ─┤/├─　%M0.1 "电机运行指示" ─┤/├─　%M0.0 "停止指示" ─( )─
	程序段 2	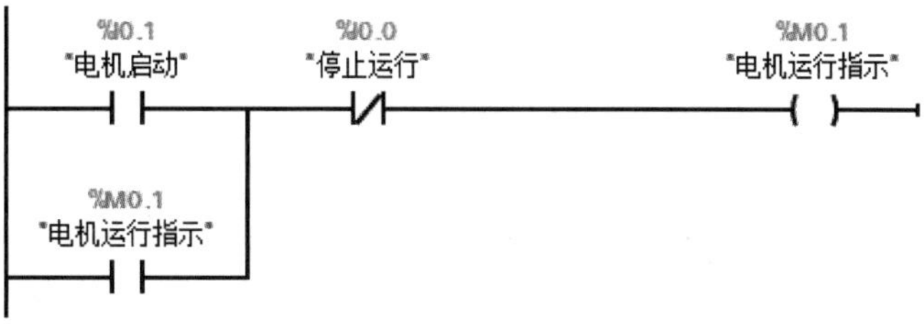 %I0.1 "电机启动" ─┤├─ %I0.0 "停止运行" ─┤/├─　%M0.1 "电机运行指示" ─( )─ %M0.1 "电机运行指示" ─┤├─
	程序段 3	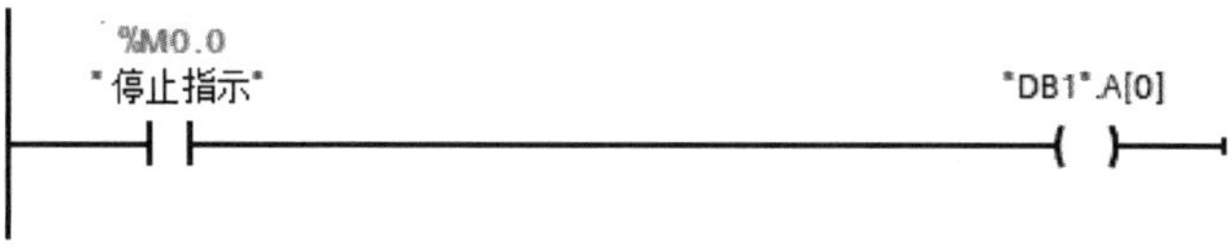 %M0.0 "停止指示" ─┤├─　"DB1".A[0] ─( )─
	程序段 4	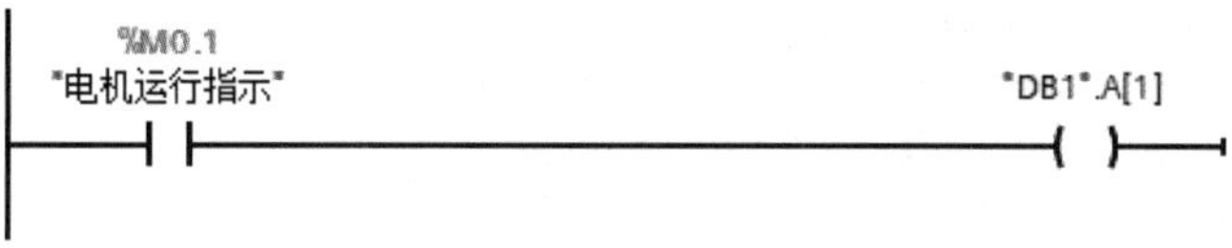 %M0.1 "电机运行指示" ─┤├─　"DB1".A[1] ─( )─
	程序段 5	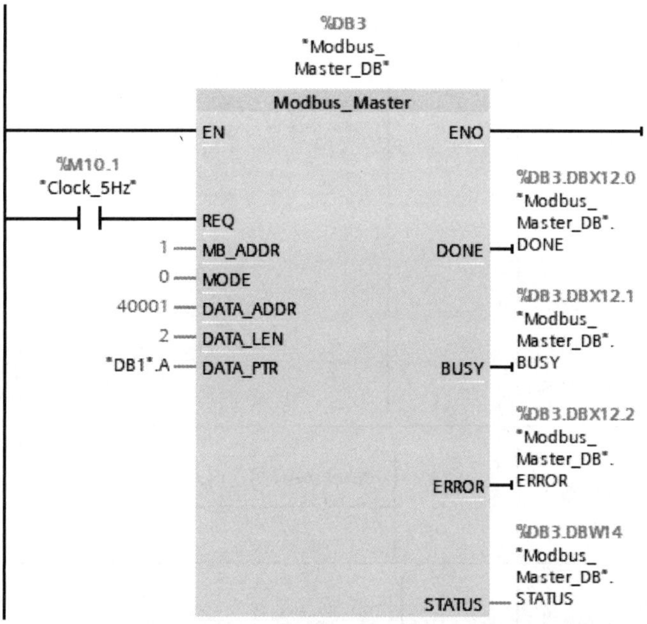 %DB3 "Modbus_Master_DB" **Modbus_Master** EN ─── ENO %M10.1 "Clock_5Hz" ─┤├─ REQ 1 ─ MB_ADDR　DONE ─ %DB3.DBX12.0 "Modbus_Master_DB".DONE 0 ─ MODE 40001 ─ DATA_ADDR 2 ─ DATA_LEN　BUSY ─ %DB3.DBX12.1 "Modbus_Master_DB".BUSY "DB1".A ─ DATA_PTR ERROR ─ %DB3.DBX12.2 "Modbus_Master_DB".ERROR STATUS ─ %DB3.DBW14 "Modbus_Master_DB".STATUS

程序段	LAD
OB100 程序段 1	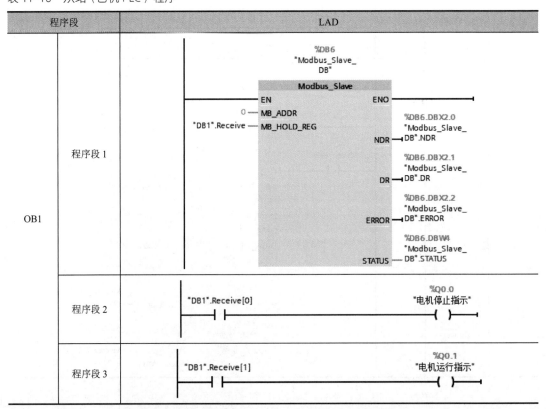

② 从站程序的编写　首先在乙机 PLC 的主程序块 OB1 中编写程序通过 Modbus_Slave 指令接收甲机发送过来的按钮状态，并根据按钮状态控制电机是否启动，然后添加启动组织块 OB100，并在此块中使用 Modbus_Comm_Load 指令，对从站（乙机 PLC）进行初始化操作，程序编写如表 11-16 所示。

表 11-16　从站（乙机 PLC）程序

程序段	LAD
OB1 程序段 1	%DB6 "Modbus_Slave_DB" Modbus_Slave EN — ENO 0 — MB_ADDR "DB1".Receive — MB_HOLD_REG NDR — %DB6.DBX2.0 "Modbus_Slave_DB".NDR DR — %DB6.DBX2.1 "Modbus_Slave_DB".DR ERROR — %DB6.DBX2.2 "Modbus_Slave_DB".ERROR STATUS — %DB6.DBW4 "Modbus_Slave_DB".STATUS
程序段 2	"DB1".Receive[0] ——| |—— %Q0.0 "电机停止指示" —( )—
程序段 3	"DB1".Receive[1] ——| |—— %Q0.1 "电机运行指示" —( )—

程序段	LAD
OB100 程序段 1	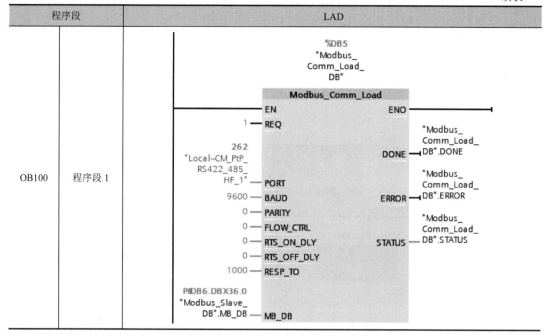

11.5 PROFIBUS 通信

PROFIBUS 是在欧洲工业界得到广泛应用的一个现场总线标准，也是目前国际上通用的现场总线标准之一。

11.5.1 PROFIBUS 通信协议

工业现场总线 PROFIBUS（Process Field Bus）是依据 EN50170-1-2 或 IEC61158-2 标准建立的、应用于执行器 / 传感器层和现场层的控制网络。其应用了混合介质传输技术以及令牌和主从的逻辑拓扑，可以同时在双绞线或光纤上进行传输。

从用户的角度看，PROFIBUS 通信协议大致分为 3 类：PROFIBUS-DP、PROFIBUS-PA 和 PROFIBUS-FMS。

PROFIBUS-DP（PROFIBUS Decentralized Periphery，分布式外围设备）使用了 ISO/OSI 通信标准模型的第一层和第二层，用于自动化系统中单元级控制设备与分布式 I/O 的通信，可以取代 4 ～ 20mA 模拟信号传输。PROFIBUS-DP 的通信速率为 19.2kbps ～ 12Mbps，通常默认设置为 1.5Mbps，通信数据包为 244 字节。由于它的传输速度快、数据量大以及良好的可扩展性等优点，已成为目前广大用户普遍采用的通信方式。

PROFIBUS-PA（PROFIBUS Process Automation，过程自动化）用于过程自动化的现场传感器和执行器的低速数据传输，使用扩展的 PROFIBUS-DP 协议。它使用屏蔽双绞线电缆，由总线提供电源。PROFIBUS-PA 网络的数据传输速率为 31.25Mbps。

PROFIBUS-FMS（PROFIBUS Fieldbus Message Specification，现场总线报文规范）使用了 ISO/OSI 网络模型的第二层、第四层和第七层，主要用于现场级和车间级的不同供应商的自动化系统之间传输数据，处理单元级的多主站数据通信。由于配置和编程比较繁琐，目前应用较少。

11.5.2 PROFIBUS 网络组成及配置

（1）PROFIBUS 网络组成

PROFIBUS 网络系统由 PROFIBUS 主站、从站、网络部件等部分组成。例如 PROFIBUS-DP 网络最重要的组件如图 11-40 所示，各组件的名称及功能如表 11-17 所示。

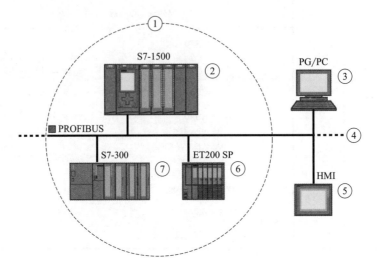

图 11-40　PROFIBUS-DP 网络最重要的组件

表 11-17　PROFIBUS-DP 网络最重要的组件名称及功能

编号	组件名称	功能说明
①	DP 主站系统	
②	DP 主站	用于连接的 DP 从站进行寻址的设备。DP 主站与现场设备交换输入和输出信号。DP 主站通常是运行自动化程序的控制器
③	PG/PC	PG/PC/HMI 设备用于调试和诊断，属于 2 类 DP 主站
④	PROFIBUS	PROFIBUS-DP 网络通信基础结构
⑤	HMI	用于操作和监视功能的设备
⑥	DP 从站	分配给 DP 主站和分布式现场设备，如阀门终端、变频器等
⑦	智能从站	智能 DP 从站

1）PROFIBUS 主站　根据作用与功能的不同，PROFIBUS 主站通常分为 1 类主站和 2 类主站。

1 类主站是 PROFIBUS 网络系统中的中央处理器，它可以在预定的周期内读取从站工作信息或向从站发送参数，并负责对总线通信进行控制与管理。无论 PROFIBUS 网络采用何种结构，1 类主站是系统所必需的。在 PROFIBUS 网络中，下列设备可作为 1 类主站的设备。

① 带有 PROFIBUS-DP 集成通信接口的 S7-1500 系列 PLC，例如 CPU 1516-3 PN/DP 等。

② 没有集成 PROFIBUS-DP 集成通信接口，但加上支持 PROFIBUS-DP 通信处理器模块（CP）的 S7-1500 系列 PLC。

③ 插有 PROFIBUS 网卡的 PC，例如 WinAC 控制器，用软件功能选择 PC 作 1 类主站或作编程监控的 2 类主站。

2 类主站是 PROFIBUS 网络系统的辅助控制器，它可以对网络系统中的站进行编程、诊断和管理。2 类主站能够与 1 类主站进行友好通信，在进行通信的同时，可以读取从站的输入 / 输出数据和当前的组态数据，还可以给从站分配新的总线地址。在 PROFIBUS 网络中，下列设备可以作为 2 类主站的设备。

① PC 加 PROFIBUS 网卡可以作为 2 类主站。西门子公司为其自动化产品设计了专用的编程设备，不过一般都用通用的 PC 和 STEP 7 编程软件来作编程设备，用 PC 和 WinCC 组态软件作监控操作站。

② SIMATIC 操作面板（OP）/ 触摸屏（TP）可以作为 2 类主站。操作面板用于操作人员对系统的控制和操作，例如参数的设置与修改、设备的启动和停止，以及在线监视设备的运行状态等。有触摸按键的操作面板俗称触摸屏，它们在工业控制中得到了广泛的应用。

2）PROFIBUS 从站　PROFIBUS 从站是进行输入信息采集和输出信息发送的外围设备，它只与组态它的主站交换用户数据，可以向该主站报告本地诊断中断的过程中断。在 PROFIBUS 网络中，下列设备可以作为从站设备。

① ET200MP 分布式 I/O 系统　ET200MP 是一个灵活的可扩展分布式 I/O 系统，通过现场总线将过程信号连接到 CPU。ET200MP 带有 S7-1500 自动化系统的 I/O 模块，其结构紧凑，具有很高的通道密度；每个站可以扩展到多达 30 个 I/O 模块，灵活性很高。ET200MP 支持 PROFINET、PROFIBUS-DP 和点对点的通信协议，其 PROFINET 接口模块符合 PROFINET IEC 61158 标准，PROFIBUS 接口符合 PROFIBUS IEC 61784 标准。

② ET200SP 分布式 I/O 系统　ET200SP 是 ET200 分布式 I/O 家庭的新成员，是一款面向过程自动化和工厂自动化的创新产品，具有体积小、使用灵活和性能突出等优点。ET200SP 带有 S7-1500 自动化系统的 I/O 模块，采用了更加紧凑的设计，单个模块最多支持 16 通道，每个站可以扩展 32 个或 64 个 I/O 模块。ET200SP 支持 PROFINET、PROFIBUS 通信协议，由于其功能强大，适应于各种应用领域。

3）网络部件　凡是用于 PROFIBUS 网络进行信号传输、网络连接、接口转换的部件统称为网络部件。常用的网络部件包括通信介质（如电缆、光纤）、总线部件（如 RS-485 总线连接器、中断器、耦合器、OLM 光缆链路）和网络转换器（如 RS-232/PROFIBUS-DP 转换器、以太网 /PROFIBUS 转换器、PROFIBUS-DP/AS-I 转换器、PROFIBUS-DP/EIB 转换器）。

4）网络工具　网络工具是用于 PROFIBUS 网络配置、诊断的软件与硬件，可以用于网络的安装与调试。如 PROFIBUS 网络总线监视器、PROFIBUS 诊断中继器等。

（2）PROFIBUS 网络配置方案

根据实际需求，对于简单系统，可以采用单主站结构和多主站结构这两种网络配置方案。

1）单主站结构　单主站结构是由 1 个主站和多个从站所组成的 PROFIBUS 网络系统。在单主站结构中，网络主站必须是 1 类主站。根据主站的不同，单主站系统又分为以下三种基本方案。

① PLC 作为 1 类主站，不设监控站。1 类主站负责对网络进行通信管理，由 PLC 完成总线的通信管理、从站数据读 / 写和从站远程参数设置。在调试阶段配置一台编程设备对网络进行设定和监控操作。

② PLC 作为 1 类主站，监控站（系统操作 / 监控的编程器）通过串口与 PLC 连接。1 类主站负责对网络进行通信管理，由 PLC 完成总线的通信管理、从站数据读 / 写和从站远程参数设置。监控站通过串口从 PLC 中获取所需数据，从而实现对网络的操作 / 监控。

③ 以配有 PROFIBUS 接口（网卡）的 PC（个人计算机）作为 1 类主站，监控站与 1 类主站合并于一体。此方案的成本较低，但是 PC 机应选用具有高可靠性、能长时间连续运行的工业级 PC，并且使用者必须花费大量的时间认真地进行开发总线程序和监控程序，否则 PC 机在运行过程中若发生软、硬件故障，将会导致整个系统瘫痪。

2）多主站结构　多主站结构是由多个主站和多个从站所组成的 PROFIBUS 网络系统，该网络结构能够进行远程编程和远程监控。在多主站结构中，网络主站可以是 1 类主站，也可以是 2 类主站。常见的多主站结构有以下两种基本方案。

① 多主站，单总线系统　该系统由若干个使用同一 PROFIBUS 总线与使用同一通信协议的 PROFIBUS 子网构成，各子网相对独立但可以相互通信。

② 多主站混合系统　该系统由若干使用同一 PROFIBUS 总线，但使用不同通信协议的 PROFIBUS 子网构成，各子网相对独立但可以相互通信。

11.5.3　PROFIBUS-DP 接口

一个 PROFIBUS 设备至少具有一个 PROFIBUS 接口，带有一个电气接口（RS 485）或一个光纤接口（Polymer Optical Fiber，POF）。PROFIBUS-DP 接口的属性如表 11-18 所示。

表 11-18　PROFIBUS-DP 接口的属性

标准	PROFIBUS：IEC61158/61784
物理总线 / 介质	PROFIBUS 电缆（双绞线 RS 485 或光缆）
传输速率	9.6kbps ～ 12Mbps

在 TIA Portal 的设备视图中，DP 主站和 DP 从站的 PROFIBUS-DP 接口用一个带紫色的矩形突出显示，如图 11-41 所示。

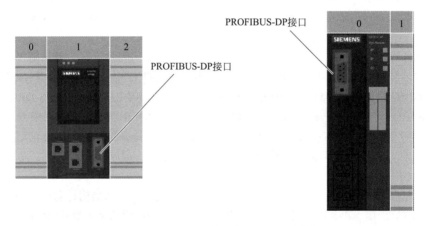

图 11-41　PROFIBUS-DP 接口在 TIA Portal 中的标识

11.5.4　PROFIBUS 网络参数设定

PROFIBUS 网络参数设定是在组态 S7-1500 自动化系统的过程中设置所用的系统组件以及通信连接的属性，设置的参数需要下载到 CPU 并在 CPU 启动时传送到相应的组件。对于 S7-1500 的自动化系统来说，更换组件十分方便，因为 S7-1500 CPU 在每次启动过程中会自动将设置的参数下载到新的组件中。

（1）组态 PROFIBUS-DP 系统

组态一个 PROFIBUS-DP 系统可按以下步骤进行。

① 在 TIA Portal 中创建 PROFIBUS 设备和模块以及向 DP 主站分配 DP 从站。

② 参数分配，包括分配 PROFIBUS 地址、网络设置、组态电缆、附加的网络设置、总线

参数（创建用户定义的配置文件）、组态恒定总线循环时间。

在创建 PROFIBUS 组件和模块的过程中，组件和模块的属性已经过预设，所以在很多情况下不需再次分配参数，只是在需要更改模块的预设参数或需要使用特殊功能或需要组态通信连接的情况下才再次分配参数。

（2）向 DP 主站分配 DP 从站

一个 PROFIBUS-DP 系统由一个 PROFIBUS-DP 主站及其分配的 PROFIBUS-DP 从站组成，若 PROFIBUS-DP 主站为 CPU 1516-3 PN/DP（6ES7 516-3AN00-0AB0），向其分配一个 PROFIBUS-DP 从站（IM 151-1 HF）的步骤如下。

① 在 TIA Portal 的 Portal 视图的硬件目录中，添加 CPU 1516-3 PN/DP，并组态相应的模块，如 DI、DO 等。

② 在 TIA Portal 的 Portal 视图的"项目树"中，双击"设备和网络"，可以看到网络视图中已有主站 CPU 1516-3 PN/DP，然后在 TIA Portal 的 Portal 视图右侧的"硬件目录"中，选择"分布式 I/O"→"ET 200S"→"接口模块"→"PROFIBUS"→"IM 151-1 HF"，将 IM 151-1 HF 拖到网络视图的空白处，如图 11-42 所示。

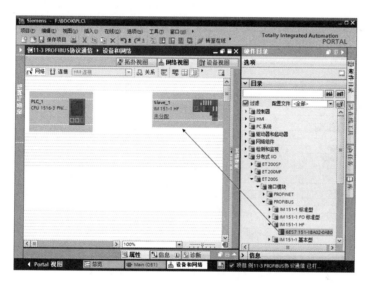

图 11-42　添加从站 IM 151-1 HF

③ 选中添加的 IM 151-1 HF，切换到设备视图，在硬件目录中根据实际需求添加相应的 DI、DO 等模块到 IM 151-1 HF 对应的插槽中。

④ 切换到网络视图，在从站 IM 151-1 HF 上，用鼠标左键单击"未分配"链接，随即打开"选择主站"菜单。在菜单中选择要向其分配的 DP 主站 CPU 1516-3 PN/DP，此时在 IM 151-1 HF 与 CPU 1516-3 PN/DP 间就创建了一个带有 DP 系统的子网，如图 11-43 所示。

（3）PROFIBUS 地址设置

连接到 PROFIBUS 子网中的设备，可通过所组态的连接进行通信，也可以作为一个 PROFIBUS-DP 主站系统的一部分。如果将 DP 从站分配给 DP 主站，则将在"接口的链接对象"下自动显示该设备所连接到 PROFIBUS 子网。

在"监视"窗口的"PROFIBUS 地址"下面，选择该接口所连接到的子网，或者添加新的子网。在一个子网中，所有设备必须具有不同的 PROFIBUS 地址。在图 11-43 中，分别右击主站和从站的紫色 PROFIBUS-DP 接口，在弹出的"属性"→"常规"→"PROFIBUS 地址"中可以查看各自的 PROFIBUS 地址，例如主站 CPU 1516-3 PN/DP 的 PROFIBUS 地址如图 11-44（a）所示，从站 IM 151-1 HF 的 PROFIBUS 地址如图 11-44（b）所示。

图 11-43　创建带有 DP 系统的子网

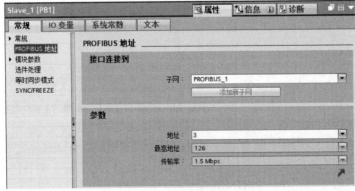

(a) 主站CPU 1516-3 PN/DP的PROFIBUS地址

(b) 从站IM 151-1 HF的PROFIBUS地址

图 11-44　PROFIBUS 地址

通常，TIA Portal 自动为 PROFIBUS 网络中的设备分配地址，用户可以根据实际情况更改地址，但是必须保证为 PROFIBUS 网络中的每个 DP 主站和 DP 从站分配一个唯一的

PROFIBUS 地址。不是所有允许的 PROFIBUS 地址都可以使用，具体取决于 DP 从站，对应带有 BCD 开关的设备，通常只能使用 PROFIBUS 地址 1 ～ 99。

（4）网络设置

网络设置主要设置 PROFIBUS 网络主动设备的最高 PROFIBUS 地址（HSA）、网络的数据传输率和 PROFIBUS 使用的配置文件。在图 11-43 中，右击紫色 PROFIBUS-1 总线，在弹出的"属性"→"常规"→"网络设置"中可以进行相应设置，如图 11-45 所示。

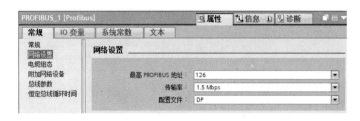

图 11-45　PROFIBUS 网络设置

主动设备的 PROFIBUS 地址不能大于最高 PROFIBUS 地址，被动设备则使用大于 HAS 的 PROFIBUS 地址。

根据所连接的设备类型和所用的协议，可在 PROFIBUS 上使用不同的配置文件。这些配置文件在设置选项和总线参数的计算方面有所不同。只有当所有设备的总线参数都相同时，PROFIBUS 子网才能正常运行。PROFIBUS 使用不同的配置文件，可支持的数据传输率的选择范围也有所不同，具体如表 11-19 所示。

表 11-19　PROFIBUS 配置文件和传输率

配置文件	支持的传输率	配置文件	支持的传输率
DP	9.6kbps ～ 12Mbps	通用（DP/FMS）	9.6kbps ～ 1.5Mbps
标准	9.6kbps ～ 12Mbps	用户自定义	9.6kbps ～ 12Mbps

DP 是推荐用于组态恒定总线循环时间和等时同步模式的配置文件。如果仅将满足标准 EN 61158-6-3 要求的设备连接到 PROFIBUS 子网，则选择"DP"配置文件。总线参数的设置已针对这些设备进行优化。其中包括带有 SIMATIC S7 的 DP 主站和 DP 从站接口的设备以及第三方分布式 I/O 设备。

与"DP"配置文件相比，"标准"配置文件在进行总线参数计算时则可以包含其他项目中的设备或在项目中尚未组态的设备。随后将通过一种未进行优化的简单算法对总线参数进行计算。

如果 PROFIBUS 子网中的各个设备都使用 FMS 服务（如 CP 343-5、PROFIBUS FMS 设备），则需选择"通用（DP/FMS）"配置文件。与"标准"配置文件相同，在计算总线参数时将包含其他设备。

如果已经对配置文件的参数进行同步，则 PROFIBUS 子网的功能将正常运行。如果其他配置文件都与 PROFIBUS 设备的运行"不匹配"，并且必须针对特殊布局来调整总线参数，则选择"用户自定义"配置文件。使用用户自定义配置文件也无法组态所有理论上可以进行的组合。PROFIBUS 标准规定了一些取决于其他参数的参数限制。例如，在发起方能够接收之前，不允许响应方做出响应。在"用户自定义"配置文件中，也将对这些标准规范进行检查。只有熟悉 PROFIBUS 参数的情况下，才建议用户使用自定义设置。

（5）电缆组态

计算总线参数时，可以将电缆组态信息考虑进来。为此，在图 11-43 中右击紫色

PROFIBUS-1 总线，在弹出的"属性"→"常规"→"电缆组态"中勾选"考虑下列电缆组态"，如图 11-46 所示。

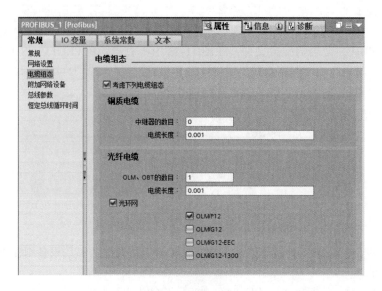

图 11-46　电缆组态

光纤环网是一种冗余结构，即使两个设备之间的连接发生中断，也可以通过环网结构对所有站进行寻址。光纤环网必须满足以下组态条件：

① 低于 HSA 的一个空闲地址；

② 将重试值增加到至少为 3（"网络设置"中选配置文件为用户自定义配置文件）；

③ 检查和调整时隙时间（"网络设置"中选配置文件为用户自定义配置文件；"总线参数"选 Tslot 参数；需要针对 OLM/P12 采用较低时隙时间值，针对 OLM/G12 和 OLM/G12-EEC 采用中等时隙时间值，针对 OLM/G12-1300 采用较高时隙时间值。这样，小型网络就会取得高性能，中到大型网络就会取得中低性能）。

11.5.5　PROFIBUS 通信应用举例

例 11-3：CPU 集成 DP 口 与 ET 200S 间 的 PROFIBUS 通 信。 在 某 S7-1500 PLC 的 PROFIBUS 通信网络系统中，带集成 DP 口的 CPU 1516-3 PN/DP 作为主站，从站为 ET200S。要求主站上的按钮 I0.1 按下时，启动从站 ET200S 上的电机正转；主站上的按钮 I0.2 按下时，启动从站 ET200S 上的电机反转；主站上的按钮 I0.0 按下时，从站 ET200S 上的电机停止运行。

（1）控制分析

将 CPU 1516-3 PN/DP 作为主站，而 ET200S 作为从站，通过 PROFIBUS 现场总线，可以实现两者进行通信。在此设置主站地址为 2，从站地址为 3。要实现任务控制时，只需在主站中编写相应程序即可。

（2）硬件配置及 I/O 分配

本例的硬件配置如图 11-47 所示，其硬件主要包括 1 根 PROFIBUS 网络电缆（含 2 个网络总线连接器）、1 台 CPU 1516-3 PN/DP、1 台 IM 151-1 HF（ET200S）、1 块数字量输入模块 DI 16×24VDC BA、1 块数字量输出模块 4DO×24VDC/0.5A HF（6ES7 132-4BD00-0AB0）等。主站的数字量输入模块 I0.0 外接停止运行按钮 SB1，I0.1 外接正向启动按钮 SB2，I0.2 外接反向启动按钮 SB3；从站的数字量输出模块的 Q2.0 外接 KM1 控制电机的正转，Q2.1 外接 KM2

控制电机的反转。

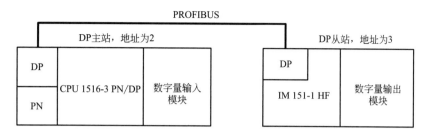

图 11-47　PROFIBUS 通信硬件配置图

（3）硬件组态

① 新建项目　在 TIA Portal 中新建项目，添加 CPU 模块和数字量输入模块。

② 网络参数设置　参照 11.5.4 节所述内容进行 PROFIBUS 网络的参数设置。

③ 定义变量　在 TIA Portal 项目树中，选择"PLC_1" → "PLC 变量"下的"默认变量表"，定义 DP 主站 PLC 的默认变量表，如图 11-48 所示。

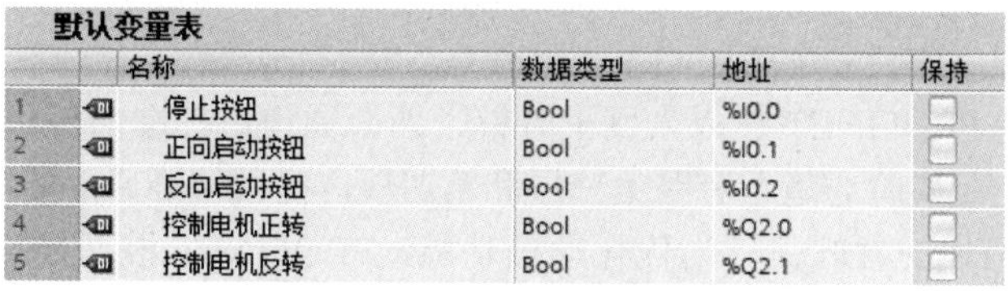

默认变量表				
	名称	数据类型	地址	保持
1	停止按钮	Bool	%I0.0	☐
2	正向启动按钮	Bool	%I0.1	☐
3	反向启动按钮	Bool	%I0.2	☐
4	控制电机正转	Bool	%Q2.0	☐
5	控制电机反转	Bool	%Q2.1	☐

图 11-48　DP 主站默认变量表的定义

（4）编写 S7-1500 PLC 程序

只需对 DP 主站编写程序即可，DP 从站不需要编写程序，DP 主站的梯形图程序编写如表 11-20 所示。由于 DP 从站数字量输出模块 4DO×24VDC/0.5A HF 在组态时其默认的起始地址为 Q2.0，所以在程序段 1 中，当主站的正向启动按钮 SB2 按下时，I0.1 触点闭合并自锁，从站 ET200S 控制 Q2.0 线圈得电，从而使电机正转；在程序段 2 中，当主站的反向启动按钮 SB3 按下时，I0.2 触点闭合并自锁，从站 ET200S 控制 Q2.1 线圈得电，从而使电机反转；当主站的停止按钮 SB1 按下时，I0.0 触点断开，使 Q2.0 或 Q2.1 线圈失电，电机将停止运行。

表 11-20　DP 主站程序

程序段	LAD
程序段 1	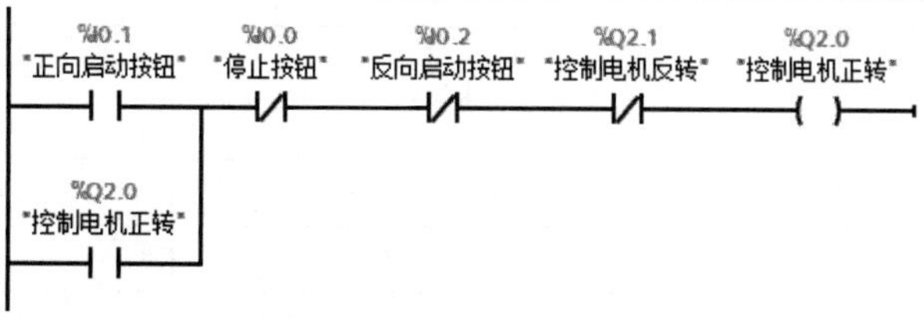 %I0.1 "正向启动按钮"　%I0.0 "停止按钮"　%I0.2 "反向启动按钮"　%Q2.1 "控制电机反转"　%Q2.0 "控制电机正转"　　　　%Q2.0 "控制电机正转"
程序段 2	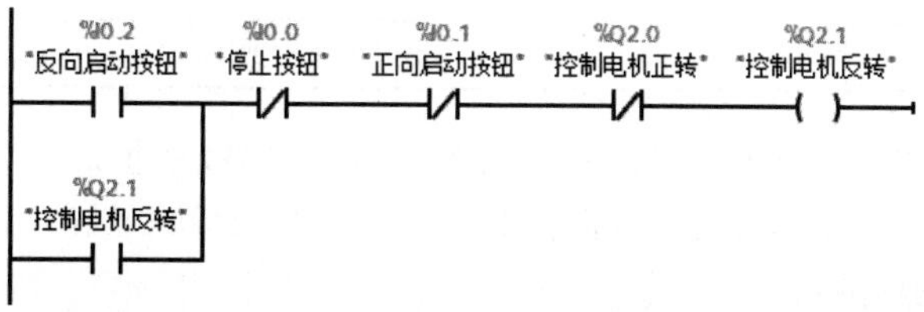 %I0.2 "反向启动按钮"　%I0.0 "停止按钮"　%I0.1 "正向启动按钮"　%Q2.0 "控制电机正转"　%Q2.1 "控制电机反转"　　　　%Q2.1 "控制电机反转"

11.6　PROFINET 通信

PROFINET 是继 PROFIBUS 以后，由 SIEMENS 开发并由 PROFIBUS 国际组织（PROFIBUS International，PI）支持的一种基于以太网的、开放的、用于自动化的工业以太网标准。

11.6.1　PROFINET 简介

（1）PROFINET 版本介绍

目前 PROFINET 有 3 个版本。第一个版本定义了基于 TCP/UDP/IP 的自动化组件。采用标准 TCP/IP+ 以太网作为连接介质，采用标准 TCP/IP 协议加上应用层的 RPC/DCOM 来完成节点之间的通信和网络寻址。它可以同时挂接传统 PROFIBUS 系统和新型的智能现场设备。现有的 PROFIBUS 网段可以通过一个代理设备（proxy）连接到 PROFINET 网络当中，使整套 PROFIBUS 设备和协议能够原封不动地在 PROFINET 中使用。传统的 PROFIBUS 设备可通过代理与 PROFINET 上面的 COM 对象进行通信，并通过 OLE 自动化接口实现 COM 对象之间的调用。它将以太网技术应用于高层设备和 PROFIBUS-DP 现场设备技术之间的通信，以便将实时控制域通过代理集成到一个高层的水平上。

第二个版本中，PROFINET 在以太网上开辟了两个通道：标准的使用 TCP/IP 协议的非实时通信通道；另一个是实时通道，旁路第三层和第四层，提供精确通信能力。该协议减少了数据长度，以减小通信栈的吞吐量。为优化通信功能，PROFINET 根据 IEEE 802.p 定义了报文的优先级。

PROFINET 第三版采用了硬件方案以缩小基于软件的通道，以进一步缩短通信栈软件的处理时间。为连接到集成的以太网交换机，PROFINET 第三版还开始解决基于 IEEE 1588 同步数据传输的运动控制解决方案。

（2）PROFINET 的通信结构模型

PROFINET 只应用了 OSI 的物理层、数据链路层、网络层、传送层和应用层，如表 11-21 所示。

表 11-21　PROFINET 的通信结构模型

ISO 的 OSI 参考模型		PROFINET	
7b	应用层	PROFINET IO 服务、PROFINET IO 协议（对应于 IEC61158 和 IEC61784）	PROFINET CBA（对应于 IEC61158 总线类型 10）
7a	应用层	无连接 RPC	DCOM 面向连接的 RPC
6	表示层	未使用	未使用
5	会话层		
4	传送层	UDP（RFC 768）	TCP（RFC 793）
3	网络层	IP（RFC 791）	
2	数据链路层	符合 IEC 61784-2 的增强型实时（在准备中）、IEEE802.3 全双工、IEEE802.1Q 优先权标签	
1	物理层	IEEE803.2 100Base-TX，100Base-FX	

表中，DCOM 为分布式组件对象模型，也是 COM 的扩展，它通过网络进行通信；RPC 为远程程序调用；UDP 为用户数据报文协议；TCP 为传输控制协议；IP 为互联网协议；RFC 为一种事实上的标准。

（3）PROFINET 的基本通信方式

PROFINET 根据不同的应用场合定义了三种不同的通信方式：TCP/IP 的标准通信、实时 RT（Real-Time）通信和同步实时 IRT 通信。PROFINET 设备能够根据通信要求选择合适的通信方式。

① TCP/IP 的标准通信　PROFINET 使用以太网和 TCP/IP 协议作为通信基础，在任何场合下都提供对 TCP/IP 通信的绝对支持。TCP/IP 是 IT 领域关于通信协议方面事实上的标准，尽管响应时间大概在 100ms 的量级，不过，对于工厂控制级的应用来说，该响应时间足够了。

② 实时（RT）通信　由于绝大多数工厂自动化应用场合（例如传感器和执行器设备之间的数据交换）对实时响应时间要求较高，为了能够满足自动化中的实时要求，PROFINET 中规定了基于以太网层第二层（Layer 2）的优化实时通信通道，该方案极大地减少了通信栈上占用的时间，提高了自动化数据刷新方面的性能。PROFINET 不仅最小化了可编程控制器中的通信栈，而且对网络中传输数据也进行了优化。采用 PROFINET 通信标准，系统对实时应用的响应时间可以缩短到 5～10ms。

③ 同步实时 IRT 通信　在现场级通信中，对通信实时性要求最高的是运动控制（motion control），PROFINET 同时还支持高性能同步运动控制应用，在该应用场合 PROFINET 提供对 100 个节点响应时间低于 1ms，抖动误差小于 1μs 的同步实时 IRT（Isochronous Real Time）通信。

（4）PROFINET I/O 设备

在 PROFINET 环境中，"设备"是自动化系统、分布式 I/O 系统、现场设备、有源网络组件、PROFINET 的网关、AS-Interface 或其他现场总线系统的统称。PROFINET 网络中最重要的 I/O 设备如图 11-49 所示，表 11-22 列出了 PROFINET 网络中最重要的 I/O 设备名称和功能。

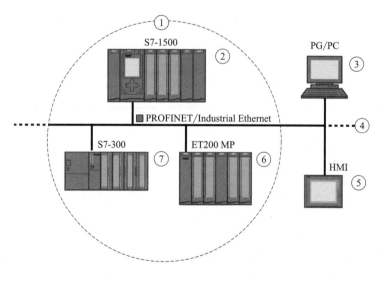

图 11-49　PROFINET I/O 设备

表 11-22　PROFINET I/O 设备及功能

编号	设备名称	功能说明
①	PROFINET I/O 系统	
②	I/O 控制器	用于连接的 I/O 设备进行寻址的设备。这意味着 I/O 控制器与现场设备交换输入和输出信号
③	PG/PC（PROFINET I/O 监控器）	用于调试和诊断 PG/PC/HMI 设备
④	PROFINET/ 工业以太网	网络通信基础结构

编号	设备名称	功能说明
⑤	HMI	用于操作和监视功能的设备
⑥	I/O 设备	分配给其中一个 I/O 控制器（例如，具有集成 PROFINET I/O 功能的 Distributed I/O，阀终端、变频器和交换机）的分布式现场设备
⑦	智能设备	智能 I/O 设备

（5）PROFINET 接口

SIMATIC 产品系列的 PROFINET 设备具有一个或多个 PROFINET 接口（以太网控制器 / 接口），PROFINET 接口具有一个或多个端口（物理连接器件）。如果 PROFINET 接口具有多个端口，则设备具有集成交换机。对于其某个接口上具有两个端口的 PROFINET 设备，可以将系统组态为线形或环形拓扑结构；具有 3 个或更多端口的 PROFINET 设备也很适合设置为树形拓扑结构。

网络中每个 PROFINET 设备均通过其 PROFINET 接口进行唯一标识。为此，每个 PROFINET 接口具有一个 MAC 地址（工厂默认值）、一个 IP 地址和 PROFINET 设备名称。表 11-23 说明了 TIA Portal 中 PROFINET 接口的命名属性和规则以及表示方式。若 PROFINET 接口标签为 X2P1，则表示接口编号为 2，端口编号为 1；PROFINET 接口标签为 X1P2，则表示接口编号为 1，端口编号为 2；PROFINET 接口标签为 X1P1R，则表示接口编号为 1，端口编号为 1（环形端口）。

表 11-23　PROFINET 设备的接口和端口的标识

元素	符号	接口编号
接口	X	按升序从数字 1 开始
端口	P	按升序从数字 1 开始（对于每个接口）
环网端口	R	

11.6.2　构建 PROFINET 网络

可以通过有线连接和无线连接两种不同的物理连接方式在工业系统中对 PROFINET 设备进行联网。有线连接是通过铜质电缆使用电子脉冲，或通过光纤使用光纤脉冲进行有线连接；无线连接是使用电磁波通过无线网线进行无线连接。

SIMATIC 中的 PROFINET 设备是基于快速以太网和工业以太网，所以它的布线技术十分适用于工业用途。快速以太网的传输速率为 100Mbps，其传输技术使用 100 Base-T 标准。工业以太网适用于工业环境中，与标准以太网的区别主要是在于各个组件的机械载流能力和抗干扰性。

（1）有源网络组件

交换机和路由器属于有源网络组件，可用于构建 PROFINET 网络。

① 交换式以太网　基于交换式以太网的 PROFINET I/O 支持全双工操作且传输带宽高达 100Mbps，通过多个设备的并行数据传输，且以高优先级对 PROFINET I/O 数据帧进行处理，这样将大大提高网络的使用效率。

交换机是用于连接局域网中多个终端设备或网段的网络组件。设备要与 PROFINET 网络上的多个其他设备通信，则需将该设备连接到交换机的端口上，然后将其他设备（包括交换机）连接到该交换机的其他端口。通信设备与交换机之间的连接是点对点连接，交换机负责接收和分发帧。交换机"记住"所连接的 PROFINET 设备或其他交换机的以太网地址，并且只转发那些用于连接的 PROFINET 设备或交换机的帧。

PROFINET 网络上可以使用的交换机有两种型号：集成到 PROFINET 设备的交换机和独立交换机（如 SCALANCE 系列交换机）。对于带有多个端口的 PROFINET 设备，可以使用集成交换机（如 CPU 1516-3 PN/DP）来连接设备。

② 路由器　路由器将独立的网段（例如管理层和控制层）彼此连接，其数据必须根据各网段的服务来协调。路由器还负责分隔两个网络并充当网络间的中介，从而减轻网络负荷。SCALANCE X300 以及 SCALANCE-X 以上型号都提供了路由功能。

路由器两端的通信设备仅在前台启用它们之间通过路由器进行通信时才能互相通信。例如，要直接从 SAP 访问生产数据，应使用路由器将工厂中的工业以太网和办公区域中的以太网连接。

（2）有线连接的 PROFINET 网络

电气电缆和光纤都可用于构建有线 PROFINET 网络，电缆类型的选择取决于数据传输需求和网络所处的环境。

（3）无线连接的 PROFINET 网络

无线数据传输已经实现了通过无线接口将 PROFINET 设备无缝集成到现有总线系统中，可以灵活使用 PROFINET 设备以完成各种与生产相关的任务，并根据客户要求灵活组态系统组件以进行快速开发，通过节省电缆来最大限度维护成本。

11.6.3　PROFINET 网络参数分配

"分配参数"意指设置所用组件的属性，将同时组态硬件组件和数据通信的设置。在 TIA Portal 中可以为 PRORINET 网络设置设备名称、IP 地址、端口互连和拓扑、模块属性等参数。

这些参数将加载到 CPU 并在 CPU 启动期间传送给相应的模块。使用备件就可以更换模块，这是因为针对 SIMATIC CPU 分配的参数在每次启动时会自动加载到新模块中。

如果想要设置、扩展或更改自动化项目，则需要组态硬件。为此，需要向结构中添加硬件组件，将它们与现有组件相连并根据任务要求修改硬件属性。自动化系统和模块的属性是预设的，所以在很多情况下，不需要再为其分配参数，但是在需要更改模块的默认参数设置、想要使用特殊功能及组态通信连接等情况下，需要进行参数分配。

（1）将 I/O 设备分配给 I/O 控制器

PROFINET I/O 系统由一个 PROFINET I/O 控制器和其分配的 PROFINET I/O 设备组成，这些设备在网络或拓扑视图中就位后，TIA Portal 会为其分配默认值。最初只需考虑将 I/O 设备分配给 I/O 控制器。

下面，以 I/O 设备 IM 155-6 PN ST（6ES7 155-6AU00-0BN0）分配给 I/O 控制器 CPU 1516-3 PN/DP（6ES7 516-3AN00-0AB0）为例讲述其操作步骤。

① 在 TIA Portal 的 Portal 视图的硬件目录中，添加 CPU 1516-3 PN/DP，并组态相应的模块，如 DI、DO 等。

② 在 TIA Portal 的 Portal 视图的"项目树"中，双击"设备和网络"，可以看到网络视图中已有主站 CPU 1516-3 PN/DP，然后在 TIA Portal 的 Portal 视图右侧的"硬件目录"中，选择"分布式 I/O"→"ET200SP"→"接口模块"→"PROFINET"→"IM 155-6 PN ST"，将 IM 155-6 PN ST 拖到网络视图的空白处，如图 11-50 所示。

③ 选中添加的 IM 155-6 PN ST，切换到设备视图，在硬件目录中根据实际需求添加相应

的 DI、DO 等模块到 IM 155-6 PN ST 对应的插槽中。

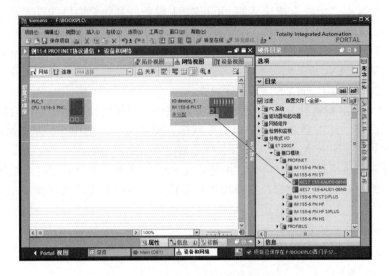

图 11-50　添加 I/O 设备 IM 155-6 PN ST

④ 在 I/O 设备 IM 155-6 PN ST 上，用鼠标左键单击"未分配"链接，随即打开"选择 I/O 控制器"菜单。在菜单中选择要向其分配的 I/O 控制器 CPU 1516-3 PN/DP，此时在 IM 155-6 PN ST 与 CPU 1516-3 PN/DP 间就创建了一个带有 PROFINET IO 的子网，如图 11-51 所示。

图 11-51　创建带有 PROFINET IO 的子网

（2）设备名称和 IP 地址

为了使 PROFINET 设备可作为 PROFINET 上的节点进行寻址，必须满足唯一的 PROFINET 设备名称和相关 IP 子网中的唯一 IP 地址。

1）设备名称和 IP 地址的修改　TIA Portal 在硬件和网络编辑器中排列 PROFINET 设备期间分配设备名称。IP 地址通常由 TIA Portal 自动分配，并根据设备名称分配给设备，也可以根据实际需求手动更改设备名称和 IP 地址。其操作方法是：在图 11-51 中，右击 CPU 1516-3 PN/DP 绿色的 PN 端口，在弹出的"属性"→"常规"→"以太网地址"中可以对设备名称和 IP 地址进行更改，如图 11-52 所示。依此方法可以修改 I/O 设备的设备名称和 IP 地址。

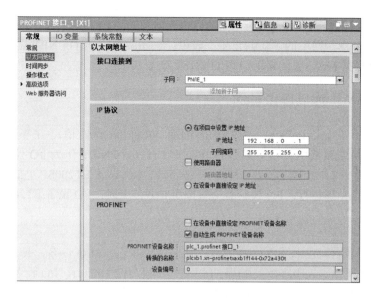

图 11-52 设备名称和 IP 地址

2) 将已组态的设备名称下载到 I/O 设备 要将组态的设备名称放入 I/O 设备，可按以下步骤进行：

① 将 PG/PC 连接至相关 I/O 设备所在的网络，PG/PC 的接口必须设置为 TCP/IP 模式；

② 在 TIA Portal 中，根据 MAC 地址在"可访问设备"对话框中选择相应的 I/O 设备；

③ 单击"分配名称"，将已组态设备名称下载至 I/O 设备。

I/O 控制器将根据其设备名称识别 I/O 设备，并自动为其分配组态的 I/O 地址。

3) 识别 PROFINET 设备 要从控制柜中的若干相同设备中清楚地识别出某个设备，可以使用 PROFINET 设备连接的 LED 指示灯闪烁。要执行此操作，可以在 TIA Portal 中选择菜单命令"在线"→"可访问的设备……"，打开"可访问设备"对话框，如图 11-53 所示。在"可

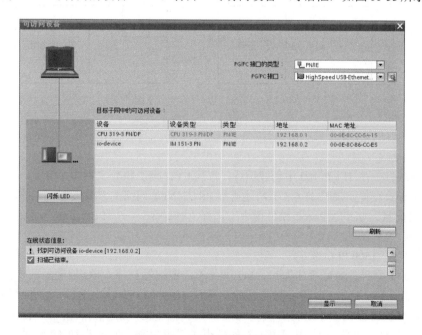

图 11-53 "可访问设备"对话框

访问设备"对话框中，设置用于连接设备的 PG/PC 接口，TIA Portal 将自动搜索可访问设备并将其显示在"目标子网中的可访问设备"表中。选择所需的 PROFINET 设备并单击"闪烁 LED"按钮，将根据 MAC 地址来识别 PROFINET 设备。

11.6.4　PROFINET 通信应用举例

例 11-4：CPU 1516-3 PN/DP 与 ET200SP 间 的 PROFINET 通信。在某 S7-1500 PLC 的 PROFINET 通信网络系统中，带集成 DP 口的 CPU 1516-3 PN/DP 作为 I/O 控制器，ET200SP 作为 I/O 设备。要求 I/O 控制器上的按钮 I0.1 按下时，I/O 设备 ET200SP 上的电机星形启动，3s 后电机切换到三角形运行；I/O 控制器上的按钮 I0.0 按下时，I/O 设备 ET200SP 上的电机停止运行。

（1）控制分析

将 CPU 1516-3 PN/DP 作为 I/O 控制器，而 ET200SP 作为 I/O 设备，使用 PROFINET 可以实现两者进行通信。在此 I/O 控制器的 IP 地址设为 192.168.0.1，I/O 设备的 IP 地址设为 192.168.0.2。要实现任务控制时，只需在主站中编写相应程序即可。

（2）硬件配置及 I/O 分配

本例的硬件配置如图 11-54 所示，其硬件主要包括 2 根 RJ45 接头的屏蔽双绞线、1 台 CPU 1516-3 PN/DP、1 台 IM 155-6 PN ST（ET200SP）、1 块数字量输入模块 DI 16×24VDC BA、1 块数字量输出模块 4DQ×24VDC/2A ST（6ES7 132-6BD20-0BA0）等。I/O 控制器的数字量输入模块 I0.0 外接停止运行按钮 SB1，I0.1 外接启动按钮 SB2；I/O 设备的数字量输出模块的 Q2.0 外接主接触器 KM1，Q2.1 外接 KM2 控制电机的星形运行，Q2.2 外接 KM3 控制电机的三角形运行。

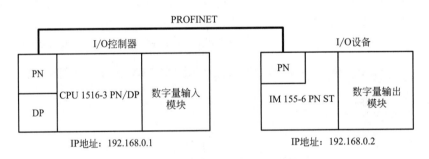

图 11-54　PROFINET 通信硬件配置图

（3）硬件组态

① 新建项目　在 TIA Portal 中新建项目，添加 CPU 模块和数字量输入模块。

② 网络参数设置　参照 11.6.3 节所述进行 PROFINET 网络的参数设置。

③ 定义变量　在 TIA Portal 项目树中，选择"PLC_1"→"PLC 变量"下的"默认变量表"，定义 I/O 控制器的默认变量表，如图 11-55 所示。

（4）编写 S7-1500 PLC 程序

只需对 I/O 控制器编写程序即可，I/O 设备不需要编写程序，I/O 控制器的梯形图程序编写如表 11-24 所示。由于 I/O 设备数字量输出模块 4DQ×24VDC/2A ST 在组态时其默认的起始地址为 Q2.0，所以当 I/O 控制器的启动按钮 SB2 按下时，I0.1 触点闭合并自锁，I/O 设备 ET200SP 控制 Q2.0 和 Q2.1 线圈得电，从而使电机星形启动，同时启动 T0 延时；当 T0 延时达到设定值 3s 时，Q2.1 线圈失电，Q2.2 线圈得电，表示电动机启动结束，进入三角形全压运行阶段。当 I/O 控制器的停止按钮 SB1 按下时，I0.0 触点断开，使 I/O 设备 ET200SP 的输出线圈均失电，电机将停止运行。

默认变量表

	名称	数据类型	地址	保持
1	停止按钮	Bool	%I0.0	☐
2	启动按钮	Bool	%I0.1	☐
3	主接触器	Bool	%Q2.0	☐
4	星形运行	Bool	%Q2.1	☐
5	三角形运行	Bool	%Q2.2	☐
6	延时3s	Timer	%T0	☐

图 11-55　I/O 控制器默认变量表的定义

表 11-24　I/O 控制器程序

程序段	LAD
程序段 1	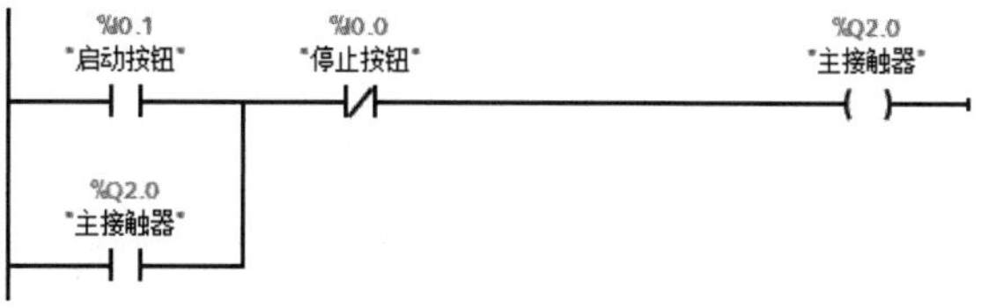
程序段 2	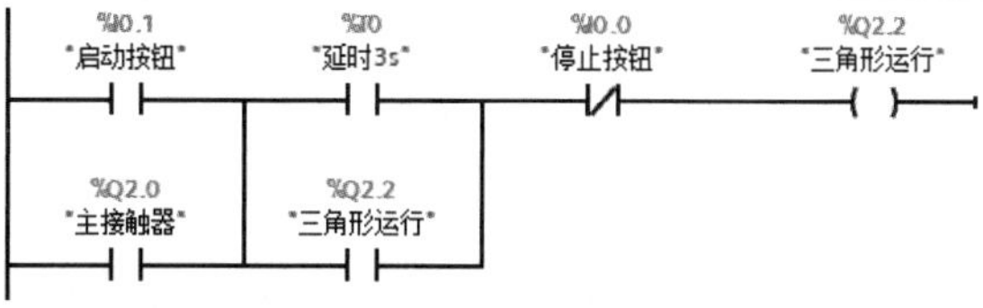
程序段 3	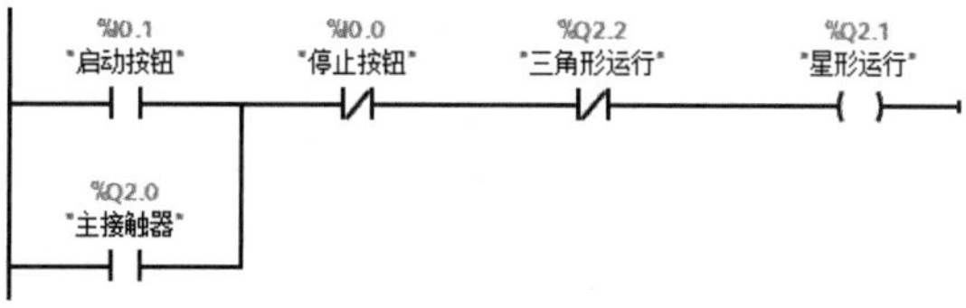
程序段 4	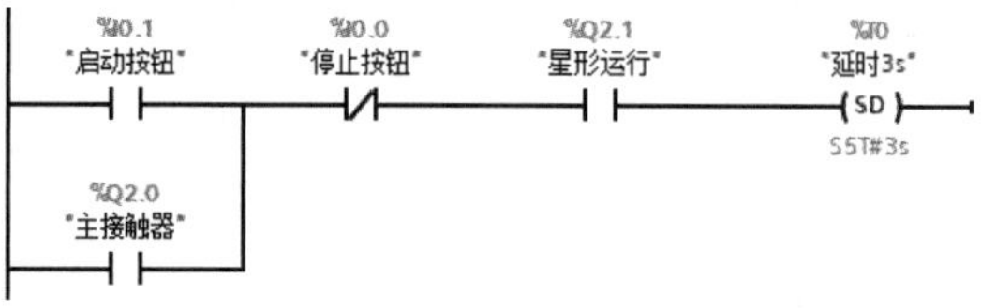

第12章

西门子 S7-1500 PLC 的安装与故障诊断

PLC 专为工业环境应用而设计，其可靠性较高，能适应恶劣的外部环境。为了提高 PLC 的可靠性，PLC 本身在软硬件上均采用了一系列抗干扰措施，一般工厂内使用完全可以可靠地工作，一般平均无故障时间可达几万小时以上，但这并不意味对 PLC 的环境条件及安装使用可以随意处理。在实际应用时应注意正确的安装和接线。

12.1 PLC 硬件配置、安装与接线

SIMATIC S7-1500 自动化系统中包含了 CPU 模块、数字量和模拟量 I/O 模块（又称信号模块）、通信模块（如 PROFINET/Ethernet、PROFIBUS、点对点等模块）、工艺模块（如计数、定位、基于时间的 I/O 模块）、负载电源模块和系统电源模块等。在应用前，用户可根据实际需求选配相应的模块，再将它们进行安装以实现硬件连接。

12.1.1 PLC 硬件配置

SIMATIC S7-1500 自动化系统采用单排配置，所有模块都安装在同一根导轨上，这些模块通过 U 形连接器连接在一起，形成一个自装配的背板总线。

在 1 根导轨上最多可配置 32 个模块（包括电源模块、CPU 模块、接口模块 IM 155-5 等），这些模块分别占用插槽 0 ～ 31，如图 12-1 所示。通常在 CPU 模块左侧配置 1 块系统电源模块（PS）或负载电源模块（PM），CPU 的右侧配置最多 30 个模块，每个模块占用 1 个插槽。系统允许最多配置 3 个系统电源模块，1 个系统电源（PS）配置到 CPU 模块的左侧，其他 2 个系统电源模块（PS）配置在 CPU 模块的右侧，并占用了相应的插槽。

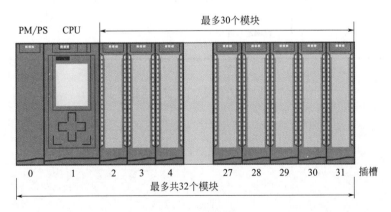

图 12-1 模块配置

进行模块硬件配置，模块的安放数量和位置并不是随意的，其允许使用的插槽及模块数量如表 12-1 所示。在 TIA Portal 中负载电源模块不需要进行组态，PS 60W 24、48、60VDC HF

系统电源模块只能配置在 CPU 模块的左侧。

表 12-1　模块插槽分配表

模块类型			允许使用的插槽	最多模块数量
电源模块	负载电源模块（PM）		0	1
	系统电源模块（PS）		0，2～31	3
	PS 60W 24、48、60VDC HF 系统电源模块		1	1
CPU 模块			1	1
数字量和模拟量 I/O 模块（信号模块）			2～31	30
通信模块	点对点通信		2～31	30
	PROFINET/以太网、PROFIBUS 通信	使用 CPU 1511-1（F）PN、CPU 1511C-1PN、CPU 1511T-1PN	2～31	4
		使用 CPU 1512C-1PN	2～31	6
		使用 CPU 1513（F）-1PN	2～31	6
		使用 CPU 1515（F）-2PN、CPU 1515T-2PN	2～31	6
		使用 CPU 1516（F）-3PN/DP、CPU 1516T（F）-3PN/DP	2～31	8
		使用 CPU 1517（F）-3PN/DP、CPU 1517T-3PN/DP	2～31	8
		使用 CPU 1518（F）-4PN/DP、CPU 1518T（F）4PN/DP、CPU 1518（F）4PN/DP MFP、	2～31	8
工艺模块			2～31	30

　　硬件配置时，TIA Portal 将自动分配信号模块的输入和输出地址。每个模块使用一个连续的输入或输出地址范围，与其输入和输出数据量相对应。例如某一 PROFINET 网络中，I/O 控制器（CPU 1516-3 PN/DP）与 I/O 设备（IM 155-6 PN ST）的地址分配情况，如图 12-2 所示。从图中可以看出 I/O 控制器和 I/O 设备各使用了一个导轨，其中 I/O 控制器的导轨上安装了一个数字量输入模块和一个数字量输出模块，分别占用了 2 号插槽和 3 号插槽，数字量输入模块的字节地址为 0～1，即寻址范围为 I0.0～I0.7、I1.0～I1.7，数字量输出模块的字节地址也为 0～1，即寻址范围为 Q0.0～Q0.7、Q1.0～Q1.7；I/O 设备的导轨上同样安装了一个数字量输入模块和一个数字量输出模块，分别占用了 1 号插槽和 2 号插槽，数字量输入模块的字节地址为 2，即寻址范围为 I2.0～I2.7，数字量输出模块的字节地址也为 2，但由于其只有 4 个输出位，因此寻址范围为 Q2.0～Q2.3。

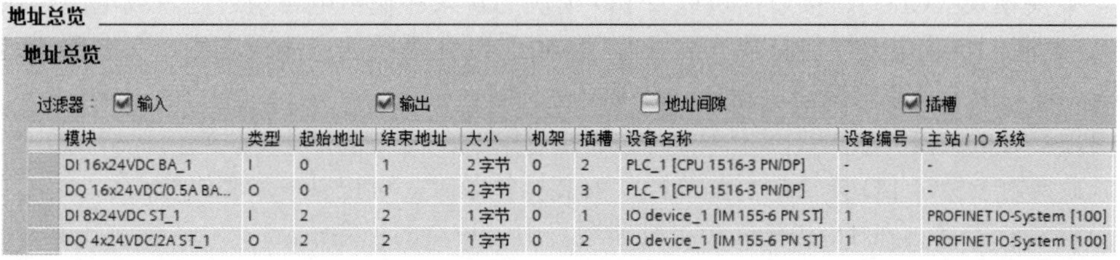

地址总览

地址总览

过滤器：☑输入		☑输出		☐地址间隙			☑插槽		
模块	类型	起始地址	结束地址	大小	机架	插槽	设备名称	设备编号	主站 / IO 系统
DI 16x24VDC BA_1	I	0	1	2字节	0	2	PLC_1 [CPU 1516-3 PN/DP]	-	-
DQ 16x24VDC/0.5A BA_1	O	0	1	2字节	0	3	PLC_1 [CPU 1516-3 PN/DP]	-	-
DI 8x24VDC ST_1	I	2	2	1字节	0	1	IO device_1 [IM 155-6 PN ST]	1	PROFINET IO-System [100]
DQ 4x24VDC/2A ST_1	O	2	2	1字节	0	2	IO device_1 [IM 155-6 PN ST]	1	PROFINET IO-System [100]

图 12-2　地址分配情况

12.1.2 PLC 硬件安装

S7-1500 自动化系统的所有模块都是开放式设备，这些设备只能安装在室内、控制柜或电气操作室中。

（1）PLC 安装注意事项

1）安装环境要求　为保证可编程控制器工作的可靠性，尽可能地延长其使用寿命，在安装时一定要注意周围的环境，其安装场合应该满足以下几点要求。

① 环境温度：工作时，0 ～ 55℃ 的范围内；保存时，-20 ～ 70℃ 的范围内。

② 环境相对湿度：35% ～ 85%RH（不结露）范围内。对于 Q 系列 PLC 为 5% ～ 95%RH-2 级。

③ 不能受太阳光直接照射或水的溅射。

④ 周围无腐蚀和易燃的气体，例如氯化氢、硫化氢等。

⑤ 周围无大量的金属微粒、灰尘、导电粉尘、油雾、烟雾、盐雾等。

⑥ 避免频繁或连续的振动：直接用螺钉安装，保证振动频率范围为 57 ～ 150Hz，1g（9.8m/s²）；DIN 导轨安装时，保证振动频率范围为 57 ～ 150Hz，0.5g（4.9m/s²）。

⑦ 超过 15g（重力加速度）的冲击。

⑧ 耐干扰能力：1000V（峰峰值），1μs 幅度，30 ～ 100Hz。

2）其他安装注意事项　除满足以上环境条件外，安装时还应注意以下几点：

① 可编程控制器的所有单元必须在断电时安装和拆卸。

② 为防止静电对可编程控制器组件的影响，在接触可编程控制器前，先用手接触某一接地的金属物体，以释放人体所带静电。

③ 注意可编程控制器机体周围的通风和散热条件，切勿将导线头、铁屑等杂物通过通风窗落入机体内。

（2）设备安装

1）导轨的安装　导轨的安装方向有两种：水平安装和垂直安装。通常水平安装允许的环境温度为 0 ～ 60℃；垂直安装允许的环境温度为 0 ～ 40℃。不管安装方向如何，CPU 和电源模块通常安装在导轨的左侧（水平）或底部（垂直）。

安装导轨时，应留有足够的空间用于安装模块和散热，例如模块上下至少应有 33mm 的空间。在导轨和安装表面（接地金属板或设备安装板）之间会产生一个低阻抗连接。如果安装表面已涂漆或经阳极氧化处理，应使用合适的接触剂或接触垫片以减少接触阻抗。

2）模块的安装　固定好导轨后，在导轨上安装模块时，应从导轨的左边开始，先安装电源模块，再安装 CPU 模块，最后安装接口模块、功能模块、通信模块、信号模块。模块的安装步骤如图 12-3 所示。

系统电源模块（PS）与背板总线相连，并通过内部电源为连接的模块供电。负载电源模块（PM）不连接 S7-1500 自动化系统的背板总线，也不占背板总线上的插槽。系统电源模块（PS）、中央模块（CPU）、接口模块以及 I/O 模块的输入和输出电路均通过负载电源模块提供 DC 24V 电源。负载电源模块只能安装在 S7-1500 自动化系统的左侧或右侧。在右侧安装负载电源模块时，由于负载电源模块发热，必须留有空隙。

（3）标记 I/O 模块

标签条用于标记 I/O 模块的引脚分配，安装标签条时，可按以下步骤进行：

① 标注标签条：在 TIA Portal 中可打印项目中各模块的标签条。

② 使用预打孔标签条：将标签条与标签纸分隔开。

③ 将标签条滑出前盖。

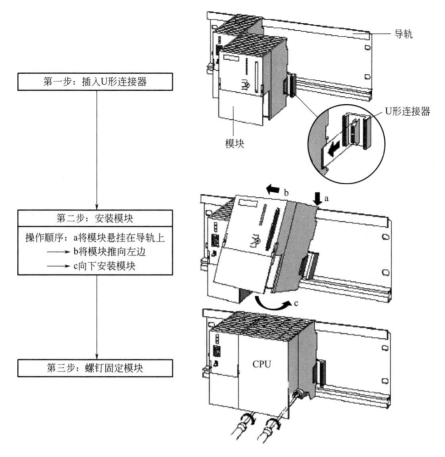

第一步：插入U形连接器

第二步：安装模块

操作顺序：a将模块悬挂在导轨上
———→ b将模块推向左边
———→ c向下安装模块

第三步：螺钉固定模块

导轨

U形连接器

模块

CPU

图 12-3　模块的安装步骤

12.1.3　PLC 接线

（1）连接 S7-1500 自动化系统的规定

连接 S7-1500 自动化系统时，应遵循以下规定的事项。

① 在 S7-1500 自动化系统附近，安装外部熔断器或者开关。

② 线路电压的要求：对于不带多极断路器的固定设备或系统，在建筑物安装中必须提供电源隔离设备；对于负载电源模块，设置的额定电压范围必须与当地的线路电压相匹配；对于 S7-1500 自动化系统的所有电源电路，线路电压相对于额定值的波动 / 偏离必须在允许的误差范围内。

③ 直流 24V 电源的要求：直流 24V 电源（SELV/PELV）的电源装置必须提供安全超低电压；为了防止雷电或过电压对 S7-1500 自动化系统的破坏，应安装过电压放电器。

（2）电气隔离

对于 S7-1500 自动化系统，系统电源模块（PS）初级侧和所有其他电路组件之间、CPU 模块 / 接口模块的（PROFINET/PROFIBUS）通信接口和所有其他电路组件之间、负载电路 / 过程电子元件和 S7-1500 的所有其他电路组件之间需要进行电气隔离，如图 12-4 所示。

（3）接线

1）连接电源电压　CPU 模块、接口模块的前部或下方有一个 4 孔连接插头的电缆连接器，在关闭电源的情况下，可对电缆连接器进行接线，以实现 CPU 模块、接口模块与电源电压的连接，如图 12-5 所示。这样，即使拔出电源模块，也可通过电缆连接器对 CPU 模块、接口模块进行回路电源电压不间断供电。

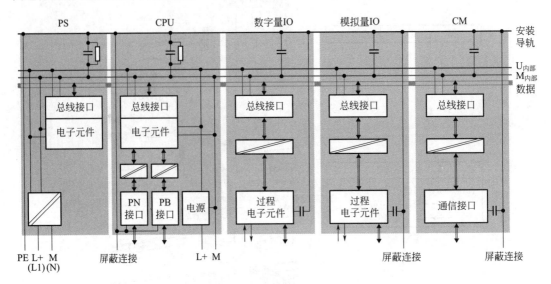

图 12-4 S7-1500 的电气隔离

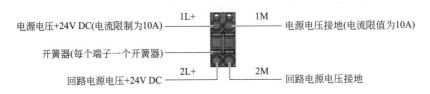

图 12-5 连接电源电压

2）连接系统电源模块和负载电源模块　系统电源模块和负载电源模块在交付时已安装电源连接器，这两种模块通过电源连接器可以连接电源电压。要连接电源电压时，参照图 12-6，按以下步骤进行。

① 向上旋转模块前盖直至锁定，再按下电源连接器的解锁按钮，从模块前侧拆下电源连接器。

② 拧松连接器前部的螺钉，这将松开外壳滑锁和电缆夹。如果有螺钉仍处于拧紧状态，则无法卸下连接器的外壳。

③ 使用适当的工具拔出连接器外盖。

④ 将电缆护套剥去 35mm，导线剥去 7 ～ 8mm，连接末端套管，然后将电线连接到电缆连接器上。

⑤ 合上外盖。

⑥ 重新拧紧螺钉，将电源连接器插入模块，直到滑锁咬合就位。

3）连接 CPU 模块、接口模块和负载电源模块　负载电源模块有一个位于底部前盖后的直插式 24V DC 输出端子，通过该端子，可以将电源电压电缆连接到 CPU 模块与接口模块。在关断电源情况下，CPU 模块、接口模块和负载电源模块要连接电源电压，参照图 12-7，按以下步骤进行：

① 打开负载电源模块的前盖，向下拉出 24V DC 输出端子；

② 连接 24V DC 输出端子和 CPU 模块、接口模块的 4 孔连接插头；

③ 连接负载电源模块和 CPU 模块、接口模块。

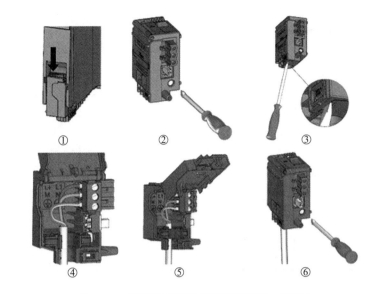

图 12-6 电源电压连接到电源模块和负载电源模块

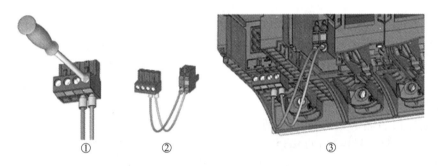

图 12-7 CPU 模块、接口模块和负载电源模块连接电源电压

12.2 PLC 的检修与故障诊断

12.2.1 定期检修

PLC 的主要构成元器件是以半导体器件为主体，考虑到环境的影响，随着使用时间的增长，元器件总是要老化的。因此定期检修与做好日常维护是非常必要的。要有一支具有一定技术水平、熟悉设备情况、掌握设备工作原理的检修队伍，做好对设备的日常维修。对检修工作要制定一个制度，按期执行，保证设备运行状况最优。每台 PLC 都有确定的检修时间，一般以每 6 个月到 1 年检修一次为宜。当外部环境条件较差时，可以根据情况把检修间隔缩短。定期检修的内容如表 12-2 所示。

表 12-2 PLC 定期检修内容

序号	检修项目	检修内容	判断标准
1	供电电源	在电源端子处测量电压波动范围是否在标准范围内	电压波动范围：（85% ～ 110%）供电电压

序号	检修项目	检修内容	判断标准
2	运行环境	环境温度	0 ～ 50℃
		环境湿度	35% ～ 95%RH，不结露
		积尘情况	不积尘
		振动频率	频率：10 ～ 55Hz 幅度：0.5mm
3	输入输出用电源	在输入 / 输出端子处所测电压变化是否在标准范围内	以各输入输出规格为准
4	安装状态	各单元是否可靠固定	无松动
		电缆的连接器是否完全插紧	无松动
		外部配线的螺钉是否松动	无异常
5	寿命元件	电池、继电器、存储器	以各元件规格为准

12.2.2 故障诊断

PLC 是运行在工业环境中的控制器，其可靠性较高，出现故障的概率较低。但是，出现故障也是难以避免的。S7-1500 PLC 系统具有很强的故障检测和处理能力，支持多种方式对 PLC 系统进行故障诊断，例如通过 LED 指示灯进行故障诊断、通过安装了 TIA Portal 软件的 PG/PC 进行故障诊断、通过 PLC 的系统诊断功能进行故障诊断、通过 CPU 的自带显示屏进行故障诊断、通过用户程序进行故障诊断等。

（1）通过 LED 指示灯进行故障诊断

CPU 模块、接口模块和 I/O 模块的 LED 指示灯能指示有关操作模式和内部 / 外部错误的相关信息，所以用户可以通过 LED 指示灯进行故障诊断。图 12-8 为一些模块上 LED 指示灯的布局示例，指示灯名称及颜色如表 12-3 所示。

表 12-3　模块上 LED 指示灯名称及颜色

编号	CPU 1511-1 PN	IM 155-6 PN ST	DI 16×24VDC HF
①	RUN/STOP 指示灯（绿色 / 黄色）	RUN 指示灯（绿灯 / 黄色）	RUN 指示灯（绿灯）
②	ERROR 指示灯（红色）	ERROR 指示灯（红色）	ERROR 指示灯（红色）
③	MAINT 指示灯（黄色）	MAINT 指示灯（黄色）	LED CHx 指示灯（绿色 / 红色）
④	端口 X1 P1 指示灯（绿色 / 黄色）	POWER 指示灯（绿色）	—
⑤	端口 X1 P1 指示灯（绿色 / 黄色）	端口 X1 P1 指示灯（绿色 / 黄色）	—
⑥	—	端口 X1 P1 指示灯（绿色 / 黄色）	—

模块的不同，各 LED 指示灯的含义、LED 指示灯的不同组合以及发生故障时指示的补救措施也不相同。S7-1500 CPU 的 LED 指示灯的含义在第 2 章中已介绍，其他模块 LED 指示灯的含义请参考相应的模块手册。

（2）通过安装了 TIA Portal 软件的 PG/PC 进行故障诊断

PLC 系统有故障时，可以通过安装了 TIA Portal 软件的 PG/PC 进行在线诊断。在线诊断时，模块和设备的诊断图标及其含义如表 12-4 所示。

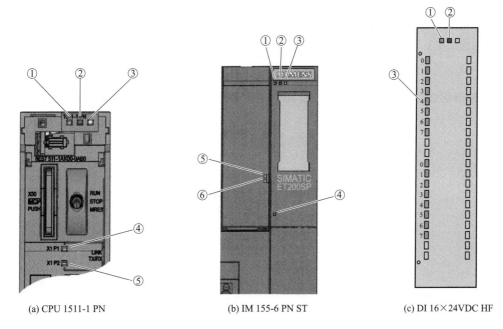

(a) CPU 1511-1 PN   (b) IM 155-6 PN ST   (c) DI 16×24VDC HF

图 12-8　模块上 LED 指示灯布局

表 12-4　模块和设备的诊断图标及其含义

图标	含义
	当前正在建立到 CPU 的连接
	无法通过所设置的地址访问 CPU
	组态的 CPU 和实际 CPU 型号不兼容
	在建立与受保护 CPU 的在线连接时，密码对话框终止而不指定正确密码
	无故障
	需要维护
	要求维护
	错误
	模块或设备被禁用
	无法从 CPU 访问模块或设备（指 CPU 下面的模块和设备）
	由于当前在线组态数据与离线组态数据不同，因而无法获得诊断数据
	组态的模块或设备与实际的模块或设备不兼容（指 CPU 下面的模块或设备）
	已组态的模块不支持显示诊断状态（对于 CPU 下的模块有效）
	建立了连接，但尚未确定模块的状态
	已组态的模块不支持显示诊断状态
	从属组件发生故障：至少一个从属硬件组件发生故障

在此以第 11 章的例 11-4 为例讲述其相关操作。在 TIA Portal 项目视图中，先单击"在线"按钮，使得 TIA Portal 与 S7-1500 PLC 处于在线状态，再单击项目树 "PLC_1" 下的"在线和诊断"菜单，即可查看"诊断"→"诊断缓冲区"的消息，如图 12-9 所示。在图 12-9 的"事件"中，双击任何一条信息，其详细信息将显示在下方"事件详细信息"的方框中。

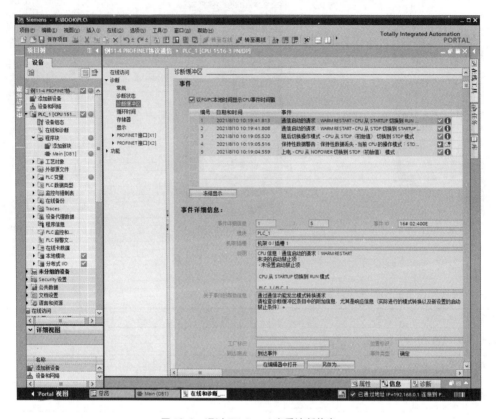

图 12-9　通过 TIA Portal 查看诊断信息

在 TIA Portal 设备视图中，单击"在线"按钮，可以查看每个 CPU 模块或者分布式 I/O 模块的工作状态，如图 12-10 所示。切换到网络视图，可以查看整个网络中各个站点的工作状态，如图 12-11 所示。

（3）通过 PLC 的系统诊断功能进行故障诊断

与 S7-300/400 PLC 不同，S7-1500 PLC 的系统诊断功能已经作为 PLC 操作系统的一部分，并在 CPU 固件中集成，无需单独激活，也不需要生成和调用相关的程序块。PLC 系统进行硬件编译时，TIA Portal 会根据当前的硬件配置自动生成系统报警消息源，该消息源可在项目树下的"PLC 报警"→"系统报警"中查看，也可以通过 CPU 的显示屏、Web 浏览器、TIA Portal 软件在线诊断方式显示。

由于系统诊断功能通过 CPU 的固件实现，所以即使 CPU 处在停止模式下，仍然可以对 PLC 系统进行系统诊断。如果该功能配合 SIMATIC HMI，可以更加直观地在 HMI 上显示 PLC 的诊断信息。使用此功能要求在同一项目内组态 PLC 和 HMI 并建立连接，或在 HMI 的 TIA Portal 软件项目侧使用 PLC 代理功能进行组态。

（4）通过 CPU 的自带显示屏进行故障诊断

每个标准的 S7-1500 系列 CPU 模块都自带一块彩色的显示屏，通过此显示屏可以快速、直接地读取诊断信息，同时还可以通过显示屏中的不同菜单显示状态信息。

图 12-10　在设备视图中查看设备状态

图 12-11　在网络视图中查看网络状态

当用户创建的项目下载到 CPU 后，可通过 S7-1500 CPU 的显示屏确定诊断信息。在显示屏上的"诊断"菜单下选择"报警"选项，则显示屏显示系统诊断的错误信息。可通过"显示"菜单下的"诊断信息刷新"设置自动更新诊断信息。

（5）通过用户程序进行故障诊断

S7-1500 PLC 有多条用于诊断故障的专用指令，用户可以通过编写程序实现对系统的诊断。表 12-5 中列出了部分用于系统诊断的扩展指令名称及功能。

表 12-5　用于系统诊断的部分扩展指令名称及功能描述

指令	描述	所属扩展指令集的子集
RDREC	读取数据记录，包含故障模块上的错误信息	分布式 I/O
RALRM	调用诊断中断 OB 时，读取 OB 的起始信息，提供错误原因和位置信息	
DPNRM_DG	读取 DP 从站的当前诊断数据（DP 标准诊断）	
GEN_UsrMsg	生成用户诊断报警	报警
GEN_DIAG	生成诊断信息，采用其逻辑地址来标识模块或子模块	诊断
GET_DIAG	读取诊断信息	
RD_SINFO	读取最后调用 OB 和最后启动的启动 OB 的起始信息，提供常规错误信息	
LED	读取模块 LED 的状态	
GET_IM_Data	读取 CPU 的信息和维护数据	
DeviceStates	读取 I/O 系统的模块状态信息	
ModuleStates	读取模块的模块状态信息	

例 12-1：使用 LED 指令读取模块状态以进行故障诊断。

分析：LED 指令主要有 3 个参数，其指令参数如表 12-6 所示。在程序中，通过 LED 指令即可获取模块的工作状态，以确定模块是否发生故障。编写程序前，应先创建全局数据块。

表 12-6　LED 指令参数

LAD	参数	数据类型	说明
	EN	BOOL	使能
	LADDR	HW_IO	CPU 或接口的硬件标识符，此编号是自动分配的，并存储在硬件配置的 CPU 或接口属性中
 LED EN　　　ENO LADDR　　Ret_Val LED	LED	UINT	LED 标识号：1 为 STOP/RUN；2 为 ERROR；3 为 MAINT（维护）；4 为 冗 余；5 为 Link（绿色）；6 为 Rx/Tx（黄色）
	Ret_Val	INT	LED 的状态
	ENO	BOOL	输出使能

1) 创建全局数据块 DB1　在 TIA Portal 项目视图的程序块中，添加新的数据块 DB1，其类型为 "全局 DB"，该数据块中定义了 3 个变量，如图 12-12 所示。MyLADDR 类型为 HW_IO，存储待诊断的 CPU 接口的硬件标识符，该硬件标识符为系统自动生成，可以在设备组态的模块 "属性" → "系统常数" 中查看，如图 12-13 所示。

2) 编写程序　编写程序如表 12-7 所示，并使程序处于监视状态，可以看到 DB1 中变量 MyLED 的监视值为 1，如图 12-14 所示。由于创建 DB1 中变量 MyLED 的起始值为 2，代表需要监控 ERROR 指示灯的状态，而运行后 MyLED 的监视值为 1，代表 ERROR 指示灯熄灭，说明系统无故障。

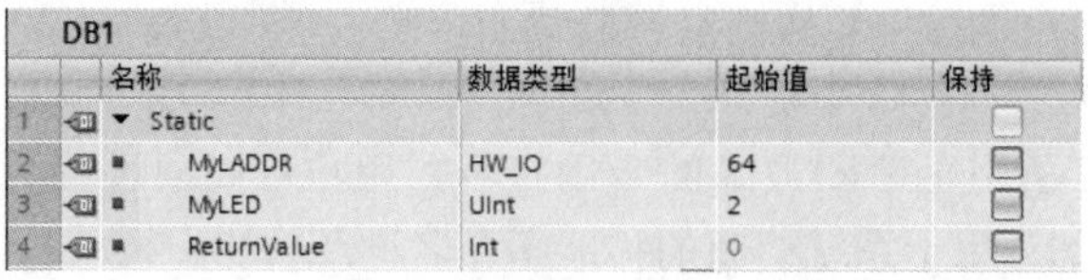

	名称	数据类型	起始值	保持
DB1				
1	▼ Static			
2	MyLADDR	HW_IO	64	
3	MyLED	UInt	2	
4	ReturnValue	Int	0	

图 12-12　创建全局数据块 DB1

图 12-13　查看 CPU 接口的硬件标识符

表 12-7　LED 程序

程序段	LAD
程序段 1	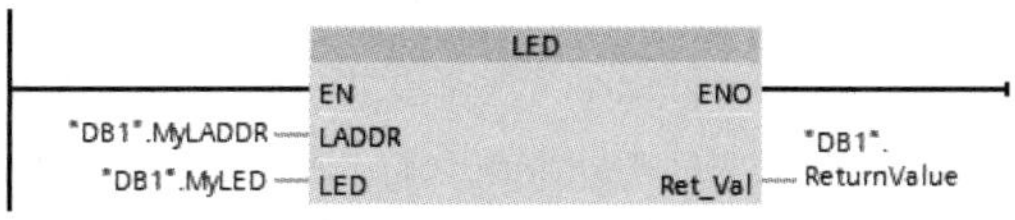 LED EN — ENO "DB1".MyLADDR — LADDR "DB1".MyLED — LED　Ret_Val — "DB1".ReturnValue

DB1		名称	数据类型	起始值	监视值
1		▼ Static			
2		MyLADDR	HW_IO	64	64
3		MyLED	UInt	2	1
4		ReturnValue	Int	0	-32622

图 12-14　全局数据块 DB1 的监视值

参考文献

[1] 陈忠平. 西门子 S7-200 SMART 完全自学手册 [M]. 北京：化学工业出版社，2020.

[2] 陈忠平，戴维，尹梅. 欧姆龙 CP1H 系列 PLC 完全自学手册 [M]. 北京：化学工业出版社，2018.

[3] 陈忠平，邬书跃，梁华，等. 西门子 S7-300/400PLC 从入门到精通 [M]. 北京：中国电力出版社，2019.

[4] 陈忠平. 西门子 S7-300/400 快速入门 [M]. 北京：人民邮电出版社，2012.

[5] 陈忠平，邬书跃，胡彦伦. 西门子 S7-300/400 快速应用 [M]. 北京：人民邮电出版社，2012.

[6] 陈忠平. 西门子 S7-300/400 系列 PLC 自学手册 [M]. 北京：人民邮电出版社，2010.

[7] 向晓汉，陆彬. 西门子 PLC 工业通信网络应用案例精讲 [M]. 北京：化学工业出版社，2011.

[8] 廖常初. S7-1200/1500 PLC 应用技术 [M]. 北京：机械工业出版社，2018.

[9] 刘华波，刘丹，赵岩岭，等. 西门子 S7-1200 PLC 编程与应用 [M]. 北京：机械工业出版社，2011.

[10] 崔坚. SIMATIC S7-1500 与 TIA 博途软件使用指南 [M]. 北京：机械工业出版社，2016.

[11] 刘长青. S7-1500 PLC 项目设计与实践 [M]. 北京：机械工业出版社，2016.